U0149894

机器人学译丛

[美] 凯文 · M. 林奇（Kevin M. Lynch）
美国西北大学
[韩] 朴钟宇（Frank C. Park）
韩国首尔大学
著

于靖军 贾振中 译

现代机器人学

机构、规划与控制

MODERN ROBOTICS

MECHANICS, PLANNING, AND CONTROL

机械工业出版社
CHINA MACHINE PRESS

图书在版编目（CIP）数据

现代机器人学：机构、规划与控制 /（美）凯文·M. 林奇（Kevin M. Lynch），（韩）朴钟宇（Frank C. Park）著；于靖军，贾振中译．—北京：机械工业出版社，2019.10（2024.11 重印）

（机器人学译丛）

书名原文：Modern Robotics: Mechanics, Planning, and Control

ISBN 978-7-111-63984-8

I. 现… II. ① 凯… ② 朴… ③ 于… ④ 贾… III. 机器人学 IV. TP24

中国版本图书馆 CIP 数据核字（2019）第 224742 号

北京市版权局著作权合同登记 图字：01-2019-0729 号。

本书系统地介绍了机器人学的基础理论知识，重心放在机器人机构、规划与控制 3 个方面，为机器人学的入门教材，可纳入机器人导论的范畴。

全书以现代数学分支之一——旋量理论为工具和桥梁，衔接全书知识体系。这既是书名定为现代机器人学的主要依据，也是本书区别于其他机器人导论类教材的重要特征。

全书总共 13 章。第 1 章为绪论；第 2 章主要介绍与机器人机构有关的若干基本概念；第 3 章作为全书的理论基础，详细讨论如何应用旋量理论构建刚体运动模型；第 4 ～ 7 章主要讲述有关机器人运动学方面的基础内容，包括开链机器人正向运动学（第 4 章）、一阶运动学与静力学（第 5 章）、逆运动学（第 6 章）和闭链机器人运动学（第 7 章）；第 8 ～ 11 章主要讲述有关机器人动力学、规划与控制方面的基础内容，包括开链机器人动力学建模（第 8 章）、轨迹生成（第 9 章）与运动规划算法（第 10 章）以及经典的机器人控制方法（第 11 章）；第 12 ～ 13 章主要介绍机器人的两种典型形态——操作手与移动机器人的基础知识与原理。此外，本书还提供 4 个附录作为正文的补充，包括书中的重要公式、刚体姿态描述方法、D-H 参数法以及优化算法等。

本书可作为机器人工程专业本科生或研究生教材，也可作为相关科研人员与工程技术人员的参考用书。

出版发行：机械工业出版社（北京市西城区百万庄大街 22 号 邮政编码 100037）

责任编辑：李永泉　　责任校对：殷　虹

印　　刷：北京富资园科技发展有限公司　　版　　次：2024 年 11 月第 1 版第 7 次印刷

开　　本：185mm×260mm　1/16　　印　　张：25.75

书　　号：ISBN 978-7-111-63984-8　　定　　价：139.00 元

客服电话：（010）88361066　68326294

21世纪是机器人的时代。从学术研究到工程应用，机器人引起了学界和工业界越来越多的关注和兴趣。这种日益浓厚的兴趣也来源于机器人学作为一门综合性学科的多学科交叉特征，后者是创新的源泉，给社会发展带来了动力。随之而来的是大量科研文献的产生，如教材、专著和学术论文等。

最近30年，国内外先后出版了多本机器人学导论方面的入门级教材，其中不乏经典之作。如Craig教授所著的《机器人学导论》已到第4版，国内熊有伦院士等所著的《机器人学》也影响了很多学者。不过，这些教材目前多作为相关专业的研究生教科书。

随着近几年"机器人工程"成为新工科热门专业，与之配套的教材建设便成为当务之急，尤其是适合本科中、高年级使用的导论性教材，还极其匮乏。

本书就是一本可以为本科生使用的，系统讲授机器人机构、规划与控制等方面基础知识的教材，也是两位作者历经多年科研与教学实践的呕心之作。Lynch教授与Park教授都是当前机器人学领域享誉世界的资深学者和知名专家，IEEE机器人学与自动化学会的资深讲师。

类似于大多数机器人学导论教材，本书选取了机器人学中最为经典也最为基础的几个主题（机构学、轨迹生成、运动规划与控制）进行阐述。但译者的感受是，与其他同类教材不尽相同，本书以旋量理论这一现代数学工具作为主线，串连起机器人机构、规划与控制等主题，既能直观地反映机器人本质特性（学生容易学懂），又能抓住学科的前沿，本书书名（现代机器人学）大抵也源于此。此外，本书还具有优秀教材的共同特点：不仅提供了反映最新学科进展的大量研究型题目，还提供了可免费下载的软件和讲课视频。不过，在译者看来，本书最可贵的地方在于对机器人基本概念及经典理论的解读非常细致翔实，而且深入浅出——这点很方便学生自学。

全书总共13章，按内容可分为4部分。第1章为绪论，也是全书的总论。第2～8章为机器人机构学基础，其中第2～6章介绍机器人运动学基础知识，也是全书的理论基础，而第7～8章是对前面内容的补充，涵盖闭链机器人运动学与开链机器人动力学方面的基础知识。第9～11章是有关机器人规划与控制方面的概述，侧重算法方面的介绍。第12、13两章为应用篇，介绍两个重要的典型机器人分支——机器人操作手与移动机器人的基本原理。

本书可作为机器人工程专业本科生或研究生教材，也可作为相关科研人员与工程技术人员的参考用书。

本书的两位译者均为从事机器人学研究的中青年学者，也都具有编著及翻译机器人方面教材和专著的经验。值得说明的是，本书的翻译工作也是在Lynch教授的大力支持下开展并完成的。

本书的出版得到了机械工业出版社的大力支持，翻译工作同时得到了国家自然科学基金会（项目编号：51575017）的大力资助。在此一并表示诚挚的谢意！

在翻译过程中，为了尽量保持原文的风格和科学的严谨性，部分语句可能有直译的痕迹。如有不妥或错误之处，敬请读者和专家批评指正。

译　者

2019 年 6 月 20 日

序　一

19 世纪 70 年代，Felix Klein 提出了影响深远的 Erlangen 纲领，该纲领巩固了几何与群论概念之间的关系。Sophus Lie 几乎在同一时间创建了连续（李）群理论；之后人们提出了基于李代数思想的无限小分析的重要新工具，它们可用来研究非常广泛的几何问题。即使在今天，这些想法背后的思想也依然指导着数学中重要领域的发展。当然，机构不只是几何，它们需要加速、避免碰撞等，但它们首先是几何对象，其中 Klein 和 Lie 概念依旧适用。二维或三维刚体运动群，正如它们在机器人学中那样，是 Klein 和 Lie 工作的重要例子。

在数学文献中，使用指数来表示李群元素，通常采用两种不同形式。这两种形式被称为第一类指数坐标和第二类指数坐标。对于第一类指数坐标，$X=e^{(A_1x_1+A_2x_2\cdots)}$。对于第二类指数坐标，$X=e^{A_1x_1}e^{A_2x_2}\cdots$。到目前为止，第一类指数坐标在运动学研究中几乎没有用处；而在正交群的欧拉参数化中已出现的特殊情形，第二类指数坐标已被证明非常适合于由单自由度连杆构成的开链机器人的运动学描述。本书的第 4 章中对此做了很好的解释。结合 $Pe^AP^{-1}=e^{PAP^{-1}}$ 这一事实，第二类指数坐标可以非常简洁地表达各种运动学问题。从历史角度来看，正如本书作者在本书中所做的那样，使用指数积来表示机器人运动，可以被看作是对 Klein 和 Lie 等几何学家在 150 年前所提出概念的实用化证明。

1983 年，我被邀请参加在以色列 Beer Sheva 举办的三年一度的网络数学理论与系统会议，经过一番思考，我决定尝试解释一下我从最近的经历中学到了什么。那时，我在运动学与机器人课程教学方面有一些经验，其中包括使用运动链的指数积表示。从 20 世纪 60 年代起，e^{At} 就在系统理论和信号处理中发挥了核心作用，所以在这个会议上，期待人们只要熟悉矩阵指数甚至对它有些了解即可。考虑到这一点，我自然选择了与 e^{At} 相关的东西来做演讲。虽然我没有理由认为观众会对运动学有兴趣，但我仍然希望讲述一些有趣的东西，甚至可能激发更多的发展。结果就是之后前言中提到的论文。

在本书中，Frank 和 Kevin 已经为他们的主题提供了一个奇妙、清晰且耐心的解释。他们将 Klein 和 Lie 在 150 年前所建立的基础转化为机器人的现代实践，并且其难度水平适合于本科生、工程师。在对位形空间的基本性质做了优雅的讨论之后，他们介绍了刚体位形的李群表示，以及整本书中使用的速度和力的相应表示。在整个机器人基础主题中保持了一致性视角，包括开链机器人的正向、逆向和微分运动学，机器人动力学，轨迹生成，机器人控制，以及更专门的主题，如闭链机器人的运动学、运动规划、机器人操作、轮式移动机器人的规划和控制、移动操作臂的控制。

我相信这本书将成为一代学生和机器人实践者的宝贵资源。

罗杰·布洛克特（Roger Brockett）

美国马萨诸塞州剑桥市

2016 年 11 月

序　二

Modern Robotics: Mechanics, Planning, and Control

机器人学涉及把概念想法转变为实际应用。机器人通过某种方式，将抽象目标转化为物理行为：向电机发送能量、监控动作并引导事情向目标前进。每个人都可以执行上述技法，但机器人学如此有趣，它吸引了包括笛卡儿[⊖]在内的很多哲学家和科学家。

这中间的秘密究竟是什么？是源于某些机器人学者头脑里灵光一现的尤里卡[⊜]时刻吗？是几个青少年企业家在车库里灵感迸发而得出了机器人学中的关键概念吗？相反，机器人学并不是一个单一概念，它是科学和工程经过数百年发展而积累出的大量结果。机器人学主要依赖于数学、物理、机械工程、电子工程和计算机科学，它还涉及哲学、心理学、生物学等领域。

机器人学是这些概念的聚集地。机器人学提供动机。再通过机器人学对这些概念进行测试，并引导后续研究。最后，用机器人学进行证明。对机器人的行为进行观察，可为下列猜想提供令人信服的证据：它表明机器可以感知周围的环境，可以制定有意义的目标，并且可以有效地实现这些目标。通过恒温器或（蒸汽机里的）飞球调速器[⊜]可以说明同样的原理，不过很少有人能通过观察恒温器而被说服。但几乎所有人都可以通过观看机器人足球比赛而被说服。

机器人学的核心是运动——受控制的编程运动，这将我们带入现在的语境。本书讲授机器人学中一些最重要的观点：运动的性质，刚体的可行运动，使用运动学与约束来组织运动，实现一般可编程运动的机构，机构的静态和动态特征，以及控制、编程和规划运动时的挑战和方法。本书对上述材料的介绍非常清晰，即使本科生也可以阅读。本书与其他本科生教材的重要区别体现在以下两个方面：

第一，在解决刚体运动方面，本书不仅介绍了经典的几何基础和表征，而且还提出了使用现代矩阵指数积的表达式，以及与李代数的联系。这对学生的回报是双重的：对运动的更深理解，以及更好的实用工具。

第二，本书超越了“将注意力专注于机器人机构”这一传统做法，从而可以更好地解决机器人与周围世界中物体之间的相互作用。当机器人与现实世界接触时，其结果是一个具有相关静力学和动力学的特殊运动机构。该机构包括运动学环路、非驱动关节和非完整约束，所有这些概念都可以通过学习本书而熟悉。

即使本书是学生唯一的一门机器人课程教材，它也能使学生对多种类型的物理系统进行分析、控制和编程。由于对物理作用力学机制的介绍，本书对那些打算继续选修高阶机器人课程或进行原创研究的学生而言，也是一个很好的开始。

马修·T. 梅森（Matthew T. Mason）
美国宾夕法尼亚州匹兹堡市
2016 年 11 月

⊖ 近代法国哲学家、物理学家、数学家，被誉为“近代科学的始祖”。——译者注

⊜ 尤里卡（希腊语是 εὕρηκα，拉丁化为 Eureka，词义是“我发现了”）是一个源自希腊、用以表达发现某件事物真相时的感叹词。该词如此出名，要归功于古希腊学者阿基米德在洗澡时发现浮力的故事。——译者注

⊜ 恒温器和飞球调速器是典型的控制系统，它们通过传感器探测外界信息，并通过反馈控制实现预定目标。——译者注

前　言

Modern Robotics: Mechanics, Planning, and Control

2008 年在 Pasadena 举办 IEEE ICRA（International Conference on Robotics and Automation）会议期间，我们决定为本科生编写一本机器人学方面的教材。从 1996 年开始，Frank 就拿自己编写的讲义为首尔国立大学的本科生教授机器人运动学的知识；到 2008 年，这些讲义已演化为本书所涵盖的核心内容。Kevin 也一直拿自己的讲义在美国西北大学讲授机器人学导论，其内容来自论文集和教科书。

我们相信，如果对机器人机构、规划与控制等主题进行单独研究，或者将其作为其他更传统主题的一部分，我们将失去一个独特而统一的视角。在 2008 年的会议上，我们注意到市面上尚缺少符合下述特征的教科书：（1）使用统一的框架去处理这些主题，同时辅以大量练习和配图；（2）最重要的是写出一本适用于本科生层次（差不多也是他们人生中第一本）的机器人课程的新教材，其中涉及的先修知识仅包括大学一年级的物理学、常微分方程、线性代数和一点儿与计算相关的内容。当时我们认为唯一明智的做法就是自己来写这样一本书。（我们当时并不知道这将会用掉我们 8 年多的时间来完成这一项目！）

写这本书的第二个动因，也是我们认为一个区别于其他机器人学导论类书籍的地方，是强调现代几何方法的使用。通常情况下，机器人最显著的物理特征由几何来描述效果最好。经典旋量理论的实践者对这种几何方法的优点已经认识了相当长的一段时间。但这些知识尚未触及本科生（本书的受众目标群）的层次，原因在于需要他们掌握一套全新的概念（旋量、运动旋量、力旋量、互易性、横贯、共轭等），以及那些经常需要对其进行处理和转换的复杂规则。另一方面，若采用旋量理论的代数运算方法，学生往往会最终沉浸在计算细节中，而失去那些在计算中处于中心地位的简单而优雅的几何解释。

让经典旋量理论惠及更多的人群，这一突破发生在 20 世纪 80 年代初。哈佛大学的 Roger Brockett 基于刚体运动的李群结构向读者展示了如何以数学方式来描述运动链（Brockett，1983b）。该发现的重要性在于，只是简单地通过线性代数与线性微分方程的基本理论来重构旋量理论。有了“现代旋量理论”这一现代微分几何领域的强大工具，就可以涉及范围更为广泛的机器人问题，其中部分内容将展现在我们这本教材中，其他更优秀、更高级的内容可参考 Murray 等（1994）的教科书。

正如本书书名所示，这本书涵盖了我们所认为的机器人机构学基础知识，以及与规划和控制有关的基础理论。将本书所有章节全部讲完可能需要两个学期，特别是再加上编程或机器人的实验环节。不过，本书第 2 ～ 6 章的内容是最低限度的必学知识，而且要按顺序来学习。

接下来教师可以有选择地从剩下的章节中选择内容。在首尔国立大学，本科生机器人学导论（M2794.0027）课程安排在一个学期，主要讲授第 2 ～ 7 章，以及第 10 ～ 12 章部分内容。在美国西北大学，机器人操作（ME 449）课程用 11 周的时间讲完第 2 ～ 6 章和第 8 章，然后再根据学生和教师的兴趣触及第 9 ～ 13 章的部分内容。讲授有关机械臂和轮式机器人运动学的课程可以选择第 2 ～ 7 章和第 13 章的内容，而要开有关运动学与运动规划的课程还需额外包括第 9 章和第 10 章的内容。关于机器人操作原理的课程将涵盖第 2 ～ 6、8 和 12 章，而机器人控制课程将涵盖第 2 ～ 6、8、9 和 11 章。如果教师不希望涉及动力学的主题（第 8 章），有关机器人控制的基础知识（第 11 章和第 13 章）即可涵盖对每个执行器的速度控制，而不是力和力矩控制。若课程只关注运动规划，内容可能包括第 2 章和第 3 章，更深入的知识在第 10 章（可能还要补充研究论文或其他参考文献）和第 13 章。

为了帮助教师选择讲授的主题并帮助学生梳理所学到的知识，我们在每章最后都包含“本章小结”，并在附录 A 中对全书中出现的重要概念和公式进行了总结。对于那些对章节内容感兴趣而想深入学习的读者，我们在每章末尾提供了一套相当全面（尽管并非详尽无遗）的“推荐阅读”。每章最后都提供了大量的习题，以便延伸读者对本章所涵盖基本内容的学习。本书中还包含一些较为前沿的学习材料，可用来支持独立的研究型项目。

这本书另一重要组成部分是软件，主要用来强化书中的概念，并使公式更具可操作性。该软件主要由 Kevin 在美国西北大学选择 ME 449 课程的学生开发，并可从 http://modernrobotics.org 免费下载。与教科书相配套的视频讲座也可在网站上找到[⊖]。上传视频的初衷是帮助教师实施“翻转课堂”，即学生利用课余时间观看简短的视频课（可根据需求重复观看），课上则集中更多的时间来协作解决问题。通过这种方式，当学生应用这些材料时教授可在现场答疑，并发现他们在理解上的差异。我们相信，教授在这个互动角色中能发挥最大的作用，而不是体现在年复一年、一成不变的讲座中。这种方法在 Kevin 教授的机电一体化课程中得到了很好的体现，具体见 http://nu32.org。

视频内容使用 Lightboard（http://lightboard.info）生成，该工具由美国西北大学的 Michael Peshkin 创建而成。他分享了这个方便有效的工具制作此教学视频，对此非常感谢！

我们还发现，作为本书及其软件的补充，V-REP 机器人仿真软件也非常有价值。利用这个仿真软件，学生可以以交互方式来探索机械臂和移动机器人的运动学，并为运动学、动力学及控制结果创建动画轨迹。

虽然本书在介绍有关机器人机构、规划和控制入门基础知识方面充分表达了作者的观点，但还是要对那些已经出版和使用多年的优秀教材表示最诚挚的敬意。其中，我们要特别提到已产生广泛影响力的 Murray 等（1994）、Craig（2004）、Spong 等（2005）、Siciliano 等（2009）、Mason（2001）和 Corke（2017），以及 Latombe（1991）、LaValle（2006）和 Choset 等（2005）关于运动规划的著作。此外，Siciliano 和 Khatib（2016）以及 Kröger 编辑的《机器人学手册》的多媒体扩展（http://handbookofrobotics.org），是我们这个领域的一个里程碑，汇聚了数以百计研究人员的前沿研究，涉及与现代机器人相关的各个主题。

同时，我们对写这本书时提供帮助和带给我们灵感的人表示感谢。特别是，感谢我

⊖ 关于本书的教辅资源，只有使用本书作为教材的教师才可以申请，需要的教师可向剑桥大学出版社北京代表处申请，电子邮件 solutions@cambridge.org。——编辑注

们的博士导师 Roger Brockett 和 Matt Mason。Brockett 是我们这本书中所讲机器人几何方法的奠基人。Mason 对机器人操作分析与规划做了开创性贡献，奠定了现代机器人学的基石。我们也感谢很多学生对本书素材的不同版本提供了大量积极的反馈意见，包括选择首尔国立大学 M2794.0027 课程和美国西北大学 ME 449 课程的学生。Frank 特别感谢 Seungghyeon Kim、Keunjun Choi、Jisoo Hong、Jinkyu Kim、Youngsuk Hong、Wooyoung Kim、Cheongjae Jang、Taeyoon Lee、Soocheol Noh、Kyumin Park、Seongjae Jeong、Sukho Yoon、Jaewoon Kwen、Jinhyuk Park、Jihoon Song，以及他在加州大学尔湾分校任教时的学生 Jim Bobrow 和 Scott Ploen。Kevin 要感谢 Matt Elwin、Sherif Mostafa、Nelson Rosa、Jarvis Schultz、Jian Shi、Mikhail Todes、Huan Weng 和 Zack Woodruff。

我们也要感谢剑桥大学出版社的 Susan Parkinson 和 David Tranah，向他们在本书出版过程（编辑、校正、排版等）中的勤勉、敬业精神致敬！

最后，也是最重要的，感谢我们的爱人和家人，包括 Frank 家庭成员中的 Hyunmee、Shiyeon 和 Soonkyu 以及 Kevin 家庭成员中的 Yuko、Erin 和 Patrick，是他们忍受我们的熬夜和不近人情，并一如既往地支持我们，最终促成了这本书的出版。没有爱的支持，这本书根本不会存在。我们将这本书献给他们！

Kevin M. Lynch
美国伊利诺伊州埃文斯顿
Frank C. Park
韩国首尔
2016 年 11 月

声明：两位作者对本书具有同等贡献，作者顺序按字母排列。

作者简介

凯文·M. 林奇（Kevin M. Lynch）IEEE 会士，1989 年在普林斯顿大学获得电子工程学学士学位，1996 年在卡内基 – 梅隆大学获得机器人学博士学位。自 1997 年开始一直在美国西北大学任教，还先后在加州理工大学、卡内基 – 梅隆大学、日本筑波大学和中国东北大学做访问学者。主要研究方向是机器人操作与移动的动力学、运动规划与控制，自组织多智能体系统，人机物理交互系统等。他获得过 IEEE 机器人学与自动化学会的早期职业奖、美国西北大学杰出教学奖，即将担任 IEEE International Conference on Robotics and Automation 主编，现为 IEEE Robotics and Automation Letters 高级编辑。本书为他的第 3 部教材。

朴钟宇（Frank C. Park）IEEE 会士，1985 年在 MIT 获得电子工程学学士学位，1991 年在哈佛大学获得应用数学博士学位，之后到加州大学尔湾分校任教。从 1995 年开始担任首尔国立大学机械与航空工程系教授。主要研究方向是机器人机构学、规划与控制，视觉与图像处理，以及与应用数学相关的领域。他一直担任 IEEE 机器人学与自动化学会杰出讲师，并担任纽约大学古兰特学院、佐治亚理工学院交互计算系以及香港科技大学机器人研究所兼职教授。现为 IEEE Transactions on Robotics 主编，EDX 课程《机器人机构学与控制 Ⅰ、Ⅱ》的开发者。

译者简介

于靖军　教授、博士生导师，中国机械工程学会高级会员。1995 年和 1998 年在燕山大学分别获得机械工程学士和硕士学位，2002 年在北京航空航天大学获得机械工程博士学位。从 2004 年开始一直在北京航空航天大学机器人研究所任教。主要研究方向是机器人机构学、柔性机构与智能结构，以及与运动几何学相关的领域。著有《机械装置的图谱化创新设计》《柔性设计：柔性机构的分析与综合》，主编《机械原理》《机器人机构学的数学基础》等教材。

贾振中　助理教授、博士生导师。2005 年和 2007 年在清华大学分别获得机械工程学士和硕士学位，2014 年在美国密歇根大学获得应用数学硕士、船舶和海洋工程博士学位。2015 ～ 2018 年在美国卡内基 – 梅隆大学机器人研究院跟随 Matthew T. Mason 教授从事博士后研究。2019 年开始在南方科技大学任教。主要研究方向是机器人、自动化、车辆控制。翻译了《机器人建模和控制》《机器人操作中的力学原理》和《地面车辆原理》等经典教材。

目 录

第1章

Modern Robotics: Mechanics, Planning, and Control

绪　论

作为一门学科，机器人学虽然相对年轻些，但目标高远，志在创造出能像人那样思考与行动的机器。这样的目标自然会让我们首先审视人类自身。例如，探究我们的身体为什么如此设计，我们的四肢如何协调动作，我们又如何学习和完成复杂的任务。“机器人学中基本的问题最终都是与我们自身密切相关的基本问题”这一感念是机器人学如此令人着迷的一个重要原因。

本书主要关注的是**机器人机构**（robot mechanism）、规划与控制问题。机械臂就是大家熟悉的一个例子，轮式机器人也是，而且机械臂可以安装在轮式机器人上。基本意义上，机构是由被称为**杆件/构件**（link）的刚体通过**关节**（joint）连接而成，其相邻杆之间能够相对运动。关节的**驱动**（actuation）主要通过电机来实现，保证机器人能够按预期的方式运动和施加载荷。

机器人机构中，各个杆件之间可以串接而成，诸如大家熟悉的图1.1a所示的开链机械手。当然，机器人机构中，杆件之间也可以形成闭链形式，如图1.1b所示的Stewart-Gough平台。开链情况下，所有关节都是驱动副；而闭链情况下，只有一部分关节是驱动副。

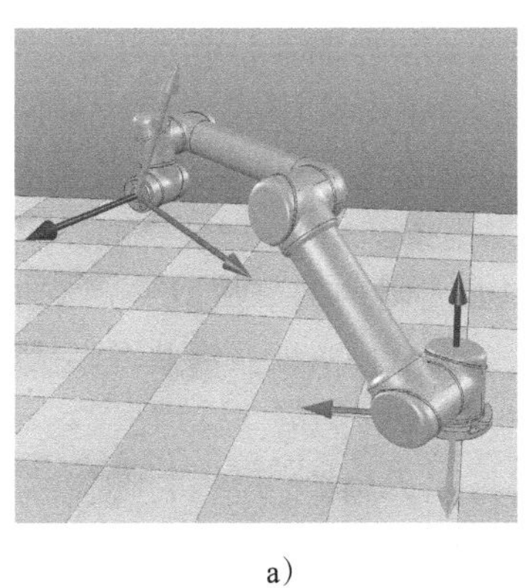

a）

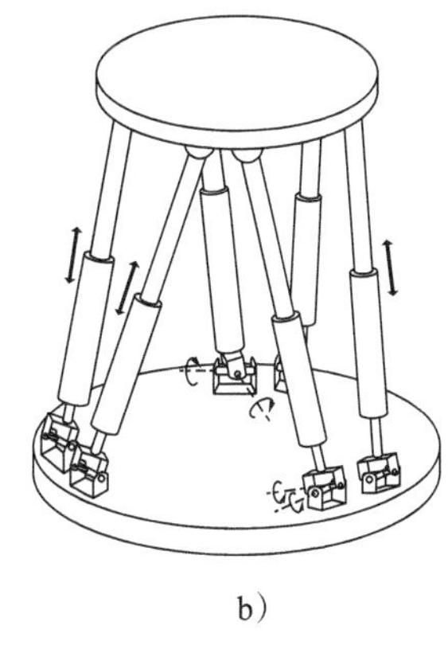

b）

图1.1　开链形式与闭链形式的机器人机构。a）在软件V-REP中构建的开链式工业机械手（Rohmer等，2013）；b）Stewart-Gough平台：由基座（或定平台）通过腿（或支链）连接至动平台，再通过另一条腿回到基座，由此组成的多闭链结构

让我们进一步审视机器人机构以外的技术。杆件在驱动器作用下运动，典型的是电驱动（如直流或交流电机、步进电机、形状记忆合金等），也可以由气动或液压缸驱动。旋转电机理想情况下是轻质的，以较低的旋转速度（如在几百RPM的范围内）产生较大的力或力矩。由于目前大多数可用的电机都在低力矩下工作，转速高达数千RPM，这种情况下，需要安装相应的减速器和力矩放大装置。可用的传动和传导装置有齿

轮、柔索、皮带、滑轮、链条和链轮等。这些减速装置应该具有零或较低的滑动和**回差**
1 (backlash，可定义为减速装置在输入处没有运动的情况下，其输出端的旋转量)，同时也
安装有制动器（也称刹车），刹车这一名词在工业机器人中十分常见，以保证发生意外时能使机器人快速停止动作，并保持在静止状态。

机器人上还配备了传感器来测量关节处的运动。对于转动关节和移动关节，通常用编码器、电位计或旋转变压器测量位移，有时使用转速计测量速度；机器人关节处或末端的力和力矩可以使用各种力传感器（或力矩传感器）来测量；其他传感器可帮助目标定位或机器人自身定位，如只有视觉的照相机、测量像素的颜色（RGB）和深度（D）的 RGB-D 相机、激光测距仪以及各种类型的声学传感器。

机器人学研究中，通常也包括人工智能和计算机感知技术。不过，无论哪种机器人，共有的一个本质特征是它们都在物理世界中运动。因此，作为本科生和研究生有关机器人学的第一门课程，本书侧重介绍机器人机构、规划与控制。

下面简单介绍一下全书其余各章的主要内容。

第 2 章　位形空间

如上所述，机器人在最基本的层面上是由刚体通过关节连接而成，关节由驱动器驱
2 动。而实际中的连接可能不完全是刚性的，且关节可能受弹性、间隙、摩擦和迟滞等因素
影响。本书中，我们将忽略这些影响，而且在大多数情况下，假设所有构件都是刚性的。

有了这个假设，第 2 章着重介绍如何表示一个机器人系统的**位形**（configuration)，它是描述机器人中各点位置的指标。由于机器人由通过关节连接的多个刚体组成，我们的研究便从理解刚体的位形开始。我们看到，平面刚体的位形可以用 3 个独立变量（2 个为位置，1 个为姿态）来描述，而空间刚体的位形则需要用 6 个独立变量（3 个为位置，3 个为姿态）来描述。变量的数量即是刚体**自由度**（degree of freedom，dof）数，这也是刚体**位形空间**（configuration space）的维度，其中位形空间为所有位形组成的空间。

机器人的自由度，也是其位形空间的维度，是指其中所有构件的自由度之和减去由于关节连接所产生的全部约束数。例如，两种最常见的关节类型——转动（旋转）副和移动（平移）副，与之相连的两个物体之间只有一个自由度。因此可以认为，转动副或移动副提供了一个空间刚体相对于另一个空间刚体运动的 5 维约束。一旦知道了构件的自由度数，以及各关节提供的约束数，我们便可以利用 **Grübler 公式**（Grübler's formula）计算出该机器人机构的自由度。对于**开链**（open-chain）机器人，如图 1.1a 所示的工业机械手，由于每个关节都是独立驱动的，因此自由度就是所有关节自由度的总和。对于如图 1.1b 所示的 Stewart-Gough 平台的**闭链**（closed chain）机器人，Grübler 公式是一种计算其自由度下界的便捷方法。这是因为与开链机器人不同，闭链机器人中的一些关节不是驱动副。

除了计算自由度，令人感兴趣的其他有关位形空间的概念还包括位形空间的**拓扑**（topology，或"形状"）及其**表达**（representation)。同一维度的两种位形空间可以具有不同的形状，就像一个二维平面在形状上不同于二维球表面一样。当需要确定具体（位形）空间表达时，这些差异就变得非常重要。例如，单位球表面，可以使用最小数量的独立坐标来表示，如纬度和经度，或者可以用满足约束 $x^2 + y^2 + z^2 = 1$ 的 3 个参数（$x, y,$

z）表示。前者是一种**显式参数化**（explicit parametrization）表达，而后者则是对该空间的一种**隐式参数化**（implicit parametrization）表达。虽然每种表达都有其各自的优点，但在本书中，我们将采用隐式参数化形式来描述机器人的位形空间。

机械臂通常配备有机械手或手爪，更通用的说法是**末端执行器**（end-effector），它是与周围世界的物体进行交互的载体。为了完成诸如物体拾取等任务，我们更关心末端执行器相对参考基座的位形，而非整个手臂的位形。我们将末端执行器的位姿空间称为**任务空间**（task space）。注意，机器人位形空间与任务空间之间并非一一映射的关系。机 3
器人的**工作空间**（workspace）则可以定义为末端执行器所能达到的任务空间的子集。

第 3 章　刚体运动

本章主要讨论如何通过数学描述三维物理空间中刚体的运动。一种方便的做法是将参考坐标系附着在刚体上，并建立起一种当刚体运动时可以定量描述参考坐标系的位置和姿态的方法。首先，我们介绍用 3×3 矩阵描述坐标系的姿态，该矩阵称为**旋转矩阵**（rotation matrix）。

旋转矩阵可通过 3 个独立的坐标实现参数化。其中，对于旋转矩阵最自然也最直观的表示形式是基于**指数坐标**（exponential coordinate）的表达。也就是说，给定一个旋转矩阵 R，总会存在某一单位向量 $\hat{\omega}\in\mathbb{R}^3$ 和角度 $\theta\in[0,\pi)$，使得通过将初始单位坐标系（与初始单位矩阵相连的坐标系）通过绕 $\hat{\omega}$ 旋转一定的角度 θ 而得到该旋转矩阵。指数坐标定义为 $\omega=\hat{\omega}\theta\in\mathbb{R}^3$，这是一个三参数表示。还有其他几种大家熟悉的姿态表示方法，如欧拉角、Cayley-Rodrigues 参数和单位四元数等，这些都在附录 B 中有介绍。

关注用指数表达转动的另一原因在于，它直接导致了刚体运动的指数描述，而这可以看作是对古典旋量理论的现代几何解释。为了尽可能地保留其中的经典概念，我们会详细介绍旋量理论的线性代数结构，包括集线速度与角速度于一体的物理量，即六维的**运动旋量**（twist）——它也称为**空间速度**（spatial velocity），以及与之类似的一个物理量，即同时表示三维力和三维力矩的六维**力旋量**（wrench）——它也称为**空间广义力**（spatial force）。

第 4 章　正向运动学

对于一个开链机器人而言，末端执行器的位置和姿态可通过关节位置唯一确定出来。其正向运动学问题就是当给定各关节位置，求出附着在末端执行器上的物体坐标系的位姿。本章中，我们将重点介绍用于描述开链机器人正向运动学的**指数积**（Product of Exponential，PoE）公式。顾名思义，PoE 公式直接来自刚体运动的指数坐标表示。除了可对关节轴运动旋量的指数坐标进行直观且形象的描述之外，PoE 公式还有其他优点，如无须建立连杆坐标系（只有基坐标系和末端坐标系是必需的，而且它们可以任意选择）。

在附录 C 中，我们还介绍了用 Denavit-Hartenberg（D-H）参数描述正向运动学。D-H 4
模型用到的参数更少些，但需要按照某种指定的规则将局部坐标系附着到每个构件上，显然是件很麻烦的事情。有关 D-H 参数与 PoE 公式的转换关系也可从附录 C 中找到。

第 5 章　一阶运动学与静力学

一阶运动学又称速度运动学，主要目标是建立起关节线速度和角速度与末端执行器线速度和角速度之间的映射关系。一阶运动学的核心是正向运动学的**雅可比**（Jacobian）。

对关节广义速度向量左乘一个与位形相关的矩阵，即可得到任一位形下的末端运动旋量。**运动学奇异**（kinematic singularity）是指末端执行器失去了某一方向或更多方向运动能力的位形，正好对应的是雅可比不满秩的情况。**可操作度椭球**（manipulability ellipsoid）作为一种性能指标，主要用来形象化地描述机器人沿不同方向的运动能力，也可以从雅可比中导出。

雅可比也是机器人静力学分析的关键。在保持静平衡的前提条件下，给定末端执行器的预期力旋量，雅可比可用于确定需要在各关节处施加的力和力矩。

雅可比的定义还取决于末端执行器速度的表示形式，其中首选形式是将其表示成一个六维运动旋量。因此，我们也简单介绍一下其他形式及其对应的雅可比。

第 6 章　逆运动学

逆运动学问题是指机器人到达预期的末端位形时，如何确定相对应的一组关节位置。对于开链机器人，逆运动学通常比正向运动学复杂：我们知道，当给定一组关节位置，末端位姿通常是唯一确定的；而对于某一特定的末端位姿，对应的关节位置可能存在多组解，或根本没有解。

本章中，我们首先研究一个常用的六自由度开链机器人，其逆运动学具有闭式解析解。对于更一般的开链结构，则介绍一种基于迭代的数值算法，该方法充分利用了雅可比矩阵的逆来进行求解。如果该开链机器人**运动冗余**（kinematically redundant），意味着它的关节数大于任务空间的维数，这种情况下需采用雅可比矩阵的伪逆形式。

第 7 章　闭链运动学

虽然开链机器人的正向运动学解往往是唯一的，但闭链机器人的正向运动学往往呈
5 现多解性，甚至有时其逆运动学解也是如此。此外，由于闭链机器人同时具有驱动关节和被动关节，在对其进行运动学奇异性分析时也会呈现出开链机器人中不曾遇到的问题。在本章，我们将研究闭链机器人运动学分析中的一些基本概念和相关工具。具体从实例分析入手，研究对象为平面五杆机构和 Stewart-Gough 平台，分析结果可以扩展到更一般性的闭链机器人运动学分析。

第 8 章　开链动力学

动力学研究的是当有力和力矩作用时的运动情况。在本章中，我们将研究开链机器人的动力学。与机器人正向运动学和逆运动学的概念类似，**正向动力学**（forward dynamics）问题是给定一组关节力和力矩，确定输出的关节加速度；**逆动力学**（inverse dynamics）问题则是给定关节加速度，确定所需输入的力矩和力。将力和力矩与机器人的运动相关联，可得到一组用二阶常微分方程来表示的动力学方程。

可以使用以下两种方法中的任一种来推导开链机器人的动力学方程。拉格朗日法中，首先选择一组坐标，即经典动力学文献中的广义坐标，作为位形空间参数。机器人中所有构件势能与动能的总和表示成这些广义坐标的函数及其时间导数的形式，将其代入**欧拉–拉格朗日方程**（Euler-Lagrange equation），然后得到一组二阶微分动力学方程式，它们是所选位形空间参数的函数。

牛顿–欧拉（Newton-Euler）法则建立在 $f=ma$ 的广义化基础上，即给定作用其上的力旋量，确定刚体加速度方程。给定关节变量及其时间导数，用牛顿–欧拉法求解逆动

力学的方法是：从基座开始，求解从近端杆向远端杆每个构件的速度和加速度；利用刚体运动方程计算出施加在最远端构件上的力旋量（由此计算关节力和力矩）；沿运动链返回机器人基座，计算每个关节所需的力和力矩。由于是开链结构，动力学方程可以写成递归的形式。

本章中，我们对以上两种动力学方程建模方法都将进行讨论。包括正、逆动力学的递归算法，以及动力学方程的解析表达等。 6

第 9 章　轨迹生成

机器人与一般自动化机器的主要区别在于：前者针对不同的任务需求很容易重新编程。不同任务需要不同的动作与之相适应，期望用户去设定各个关节在其整个时间段的任务显然是不合理的。对于机器人而言，控制计算机从一组小的任务输入数据中“填补细节”更为可取些。

本章主要关注如何从这样的一组任务输入数据中自动生成关节的轨迹。形式上，轨迹就是一条**路径**（path），以纯几何的形式描述了机器人所实现的位形的顺序，以及到达每个位形所处的**时间标度**（time scaling）。

通常情况下，输入任务数据是以下列形式给出的：一组有序关节变量，称之为控制点，以及相应的一组控制时间。在该数据的基础上，轨迹生成算法产生每个关节的轨迹，以满足各种用户提出的条件。在这一章，我们重点关注 3 种情况：①关节空间与任务空间内的点对点直线轨迹；②通过一系列定时“通过点”的平滑轨迹；③受机器人动力学与驱动器限制下沿特定路径的时间最优轨迹。而寻找无碰撞的路径问题则是下一章运动规划的主题。

第 10 章　运动规划

本章介绍机器人寻找无碰撞的路径问题，在避免强加给机器人的关节限制、驱动器限制以及其他物理限制的前提下让机器人通过杂乱的工作空间。**路径规划**（path planning）问题是一般运动规划问题的子问题，主要涉及在起始与目标位形之间找到一条无碰撞的路径。通常情况下不用考虑动力学、运动的持续时间，以及运动或控制输入方面的约束。

目前还没有哪一套算法可以适用于所有运动规划问题。本章中，我们讨论 3 种基本方法：网格法、采样法和虚拟势场法。

第 11 章　机器人控制

机械臂要能够根据其所承担的任务和环境展现出相应的行为，完成程序化的运动。如将一个物体从一个地方移动到另一个地方，或者完成制造应用领域中的寻迹任务；也可以输出力，例如研磨或抛光工件。在完成诸如黑板上写字这样的任务时，要必须控制
某些方向的力（粉笔压在黑板上的力）以及其他方向的运动（黑板平面内的运动）。在 7
某些应用中，例如触觉显示器，我们更希望机器人像一个可编程的弹簧、阻尼器或质量块，可以控制位置、速度和加速度，以响应施加在其上的力。

在上述所提的每种情况中，机器人控制器的工作就是将任务指令转换成驱动关节的力和力矩。可实现上述任务的控制策略称为**运动控制**（motion control）或**位置控制**（position control）、**力控制**（force control）、**混合运动 – 力控制**（hybrid motion-force control）和**阻抗控制**（impedance control）。哪种策略更加合适取决于任务和环境。例如，当末端执行器与物体接触时实施力控制才变得有意义，而其在自由空间中移动时并不需要进行力控制。无论环境如何，我们必须要遵循牛顿力学的基本约束法则，即机器人不能独立控制在同一方向上的运动和力。如果机器人施加某一运动，那么环境就决定了力的属性，反之亦然。

大多数机器人由驱动器驱动，驱动器对每个关节施加力和力矩。因此，要想精确地控制一个机器人，就需要了解这个机器人关节的力和力矩与机器人运动之间的关系，这是动力学的研究范畴。即使对于简单的机器人而言，其动力学方程也十分复杂，并且有赖于精确地给出每个构件的质量和转动惯量，而获得这些参数信息可能是件不容易的事情。即使建立起关于这些参数的动力学方程，仍然不能反映出诸如摩擦、弹性、间隙、迟滞等物理现象。

大多数真实的控制策略往往通过使用**反馈控制**（feedback control）来补偿这些不确定性因素。在讨论了无须机器人动力学模型的反馈控制及其性能局限性之后，我们再来研究运动控制算法，如**计算转矩控制**（computed torque control），它将近似的动力学建模与反馈控制有机地结合在一起。最后再将机器人运动控制的基本经验和教训应用在力控制、混合运动–力控制以及阻抗控制中。

第 12 章　抓握和操作

前几章的重点是对机器人自身的运动进行描述、规划和控制。但为了让机器人有用，机器人必须有能力操纵环境中的物体。本章中，我们将对机器人和物体之间的接触进行建模，特别是对接触对物体运动所施加的约束以及摩擦接触所传输的力进行建模。通过这些模型来研究选择何种接触，并确定通过**形封闭**（form closure）与**力封闭**（force closure）抓持来固定物体。我们也将接触模型用到抓持之外的操作问题，如推动物体、
8 动态携带物体，以及测试结构稳定性等。

第 13 章　轮式移动机器人

最后一章介绍装有机械臂的轮式移动机器人的运动学、运动规划和控制问题。移动机器人通过安装特殊设计的**全向轮**（omniwheel）或**麦克那姆轮**（mecanum wheel）实现全方位运动，包括任意位置的旋转或任何方向的移动。但是，许多移动的底座，如汽车和差速驱动机器人，更多使用的是传统的不会侧滑的车轮。这些无侧滑约束与闭链机构中的闭环约束有着根本的不同：后者是**完整**（holonomic）约束，意味着它们是位形约束；而前者是**非完整**（nonholonomic）约束，意味着速度约束不可积，无法变成等价的位形约束。

由于全向移动机器人与非完整约束移动机器人的特性不同，我们将对两者的运动学建模、运动规划和控制问题分别进行讨论，并且相比较，非完整约束移动机器人的运动规划和控制比全向移动机器人的更具挑战性。

当导出了全向移动机器人与非完整约束机器人的运动学模型之后，我们发现两者的**里程计测距**（odometry，简称**里程计**）问题，即基于编码器数据的底盘位形估计，都可用同种方式得以解决。同样，对于由轮式底座和机械臂共同组成的轮式移动机器人，会发现该**移动操作**（mobile manipulation）的反馈控制（使用手臂关节和车轮来控制末端执

行器的运动）与上述两种类型的机器人也都完全一样。移动操作的基本对象是反映关节及轮的速度与末端执行器运动旋量之间映射关系的雅可比。

每章的最后都有对本章重要概念的总结。附录 A 将书中重要的方程汇编在一起，便于参考。相关视频可在网站 http://modernrobotics.org 中浏览下载，部分章节中涉及的软件也可从该网站下载。该软件既非想象中的那么功能强大，也非多么有效，但可读性较好，便于加强对书中概念的理解。不过，我们鼓励读者认真阅读软件代码，而不仅仅是用它来巩固你对知识的理解。每个函数都有注释以及应用实例。该软件包可能会随着时间的推移而扩展增长，但其核心功能已记录在各章节中。 9

第 2 章 | Modern Robotics: Mechanics, Planning, and Control

位形空间

机器人是由一组称为**构件**（link）的物体相互之间通过不同类型的**关节**（joint）机械连接而成，由电机等**驱动器**（actuator）为之提供相应的力和力矩，促使机器人中的构件产生运动。通常将**末端执行器**（end-effector），如用于抓持及操作的夹钳或机械手，安装在特定的构件上。本书中所要讨论的所有机器人的构件都视为刚体。

也许有人会问，机器人最基本的是什么？答案肯定是机器人的**位形**（configuration）：根据它即可确定机器人中所有点的位置。由于组成机器人的构件是刚体且形状已知㊀，这样，只需要有限个参数便可确定它的位形。例如，门的位形可以通过单一参数来描述，如合页（铰链）的转角 θ（图 2.1a）；平面上一点的位形可以用坐标（x，y）来描述（图 2.1b）；平放在桌子上的硬币，其上头像的位形可以用 3 个参数来描述，其中两个坐标值（x，y）确定硬币上特定点的位置，一个坐标（θ）指定了头像的方向。

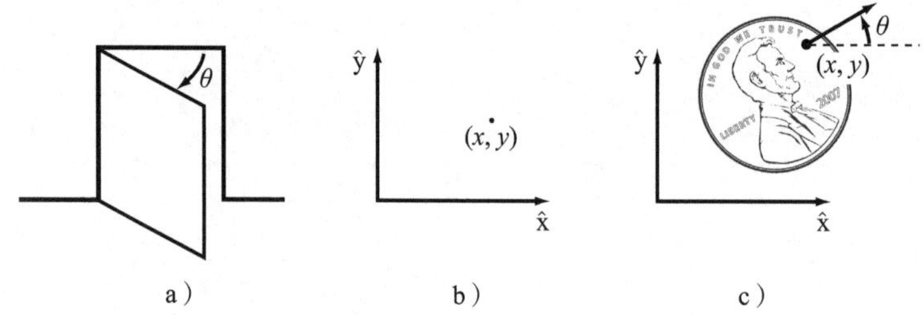

图 2.1　a）门的位形可通过转角 θ 来描述；b）平面上的一点的位形可以用坐标（x，y）来描述；c）桌面上硬币的头像的位形可以用（x，y，θ）来描述，其中 θ 为头像目视方向

上述坐标参数均在连续的实数范围内取值。机器人的**自由度**（degree of freedom，dof）数就是表示其位形所需的最小实值坐标数。在上面的例子中，门有 1 个自由度，桌面上平放的硬币有 3 个自由度。无论硬币里面的头像头朝上还是朝下，它的位形空间仍然只有 3 个自由度；而代表硬币面朝上的第四个变量则取离散值 {头、尾}，而不是像其他 3 个坐标参数那样的连续实数值。

【定义 2.1】 机器人的**位形**是指机器人上每个点位的全体集合，表示机器人位形所需的最少广义坐标数 n 就是机器人的自由度（dof），包含所有可能的机器人位形的 n 维空间称为**位形空间**（**C– 空间**，C-Space）。机器人的位形通常用 C– 空间中的一个特征点来表示。

10 本章中，我们将研究 C– 空间和一般机器人的自由度问题。由于本书所讨论的机器

㊀ 将其与类如枕头的软物体的位形表示相比较。

人都是由刚性构件组成，因此首先研究一下单个刚体的自由度，然后扩展到一般性的多杆机器人的自由度研究。接下来研究形状（或拓扑）、C– 空间几何及其数学表示。本章最后再来讨论一下机器人末端执行器的 C– 空间及其任务空间。后续章节中我们还将更详细地研究单个刚体 C– 空间的数学表达。

2.1 刚体的自由度

继续讨论桌面上硬币的例子。在硬币上选择三点 A、B、C（图 2.2a），将一参考坐标系 $\hat{\mathrm{x}}$-$\hat{\mathrm{y}}$ 设在平面上[⊖]，平面上这 3 个点的位置写成 (x_A, y_A) 、(x_B, y_B) 、(x_C, y_C) 。如果这些点可以在平面上随意放置，说明硬币有 6 个自由度，即 3 个点的每一个都有 2 个自由度。但根据刚体的定义，无论硬币如何放置，A、B 两点的距离（定义成 $d(A, B)$ ）始终是常数。$d(B, C)$ 和 $d(A, C)$ 类似地也一定是常数。有关三点坐标之间的定长约束可以写成如下形式：

$$d(A, B)=\sqrt{(x_A - x_B)^2+(y_A - y_B)^2} = d_{AB}$$
$$d(B, C)=\sqrt{(x_B - x_C)^2+(y_B - y_C)^2} = d_{BC}$$
$$d(A, C)=\sqrt{(x_A - x_C)^2+(y_A - y_C)^2} = d_{AC}$$

为确定桌面上硬币的自由度数，首先选择平面中 A 点的位置（图 2.2b）。我们可以 11
选择它为我们想要的任意位置，由此指定两个自由度，即 (x_A, y_A) 。一旦 (x_A, y_A) 被指定，约束 $d(A, B) = d_{AB}$ 限制了 (x_B, y_B) 的选择，因为后者是以 A 点为中心的，半径为 d_{AB} 的圆上的点。该圆上的点可以通过单个参数确定下来，如在以 A 为中心的圆上指定 B 点的方位。让我们称这个角为 ϕ_{AB}，并且将其定义为向量 $\overrightarrow{AB}$ 与 $\hat{\mathrm{x}}$ 轴的夹角。

一旦我们选择了 B 点的位置，C 点的位置也就只有两种可能：位于两个圆（以 A 为中心、以 d_{AC} 为半径的圆，以及以 B 为中心、以 d_{BC} 为半径的圆）的交点处（图 2.2b）。这两组解正好对应头和尾。换句话说，一旦我们确定了 A 和 B 的位置，以及头或者尾的方位，两个约束方程 $d(B, C)=d_{BC}$ 和 $d(A, C) = d_{AC}$ 可消掉 (x_C, y_C) 可能存在的两种可能，C 点的位置可完全确定。这枚硬币在平面内正好有 3 个自由度，可以用 (x_A, y_A, ϕ_{AB}) 来表示。

假设我们在硬币上选择另一附加点 D 的位置，由此引入了 3 个额外的约束方程：$d(A, D) = d_{AD}$ ，$d(B, D)=d_{BD}$ ，$d(C, D) = d_{CD}$ 。其中一个约束是多余的，它没有提供新的信息，即这 3 个约束中只有两个是独立的。显然，由坐标 (x_D, y_D) 引入的两个自由度可通过这两个独立的约束方程消掉。对于硬币上其他新选择的点也是如此，因此无须
考虑在硬币上再选择额外的点。事实上，我们一直在应用以下规则来确定一个系统的自 12
由度：

$$\text{系统自由度} = (\text{点的自由度之和}) - (\text{独立约束数}) \tag{2.1}$$

这一规则还可以写成基于变量数和独立约束方程数来描述系统的自由度，即

$$\text{系统自由度} = (\text{变量数}) - (\text{独立约束方程数}) \tag{2.2}$$

⊖ 坐标系的单位坐标轴带有上帽标，表示它们是单位向量，并且使用非斜体字体，如 $\hat{\mathrm{x}}$ 、$\hat{\mathrm{y}}$ 以及 $\hat{\mathrm{z}}$。

这条规则也可以用来确定三维空间刚体的自由度数。例如，假设硬币不再限定在桌面上（图 2.2c）。3 个点 A、B、C 分别由 (x_A, y_A, z_A)、(x_B, y_B, z_B)、(x_C, y_C, z_C) 给出。A 点可以在空间自由选择（3 个自由度）。B 点的位置受限于约束 $d(A, B)=d_{AB}$，意味着它必须位于以 A 为中心的半径为 d_{AB} 的球面上。因此，我们有 3−1= 2 个自由度来限定哪个可以表示为球面上点的纬度和经度。最后，点 C 的位置必须位于两个球（以 A 为中心、以 d_{AC} 为半径的球，以及以 B 为中心、以 d_{BC} 为半径的球）的交点处。在一般情况下，两个球的交点是个圆，因此，C 点的位置可以用一个转角来参数化地描述这个圆，C 点因此增加了 3−2 = 1 个自由度。一旦点 C 的位置被选中，硬币便被固定在空间中了。

总之，三维空间中的刚体具有 6 个自由度，可以选用点 A 的 3 个坐标、点 B 的 2 个转角和点 C 的 1 个转角作为参数，前提是 A、B、C 不共线。其他表示刚体位形的方法将在本书第 3 章中讨论。

我们刚刚确定了一个三维空间中运动的刚体，称之为**空间刚体**（spatial rigid body)，它具有 6 个自由度。同样，一个在二维平面中运动的刚体，我们称之为**平面刚体**（planar rigid body)，具有 3 个自由度。也可以将平面刚体考虑为具有 6 个自由度的空间刚体的特例，只不过这时有 3 个独立约束：$z_A=z_B=z_C=0$。

由于我们所要讨论的机器人由刚体构成，式（2.1）可以表示为

$$\text{自由度} = (\text{构件的自由度之和}) - (\text{独立约束数}) \tag{2.3}$$

13 式（2.3）构成了一般机器人自由度计算的基础，这也是下一节要讨论的主题。

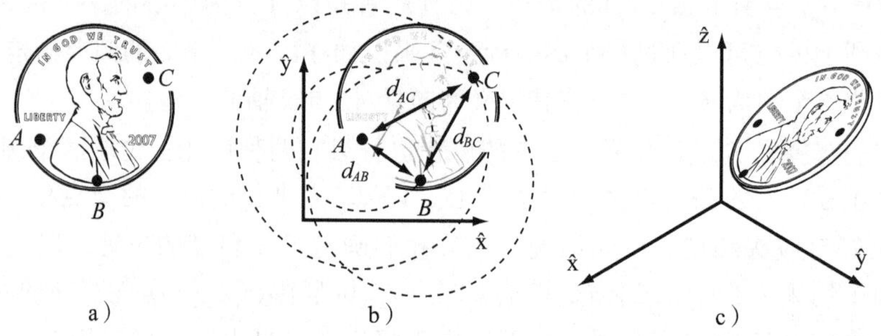

图 2.2　a) 选择硬币表面上的 3 个点；b) 一旦选定了 A 点的位置，B 点一定在以点 A 为圆心、以 d_{AB} 为半径的圆周上，一旦选定了 B 点的位置，C 点一定在以点 A 和 B 为圆心的两个圆的交点处，两个交点之一正好对应头像目视的方位；c) 三维空间内硬币的位形可通过 A 点的 3 个坐标、到 B 点（位于以 A 为中心的半径为 d_{AB} 的球面上）的 2 个转角以及到 C 点（为以 A 为中心的球与以 B 为中心的球的交点）的 1 个转角确定

2.2　机器人的自由度

再次考虑图 2.1a 中的门，它由单个刚体通过铰链连接到墙上。从上一节中，我们知道门只有 1 个自由度，为方便可用铰链转角 θ 来表示。如果没有铰链连接，门可以在三维空间内自由移动并具有 6 个自由度。通过铰链将门连接到墙上，5 个独立的约束强加

在门上，使其只剩下一个独立的运动（θ）。或者，俯视来看，门可以视为平面刚体，它有3个自由度。通过铰链施加了两个独立的约束，同样只剩下一个独立的运动（θ）。门的C–空间可以用某一区间 $[0, 2\pi)$ 来表示，θ 可在该区间中变化。

在以上两种情况下，铰链的作用是为了限制自由刚体的运动，从而减小了系统整体的自由度。这样的结论期望能够给出一种只需简单数一数刚体和关节数便可得到机器人自由度的公式。本节中，我们便精确地导出了一种用于计算平面和空间机器人自由度的公式，也称为Grübler公式。

2.2.1 机器人关节

图2.3给出了典型机器人中的基本关节类型。每个关节都精确地连接两个构件，不允许同时连接3个及以上构件。**转动副**（revolute joint，R）也称作铰链，保证绕关节轴做旋转运动。**移动副**（prismatic joint，P）也称为滑动或直线关节，只允许关节沿轴线方向平移（或直线）运动。**螺旋副**（helical joint，H）也称为螺旋关节，允许绕螺旋轴同时旋转和平移。转动副、移动副、螺旋副都只有一个自由度。

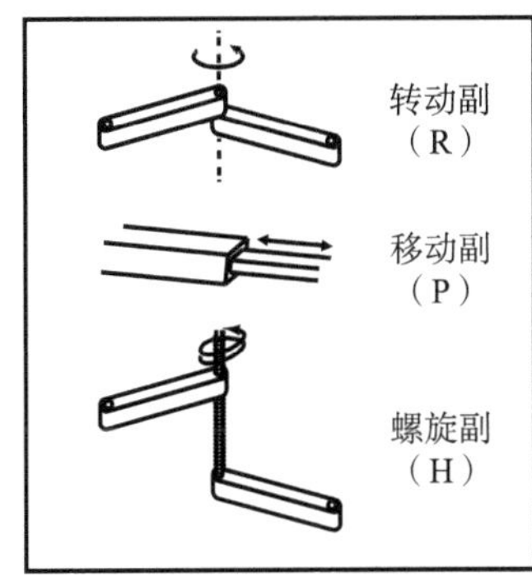

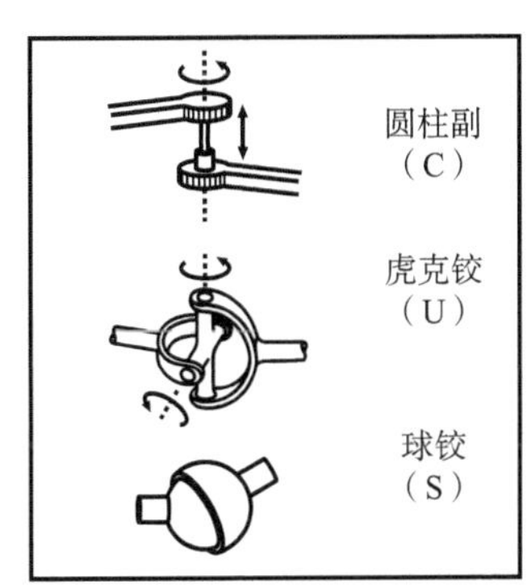

图2.3 典型的机器人关节

关节也可以有多个自由度。**圆柱副**（cylindrical joint，C）就有两个自由度，允许沿某关节轴做独立的移动和旋转。**万向节**（universal joint，U）是另一种两自由度的关节，由一对转动副组成，两关节轴呈正交排列。**球铰**（spherical joint，S）有3个自由度，其功能很像我们人类的肩关节。

一个关节既可以看作为一个刚体相对另一个刚体提供了自由度，同时也可以看成为连接的两个刚体的运动提供了约束。例如，一个旋转关节既可以看作允许两个刚体在空间具有一个转动自由度，也可以看作对一个运动的刚体相对另一个刚体提供了五维约束。推而广之，刚体自由度数（平面刚体为3，空间刚体为6）减去关节提供的约束数一 14
定等于关节的自由度数。

表2.1总结了各种关节类型及其对应的自由度和约束度。

表2.1 常用关节所提供的自由度 f 和约束度 c

关节类型	自由度 f	两个平面刚体之间的约束度 c	两个空间刚体之间的约束度 c
转动副（R）	1	2	5
移动副（P）	1	2	5

（续）

关节类型	自由度 f	两个平面刚体之间的约束度 c	两个空间刚体之间的约束度 c
螺旋副（H）	1	N/A	5
圆柱副（C）	2	N/A	4
万向节（U）	2	N/A	4
球铰（S）	3	N/A	3

2.2.2 Grübler 公式

机构的自由度可通过如式（2.3）所示的 Grübler **公式**（Grübler's formula）计算得到。

【命题 2.2】对于一个具有 N 个构件（含基座）的机构，令 J 为关节数，m 为刚体的自由度数（对于平面机构，m=3；对于空间机构，m=6），f_i 为关节 i 对应的自由度数，
15 c_i 为其对应的约束数，对于所有的 i，始终满足 $f_i+c_i=m$。则用于计算机器人自由度的 Grübler 公式可以写成

$$\begin{aligned}\text{dof} &= \underbrace{m(N-1)}_{\text{刚体自由度数}} - \underbrace{\sum_{i=1}^{J} c_i}_{\text{关节约束数}} \\ &= m(N-1)-\sum_{i=1}^{J}(m-f_i) \\ &= m(N-1-J)+\sum_{i=1}^{J} f_i\end{aligned} \tag{2.4}$$

上述公式只有在所有关节约束都是独立的情况下才能成立。否则，该公式只能用于判断自由度数的下限值。

下面我们就用 Grübler 公式来对一些平面和空间机构进行自由度计算。为此，区分两种类型的机构：**开链机构**（open-chain mechanism）和**闭链机构**（closed-chain mechanism），其中开链机构也被称为**串联机构**（serial mechanism）。顾名思义，闭链机构就是含有闭环的机构。当人双脚站在地上时，就可以看作是一个闭环机构的例子。因为从地到右腿、再到腰、再到左腿、最后回到地（地本身也是一个构件），正好组成一个闭环。而开链机构中不存在任何闭环，当手在空间自由挥动时，胳膊就可看作是一个开链机构。

【例题 2.3】铰链四杆机构和曲柄滑块机构

如图 2.4a 所示的平面四杆机构由 4 根杆组成（其中一根杆为机架），通过 4 个转动副相连，并以单闭环的形式分布。由于所有杆都在同一平面内运动，因此有 m=3。将 N=4、J=4 和 $f_i=1(i=1,\cdots,4)$ 代入 Grübler 公式中，可以得到铰链四杆机构的自由度为 1。

曲柄滑块机构也是闭链机构，如图 2.4b 所示。其自由度可用两种方法来分析：①机构中含有 3 个转动副和 1 个移动副（J=4 和 $f_i=1$），以及 4 个构件（N=4，包括机
16 架）；②机构含 2 个转动副（$f_i=1$）和一个 RP 铰（RP 铰为转动副与移动副的组合，$f_i=2$），以及 3 个构件（N=3，注意每个关节只允许与两个构件相连）。两种方法分析结果，机构的自由度都为 1。

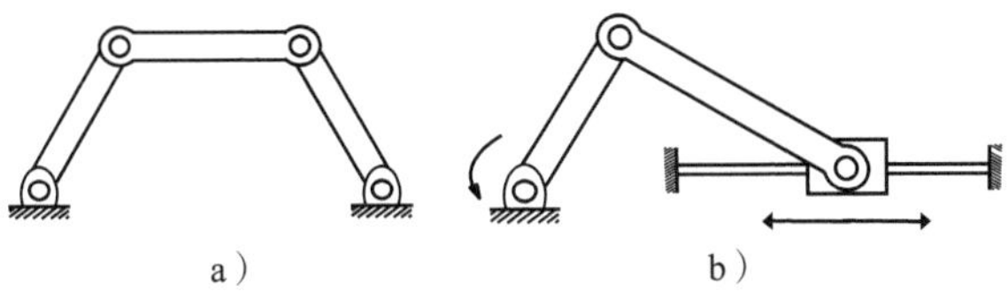

图 2.4　a）铰链四杆机构；b）曲柄滑块机构

【例题 2.4】一些经典的平面机构

再用 Grübler 公式对一些经典的平面机构进行自由度计算。如图 2.5a 所示的 k 杆平面开链机构（对于由 k 个转动副组成的机构称为 kR 机构）有 $N=k+1$ 个构件（k 根杆加上机架），$J=k$ 个运动副。由于所有运动副均为转动副，对于所有的 i，$f_i=1$。因此有

$$\text{dof}=3((k+1)-1-k)+k=k$$

如预期所料。对于图 2.5b 所示的平面五杆机构，$N=5$（4 根杆加上机架），$J=5$，对于所有的 i，$f_i=1$。因此有

$$\text{dof}=3(5-1-5)+5=2$$

对于图 2.5c 所示的斯蒂文森型六杆机构，$N=6$，$J=7$，且对于所有的 i，$f_i=1$。因此有

$$\text{dof}=3(6-1-7)+7=1$$

对于图 2.5d 所示的瓦特型六杆机构，$N=6$，$J=7$，且对于所有的 i，$f_i=1$。因此有 17

$$\text{dof}=3(6-1-7)+7=1$$

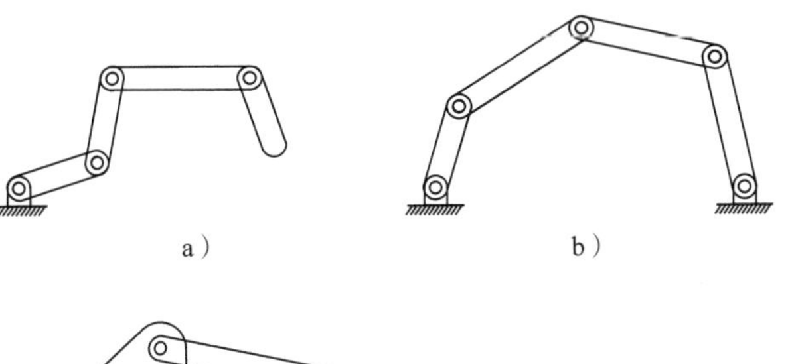

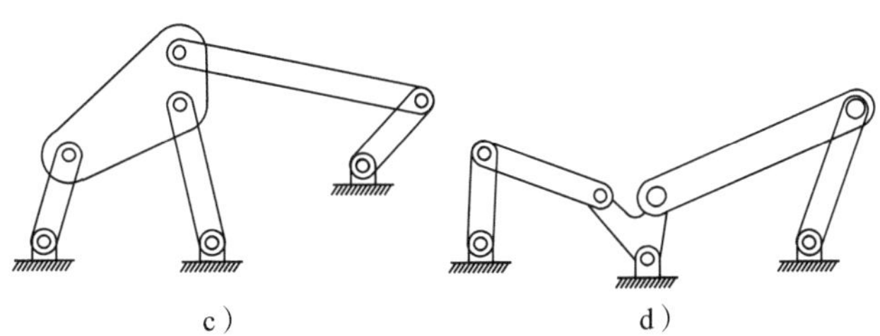

图 2.5　a）k 杆平面串联机构；b）平面五杆机构；c）斯蒂文森型六杆机构；d）瓦特型六杆机构

【例题 2.5】含有重叠铰链的平面机构

如图 2.6 所示的平面机构中，有 3 根杆通过 1 个转动副连接在右端的大杆上。回顾一下对运动副的定义，一个运动副只能与 2 个构件相连接，因此此处的转动副不能认为是单一铰链，而是两个转动副相互重叠在了一起。由

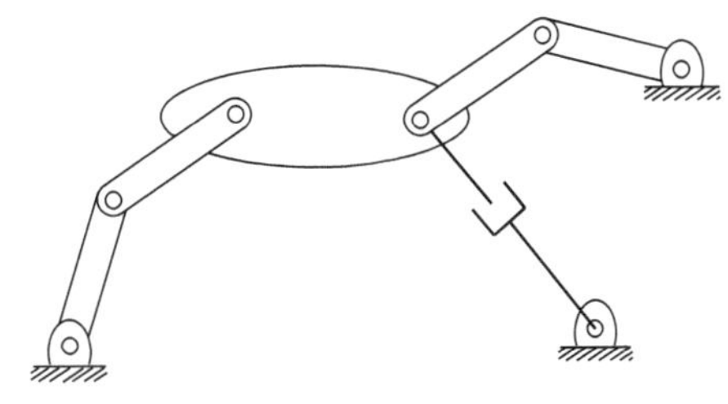

图 2.6　含有两个重叠铰链的平面机构

此，同样不止一种方法来计算该机构的自由度：①机构由 8 个构件（N=8）、8 个转动副和 1 个移动副（J=9）组成，代入 Grübler 公式中有

$$\text{dof} = 3(8-1-9)+9(1)=3$$

②右下方的转动 – 移动副组合看作是一个 2-dof 的铰链。这时，机构中有 7 个构件（N=7）、7 个转动副和 1 个 2-dof 的运动副，代入 Grübler 公式中有

$$\text{dof} = 3(7-1-8)+7(1)+1(2)=3$$

【例题 2.6】冗余约束与奇异

对于如图 2.7a 所示的平行四边形机构，N=5，J=6，且对于所有的 i，$f_i=1$。根据
18 Grübler 公式，计算该机构的自由度为 $3(5-1-6)+6=0$。零自由度的机构定义为刚性结构。显然，从图中可以看出该机构实际上具有 1 个自由度的移动运动。事实上，任何 3 个平行杆中的 1 个连同与之相连的 2 个铰链都不会对机构的运动产生影响，因此正确的计算方法为 $3(4-1-4)+4=1$。换句话说，铰链约束不具有独立性，与 Grübler 公式的要求不符。

类似的情况也会出现在图 2.7b 所示的 2-dof 平面五杆机构中。若与机架相连的两个铰链在某些固定角度时锁住，即变成一个刚性结构。但若两个中间杆等长，且相互重叠，如图 2.7c 所示，这时重叠杆会绕重叠铰链自由旋转。当然，该五杆机构的杆长必须要满足某些特殊的尺寸要求，以保证该位形能够实现。当然也要注意到如果是不同类型的运动副在某些位置锁住的话，该机构确实如预期的那样变成了一个刚性桁架结构。

Grübler 公式计算结果对于上述情况只能提供机构自由度的一个下限值。有关闭链机构位形空间奇异的内容将在本书第 7 章详细讲述。

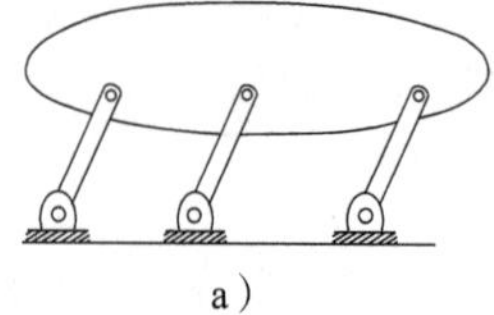
a）

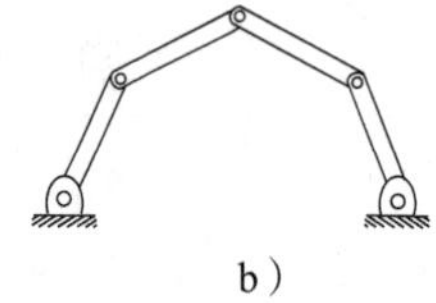
b）

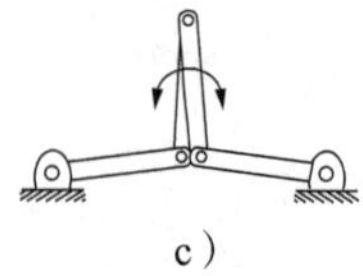
c）

图 2.7　a）平行四边形机构；b）处于一般位形的平面五杆机构；c）处于奇异位形的平面五杆机构

【例题 2.7】Delta 机器人

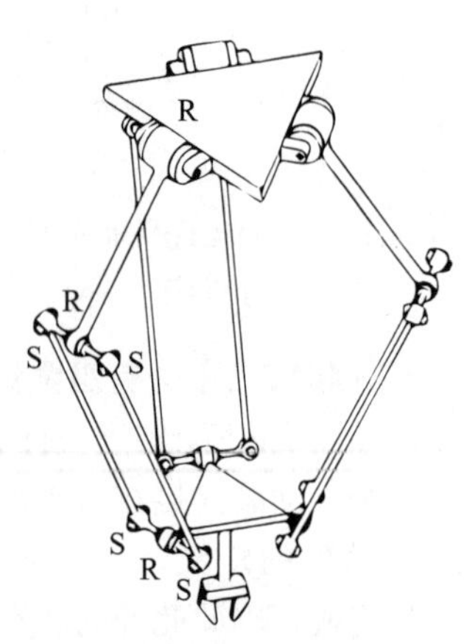

图 2.8　Delta 机器人

如图 2.8 所示的 Delta 机器人由 2 个平台组成：下面的为动平台，上面的为静平台，两者通过 3 支腿连接。每支腿上都含有一个空间平行四边形闭链，总共有 3 个转
19 动副、4 个球铰、5 根杆，外加 2 个平台，因此有 N=17，J=21（9 个转动副 +12 个球铰），根据 Grübler 公式，有

$$\text{dof} = 6(17-1-21)+9(1)+12(3)=15$$

算出的 15 个自由度中，只有 3 个通过末端执行器的运动可以看到。实际上，空间平行四边形闭链确保两个平台始终保持相互间的平行关系，因此 Delta 机器人可作为直角坐标式三维移动装置。而其他的 12 个局部自由度反

映了空间平行四边形机构中的 12 根杆（每支腿上都有平行四边形的 4 根杆）绕其长轴的扭转。

【例题 2.8】Stewart-Gough 平台

图 1.1b 所示的 Stewart-Gough 平台也是由 2 个平台组成：下平台静止作为机架，而上平台是动平台。两者之间通过 6 条由万向节 – 移动副 – 球铰（UPS）组成的支链连接。所有构件数是 14（N=14），6 个万向节（每个含有 2 个自由度，即$f_i=2$），6 个移动副（每个含有 1 个自由度，即$f_i=1$），6 个球铰（每个含有 3 个自由度，即$f_i=3$），总的关节数为 18。代入 Grübler 公式，有

$$\text{dof}=6(14-1-18)+6(1)+6(2)+6(3)=6$$

在有些版本的 Stewart-Gough 平台中，6 个万向节用 6 个球铰代替。根据 Grübler 公式，计算得到自由度数为 12。事实上，球铰代替万向节的结果导致在每个支链内部（球铰之间）产生了 1 个局部自由度，即绕支链轴的扭转。注意到这种扭转运动并不会对动平台的运动产生任何影响。

Stewart-Gough 平台作为汽车及飞机模拟器非常受欢迎，大概也是因为该机构具有全部 6 个自由度的缘故。并联构型，一方面使每条支链都分担了一部分负载；另一方面，也限制了动平台移动和转动的范围，特别相对 6-dof 开链机器人的末端执行器而言。

2.3 位形空间：拓扑与表达

2.3.1 位形空间的拓扑结构

到现在为止，我们已重点讨论了机器人 C– 空间中一个重要议题——维度，即自由度问题。不过，位形空间的形状同样重要。

考虑球表面上的一个动点。该点的 C– 空间是二维，因此其位形可用纬度和经度两
个坐标来描述。再看平面上的一个动点，其 C– 空间也是二维，可用坐标（x, y）来描述。 20
无论球面还是平面都是二维的，但显然它们的形状不同：平面无限延展而球面卷曲成一团。

与平面不同，球无论大小，形状都相同，因此它们卷曲的方式一致，只是尺寸不同而已。椭圆形的橄榄球的卷曲方式与球面类似，但两者唯一的区别在于橄榄球在一个方向上被拉伸了。

无论是小球、大球还是橄榄球，它们的二维表面都具有相同形状，而与平面不同，因此可用表面的**拓扑**（topology）来表示。本书中尽管我们并不严格地区分[⊖]，但如果两个表面能够连续从一种形状变化到另一种形状（不能采用切割和黏结等方式来实现），我们即称之为**拓扑等效**（topologically equivalent）。一个球只需要简单地膨胀便可变为一个足球，因此二者拓扑等效。相反，我们如果不采用切割等方式，无法将一个球展开成一个平面，因此球与平面在拓扑上是不等效的。

不同拓扑的一维空间包括：圆、直线、线段。圆在数学上可以写成 S 或者 S^1，表示

⊖ 对那些熟悉拓扑概念的读者而言，我们考虑的所有空间都可视为内嵌到一个更高维度的欧氏空间中，因而它继承了那一空间的欧氏拓扑。

的是一维球。直线在数学上可以写成 $\mathbb{E}$ 或者 $\mathbb{E}^1$，表示的是一个一维欧氏空间（或平面）。由于 $\mathbb{E}^1$ 上的一点通常用实数来表示（选定坐标原点和长度单位之后），因此通常表示成 $\mathbb{R}$ 或者 $\mathbb{R}^1$。线段由于存在两个端点，可以写成 $[a,b]\subset\mathbb{R}^1$。（开式区段 (a,b) 并不包含两个端点，因此可以延展成直线，故在拓扑上与直线等效，如图 2.9 所示。而闭式区段在拓扑上并不与直线等效，因为直线不包含端点。）

21 在更高维度，$\mathbb{R}^n$ 表示 n 维欧氏空间，S^n 表示 n+1 维空间内的 n 维球表面。例如，S^2 是指三维空间内的二维球面。

图 2.9　实线的开式区段，表示成 (a,b)，可以变形成开式半圆形。这个开式半圆形也可以通过如下映射变成直线：以半圆的中心为起始点，画一系列与半圆相交的径向线，然后画一直线位于半圆上方。这些径向线表明半圆上的每个点都可以拉伸至直线上的一点，反之亦然。因此，一个开式区段可以连续变形至直线。因此，开式区段与直线拓扑等效

注意到空间拓扑是空间本身的基本特性，它独立于我们选择何种坐标系来表达空间内的参考点。例如，为表示圆上的一点，我们可以采用极坐标的形式，即圆心到该点的向量与极轴之间的夹角 θ；或者采用直角坐标的形式，即以圆心作为参考坐标系的原点，点的坐标写成（x, y）的形式，并满足 $x^2+y^2=1$。无论选取何种坐标（系）类型，该空间本身并未做任何改变。

一些 C– 空间可以表示成两个或者更多低维空间的**笛卡儿积**（Cartesian product）形式。也就是说，C– 空间的一点可以表示成低维空间点的组合。例如

- 平面刚体的 C– 空间可以写成 $\mathbb{R}^2\times S^1$，因为该位形可以表示成 $\mathbb{R}^2$ 空间内的（x, y）和 S^1 空间内的 θ 的乘积。
- PR 机器人的 C– 空间可以写成 $\mathbb{R}^1\times S^1$（我们偶尔可以忽略掉关节角的限制，也就是关节的运动范围；当表示 C– 空间的拓扑时，如果考虑关节角的范围，C– 空间就是两个封闭线段的笛卡儿积）。
- 2R 机器人的 C– 空间可以写成 $S^1\times S^1=T^2$，其中，T^n 为 n 维圆圈在 n+1 维空间内的表面（见表 2.2）。注意到 $S^1\times S^1\times\cdots\times S^1$（$n$ 个 S^1）等于 T^n，而不是 S^n。例如，球面 S^2 在拓扑上与圆环面 T^2 并不等效。
- 携带 2R 机械臂的移动平面刚体（如移动机器人的底盘）的 C– 空间可以写成 $\mathbb{R}^2\times S^1\times T^2=\mathbb{R}^2\times T^3$。
- 正如我们在 2.1 节看到的那样，当计算三维空间刚体的自由度时，刚体的位形可以描述成在 $\mathbb{R}^3$ 空间内的一个点，加上二维球面 S^2 上的一个点，再加上一维圆形 S^1 上的一个点，这样整个 C– 空间为 $\mathbb{R}^3\times S^2\times S^1$。

2.3.2　位形空间的表达

为方便计算，我们必须给出位形空间的数值**表达**（representation），即一组实数。从

线性代数中我们便熟悉了这一理念。欧氏空间的一点很自然地用一个向量来表示。需牢记位形空间表达可以有不同的选择，因此，与空间拓扑并不是一回事，后者独立于表达。例如，三维空间的同一点可以选择不同的参考坐标系（坐标轴原点和方向）和度量 22
单位，因此会有不同的坐标表示，但其空间拓扑却是相同的，与这些选择无关。

欧氏空间内选择一个参考坐标系和长度单位，在此基础上用向量表示其中一点，这是十分自然的事情。但若在一个像球这样的曲面空间中仍采用如此方式来表示一个点，就不够明显了。对于球而言，一种表示方法是用经、纬线坐标来表示。用 n 个坐标或者参数表示 n 维空间的方法称为空间的**显式参数化**（explicit parametrization）表示。显式参数化法对如地球这样具有特殊参数范围（如纬度为 [−90°，90°]，经度为 [−180°， 23
180°]，负值对应的是南和西）的球体特别有效。

当你在北极或南极附近行走时，球体的经－纬表示就显得不够令人满意了。因为，在那里的一小步就会引起很大的坐标变化。事实上北极和南极就是这类表示的**奇异**（singularity）情况。这种奇异的存在是由于球与平面在拓扑上，即我们选择用来表示球经纬度的两个实数空间并不相同。这种奇异位置与球体本身无关，而与所选择的表示方法有很大关系。参数化表示的奇异，尤其当速度作为坐标变化的函数时变得尤为突出，因为这种表示可能导致在奇异时的速度趋近无穷大，即使球面上一点以常速 $\sqrt{\dot{x}^2+\dot{y}^2+\dot{z}^2}$ 运动。

如果你能确信所处位形永远不会接近奇异，即可忽略这一主题。如果你不能确信，有两种方法可以解决这个问题。

- 在空间中使用不止一个**坐标图**（coordinate chart），其中每个坐标图分别只包含空间中的一部分显式参数化表达，并且每张图都无奇异。因为，当位形表示的某张图接近奇异时（如北极或南极），你只需简单地将其转换为另外一张图，使得北极和南极都远离奇异。

  如果你定义一组无奇异的坐标图，彼此重叠并覆盖整个空间，如上述的两张图，就称这些图构成了空间**图册**（atlas）。正如地球图册由若干张地图组成，彼此共同构成了地球一样。使用坐标图图册的优点在于，其表示总是采用最少数量（的图册）；缺点是需要额外的簿记以实现坐标图的转换与规避奇异（**注意**：欧氏空间可以通过单一的坐标图覆盖，且无奇异）。

- 空间使用**隐式表示**（implicit representation）而不是显式参数化表示。隐式表示将 n 维空间看作嵌入在多于 n 维的欧氏空间中，正如二维单元球可以看成是嵌入在三维欧氏空间中的表面一样。一种隐式表示方法是：使用高维空间的坐标（如三维空间中的坐标 (x,y,z)），但这些坐标由于受到约束作用使得自由度数减少（如对于单元球而言，$x^2+y^2+z^2=1$）。

  这种方法的缺点在于参数比自由度数多，优点在于该表示无奇异。平滑地沿 24
  球面移动的一点可以用坐标值 (x,y,z) 的变化来表示，即使在北极或南极。这种表示完全可描述整个球，无须多个坐标图。

  另一优点是：对于闭链机构，无论构建显式参数化方程，还是绘出图册都非常困难，但找到其隐式表达相对比较容易。所有点的坐标满足**闭环方程**（loop-closure equation)(详见 2.4 节)。

从下一章开始我们将通篇采用隐式表达。特别是使用 9 个参数、满足 6 个约束方程来表示空间刚体 3 个姿态的**旋转矩阵**(rotation matrix)。这种描述除了无奇异外(不像类如 RPY 角的三参数表示㊀),还可用线性代数的有关公式来计算类如旋转刚体、改变表示刚体姿态的参考坐标系等㊁。

表 2.2 4种具有不同拓扑结构的二维 C- 空间及其坐标表示㊂

系统	拓扑	示例
 平面内一点	$\mathbb{E}^2$	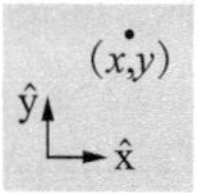 (x,y), $\hat{y}$, $\hat{x}$; $\mathbb{R}^2$
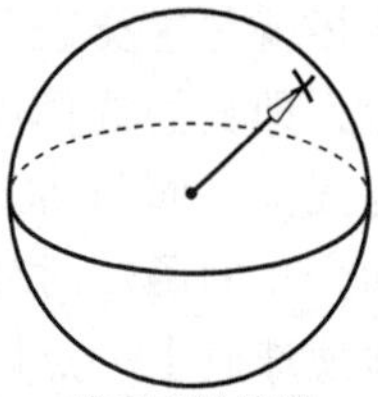 球表面的钟摆	 S^2	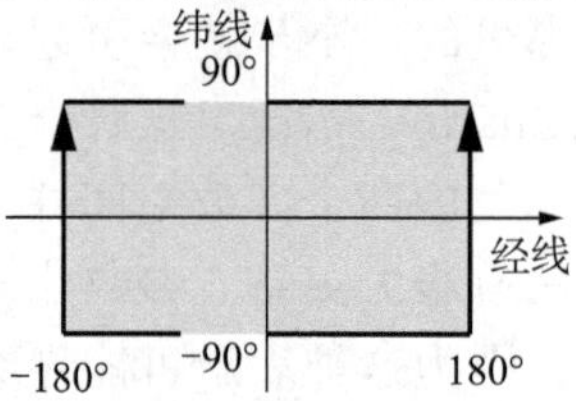 纬线 90°, 经线, −90°, −180°, 180°; $[-180°, 180°) \times [-90°, 90°]$
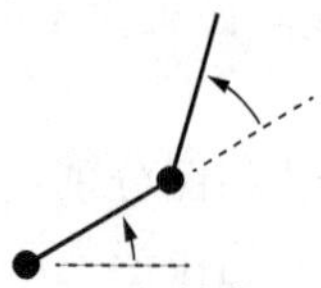 2R 机械臂	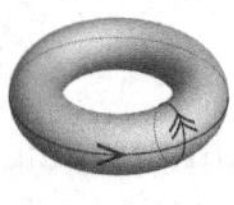 $T^2 = S^1 \times S^1$	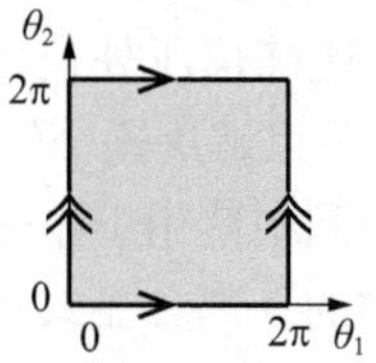 θ_2, 2π, 0, 0, 2π, θ_1; $[0, 2\pi) \times [0, 2\pi)$
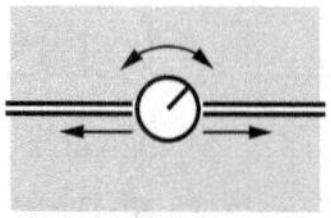 旋转的滑动把手	 $\mathbb{E}^1 \times S^1$	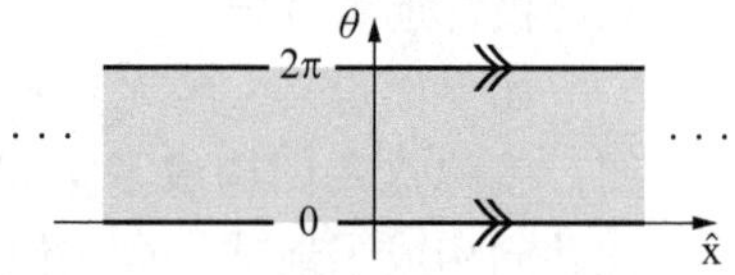 θ, 2π, 0, $\hat{x}$, …; $\mathbb{R}^1 \times [0, 2\pi)$

总之,许多 C- 空间的非欧氏形状促使我们通篇使用隐式表达。下章将详细讨论这一主题。

2.4 位形与速度约束

对于含有单环或者多环的机器人而言,通常隐式形式比显式参数化形式更容易表

㊀ RPY 角(即滚转 – 俯仰 – 偏航角度)和欧拉角在旋转空间 $S^2 \times S^1$ 使用 3 个参数(S^2 中的两个以及 S^1 中的一个),因此它会有上述讨论中的奇异情形。

㊁ 用于姿态的另一个无奇异隐式表示:单位四元数(unit quaternion),它只使用 4 个数字,但这 4 个数字组成的向量必须为单位长度。实际上,该表示是姿态集的一个双覆盖,每个姿态对应于 2 个单位四元数。

㊂ 在球面的经纬度表示中,−90° 和 90° 的纬度线分别对应球面的南极点和北极点,而经度参数在 180° 和 −180° 回绕;带有箭头的边粘结在一起。类似地,圆环面和圆柱面在标有箭头的边处回绕粘结。

达。例如，考虑图 2.10 所示的平面四杆机构，该机构有 1 个自由度。该机构的四根杆总能形成一个闭环，基于该方程，可以列出 3 个方程：

$$L_1\cos\theta_1+L_2\cos(\theta_1+\theta_2)+\cdots+L_4\cos(\theta_1+\cdots+\theta_4)=0$$
$$L_1\sin\theta_1+L_2\sin(\theta_1+\theta_2)+\cdots+L_4\sin(\theta_1+\cdots+\theta_4)=0$$
$$\theta_1+\theta_2+\theta_3+\theta_4-2\pi=0$$

上述方程可通过观察法得到，四杆机构作为一个含有 4 个转动关节的闭链，具有如下特征：① L_4 的一端与坐标原点重合；② L_4 总是保持水平方向。

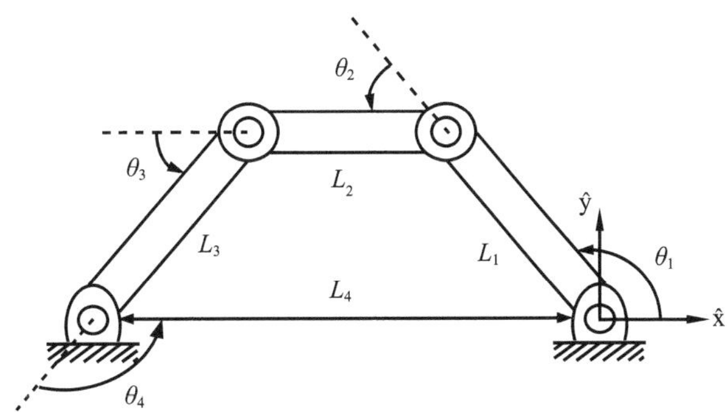

图 2.10　铰链四杆机构

上述方程有时又称作**闭环方程**（loop-closure equation）。对于该四杆机构，含有 4 个未知数、3 个方程，因此对应的所有解表示为四维关节空间中的一维曲线，并构成 C-空间。 25

> 本书中，若将所有向量的运算纳入线性代数的框架中，则通常视这些向量为列向量，例如，$p=[1\ 2\ 3]^{\mathrm{T}}$。若运算不那么明显，则通常视向量为一个有序的变量集合，例如，$p=(1,2,3)$。

因此，对于含有单环或者多环的机器人而言，其位形空间可以隐式地表示为列向量 $\theta=\left[\theta_1\cdots\cdots\theta_n\right]^{\mathrm{T}}\in\mathbb{R}$ 的形式，对应的闭环方程可以写成如下的形式：

$$g(\theta)=\begin{bmatrix} g_1(\theta_1,\cdots,\theta_n) \\ \vdots \\ g_k(\theta_1,\cdots,\theta_n) \end{bmatrix}=0 \tag{2.5}$$

上式中含有 k 个独立的方程，且 $k\leqslant n$。这些约束称为**完整约束**（holonomic constraint）。它们可以有效减少 C-空间的维数[⊖]。C-空间可以视为嵌入 n 维空间中的 $n-k$ 维曲面（假设所有的约束都是相互独立的）。

假设闭环机器人的闭环方程为 $g(\theta)=0$，$g:\mathbb{R}^n\to\mathbb{R}^k$，当表示该机器人的运动时，遵循时间轨迹 $\theta(t)$。对方程 $g(\theta(t))=0$ 的两边相对时间进行微分，可得

$$\frac{\mathrm{d}}{\mathrm{d}t}g(\theta(t))=0 \tag{2.6}$$ 26

因此有

⊖　将一个刚体视作一些点组成的集合，正如我们先前所看到的那样，点之间的距离可被视为完整约束。

$$\begin{bmatrix} \frac{\partial g_1}{\partial \theta_1}(\theta)\dot{\theta}_1 + \cdots + \frac{\partial g_1}{\partial \theta_n}(\theta)\dot{\theta}_n \\ \vdots \\ \frac{\partial g_k}{\partial \theta_1}(\theta)\dot{\theta}_1 + \cdots + \frac{\partial g_k}{\partial \theta_n}(\theta)\dot{\theta}_n \end{bmatrix} = 0$$

将上式表示成矩阵与列向量 $[\dot{\theta}_1 \ \cdots \ \dot{\theta}_n]^{\mathrm{T}}$ 相乘的形式，即

$$\begin{bmatrix} \frac{\partial g_1}{\partial \theta_1}(\theta) & \cdots & \frac{\partial g_1}{\partial \theta_n}(\theta) \\ \vdots & \ddots & \vdots \\ \frac{\partial g_k}{\partial \theta_1}(\theta) & \cdots & \frac{\partial g_k}{\partial \theta_n}(\theta) \end{bmatrix} \begin{bmatrix} \dot{\theta}_1 \\ \vdots \\ \dot{\theta}_n \end{bmatrix} = 0$$

上式可以简写成

$$\frac{\partial g}{\partial \theta}(\theta)\dot{\theta} = 0 \tag{2.7}$$

式中，关节速度向量 $\dot{\theta}_i$ 表示 θ_i 相对时间 t 的导数 $\partial g(\theta)/\partial\theta \in \mathbb{R}^{k\times n}$，$\theta$，$\dot{\theta} \in \mathbb{R}^n$。约束方程（2.7）进一步写成

$$A(\theta)\dot{\theta} = 0 \tag{2.8}$$

式中，$A(\theta) \in \mathbb{R}^{k\times n}$。该形式的速度约束方程称为 **Pfaffian 约束**。对于情况 $A(\theta) = \partial g(\theta)/\partial\theta$，可以认为 $g(\theta)$ 是 $A(\theta)$ 的积分。基于上述原因，形如 $g(\theta) = 0$ 的完整约束有时也称为**可积约束**（integrable constraint）。这也意味着速度约束可以通过积分变成等效的位形约束。

我们现在考虑另外一类 Pfaffian 约束，它与完整约束有着本质的不同。为此给出一个具体实例：考虑一个半径为 r 的直立的硬币，在平面上滚动，如图 2.11 所示。硬币的位形可以通过 4 个参数来描述：平面接触点的坐标 (x, y)、行进角 ϕ 和旋转角 θ。因此，该硬币的 C– 空间可以写成 $\mathbb{R}^2 \times T^2$，其中 T^2 为由行进角 ϕ 和旋转角 θ 共同定义的二维转动空间。该 C– 空间是四维空间。

现在给出其数学形式的表达。由于硬币无滑动，因此硬币总是沿 $(\cos\phi, \sin\phi)$ 方向滚动，行进速率为 $r\dot{\theta}$，即

$$\begin{bmatrix} \dot{x} \\ \dot{y} \end{bmatrix} = r\dot{\theta} \begin{bmatrix} \cos\phi \\ \sin\phi \end{bmatrix} \tag{2.9}$$

将四维 C– 空间坐标写成一个列向量形式 $q = [q_1 \ q_2 \ q_3 \ q_4]^{\mathrm{T}} = [x \ y \ \phi \ \theta]^{\mathrm{T}} \in \mathbb{R}^2 \times T^2$，上述滚动约束可以写成

27 $$\begin{bmatrix} 1 & 0 & 0 & -r\cos q_3 \\ 0 & 1 & 0 & -r\sin q_3 \end{bmatrix} \dot{q} = 0 \tag{2.10}$$

符合 Pfaffian 约束形式 $A(q)\dot{q} = 0, A(q) \in \mathbb{R}^{2\times 4}$。

该约束是不可积的。也就是说，对于式（2.10）中所给的 $A(q)$，并不存在一个微分函数 $g: \mathbb{R}^4 \to \mathbb{R}^2$，满足 $\partial g(q)/\partial q = A(q)$。反之，总是能找到一个微分函数 $g_1(q)$ 满足如下等式

$$
\begin{aligned}
\partial g_1(q)/\partial q_1 &= 1 & &\rightarrow g_1(q) = q_1 + h_1(q_2, q_3, q_4) \\
\partial g_1(q)/\partial q_2 &= 0 & &\rightarrow g_1(q) = h_2(q_1, q_3, q_4) \\
\partial g_1(q)/\partial q_3 &= 0 & &\rightarrow g_1(q) = h_3(q_1, q_2, q_4) \\
\partial g_1(q)/\partial q_4 &= -r\cos q_3 & &\rightarrow g_1(q) = -rq_4\cos q_3 + h_4(q_1, q_2, q_3)
\end{aligned}
$$

对于 $h_i(i=1,2,3,4)$，每个变量都是可微的。通过观察，这样的 $g_1(q)$ 显然不存在。同样，这样的 $g_2(q)$ 显然也不存在，因此约束方程（2.10）是不可积的。不可积的 Pfaffian 约束称作**非完整约束**（nonholonomic constraint）。这类约束可以减少系统速度的维数，但不会减少可达 C– 空间的维数。例如，尽管满足两个速度约束方程，但滚动的硬币仍能到达四维 C– 空间内的任一点[⊖]，见【习题】。

许多机器人学的教材中都涉及非完整约束这一主题，包括动量守恒、纯滚动等，例如，轮式车辆运动学、抓持接触运动学等。本书第 13 章将详细讨论有关轮式移动机器人这一非完整约束议题。

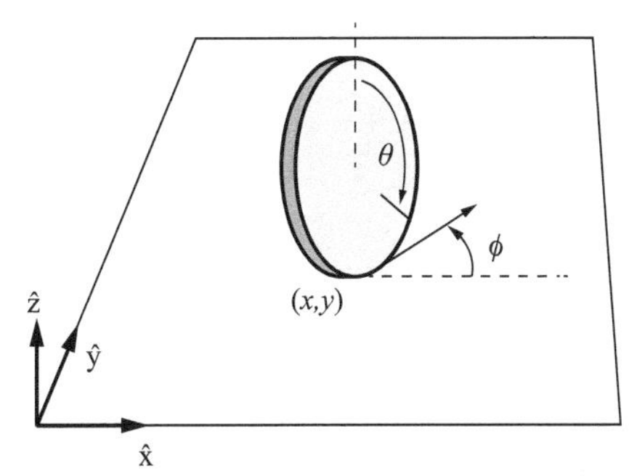

图 2.11 硬币在平面做无滑动的纯滚动

2.5 任务空间与工作空间

我们现在介绍另外两个与机器人位形相关的概念：任务空间和工作空间。这两个概念均与机器人末端执行器的位形相关，而与整个机器人的位形无关。 28

任务空间（task space）是指机器人的任务能够自然表达的空间。例如，若机器人的任务是在一张纸上用钢笔画一幅图，该任务空间为 $\mathbb{R}^2$。若机器人的任务为操作一个刚体，该任务空间的自然表达就是刚体的 C– 空间，表示的是附着在机器人末端执行器上的坐标系的位姿。定义任务空间的最终决定因素是任务本身，而与机器人无关。

工作空间（workspace）是指机器人末端执行器所能到达位形的指标。工作空间主要取决于机器人结构，而与任务无关。

任务空间和工作空间两者均与用户的选择密切相关，特别是用户具有选择末端执行器部分自由度无须表示的权利（如机器人的姿态）。

任务空间与工作空间也不同于机器人的 C– 空间。任务空间或工作空间内的一点可以通过不止一种机器人位形来实现，即该点并不是机器人位形空间内的一个充分指定。 29
例如，对于具有 7 个关节的开链机器人，其末端执行器的 6 自由度位置和姿态并不能完全指定机器人的位形。

任务空间中的一些点有时机器人根本无法到达，例如黑板上的一些点。但是，根据定义，工作空间内的所有点至少是机器人的某一个位形可以到达。

具有不同 C– 空间的两个机构可能具有相同的工作空间。例如，考虑机器人末端执行器可实现直角坐标位置点（如绘图时需到达的位置），并忽略其姿态，等杆长的平面

⊖ 有些教材中把系统的自由度数定义为可行速度的维度，例如，对滚动硬币而言，其值为 2。我们总是将 C– 空间的维度指代为自由度数。

2R 开链机械手（图 2.12a）与平面 3R 开链机械手（图 2.12b）具有相同的工作空间，尽管它们的 C– 空间不同。

具有相同 C– 空间的两个机构可能有不同的工作空间。例如，考虑机器人末端执行器可实现直角坐标位置点，并忽略其姿态，平面 2R 开链机械手（图 2.12a）的工作空间为平面圆盘，而球面 2R 开链机械手（图 2.12c）的工作空间为球表面。

对于图 2.12d 所示的 3R 开链腕部机构，一坐标系附着在其末端工具点处。我们会看到该坐标系通过旋转关节可以实现任意的姿态，但末端点的位置始终不变。对于该机构，我们可以将其工作空间定义为坐标系的 3 自由度姿态空间 $S^2 \times S^1$，该空间不同于其位形空间 T^3。而任务空间有赖于任务本身，若工作任务是作为激光头，则绕激光束的轴线转动无关紧要，任务空间变成 S^2，表示激光所能指向的所有方向集合。

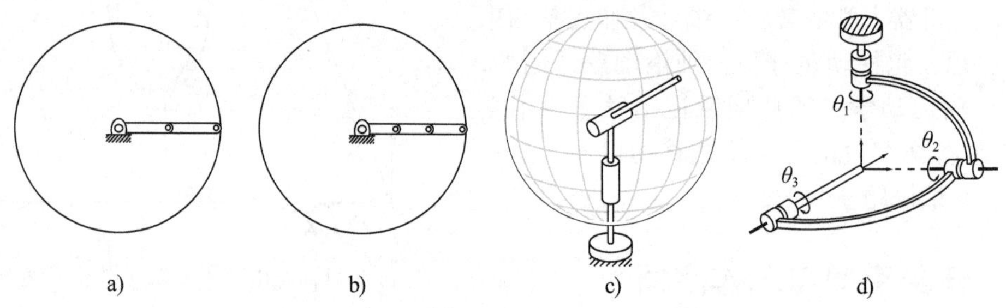

图 2.12　不同类型机器人的工作空间

a）平面 2R 开链机器人；b）平面 3R 开链机器人；c）球面 2R 开链机器人；d）3R 姿态调整机构

【例题 2.9】 如图 2.13 所示的 SCARA 机器人是一个 RRRP 型开链机械手，广泛用于桌面型拾取任务中。末端执行器的位形可完全通过 4 个参数 (x, y, z, ϕ) 来确定，其中 (x, y, z) 表示末端中心点的直角坐标，而 ϕ 表示末端执行器在 x–y 平面中的姿态。该机器人的任务空间可定义成 $\mathbb{R}^3 \times S^1$，其工作空间典型情况下定义成笛卡儿空间内的可达点，因为所有姿态 $\phi \in S^1$ 都可在所有可达点处实现。

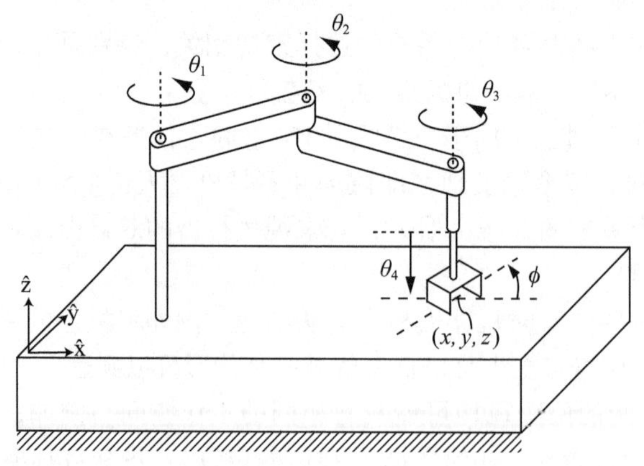

图 2.13　SCARA 机器人

【例题 2.10】 如图 2.14 所示为用于喷涂等应用的标准 6R 工业机器人。附着在机器人末端的喷嘴作为末端执行器。重要的是，该机器人的任务主要是关注喷嘴能到达的直角坐标位置和喷嘴所指向的方位；而绕喷嘴轴线自身的转动并不关注。因此，这时喷嘴的位形可通过 5 个参数来确定：喷嘴的直角坐标位置 (x,y,z) 和喷嘴所指向的方位角 (θ,ϕ) 。该机器人 30
的任务空间可写成 $\mathbb{R}^3\times S^2$ ，其工作空间为 $\mathbb{R}^3\times S^2$ 内的可达点，或者为了简化图示，可以将此工作空间定义成子集 $\mathbb{R}^3$ 的形式，对应着喷嘴的所有可达直角坐标位置。 31

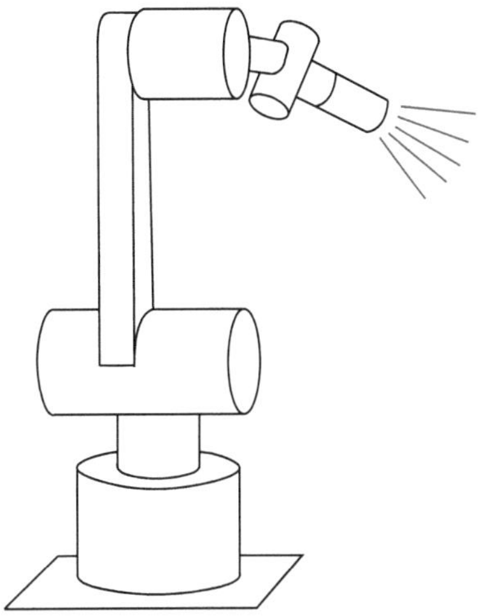

图 2.14 喷涂机器人

2.6 本章小结

- 机器人是由一系列构件相互之间通过不同类型的关节机械连接而成。在建模时通常视构件为刚体。将类如夹钳之类的末端执行器安装在机器人的某一构件上。驱动器为关节提供力或力矩，驱动机器人运动。
- 应用最广泛的单自由度运动副有转动副（保证绕关节轴做旋转运动）和移动副（只允许关节沿轴线方向平移）。含两个自由度的运动副有圆柱副（转动副与移动副同轴串联连接）和万向节（两个转动副的轴线呈正交分布）。球面副又称为球铰，是具有 3 个自由度的关节，其功能很像我们人类的肩关节。
- 刚体的位形是指用于确定其中所有点的指标参数。对于平面运动的刚体，为确定其位形需要 3 个独立的参数；对于空间运动的刚体，为确定其位形则需要 6 个独立的参数。
- 机器人的位形是指用于确定其中所有构件位形的指标参数。机器人位形空间是所有机器人位形的集合。C– 空间的维数即为机器人的自由度数。
- 机器人自由度数可通过 Grübler 公式计算得到

$$\mathrm{dof}=m(N-1-J)+\sum_{i=1}^{J}f_i$$

  式中，对于平面机构，m=3 ；对于空间机构，m=6。N 为机构中的构件（含基座）数，J 为关节数，f_i 为关节 i 对应的自由度数。若所有约束不完全独立，则该机构实际自由度应大于通过 Grübler 公式计算得到的结果。
- 机器人的 C– 空间既可用显式参数化表示，也可用隐式参数化描述。对于一个 n 自由度的机器人，其显式参数化表示用 n 个坐标参数即可，这也是最少参数表达；若采用隐式表示，可以用 m（$m\geqslant n$）个坐标参数，同时还要建立（$m-n$）个约束方程。若采用后者，机器人的 C– 空间可以看作是嵌入在更高维空间（m 维）内的 n 维表面。
- n 自由度机器人 C– 空间中，若其结构中存在一个及以上闭环，且能用 k 个 $g(\theta)=0$ 形式的闭环方程隐式表示，这样的约束方程称为完整约束，其中，$\theta\in\mathbb{R}^m$， $g:\mathbb{R}^m\to\mathbb{R}^k$。假设 θ 随时间 t 变化，完整约束方程 $g(\theta(t))=0$ 可以写成 32

相对 t 的微分形式，即

$$\frac{\partial g}{\partial \theta}(\theta)\dot{\theta}=0$$

式中，$\partial g(\theta)/\partial\theta$ 为 $k\times m$ 矩阵。

- 机器人的运动可以写成速度约束方程的形式，即

$$A(\theta)\dot{\theta}=0$$

式中，$A(\theta)$ 是 $k\times m$ 矩阵，但不能表示成方程 $g(\theta)$ 的微分形式。换句话说，不存在任何 $g(\theta)$，当 $g:\mathbb{R}^m\to\mathbb{R}^k$ 时，满足

$$A(\theta)=\frac{\partial g}{\partial \theta}(\theta)$$

这类约束称为非完整约束，或不可积约束。这种约束可以有效减少系统中的速度维度，但不会减少可达 C– 空间的维度。当机器人系统处于动量守恒或者纯滚动时会出现非完整约束。

- 机器人的任务空间是指机器人任务可以自然表达的空间。机器人的工作空间是指机器人末端执行器所能到达的位形集合。

2.7 推荐阅读

在有关运动学的诸多文献中，通过关节连接的各构件所组成的结构也被称为机构或连杆机构。机构的自由度数，也被称为活动度，在大多数有关机构分析与设计的著作中都有涉及。例如 Erdman 和 Sandor（1996）、McCarthy 和 Soh（2011）的著作。

机器人位形空间的概念首先出现在 Lozano-Perez（1980）有关运动规划的内容中；最新的和更前沿的解释可以在 Latombe（1991）、LaValle（2006）、Choset 等（2005）的著作中找到。从本章的一些例子中可以看出，机器人的位形空间可以呈现非线性和曲线分布，其任务空间也是如此。这样的空间通常具有微分流形的数学结构，也是微分几何的核心研究对象。一些可选的微分几何导论的文献有 Millman 和 Parker（1977）、do Carmo（1976）、Boothby（2002）。

习题

下面的练习中，如果让你描述 C– 空间，需要指出它的维度及拓扑结构，用 $\mathbb{R}$、S 和
33 T 等符号描述。

1. 采用 2.1 节的方法推导公式，对于 n 维空间中的刚体自由度数 n，指出其中可能有多少个移动自由度和多少个转动自由度。描述该 C– 空间的拓扑（如对于 n=2，拓扑为 $\mathbb{R}^2\times S^1$）。
2. 保持肩关节中心不动（不耸肩），试给出从胳膊（从躯干到手掌）的自由度数（只穿过腕部，不考虑手指）。通过两种方式找：
   (a) 肩、肘、腕部关节自由度相加。
   (b) 将手掌平放在桌子上，肘部弯曲，肩关节中心保持不动，看看这时胳膊还能有多少自由度。

你们的答案一致吗？将手掌固定在桌面上，施加在胳膊上有多少个约束？

3. 在之前的练习中，假设手臂是串联的。事实上，肱骨、腕骨、胫骨和耻骨是组成闭链的一部分。将从肩膀到手掌的部分当作一个机构进行建模，使用 Grübler 公式计算其自由度。注意弄清楚所使用的每个关节的自由度数，而且关节可能是也可能不是本章研究的标准类型（R、P、H、C、U、S）。

4. 假设每只胳膊有 n 个自由度。你正在驾车，躯干相对车是不动的（由于系着安全带），两只手紧紧握住方向盘，因此手与方向盘之间也相对固定。请问，这时由胳膊和驾驶装置共同组成的系统有多少个自由度？给出具体的解释。 34

5. 图 2.15 给出一种用于人体上肢康复的机器人。试确定人体上肢与机器人共同形成的系统所具有的自由度。

6. 如图 2.16 所示的移动式操作手是由 6R 机械臂、多指手及单轮小车组成，臂手系统安放在小车上。可将轮式底座看作图 2.11 中滚动着的硬币，硬币只滚不滑。基座总是保持水平。

  (a) 忽略掉多指手，描述一下该移动式操作手的位形空间。

  (b) 现在假设机器人刚性地抓持冰箱门的手柄，轮子和基座完全静止，只用机械臂打开门。请问这时由机械臂和打开的冰箱门所形成的机构有几个自由度？

  (c) 现在假设由两个相同的移动式操作手抓持冰箱门的手柄，轮子和基座完全静止。请问这时由两个机械臂和打开的冰箱门所形成的机构有几个自由度？

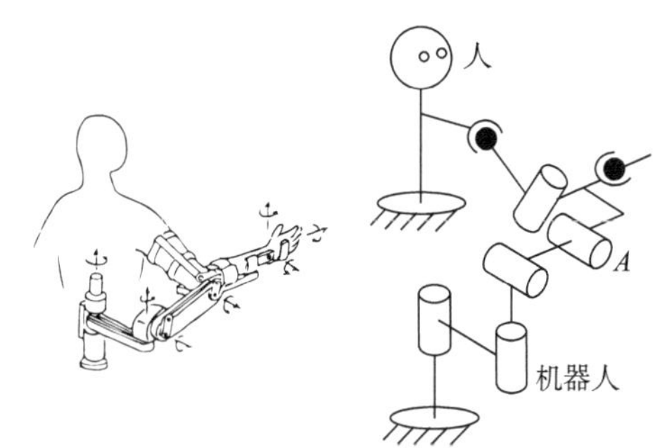

图 2.15　用于上肢康复的机器人

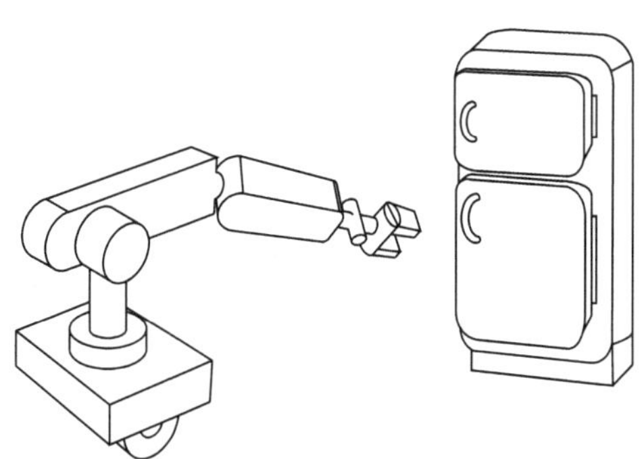

图 2.16　移动式操作手

7. 3 个相同的 SRS 开链式机械臂正在抓持同一物体，如图 2.17 所示。

  (a) 确定该系统的自由度。

  (b) 假设将系统中的机械臂数量扩展到 n 个，确定这时系统的自由度。

  (c) 假定将系统中所有的球铰都替换成万向节，确定该系统的自由度。

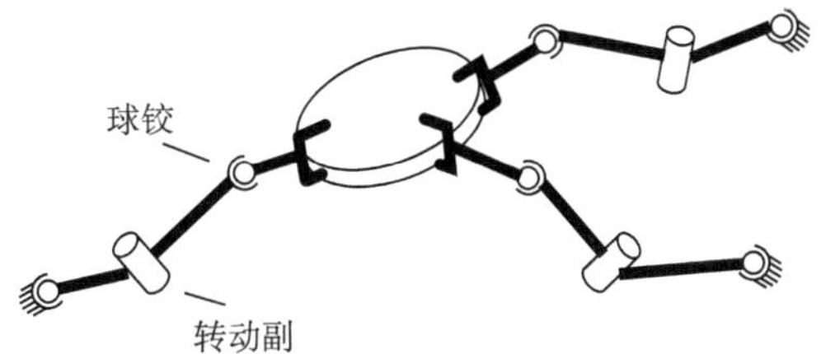

图 2.17　3 个相同的 SRS 机械臂协作抓持同一物体

35

8. 考虑一个由 n 条相同支链组成的空间并联机构。若动平台有 6 个自由度，那么每条支链应有多少个自由度（作为 n 的函数）。例如，若 n=3，即动静平台之间有 3 条支链相连，这时每条支链应有多少个自由度才能保证动平台具有6个自由度？若将 n 扩展到任意维度，结果又当如何？

9. 利用Grübler公式计算如图2.18所示各平面机构的自由度。计算结果是否与你的直觉相符？

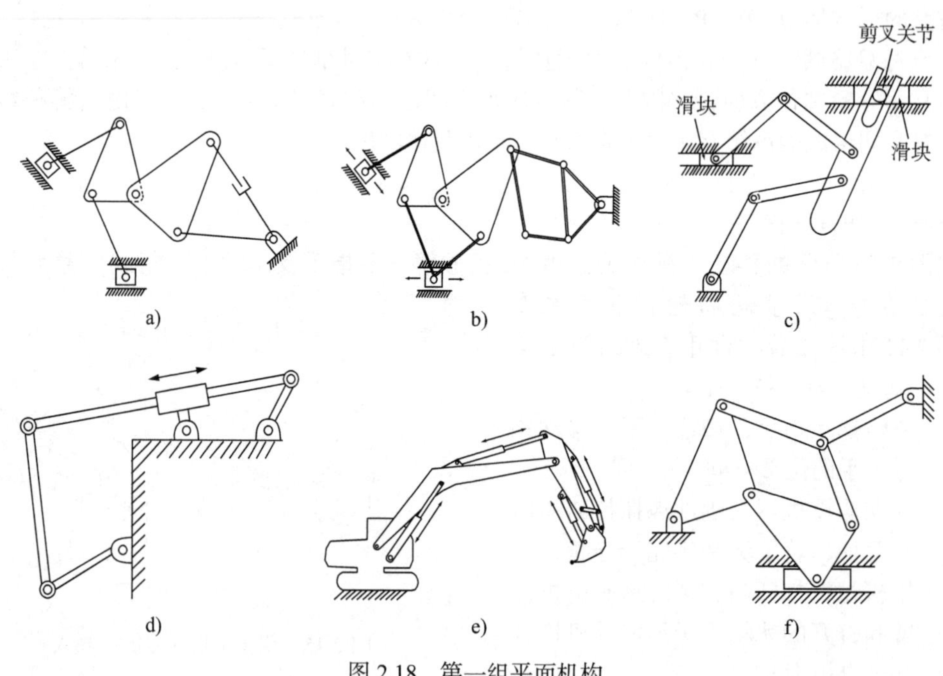

图2.18　第一组平面机构

10. 利用Grübler公式计算如图2.19所示各平面机构的自由度。计算结果是否与你的直觉相符？

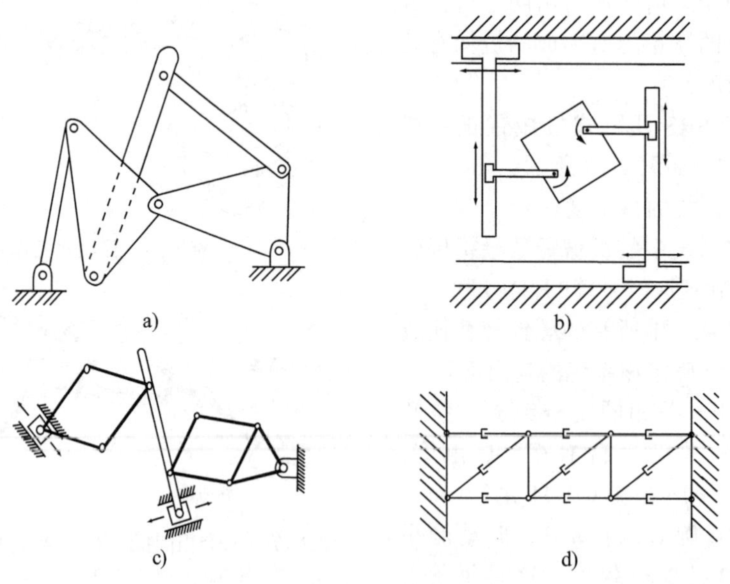

图2.19　第二组平面机构

11. 利用 Grübler 公式计算如图 2.20 所示各空间机构的自由度。计算结果是否与你的直觉相符？

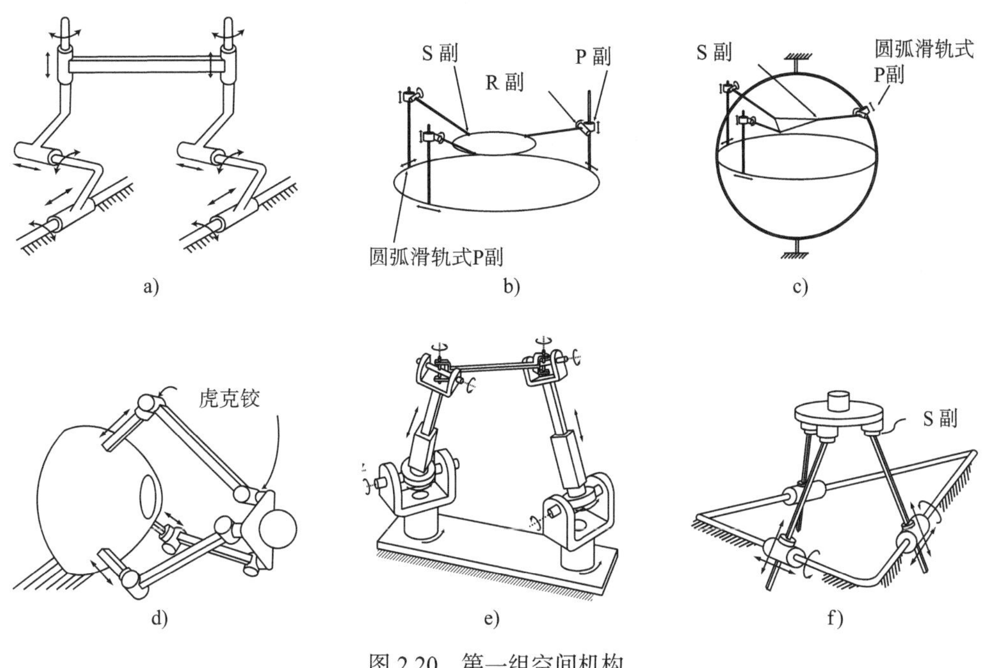

图 2.20　第一组空间机构

12. 利用 Grübler 公式计算如图 2.21 所示各空间机构的自由度。计算结果是否与你的直觉相符？

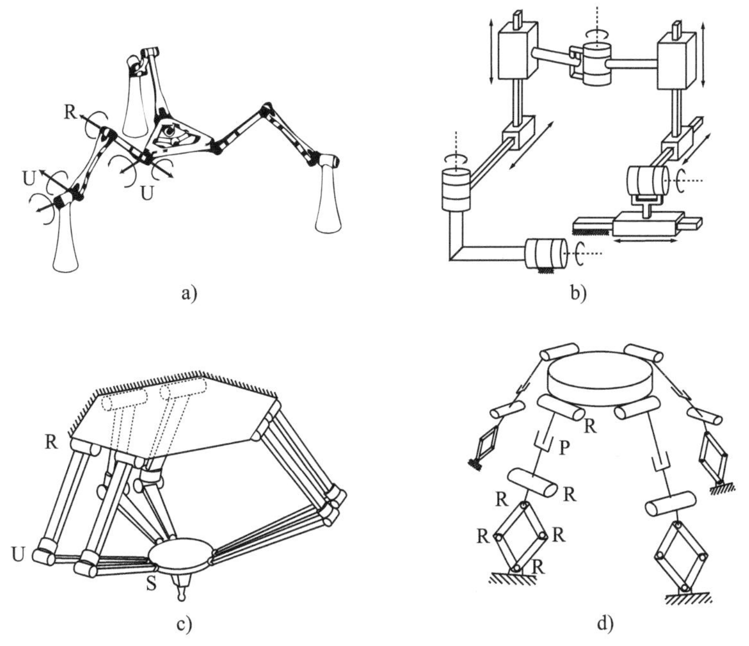

图 2.21　第二组空间机构

13. 如图 2.22 所示的并联机构中，6 条相同的支链通过球铰将动、静平台相连，试利用 Grübler 公式计算该机构的自由度，并示意出动平台的运动类型。

14. 如图 2.23 所示的 3-UPU 并联机构中，下平台为静平台，上平台为动平台，两者通过
36 3 条相同的 UPU 支链相连。
   (a) 利用 Grübler 公式计算该机构的自由度，验证该机构具有 3 个自由度。
   (b) 搭建一个 3-UPU 并联机构的物理模型，观察其是否真具有 3 个自由度。特别当锁住 3 个 P 副时，该机构是否变成了结构，还是仍然可动？

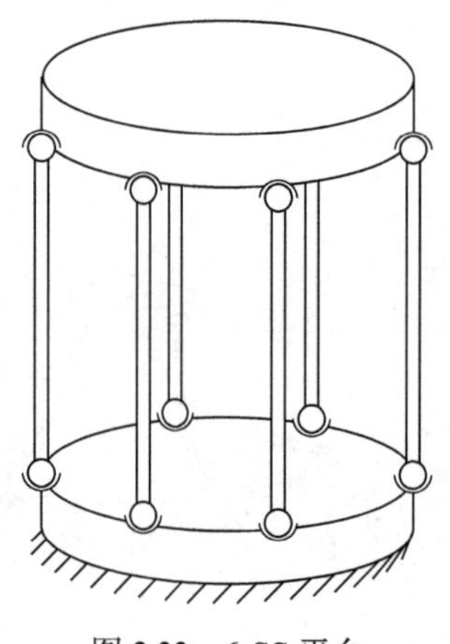

图 2.22　6-SS 平台

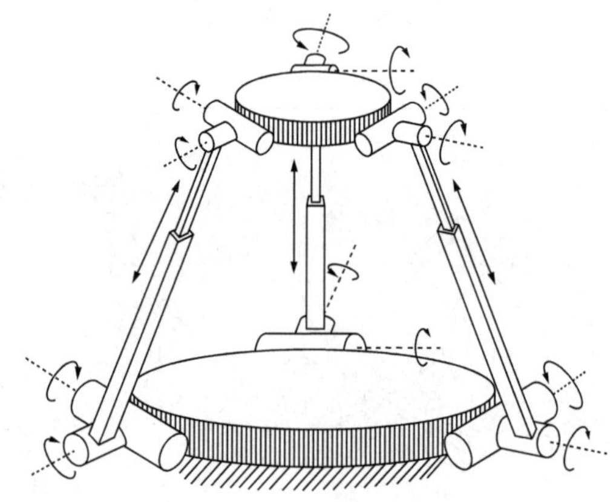

图 2.23　3-UPU 平台

15. 考虑如图 2.24a 和图 2.24b 所示的机构。
37 (a) 图 2.24a 所示的机构由 6 个相同的正方形板组成，排布成一个闭环结构，之间完全通过转动关节连接，底部的正方形板与地固结。利用 Grübler 公式计算该机构的自由度。
   (b) 图 2.24b 所示的机构也同样由 6 个相同的正方形板组成，之间完全通过转动关节连接，底部的正方形板与地固结，但排布方式与图 2.24a 不同。利用 Grübler 公式计算该机构的自由度，验证一下是否符合你的直觉。

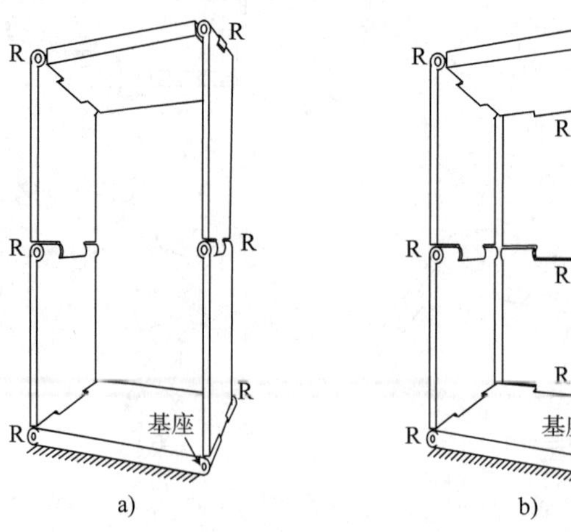

图 2.24　两个机构

16. 如图 2.25 所示为一球面四杆机构。四根杆（其中一根杆与地固结）通过转动副相连，形成一个闭链系统。4 个转动副分布在同一球面上，轴线相交于一点。

（a）利用 Grübler 公式计算该机构的自由度。

（b）描述其位形空间。

（c）假设参考坐标系位于球心处，描述其工作空间。 38

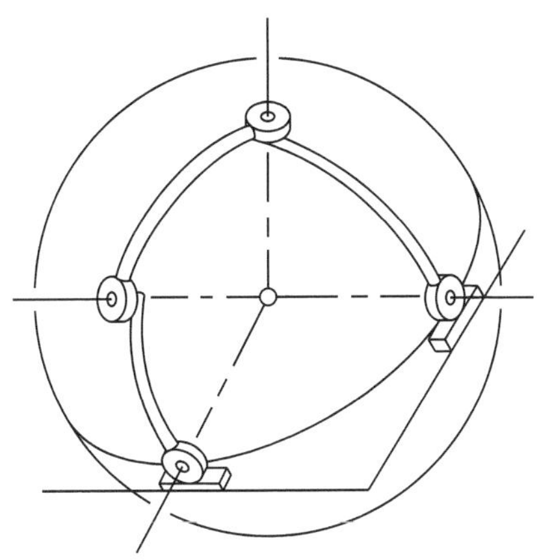

图 2.25　球面四杆机构

17. 如图 2.26 所示为一用于外科手术的并联机器人。腿 A 为一个 RRRP 支链，腿 B 和 C 为 RRRUR 支链。手术工具与末端执行器固连。 39

（a）利用 Grübler 公式计算如图 2.26a 所示机构的自由度。

（b）假设外科手术工具总能通过图 2.26a 中的 A 点，问该操作手有多少个自由度。

（c）现在将腿 A、B、C 均替换为相同的 RRRR 支链，如图 2.26b 所示。这时，所有 R 副轴线均通过 A 点。利用 Grübler 公式计算该机构的自由度。

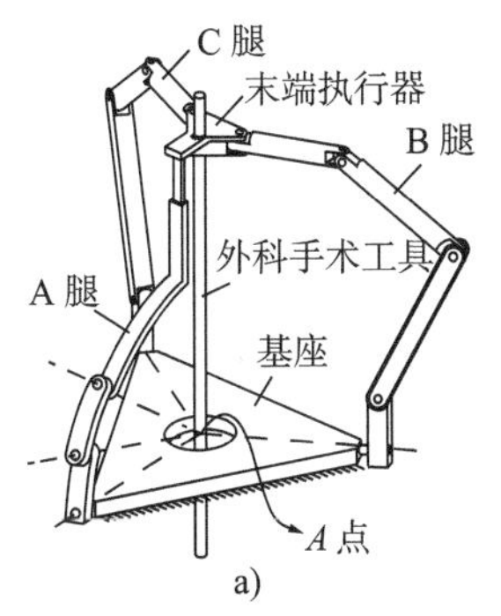

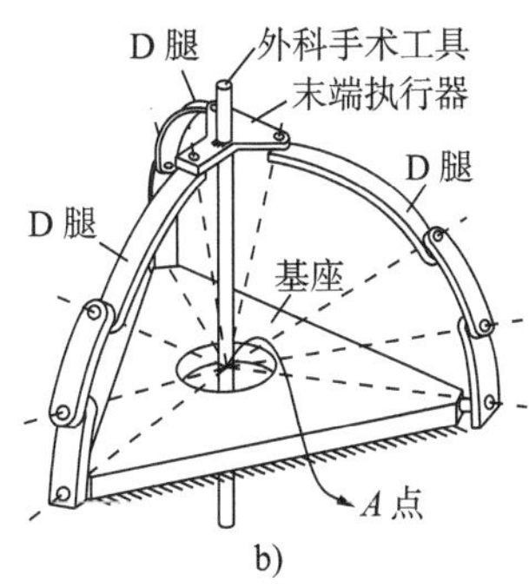

图 2.26　外科手术机器人

18. 如图 2.27 所示为一 3–PUP 并联机器人。其中，与基座及动平台相连的 3 个 P 副对称分布。利用 Grübler 公式计算该机构的自由度。验证一下是否符合你的直觉？如果不符合，尝试解释其中的原因，而无须详细的运动学分析。 40

19. 如图 2.28 所示为一双臂协同抓取盒子的机器人。盒子仅能在桌子上滑动，其底部始终与桌子相接触。请问该系统总有多少个自由度？

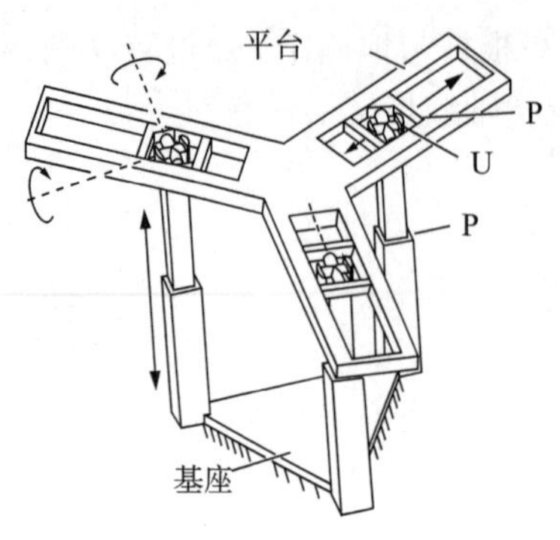

图 2.27 3-PUP 平台

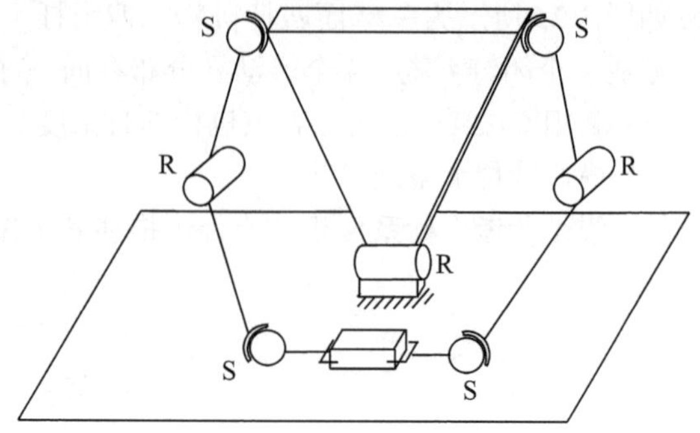

图 2.28 双臂协同机器人

20. 如图 2.29 所示为一飞龙机器人，由一个身体、4 条腿、4 只翅膀组成，相邻的两条腿之间都用一个 USP 支链相连。利用 Grübler 公式回答下述问题。
   (a) 假设身体固定，仅腿和翅膀能动，问该机器
41 人有多少个自由度？
   (b) 假设该机器人能在空中飞行，问该机器人有多少个自由度？
   (c) 假设该机器人四腿着地，而地并不平坦，每条腿与地之间只能看作是无滑动的点接触，问该机器人有多少个自由度？并解释原因。

图 2.29 飞龙机器人

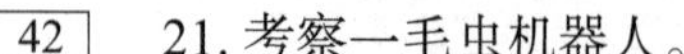

42 21. 考察一毛虫机器人。
   (a) 毛虫机器人用其尾部悬挂在空中，如图 2.30a 所示。该机器人由 8 个串联的刚性杆（头部、尾部以及 6 个躯干）组成，其中躯干部分的杆与杆之间可看作是 RPR 支链，而头、尾部与躯干之间可看作是转动副连接，问该机器人有多少个自由度？
   (b) 现在毛虫机器人在树叶上爬行，如图 2.30b 所示。假设组成躯干的所有 6 根杆都随时与叶子接触，但每根杆都能在叶子上既滑又转，问这时该机器人有多少个自由度？
   (c) 现在假设毛虫机器人在树叶上爬行，如图 2.30c 所示。这时，组成躯干的所有 6
43 根杆中，仅有第一根和第六根杆与叶子接触，问这时该机器人有多少个自由度？

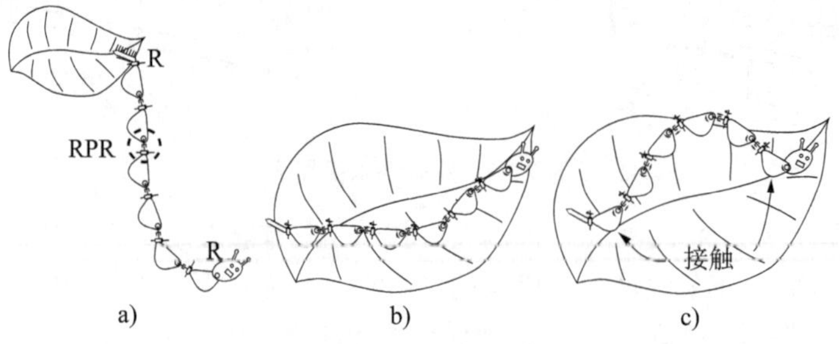

图 2.30 毛虫机器人

22. 如图 2.31a 所示为四指灵巧手，其中由一个手掌和 4 个 URR 手指组成（U 铰用于连

接手指和手掌)。

(a) 假设其中一个指尖与桌子表面相接触，且为点接触（该点接触允许滑动），问该机械手有多少个自由度？当两个指尖与桌子表面相接触，且为点接触（该点接触允许滑动），问该机械手有多少个自由度？ 3 个（指尖相接触时）呢？ 4 个呢？

(b) 重复（a），只是将 URR 型手指换成 SRR 型（即 U 铰换成球铰）？

(c) 机械手（含 URR 手指）现在抓持一个椭圆形物体，如图 2.31b 所示。假设手掌固定，且指尖与物体之间不存在滑动，问整个系统有多少个自由度？

(d) 现在假设指尖为半球形，如图 2.31c 所示。每个指尖能在物体上滚动但不滑动， 44
问整个系统有多少个自由度？对于单个指尖与物体滚动接触，试给出可行的指尖相对物体速度空间的维度，与用于表示指尖相对物体位形的参数个数（即自由度数）。(**提示：**不妨做个实验演示一个球在桌面上滚动，以获得某些直觉经验)

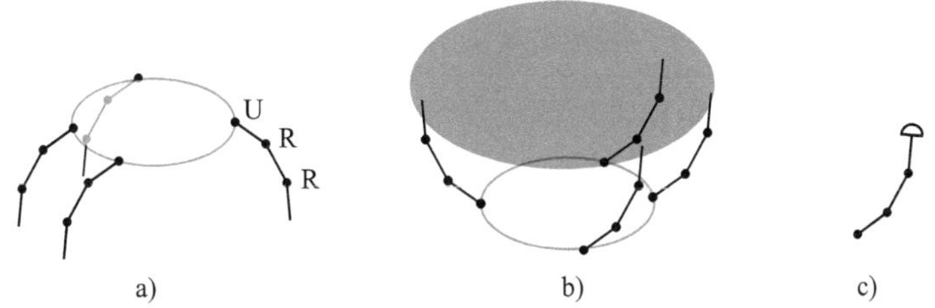

图 2.31　a）包含手掌的四指手；b）机械手抓持一个椭圆形物体；c）手指尖为半球形，可以在物体上做纯滚动（只滚不滑）

23. 考虑一个曲柄滑块机构，如图 2.4b 所示。机构的输入为曲柄的定轴转动，输出为滑块的移动运动。假设曲柄与连杆等长，试确定该机构的位形空间，并绘制出由曲柄与滑块关节变量定义的空间投影。

24. 考虑一平面四杆机构。

(a) 利用 Grübler 公式计算该平面四杆机构在空间漂浮时的自由度。 45

(b) 推导如下平面四杆机构位形空间的隐式参数化方程。首先，四根杆分别标识为 1、2、3、4；在杆 1 上选择三点 A、B、C，杆 2 上选择三点 D、E、F，杆 3 上选择三点 G、H、I，杆 4 上选择三点 J、K、L，四杆按如下方式通过转动副相连接：C 与 D 相连，F 与 G 相连，I 与 J 相连，L 与 A 相连。写出 8 个点 A~H（假设已选定固定坐标系，A 点坐标定义成 $p_A=(x_A,y_A,z_A)$，其他点与之类似）的显式约束方程。基于变量个数与约束方程数，确定该位形空间有多少自由度？如果结果与（a）不一致，请给出解释。

25. 本练习将更详细地来讨论平面四杆机构的位形空间表示。如图 2.32 所示，固定坐标系、运动副与杆长都已标识在图上。铰链 A 和 B 的坐标值分别为

$$A(\theta)=(\mathrm{a}\cos\theta,\mathrm{a}\sin\theta)$$

$$B(\psi)=(g+b\cos\psi,b\sin\psi)$$

由于 AB 杆的长度 h 固定，即 $\|A(\theta)-B(\psi)\|^2=h^2$，由此可得如下的约束方程：

$$b^2+g^2+2bg\cos\psi+a^2-2(a\cos\theta(g+b\cos\psi)+ab\sin\theta\sin\psi)=h^2$$

上述方程可进一步写成关于变量 ψ 三角函数的形式，即

$$\alpha(\theta)\cos\psi+\beta(\theta)\sin\psi=\gamma(\theta) \tag{2.11}$$

式中

$$\alpha(\theta)=2gb-2ab\cos\theta$$

46 $$\beta(\theta)=-2ab\sin\theta$$

$$\gamma(\theta)=h^2+g^2-b^2-a^2+2ag\cos\theta$$

由此，变量 ψ 可以写成关于 θ 的函数。进一步对式（2.11）进行变换，方程两边除以 $\sqrt{\alpha^2+\beta^2}$，得到

$$\frac{\alpha}{\sqrt{\alpha^2+\beta^2}}\cos\psi+\frac{\beta}{\sqrt{\alpha^2+\beta^2}}\sin\psi=\frac{\gamma}{\sqrt{\alpha^2+\beta^2}} \tag{2.12}$$

参考图 2.32b，角度 ϕ 记作 $\phi=\tan^{-1}(\beta/\alpha)$，这样，式（2.12）可以简化成

$$\cos(\psi-\phi)=\frac{\gamma}{\sqrt{\alpha^2+\beta^2}}$$

因此有

$$\psi=\tan^{-1}\left(\frac{\beta}{\alpha}\right)\pm\cos^{-1}\left(\frac{\gamma}{\sqrt{\alpha^2+\beta^2}}\right)$$

（a）注意上述解只有当 $\gamma^2\leqslant\alpha^2+\beta^2$ 时才存在。若不满足该约束方程，可能对应的是哪种情况？

（b）注意到，对于每个输入角 θ，总是对应两组输出值 ψ。这两组解的几何特征如何？

（c）绘制如下参数下 θ-ψ 空间内的机构位形空间：$a=b=g=h=1$。

（d）绘制如下参数下，在 θ-ψ 空间内的机构位形空间：$a=1, b=2, g=2, h=\sqrt{5}$。

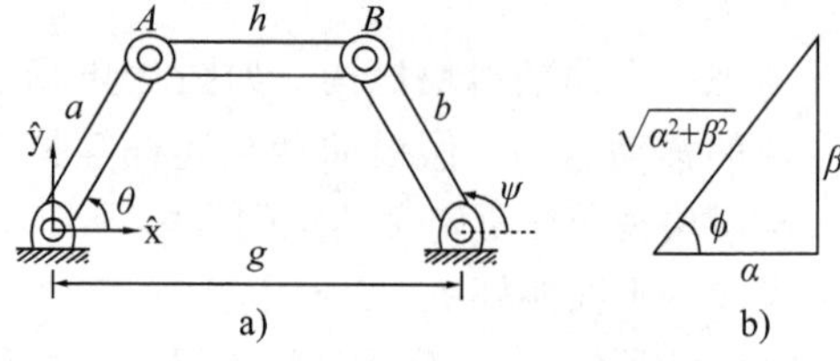

图 2.32　平面铰链四杆机构

（e）绘制如下参数下，在 θ-ψ 空间内的机构位形空间：$a=1, b=1, g=\sqrt{3}, h=1$。

26. 如图 2.33 所示的平面 2R 机器人中，其末端点坐标可以写成

$$x=2\cos\theta_1+\cos(\theta_1+\theta_2)$$
$$y=2\sin\theta_1+\sin(\theta_1+\theta_2)$$

（a）该机器人的位形空间？

（b）该机器人的工作空间（即末端点所能到达的所有点位集合）？

（c）假设存在2个无限长的边界（x=1，x=−1），求这种情况下，该机器人的 C– 空间（即不会导致碰

47 到竖直边界的一部分位形空间）。

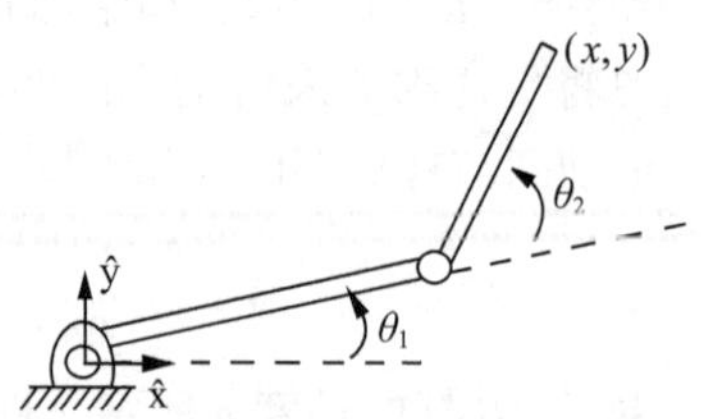

图 2.33　平面 2R 开链机器人

27. 考察平面 3R 开链机器人的工作空间。

（a）若各杆杆长分别为 5, 2, 1（从基座开始），仅考虑该机器人末端点的直角坐标，绘制对应的工作空间。

（b）若各杆杆长分别为 1, 2, 5（从基座开始），仅考虑该机器人末端点的直角坐标，绘制对应的工作空间。与（a）结果比较，哪个工作空间更大些？

（c）有设计者宣称只通过增大最末端杆的杆长即可实现让机器人的工作空间变大，请驳斥该观点。

28. 任务空间。

（a）试描述一下在黑板上写字的机械臂的任务空间。

（b）试描述一下挥动指挥棒的机械臂的任务空间。

29. 给出以下系统 C– 空间拓扑的数学描述。

（a）一个在无限大平面滚动的轮式移动机器人底盘。

（b）一个轮式移动机器人（只考虑底盘）在绕球形小行星转动。

（c）一个轮式移动机器人（只考虑底盘）在无限大平面上运动，一个 RRPR 型机械臂放该移动机器人上。其中移动关节受到运动范围的限制，但转动关节的运动不受限制。

（d）自由飞行机器人与其上的 6R 机械臂，关节运动不受任何限制。

30. 给出从四维 C– 空间内的任意初始位形下驱动如图 2.11 所示滚动的硬币到任意目标位形的算法，其中含有两个非完整约束，两个待控制的输入变量是滚动速度 $\dot{\theta}$ 和旋转速度 $\dot{\phi}$。对算法进行解释，无须给出实际代码或公式。

31. 一个差速驱动的移动机器人中有两个轮子，如图 3.34 所示，其速度可以独立控制。机器人的向前与向后运动通过等速同向旋转轮子或者差速旋转轮子来实现。机器人的位形可通过 5 个变量来给定：机器人底盘质心点的位置坐标（x, y）、机器人底盘行进方向与固定坐标系 x 轴的夹角 θ、两个轮子绕各自轮心转动时的转角值 ϕ_1 和 ϕ_2。假定每个轮子的半径为 r，轮子之间的距离为 $2d$。

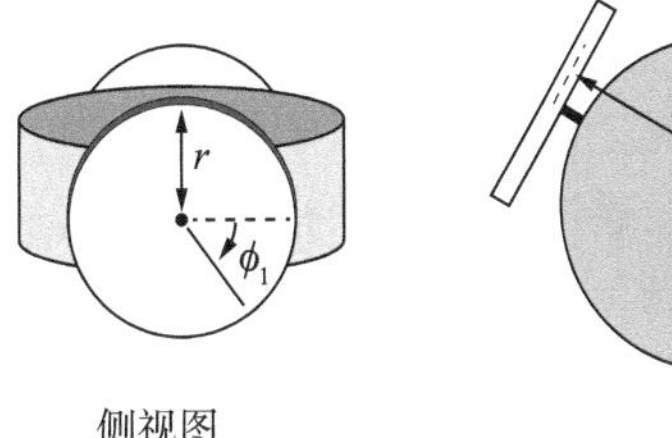

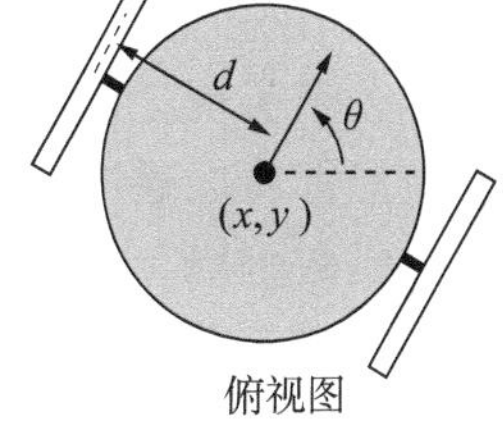

图 2.34　差速驱动机器人

48

（a）令 $q=(x,y,\theta,\phi_1,\phi_2)$ 为该机器人的位形。若两个控制变量为两个轮子的角速度，给出向量微分方程 $\dot{q}=g_1(q)\omega_1+g_2(q)\omega_2$。向量场 $g_1(q)$ 和 $g_2(q)$ 称为控制向量场（参见 13.3 节），试解释当单元控制信号作用在系统中，该系统是如何运动的？

（b）写出满足该系统的 Pfaffian 约束 $A(q)\dot{q}=0$，总共有多少个这样的约束？

（c）该约束是完整约束还是非完整约束？或者有多少是完整约束，有多少是非完整约束？

32. 判断以下的微分方程符合完整约束还是非完整约束？

（a）$(1+\cos q_1)\dot{q}_1+(1+\cos q_2)\dot{q}_2+(\cos q_1+\cos q_2+4)\dot{q}_3=0$

（b）$-\dot{q}_1\cos q_2+\dot{q}_3\sin(q_1+q_2)-\dot{q}_4\cos(q_1+q_2)=0$

$\dot{q}_3\sin q_1-\dot{q}_4\cos q_1=0$　49

第 3 章

Modern Robotics: Mechanics, Planning, and Control

刚体运动

上一章中我们看到，描述刚体在三维物理空间中的位置和姿态（简称位姿）至少需要 6 个参数。本章中，我们通过在刚体上附着参考坐标系，建立一种系统的方法来描述刚体的位姿。该坐标系相对固定参考坐标系的位形可以写成 4×4 矩阵的形式。这个矩阵实质上就是前一章所讨论的 C– 空间的隐式表达的一个实例：真实描述刚体位形的六维空间可通过对具有 16 个参数的 4×4 实矩阵施加 10 个约束方程得到。

该矩阵不仅可以表示一个坐标系的位形，还可以用于：①对向量或坐标系进行平移和旋转；②将向量或坐标系从一个坐标系变换到另一坐标系。这些操作通过简单的线性代数运算即可实现，这也是我们选择用 4×4 矩阵表示位形的主要原因。

C– 空间的非欧（即非“平面”）特性促使我们使用矩阵来表示机器人位姿。但刚体速度可以简单地表示成 $\mathbb{R}^6$ 中的一个向量，其中包括 3 个角速度和 3 个线速度，这些速度一起被称为**空间速度**（spatial velocity）或**运动旋量**（twist）。说得更通俗些，即使机器人的 C– 空间可能不是向量空间，但 C– 空间中任意点所对应的速度集合总能形成一个向量空间。例如，考虑一个 C– 空间是 S^2 的机器人：虽然 C– 空间不是平面而是球面上任一点，但速度空间可被认为是与该点相切的平面（向量空间）。

任何刚体位形都可以通过刚体从初始位形开始，对常值运动旋量相对一定时间段做定积分来实现。该运动类似于螺旋运动，即沿着某一相同的固定轴旋转并平移。所有刚体位形都可以通过螺旋运动来实现，这一结论衍生出一种 6 个参数的位形表示方法，被称为**指数坐标**（exponential coordinate）。这 6 个参数应同时包括描述螺旋轴方向的参数和表明螺旋运动幅值的参数，以到达预期的位形。

本章最后讨论一下力。就像角速度和线速度同时整合在一起变成 $\mathbb{R}^6$ 中的单一向量一
50 样，力矩（扭矩）和力也可以一起整合成被称为**空间力**（spatial force）或**力旋量**（wrench）的一个六维向量。

为了更好地解释本章中的概念和主旨内容，我们首先从平面运动开始讨论。在此之前，对向量表示先做些简要介绍。

向量与参考坐标系

自由向量（free vector）是一种只具有大小和方向的几何量。想象在 $\mathbb{R}^6$ 中的一个箭头，称之为自由向量是因为它无须附着在任何固定位置，只关注其大小和方向。线速度就可以看作是一个自由向量：带箭头线的长度表示速度的大小，而箭头的方向表示速度的方向。本书中，自由向量用正体小写字母表示，如 v。

如果已经选择了参考坐标系和 v 所在空间的长度比例，那么这个自由向量可以移动到这样的位置：箭头的底部与原点重合但不改变方向。该自由向量 v 可以用参考坐标系

中的坐标表示。我们用斜体字母表示向量，$v \in \mathbb{R}^n$，其中 v 表示在参考坐标系中箭头的"头部"坐标。选择不同的参考坐标系和单位长度，v 将会改变，但是对应的自由向量 v 不变。

换句话说，我们说 v 是**无坐标的**（coordinate free）；它指代基础空间中的一个物理量，而无论我们如何表示它。然而，v 是 v 的一个与坐标系的选取相关的表示。

物理空间中的 p 点也可以表示成向量的形式。给定物理空间内的参考坐标系和长度比例，p 点就可以看成是从参考坐标系原点到 p 点的一个向量，用斜体符号表示成 $p \in \mathbb{R}^n$。这里，正如前所述，物理空间中即使同一个点，选用不同的参考坐标系和单位长度也会有不同的表示形式，如图 3.1 所示。

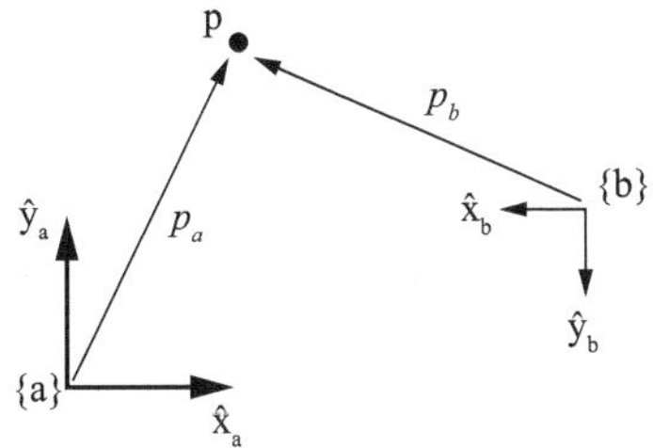

图 3.1　物理空间内的一点 p，并不关注如何表示。若选择参考坐标系 {a}，单位坐标轴用 $\hat{x}_a$ 和 $\hat{y}_a$ 表示，这时 p 点可写成 $p_a = (1, 2)$；若选择参考坐标系 {b}，原点位置、坐标轴方向以及单位长度均与 {a} 不同，这时 p 点可写成 $p_b = (4, -2)$

本书其他各章中，长度单位总是事先设定好的，而对参考坐标系的位置与方向需要进行不同的选择。参考坐标系可以放在空间的任何位置，每个参考坐标系都有其特定的物理意义。我们总是要定义一个相对静止的**固定坐标系**（fixed frame），即**空间坐标系**（space frame），记作 {s}，例如，将空间坐标系选在房间的某个角落中。类似地，我们也 51
经常至少选择一个附着在某一运动刚体上的随动坐标系，例如，选在房间中飞舞的四旋翼飞行器机体上。这个坐标系称为**物体坐标系**（body frame），记作 {b}，它是一个在任一瞬时都与刚体随动坐标系相重合的静止坐标系。

通常情况下，{b} 系原点总是选在刚体的某些重要标志点处，如质心等。其实，并不一定如此，{b} 系原点甚至不一定选在刚体上，就与刚体相对静止的观测者而言，坐标系的位形只要相对刚体是不变的即可。

注意　本书中所有坐标系都是静止的惯性坐标系。当我们提到物体坐标系 {b} 时，即意味着它是一个与固定在刚体（可能运动）上的坐标系相重合的静止坐标系。牢记这一点很重要，因为你可能学过的某些动力学课程中，经常使用附着在旋转刚体上的非惯性运动坐标系。千万不要将两者混淆起来。

为简单起见，我们通常将附着在运动刚体上的坐标系称为物体坐标系。尽管如此，任一瞬时，物体坐标系实质上都是一个瞬时与刚体随动的坐标系相重合的静止坐标系。

还要重复多遍：所有坐标系都是静止的。

而且，所有坐标系都遵循右手定则，如图 3.2 所示。其中正向转动的转轴方向可通过手指的指向来确定：当拇指指向轴线时，右手卷曲的方向。

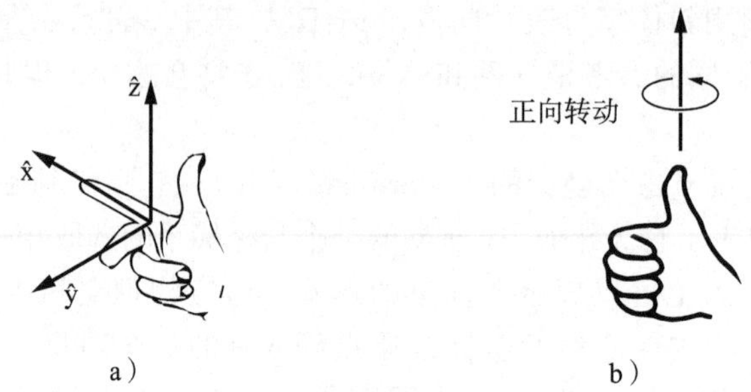

图 3.2　a）右手参考坐标系的 3 个坐标轴分别沿食指、中指和拇指的方向；b）正向转动的
52 转轴方向可通过手指的指向来确定：当拇指指向轴线时，右手卷曲的方向

3.1　平面内的刚体运动

考虑如图 3.3 所示的平面刚体（灰色表示），其运动限定在平面内。假定用 {s} 表示固定坐标系，$\hat{x}_s$ 和 $\hat{y}_s$ 为其中两个坐标轴的单位向量（全书都用 ˆ 符号表示单位向量）。与之类似，我们用另一个坐标系附着在该刚体上，其单位坐标轴用 $\hat{x}_b$ 和 $\hat{y}_b$ 表示。由于该坐标系随刚体一起运动，因此又称之为物体坐标系，并用 {b} 来表示。

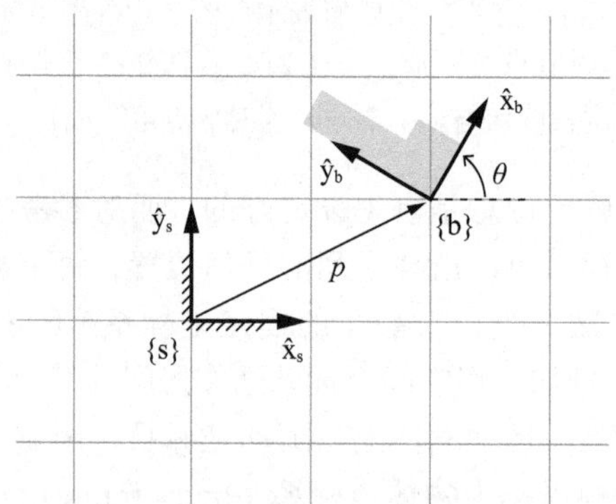

图 3.3　物体坐标系 {b} 可用相对固定坐标系 {s} 原点的向量 p 和表示方向的单位坐标轴 $\hat{x}_b$、$\hat{y}_b$ 表示。图示的例子中，$p=(2,1)$，$\theta=60°$，因此，$\hat{x}_b=(\cos\theta,\sin\theta)=(1/2,\sqrt{3}/2)$，$\hat{y}_b=(-\sin\theta,\cos\theta)=(-\sqrt{3}/2,1/2)$

为描述平面刚体的位形，只需要给出物体坐标系相对固定坐标系的位置和姿态。物体坐标系的原点 p 可以在固定坐标系 {s} 中表示：

$$p=p_x\hat{x}_s+p_y\hat{y}_s \tag{3.1}$$

你可能已经习惯将向量 p 写成简单的形式 $p=(p_x,p_y)$，如果不会产生有关坐标系歧义的话，这种表示无可厚非，但式（3.1）则清晰地反映出了向量 p 所在的参考坐标系。

描述物体坐标系 {b} 相对 {s} 的姿态的最简单方法是给定转角 θ，如图 3.3 所示。还可采用另外一种方法，即给出物体坐标系 {b} 中两个单位坐标轴相对固定坐标系 {s} 中两个单位坐标轴的方向，即

$$\hat{x}_b=\cos\theta\hat{x}_s+\sin\theta\hat{y}_s \tag{3.2}$$

$$\hat{y}_b = -\sin\theta\hat{x}_s + \cos\theta\hat{y}_s \tag{3.3}$$

乍一看，这种表示对描述物体坐标系的姿态相当不直观。不过，当假想一个刚体在三维空间内做任意运动时，用单个转角 θ 就无法描述物体坐标系的姿态了，而实际上需 53
要 3 个转角参数，接下来的难点在于如何定义这 3 个参数。相反，若用参考坐标系下的坐标轴表示物体坐标系下的坐标轴，如上面对平面刚体描述的那样，就变得十分直观了。

假设以下表示均基于固定坐标系 {s}。点 p 可以写成列向量 $p \in \mathbb{R}^2$ 的形式，即

$$p = \begin{bmatrix} p_x \\ p_y \end{bmatrix} \tag{3.4}$$

单位向量 $\hat{x}_b$ 和 $\hat{y}_b$ 也可写成列向量的形式，并组成如下的 2×2 矩阵形式，即

$$P = \begin{bmatrix} \hat{x}_b & \hat{y}_b \end{bmatrix} = \begin{bmatrix} \cos\theta & -\sin\theta \\ \sin\theta & \cos\theta \end{bmatrix} \tag{3.5}$$

矩阵 P 表示的就是一个**旋转矩阵**。虽然 P 由 4 个元素组成，但存在 3 个约束方程（P 的每列必须为单位向量，且两个列向量相互正交），这样只剩下一个单自由度的参数 θ。将式（3.4）和式（3.5）合起来，组成 (P, p)，就可以完全来描述 {b} 相对 {s} 的位姿。

现在再来看看图 3.4 所示的含 3 个坐标系的情况。仿照上述方法，坐标系 {c} 相对 {s} 用 (R, r) 来表示，这样，我们有

$$r = \begin{bmatrix} r_x \\ r_y \end{bmatrix}, \qquad R = \begin{bmatrix} \cos\phi & -\sin\phi \\ \sin\phi & \cos\phi \end{bmatrix} \tag{3.6}$$

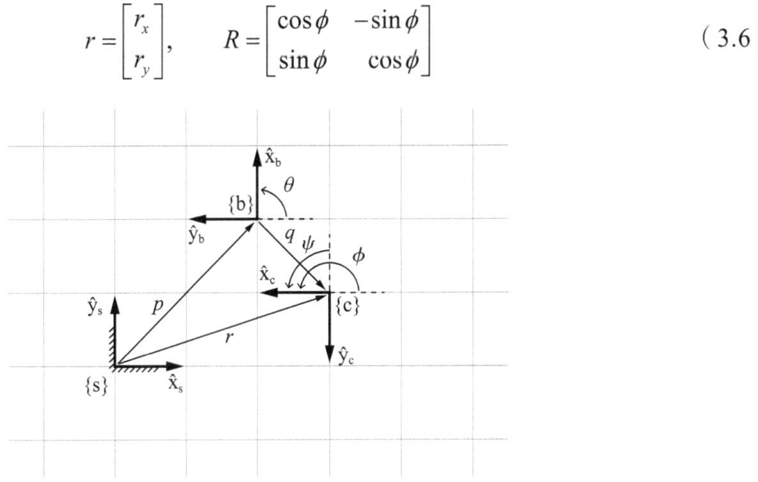

图 3.4　系 {b} 相对系 {s} 用 (P, p) 表示，系 {c} 相对系 {b} 用 (Q, q) 表示，由此可导出系 {c} 相对系 {s} 的位姿 (R, r)。其中向量 p、q、r 的大小以及 3 个坐标系的坐标轴方向可通过图中单位网格来确定

同样，我们也可以写出坐标系 {c} 相对 {b} 的表达。令 q 为坐标系 {b} 原点到坐标 54
系 {c} 原点的向量，并在 {b} 中描述；再令 Q 为坐标系 {c} 相对坐标系 {b} 的姿态，这样，坐标系 {c} 相对 {b} 就可用 (Q, q) 来表示，其中

$$q = \begin{bmatrix} q_x \\ q_y \end{bmatrix}, \qquad Q = \begin{bmatrix} \cos\psi & -\sin\psi \\ \sin\psi & \cos\psi \end{bmatrix} \tag{3.7}$$

如果我们知道 (Q, q)（{c} 相对 {b} 的位形）和 (P, p)（{b} 相对 {s} 的位形），即可以通过下式计算出 {c} 相对 {s} 的位形：

$$R = PQ \text{（将 } Q \text{ 转换到 \{s\} 系中）} \tag{3.8}$$

$$r = Pq + p \text{（将 } q \text{ 转换到 \{s\} 系中，再与 } p \text{ 求向量和）} \tag{3.9}$$

由此可以看出，(P, p) 不仅可以用来表示 {b} 相对 {s} 的位形，还可以用来将 {b} 中点的坐标转换到 {s} 中。

现在再来讨论附着两个坐标系（{c} 和 {d}）的刚体。首先使坐标系 {d} 与 {s} 重合，{c} 相对 {s} 的位形用 (R, r) 来表示（图 3.5a）。再使刚体按如下方式运动：{d} 移动到 {d′}，并与 {b} 重合（用 (P, p) 表示）。那么，这时 {c} 处于何处？假设用 (R', r') 表示新坐标系 {c′} 的位形，可以验证

$$R' = PR \tag{3.10}$$

$$r' = Pr + p \tag{3.11}$$

它们与式（3.8）和式（3.9）的形式很类似。不同之处在于，后者中，(P, p) 与 (R, r) 都在同一坐标系下表示，因此方程中不涉及坐标系的变化，取而代之反映的是**刚体位移**（rigid-body displacement），也称为**刚体运动**（rigid-body motion），即如图 3.5a 所示的通过 P 旋转坐标系 {c}（①）和通过 p 移动坐标系 {c}（②）。

由此可以看出，旋转矩阵 – 向量（如 (P, p)）有 3 个作用：

①表示刚体在固定坐标系 {s} 中的位形（图 3.3）；

②将向量或坐标系从一个坐标系变换到另一个坐标系中（图 3.4）；

③描述向量或坐标系的刚体位移（图 3.5a）。

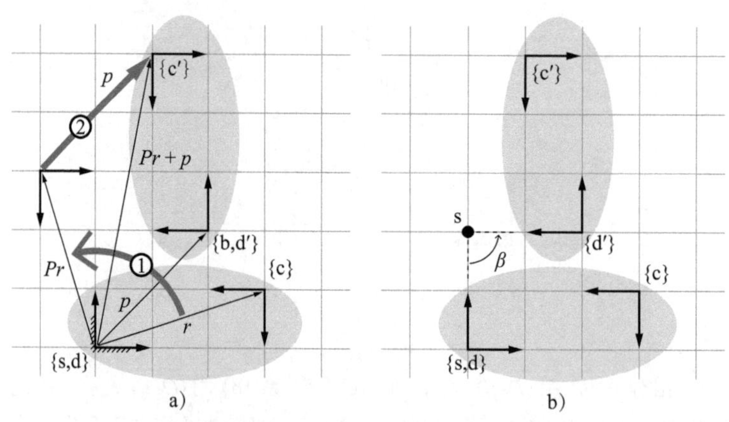

图 3.5　a）坐标系 {d} 固定在椭圆形刚体上，最初与 {s} 重合，通过刚体运动后到了 {d′}（与静止坐标系 {b} 重合）。通过旋转变换 P 和平移变换 p，即 (P, p) 就可表示系 {b} 相对系 {s} 的位姿。同样也可表示 {c} 到 {c′} 的变换：① 绕 {s} 原点旋转系 {c}；② 平移坐标系至 {c′}。b）无须将旋转和平移变换分开，而是将其同步实施。这时，位移可看作是绕固定点 s 旋转 β=90° 的角度

注意到，图 3.5a 中的刚体运动表示先转动后平移。实际上，它可以简单地通过绕某一固定点 s 旋转角 β 而得到（如图 3.5b 所示）。这是**螺旋运动**（screw motion）在平面

中所表现出的一种特殊情况[⊖]。因此，上述位移也可以用 3 个螺旋参数坐标来表示，即 (β, s_x, s_y)，其中，$(s_x, s_y) = (0, 2)$ 表示点 s（垂直于纸面的螺旋轴）相对固定坐标系 {s} 的坐标。

另外一种表示螺旋运动的方法是：在给定距离的前提下，用瞬时角速度和线速度来描述刚体位移。如图 3.5b 所示，可以看到 s 绕单位角速度（$\omega = 1$ rad/s）转动，位于 {s} 系原点上的点先以每秒 2 个单元的速度沿 x 轴正方向移动，即 $v = (v_x, v_y) = (2, 0)$，再将其嵌入到三维向量 $\mathcal{S} = (\omega, v_x, v_y) = (1, 2, 0)$ 中即可表示**螺旋轴**（screw axis）。沿此螺旋轴转动角度 $\theta = \pi/2$ 可得到最终位移。因此我们可用 3 个坐标 $\mathcal{S}\theta = (\pi/2, \pi, 0)$ 来表示该刚体位移。该坐标具有某些优点，我们称之为平面刚体位移的**指数坐标**（exponential coordinate）。

角速度与线速度的组合称为**运动旋量**（twist）。为了表示这个新的物理量，首先定义单位螺旋轴 $\mathcal{S} = (\omega, v_x, v_y)$ $(\omega = 1)$，再用旋转速度 $\dot{\theta}$ 与之相乘，由此得到运动旋量 $\mathcal{V} = \mathcal{S}\dot{\theta}$。 55~56
通过绕螺旋轴 $\mathcal{S}$ 转动 θ 角的位移与以速度 $\dot{\theta} = \theta$ 绕螺旋轴 $\mathcal{S}$ 转动单位时间的结果完全等效，因此 $\mathcal{V} = \mathcal{S}\dot{\theta}$ 也可以看作是一组指数坐标。

本章后续知识导论

本章的后续内容中，我们将上述概念扩展到三维刚体运动中。为此，先来考虑一个占据三维物理空间的刚体，如图 3.6 所示。假定选定了长度单位，以及固定坐标系 {s} 和物体坐标系 {b}。注意，本书中所用的坐标系均遵循右手定则，即单位坐标轴 $(\hat{x}, \hat{y}, \hat{z})$ 总是满足 $\hat{x} \times \hat{y} = \hat{z}$。分别定义固定坐标系 {s} 的 3 个单位坐标轴 $(\hat{x}_s, \hat{y}_s, \hat{z}_s)$ 和物体坐标系 {b} 的 3 个单位坐标轴 $(\hat{x}_b, \hat{y}_b, \hat{z}_b)$，令 p 为坐标系 {s} 原点到坐标系 {b} 原点的向量，并在 {s} 中描述，由此可得

$$p = p_1\hat{x}_s + p_2\hat{y}_s + p_3\hat{z}_s \tag{3.12}$$

相应地，物体坐标系的 3 个单位坐标轴可表示成

$$\hat{x}_b = r_{11}\hat{x}_s + r_{21}\hat{y}_s + r_{31}\hat{z}_s \tag{3.13}$$

$$\hat{y}_b = r_{12}\hat{x}_s + r_{22}\hat{y}_s + r_{32}\hat{z}_s \tag{3.14}$$

$$\hat{z}_b = r_{13}\hat{x}_s + r_{23}\hat{y}_s + r_{33}\hat{z}_s \tag{3.15}$$

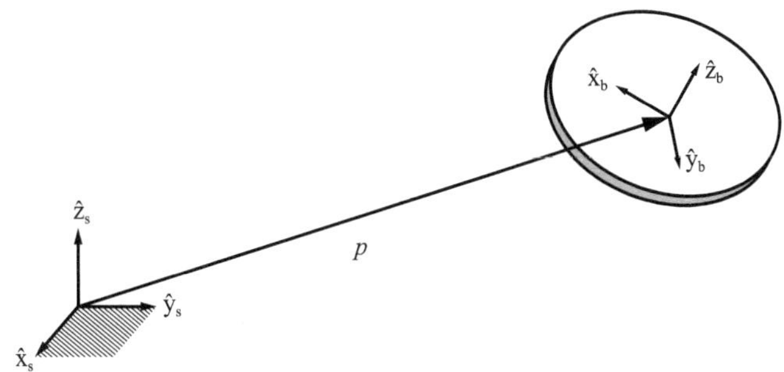

图 3.6 位姿的数学描述

⊖ 如果位移是无转动的纯移动，那么 s 位于无限远处。

定义 $p \in \mathbb{R}^3$，$R \in \mathbb{R}^{3\times 3}$，即

$$p = \begin{bmatrix} p_1 \\ p_2 \\ p_3 \end{bmatrix}, \qquad R = \begin{bmatrix} \hat{\mathrm{x}}_{\mathrm{b}} & \hat{\mathrm{y}}_{\mathrm{b}} & \hat{\mathrm{z}}_{\mathrm{b}} \end{bmatrix} = \begin{bmatrix} r_{11} & r_{12} & r_{13} \\ r_{21} & r_{22} & r_{23} \\ r_{31} & r_{32} & r_{33} \end{bmatrix} \tag{3.16}$$

(R, p) 中的 12 个参数完全可以描述刚体相对固定坐标系下的位姿。

由于刚体的姿态最多为 3 个自由度，因此 R 中的 9 个参数只有 3 个是独立的。其中
57 一种三参数的旋转矩阵表示是指数坐标，可以通过旋转轴和相应旋转角来定义。在附录 B 中还可以找到其他几种常见的姿态表示方法，如欧拉角法、RPY 角法、凯莱－罗德里格斯参数法以及单位四元数法等。

接下来，我们将重点讨论描述刚体位形的六参数指数坐标，后者源于由刚体角速度和线速度组成的六参数运动旋量。这种表示的依据是查理－莫兹（Chasles-Mozzi）定理，即任一刚体运动都可以通过绕某一螺旋轴旋转一定的角度和平移来实现。

本章的最后将讨论力与力矩问题。这里并不将这两个物理量分别对待，而是将其合成一个六维的**力旋量**（wrench）。运动旋量与力旋量以及它们之间的运算法则，构成了本书后续章节有关运动学与动力学分析的基础。

3.2　旋转与角速度

3.2.1　旋转矩阵

在前文曾提及，旋转矩阵 R 中的 9 个参数只有 3 个是独立的。下面我们给出相应的 6 个约束方程。注意，R 中的 3 个列向量分别对应物体坐标系的 3 个单位坐标轴，即 $(\hat{\mathrm{x}}_{\mathrm{b}}, \hat{\mathrm{y}}_{\mathrm{b}}, \hat{\mathrm{z}}_{\mathrm{b}})$，因此，必须满足下述几个条件。

①**正则条件**：由于 $\hat{\mathrm{x}}_{\mathrm{b}}$、$\hat{\mathrm{y}}_{\mathrm{b}}$ 和 $\hat{\mathrm{z}}_{\mathrm{b}}$ 均为单位向量，因此有

$$\begin{aligned} r_{11}^2 + r_{21}^2 + r_{31}^2 &= 1 \\ r_{12}^2 + r_{22}^2 + r_{32}^2 &= 1 \\ r_{13}^2 + r_{23}^2 + r_{33}^2 &= 1 \end{aligned} \tag{3.17}$$

②**正交条件**：$\hat{\mathrm{x}}_{\mathrm{b}} \cdot \hat{\mathrm{y}}_{\mathrm{b}} = \hat{\mathrm{x}}_{\mathrm{b}} \cdot \hat{\mathrm{z}}_{\mathrm{b}} = \hat{\mathrm{y}}_{\mathrm{b}} \cdot \hat{\mathrm{z}}_{\mathrm{b}} = 0$（“·”表示内积），即

$$\begin{aligned} r_{11}r_{12} + r_{21}r_{22} + r_{31}r_{32} &= 0 \\ r_{12}r_{13} + r_{22}r_{23} + r_{32}r_{33} &= 0 \\ r_{11}r_{13} + r_{21}r_{23} + r_{31}r_{33} &= 0 \end{aligned} \tag{3.18}$$

上述 6 个约束方程还可以写成更为紧凑的矩阵表达形式，即

$$R^{\mathrm{T}} R = I \tag{3.19}$$

式中，R^{T} 表示 R 的转置，I 为单位矩阵。

另外需要说明的是：坐标系中的 3 个坐标轴始终遵循右手定则（即 $\hat{\mathrm{x}}_{\mathrm{b}} \times \hat{\mathrm{y}}_{\mathrm{b}} = \hat{\mathrm{z}}_{\mathrm{b}}$，其
58 中“×”表示叉积），而不是左手定则（即 $\hat{\mathrm{x}}_{\mathrm{b}} \times \hat{\mathrm{y}}_{\mathrm{b}} = -\hat{\mathrm{z}}_{\mathrm{b}}$），而上述 6 个约束方程并未区分左手坐标系和右手坐标系。不妨回顾一下有关求矩阵 M 对应行列式值的计算公式，假设 M 的 3 个列向量分别为 a,b,c，其行列式的值为

$$\det M = a^{\mathrm{T}}(b \times c) = c^{\mathrm{T}}(a \times b) = b^{\mathrm{T}}(c \times a) \tag{3.20}$$

将 R 的列向量值代入上式，可得约束方程

$$\det R = 1 \tag{3.21}$$

注意到，若采用左手坐标系，上式的值应为 $\det R = -1$ 。总之，由式（3.19）给出的 6 个约束方程只能导出 $\det R = \pm 1$ ，额外增加约束方程 $\det R = 1$ 是为了保证右手坐标系的条件。而约束方程 $\det R = 1$ 并未改变参数化 R 所需的独立的连续变量数。

3×3 旋转矩阵组成的集合称为**特殊正交群**（special orthogonal group）$SO(3)$，以下给出其正式定义。

【定义 3.1】特殊正交群 $SO(3)$ 也称为旋转矩阵群，是所有 3×3 实数矩阵 R 的集合，且满足：① $R^{\mathrm{T}}R = I$；② $\det R = 1$ 。

2×2 旋转矩阵则是 $SO(3)$ 的一个子群，记作 $SO(2)$。

【定义 3.2】特殊正交群 $SO(2)$ 是所有 2×2 实数矩阵 R 的集合，且满足：① $R^{\mathrm{T}}R = I$；② $\det R = 1$ 。

根据定义，每个 $R \in SO(2)$ 都可以写成

$$R = \begin{bmatrix} r_{11} & r_{12} \\ r_{21} & r_{22} \end{bmatrix} = \begin{bmatrix} \cos\theta & -\sin\theta \\ \sin\theta & \cos\theta \end{bmatrix}$$

式中， $\theta \in [0, 2\pi)$ 。$SO(2)$ 中的各元素表示平面姿态，而 $SO(3)$ 中的各元素表示空间姿态。

1. 旋转矩阵的特性

将旋转矩阵 $SO(2)$ 和 $SO(3)$ 的集合称作群是因为它们均满足数学中群的一般特性⊖。具体而言，群是由一组元素组成的集合，对其中的两元素进行运算，例如，对 $SO(n)$ 中两元素 A 和 B 进行乘法运算，满足如下特性。

- **封闭性**：AB 也是该群的一个元素。
- **结合律**：$(AB)C = A(BC)$ 。
- **幺元律**：存在单位元素 I（对应 $SO(n)$ 中的单位矩阵 I），满足 $AI = IA = A$ 。 59
- **可逆性**：存在可逆单元 A^{-1}，满足 $AA^{-1} = A^{-1}A = I$ 。

下面结合旋转矩阵的特性给出对上述 4 种群特性的证明。注意，单位阵 I 也是旋转矩阵 R 的一个特例。

【命题 3.3】旋转矩阵 $R \in SO(3)$ 的逆也是旋转矩阵，且等于它的转置，即 $R^{-1} = R^{\mathrm{T}}$ 。

证明：由 $R^{\mathrm{T}}R = I$ 可直接导出， $R^{-1} = R^{\mathrm{T}}$ 和 $RR^{\mathrm{T}} = I$ 。由于 $\det R^{\mathrm{T}} = \det R = 1$ ，因此 R^{T} 也是旋转矩阵。

【命题 3.4】两个旋转矩阵的乘积也是旋转矩阵（即满足封闭性）。

证明：若 $R_1, R_2 \in SO(3)$ ，则 $(R_1R_2)^{\mathrm{T}}(R_1R_2) = R_2^{\mathrm{T}}R_1^{\mathrm{T}}R_1R_2 = I$ ，且 $\det R_1R_2 = \det R_1 \cdot \det R_2 = 1$ ，因此 R_1R_2 满足旋转矩阵的条件。

【命题 3.5】旋转矩阵的乘积满足结合律，即 $(R_1R_2)R_3 = R_1(R_2R_3)$ ，但一般情况下不满足交换律，即 $R_1R_2 \neq R_2R_1$ 。不过对于 $SO(2)$ 而言，交换律是满足的。

证明：利用线性代数有关矩阵乘法的特性很容易得出上述结论。对于平面旋转矩阵满足交换律的特性可直接代入公式来验证。

⊖ 更具体地讲，$SO(n)$ 群也被称为矩阵李群（matrix Lie group），这是因为群中元素构成一个微分流形。

旋转矩阵的另一重要特性在于：旋转矩阵作用于某一向量并不改变该向量的长度。

【命题 3.6】 对于任一向量 $x \in \mathbb{R}^3$ 和旋转矩阵 $R \in SO(3)$，向量 $y = Rx$ 与 x 有相等的长度。

证明： $\|y\|^2 = y^{\mathrm{T}} y = (Rx)^{\mathrm{T}} Rx = x^{\mathrm{T}} R^{\mathrm{T}} Rx = x^{\mathrm{T}} x = \|x\|^2$。

2. 旋转矩阵的应用

如 3.1 节中对式（3.10）和式（3.11）之后的讨论一样，可以得出旋转矩阵的几点重要用途：

①表示姿态；

②进行坐标系转换，通过向量或坐标系来表示；

③对向量或坐标系进行旋转变换。

对于第一个用途，R 本身就表示坐标系；对于第二、三个用途，R 为作用在向量或坐标系上的算子（变换参考坐标系或者旋转坐标系）。

为更好地解释上述用途，图 3.7 给出了图形化描述。用 3 个不同的坐标系 {a}、{b}、
60 {c} 表示同一空间。这些坐标系具有相同的坐标原点，由于这里只表示姿态，为使描述更为清晰，图中将同一空间画了 3 次，包括该空间内的 p 点。注意，固定坐标系 {s} 并没有在图中标出，事实上它与 {a} 重合。这样，3 个坐标系相对 {s} 的姿态可以写成

$$
R_a = \begin{bmatrix} 1 & 0 & 0 \\ 0 & 1 & 0 \\ 0 & 0 & 1 \end{bmatrix}, \quad R_b = \begin{bmatrix} 0 & -1 & 0 \\ 1 & 0 & 0 \\ 0 & 0 & 1 \end{bmatrix}, \quad R_c = \begin{bmatrix} 0 & -1 & 0 \\ 0 & 0 & -1 \\ 1 & 0 & 0 \end{bmatrix}
$$

p 点在这些坐标系中的位置可相应地写成

$$
p_a = \begin{bmatrix} 1 \\ 1 \\ 0 \end{bmatrix}, \quad p_b = \begin{bmatrix} 1 \\ -1 \\ 0 \end{bmatrix}, \quad p_c = \begin{bmatrix} 0 \\ -1 \\ -1 \end{bmatrix}
$$

注意到，{b} 可看作由 {a} 绕 $\hat{z}_a$ 旋转 90° 得到，{c} 可看作由 {b} 绕 $\hat{y}_b$ 旋转 −90° 得到。

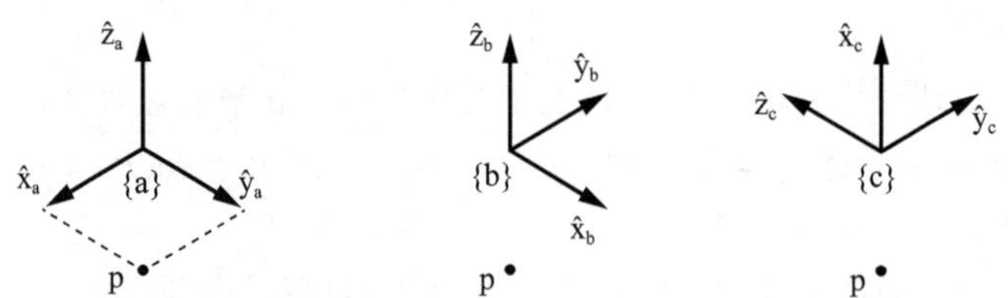

图 3.7　相同空间中，p 点在不同坐标系的表示

（1）表示姿态

实际上，当我们写 R_c 时，就暗含坐标系 {c} 相对固定坐标系 {s} 的姿态。当然我们也可以用更明晰的方式将其表示成 R_{sc}，即表示第二个下角标相对第一个下角标的姿态。这种表示并不限于相对固定坐标系的姿态描述，而扩展为一个坐标系相对另一坐标系的姿态，例如，R_{bc} 表示 {c} 相对 {b} 的姿态。

在坐标系表示不发生歧义的前提下，我们也可以直接将旋转矩阵写成 R。

观察图 3.7，可以看出

$$R_{ac}=\begin{bmatrix}0 & -1 & 0\\ 0 & 0 & -1\\ 1 & 0 & 0\end{bmatrix},\quad R_{ca}=\begin{bmatrix}0 & 0 & 1\\ -1 & 0 & 0\\ 0 & -1 & 0\end{bmatrix}$$

稍作简单计算即可得到 $R_{ac}R_{ca}=I$，即 $R_{ac}=R_{ca}^{-1}$；或者通过命题 3.3 可得，$R_{ac}=R_{ca}^{\mathrm{T}}$。事实上，对于任何两个坐标系 {d} 和 {e}，都有

$$R_{de}=R_{ed}^{-1}=R_{ed}^{\mathrm{T}}$$

不妨用图 3.7 中的任意两个坐标系验证一下上述公式是否正确。 61

（2）变换参考坐标系

用 R_{ab} 表示 {b} 相对 {a} 的姿态，R_{bc} 表示 {c} 相对 {b} 的姿态，通过直接运算即可得到 {c} 相对 {a} 的姿态：

$$R_{ac}=R_{ab}R_{bc} \tag{3.22}$$

上式中，R_{bc} 可看作是 {c} 的姿态，而 R_{ab} 则作为将坐标系 {b} 变换到 {a} 中的数学算子，即

$$R_{ac}=R_{ab}R_{bc}=\text{将 \{b\} 变换到 \{a\} 中}\,(R_{bc})$$

利用下角标消减的原则可以帮助我们记忆这一特性。当两个旋转矩阵连乘时，如果第一个矩阵的第二个下角标与第二个矩阵的第一个下角标一致，这两个下角标即可消掉，相应可实现参考坐标系的转换，即

$$R_{ab}R_{bc}=R_{a\not{b}}R_{\not{b}c}=R_{ac}$$

旋转矩阵只是 3 个单位向量的集合，因此向量的参考坐标系变换也可以通过上述消减原则来实现，例如

$$R_{ab}p_b=R_{a\not{b}}p_{\not{b}}=p_a$$

不妨用图 3.7 中的坐标系和点对上述特性进行验证。

（3）旋转某一向量或坐标系

旋转矩阵的最后一个用途是实现对某一向量或坐标系的旋转。如图 3.8 所示，令坐标系 {c} 最初与 {s} 完全重合（坐标系为 $(\hat{\mathrm{x}},\hat{\mathrm{y}},\hat{\mathrm{z}})$），再将 {c} 绕某一单位轴 $\hat{\omega}$ 旋转角度 θ，最后得到新的坐标系 {c′}（灰色线表示），对应的坐标系为 $(\hat{\mathrm{x}}',\hat{\mathrm{y}}',\hat{\mathrm{z}}')$。旋转矩阵 $R=R_{sc'}$ 可用来表示 {c′} 相对 {s} 的姿态，但也可以将其当作 {s} 到 {c′} 的矩阵操作。这里，我们主要强调将 R 视作旋转操作算子，而不是表示姿态。这样，可以写成

$$R=\mathrm{Rot}(\hat{\omega},\theta)$$

上式表示的是将用单位阵表示的姿态通过旋转变换到由 R 表示的姿态。相对坐标轴的旋转操作就是其中典型的实例，包括

$$R=\mathrm{Rot}(\hat{\mathrm{x}},\theta)=\begin{pmatrix}1 & 0 & 0\\ 0 & \cos\theta & -\sin\theta\\ 0 & \sin\theta & \cos\theta\end{pmatrix},\quad R=\mathrm{Rot}(\hat{\mathrm{y}},\theta)=\begin{pmatrix}\cos\theta & 0 & \sin\theta\\ 0 & 1 & 0\\ -\sin\theta & 0 & \cos\theta\end{pmatrix},$$

62

$$R = \mathrm{Rot}(\hat{z}, \theta) = \begin{pmatrix} \cos\theta & -\sin\theta & 0 \\ \sin\theta & \cos\theta & 0 \\ 0 & 0 & 1 \end{pmatrix}$$

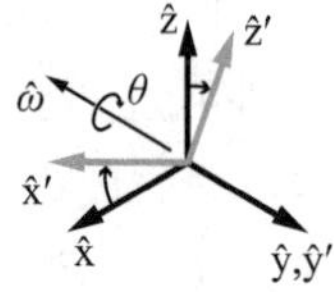

图 3.8　坐标系 $(\hat{x}, \hat{y}, \hat{z})$ 绕单位轴 $\hat{\omega}$（沿图中的 $-\hat{y}$ 方向）旋转角度 θ，最后得到的新坐标系 $(\hat{x}', \hat{y}', \hat{z}')$ 的姿态可用相对初始坐标系的旋转矩阵 R 来表示

还有一个更为通用的实例（将在 3.2 节中详细描述），对于 $\hat{\omega} = (\hat{\omega}_1, \hat{\omega}_2, \hat{\omega}_3)$，有

$$\mathrm{Rot}(\hat{\omega}, \theta) = \begin{pmatrix} c_\theta + \hat{\omega}_1^2(1-c_\theta) & \hat{\omega}_1\hat{\omega}_2(1-c_\theta) - \hat{\omega}_3 s_\theta & \hat{\omega}_1\hat{\omega}_3(1-c_\theta) + \hat{\omega}_2 s_\theta \\ \hat{\omega}_1\hat{\omega}_2(1-c_\theta) + \hat{\omega}_3 s_\theta & c_\theta + \hat{\omega}_2^2(1-c_\theta) & \hat{\omega}_2\hat{\omega}_3(1-c_\theta) - \hat{\omega}_1 s_\theta \\ \hat{\omega}_1\hat{\omega}_3(1-c_\theta) - \hat{\omega}_2 s_\theta & \hat{\omega}_2\hat{\omega}_3(1-c_\theta) + \hat{\omega}_1 s_\theta & c_\theta + \hat{\omega}_3^2(1-c_\theta) \end{pmatrix}$$

式中，$s_\theta = \sin\theta$，$c_\theta = \cos\theta$。任何 $R \in SO(3)$ 都可以通过绕某一单位轴 $\hat{\omega}$ 旋转角度 θ 实现。注意到 $\mathrm{Rot}(\hat{\omega}, \theta) = \mathrm{Rot}(-\hat{\omega}, -\theta)$。

现在，我们用 R_{sb} 表示 {b} 相对 {s} 的姿态，并且想将 {b} 绕单位轴 $\hat{\omega}$ 旋转角度 θ，即 $R = \mathrm{Rot}(\hat{\omega}, \theta)$。为了更加明确我们的想法，必须指定旋转轴 $\hat{\omega}$ 是在 {s} 系还是 {b} 系中表达。基于我们的选择，虽然 $\hat{\omega}$ 的值相同（因此 R 也相同），但却对应着不同空间内的转轴，除非 {s} 系和 {b} 系完全重合。令 {b′} 为绕 $\hat{\omega}_s = \hat{\omega}$ 轴旋转 θ 角之后得到的新坐标系（转轴 $\hat{\omega}$ 在固定坐标系 {s} 中描述），{b″} 为绕 $\hat{\omega}_b = \hat{\omega}$ 轴旋转 θ 角之后得到的新坐标系（转轴 $\hat{\omega}$ 在物体坐标系 {b} 中描述），这两个新坐标系可通过下式计算得到，即

$$R_{sb'} = \text{相对固定坐标系\{s\}绕}R\text{转动} = RR_{sb} \tag{3.23}$$

$$R_{sb''} = \text{相对物体坐标系\{b\}绕}R\text{转动} = R_{sb}R \tag{3.24}$$

换句话说，左乘 $R = \mathrm{Rot}(\hat{\omega}, \theta)$ 会得到绕固定坐标系中的转轴 $\hat{\omega}$ 的转动，右乘 $R = \mathrm{Rot}(\hat{\omega}, \theta)$ 会得到绕物体坐标系中的转轴 $\hat{\omega}$ 的转动。

有关相对 {s} 系和 {b} 系的刚体转动的示意图见图 3.9。

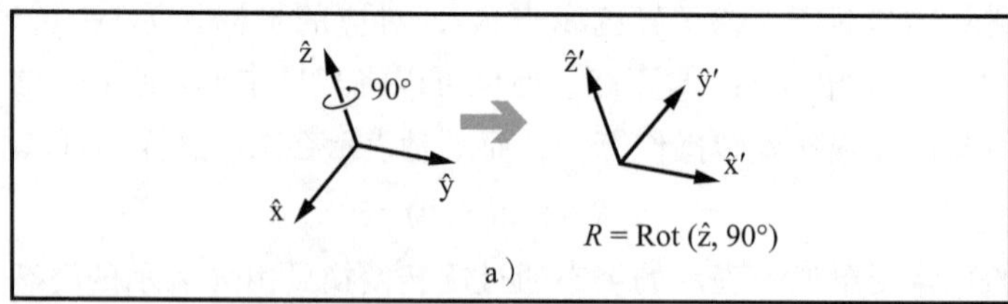

图 3.9　a）旋转算子 $R = \mathrm{Rot}(\hat{z}, 90°)$ 表示右手坐标系绕 $\hat{z}$ 轴旋转 90°；b）左下角分别示意了固定坐标系 {s} 和物体坐标系 {b}，两者的变换可以表示成 R_{sb}。RR_{sb} 表示 {b} 绕固定坐标系的 $\hat{z}_s$ 轴旋转 90° 后得到的坐标系 {b′}，$R_{sb}R$ 表示 {b} 绕物体坐标系的 $\hat{z}_b$ 轴旋转 90° 后得到的坐标系 {b″}

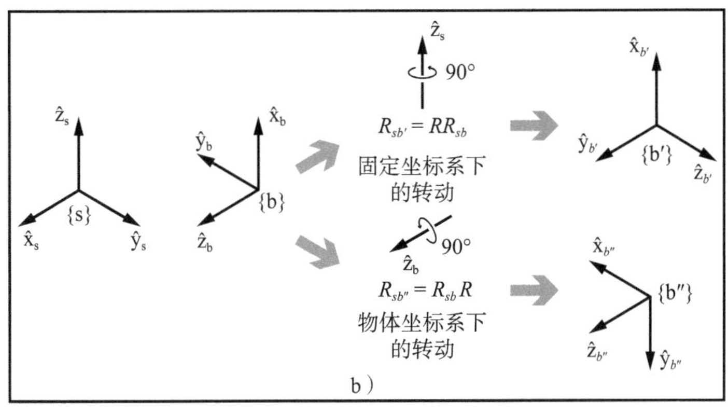

图 3.9 （续）

要旋转速度向量 v，注意只涉及一个坐标系，即用于表达 v 的坐标系，因此，$\hat{\omega}$ 也应在同一坐标系中来描述，这样，转动后的向量 v' 可写成

$$v' = Rv$$

3.2.2 角速度

如图 3.10a 所示，假定一坐标系 $(\hat{x}, \hat{y}, \hat{z})$ 附着在一个旋转物体上。我们来计算一下这些单位轴的时间导数。以 $\hat{x}$ 轴为例，定义 $\hat{x}$ 为单位长度，只有 $\hat{x}$ 的方向随时间发生变化（$\hat{y}$、$\hat{z}$ 与 $\hat{x}$ 类同）。若考察物体旋转时间由 t 变化到 $t+\Delta t$，物体坐标系的姿态相应地绕过原点的某一单位轴 $\hat{\omega}$ 旋转角度 $\Delta\theta$。轴 $\hat{\omega}$ 与参考坐标系的选择无关，并不在任何参考坐标系中表示。

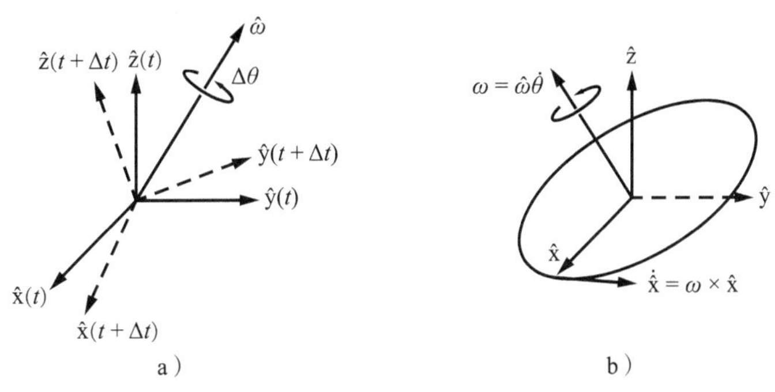

图 3.10 a）瞬时角速度向量；b）计算 $\dot{\hat{x}}$

如果 Δt 趋近于零，$\Delta\theta/\Delta t$ 就表示角速度 $\dot{\theta}$，而 $\hat{\omega}$ 可看作是瞬时单位转动轴。实际上，$\dot{\theta}$ 和 $\hat{\omega}$ 组合在一起正好可以表示**角速度**（angular velocity），即 63~64

$$\omega = \hat{\omega}\dot{\theta} \tag{3.25}$$

如图 3.10b 所示，显然可以导出

$$\dot{\hat{x}} = \omega \times \hat{x} \tag{3.26}$$

$$\dot{\hat{y}} = \omega \times \hat{y} \tag{3.27}$$

$$\dot{\hat{z}} = \omega \times \hat{z} \tag{3.28}$$

为在坐标系中表示上述方程，我们必须选择一个参考坐标系来描述 ω。虽然可以选择任意坐标系，但固定坐标系 {s} 和物体坐标系 {b} 却是更为自然的选择。令 $R(t)$ 为物体坐标系相对固定坐标系在 t 时刻的姿态矩阵，$\dot{R}(t)$ 表示其时间变化率。$R(t)$ 的第一列 $r_1(t)$ 表示固定坐标系中的 $\hat{\mathrm{x}}$ 轴；类似地，$r_2(t)$ 和 $r_3(t)$ 分别表示固定坐标系中的 $\hat{\mathrm{y}}$ 轴和 $\hat{\mathrm{z}}$ 轴。在某一特定时刻 t，令 $\omega_s \in \mathbb{R}^3$ 表示固定坐标系中的角速度 ω，式（3.26）～式（3.28）在固定坐标系中的表达式可以写成

$$\dot{r}_i = \omega_s \times r_i, \quad i = 1,2,3$$

上述 3 个方程可以写成矩阵的形式

$$\dot{R} = [\omega_s \times r_1 \quad \omega_s \times r_2 \quad \omega_s \times r_3] = \omega_s \times R \tag{3.29}$$

为将上式右边的叉积消去，我们引入一种新的运算，即将 $\omega_s \times R$ 重新写成 $[\omega_s]R$ 的形式，其中，$[\omega_s]$ 为向量 $\omega_s \in \mathbb{R}^3$ 相对应的 3×3 **反对称**（skew-symmetric）矩阵。

【定义 3.7】给定一向量 $x = [x_1 \quad x_2 \quad x_3]^{\mathrm{T}} \in \mathbb{R}^3$，定义

65

$$[x] = \begin{bmatrix} 0 & -x_3 & x_2 \\ x_3 & 0 & -x_1 \\ -x_2 & x_1 & 0 \end{bmatrix} \tag{3.30}$$

矩阵 $[x]$ 就是与向量 x 相对应的 3×3 **反对称矩阵**。因此满足

$$[x] = -[x]^{\mathrm{T}}$$

所有 3×3 反对称矩阵的集合称为 $so(3)$。⊖

旋转矩阵与反对称矩阵之间具有一个非常有用的特性，如下所述。

【命题 3.8】给定任意 $\omega \in \mathbb{R}^3$ 和 $R \in SO(3)$，总能满足

$$R[\omega]R^{\mathrm{T}} = [R\omega] \tag{3.31}$$

证明：令 r_i^{T} 表示 R 的第 i 列，因此我们有

$$\begin{aligned} R[\omega]R^{\mathrm{T}} &= \begin{bmatrix} r_1^{\mathrm{T}}(\omega\times r_1) & r_1^{\mathrm{T}}(\omega\times r_2) & r_1^{\mathrm{T}}(\omega\times r_3) \\ r_2^{\mathrm{T}}(\omega\times r_1) & r_2^{\mathrm{T}}(\omega\times r_2) & r_2^{\mathrm{T}}(\omega\times r_3) \\ r_3^{\mathrm{T}}(\omega\times r_1) & r_3^{\mathrm{T}}(\omega\times r_2) & r_3^{\mathrm{T}}(\omega\times r_3) \end{bmatrix} \\ &= \begin{bmatrix} 0 & -r_3^{\mathrm{T}}\omega & r_2^{\mathrm{T}}\omega \\ r_3^{\mathrm{T}}\omega & 0 & -r_1^{\mathrm{T}}\omega \\ -r_2^{\mathrm{T}}\omega & r_1^{\mathrm{T}}\omega & 0 \end{bmatrix} \\ &= [R\omega] \end{aligned} \tag{3.32}$$

注意上式中的第二行使用了矩阵行列式的相关公式，即对于由 3 个列向量 $\{a,b,c\}$ 组成的 3×3 矩阵 M，总满足 $\det M = a^{\mathrm{T}}(b\times c) = c^{\mathrm{T}}(a\times b) = b^{\mathrm{T}}(c\times a)$。

基于反对称矩阵的定义，可将式（3.29）重写成

$$[\omega_s]R = \dot{R} \tag{3.33}$$

式（3.33）两边右乘 R^{-1}，可以得到

⊖ 反对称矩阵 $so(3)$ 被称为 $SO(3)$ 群的李代数（Lie algebra）。当 $R = I$ 时，它包括所有可能的 $\dot{R}$。

$$[\omega_s]=\dot{R}R^{-1} \tag{3.34}$$

令 ω_b 表示在物体坐标系中的角速度，下面来讨论一下如何从 ω_s 导出 ω_b，或者从 ω_b 导出 ω_s，将 R_{sb} 简写成 R。ω_s 和 ω_b 分别表示同一角速度在不同坐标系的表达，根据下标消减的原则，有 $\omega_s=R_{sb}\omega_b$，因此

$$\omega_b=R_{sb}^{-1}\omega_s=R^{-1}\omega_s=R^{\mathrm{T}}\omega_s \tag{3.35}$$ 66

将上式写成反对称矩阵的形式：

$$\begin{aligned}[\omega_b]&=[R^T\omega_S]\\&=R^{\mathrm{T}}[\omega_s]R \quad \text{（根据命题 3.8）}\\&=R^{\mathrm{T}}(\dot{R}R^{\mathrm{T}})R\\&=R^{\mathrm{T}}\dot{R}=R^{-1}\dot{R}\end{aligned} \tag{3.36}$$

总而言之，上述两式将角速度 ω 与 R 和 $\dot{R}$ 相联系。

【命题 3.9】令 $R(t)$ 表示物体坐标系相对固定坐标系的姿态矩阵，则旋转体的角速度

$$\dot{R}R^{-1}=[\omega_s] \tag{3.37}$$

$$R^{-1}\dot{R}=[\omega_b] \tag{3.38}$$

式中，$\omega_s\in\mathbb{R}^3$ 为角速度 ω 基于固定坐标系的向量表示形式，$[\omega_s]\in so(3)$ 是它的 3×3 矩阵表示形式。$\omega_b\in\mathbb{R}^3$ 为角速度 ω 基于物体坐标系的向量表示形式，$[\omega_b]\in so(3)$ 是它的 3×3 矩阵表示形式。

值得注意的是：ω_b 并不是相对动坐标系的角速度；确切地说，ω_b 表示的是相对静坐标系 {b} 的角速度，{b} 只是与运动刚体随动坐标系瞬时重合。

同样需要说明的是，空间角速度 ω_s 并不依赖于物体坐标系的选择。同样，物体角速度 ω_b 也不依赖于固定坐标系的选择。式（3.37）和（3.38）看起来好像都依赖坐标系（因为 R 和 $\dot{R}$ 各自都依赖于坐标系 {s} 和 {b}），但 $\dot{R}R^{-1}$ 与 {b} 无关，$R^{-1}\dot{R}$ 与 {s} 无关。

最后要说明的是，当已知 {d} 相对 {c} 的旋转矩阵时，相对坐标系 {d} 的角速度也可以用坐标系 {c} 来表示。使用我们熟悉的下角标消减规则，有

$$\omega_c=R_{cd}\omega_d$$

3.2.3 转动的指数坐标表示

下面我们来介绍**转动的三参数指数坐标**表示。引入指数坐标，可以将旋转矩阵写成关于转轴（用单位向量 $\hat{\omega}$ 表示）和转角 θ 的参数化形式，向量 $\hat{\omega}\theta\in\mathbb{R}^3$ 就是该转动的三参数指数坐标表示形式。单独来写 $\hat{\omega}$ 和 θ 就是转动的**轴 – 角**（axis-angle）表示法。

旋转矩阵 R 的指数坐标表示 $\hat{\omega}\theta$ 可以等效地解释如下。 67

- 单位转轴 $\hat{\omega}$ 和转角 θ。坐标系最初与 {s} 重合，然后绕单位转轴 $\hat{\omega}$ 旋转一定角度 θ，最终相对 {s} 的姿态表示成 R。
- {s} 中表示的 $\hat{\omega}\theta$。坐标系最初与 {s} 重合，然后在单位时间内运动 $\hat{\omega}\theta$（即 $\hat{\omega}\theta$ 在这一时间段的积分），最终姿态表示成 R。
- {s} 中表示的 $\hat{\omega}$。坐标系最初与 {s} 重合，然后在单位时间内运动 $\hat{\omega}$（即 $\hat{\omega}$ 在这

一时间段的积分)，最终姿态表示成 R。

最后两点说明，我们可以将指数坐标考虑为一组线性微分方程组。接下来，我们就简单回顾一下线性微分方程理论中的一些主要结论。

1. 线性微分方程理论概述

首先看一个简单的线性常微分方程

$$\dot{x}(t) = ax(t) \tag{3.39}$$

式中，$x(t) \in \mathbb{R}$，$a \in \mathbb{R}$ 为常数，初始条件 $x(0) = x_0$ 已知。式（3.39）的解为

$$x(t) = e^{at}x_0$$

根据泰勒级数展开公式

$$e^{at} = 1 + at + \frac{(at)^2}{2!} + \frac{(at)^3}{3!} + \cdots$$

再来讨论向量线性常微分方程

$$\dot{x}(t) = Ax(t) \tag{3.40}$$

式中，$x(t) \in \mathbb{R}^n$，$A \in \mathbb{R}^{n \times n}$ 为常数，初始条件 $x(0) = x_0$ 已知。由前面结果可以推测式（3.40）解的形式

$$x(t) = e^{At}x_0 \tag{3.41}$$

式中，**矩阵指数**（matrix exponential）e^{At} 需要用有物理意义的方式进行定义。同样，写成级数展开的形式，即

$$e^{At} = I + At + \frac{(At)^2}{2!} + \frac{(At)^3}{3!} + \cdots \tag{3.42}$$

第一个需要讨论的问题是：上式级数收敛的条件，以便对矩阵指数进行定义。可以看出，A 是常数，且为有限值，因此它的级数总会收敛为一个有限值。这可从有关线性
68 微分方程的教科书中找到相关证明，这里不再重复。

第二个问题是，基于式（3.42）的方程（3.41）是否真的是方程（3.40）的解？对 $x(t) = e^{At}x_0$ 相对时间求导，得

$$\begin{aligned}
\dot{x}(t) &= \left(\frac{\mathrm{d}}{\mathrm{d}t}e^{At}\right)x_0 \\
&= \frac{\mathrm{d}}{\mathrm{d}t}\left(I + At + \frac{A^2t^2}{2!} + \frac{A^3t^3}{3!} + \cdots\right)x_0 \\
&= \left(A + A^2t + \frac{A^3t^2}{2!} + \cdots\right)x_0 \\
&= Ae^{At}x_0 \\
&= Ax(t)
\end{aligned} \tag{3.43}$$

从而证明 $x(t) = e^{At}x_0$ 的确是方程（3.40）的一组解，而且也是该方程的唯一解形式。这里不再给出相关证明。

当对于任意的方阵 A 和 B 有 $AB \neq BA$ 时，对于任意的方阵 A 和标量 t，总是满足

$$Ae^{At} = e^{At}A \tag{3.44}$$

可以直接通过矩阵指数的级数展开进行验证。因此，由式（3.43）的结果，A 也可以写

成右乘的形式：

$$\dot{x}(t)=e^{At}Ax_0$$

当矩阵指数 e^{At} 定义为无限级数时，可以表示成解析表达式。例如，A 可以写成 $A=PDP^{-1}$（$D\in\mathbb{R}^{n\times n}$，可逆阵 $P\in\mathbb{R}^{n\times n}$），因此有

$$\begin{aligned}e^{At}&=I+At+\frac{(At)^2}{2!}+\cdots\\&=I+(PDP^{-1})t+(PDP^{-1})(PDP^{-1})\frac{t^2}{2!}+\cdots\\&=P\left(I+Dt+\frac{(Dt)^2}{2!}+\cdots\right)P^{-1}\\&=Pe^{Dt}P^{-1}\end{aligned}\tag{3.45}$$

若 D 为对角阵，即 $D=\operatorname{diag}\{d_1,d_2,\cdots,d_n\}$，矩阵指数变成非常简单的形式：

$$e^{Dt}=\begin{bmatrix}e^{d_1t}&0&\cdots&0\\0&e^{d_2t}&\cdots&0\\\vdots&\vdots&\ddots&\vdots\\0&0&\cdots&e^{d_nt}\end{bmatrix}\tag{3.46}$$

依据以上讨论的结果，我们下面来讨论几个命题。 69

【命题 3.10】 设有线性微分方程 $\dot{x}(t)=Ax(t)$，其初始条件为 $x(0)=x_0$，$x(t)\in\mathbb{R}^n$，$A\in\mathbb{R}^{n\times n}$ 为常数，该方程的解为

$$x(t)=e^{At}x_0\tag{3.47}$$

式中

$$e^{At}=I+tA+\frac{t^2}{2!}A^2+\frac{t^3}{3!}A^3+\cdots\tag{3.48}$$

矩阵指数 e^{At} 满足如下特性：

① $\mathrm{d}(e^{At})/\mathrm{d}t=Ae^{At}=e^{At}A$；

②若 $A=PDP^{-1}$（$D\in\mathbb{R}^{n\times n}$，可逆阵 $P\in\mathbb{R}^{n\times n}$），则有 $e^{At}=Pe^{Dt}P^{-1}$；

③若 $AB=BA$，则有 $e^Ae^B=e^{A+B}$；

④ $(e^A)^{-1}=e^{-A}$。

第三个特性可通过级数展开得到证明，第四个特性则可从第三个特性导出（令 $B=-A$）。

2. 刚体转动的指数坐标

刚体转动的指数坐标可以等效成：①单位转轴 $\hat{\omega}(\hat{\omega}\in\mathbb{R}^3,\|\hat{\omega}\|=1)$ 与绕该轴线的转角 $\theta\in\mathbb{R}$；②通过连乘得到的三维向量。下一章当我们描述机器人关节运动时，就会发现将转轴与转角分开的优势了。

如图 3.11 所示，假定一个三维向量 $p(0)$ 绕单位转轴 $\hat{\omega}$ 旋转角度 θ 到 $p(\theta)$，这些量均在固定坐标系中表示。该转动可以假定为 $p(0)$ 以常速 1rad/s（因 $\hat{\omega}$ 是单位转轴）从 $t=0$ 到 $t=\theta$。令 $p(t)$ 表示向量末端点的路径，其速度 $\dot{p}$ 可以写成

$$\dot{p}=\hat{\omega}\times p\tag{3.49}$$

微分方程（3.49）可以写成（参看式（3.30））

$$\dot{p}=[\hat{\omega}]p \tag{3.50}$$

初始条件为 $p(0)$。该方程满足前面讨论过的线性微分方程 $\dot{x}=Ax$ 的形式，因此该方程的解可以写成

70 $$p(t)=e^{[\hat{\omega}]t}p(0)$$

由于 t 和 θ 可以互换，因此上面的方程又可以写成

$$p(\theta)=e^{[\hat{\omega}]\theta}p(0)$$

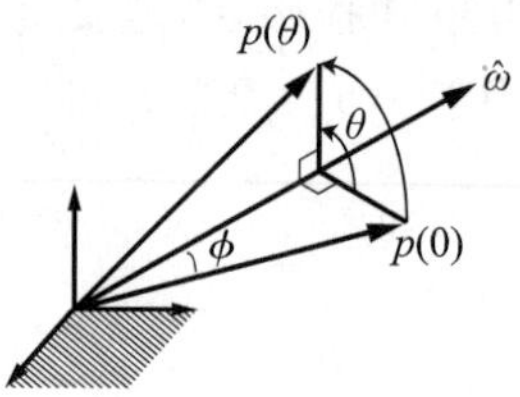

图 3.11　向量 $p(0)$ 绕单位转轴 $\hat{\omega}$ 旋转角度 θ 到 $p(\theta)$

下面对方程中的矩阵指数 $e^{[\hat{\omega}]\theta}$ 进行级数展开。注意到 $[\hat{\omega}]^3=-[\hat{\omega}]$，因此级数展开式中的 $[\hat{\omega}]^3$ 用 $-[\hat{\omega}]$ 代替，$[\hat{\omega}]^4$ 用 $-[\hat{\omega}]^2$ 代替，$[\hat{\omega}]^5$ 用 $[\hat{\omega}]$ 代替，诸如此类，由此得到

$$\begin{aligned} e^{[\hat{\omega}]\theta} &= I+[\hat{\omega}]\theta+[\hat{\omega}]^2\frac{\theta^2}{2!}+[\hat{\omega}]^3\frac{\theta^3}{3!}+\cdots \\ &= I+\left(\theta-\frac{\theta^3}{3!}+\frac{\theta^5}{5!}-\cdots\right)[\hat{\omega}]+\left(\frac{\theta^2}{2!}-\frac{\theta^4}{4!}+\frac{\theta^6}{6!}-\cdots\right)[\hat{\omega}]^2 \end{aligned}$$

再来回顾一下 $\sin\theta$ 和 $\cos\theta$ 的级数展开形式：

$$\sin\theta=\theta-\frac{\theta^3}{3!}+\frac{\theta^5}{5!}-\cdots$$

$$\cos\theta=1-\frac{\theta^2}{2!}+\frac{\theta^4}{4!}-\cdots$$

因此，指数 $e^{[\hat{\omega}]\theta}$ 可以简化为如下形式。

【命题 3.11】 给定向量 $\hat{\omega}\theta\in\mathbb{R}^3$，$\theta$ 为任一标量，而 $\hat{\omega}\in\mathbb{R}^3$ 为一单位向量，$[\hat{\omega}]\theta=[\hat{\omega}\theta]\in so(3)$ 的矩阵指数为

$$\mathrm{Rot}(\hat{\omega},\theta)=e^{[\hat{\omega}]\theta}=I+\sin\theta[\hat{\omega}]+(1-\cos\theta)[\hat{\omega}]^2\in SO(3) \tag{3.51}$$

式（3.51）通常也被称为**罗德里格斯公式**（Rodrigues's formula）。

以上给出了当给定转轴 $\hat{\omega}$ 和转角 θ 时，如何通过矩阵指数构造旋转矩阵。进而，物理量 $e^{[\hat{\omega}]\theta}p$ 可看成对向量 $p\in\mathbb{R}^3$ 绕转轴 $\hat{\omega}$ 旋转角度 θ 后的结果。与此类似，考虑到旋转矩阵 R 由 3 个列向量组成，旋转矩阵 $R'=e^{[\hat{\omega}]\theta}R=\mathrm{Rot}(\hat{\omega},\theta)\ R$ 表示矩阵 R 绕固定坐标系的转轴 $\hat{\omega}$ 旋转角度 θ 后的姿态。调换矩阵相乘的顺序，即 $R''=Re^{[\hat{\omega}]\theta}=R\mathrm{Rot}(\hat{\omega},\theta)$，它表示矩阵 R 绕物体坐标系的转轴 $\hat{\omega}$ 旋转角度 θ 后的姿态。

【例题 3.12】 如图 3.12a 所示，令坐标系 {b} 最初与 {s} 重合，然后绕单位转轴 $\hat{\omega}_1=(0, 0.866, 0.5)$
71 旋转角度 $\theta_1=30°=0.524\text{rad}$，最终得到如图 3.12b 所示的姿态。

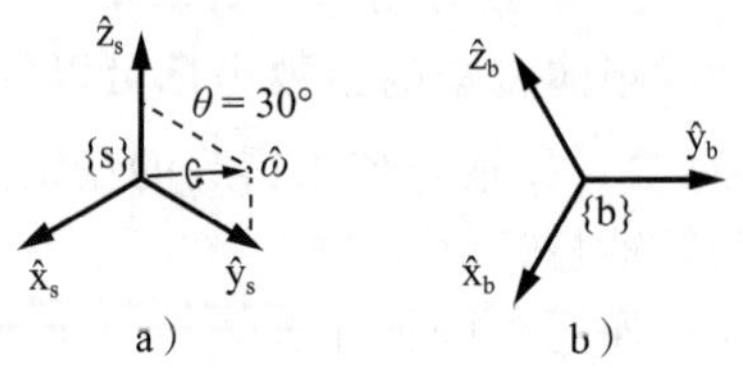

图 3.12　坐标系 {b} 可通过对 {s} 系绕轴 $\hat{\omega}_1=(0, 0.866, 0.5)$ 旋转角度 $\theta_1=30°$ 得到

{b} 的矩阵表达形式可写成

$$
\begin{aligned}
R &= e^{[\hat{\omega}_1]\theta_1} \\
&= I + \sin\theta_1 [\hat{\omega}_1] + (1-\cos\theta_1)[\hat{\omega}_1]^2 \\
&= I + 0.5\begin{bmatrix} 0 & -0.5 & 0.866 \\ 0.5 & 0 & 0 \\ -0.866 & 0 & 0 \end{bmatrix} + 0.134\begin{bmatrix} 0 & -0.5 & 0.866 \\ 0.5 & 0 & 0 \\ -0.866 & 0 & 0 \end{bmatrix}^2 \\
&= \begin{bmatrix} 0.866 & -0.250 & 0.433 \\ 0.250 & 0.967 & 0.058 \\ -0.433 & 0.058 & 0.899 \end{bmatrix}
\end{aligned}
$$

由上可知，坐标系 {b} 的姿态既可表示成 R 的形式，也可用单位转轴 $\hat{\omega}_1 = (0, 0.866, 0.5)$ 与转角 $\theta_1 = 0.524\text{rad}$（或者矩阵指数 $\hat{\omega}_1\theta_1 = (0, 0.453, 0.262)$）来表示。

如果 {b} 再绕另一固定坐标系中的转轴 $\hat{\omega}_2$（$\neq \hat{\omega}_1$）旋转角度 θ_2，即

$$R' = e^{[\hat{\omega}_2]\theta_2} R$$

则 {b} 的终止位置与其绕另一物体坐标系中的转轴 $\hat{\omega}_2$（$\neq \hat{\omega}_1$）旋转角度 θ_2 后的位置不同，即

$$R'' = R e^{[\hat{\omega}_2]\theta_2} \neq R' = e^{[\hat{\omega}_2]\theta_2} R$$

下面的任务是，给定任一旋转矩阵 $R \in SO(3)$，总能找到一个单位向量 $\hat{\omega}$ 和标量 θ，保证 $R = e^{[\hat{\omega}]\theta}$。

3. 刚体转动的矩阵对数

若 $\hat{\omega}\theta \in \mathbb{R}^3$ 表示旋转矩阵 R 的指数坐标，那么反对称矩阵 $[\hat{\omega}\theta] = [\hat{\omega}]\theta$ 就是矩阵 R 的**矩阵对数**（matrix logarithm）⊖。矩阵对数是矩阵指数的可逆形式。正像矩阵指数是矩阵形式的角速度 $[\hat{\omega}]\theta \in so(3)$ 在单位时间（1 秒）内的定积分，使刚体运动到给定姿态 $R \in SO(3)$ 一样，矩阵对数则是对 $R \in SO(3)$ 进行微分，以找到一个常值角速度 $[\hat{\omega}]\theta \in so(3)$ 的矩阵表示形式。如果在单位时间内积分，旋转坐标系从 I 到 R。换句话说 72

$$
\begin{aligned}
\exp: \quad & [\hat{\omega}]\theta \in so(3) \quad \rightarrow \quad R \in SO(3) \\
\log: \quad & R \in SO(3) \quad \rightarrow \quad [\hat{\omega}]\theta \in so(3)
\end{aligned}
$$

为导出矩阵对数，首先对式（3.51）中的每个元素展开，得

$$
\begin{pmatrix}
c_\theta + \hat{\omega}_1^2(1-c_\theta) & \hat{\omega}_1\hat{\omega}_2(1-c_\theta) - \hat{\omega}_3 s_\theta & \hat{\omega}_1\hat{\omega}_3(1-c_\theta) + \hat{\omega}_2 s_\theta \\
\hat{\omega}_1\hat{\omega}_2(1-c_\theta) + \hat{\omega}_3 s_\theta & c_\theta + \hat{\omega}_2^2(1-c_\theta) & \hat{\omega}_2\hat{\omega}_3(1-c_\theta) - \hat{\omega}_1 s_\theta \\
\hat{\omega}_1\hat{\omega}_3(1-c_\theta) - \hat{\omega}_2 s_\theta & \hat{\omega}_2\hat{\omega}_3(1-c_\theta) + \hat{\omega}_1 s_\theta & c_\theta + \hat{\omega}_3^2(1-c_\theta)
\end{pmatrix} \tag{3.52}
$$

式中，$\hat{\omega} = (\hat{\omega}_1, \hat{\omega}_2, \hat{\omega}_3)$，$s_\theta = \sin\theta$，$c_\theta = \cos\theta$。令上面的矩阵与 $R \in SO(3)$ 完全相等，可以导出方程（对矩阵转置的元素相减）：

$$
\begin{aligned}
r_{32} - r_{23} &= 2\hat{\omega}_1 \sin\theta \\
r_{13} - r_{31} &= 2\hat{\omega}_2 \sin\theta \\
r_{21} - r_{12} &= 2\hat{\omega}_3 \sin\theta
\end{aligned}
$$

⊖ 我们使用“矩阵对数”项来指代：用于表示 R 的对数的特定矩阵，以及用于计算该特定矩阵的算法。同时，矩阵 R 可以有多个矩阵对数（就像 $\sin^{-1}(0)$ 的解包含 0、π、2π 等），我们通常将矩阵对数算法返回的唯一解指代为矩阵对数。

因此，只要 $\sin\theta\neq 0$（或者，与之相等效，θ 不是 π 的整数倍），就可写成

$$\hat{\omega}_1=\frac{1}{2\sin\theta}(r_{32}-r_{23})$$
$$\hat{\omega}_2=\frac{1}{2\sin\theta}(r_{13}-r_{31})$$
$$\hat{\omega}_3=\frac{1}{2\sin\theta}(r_{21}-r_{12})$$

将上述方程写成反对称矩阵的形式

$$[\hat{\omega}]=\begin{bmatrix}0 & -\hat{\omega}_3 & \hat{\omega}_2\\ \hat{\omega}_3 & 0 & -\hat{\omega}_1\\ -\hat{\omega}_2 & \hat{\omega}_1 & 0\end{bmatrix}=\frac{1}{2\sin\theta}(R-R^{\mathrm{T}}) \tag{3.53}$$

回顾前面内容可知，$\hat{\omega}$ 表示的就是给定 R 的转轴。由于分母中存在 $\sin\theta$ 项，因此，当 θ 是 π 的整数倍时，$[\hat{\omega}]$ 就不能很好地定义了[⊖]。我们后面还会详细讨论这个问题，目前先假设 $\sin\theta\neq 0$，以及介绍如何求解 θ。令 R 等于式（3.52），求方程两边的迹（矩阵的迹是指对角线元素之和），得

$$\mathrm{tr}R=r_{11}+r_{22}+r_{33}=1+2\cos\theta \tag{3.54}$$

上式成立还需满足条件 $\hat{\omega}_1^2+\hat{\omega}_2^2+\hat{\omega}_3^2=1$。而且对于任一 θ 总是满足 $1+2\cos\theta=\mathrm{tr}R$，前提
73 是 θ 不是 π 的整数倍。当如式（3.53）那样给定 $[\hat{\omega}]$ 时，R 可表示成指数 $e^{[\hat{\omega}]\theta}$ 的形式。

让我们回到 $\theta=k\pi$（k 为整数）的情况。当 k 为偶数时，无论 $\hat{\omega}$ 取何值，刚体都能转回原处，即 $R=I$，因此向量 $\hat{\omega}$ 不用定义。当 k 为奇数时（对应于 $\theta=\pm\pi,\pm 3\pi,\cdots$，这意味着 $R=-1$），式（3.51）可简化为

$$R=e^{[\hat{\omega}]\pi}=I+2[\hat{\omega}]^2 \tag{3.55}$$

提出式（3.55）的 3 个对角元素，可以导出

$$\hat{\omega}_i=\pm\sqrt{\frac{r_{ii}+1}{2}},\quad i=1,2,3 \tag{3.56}$$

由式（3.55）的非对角元素，可以导出

$$\begin{aligned}2\hat{\omega}_1\hat{\omega}_2&=r_{12}\\ 2\hat{\omega}_2\hat{\omega}_3&=r_{23}\\ 2\hat{\omega}_1\hat{\omega}_3&=r_{13}\end{aligned} \tag{3.57}$$

由式（3.55），我们也可以看到 R 一定是对称的，即 $r_{12}=r_{21}$，$r_{23}=r_{32}$，$r_{13}=r_{31}$。式（3.56）和式（3.57）也许是求解 $\hat{\omega}$ 不可或缺的，而一旦找到了这样一组解，即可得到 $R=e^{[\hat{\omega}]\theta}$，其中 $\theta=\pm\pi,\pm 3\pi,\cdots$

由上述分析可知，θ 在 2π 区间内都有解存在。如果将 θ 限定在 $[0,\pi]$ 范围内，下面的算法可用于计算旋转矩阵 $R\in SO(3)$ 的矩阵对数。

算法： 给定 $R\in SO(3)$，总是能找到单位转轴 $\hat{\omega}\in\mathbb{R}^3$，且 $\|\hat{\omega}\|=1$，$\theta\subset(0,\pi)$，使得 $R=e^{[\hat{\omega}]\theta}$。其中，向量 $\hat{\omega}\theta\in\mathbb{R}^3$ 是 R 的指数坐标，而反对称矩阵 $[\hat{\omega}]\theta\in so(3)$ 是 R 的矩阵

⊖ 对于转动的任意三参数表示，类似于此的奇异是不可避免的。欧拉角和 RPY 角会有类似的奇异情形。

对数。

①若 $R=I$，则 $\theta=0$，而 $\hat{\omega}$ 不确定。

②若 $\mathrm{tr}R=-1$，则 $\theta=\pi$。这时，$\hat{\omega}$ 可以取下述 3 种情况的任一值。

$$\hat{\omega}=\frac{1}{\sqrt{2(1+r_{33})}}\begin{bmatrix} r_{13} \\ r_{23} \\ 1+r_{33} \end{bmatrix} \tag{3.58}$$

或者

$$\hat{\omega}=\frac{1}{\sqrt{2(1+r_{22})}}\begin{bmatrix} r_{12} \\ 1+r_{22} \\ r_{32} \end{bmatrix} \tag{3.59}$$

或者

$$\hat{\omega}=\frac{1}{\sqrt{2(1+r_{11})}}\begin{bmatrix} 1+r_{11} \\ r_{21} \\ r_{31} \end{bmatrix} \tag{3.60}$$

（注意到 $-\hat{\omega}$ 也可以作为一组解。） 74

③其他情况下，

$$\begin{aligned} \theta &= \cos^{-1}\left(\frac{1}{2}(\mathrm{tr}R-1)\right)\in[0,\pi) \\ [\hat{\omega}] &= \frac{1}{2\sin\theta}(R-R^{\mathrm{T}}) \end{aligned} \tag{3.61}$$

由于每个 $R\in SO(3)$ 总会满足上述算法中的 3 种情况之一，因此，每个 R 都会存在一个与之对应的矩阵对数 $[\hat{\omega}]\theta$，因此也就会有一组指数坐标 $\hat{\omega}\theta$。

由于利用矩阵对数可以计算出指数坐标 $\hat{\omega}\theta$（满足 $\|\hat{\omega}\theta\|\leqslant\pi$），因此可以将旋转群 $SO(3)$ 示意成一个半径为 π 的实体球（图 3.13）：给定位于该实体球内的一点 $r\in\mathbb{R}^3$，令 $\hat{\omega}=r/\|r\|$ 为沿原点到 r 点方向的单位轴，$\theta=\|r\|$ 表示原点到 r 的距离，因此有 $r=\hat{\omega}\theta$。与 r 对应的旋转矩阵可看成绕轴线 $\hat{\omega}$ 旋转角度 θ。对于任一 $R\in SO(3)$，且 $\mathrm{tr}R\neq-1$，一定存在独一无二的 r 落在实体球内部，且 $e^{[r]}=R$。当 $\mathrm{tr}R=-1$ 时，$\log R$ 对应着该实体球面上的正负两个极点。这意味着，如果存在 r 满足 $R=e^{[r]}$ 且 $\|r\|=\pi$，则满足 $R=e^{[-r]}$，而 r 和 $-r$ 都相应于同一旋转矩阵 R。

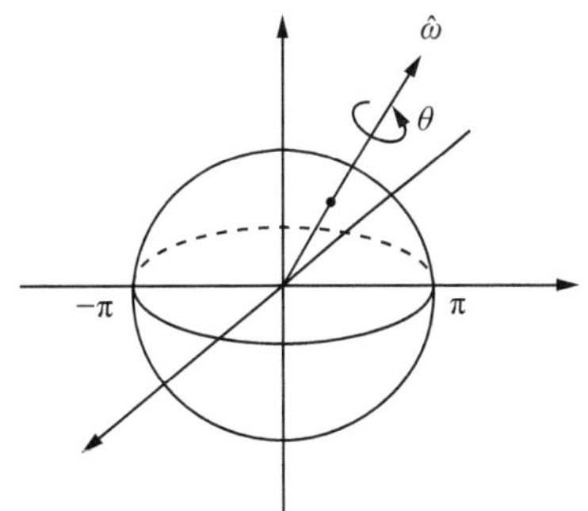

图 3.13 将 $SO(3)$ 示意为一个半径为 π 的实体球，指数坐标 $r=\hat{\omega}\theta$ 可以位于实体球内的任意位置

3.3 刚体运动与运动旋量

本节中，我们将导出一般刚体位形与刚体速度公式，如 3.2 节对刚体转动与角速度的讨论一样。尤其是齐次变换矩阵 T 与旋转矩阵 R 相对应，螺旋轴 S 与旋转轴 $\hat{\omega}$ 相对

应，运动旋量 $\mathcal{V}$（可表示成 $\mathcal{S}\dot{\theta}$）与角速度 $\omega=\hat{\omega}\dot{\theta}$ 相对应，而用于描述刚体位移的指数坐
75 标 $\mathcal{S}\theta\in\mathbb{R}^6$ 与刚体转动的指数坐标 $\hat{\omega}\theta\in\mathbb{R}^3$ 相对应。

3.3.1　齐次变换矩阵

同时考虑刚体的位置和姿态。一种自然的选择就是用旋转矩阵 $R\in SO(3)$ 表示物体坐标系 {b} 相对固定坐标系 {s} 的姿态，用向量 $p\in\mathbb{R}^3$ 表示 {b} 的坐标原点相对 {s} 的坐标。所采用的方法不是将它们两者分离，而是集成在一个矩阵中。

【定义 3.13】特殊欧氏群（special Euclidean group）$SE(3)$ 亦称**刚体运动**（rigid-body motion）**群**或**齐次变换矩阵**（homogeneous transformation matrice）**群**，是所有 4×4 实矩阵 T 的集合，可以写成

$$T=\begin{bmatrix}R & p\\0 & 1\end{bmatrix}=\begin{bmatrix}r_{11} & r_{12} & r_{13} & p_1\\r_{21} & r_{22} & r_{23} & p_2\\r_{31} & r_{32} & r_{33} & p_3\\0 & 0 & 0 & 1\end{bmatrix}\tag{3.62}$$

式中，$R\in SO(3)$，$p\in\mathbb{R}^3$ 为列向量。

元素 $T\in SE(3)$ 有时也写成 (R,p) 的形式。本节将给出 $SE(3)$ 的一些特性，以及为什么可以将 R 和 p 合成在同一矩阵中。

我们之前所遇到的很多机器人机构都是平面机构，因此，对于这类平面机构，可作如下定义。

【定义 3.14】特殊欧氏群 $SE(2)$ 是所有 3×3 实矩阵 T 的集合，可以写成

$$T=\begin{bmatrix}R & p\\0 & 1\end{bmatrix}\tag{3.63}$$

式中，$R\in SO(2)$，$p\in\mathbb{R}^2$ 为列向量，0 表示包含两个 0 元素的行向量。

矩阵 $T\in SE(2)$ 总是满足如下形式的表达式：

$$T=\begin{bmatrix}r_{11} & r_{12} & p_1\\r_{21} & r_{22} & p_2\\0 & 0 & 1\end{bmatrix}=\begin{bmatrix}\cos\theta & -\sin\theta & p_1\\\sin\theta & \cos\theta & p_2\\0 & 0 & 1\end{bmatrix}$$

式中，$\theta\in[0,2\pi)$。

1. 齐次变换矩阵的特性

下面给出齐次变换矩阵的几个基本特性，可通过计算来证明。首先，单位阵 I 是齐次变换阵的特例。前 3 个特性保证了 $SE(3)$ 一定是群。

【命题 3.15】齐次变换矩阵 $T\in SE(3)$ 的逆矩阵也是齐次变换矩阵，可以写成如下形式：

76
$$T^{-1}=\begin{bmatrix}R & p\\0 & 1\end{bmatrix}^{-1}=\begin{bmatrix}R^{\mathrm{T}} & -R^{\mathrm{T}}p\\0 & 1\end{bmatrix}\tag{3.64}$$

【命题 3.16】两个齐次变换矩阵的乘积也是齐次变换矩阵。

【命题 3.17】齐次变换矩阵的乘法满足结合律 $(T_1T_2)T_3=T_1(T_2T_3)$，但一般不满足交换律 $T_1T_2\neq T_2T_1$。

在开始介绍下一特性之前，我们注意到，正如 3.1 节所述，经常采用计算式 $Rx+p$，式中 $x\in\mathbb{R}^3$，(R,p) 表示 T。如果我们在列向量中再增加一个元素“1”使其变成一个四维向量，就可以写成单个矩阵相乘的形式，即

$$T\begin{bmatrix}x\\1\end{bmatrix}=\begin{bmatrix}R & p\\0 & 1\end{bmatrix}\begin{bmatrix}x\\1\end{bmatrix}=\begin{bmatrix}Rx+p\\1\end{bmatrix} \tag{3.65}$$

向量 $[x^{\mathrm{T}}\ 1]^{\mathrm{T}}$ 就是**齐次坐标**（homogeneous coordinate）的表示形式。相应地，$T\in SE(3)$ 称为齐次变换。在不引起歧义的情况下，我们有时写的 Tx 实质上是指 $Rx+p$。

【命题 3.18】 给定 $T=(R,p)\in SE(3)$ 和 $x,y\in\mathbb{R}^3$，总是满足

①$\|Tx-Ty\|=\|x-y\|$，式中 $\|\cdot\|$ 表示向量在 $\mathbb{R}^3$ 中的标准范数，$\|x\|=\sqrt{x^{\mathrm{T}}x}$。

②对于所有的 $z\in\mathbb{R}^3$，都满足 $\langle Tx-Tz,Ty-Tz\rangle=\langle x-z,y-z\rangle$。式中 $\langle\cdot,\cdot\rangle$ 表示向量在 $\mathbb{R}^3$ 中的标准内积，$\langle x,y\rangle=x^{\mathrm{T}}y$。

命题 3.18 中，T 可当作是对空间 $\mathbb{R}^3$ 中点的变换，即将点 x 通过 T 变换到 Tx。特性①保证了其等距特性，而特性②保证了其保角特性。详细点说，若 $x,y,z\in\mathbb{R}^3$ 表示三角形的 3 个顶点，该三角形记作 (x,y,z)，刚体变换后，新三角形 (Tx,Ty,Tz) 的 3 个边长和角度都没有发生改变（这两个三角形称作全等）。很容易想象将 (x,y,z) 看作是刚体上的一点，而 (Tx,Ty,Tz) 为发生刚体变换后的点。从这种意义上来讲，$SE(3)$ 可等同于刚体运动。

2. 齐次变换矩阵的用途

如旋转矩阵一样，齐次变换矩阵 T 也有 3 种主要用途：

①表示刚体的位形（位置和姿态）；

②变换参考坐标系（用向量或坐标系来表示）；

③表示向量或坐标系的位移。

对于第一种用途，T 通常用作表示坐标系的位形；而对于第二、三种用途，T 通常当成算子，用来变换参考坐标系或者移动向量或坐标系。

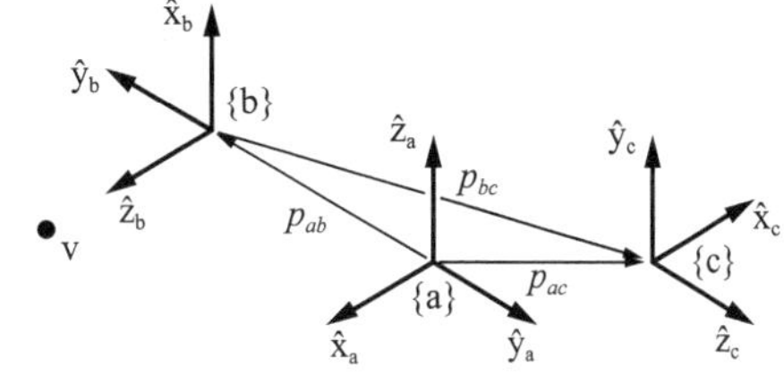

图 3.14 空间中的 3 个参考坐标系，点 v 在坐标系 {b} 中可表示成 $v_b=(0,0,1.5)$ 77

为更好解释上述 3 种用途，定义 3 个参考坐标系 {a}、{b}、{c} 和 v 点，如图 3.14 所示。为便于直接通过观察得到计算结果，所选的坐标系的各坐标轴分布相对特殊一些。

（1）表示位形

令固定坐标系 {s} 与 {a} 重合，则 {a}、{b}、{c} 相对 {s} 的位形分别为 $T_{sa}=(R_{sa},p_{sa})$，$T_{sb}=(R_{sb},p_{sb})$，$T_{sc}=(R_{sc},p_{sc})$，其中的各参数表示如下：

$$R_{sa}=\begin{bmatrix}1&0&0\\0&1&0\\0&0&1\end{bmatrix},\quad R_{sb}=\begin{bmatrix}0&0&1\\0&-1&0\\1&0&0\end{bmatrix},\quad R_{sc}=\begin{bmatrix}-1&0&0\\0&0&1\\0&1&0\end{bmatrix}$$

各个坐标系的原点相对 {s} 原点的位置可写成

$$p_{sa}=\begin{bmatrix}0\\0\\0\end{bmatrix},\quad p_{sb}=\begin{bmatrix}0\\-2\\0\end{bmatrix},\quad p_{sc}=\begin{bmatrix}-1\\1\\0\end{bmatrix}$$

由于 {a} 与 {s} 重合，因此由 (R_{sa}, p_{sa}) 构建的变换矩阵 T_{sa} 为单位阵。

任何坐标系都可以相对其他坐标系来表示，并不局限于相对固定坐标系 {s}。例如，$T_{bc}=(R_{bc}, p_{bc})$ 表示的就是 {c} 相对 {b} 的位形，即

$$R_{bc}=\begin{bmatrix}0&1&0\\0&0&-1\\-1&0&0\end{bmatrix},\quad p_{bc}=\begin{bmatrix}0\\-3\\-1\end{bmatrix}$$

78 由命题 3.15 可知，对于任意两个坐标系 {d} 和 {e}，都有

$$T_{de}=T_{ed}^{-1}$$

（2）改变某一向量或坐标系的参考坐标系

类似旋转运动所用的下角标消减原则，对于任意 3 个参考坐标系 {a}、{b}、{c} 和 {b} 系中的向量 v_b，满足

$$T_{ab}T_{bc}=T_{a\not{b}}T_{\not{b}c}=T_{ac}$$

$$T_{ab}v_b=T_{a\not{b}}v_{\not{b}}=v_a$$

式中，v_a 为向量 v 相对 {a} 系的表达。

（3）移动（旋转和平移）向量或坐标系

齐次变换矩阵 T，记作 $(R, p)=(\mathrm{Rot}(\hat{\omega},\theta), p)$，表示对坐标系 T_{sb} 的作用：首先绕 $\hat{\omega}$ 轴转动 θ，再平移 p。为不引起混淆，我们将 3×3 的旋转算子 R=$\mathrm{Rot}(\hat{\omega},\theta)$ 写成 4×4 齐次变换矩阵的形式：

$$\mathrm{Rot}(\hat{\omega},\theta)=\begin{bmatrix}R&0\\0&1\end{bmatrix}$$

同样可简单定义移动算子

$$\mathrm{Trans}(p)=\begin{bmatrix}1&0&0&p_x\\0&1&0&p_y\\0&0&1&p_z\\0&0&0&1\end{bmatrix}$$

（为与转动算子形式一致，可将移动算子写成 $\mathrm{Tran}(\hat{p},\|p\|)$，表示沿单位方向 $\hat{p}$ 移动距离 $\|p\|$，不过这里使用简便表示 $p=\hat{p}\|p\|$。）

对 T_{sb} 左乘还是右乘 $T=(R, p)$，关系着是相对固定坐标系 {s} 还是物体坐标系 {b} 的旋转与平移：

$$T_{sb'}=TT_{sb}=\mathrm{Trans}(p)\mathrm{Rot}(\hat{\omega},\theta)T_{sb}\qquad（固定坐标系）$$

$$=\begin{bmatrix}R&p\\0&1\end{bmatrix}\begin{bmatrix}R_{sb}&p_{sb}\\0&1\end{bmatrix}=\begin{bmatrix}RR_{sb}&Rp_{sb}+p\\0&1\end{bmatrix}\qquad(3.66)$$

$$T_{sb''}=T_{sb}T=T_{sb}\text{Trans}(p)\text{Rot}(\hat{\omega},\theta) \quad \text{（物体坐标系）}$$
$$=\begin{bmatrix} R_{sb} & p_{sb} \\ 0 & 1 \end{bmatrix}\begin{bmatrix} R & p \\ 0 & 1 \end{bmatrix}=\begin{bmatrix} R_{sb}R & R_{sb}p+p_{sb} \\ 0 & 1 \end{bmatrix} \tag{3.67}$$

固定坐标系变换（对应左乘 T）可认为是：首先将 {b} 系相对 {s} 系绕 $\hat{\omega}$ 轴转动 θ（若两个坐标系的原点不重合，此转动将使 {b} 系的原点发生移动），再相对 {s} 系移动 p，由此得到一个新的坐标系 {b′}。物体坐标系变换（对应右乘 T）可认为是：首先将 {b} 系相对自身移动距离 p，再相对新的坐标系绕 $\hat{\omega}$ 轴转动（坐标系原点不发生变化），最终得 79
到一个新的坐标系 {b″}。

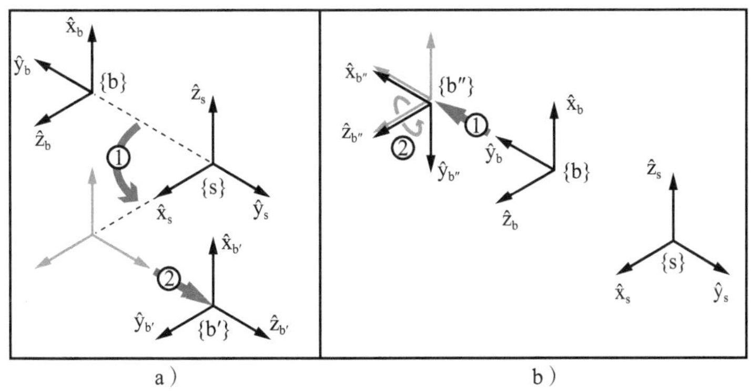

图 3.15 对应 $\hat{\omega}=(0,0,1)$，$\theta=90°$，$p=(0,2,0)$ 的固定坐标系变换与物体坐标系变换。a）{b} 系先绕 $\hat{z}_s$ 轴转动 90°，再绕 $\hat{y}_s$ 轴移动 2，得到新的坐标系 {b′}；b）{b} 系沿 $\hat{y}_b$ 轴移动 2，再绕新的 $\hat{z}_b$ 轴转动 90°，得到新的坐标系 {b″}

图 3.15 给出了一个有关固定坐标系变换与物体坐标系变换的实例。变换中，$\hat{\omega}=(0,0,1)$，$\theta=90°$，$p=(0,2,0)$。因此有

$$T=(\text{Rot}(\hat{\omega},\theta),\ p)=\begin{bmatrix} 0 & -1 & 0 & 0 \\ 1 & 0 & 0 & 2 \\ 0 & 0 & 1 & 0 \\ 0 & 0 & 0 & 1 \end{bmatrix}$$

由图可知，两个坐标系之间的初始位形为

$$T_{sb}=\begin{bmatrix} 0 & 0 & 1 & 0 \\ 0 & -1 & 0 & -2 \\ 0 & 0 & 1 & 0 \\ 0 & 0 & 0 & 1 \end{bmatrix}$$

这样，通过固定坐标系变换 TT_{sb} 得到的新坐标系 {b′} 和通过物体坐标系变换 $T_{sb}T$ 得到的新坐标系 {b″} 分别为

$$TT_{sb}=T_{sb'}=\begin{bmatrix} 0 & 1 & 0 & 2 \\ 0 & 0 & 1 & 2 \\ 1 & 0 & 0 & 0 \\ 0 & 0 & 0 & 1 \end{bmatrix},\quad T_{sb}T=T_{sb''}=\begin{bmatrix} 0 & 0 & 1 & 0 \\ -1 & 0 & 0 & -4 \\ 0 & -1 & 0 & 0 \\ 0 & 0 & 0 & 1 \end{bmatrix}$$

【例题 3.19】 如图 3.16 所示，一轮式移动机器人上搭载机械手在房间内进行拾取木块的作业，天花板上安放一摄像头用作机器人的视觉反馈系统。各坐标系如图 3.16 所
80 示，其中，{a} 为参考坐标系，{b} 和 {c} 分别为附着在轮式移动机器人和机械手末端上的物体坐标系，{d} 为摄像头坐标系，{e} 为附着在木块上的物体坐标系。假设 T_{db} 和 T_{de} 能通过视觉传感器测量得到，T_{bc} 能通过关节角度测量装置标定得到，而 T_{ad} 也预先已知。具体矩阵参数值如下：

$$T_{db}=\begin{bmatrix}0 & 0 & -1 & 250\\0 & -1 & 0 & -150\\-1 & 0 & 0 & 200\\0 & 0 & 0 & 1\end{bmatrix}$$

$$T_{de}=\begin{bmatrix}0 & 0 & -1 & 300\\0 & -1 & 0 & 100\\-1 & 0 & 0 & 120\\0 & 0 & 0 & 1\end{bmatrix}$$

$$T_{ad}=\begin{bmatrix}0 & 0 & -1 & 400\\0 & -1 & 0 & 50\\-1 & 0 & 0 & 300\\0 & 0 & 0 & 1\end{bmatrix}$$

$$T_{bc}=\begin{bmatrix}0 & -1/\sqrt{2} & -1/\sqrt{2} & 30\\0 & 1/\sqrt{2} & -1/\sqrt{2} & -40\\1 & 0 & 0 & 25\\0 & 0 & 0 & 1\end{bmatrix}$$

试求木块相对机械手的位形 T_{ce}。

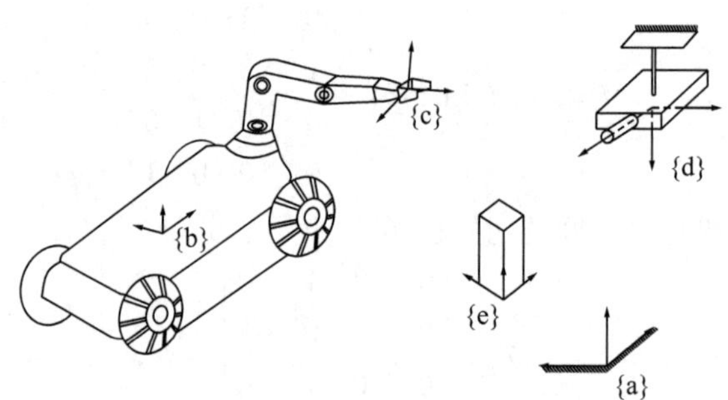

图 3.16　轮式移动操作手

解： 为计算出如何通过移动机械手拾取物体，必须要确定物体相对机器人手部的位
81 形 T_{ce}。我们知道

$$T_{ab}T_{bc}T_{ce}=T_{ad}T_{de}$$

上式中，除了待求量 T_{ce} 未知外，T_{ab} 也未知，不过，可通过 $T_{ab}=T_{ad}T_{db}$ 求得

$$T_{ce}=(T_{ad}T_{db}T_{bc})^{-1}T_{ad}T_{de}$$

依据上述所给的各变换矩阵，可得到

$$T_{ad}T_{de}=\begin{bmatrix}1&0&0&280\\0&1&0&-50\\0&0&1&0\\0&0&0&1\end{bmatrix}$$

$$T_{ad}T_{db}T_{bc}=\begin{bmatrix}0&-1/\sqrt{2}&-1/\sqrt{2}&230\\0&1/\sqrt{2}&-1/\sqrt{2}&160\\1&0&0&75\\0&0&0&1\end{bmatrix}$$

$$(T_{ad}T_{db}T_{bc})^{-1}=\begin{bmatrix}0&0&1&-75\\-1/\sqrt{2}&1/\sqrt{2}&0&35\sqrt{2}\\-1/\sqrt{2}&-1/\sqrt{2}&0&195\sqrt{2}\\0&0&0&1\end{bmatrix}$$

代入上述计算结果可得

$$T_{ce}=\begin{bmatrix}0&0&1&-75\\-1/\sqrt{2}&1/\sqrt{2}&0&-130\sqrt{2}\\-1/\sqrt{2}&-1/\sqrt{2}&0&80\sqrt{2}\\0&0&0&1\end{bmatrix}$$

3.3.2 运动旋量

我们现在来讨论移动坐标系中的线速度和角速度。如前所述，用 {s} 和 {b} 分别代表固定（空间）坐标系和移动（物体）坐标系。令

$$T_{sb}(t)=T(t)=\begin{bmatrix}R(t)&p(t)\\0&1\end{bmatrix}\tag{3.68}$$

表示 {b} 相对 {s} 的位形。为表示简便，我们用 T 代替 T_{sb}。

在 3.2.2 节中，我们曾讨论过：无论对 $\dot{R}$ 左乘还是右乘 R^{-1}，都会得到有关角速度的一个反对称矩阵，只是相对的坐标系不同。人们自然会联想到，对于 $\dot{T}$ 而言，是不是也有类似的特性，换句话说，$T^{-1}\dot{T}$ 与 $\dot{T}T^{-1}$ 是否有类似的物理意义？ 82

首先讨论一下对 $\dot{T}$ 左乘 T^{-1} 的结果

$$\begin{aligned}T^{-1}\dot{T}&=\begin{pmatrix}R^{\mathrm{T}}&-R^{\mathrm{T}}p\\0&1\end{pmatrix}\begin{pmatrix}\dot{R}&\dot{p}\\0&0\end{pmatrix}\\&=\begin{pmatrix}R^{\mathrm{T}}\dot{R}&R^{\mathrm{T}}\dot{p}\\0&0\end{pmatrix}\\&=\begin{bmatrix}[\omega_b]&v_b\\0&0\end{bmatrix}\end{aligned}\tag{3.69}$$

回顾前面的知识可知，$R^{\mathrm{T}}\dot{R}=[\omega_b]$ 是在物体坐标系 {b} 下描述的反对称矩阵形式的角速度。而且，$\dot{p}$ 是在固定坐标系 {s} 下描述的物体坐标系 {b} 原点的线速度，而 $R^{\mathrm{T}}\dot{p}$

是在物体坐标系 {b} 下描述的物体坐标系 {b} 原点的线速度。将两项合在一起，可以得出结论：$T^{-1}\dot{T}$ 表示的是动坐标系相对于当前与其瞬时重合的静坐标系 {b} 的线速度与角速度。

$T^{-1}\dot{T}$ 的计算结果还表明，完全可以将 ω_b、v_b 合在一起组成一个六维向量的形式。为此定义为**物体坐标系中的速度**，简称**物体运动旋量**（body twist）⊖。

$$\mathcal{V}_b = \begin{bmatrix} \omega_b \\ v_b \end{bmatrix} \in \mathbb{R}^6 \tag{3.70}$$

如前所述，角速度可以很方便地写成反对称矩阵的形式。同样，运动旋量也可以相应地写成矩阵形式，如式（3.69）那样。为此，扩展 $[\cdot]$ 的定义，写成

$$T^{-1}\dot{T} = [\mathcal{V}_b] = \begin{bmatrix} [\omega_b] & v_b \\ 0 & 0 \end{bmatrix} \in se(3) \tag{3.71}$$

式中，$[\omega_b] \in so(3)$，$v_b \in \mathbb{R}^3$。符合这种形式的 4×4 矩阵称为 $se(3)$，它包含了所有与刚体位形 $SE(3)$ 相对应的矩阵形式的运动旋量。⊜

至此，我们弄清楚了 $T^{-1}\dot{T}$ 的物理意义。下面再来讨论一下 $\dot{T}T^{-1}$。

$$\begin{aligned} \dot{T}T^{-1} &= \begin{pmatrix} \dot{R} & \dot{p} \\ 0 & 0 \end{pmatrix}\begin{pmatrix} R^{\mathrm{T}} & -R^{\mathrm{T}}p \\ 0 & 1 \end{pmatrix} \\ &= \begin{pmatrix} \dot{R}R^{\mathrm{T}} & \dot{p}-\dot{R}R^{\mathrm{T}}p \\ 0 & 0 \end{pmatrix} \\ &= \begin{bmatrix} [\omega_s] & v_s \\ 0 & 0 \end{bmatrix} \end{aligned} \tag{3.72}$$

83

注意到，$\dot{R}R^{\mathrm{T}} = [\omega_s]$ 是在固定坐标系 {s} 下描述的反对称矩阵形式的角速度。但是，$v_s = \dot{p} - \dot{R}R^{\mathrm{T}}p$ 并不是在固定坐标系 {s} 下描述的物体坐标系 {b} 原点的线速度（而是 $\dot{p}$）。重写 v_s，得

$$v_s = \dot{p} - \omega_s \times p = \dot{p} + \omega_s \times (-p) \tag{3.73}$$

因此 v_s 的物理意义可以解释为：假想运动刚体的尺寸足够大，v_s 可看作是刚体上与固定坐标系原点相重合的点的瞬时速度，并在固定坐标系中度量（图 3.17）。

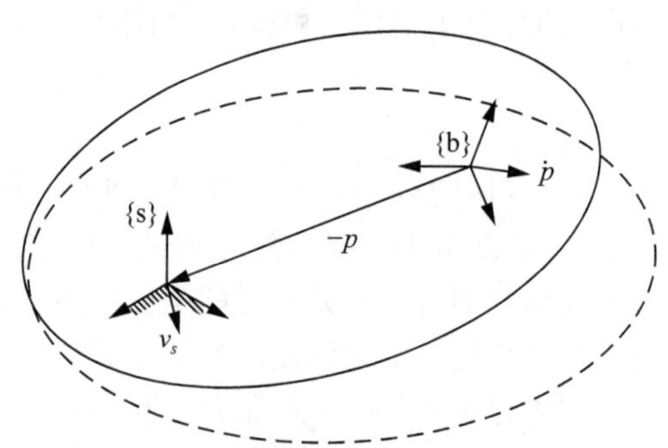

图 3.17　v_s 的物理解释：刚体的初始位形（实线）和一般位形（虚线）

同样可像 ω_b、v_b 那样，将 ω_s、v_s 两项合成一个六维向量形式：

$$\mathcal{V}_s = \begin{bmatrix} \omega_s \\ v_s \end{bmatrix} \in \mathbb{R}^6,\quad [\mathcal{V}_s] = \begin{bmatrix} [\omega_s] & v_s \\ 0 & 0 \end{bmatrix} = \dot{T}T^{-1} \in se(3) \tag{3.74}$$

⊖ 在机构和旋量理论文献中，“运动旋量”有不同的使用方式。在机器人学中，常用该术语来指代空间速度。我们常用“运动旋量”替代“空间速度”以简化名称，例如，用“物体运动旋量”替代“物体坐标系中的空间速度”。

⊜ $se(3)$ 被称为 $SE(3)$ 群的李代数，当 $T = I$ 时，$se(3)$ 由所有可行的 $\dot{T}$ 组成。

式中，$[\mathcal{V}_s]$ 是 $\mathcal{V}_s$ 的 4×4 矩阵表示形式，并称之为**空间固定坐标系中的速度**，简称**空间运动旋量**（spatial twist）。

如果我们将移动刚体想象成无穷大，那么在 $\mathcal{V}_s=(\omega_s,v_s)$ 与 $\mathcal{V}_b=(\omega_b,v_b)$ 之间存在着非常有吸引力和自然的对称。

① ω_b 是表示在 {b} 中的角速度，而 ω_s 是表示在 {s} 中的角速度。

② v_b 是表示在 {b} 中与 {b} 原点重合点的线速度，而 v_s 是表示在 {s} 中与 {s} 系原点重合点的线速度。

由下式可计算得到 $\mathcal{V}_b$ 和 $\mathcal{V}_s$：

$$\begin{aligned}[\mathcal{V}_b]&=T^{-1}\dot{T}\\&=T^{-1}[\mathcal{V}_s]T\end{aligned} \tag{3.75}$$ 84

反过来

$$[\mathcal{V}_s]=T[\mathcal{V}_b]T^{-1} \tag{3.76}$$

将式（3.76）展开，得

$$[\mathcal{V}_s]=\begin{bmatrix}R[\omega_b]R^{\mathrm{T}} & -R[\omega_b]R^{\mathrm{T}}p+Rv_b\\ 0 & 0\end{bmatrix}$$

利用 $R[\omega]R^{\mathrm{T}}=[R\omega]$（命题 3.8）和 $[\omega]p=-[p]\omega$（$p,\omega\in\mathbb{R}^3$），可将上式简化，进而得到 $\mathcal{V}_b$ 与 $\mathcal{V}_s$ 之间的关系式：

$$\begin{bmatrix}\omega_s\\ v_s\end{bmatrix}=\begin{bmatrix}R & 0\\ [p]R & R\end{bmatrix}\begin{bmatrix}\omega_b\\ v_b\end{bmatrix}$$

对 $\mathcal{V}_b$ 左乘 6×6 矩阵对运动旋量与力旋量的坐标变换非常有帮助，我们将很快看到这一点，并给出相应的定义。

【定义 3.20】 给定 $T=(R,p)\in SE(3)$，其**伴随变换矩阵**（adjoint representation）$[\mathrm{Ad}_T]$ 为

$$[\mathrm{Ad}_T]=\begin{bmatrix}R & 0\\ [p]R & R\end{bmatrix}\in\mathbb{R}^{6\times6}$$

对于任一 $\mathcal{V}\in\mathbb{R}^6$，与 T 相关联的**伴随映射**（adjoint map）为

$$\mathcal{V}'=[\mathrm{Ad}_T]\mathcal{V}$$

有时也写成

$$\mathcal{V}'=\mathrm{Ad}_T(\mathcal{V})$$

写成矩阵的形式，$[\mathcal{V}]\in se(3)$，可写成

$$[\mathcal{V}']=T[\mathcal{V}]T^{-1}$$

伴随映射满足如下特性，可通过直接计算来验证。

【命题 3.21】 令 $T_1,T_2\in SE(3)$ 和 $\mathcal{V}=(\omega,v)$，满足

$$\mathrm{Ad}_{T_1}(\mathrm{Ad}_{T_2}(\mathcal{V}))=\mathrm{Ad}_{T_1T_2}(\mathcal{V})\text{，或者 }[\mathrm{Ad}_{T_1}][\mathrm{Ad}_{T_2}]\mathcal{V}=[\mathrm{Ad}_{T_1T_2}]\mathcal{V} \tag{3.77}$$

而且，对于任一 $T\in SE(3)$，总是满足

$$[\mathrm{Ad}_T]^{-1}=[\mathrm{Ad}_{T^{-1}}] \tag{3.78}$$

令 $T_1=T^{-1}$ 和 $T_2=T$，可从第一个特性导出第二个特性，即

85 $$\mathrm{Ad}_{T^{-1}}(\mathrm{Ad}_T(\mathcal{V}))=\mathrm{Ad}_{T^{-1}T}(\mathcal{V})=\mathrm{Ad}_I(\mathcal{V})=\mathcal{V} \tag{3.79}$$

1. 对运动旋量的结果小结

有关运动旋量的主要结果可总结成如下命题。

【命题 3.22】 给定（空间）固定坐标系 {s} 和物体坐标系 {b}，以及一个可微的齐次变换 $T_{sb}(t)\in SE(3)$，其中

$$T_{sb}(t)=T(t)=\begin{bmatrix} R(t) & p(t) \\ 0 & 1 \end{bmatrix} \tag{3.80}$$

则

$$T_{sb}^{-1}\dot{T}_{sb}=[\mathcal{V}_b]=\begin{bmatrix} [\omega_b] & v_b \\ 0 & 0 \end{bmatrix}\in se(3) \tag{3.81}$$

是**物体运动旋量**（body twist）的矩阵表示形式，

$$\dot{T}_{sb}T_{sb}^{-1}=[\mathcal{V}_s]=\begin{bmatrix} [\omega_s] & v_s \\ 0 & 0 \end{bmatrix}\in se(3) \tag{3.82}$$

是**空间运动旋量**（spatial twist）的矩阵表示形式。运动旋量 $\mathcal{V}_s$ 与 $\mathcal{V}_b$ 之间的关系表达式为

$$\mathcal{V}_s=\begin{bmatrix} \omega_s \\ v_s \end{bmatrix}=\begin{bmatrix} R & 0 \\ [p]R & R \end{bmatrix}\begin{bmatrix} \omega_b \\ v_b \end{bmatrix}=[\mathrm{Ad}_{T_{sb}}]\mathcal{V}_b \tag{3.83}$$

$$\mathcal{V}_b=\begin{bmatrix} \omega_b \\ v_b \end{bmatrix}=\begin{bmatrix} R^{\mathrm{T}} & 0 \\ -R^{\mathrm{T}}[p] & R^{\mathrm{T}} \end{bmatrix}\begin{bmatrix} \omega_b \\ v_b \end{bmatrix}=[\mathrm{Ad}_{T_{bs}}]\mathcal{V}_s \tag{3.84}$$

写成更为通用的形式，对于任意两个坐标系 {c} 和 {d}，运动旋量 $\mathcal{V}_c$ 与 $\mathcal{V}_d$ 之间的关系满足

$$\mathcal{V}_c=[\mathrm{Ad}_{T_{cd}}]\mathcal{V}_d,\quad \mathcal{V}_d=[\mathrm{Ad}_{T_{dc}}]\mathcal{V}_c$$

与角速度的情况类似，对于一个给定的运动旋量，基于固定坐标系的运动旋量 $\mathcal{V}_s$ 并不依赖物体坐标系 {b} 的选择，而基于物体坐标系的运动旋量 $\mathcal{V}_b$ 也不依赖固定坐标系 {s} 的选择。

【例题 3.23】 图 3.18 示意的是一小车的俯视图，小车为单轮（前轮）驱动，做平面运动。物体坐标系 {b} 的 $\hat{z}_b$ 轴垂直纸面向里，而固定坐标系 {s} 的 $\hat{z}_s$ 轴垂直纸面向外，前轮转动驱动小车以角速度 $\omega=2\ \mathrm{rad/s}$ 绕过平面内 r 点且垂直纸面向外的轴线转动。由图可知，点 r 可写成 $r_s=(2,-1,0)$ 或者 $r_b=(2,-1.4,0)$，角速度可写成 $\omega_s=(0,0,2)$ 或者 $\omega_b=(0,0,-2)$。因此有

86 $$T_{sb}=\begin{bmatrix} R_{sb} & p_{sb} \\ 0 & 1 \end{bmatrix}=\begin{bmatrix} -1 & 0 & 0 & 4 \\ 0 & 1 & 0 & 0.4 \\ 0 & 0 & -1 & 0 \\ 0 & 0 & 0 & 1 \end{bmatrix}$$

由图示及简单的几何学可以导出

$$v_s=\omega_s\times(-r_s)=r_s\times\omega_s=(-2,-4,0)$$
$$v_b=\omega_b\times(-r_b)=r_b\times\omega_b=(2.8,4,0)$$

由此导出

$$\mathcal{V}_s=\begin{bmatrix}\omega_s\\ v_s\end{bmatrix}=\begin{bmatrix}0\\0\\2\\-2\\-4\\0\end{bmatrix},\quad \mathcal{V}_b=\begin{bmatrix}\omega_b\\ v_b\end{bmatrix}=\begin{bmatrix}0\\0\\-2\\2.8\\4\\0\end{bmatrix}$$

不妨用 $\mathcal{V}_s=[\mathrm{Ad}_{T_{sb}}]\mathcal{V}_b$ 验证一下上述计算是否正确。

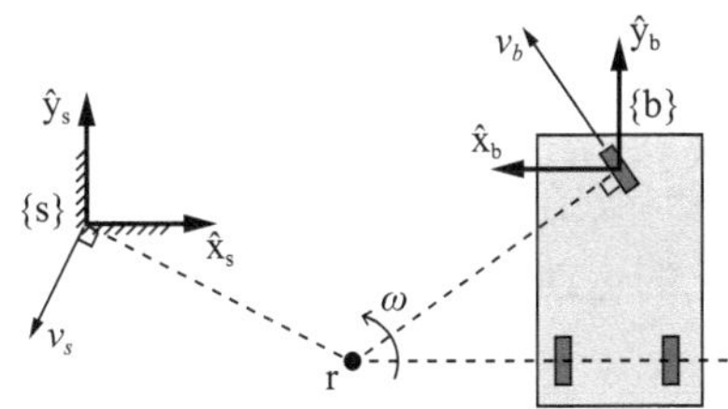

图 3.18　与小车底盘瞬时运动相对应的运动旋量可形象地表示成以角速度 ω 绕某一点 r 旋转

2. 运动旋量的螺旋释义

正像角速度 ω 可以写成 $\hat{\omega}\dot{\theta}$（式中的 $\hat{\omega}$ 为单位转轴，$\dot{\theta}$ 为绕转轴转动的角速度大小）一样，运动旋量 $\mathcal{V}$ 也可以写成**螺旋轴**（screw axis）$\mathcal{S}$ 与绕该轴转动的速度组合形式。

螺旋轴表示成我们熟悉的螺旋的形式：绕某个轴的转动与沿该轴移动的复合。螺旋轴的一种表示形式是 $\{q,\hat{s},h\}$，其中 $q\in\mathbb{R}^3$ 为轴上任一点，$\hat{s}$ 为表示螺旋轴方位的单位向量，h 为**螺旋的节距**（screw pitch），具体大小为沿螺旋轴方向的线速度与绕该轴角速度的比值（见图 3.19）。

由图可知，可将运动旋量 $\mathcal{V}=(\omega,v)$ 与螺旋运动中的各参数 $\{q,\hat{s},h\}$ 及速度 $\dot{\theta}$ 对应起来，即

$$\mathcal{V}=\begin{bmatrix}\omega\\ v\end{bmatrix}=\begin{bmatrix}\hat{s}\dot{\theta}\\ -\hat{s}\dot{\theta}\times q+h\hat{s}\dot{\theta}\end{bmatrix}$$

注意到，线速度 v 为两项之和：一项 $h\hat{s}\dot{\theta}$ 为沿螺旋轴的移动；另一项 $-\hat{s}\dot{\theta}\times q$ 为由于转动所带
来的原点位置的变化。前一项沿 $\hat{s}$ 方向，而后一　87
项与 $\hat{s}$ 方向正交。不难看出，对于任一 $\mathcal{V}=(\omega,v)$，当 $\omega\neq0$ 时，必然存在着一个等效的螺旋轴 $\{q,\hat{s},h\}$ 和速度 $\dot{\theta}$，其中，$\hat{s}=\omega/\|\omega\|$，$\dot{\theta}=\|\omega\|$，$h=\hat{\omega}^{\mathrm{T}}v/\dot{\theta}$，$q$ 为轴上任一点。

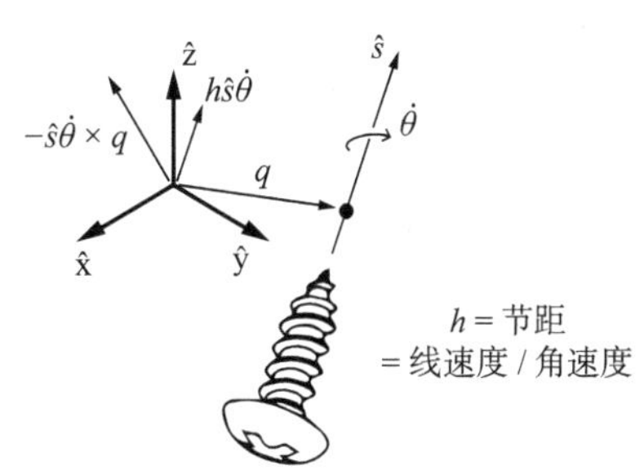

图 3.19　由点 q、单位方向 $\hat{s}$ 和节距 h 共同确定的螺旋轴 $\mathcal{S}$

若 $\omega=0$，节距 h 无限大。这种情况下，$\hat{s}=v/\|v\|$，$\dot{\theta}=\|v\|$。

由于 h 可能无穷大，q 也不具备唯一性（q 可在螺旋轴上任取），因此，我们决定不采用 $\{q,\hat{s},h\}$ 来描述螺旋运动，而采用运动旋量正交化的形式来描述。

①若 $\omega\neq0$，$\mathcal{S}=\mathcal{V}/\|\omega\|=(\omega/\|\omega\|,v/\|\omega\|)$。螺旋轴 $\mathcal{S}$ 只需简单地正则化 $\mathcal{V}$ 即可。螺旋轴的角速度 $\dot{\theta}=\|\omega\|$，$\mathcal{S}\dot{\theta}=\mathcal{V}$。

②若 $\omega=0$，$\mathcal{S}=\mathcal{V}/\|v\|=(0, v/\|v\|)$。螺旋轴 $\mathcal{S}$ 只需简单地正则化 $\mathcal{V}$ 即可。线速度 $\dot{\theta}=\|v\|$，$\mathcal{S}\dot{\theta}=\mathcal{V}$。

【**定义 3.24**】给定参考坐标系，螺旋轴 $\mathcal{S}$ 可写成

$$\mathcal{S}=\begin{bmatrix}\omega\\ v\end{bmatrix}\in\mathbb{R}^6$$

式中：①$\|\omega\|=1$；② $\omega=0, \|v\|=1$。若①满足，则 $v=-\omega\times q+h\omega$，式中 q 为轴上任一点，h 为螺旋的节距（若为纯转动，则 h=0）；若②满足，则螺旋的节距无穷大，对应的运动旋量为纯移动，参数中只有 v。

重要结论：虽然我们可用 (ω, v) 同时来描述正则化的螺旋轴 $\mathcal{S}$（其中的 $\|\omega\|$ 或 $\|v\|$ 必为 1）
88 和运动旋量 $\mathcal{V}$（其中对 ω 和 v 没有限制），但所表示的物理意义有所不同，应加以区分。

由于螺旋轴 $\mathcal{S}$ 只是正则化的运动旋量，因此 $\mathcal{S}=(\omega, v)$ 的矩阵表示形式为

$$[\mathcal{S}]=\begin{bmatrix}[\omega] & v\\ 0 & 0\end{bmatrix}\in se(3),\quad [\omega]=\begin{bmatrix}0 & -\omega_3 & \omega_2\\ \omega_3 & 0 & -\omega_1\\ -\omega_2 & \omega_1 & 0\end{bmatrix}\in so(3) \tag{3.85}$$

式中，$[\mathcal{S}]$ 的下面一行全为 0。而且两个不同坐标系 {a} 与 {b} 中所描述的螺旋轴之间的映射关系可用下式来表达：

$$\mathcal{S}_a=[\mathrm{Ad}_{T_{ab}}]\mathcal{S}_b,\quad \mathcal{S}_b=[\mathrm{Ad}_{T_{ba}}]\mathcal{S}_a$$

3.3.3　刚体运动的指数坐标表达

1. 刚体运动的指数坐标

在 3.1 节的平面运动实例中，我们看到任何平面刚体位移都可以通过对该刚体绕平面上某一点旋转来实现（对于纯移动，该点在无穷远处）。类似结论也适用于空间刚体位移，即 **Chasles-Mozzi 定理**：任何刚体运动都可通过绕空间某一固定螺旋轴 $\mathcal{S}$ 的运动来实现。

类似于转动的指数坐标 $\hat{\omega}\theta$，我们定义齐次变换矩阵 T 的六维指数坐标 $\mathcal{S}\theta\in\mathbb{R}^6$，其中，$\mathcal{S}$ 为螺旋轴，θ 为沿螺旋轴将 I 的原点移动到 T 的原点的距离。若螺旋轴 $\mathcal{S}=(\omega, v)$ 的节距为有限值，则 $\|\omega\|=1$，θ 为绕螺旋轴转动的角度。若螺旋轴 $\mathcal{S}=(\omega, v)$ 的节距为无限值，则 $\omega=0, \|v\|=1$，θ 为沿螺旋轴移动的距离。

同样，类似于转动情况，我们定义矩阵指数和矩阵对数

$$\begin{aligned}\exp:&\quad [\mathcal{S}]\theta\in se(3)\ \rightarrow\ T\in SE(3)\\ \log:&\quad T\in SE(3)\ \rightarrow\ [\mathcal{S}]\theta\in se(3)\end{aligned}$$

我们首先推导一下矩阵指数 $e^{[\mathcal{S}]\theta}$ 的闭环形式，为此将此矩阵指数进行级数展开，得

$$e^{[\mathcal{S}]\theta}=I+[\mathcal{S}]\theta+[\mathcal{S}]\frac{\theta^2}{2!}+[\mathcal{S}]^2\frac{\theta^3}{3!}+\cdots=\begin{bmatrix}e^{[\omega]\theta} & G(\theta)v\\ 0 & 1\end{bmatrix}$$

89 $$G(\theta)=I\theta+[\omega]\frac{\theta^2}{2!}+[\omega]^2\frac{\theta^3}{3!}+\cdots \tag{3.86}$$

利用 $[\omega]^3=-[\omega]$，$G(\theta)$ 可进一步简化为

$$
\begin{aligned}
G(\theta) &= I\theta + [\omega]\frac{\theta^2}{2!} + [\omega]^2\frac{\theta^3}{3!} + \cdots \\
&= I + \left(\frac{\theta^2}{2!} - \frac{\theta^4}{4!} + \frac{\theta^6}{6!} - \cdots\right)[\omega] + \left(\frac{\theta^3}{3!} - \frac{\theta^5}{5!} + \frac{\theta^7}{7!} - \cdots\right)[\omega]^2 \\
&= I\theta + (1-\cos\theta)[\omega] + (\theta - \sin\theta)[\omega]^2
\end{aligned}
\tag{3.87}
$$

将上述汇总，即可得到下面的命题。

【命题 3.25】 令 $\mathcal{S}=(\omega, v)$ 为螺旋轴，若 $\|\omega\|=1$，则对于任意沿螺旋轴的距离 $\theta\in\mathbb{R}$，都有

$$
e^{[\mathcal{S}]\theta} = \begin{bmatrix} e^{[\omega]\theta} & (I\theta + (1-\cos\theta)[\omega] + (\theta-\sin\theta)[\omega]^2)v \\ 0 & 1 \end{bmatrix}
\tag{3.88}
$$

若 $\omega=0, \|v\|=1$，则

$$
e^{[\mathcal{S}]\theta} = \begin{bmatrix} I & v\theta \\ 0 & 1 \end{bmatrix}
\tag{3.89}
$$

2. 刚体运动的矩阵对数

上述推导过程实质上给出了对 Chasles-Mozzi 定理的证明过程，即给定任意的 $(R, p)\in SE(3)$，总能找到与之相对应的螺旋轴 $\mathcal{S}=(\omega, v)$ 和标量 θ，满足

$$
e^{[\mathcal{S}]\theta} = \begin{bmatrix} R & p \\ 0 & 1 \end{bmatrix}
\tag{3.90}
$$

式中，矩阵

$$
[\mathcal{S}]\theta = \begin{bmatrix} [\omega]\theta & v\theta \\ 0 & 1 \end{bmatrix} \in se(3)
$$

是 $T=(R, p)$ 的矩阵对数形式。

算法： 给定 (R, p) 写作 $T\in SE(3)$，总是能找到 $\theta\in[0,\pi]$ 及螺旋轴 $\mathcal{S}=(\omega, v)\in\mathbb{R}^6$（其中的 $\|\omega\|$ 或 $\|v\|$ 必为 1），使得 $e^{[\mathcal{S}]\theta}=T$。其中，向量 $\mathcal{S}\theta\in\mathbb{R}^6$ 是 T 的指数坐标，而矩阵 $[\mathcal{S}]\theta\in se(3)$ 是 T 的矩阵对数。

①若 $R=I$，则 $\omega=0$，$v=p/\|p\|$，且 $\theta=\|p\|$。

②否则，先利用 $SO(3)$ 的矩阵对数确定 ω（$SO(3)$ 算法中写成 $\hat{\omega}$）和 θ。进而，v 通过下式来计算：

$$
v = G^{-1}(\theta)p
\tag{3.91}
$$

式中

$$
G^{-1}(\theta) = \frac{1}{\theta}I - \frac{1}{2}[\omega] + \left(\frac{1}{\theta} - \frac{1}{2}\cot\frac{\theta}{2}\right)[\omega]^2
\tag{3.92}
$$

90

对式（3.92）的验证过程留作课后练习。

【例题 3.26】 将刚体运动限定在 $\hat{\mathrm{x}}_s-\hat{\mathrm{y}}_s$ 平面内。如图 3.20 所示，坐标系 {b} 和 {c} 相对固定坐标系的位形用 $SE(3)$ 矩阵描述成

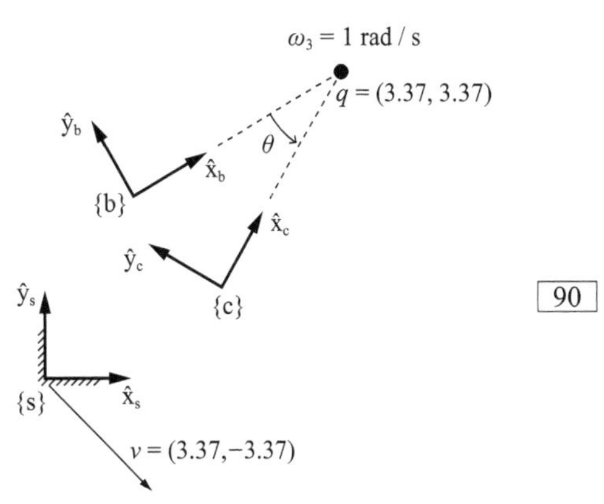

图 3.20　平面内的两个坐标系

$$T_{sb}=\begin{bmatrix}\cos 30^\circ & -\sin 30^\circ & 0 & 1\\ \sin 30^\circ & \cos 30^\circ & 0 & 2\\ 0 & 0 & 1 & 0\\ 0 & 0 & 0 & 1\end{bmatrix}$$

$$T_{sc}=\begin{bmatrix}\cos 60^\circ & -\sin 60^\circ & 0 & 2\\ \sin 60^\circ & \cos 60^\circ & 0 & 1\\ 0 & 0 & 1 & 0\\ 0 & 0 & 0 & 1\end{bmatrix}$$

由于运动发生在 $\hat{x}_s-\hat{y}_s$ 平面内，因此沿 $\hat{z}_s$ 轴方向的螺旋运动的节距为零。这时，在 $\{s\}$ 系中描述的螺旋轴 $\mathcal{S}=(\omega,v)$，可以写成

$$\omega=(0,0,\omega_3)$$
$$v=(v_1,v_2,0)$$

进而，我们可以导出由 T_{sb} 到 T_{sc} 的螺旋运动，即 $T_{sc}=e^{[\mathcal{S}]\theta}T_{sb}$，或者

$$T_{sc}T_{sb}^{-1}=e^{[\mathcal{S}]\theta}$$

式中

$$[\mathcal{S}]=\begin{bmatrix}0 & -\omega_3 & 0 & v_1\\ \omega_3 & 0 & 0 & v_2\\ 0 & 0 & 0 & 0\\ 0 & 0 & 0 & 0\end{bmatrix}$$

91

至此，可应用矩阵对数算法直接求得 $T_{sc}T_{sb}^{-1}$，进而求得

$$[\mathcal{S}]=\begin{bmatrix}0 & -1 & 0 & 3.37\\ 1 & 0 & 0 & -3.37\\ 0 & 0 & 0 & 0\\ 0 & 0 & 0 & 0\end{bmatrix},\quad \mathcal{S}=\begin{bmatrix}\omega_1\\ \omega_2\\ \omega_3\\ v_1\\ v_2\\ v_3\end{bmatrix}=\begin{bmatrix}0\\ 0\\ 1\\ 3.37\\ -3.37\\ 0\end{bmatrix},\quad \theta=\frac{\pi}{6}\mathrm{rad}$$

计算出的 $\mathcal{S}$ 值表明该螺旋轴是相对固定坐标系 $\{s\}$ 的不变量，具体表示的是绕 $\hat{z}_s$ 轴以角速度 1rad/s 转动，经过 $\{s\}$ 原点处的线速度为 $(3.37,-3.37,0)$。

我们还可观察到该位移并不是纯移动，还存在着转动，且相差 30°，很容易确定出 $\theta=30^\circ$ 和 $\omega_3=1$。我们可以通过图解法确定出螺旋轴通过该平面上的 q 点坐标 $q=(q_x,q_y)$。对应本例中，$q=(3.37,-3.37)$。

对于类似该实例的平面刚体运动，我们可以导出与从 $SE(2)$ 到 $se(2)$ 相对应的平面矩阵对数算法，后者具有如下形式：

$$\begin{bmatrix}0 & -\omega & v_1\\ \omega & 0 & v_2\\ 0 & 0 & 0\end{bmatrix}$$

3.4 力旋量

考虑作用在刚体上一点 r 的纯力 f。定义参考坐标系 {a}，点 r 可表示成 $r_a \in \mathbb{R}^3$，力 f 可表示成 $f_a \in \mathbb{R}^3$。该力所产生的**力矩**（torque）或**力偶**（moment）$m_a \in \mathbb{R}^3$ 可写成

$$m_a = r_a \times f_a$$

注意不考虑沿作用线的施力点。

与运动旋量相类似，我们可以将力矩与力合成为一个六维的**空间力**（spatial force），称为**力旋量**（wrench），在 {a} 系中描述为

$$\mathcal{F}_a = \begin{bmatrix} m_a \\ f_a \end{bmatrix} \in \mathbb{R}^6 \tag{3.93}$$

如果刚体上作用的力旋量不止一个，那么将这些力旋量进行简单的向量相加即可，只要满足在同一坐标系内进行表示。无力元素的力旋量称为**纯力偶**（pure moment）。 92

{a} 系中的力旋量也可以变换到另一坐标系中描述，前提是 T_{ba} 已知（见图 3.21）。其中一种建立 $\mathcal{F}_a$ 与 $\mathcal{F}_b$ 之间映射的方法是在前面所述技巧的基础上导出单个的力与力矩之间的变换关系。

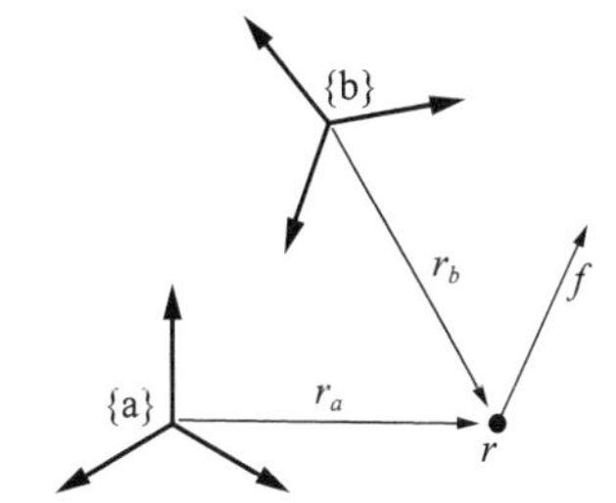

图 3.21 力旋量 $\mathcal{F}_a$ 与 $\mathcal{F}_b$ 之间的关系

不过，还有一种更加简单而且内在的方法来推导 $\mathcal{F}_a$ 与 $\mathcal{F}_b$ 之间映射关系：（i）利用前面有关同一运动旋量的两种表达 $\mathcal{V}_a$ 和 $\mathcal{V}_b$；（ii）利用选取坐标系遵循同一系统功率相等的原则。回顾力与速度的点积即为功率，而功率为坐标系无关量，因此有

$$\mathcal{V}_b^{\mathrm{T}} \mathcal{F}_b = \mathcal{V}_a^{\mathrm{T}} \mathcal{F}_a \tag{3.94}$$

根据命题 3.22 可知，$\mathcal{V}_a = [\mathrm{Ad}_{T_{ab}}]\mathcal{V}_b$，因此式（3.94）可以重写为

$$\mathcal{V}_b^{\mathrm{T}} \mathcal{F}_b = ([\mathrm{Ad}_{T_{ab}} \mathcal{V}_b])^{\mathrm{T}} \mathcal{F}_a = \mathcal{V}_b^{\mathrm{T}} [\mathrm{Ad}_{T_{ab}}]^{\mathrm{T}} \mathcal{F}_a$$

由于上式对所有的 $\mathcal{V}_b$ 都成立，因此有

$$\mathcal{F}_b = [\mathrm{Ad}_{T_{ab}}]^{\mathrm{T}} \mathcal{F}_a \tag{3.95}$$

类似地，可导出

$$\mathcal{F}_a = [\mathrm{Ad}_{T_{ba}}]^{\mathrm{T}} \mathcal{F}_b \tag{3.96}$$

【命题 3.27】 给定力旋量 $\mathcal{F}$ 及其在坐标系 {a} 中的表示 $\mathcal{F}_a$ 和在坐标系 {b} 中的表示 $\mathcal{F}_b$，两者之间的关系可以写成

$$\mathcal{F}_b = \mathrm{Ad}_{T_{ab}}^{\mathrm{T}}(\mathcal{F}_a) = [\mathrm{Ad}_{T_{ab}}]^{\mathrm{T}} \mathcal{F}_a \tag{3.97}$$

$$\mathcal{F}_a = \mathrm{Ad}_{T_{ba}}^{\mathrm{T}}(\mathcal{F}_b) = [\mathrm{Ad}_{T_{ba}}]^{\mathrm{T}} \mathcal{F}_b \tag{3.98}$$

由于我们通常采用空间坐标系 {s} 和物体坐标系 {b}，因此可以定义为**空间力旋量**（spatial wrench）$\mathcal{F}_s$ 和**物体力旋量**（body wrench）$\mathcal{F}_b$。 93

【例题 3.28】 如图 3.22 所示的机械手系统正在抓持一个质量为 0.1kg 的苹果，重力加速度为 g=10m/s^2（对数据进行了圆整以使计算简单），机械手自身的质量为 0.5kg。试

计算机械手与机械臂之间的六维力传感器所测量的力与力矩。

在力传感器上定义坐标系 {f}，坐标系 {h} 位于机械手的质心处，坐标系 {a} 置于苹果的质心处。根据图 3.22 中所定义的坐标轴，机械手 {h} 上的重力旋量写成列向量的形式：

$$\mathcal{F}_h = (0,0,0,0,-5\text{ N},0)$$

坐标系 {a} 上苹果的重力旋量写成

$$\mathcal{F}_a = (0,0,0,0,0,1\text{ N})$$

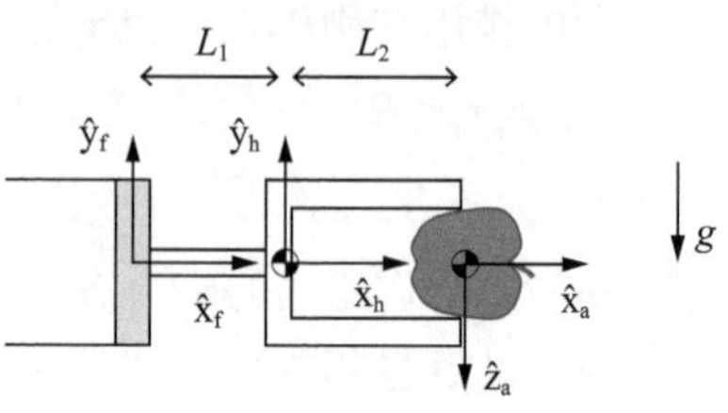

图 3.22 重力作用下正在抓持苹果的机器人

给定 $L_1 = 10\text{ cm}$ 和 $L_2 = 15\text{ cm}$，变换矩阵 T_{hf} 和 T_{af} 可写成

$$T_{hf} = \begin{bmatrix} 1 & 0 & 0 & -0.1\text{ m} \\ 0 & 1 & 0 & 0 \\ 0 & 0 & 1 & 0 \\ 0 & 0 & 0 & 1 \end{bmatrix}, \quad T_{af} = \begin{bmatrix} 1 & 0 & 0 & -0.25\text{ m} \\ 0 & 0 & 1 & 0 \\ 0 & -1 & 0 & 0 \\ 0 & 0 & 0 & 1 \end{bmatrix}$$

因此，六维力传感器测量得到的力旋量为

$$\begin{aligned} \mathcal{F}_f &= [\text{Ad}_{T_{hf}}]^{\text{T}} \mathcal{F}_h + [\text{Ad}_{T_{af}}]^{\text{T}} \mathcal{F}_a \\ &= [0 \quad 0 \quad -0.5\text{ Nm} \quad 0 \quad -5\text{ N} \quad 0]^{\text{T}} + [0 \quad 0 \quad -0.25\text{ Nm} \quad 0 \quad -1\text{ N} \quad 0]^{\text{T}} \\ &= [0 \quad 0 \quad -0.75\text{ Nm} \quad 0 \quad -6\text{ N} \quad 0]^{\text{T}} \end{aligned}$$

3.5 本章小结

下表简洁地给出了本章中的部分重要概念，包括刚体转动与一般刚体运动的对比。
94 更为详细的介绍可从本章内容中找到。

刚体转动	一般刚体运动
$R \in SO(3)$：3×3 矩阵 $R^{\text{T}}R = I, \det R = 1$	$T \in SE(3)$：4×4 矩阵 $T = \begin{bmatrix} R & p \\ 0 & 1 \end{bmatrix}, R \in SO(3), P \in \mathbb{R}^3$
$R^{-1} = R^{\text{T}}$	$T^{-1} = \begin{bmatrix} R^{\text{T}} & -R^{\text{T}}p \\ 0 & 1 \end{bmatrix}$
坐标系变换： $R_{ab}R_{bc} = R_{ac}$，$R_{ab}p_b = p_a$	**坐标系变换：** $T_{ab}T_{bc} = T_{ac}$，$T_{ab}p_b = p_a$
旋转坐标系 {b}： $R = \text{Rot}(\hat{\omega}, \theta)$ $R_{sb'} = RR_{sb}$（绕轴线 $\hat{\omega}_s = \hat{\omega}$ 转动 θ） $R_{sb''} = R_{sb}R$（绕轴线 $\hat{\omega}_b = \hat{\omega}$ 转动 θ）	**移动坐标系 {b}：** $T = \begin{bmatrix} \text{Rot}(\hat{\omega},\theta) & p \\ 0 & 1 \end{bmatrix}$ $T_{sb'} = TT_{sb}$（先绕轴线 $\hat{\omega}_s = \hat{\omega}$ 转动 θ，再相对 {s} 移动 {b} 原点距离 p） $T_{sb''} = T_{sb}T$（先相对 {b} 移动 {b} 原点距离 p，再绕新的坐标系中的轴线 $\hat{\omega}$ 转动 θ）

（续）

刚体转动	一般刚体运动
单位转轴 $\hat{\omega}\in\mathbb{R}^3$ 其中，$\Vert\hat{\omega}\Vert=1$	**单位螺旋轴** $\mathcal{S}=\begin{bmatrix}\omega\\ v\end{bmatrix}\in\mathbb{R}^6$ 其中，① $\Vert\hat{\omega}\Vert=1$，② $\omega=0,\Vert v\Vert=1$ 对于具有有限节距 h 的螺旋轴 $\{q,\hat{s},h\}$， $\mathcal{S}=\begin{bmatrix}\omega\\ v\end{bmatrix}=\begin{bmatrix}\hat{s}\\ -\hat{s}\times q+h\hat{s}\end{bmatrix}$
角速度 $\omega=\hat{\omega}\dot{\theta}$	**运动旋量** $\mathcal{V}=\mathcal{S}\dot{\theta}$
对于三维向量 $\omega\in\mathbb{R}^3$，$[\omega]=\begin{bmatrix}0&-\omega_3&\omega_2\\ \omega_3&0&-\omega_1\\ -\omega_2&\omega_1&0\end{bmatrix}\in so(3)$ 对于 $\omega,x\in\mathbb{R}^3$，$R\in SO(3)$，$[\omega]=-[\omega]^{\mathrm{T}},[\omega]x=-[x]\omega$， $[\omega][x]=([x][\omega])^{\mathrm{T}},R[\omega]R^{\mathrm{T}}=[R\omega]$	对于 $\mathcal{V}=\begin{bmatrix}\omega\\ v\end{bmatrix}\in\mathbb{R}^6$， $[\mathcal{V}]=\begin{bmatrix}[\omega]&v\\ 0&0\end{bmatrix}\in se(3)$ (ω,v) 可描述运动旋量 $\mathcal{V}$ 或单位螺旋轴 $\mathcal{S}$，取决于上下文
$\dot{R}R^{-1}=[\omega_s]$，$R^{-1}\dot{R}=[\omega_b]$	$\dot{T}T^{-1}=[\mathcal{V}_s]$，$T^{-1}\dot{T}=[\mathcal{V}_b]$ $[\mathrm{Ad}_T]=\begin{bmatrix}R&0\\ [p]R&R\end{bmatrix}\in\mathbb{R}^{6\times6}$ $[\mathrm{Ad}_T]^{-1}=[\mathrm{Ad}_{T^{-1}}]$ $[\mathrm{Ad}_{T_1}][\mathrm{Ad}_{T_2}]=[\mathrm{Ad}_{T_1T_2}]$
坐标系变换： $\hat{\omega}_a=R_{ab}\hat{\omega}_b$，$\omega_a=R_{ab}\omega_b$	**坐标系变换：** $\mathcal{S}_a=[\mathrm{Ad}_{T_{ab}}]\mathcal{S}_b$，$\mathcal{V}_a=[\mathrm{Ad}_{T_{ab}}]\mathcal{V}_b$ 95
$R\in SO(3)$ 的指数坐标：$\hat{\omega}\theta\in\mathbb{R}^3$ exp：$[\hat{\omega}]\theta\in so(3)\ \to\ R\in SO(3)$ $R=\mathrm{Rot}(\hat{\omega},\theta)=e^{[\hat{\omega}]\theta}=I+\sin\theta[\hat{\omega}]+(1-\cos\theta)[\hat{\omega}]^2$ log：$R\in SO(3)\to[\hat{\omega}]\theta\in so(3)$ 相关算法参考 3.2.3 节	$T\in SE(3)$ 的指数坐标：$\mathcal{S}\theta\in\mathbb{R}^6$ exp：$[\mathcal{S}]\theta\in se(3)\ \to\ T\in SE(3)$ $T=e^{[\mathcal{S}]\theta}=\begin{bmatrix}e^{[\omega]\theta}&*\\ 0&1\end{bmatrix}$ $*=(I\theta+(1-\cos\theta)[\omega]+(\theta-\sin\theta)[\omega]^2)v$ log：$T\in SE(3)\ \to\ [\mathcal{S}]\theta\in se(3)$ 相关算法参考 3.3.3 节
力矩的坐标变换公式： $m_a=R_{ab}m_b$	**力旋量的坐标变换公式：** $\mathcal{F}_a=(m_a,f_a)=[\mathrm{Ad}_{T_{ba}}]^{\mathrm{T}}\mathcal{F}_b$

3.6 软件

以下函数已含在与教材配套的软件包中。程序代码采用 MATLAB 格式，也可采用其他语言。有关软件的更多细节，请参阅代码及相应的文档。

```
invR = RotInv(R)
```

计算旋转矩阵 R 的逆。

```
so3mat = VecToso3(omg)
```

将一个三维向量 omg 转换为 3×3 反对称矩阵。

`omg = so3ToVec (so3mat)`

将 3×3 反对称矩阵转换为一个三维向量 omg。

`[omghat, theta] = AxisAng3(expc3)`

从旋转的指数坐标 `expc3` 的三维向量 $\hat{\omega}\theta$ 中抽取旋转轴线 $\hat{\omega}$ 和旋转角度 θ。

`R = MatrixExp3 (so3mat)`

计算与矩阵指数 so3mat $\in so(3)$ 对应的旋转矩阵 $R\in SO(3)$。

`so3mat = MatrixLog3 (R)`

计算与旋转矩阵 $R\in SO(3)$ 对应的矩阵对数 so3mat $\in so(3)$。

`T = RpToTrans (R,p)`

构造与旋转矩阵 $R\in SO(3)$ 和位置向量 $\mathrm{p}\in\mathbb{R}^3$ 对应的齐次变换矩阵 T。

96 `[R,p] = TransToRp (T)`

从齐次变换矩阵 T 中分解出旋转矩阵 $R\in SO(3)$ 和位置向量 $\mathrm{p}\in\mathbb{R}^3$。

`invT = TransInv (T)`

计算齐次变换矩阵 T 的逆矩阵。

`se3mat = VecTose3 (V)`

构造与六维向量形式的运动旋量 V 对应的 $se(3)$ 矩阵。

`V = se3ToVec (se3mat)`

构造与 $se(3)$ 矩阵 se3mat 对应的六维向量形式的运动旋量 V。

`AdT = Adjoint (T)`

计算齐次变换矩阵 T 的 6×6 伴随矩阵 $[\mathrm{Ad}_T]$。

`S = ScrewToAxis 6 (q,s,h)`

返回正则化的螺旋轴 $\mathcal{S}$ 表达形式，其中包含表示螺旋轴方向的单位向量 s、轴上一点 q 以及节距 h。

`[S,theta] = AxisAng (expc6)`

从六维向量形式的指数坐标 $\mathcal{S}\theta$ 中提取正则化的螺旋轴 $\mathcal{S}$ 以及沿轴线移动的距离 θ。

`T = MatrixExp6 (se3mat)`

计算与矩阵指数 se3mat $\in se(3)$ 对应的齐次变换矩阵 $T\in SE(3)$。

`se3mat = MatrixLog6 (T)`

计算与齐次变换矩阵 $T\in SE(3)$ 对应的矩阵对数 se3mat $\in se(3)$。

3.7 推荐阅读

本章介绍的有关旋转运动的指数坐标内容也可参考有关欧拉 – 罗格里格斯参数方面的运动学文献。其他有关姿态描述的方法如（欧拉角、凯莱 – 罗格里格斯参数、单位四元数等）可参看附录 B，有关旋转群 $SO(3)$ 的参数化内容可参考文献 Shuster（1993）、McCarthy（1990）、Tsiotras 等（1997）、Murray 等（1994）、Park 和 Huang（1999）。

古典旋量理论的奠基者是 Mozzi 和 Chasles，二者独立地发现了刚体运动可以通过绕某一轴线的旋转运动与其同轴移动的组合得到（Ceccarelli，2000）。Ball 在 1900 年的讲稿通常被认为是旋量理论的经典之作，但更多的进展与应用内容可参考文献 Bottema 97

和 Roth（1990）、Angeles（2006）、McCarthy（1990）。

Brockett（1983b）最早将古典旋量理论中的元素与刚体运动 $SE(3)$ 的李群结构关联起来。不仅如此，他还给出了开链机器人正向运动学的矩阵指数积方程（本书下一章将介绍此内容）。有关矩阵指数、对数以及它们的导数等相关公式的推导可参考文献 Lončarić（1985）、Paden（1986）、Park（1991）、Murray 等（1994）。

习题

1. 已知一固定的空间坐标系 {s} 及其 $\hat{\mathrm{x}}_\mathrm{s}$、$\hat{\mathrm{y}}_\mathrm{s}$、$\hat{\mathrm{z}}_\mathrm{s}$ 轴坐标，坐标系 {a} 的 $\hat{\mathrm{x}}_\mathrm{a}$ 轴沿 $(0,0,1)$ 方向，$\hat{\mathrm{y}}_\mathrm{a}$ 轴沿 $(-1,0,0)$ 方向；坐标系 {b} 的 $\hat{\mathrm{x}}_\mathrm{b}$ 轴沿 $(1,0,0)$ 方向，$\hat{\mathrm{y}}_\mathrm{b}$ 轴沿 $(0,0,-1)$ 方向。
   （a）手绘这 3 个坐标系，注意画在不同的位置以便于区分。
   （b）计算旋转矩阵 R_{sa} 和 R_{sb}。
   （c）已知 R_{sb}，在不使用逆矩阵的情况下计算 R_{sb}^{-1}，并验证坐标系画的是否正确。
   （d）已知 R_{sa} 和 R_{sb}，计算 R_{ab}，并验证坐标系画的是否正确。
   （e）将 $R=R_{sb}$ 作为变换算子，表示绕 $\hat{\mathrm{x}}$ 轴转动 $-90°$。计算 $R_1=R_{sa}R$，这里 R_{sa} 表示姿态，R 为 R_{sa} 的旋转，R_1 为经过旋转后的新的姿态。试问新姿态 R_1 对应的是 R_{sa} 绕固定坐标系 $\hat{\mathrm{x}}_\mathrm{s}$ 轴转动 $-90°$ 还是绕物体坐标系 $\hat{\mathrm{x}}_\mathrm{a}$ 轴转动 $-90°$？再来计算 $R_2=RR_{sa}$，试问新姿态 R_2 对应的是 R_{sa} 绕固定坐标系 $\hat{\mathrm{x}}_\mathrm{s}$ 轴转动 $-90°$ 还是绕物体坐标系 $\hat{\mathrm{x}}_\mathrm{a}$ 轴转动 $-90°$？
   （f）利用 R_{sb} 将点 $p_b=(1,2,3)$ 从 {b} 系变换到 {s} 系。
   （g）已知 {s} 系中的一点 $p_s=(1,2,3)$，计算 $p'=R_{sb}p_s$ 和 $p''=R_{sb}^{\mathrm{T}}p_s$。每一推导过程均可以解释成坐标变换（无须移动点的位置）或移动点的位置（无需改变坐标系）。
   （h）已知 {s} 系中的角速度 $\omega_s=(3,2,1)$，计算其在 {a} 系的表示。
   （i）计算 R_{sa} 的矩阵对数 $[\hat{\omega}]\theta$（可以再通过编程验证），提取其中的元素：单位角速度 $\hat{\omega}$ 和转动量 θ。重画其在固定坐标系 {s} 中表示。 98
   （j）计算与转动 $\hat{\omega}\theta=(1,2,0)$ 的指数坐标相对应的矩阵指数。画出其在固定坐标系 {s} 中表示。

2. p 点为空间一点，相对固定坐标系 $\hat{\mathrm{x}}$-$\hat{\mathrm{y}}$-$\hat{\mathrm{z}}$ 的坐标值为 $p=\left(\frac{1}{\sqrt{3}},-\frac{1}{\sqrt{6}},\frac{1}{\sqrt{2}}\right)$。假设点 p 首先绕固定坐标系的 $\hat{\mathrm{x}}$ 轴旋转 30°，然后绕 $\hat{\mathrm{y}}$ 轴旋转 135°，最后绕 $\hat{\mathrm{z}}$ 轴旋转 −120°。定义旋转后 p 点的坐标为 p′。
   （a）p′ 点的坐标？
   （b）计算旋转矩阵 R，满足 $p'=Rp$。

3. 假设 $p_i\in\mathbb{R}^3$，$p_i'\in\mathbb{R}^3$，且 $p_i'=Rp_i$，$i=1,2,3$，试找到满足以下条件的旋转矩阵 R：

$$p_1=(\sqrt{2},0,2)\mapsto p_1'=(0,2,\sqrt{2})$$

$$p_2=(1,1,-1)\mapsto p_2'=\left(\frac{1}{\sqrt{2}},\frac{1}{\sqrt{2}},-\sqrt{2}\right)$$

$$p_3=(0,2\sqrt{2},0)\mapsto p_3'=(-\sqrt{2},\sqrt{2},-2)$$

4. 试证明公式（3.22）

$$R_{ab}R_{bc}=R_{ac}$$

分别定义坐标系 {a}、{b}、{c} 的 3 个单位正交轴 $\{\hat{\mathrm{x}}_{\mathrm{a}},\hat{\mathrm{y}}_{\mathrm{a}},\hat{\mathrm{z}}_{\mathrm{a}}\}$、$\{\hat{\mathrm{x}}_{\mathrm{b}},\hat{\mathrm{y}}_{\mathrm{b}},\hat{\mathrm{z}}_{\mathrm{b}}\}$、$\{\hat{\mathrm{x}}_{\mathrm{c}},\hat{\mathrm{y}}_{\mathrm{c}},\hat{\mathrm{z}}_{\mathrm{c}}\}$，假设 {b} 系的 3 个单位坐标轴相对 {a} 系可表示成

$$\hat{\mathrm{x}}_{\mathrm{b}}=r_{11}\hat{\mathrm{x}}_{\mathrm{a}}+r_{21}\hat{\mathrm{y}}_{\mathrm{a}}+r_{31}\hat{\mathrm{z}}_{\mathrm{a}}$$
$$\hat{\mathrm{y}}_{\mathrm{b}}=r_{12}\hat{\mathrm{x}}_{\mathrm{a}}+r_{22}\hat{\mathrm{y}}_{\mathrm{a}}+r_{32}\hat{\mathrm{z}}_{\mathrm{a}}$$
$$\hat{\mathrm{z}}_{\mathrm{b}}=r_{13}\hat{\mathrm{x}}_{\mathrm{a}}+r_{23}\hat{\mathrm{y}}_{\mathrm{a}}+r_{33}\hat{\mathrm{z}}_{\mathrm{a}}$$

类似地，假定 {c} 系的 3 个单位坐标轴相对 {a} 系可表示成

$$\hat{\mathrm{x}}_{\mathrm{c}}=s_{11}\hat{\mathrm{x}}_{\mathrm{b}}+s_{21}\hat{\mathrm{y}}_{\mathrm{b}}+s_{31}\hat{\mathrm{z}}_{\mathrm{b}}$$
$$\hat{\mathrm{y}}_{\mathrm{c}}=s_{12}\hat{\mathrm{x}}_{\mathrm{b}}+s_{22}\hat{\mathrm{y}}_{\mathrm{b}}+s_{32}\hat{\mathrm{z}}_{\mathrm{b}}$$
$$\hat{\mathrm{z}}_{\mathrm{c}}=s_{13}\hat{\mathrm{x}}_{\mathrm{b}}+s_{23}\hat{\mathrm{y}}_{\mathrm{b}}+s_{33}\hat{\mathrm{z}}_{\mathrm{b}}$$

试通过上式推导 $R_{ab}R_{bc}=R_{ac}$。

5. 求旋转矩阵 $SO(3)$

$$\begin{bmatrix}0&-1&0\\0&0&-1\\1&0&0\end{bmatrix}$$

99

的指数坐标 $\hat{\omega}\theta\in\mathbb{R}^3$。

6. 给定 $R=\mathrm{Rot}(\hat{\mathrm{x}},\pi/2)\mathrm{Rot}(\hat{\mathrm{z}},\pi)$，求单位向量 $\hat{\omega}$ 和角度 θ，满足 $R=e^{[\hat{\omega}]\theta}$。

7.（a）给定旋转矩阵

$$R=\begin{bmatrix}0&0&1\\0&-1&0\\1&0&0\end{bmatrix}$$

对于 $\hat{\omega}\in\mathbb{R}^3,\|\hat{\omega}\|=1$ 和 $\theta\in[0,2\pi)$，试找出满足 $e^{[\hat{\omega}]\theta}=R$ 的所有可能值。

（b）向量 $v_1,v_2\in\mathbb{R}^3$ 满足

$$v_2=Rv_1=e^{[\hat{\omega}]\theta}v_1$$

式中，$\hat{\omega}\in\mathbb{R}^3$、$\|\hat{\omega}\|=1$ 和 $\theta\in[-\pi,\pi]$，若 $\hat{\omega}=\left(\frac{2}{3},\frac{2}{3},\frac{1}{3}\right)$、$v_1=(1,0,1)$、$v_2=(0,1,1)$，试找出满足上述方程的所有 θ 值。

8.（a）假设我们想找到迹为 −1 的旋转矩阵 R 的对数，根据指数公式

$$e^{[\hat{\omega}]\theta}=I+\sin\theta[\hat{\omega}]+(1-\cos\theta)[\hat{\omega}]^2,\quad \|\omega\|=1$$

回顾当 $\mathrm{tr}R=-1$ 时，对应着 $\theta=\pi$，上述公式相应可以简化为

$$R=I+2[\hat{\omega}]^2=\begin{bmatrix}1-2(\hat{\omega}_2^2+\hat{\omega}_3^2)&2\hat{\omega}_1\hat{\omega}_2&2\hat{\omega}_1\hat{\omega}_3\\2\hat{\omega}_1\hat{\omega}_2&1-2(\hat{\omega}_1^2+\hat{\omega}_3^2)&2\hat{\omega}_2\hat{\omega}_3\\2\hat{\omega}_1\hat{\omega}_2&2\hat{\omega}_2\hat{\omega}_3&1-2(\hat{\omega}_1^2+\hat{\omega}_2^2)\end{bmatrix}$$

注意到 $\hat{\omega}_1^2+\hat{\omega}_2^2+\hat{\omega}_3^2=1$，由此可以导出

$$\hat{\omega}_1=\sqrt{\frac{r_{11}+1}{2}},\quad \hat{\omega}_2=\sqrt{\frac{r_{22}+1}{2}},\quad \hat{\omega}_3=\sqrt{\frac{r_{33}+1}{2}}$$

式中，r_{ij} 为 R 的 (i,j) 元素，试问这是否可以作为一组解？

（b）注意到 $[\hat{\omega}]^3=-[\hat{\omega}]$，式 $R=I+2[\hat{\omega}]^2$ 可以重写为以下形式

$$\begin{aligned}&R-I=2[\hat{\omega}]^2,\\&[\hat{\omega}](R-I)=2[\hat{\omega}]^3=-2[\hat{\omega}],\\&[\hat{\omega}](R+I)=0\end{aligned}$$

上述方程包含有 3 个关于 $(\hat{\omega}_1,\hat{\omega}_2,\hat{\omega}_3)$ 的线性方程，请问这个线性系统与 R 的对数之间存在何种映射关系？

9. 进一步探讨旋转矩阵的已知特性，以确定两个旋转矩阵相乘所需的最少数量的代数操作（乘与除、加与减）。 100

10. 由于各种算法总存在运算精度的问题，因此两个旋转矩阵的乘积不一定仍满足旋转矩阵的条件，即计算得到的旋转矩阵 A 不一定精确满足 $A^{\mathrm{T}}A=I$。为此，可设计一个迭代的数值计算过程，可以在任意给定矩阵 $A\in\mathbb{R}^{3\times3}$ 情况下，使得矩阵 $R\in SO(3)$ 满足下式的最小化

$$\|A-R\|^2=\operatorname{tr}(A-R)(A-R)^{\mathrm{T}}$$

（**提示**：具体可参考附录 D 中有关数值优化的相关知识。）

11. 矩阵指数的特性。

（a）对于 $A,B\in\mathbb{R}^{n\times n}$，$e^Ae^B=e^{A+B}$ 成立的条件是什么？

（b）若 $A=[\mathcal{V}_a]$ 和 $B=[\mathcal{V}_b]$，其中 $[\mathcal{V}_a]=(\omega_a,v_a)$，$[\mathcal{V}_b]=(\omega_b,v_b)$ 为任意的运动旋量，请问在什么情况下满足 $e^Ae^B=e^{A+B}$，并给出该公式的一个物理含义。

12.（a）给定一旋转矩阵 $A=\mathrm{Rot}(\hat{\mathrm{z}},\alpha)$，其中 $\mathrm{Rot}(\hat{\mathrm{z}},\alpha)$ 表示绕 $\hat{\mathrm{z}}$ 轴旋转 α 角，试找出能满足 $AR=RA$ 的所有旋转矩阵 $R\in SO(3)$。

（b）给定旋转矩阵 $A=\mathrm{Rot}(\hat{\mathrm{z}},\alpha)$ 和 $B=\mathrm{Rot}(\hat{\mathrm{z}},\beta)$，并且 $\alpha\neq\beta$，试找出能满足 $AR=RA$ 的所有旋转矩阵 $R\in SO(3)$。

（c）给定任意的旋转矩阵 $A,B\in SO(3)$，试找出所有的 $R\in SO(3)$ 值，以满足 $AR=RB$。

13.（a）证明旋转矩阵 $R\in SO(3)$ 的 3 个特征值都具有单位值，并且总可以写成 $\{\mu+i\nu,\ \mu-i\nu,1\}$，其中 $\mu^2+\nu^2=1$。

（b）证明旋转矩阵 $R\in SO(3)$ 总可以分解成如下形式：

$$R=A\begin{bmatrix}\mu&\nu&0\\-\nu&\mu&0\\0&0&1\end{bmatrix}A^{-1}$$

式中，$A\in SO(3)$，且 $\mu^2+\nu^2=1$。（**提示**：与特征值 $\mu+i\nu$ 对应的特征向量可以写成 $x+iy\ (x,y\in\mathbb{R}^3)$ 的形式，与特征值 1 对应的特征向量可以写成 $z\in\mathbb{R}^3$ 的形式。为证明上述问题可以假定向量 $\{x,y,z\}$ 总是线性无关的。）

14. 给定 $\omega\in\mathbb{R}^3$，$\|\omega\|=1$，且 θ 为非零值，证明

$$(I\theta+(1-\cos\theta)[\omega]+(\theta-\sin\theta)[\omega]^2)^{-1}=\frac{1}{\theta}I-\frac{1}{2}[\omega]+\left(\frac{1}{\theta}-\frac{1}{2}\cot\frac{\theta}{2}\right)[\omega]^2$$

（**提示**：根据 $[\omega]^3=-[\omega]$，将矩阵的逆表示成关于 $[\omega]$ 的矩阵多项式形式。）

101 15.(a) 给定固定坐标系 {0} 和动坐标系 {1}，最初 {1} 与 {0} 重合，按如下顺序转动 {1}：

① {1} 系绕 {0} 系的 $\hat{\mathrm{x}}$ 轴转动 α 角，得到新坐标系 {2}；

② {2} 系绕 {0} 系的 $\hat{\mathrm{y}}$ 轴转动 β 角，得到新坐标系 {3}；

③ {3} 系绕 {0} 系的 $\hat{\mathrm{z}}$ 轴转动 γ 角，得到新坐标系 {4}。

求最后的姿态 R_{04}。

(b) 假设以上的第三步变成"{3} 系绕 {3} 系的 $\hat{\mathrm{z}}$ 轴转动 γ 角，得到新坐标系 {4}"，求最后的姿态 R_{04}。

(c) 求齐次变换 T_{ca}，其中已知

$$T_{ab}=\begin{bmatrix}1/\sqrt{2} & -1/\sqrt{2} & 0 & -1\\ 1/\sqrt{2} & 1/\sqrt{2} & 0 & 0\\ 0 & 0 & 1 & 1\\ 0 & 0 & 0 & 1\end{bmatrix},\quad T_{cb}=\begin{bmatrix}1/\sqrt{2} & 0 & 1/\sqrt{2} & 0\\ 0 & 1 & 0 & 1\\ -1/\sqrt{2} & 0 & 1/\sqrt{2} & 0\\ 0 & 0 & 0 & 1\end{bmatrix}$$

16. 已知一固定的空间坐标系 {s} 及其 $\hat{\mathrm{x}}_s$、$\hat{\mathrm{y}}_s$、$\hat{\mathrm{z}}_s$ 轴坐标，坐标系 {a} 的 $\hat{\mathrm{x}}_a$ 轴沿 $(0,0,1)$ 方向，$\hat{\mathrm{y}}_a$ 轴沿 $(-1,0,0)$ 方向；坐标系 {b} 的 $\hat{\mathrm{x}}_b$ 轴沿 $(1,0,0)$ 方向，$\hat{\mathrm{y}}_b$ 轴沿 $(0,0,-1)$ 方向。其中，{a} 系的原点相对 {s} 系的坐标为 $(3,0,0)$，{b} 系的原点相对 {s} 系的坐标为 $(0,2,0)$。

(a) 手绘这 3 个坐标系，表明它们之间的相对位置关系。

(b) 计算旋转矩阵 R_{sa} 和 R_{sb}，以及齐次变换矩阵 T_{sa} 和 T_{sb}。

(c) 已知 T_{sb}，在不使用逆矩阵的情况下，计算 T_{sb}^{-1}，并验证坐标系画的是否正确。

(d) 已知 T_{sa} 和 T_{sb}，计算 T_{ab}（在不使用逆矩阵），并验证坐标系画的是否正确。

(e) 将 $T=T_{sb}$ 作为变换算子，表示绕 $\hat{\mathrm{x}}$ 轴转动 $-90°$ 与沿 $\hat{\mathrm{y}}$ 轴移动 2 个单位距离。计算 $T_1=T_{sa}T$，试问 T_1 对应的是 T_{sa} 相对固定坐标系的变换还是相对物体坐标系的变换？再来计算 $T_2=TT_{sa}$，试问 T_2 对应的是 T_{sa} 相对物体坐标系的变换还是相对固定坐标系的变换？

(f) 利用 T_{sb} 将点 $p_b=(1,2,3)$ 从 {b} 系变换到 {s} 系。

(g) 已知 {s 系} 中的一点 $p_s=(1,2,3)$，计算 $p'=T_{sb}p_s$ 和 $p''=T_{sb}^{-1}p_s$。每个推导过程均可以解释成坐标变换（无需移动点的位置）或移动点的位置（无需改变坐标系）的结果。

(h) 已知 {s 系} 中的运动旋量 $\mathcal{V}=(3,2,1,-1,-2,-3)$，计算其在 {a} 系的表达 $\mathcal{V}_a$。

(i) 计算 T_{sa} 的矩阵对数 $[\mathcal{S}]\theta$（可以再通过编程验证），提取其中的元素：单位螺旋轴 $\mathcal{S}$

102 和转动量 θ，找到螺旋轴的一个表达 $\{q,\hat{s},h\}$。重画其在固定坐标系 {s} 中表示。

(j) 计算与转动 $\mathcal{S}\theta=(0,1,2,3,0,0)$ 的指数坐标相对应的矩阵指数。画出其在固定坐标系 {s} 中表示。

17. 目前工业机器人领域经常需要定义 4 种坐标系：参考坐标系 {a}、末端或工具坐标系 {b}、图像坐标系 {c} 和工件坐标系 {d}，如图 3.44 所示。

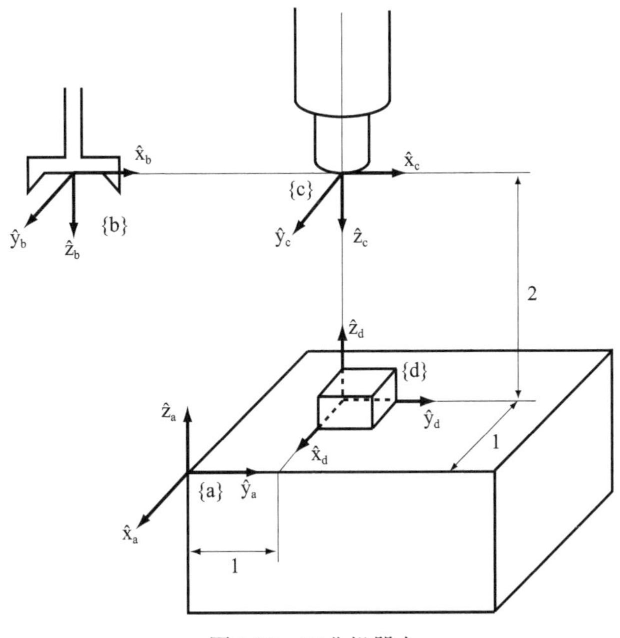

图 3.23　工业机器人

(a) 基于图中所给尺寸，试确定 T_{ad} 和 T_{cd}。

(b) 若 $\boldsymbol{T}_{bc}=\begin{bmatrix}1&0&0&4\\0&1&0&0\\0&0&1&0\\0&0&0&1\end{bmatrix}$，试求 T_{ab}。 103

18. 考虑一个航天器搭载的机械臂，如图 3.45 所示。其中有 4 个坐标系：地球坐标系 {e}、卫星坐标系 {s}、航天器坐标系 {a} 和机械臂坐标系 {r}。

(a) 若已知 T_{ea}、T_{ar} 和 T_{es}，试求 T_{rs}。

(b) 假定从地球坐标系 {e} 上看卫星坐标系 {s} 的原点为 (1, 1, 1)，且

$$\boldsymbol{T}_{er}=\begin{bmatrix}-1&0&0&1\\0&1&0&1\\0&0&-1&1\\0&0&0&1\end{bmatrix}$$

试求从地球坐标系 {e} 上观察卫星坐标系 {s} 原点的坐标。

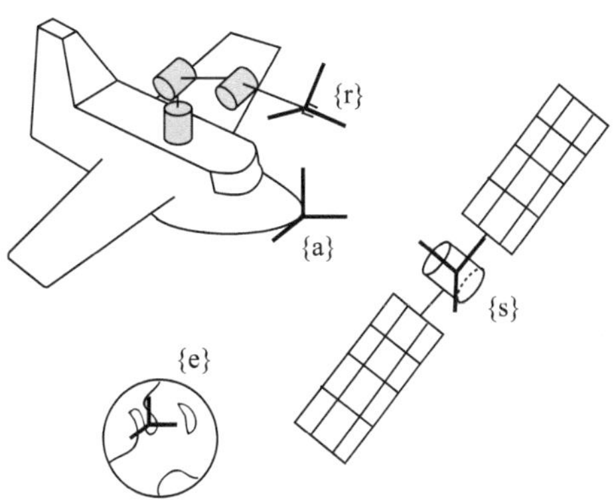

图 3.24　航天器中的机械臂

19. 如图 3.25 所示，两颗卫星正在绕地球转动，坐标系 {1} 和 {2} 分别固连在一颗卫星上，它们的 $\hat{x}$ 轴总是指向地球。其中，卫星 1 以常速度 v_1 运动，而卫星 2 以常

速度 v_2 运动，为简化运算，忽略掉地球的自转。固定坐标系 {0} 位于地球的中心。图 3.25 所示的是两颗卫星在初始时（t=0）的位置。

（a）给出 T_{01}、T_{02} 关于时间 t 的函数。

104 （b）根据（a）的结果，给出 T_{21} 关于时间 t 的函数。

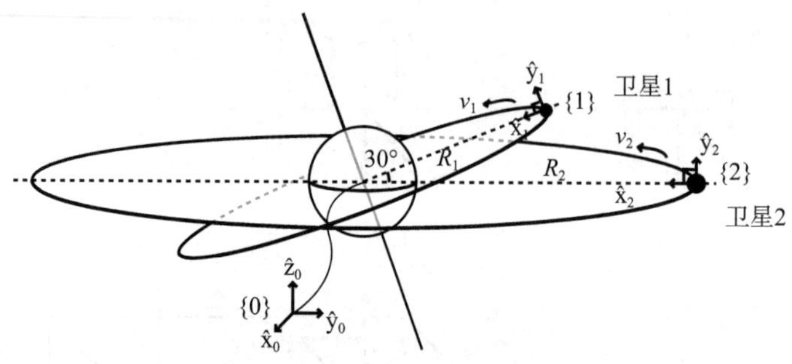

图 3.25　两颗卫星绕地球转动

20. 考虑如图 3.26 所示的高轮自行车，前轮是后轮半径的两倍。坐标系 {a} 和 {b} 各自附着在轮子的中心，坐标系 {c} 附着在前轮的上缘。假设自行车沿 ŷ 轴方向运动，求 T_{ac} 关于车轮转角 θ 的函数（图所示为初始位形）。

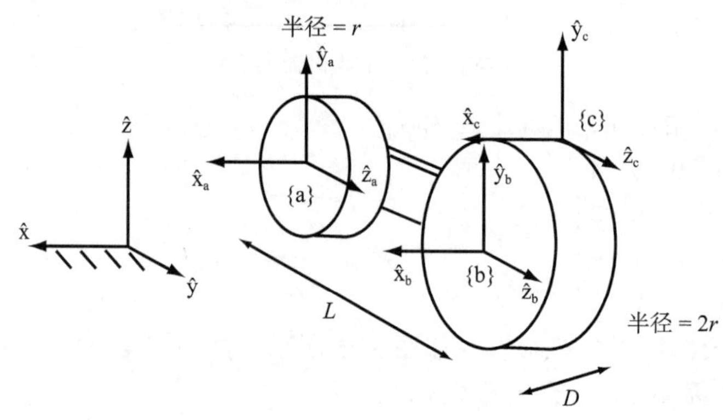

图 3.26　高轮自行车

21. 如图 3.27 所示，空间站以圆形轨道绕地球转动，同时自转轴一直指向北极星。但由于某一装置无法正常工作，用于指向该空间站的航天器不能对停留位置进行定位。

105 为此，置于地面的某一基站向航天器发送如下信息：

$$T_{ab}=\begin{bmatrix}0 & -1 & 0 & -100\\ 1 & 0 & 0 & 300\\ 0 & 0 & 1 & 500\\ 0 & 0 & 0 & 1\end{bmatrix},\ p_a=\begin{bmatrix}0\\ 800\\ 0\end{bmatrix}$$

其中，p_a 为向量 p 相对 {a} 系的表示。

（a）根据所给信息，求向量 r 相对 {b} 系的表示 r_b。

（b）确定图所示时刻下的 T_{bc}。这里假设 {a} 系和 {c} 系的 ŷ 、ẑ 轴与停留位置共面。

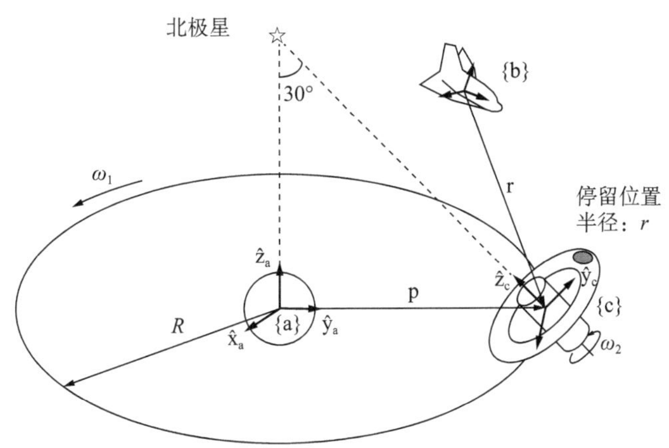

图 3.27　航天器与空间站

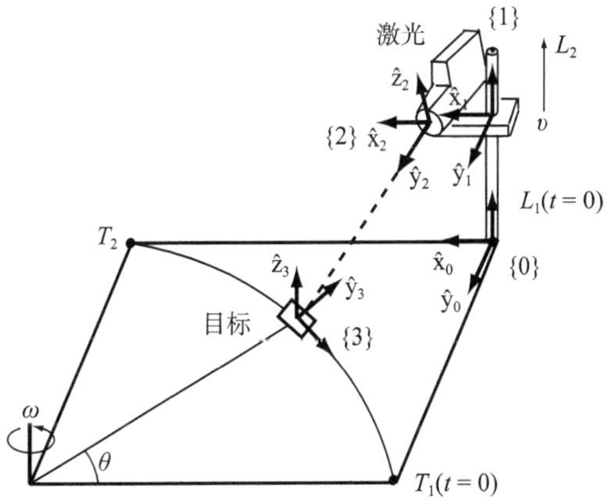

22. 如图 3.28 所示，一个目标物沿圆形轨迹以常角速度 ω rad / s 在 $\hat{x}$-$\hat{y}$ 平面内转动。一运动平台上安装有激光器用来追踪目标物的运动。运动平台以常速 v 垂直升起。假设初始时刻下，激光与运动平台的起始高度为 L_1。
   (a) 给出 T_{01}、T_{12}、T_{03} 关于时间 t 的函数。
   (b) 根据 (a) 的结果，给出 T_{23} 关于时间 t 的函数。

图 3.28　激光追踪目标物

23. 如图 3.29 所示，两辆玩具车在圆桌上运动。其中，小车 1 以常速度 v_1 沿周向运动，小车 2 以常速度 v_2 沿径向运动。图示为两车在初始时刻 t=0 的位置。 106
   (a) 给出 T_{01}、T_{02} 关于时间 t 的函数。
   (b) 给出 T_{12} 关于时间 t 的函数。

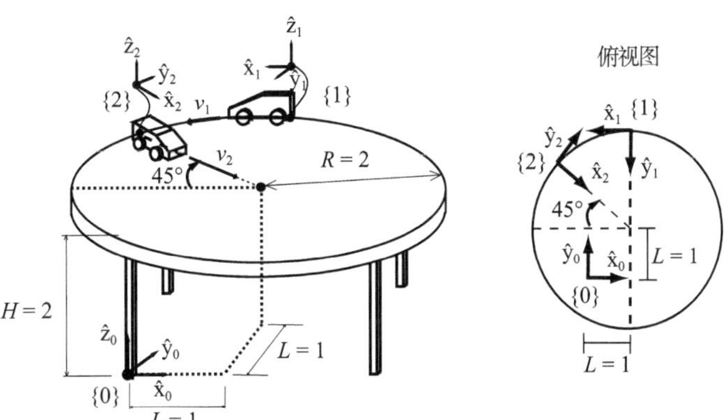

图 3.29　两辆玩具车在圆桌上运动

24. 如图 3.30 所示为一机械臂处于初始位形，它的第一个关节为螺旋副，节距 $h=2$。各臂的长度分别为 $L_1=10$，$L_2=L_3=5$，$L_4=3$。假定所有关节的角速度均为常值，且 $\omega_1=\pi/4$，$\omega_2=\pi/8$，$\omega_3=-\pi/4$，求末端工具坐标系 {b} 相对固定坐标系 {s} 在 $t=4$ 时刻的位形 $T_{sb}(4)\in SE(3)$。

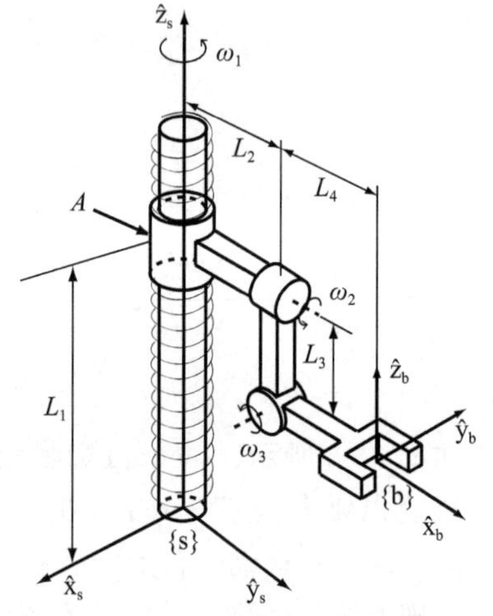

图 3.30　含螺旋副的机械臂

107 25. 一个摄像头固连在机械臂上，如图 3.31 所示。变换 $X\in SE(3)$ 为常数。机械臂由位姿 1 到达位姿 2，变换 $A\in SE(3)$ 和 $B\in SE(3)$ 可通过测量得到，为已知量。

(a) 假定 X 和 A 分别如下：

$$X=\begin{bmatrix}1&0&0&1\\0&1&0&0\\0&0&1&0\\0&0&0&1\end{bmatrix},\quad A=\begin{bmatrix}0&0&1&0\\0&1&0&0\\-1&0&0&0\\0&0&0&1\end{bmatrix}$$

求 B。

(b) 假定已知

$$A=\begin{bmatrix}R_A&p_A\\0&1\end{bmatrix},\quad B=\begin{bmatrix}R_B&p_B\\0&1\end{bmatrix}$$

希望找到

$$X=\begin{bmatrix}R_X&p_X\\0&1\end{bmatrix}$$

令 $R_A=e^{[\alpha]}$，$R_B=e^{[\beta]}$，R_X 存在解的条件是什么？（$\alpha\in\mathbb{R}^3$，$\beta\in\mathbb{R}^3$）

(c) 假设有一组方程

108 $$A_iX=XB_i\quad i=1,\cdots,k$$

其中 A_i 和 B_i 已知，方程组存在唯一解时 k 的最小数是什么？

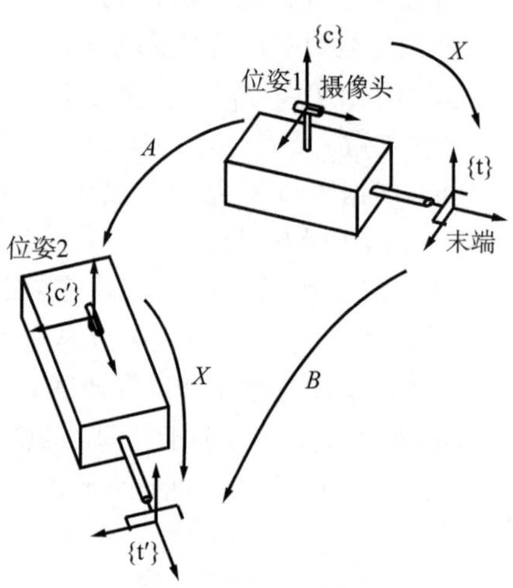

图 3.31　摄像头固连在机械臂上

26. 画一个螺旋轴，其中，$q=(3,0,0)$，$\hat{s}=(0,0,1)$，$h=2$。

27. 绘制运动旋量 $\mathcal{V}=(0,2,2,4,0,0)$。

28. 假设空间角速度 $\omega_s=(1,2,3)$，物体坐标系 {b} 相对空间坐标系 {s} 的姿态矩阵为

$$R=\begin{bmatrix}0&-1&0\\0&0&-1\\1&0&0\end{bmatrix}$$

计算物体角速度 ω_b。

29. 两个坐标系 {a} 和 {b} 附着在移动刚体上，证明基于空间坐标系的 {a} 系运动旋量与
109 基于空间坐标系的 {b} 系运动旋量相同。

30. 一个立方体从坐标系 {1} 到坐标系 {2} 经历了两种不同的螺旋运动，具体如图 3.32

所示。两种情况下，立方体的初始位形均为

$$T_{01}=\begin{bmatrix}1&0&0&0\\0&1&0&1\\0&0&1&0\\0&0&0&1\end{bmatrix}$$

（a）给出每种情况下的指数坐标 $\mathcal{S}\theta=(\omega,v)\theta$，以满足 $T_{02}=e^{[\mathcal{S}]\theta}T_{01}$，其中 ω 和 v 无约束限制。

（b）重复（a），但需满足约束条件 $\|\omega\theta\|\in[-\pi,\pi]$。

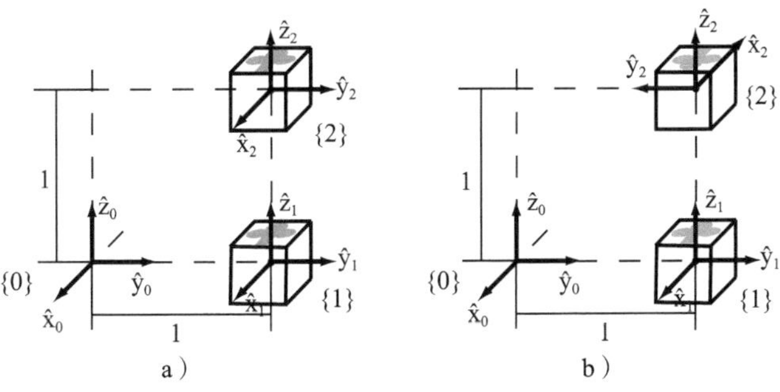

图 3.32 经历两种不同螺旋运动的立方体：a）第一种螺旋运动；b）第二种螺旋运动

31. 例 3.19 和图 3.16 中，当机器人拾取的木块重量为 1kg 时，意味着机器人必须提供沿木块坐标系 {e} 的 $\hat{z}$ 轴方向 10N 的力（假设处于木块的质心）。将该力表示成相对 {e} 系的力旋量形式 $\mathcal{F}_e$。若例 3.19 中的齐次变换矩阵已知，给出相对末端工具坐标系 {c} 的力旋量 $\mathcal{F}_c$。

32. 已知物理空间中的两个参考坐标系 {a} 和 {b}，以及固定坐标系 {o}。定义坐标系 {a} 和 {b} 之间的距离

$$\mathrm{dist}(T_{oa},T_{ob})=\sqrt{\theta^2+\|p_{ab}\|^2}$$

其中，$R_{ab}=e^{[\hat{\omega}]\theta}$。假设固定坐标系移到另一坐标系 {o′} 处，且对于某一常数 $S=(R_s,p_s)\in SE(3)$，$T_{o'a}=ST_{oa}$，$T_{o'b}=ST_{ob}$。

（a）利用上述定义式求 $\mathrm{dist}(T_{o'a},T_{o'b})$。

（b）S 在什么条件下才能满足 $\mathrm{dist}(T_{oa},T_{ob})=\mathrm{dist}(T_{o'a},T_{o'b})$。

33.（a）给出微分方程 $\dot{x}=Ax$ 的通解，其中， 110

$$A=\begin{bmatrix}-2&1\\0&-1\end{bmatrix}$$

若 $t\to\infty$，$x(t)$ 会出现什么结果？

（b）若

$$A=\begin{bmatrix}2&-1\\1&2\end{bmatrix}$$

给出微分方程 $\dot{x}=Ax$ 的通解。若 $t\to\infty$，$x(t)$ 会出现什么结果？

34. 令 $x\in\mathbb{R}^2$，$A\in\mathbb{R}^{2\times 2}$，考虑线性微分方程 $\dot{x}(t)=Ax(t)$。假设

$$x(t)=\begin{bmatrix} e^{-3t} \\ -3e^{-3t} \end{bmatrix}$$

是该方程在满足初始条件 $x(0)=(1,-3)$ 的一组解，并且

$$x(t)=\begin{bmatrix} e^{t} \\ e^{t} \end{bmatrix}$$

是该方程在满足初始条件 $x(0)=(1,1)$ 的一组解。试计算 A 和 e^{At}。

35. 假设微分方程满足 $\dot{x}=Ax+f(t)$，其中，$x\in\mathbb{R}^n$，$f(t)$ 是关于 t 的微分函数（已知），证明该方程的通解可以写成

$$x(t)=e^{At}x(0)+\int_0^t e^{A(t-s)}f(s)\,\mathrm{d}s$$

（**提示**：定义 $z(t)=e^{At}x(t)$，再计算 $\dot{z}(t)$。）

36. 参考附录 B，回答与 ZXZ 欧拉角相关的问题。
（a）推导用 ZXZ 欧拉角描述旋转矩阵的过程。
（b）利用（a）的结果，给出与下面矩阵相对应的 ZXZ 欧拉角：

$$\begin{bmatrix} -1/\sqrt{2} & 1/\sqrt{2} & 0 \\ -1/2 & -1/2 & 1/\sqrt{2} \\ 1/2 & 1/2 & 1/\sqrt{2} \end{bmatrix}$$

37. 考虑含两个转动关节 θ_1 和 θ_2 的腕部机构，其末端执行器上工具坐标系的姿态 $R\in SO(3)$ 可以写成

$$R=e^{[\hat{\omega}_1]\theta_1}e^{[\hat{\omega}_2]\theta_2}$$

其中，$\hat{\omega}_1=(0,0,1)$，$\hat{\omega}_2=\left(0,\dfrac{1}{\sqrt{2}},-\dfrac{1}{\sqrt{2}}\right)$，判断是否可以实现下述的姿态（如果存在

111 的话，请给出相对应的一组解 (θ_1,θ_2)）：

$$R=\begin{bmatrix} 1/\sqrt{2} & 0 & -1/\sqrt{2} \\ 0 & 1 & 0 \\ 1/\sqrt{2} & 0 & 1/\sqrt{2} \end{bmatrix}$$

38. 证明下述形式的旋转矩阵

$$\begin{bmatrix} r_{11} & r_{12} & 0 \\ r_{21} & r_{22} & r_{23} \\ r_{31} & r_{32} & r_{33} \end{bmatrix}$$

可以表示成只有两个参数 θ 和 ϕ 的表达形式，即

$$\begin{bmatrix} \cos\theta & -\sin\theta & 0 \\ \sin\theta\cos\phi & \cos\theta\cos\phi & -\sin\phi \\ \sin\theta\sin\phi & \cos\theta\sin\phi & \cos\phi \end{bmatrix}$$

并确定参数 θ 和 ϕ 的取值范围。

112 39. 如图 3.33 所示为一个处于零位下的三自由度手腕机构（所有关节角都设定为 0）。

（a）给出工具坐标系的姿态 $R_{03}=R(\alpha,\beta,\gamma)$（3 个旋转矩阵的乘积形式）。

（b）给出如下姿态矩阵 R_{03} 下的所有角 (α,β,γ)，如果没有解，试解释基于 $SO(3)$ 与单位球之间映射的方法会导致无解的原因。

（i）$R_{03}=\begin{bmatrix}0 & 1 & 0\\ 1 & 0 & 0\\ 0 & 0 & -1\end{bmatrix}$。

（ii）$R_{03}=e^{[\hat{\omega}]\pi/2}$，其中 $\hat{\omega}=\left(0,\dfrac{1}{\sqrt{5}},\dfrac{2}{\sqrt{5}}\right)$。

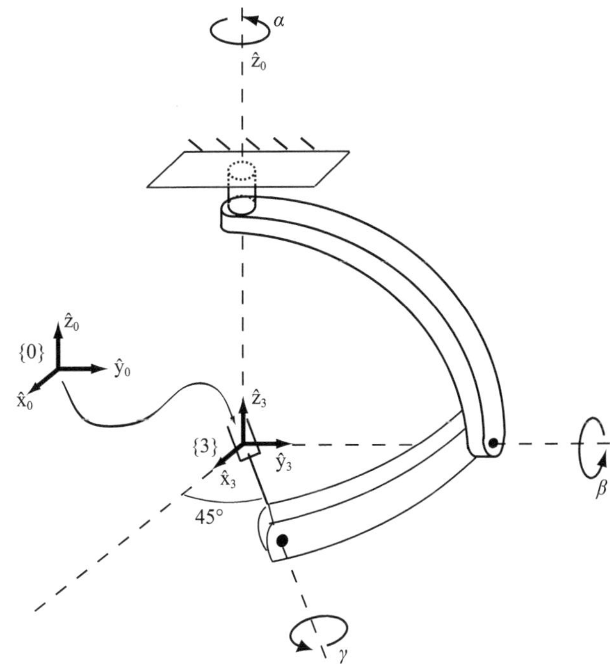

图 3.33　三自由度手腕机构

40. 参考附录 B。

（a）对于旋转运动 $R\in SO(3)$ 的单位四元数表达，试验证公式（B.10）和（B.11）。

（b）对于单位四元数 $q\in S^3$ 的旋转运动 R 表示，试验证公式（B.12）。

（c）验证单位四元数的乘法法则，即给定分别对应两个旋转运动 $R,Q\in SO(3)$ 的单位四元数 $p,q\in S^3$，给出 $RQ\in SO(3)$ 的单位四元数表达式。

41. 对于附录 B 中的式（B.18），其凯莱转换式可以写成如下的高阶形式

$$R=(I-[r])^k(I+[r])^{-k}$$

（a）当 $k=2$ 时，与 r 对应的转动 R 可通过下式计算得到

$$R=I-4\frac{1-r^{\mathrm{T}}r}{(1+r^{\mathrm{T}}r)^2}[r]+\frac{8}{(1+r^{\mathrm{T}}r)^2}[r]^2$$

（b）相反，给定旋转矩阵 R，证明（a）中的向量 r 可通过下式计算得到：

$$r = -\hat{\omega}\tan\frac{\theta}{4}$$

式中，$\hat{\omega}$ 表示对于旋转矩阵 R 的单位转轴，θ 表示相应的转角。请问该解是否唯一？

（c）证明物体坐标系下的角速度满足下式

$$\dot{r} = \frac{1}{4}((1 - r^{\mathrm{T}}r)I + 2[r] + 2rr^{\mathrm{T}})\omega$$

（d）解释在标准凯莱 – 罗德里格斯参数中奇异发生在 π 处的原因。讨论一下改进的凯
113 莱 – 罗德里格斯参数的优缺点，尤其在阶数 $k = 4$ 或更高的情况下。

（e）对比一下各种算法的效率：两个旋转矩阵的乘积运算、两个单位四元数的乘积运算、两个凯莱 – 罗德里格斯参数的乘积运算，哪个算法效率最高？

42. 用你擅长的语言重写第 3 章的软件。
43. 编写一个函数。判断当给定一 3×3 矩阵在误差 ε 内即为旋转矩阵，返回为“是”；否则为“否”。为此，需要定义真实 3×3 矩阵与最接近 $SO(3)$ 元素的距离。如果函数返回为“是”，它也应该返回 $SO(3)$ 中最接近的矩阵。参见例题 3.10。
44. 编写一个函数，如果给定的 4×4 矩阵是 $SE(3)$ 的元素，返回为“是”；否则为“否”。
45. 编写一个函数，如果给定的 3×3 矩阵是 $so(3)$ 的元素，返回为“是”；否则为“否”。
46. 编写一个函数，如果给定的 4×4 矩阵是 $se(3)$ 的元素，返回为“是”；否则为“否”。
47. 本书所提供的软件，其主要目的是易读，并且帮助理解书中的基本概念。但程序代码并没有在效率和稳定性方面进行优化，而且也未就其输入进行全方面的检查。通过阅读函数和注释，使用你最喜欢的语言来熟悉整个代码。这将加深你对本章内容的理解。

（a）重写函数并对其输入做全方面的检查，并且在使用不合适的参数（例如，函数的输入参数并非 $SO(3)$、$SE(3)$、$so(3)$ 或 $se(3)$ 中的元素）调用函数时，能返回可辨识的错误信息。

（b）通过你所知道的有关旋转和变换矩阵的性质，重写一函数以提高其计算效率。

（c）你能否降低任一矩阵对数函数的数值敏感度？

48. 利用本书提供的软件编写程序，以完成下述任务：用户通过 T 设定刚体的初始位形，该刚体在固定坐标系 {s} 中做螺旋运动，螺旋轴为 $\{q, \hat{s}, h\}$，沿螺旋轴运动的位移为 θ。该程序能够实现当刚体无论经过中间位形 $\theta/4$、$\theta/2$ 和 $3\theta/4$，还是最终位形
114 $T_1 = e^{[S]\theta}T$ 的计算，并绘制相应的图形。同时，该程序还能实现在给定最终位形 T_1 的情况下，计算相应的螺旋轴 $\mathcal{S}_1$ 及位移 θ_1，并绘制出相应的图形。用算例验证该程序：已知 $q = (0, 2, 0)$，$\hat{s} = (0, 0, 1)$，$h = 2$，$\theta = \pi$，且

$$T = \begin{bmatrix} 1 & 0 & 0 & 2 \\ 0 & 1 & 0 & 0 \\ 0 & 0 & 1 & 0 \\ 0 & 0 & 0 & 1 \end{bmatrix}$$

49. 本章中，我们给出了一些典型空间运动的矩阵指数表达，如空间转动和一般空间刚体运动等，它们分别将 $so(3)$ 和 $se(3)$ 中的元素映射到 $SO(3)$、$SE(3)$。类似地，也给

出了相应的矩阵对数形式（逆映射）。

同时，我们也可以提供一些平面运动的矩阵指数，如 $so(2)$ 到 $SO(2)$、$se(2)$ 到 $SE(2)$，以及它们的逆映射形式，即矩阵对数，如 $SO(2)$ 到 $so(2)$、$SE(2)$ 到 $se(2)$。对于 $so(2)$ 到 $SO(2)$，只有一个单一的指数坐标；而对于 $se(2)$ 到 $SE(2)$，对应着 3 个指数坐标，即写成运动旋量的形式为 $\mathcal{V}=(0,0,\omega_z,v_x,v_y,0)$。

对于平面旋转和平面运动旋量，我们可以使用空间情形中的矩阵指数和对数：通过将 $so(2)$、$SO(2)$、$se(2)$ 和 $SE(2)$ 中的元素表示为 $so(3)$、$SO(3)$、$se(3)$ 和 $SE(3)$ 中的元素。然而对于本问题，使用单个指数坐标以显式形式写出从 $so(2)$ 到 $SO(2)$ 的矩阵指数和对数，使用 3 个指数坐标以显式形式写出从 $se(2)$ 到 $SE(2)$ 的矩阵指数和对数。
利用你熟悉的语言，将以上 4 个公式编写成软件形式。 115

正向运动学

机器人的**正向运动学**（forward kinematics）是指已知关节坐标，求解末端的位置和姿态。图 4.1 示意了平面 3R 开链机械手的正向运动学。其中，3 根杆的杆长分别为 L_1、L_2 和 L_3。将固定坐标系 {0} 的原点置于图示的固定铰链点处，末端工具坐标系 {4} 置于第 3 根杆的末端部。由此，可以给出末端点的位置坐标（x, y）和姿态角 ϕ 相对关节角（$\theta_1, \theta_2, \theta_3$）的计算关系式

$$x = L_1\cos\theta_1 + L_2\cos(\theta_1+\theta_2) + L_3\cos(\theta_1+\theta_2+\theta_3) \tag{4.1}$$

$$y = L_1\sin\theta_1 + L_2\sin(\theta_1+\theta_2) + L_3\sin(\theta_1+\theta_2+\theta_3) \tag{4.2}$$

$$\phi = \theta_1+\theta_2+\theta_3 \tag{4.3}$$

如果只对末端的位置感兴趣，该机器人的任务空间就取在 x–y 二维平面内，这时的正向运动学只包含式（4.1）和式（4.2）。如果同时关注末端的位置和姿态，正向运动学方程需同时包含式（4.1）～（4.3）。

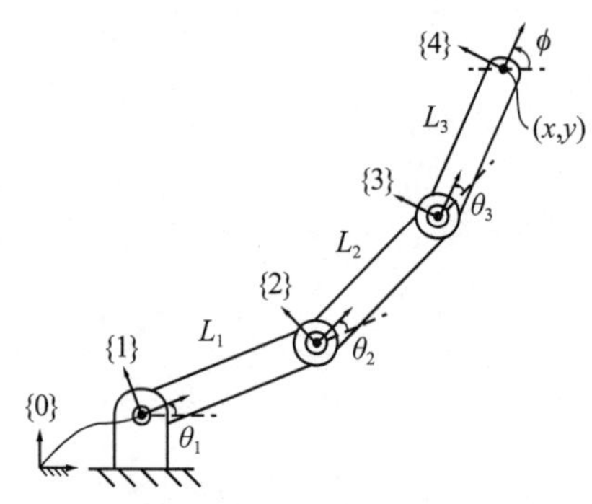

图 4.1　平面 3R 开链机械手的正向运动学：图中给出了各坐标系 $\hat{x}$ 和 $\hat{y}$ 轴的方位，$\hat{z}$ 轴垂直于纸面

116 若上述分析过程仅通过基本三角函数便可实现，不难想象随着空间运动链向更一般化分布，其分析也会变得更为复杂。这时，一种更为系统地推导机器人正向运动学的方法可能涉及为每根杆附着一个参考坐标系。例如，图 4.1 中附着在 3 根杆上的参考坐标系分别记作 {1}、{2} 和 {3}，此时该机器人的正向运动学可以写成 4 个齐次变换矩阵连乘的形式，即

$$T_{04} = T_{01}T_{12}T_{23}T_{34} \tag{4.4}$$

式中

$$T_{01} = \begin{bmatrix} \cos\theta_1 & -\sin\theta_1 & 0 & 0 \\ \sin\theta_1 & \cos\theta_1 & 0 & 0 \\ 0 & 0 & 1 & 0 \\ 0 & 0 & 0 & 1 \end{bmatrix},\quad T_{12} = \begin{bmatrix} \cos\theta_2 & -\sin\theta_2 & 0 & L_1 \\ \sin\theta_2 & \cos\theta_2 & 0 & 0 \\ 0 & 0 & 1 & 0 \\ 0 & 0 & 0 & 1 \end{bmatrix},$$
$$T_{23} = \begin{bmatrix} \cos\theta_3 & -\sin\theta_3 & 0 & L_2 \\ \sin\theta_3 & \cos\theta_3 & 0 & 0 \\ 0 & 0 & 1 & 0 \\ 0 & 0 & 0 & 1 \end{bmatrix},\quad T_{34} = \begin{bmatrix} 1 & 0 & 0 & L_3 \\ 0 & 1 & 0 & 0 \\ 0 & 0 & 1 & 0 \\ 0 & 0 & 0 & 1 \end{bmatrix} \tag{4.5}$$

注意到除了 T_{34} 是常值矩阵之外，其他 3 个矩阵 $T_{i-1,i}$ 都各与一个关节参数 θ_i 有关。

下面考虑另外一种求解方法。首先定义 M 为当所有关节角度处于初始位置时，坐标系 {4} 的位姿矩阵。这时

$$M=\begin{bmatrix}1&0&0&L_1+L_2+L_3\\0&1&0&0\\0&0&1&0\\0&0&0&1\end{bmatrix} \tag{4.6}$$

考虑到每个旋转关节均为零节距的运动旋量。若将 θ_1 和 θ_2 置于初始位置（即前两个关节不动，只有第 3 个关节转动），这时，对于关节 3 相对 {0} 的运动旋量可以写成

$$\mathcal{S}_3=\begin{bmatrix}\omega_3\\v_3\end{bmatrix}=\begin{bmatrix}0\\0\\1\\0\\-(L_1+L_2)\\0\end{bmatrix}$$

只需简单观察图 4.1 即可导出上式。当机械臂向右伸直处于初始位置时，假设该旋转角速度 $\omega_3=1\,\text{rad/s}$，与 {0} 原点重合点的线速度大小为 L_1+L_2，方向沿 $\hat{y}$ 轴负方向。若用代数式表达，可写成 $v_3=-\omega_3\times q_3$，式中，q_3 为关节 3 轴上的任一点，比如 $q_3=(L_1+L_2,0,0)$。 117

该运动旋量还可以写成李代数的形式，即

$$[\mathcal{S}_3]=\begin{bmatrix}[\omega]&v\\0&0\end{bmatrix}=\begin{bmatrix}0&-1&0&0\\1&0&0&-(L_1+L_2)\\0&0&0&0\\0&0&0&0\end{bmatrix}$$

因此，对于任一 θ_3，由上一章知识可知，对应的螺旋运动的矩阵指数为

$$T_{04}=e^{[\mathcal{S}_3]\theta_3}M \quad (\theta_1=\theta_2=0) \tag{4.7}$$

现在，再假定 $\theta_1=0$ 以及固定 θ_3（任意值），这时关节 2 的旋转可以看作是将一螺旋运动施加在一刚化系统上（L_2 与 L_3 连接成一体），即

$$T_{04}=e^{[\mathcal{S}_2]\theta_2}e^{[\mathcal{S}_3]\theta_3}M \quad (\theta_1=0) \tag{4.8}$$

式中，$[\mathcal{S}_3]$ 和 M 如前文所示，且

$$[\mathcal{S}_2]=\begin{bmatrix}0&-1&0&0\\1&0&0&-L_1\\0&0&0&0\\0&0&0&0\end{bmatrix} \tag{4.9}$$

最后，保持 θ_2 和 θ_3 固定，关节 1 的旋转可看作是将一螺旋运动施加在整个刚化的三杆系统上。这时，对于任意的（$\theta_1,\theta_2,\theta_3$），满足

$$T_{04}=e^{[\mathcal{S}_1]\theta_1}e^{[\mathcal{S}_2]\theta_2}e^{[\mathcal{S}_3]\theta_3}M \tag{4.10}$$

式中

$$[\mathcal{S}_1]=\begin{bmatrix}0 & -1 & 0 & 0\\ 1 & 0 & 0 & 0\\ 0 & 0 & 0 & 0\\ 0 & 0 & 0 & 0\end{bmatrix} \tag{4.11}$$

因此说，机器人的正向运动学可以表示成矩阵指数积的形式，每一项对应一个螺旋运动。注意：该方法的最大优点在于正向运动学表达式中只涉及坐标系 {0} 和 M，无须用到全部连杆坐标系。

本章中，我们将讨论通用形式的开链机器人正向运动学模型。其中一种广泛应用的开链机器人正向运动学模型是建构在 **D-H 参数**（Denavit-Hartenberg parameter）基础上的，具体如式（4.4）。另一种模型即为**指数积公式**（Product of Exponential，PoE），具体如式（4.10）。D-H 参数法的优点在于只需要最少数量的参数来描述机器人运动学，即
118 对于一个 n 杆机器人，可以用 $3n$ 个参数描述机器人结构，n 个参数表示关节变量；而 PoE 模型并不是最少参数的表示形式（需要 $6n$ 个参数来描述 n 个关节轴运动旋量，外加 n 个参数表示关节变量），但其优点也是十分明显的（即无须建立连杆坐标系）。这也是我们优先选择 PoE 公式作为正向运动学模型的主要原因。有关 D-H 参数模型以及其与 PoE 模型之间的关系可见附录 C。

4.1　指数积公式

PoE 公式中，仅仅需要设定基坐标系 {s}（处于机器人基座或者方便定义参考坐标系的其他各处）和末端坐标系 {b}，当机器人处于初始位置时后者用 M 表示。而 D-H 参数法中，要在每个杆上都定义一个坐标系（通常位于关节轴处），这对建立机器人的几何模型以及定义杆的质量特性非常有用（本书第 8 章将详细讨论）。因此，当我们定义一个 n 关节机器人的运动学时，可能的情况有：①若仅对运动学感兴趣，只用坐标系 {s} 和 {b}；②将 {s} 当作 {0}，用 {i}（杆 i）和 {n+1}（对应末端坐标系 {b}）。其中坐标系 {n+1} 相对 {n} 固定，但选在表示末端位形更为方便的位置。某种场合下我们去掉坐标系 {n+1}，只用 {n} 定义末端坐标系 {b}。

4.1.1　第一种表达形式：相对基坐标系的螺旋轴

隐藏在 PoE 公式背后的关键是：将每个关节的螺旋运动施加给后面的杆。如图 4.2 所示，一种通用的空间开链机器人，该机器人由 n 个单自由度关节串联而成。为应用 PoE 公式，首先需选择基坐标系 {s} 和附着在最后一根杆上的末端坐标系 {b}，并将机器人置于初始位置（或零位，即所有关节变量初值为 0），每个关节正向位移的方向指定。令 $M \in SE(3)$ 表示末端坐标系相对基坐标系的初始位形（机器人处于初始位置时）。

现在假定关节 n 对应的关节变量为 θ_n，末端坐标系 M 的位移可写成

$$T=e^{[\mathcal{S}_n]\theta_n}M \tag{4.12}$$

式中，$T \in SE(3)$ 为末端的新位形，$\mathcal{S}_n=(\omega_n, v_n)$ 为表示在基坐标系中的关节 n 的旋量坐
119 标。若关节 n 是转动副（对应的是零节距的螺旋运动），则 $\omega_n \in \mathbb{R}^3$ 是沿关节轴正向的单

位向量，$v_n = -\omega_n \times q_n$，$q_n$ 为关节轴上任一点，坐标值在基坐标系中进行度量。若关节 n 是移动副，则 $\omega_n = 0$，$v_n \in \mathbb{R}^3$ 是沿关节轴正向的单位向量，θ_n 表示移动的距离。

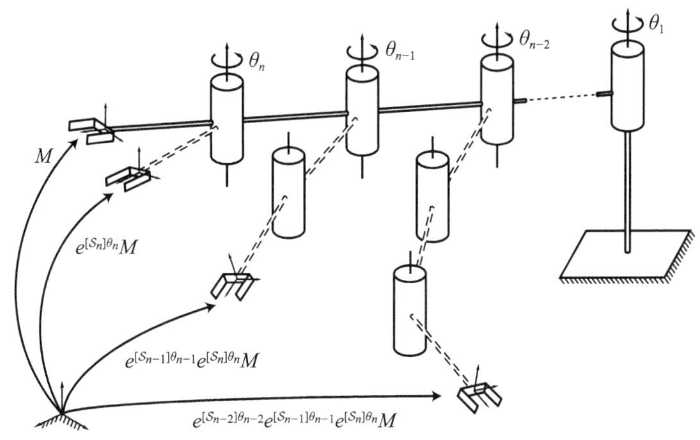

图 4.2　对 n 杆空间开链机器人 PoE 公式的图示

若我们现在假定关节 $n-1$ 也允许发生变化，即给杆 $n-1$ 施加一个螺旋运动（通过扩展至杆 n，因为杆 n 与杆 $n-1$ 通过关节 n 连接）。这时，末端坐标系的位移可写成

$$T = e^{[\mathcal{S}_{n-1}]\theta_{n-1}}(e^{[\mathcal{S}_n]\theta_n}M) \tag{4.13}$$

按此推理，不断重复上述过程，可以得到当所有关节变量 $(\theta_1, \cdots, \theta_n)$ 都发生变化时，应满足

$$T(\theta) = e^{[\mathcal{S}_1]\theta_1} \cdots e^{[\mathcal{S}_{n-1}]\theta_{n-1}} e^{[\mathcal{S}_n]\theta_n} M \tag{4.14}$$

上述方程就是对于 n 自由度开链机器人正向运动学的指数积公式。更确切地说，式（4.14）是指数积公式的空间坐标表示形式，因为其中的所有螺旋轴都是基于基坐标系的表示。

总之，为使用式（4.14）来计算开链机器人的正向运动学，我们需要确定如下元素：

①当机器人处于初始位置时，末端位形 $M \in SE(3)$； 120

②当机器人处于初始位置时，相对基坐标系的螺旋轴 $\mathcal{S}_1, \cdots, \mathcal{S}_n$ 对应各个关节的螺旋运动；

③关节变量 $(\theta_1, \cdots, \theta_n)$。

与 D-H 参数不同，无须定义连杆坐标系。下章当我们讨论一阶运动学时还会看到 PoE 公式的更多优点。

4.1.2　算例

下面我们利用 PoE 公式来推导几个常用的空间开链机器人正向运动学方程。

【例题 4.1】空间 3R 开链机器人的正向运动学

考虑如图 4.3 所示的空间 3R 开链机器人，图示位置为该机器人的初始位置（所有关节变量的初始值为 0）。选择图中所示的基坐标系 {0} 和末端坐标系 {3}，进而确定出所有基坐标系下的向量和齐次变换矩阵。正向运动学方程表示如下：

$$T(\theta)=e^{[\mathcal{S}_1]\theta_1}e^{[\mathcal{S}_2]\theta_2}e^{[\mathcal{S}_3]\theta_3}M$$

式中，$M\in SE(3)$ 表示机器人处于初始位置时的末端位形。直接观察可得

$$M=\begin{bmatrix}1&0&1&L_1\\0&1&0&0\\-1&0&0&-L_2\\0&0&0&1\end{bmatrix}$$

121 转动关节 1 的螺旋轴 $\mathcal{S}_1=(\omega_1,v_1)$ 可通过 $\omega_1=(0,0,1)$ 和 $v_1=(0,0,0)$（为计算简便，将关节 1 上的点 q_1 选在基坐标系原点处）。为确定转动关节 2 的螺旋轴 $\mathcal{S}_2$，观察得到关节 2 的轴线沿 $-\hat{y}_0$ 方向，因此有 $\omega_2=(0,-1,0)$，选择 $q_2=(L_1,0,0)$，因此有 $v_2=-\omega_2\times q_2=(0,0,-L_1)$。最后，为确定转动关节3的螺旋轴 $\mathcal{S}_3$，注意到 $\omega_3=(1,0,0)$，选择 $q_3=(0,0,-L_2)$，因此有 $v_3=-\omega_3\times q_3=(0,-L_2,0)$。

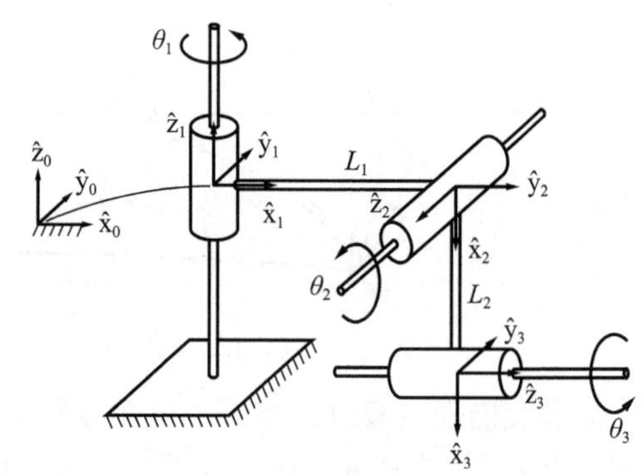

图 4.3　空间 3R 开链机器人

由此可得到上述 3 个螺旋轴 $\mathcal{S}_1$、$\mathcal{S}_2$、$\mathcal{S}_3$ 的 4×4 矩阵，表示形式如下：

$$[\mathcal{S}_1]=\begin{bmatrix}0&-1&0&0\\1&0&0&0\\0&0&0&0\\0&0&0&0\end{bmatrix},\quad [\mathcal{S}_2]=\begin{bmatrix}0&0&-1&0\\0&0&0&0\\1&0&0&-L_1\\0&0&0&0\end{bmatrix},\quad [\mathcal{S}_3]=\begin{bmatrix}0&0&0&0\\0&0&-1&0\\0&1&0&-L_2\\0&0&0&0\end{bmatrix}$$

若用表格的形式来表示各螺旋轴的坐标会更加方便，如下表所示：

i	ω_i	v_i
1	$(0,0,1)$	$(0,0,0)$
2	$(0,-1,0)$	$(0,0,-L_1)$
3	$(1,0,0)$	$(0,-L_2,0)$

122

【例题 4.2】平面 3R 开链机器人的正向运动学

对于如图 4.1 所示的机器人，其初始位形 M 及相应的螺旋轴参数如下表所示：

i	ω_i	v_i
1	$(0,0,1)$	$(0,0,0)$
2	$(0,0,1)$	$(0,-L_1,0)$
3	$(0,0,1)$	$(0,-(L_1+L_2),0)$

由于所有运动发生在 $\hat{x}$-$\hat{y}$ 平面内，因此可将螺旋轴写成等效的三参数形式 (ω_z,v_x,v_y)，如下表所示：

i	ω_i	v_i
1	1	$(0,0)$
2	1	$(0,-L_1)$
3	1	$(0,-(L_1+L_2))$

且 M 为 $SE(2)$ 中的元素，即

$$M=\begin{bmatrix}1 & 0 & L_1+L_2+L_3\\ 0 & 1 & 0\\ 0 & 0 & 1\end{bmatrix}$$

这种情况下，可使用有关简化形式的平面运动的矩阵指数来求解该机器人的正向运动学。

【例题 4.3】空间 6R 开链机器人的正向运动学

下面我们来推导如图 4.4 所示 6R 开链机器人的正向运动学方程。六自由度机器人在机器人学中具有重要位置，这是因为这类机器人能用最少关节数来实现末端刚体的全部自由度，只是其工作空间要受到限制。正因如此，有时将六自由度机器人称为通用机械手。

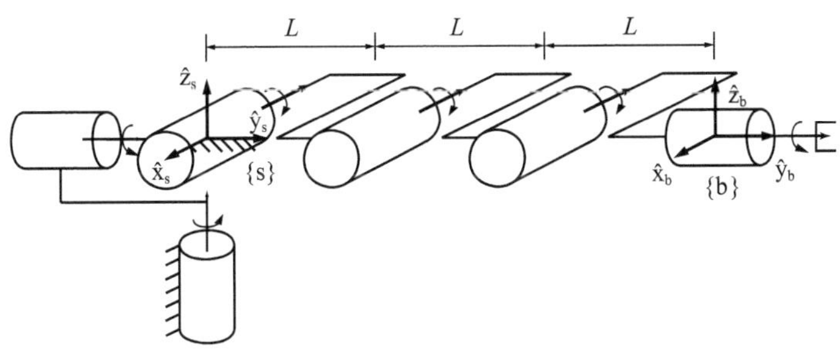

图 4.4　空间 6R 开链机器人

图中给出了机器人的初始位置，以及初始时刻各关节轴正向转动的方向。基坐标系 {s} 和末端坐标系 {b} 也在图中标出。初始位置时的末端位形可写成

$$M=\begin{bmatrix}1 & 0 & 0 & 0\\ 0 & 1 & 0 & 3L\\ 0 & 0 & 1 & 0\\ 0 & 0 & 0 & 1\end{bmatrix} \tag{4.15}$$

关节 1 的螺旋轴方向向量 $\omega_1=(0,0,1)$。为计算简便，将关节 1 上的点 q_1 选在基坐标系原点处，因此有 $v_1=(0,0,0)$。关节 2 的螺旋轴方向沿基坐标系 $\hat{y}$ 轴方向，因此有 $\omega_2=(0,1,0)$，选择 $q_2=(0,0,0)$，因此有 $v_2=(0,0,0)$。关节 3 的螺旋轴方向向量 $\omega_3=(-1,0,0)$，选择 $q_3=(0,0,0)$，因此有 $v_3=(0,0,0)$。关节 4 的螺旋轴方向向量 $\omega_4=(-1,0,0)$，选择 $q_4=(0,L,0)$，因此有 $v_4=(0,0,L)$。关节 5 的螺旋轴方向向量 $\omega_5=(-1,0,0)$，选择 $q_5=(0,2L,0)$，因此有 $v_5=(0,0,2L)$。关节 6 的螺 123

旋轴方向向量 $\omega_6=(0,1,0)$，选择 $q_6=(0,0,0)$，因此有 $v_6=(0,0,0)$。总之，螺旋轴 $\mathcal{S}_i=(\omega_i,v_i), i=1,\cdots,6$，如下表所示：

i	$\boldsymbol{\omega}_i$	$\boldsymbol{v}_i$	i	$\boldsymbol{\omega}_i$	$\boldsymbol{v}_i$
1	$(0,0,1)$	$(0,0,0)$	4	$(-1,0,0)$	$(0,0,L)$
2	$(0,1,0)$	$(0,0,0)$	5	$(-1,0,0)$	$(0,0,2L)$
3	$(-1,0,0)$	$(0,0,0)$	6	$(0,1,0)$	$(0,0,0)$

【例题 4.4】RRPRRR 开链机器人的正向运动学

下面考虑一个 6 自由度 RRPRRR 开链机器人的正向运动学，如图 4.5 所示。初始位置时的末端位形可写成

$$M=\begin{bmatrix}1&0&0&0\\0&1&0&L_1+L_2\\0&0&1&0\\0&0&0&1\end{bmatrix}$$

螺旋轴 $\mathcal{S}_i=(\omega_i,v_i), i=1,\cdots,6$，坐标如下表所示：

i	$\boldsymbol{\omega}_i$	$\boldsymbol{v}_i$	i	$\boldsymbol{\omega}_i$	$\boldsymbol{v}_i$
1	$(0,0,1)$	$(0,0,0)$	4	$(0,1,0)$	$(0,0,0)$
2	$(1,0,0)$	$(0,0,0)$	5	$(1,0,0)$	$(0,0,-L_1)$
3	$(0,0,0)$	$(0,1,0)$	6	$(0,1,0)$	$(0,0,0)$

124 **注意**：第 3 个关节为移动副，因此 $\omega_3=0$，v_3 为沿移动副方向的单位向量。

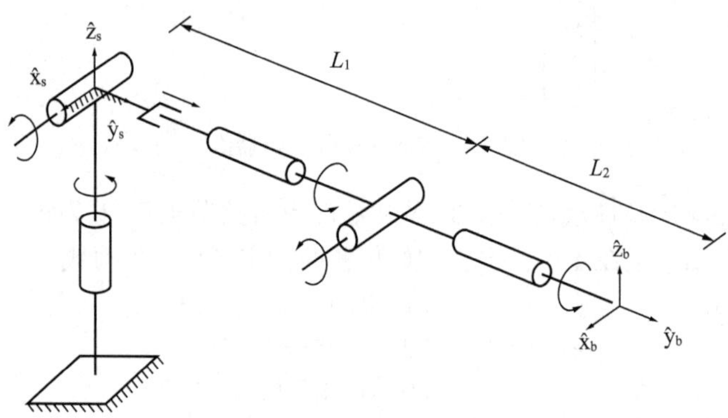

图 4.5　RRPRRR 开链机器人

【例题 4.5】通用型机械臂 UR5 6R 机器人的正向运动学

如图 4.6 所示，通用型机械臂 UR5 6R 机器人的各关节由无刷电机驱动，配以减速比为 100 的高精度谐波齿轮减速器，可实现大扭矩、低速输出。

图 4.6 中同时给出了机器人在初始位置时的螺旋轴 $\mathcal{S}_1,\cdots,\mathcal{S}_6$。处于初始位置的末端坐标系 $\{b\}$ 对应的齐次变换矩阵为

$$M=\begin{bmatrix}-1 & 0 & 0 & L_1+L_2\\ 0 & 0 & 1 & W_1+W_2\\ 0 & 1 & 0 & H_1-H_2\\ 0 & 0 & 0 & 1\end{bmatrix}$$

螺旋轴 $\mathcal{S}_i=(\omega_i,v_i), i=1,\cdots,6$，坐标如下表所示：

i	ω_i	v_i	i	ω_i	v_i
1	$(0,0,1)$	$(0,0,0)$	4	$(0,1,0)$	$(-H_1,0,L_1+L_2)$
2	$(0,1,0)$	$(-H_1,0,0)$	5	$(0,0,-1)$	$(-W_1,L_1+L_2,0)$
3	$(0,1,0)$	$(-H_1,0,L_1)$	6	$(0,1,0)$	$(H_2-H_1,0,L_1+L_2)$

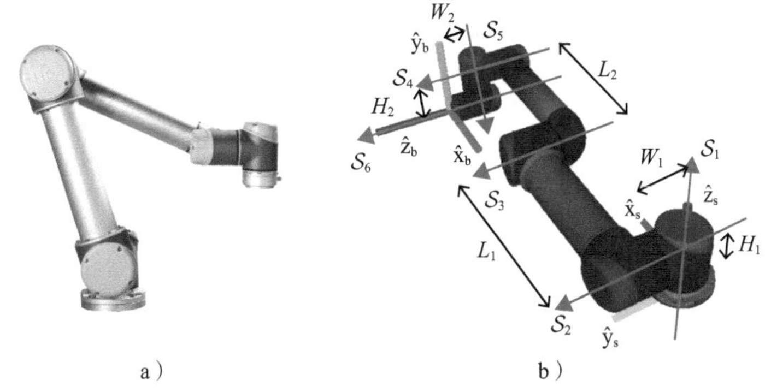

图 4.6　a）通用型机械臂 UR5 6R 机器人；b）处于零位时的位形。转动遵循右手定则。其中，W_1 为平行关节 1 和 5 轴线间的距离（沿 $\hat{y}_s$ 方向），$W_1=109\text{mm}$，$W_2=82\text{mm}$，$L_1=425\text{mm}$，$L_2=392\text{mm}$，$H_1=89\text{mm}$，$H_2=95\text{mm}$

下面举一个正向运动学的计算实例：假设 $\theta_2=-\pi/2$，$\theta_5=\pi/2$，其他关节角为 0，这时，末端位形可以写成

$$\begin{aligned}T(\theta)&=e^{[\mathcal{S}_1]\theta_1}e^{[\mathcal{S}_2]\theta_2}e^{[\mathcal{S}_3]\theta_3}e^{[\mathcal{S}_4]\theta_4}e^{[\mathcal{S}_5]\theta_5}e^{[\mathcal{S}_6]\theta_6}M\\ &=Ie^{-[\mathcal{S}_2]\pi/2}I^2e^{[\mathcal{S}_5]\pi/2}IM\\ &=e^{-[\mathcal{S}_2]\pi/2}e^{[\mathcal{S}_5]\pi/2}M\end{aligned}$$ 125

由于 $e^0=I$，由此可得

$$e^{-[\mathcal{S}_2]\pi/2}=\begin{bmatrix}0 & 0 & -1 & 0.089\\ 0 & 1 & 0 & 0\\ 1 & 0 & 0 & 0.089\\ 0 & 0 & 0 & 1\end{bmatrix},\quad e^{[\mathcal{S}_5]\pi/2}=\begin{bmatrix}0 & 1 & 0 & 0.708\\ -1 & 0 & 0 & 0.926\\ 0 & 0 & 1 & 0\\ 0 & 0 & 0 & 1\end{bmatrix}$$

式中，移动位移的单位为米。且

$$T(\theta)=e^{-[\mathcal{S}_2]\pi/2}e^{[\mathcal{S}_5]\pi/2}M=\begin{bmatrix}0 & -1 & 0 & 0.095\\ 1 & 0 & 0 & 0.109\\ 0 & 0 & 1 & 0.988\\ 0 & 0 & 0 & 1\end{bmatrix}$$

对应的机器人位形如图 4.7 所示。

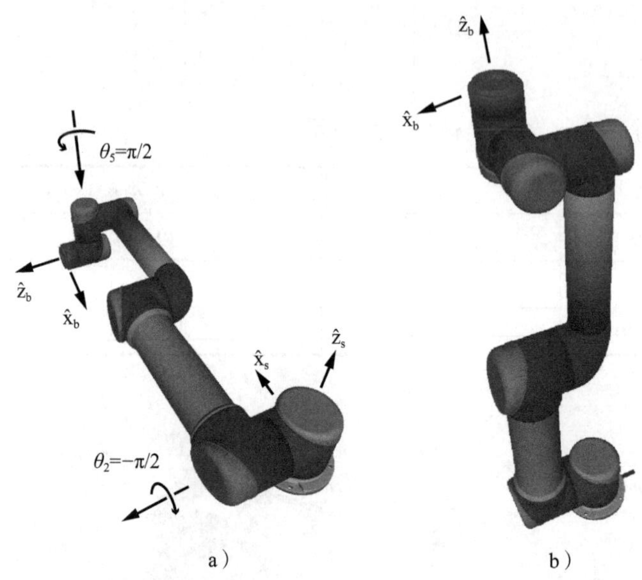

图 4.7　a）处于初始位置时的 UR5 开链机器人位形，重点给出关节 2 和 5；b）当关节角取值为 $\theta=(\theta_1,\cdots,\theta_6)=(0,\pi/2,0,0,\pi/2,\ 0)$ 时的机器人位形

4.1.3　第二种表达形式：相对末端坐标系的螺旋轴

矩阵等式 $e^{M^{-1}PM}=M^{-1}e^{P}M$（定理 3.10）也可以写成 $Me^{M^{-1}PM}=e^{P}M$。从前面导出的指
126 数积公式最右边项开始，若我们重复利用以上矩阵等式，经过 n 次迭代后，可以得到

$$\begin{aligned}T(\theta)&=e^{[\mathcal{S}_1]\theta_1}\cdots e^{[\mathcal{S}_n]\theta_n}M\\&=e^{[\mathcal{S}_1]\theta_1}\cdots Me^{M^{-1}[\mathcal{S}_n]M\theta_n}\\&=e^{[\mathcal{S}_1]\theta_1}\cdots Me^{M^{-1}[\mathcal{S}_{n-1}]M\theta_{n-1}}e^{M^{-1}[\mathcal{S}_n]M\theta_n}\\&=Me^{M^{-1}[\mathcal{S}_1]M\theta_1}\cdots e^{M^{-1}[\mathcal{S}_{n-1}]M\theta_{n-1}}e^{M^{-1}[\mathcal{S}_n]M\theta_n}\\&=Me^{[\mathcal{B}_1]\theta_1}\cdots e^{[\mathcal{B}_{n-1}]\theta_{n-1}}e^{[\mathcal{B}_n]\theta_n}\end{aligned}\tag{4.16}$$

式中，$[\mathcal{B}_i]$ 可通过 $M^{-1}[\mathcal{S}_i]M$ 得到，即 $[\mathcal{B}_i]=[\mathrm{Ad}_{M^{-1}}]\mathcal{S}_i, i=1,\cdots,n$。式（4.16）是指数积公式的另一种表示形式，其中的关节轴表示成机器人处于零位时各螺旋轴相对末端坐标系（物体坐标系）的旋量坐标 $\mathcal{B}_i$，因此，式（4.16）又称为指数积公式的**物体坐标**表示形式。

值得思考的是，空间坐标形式的指数积公式（式（4.14））与物体坐标形式的指数积公式（式（4.16））中的变换顺序（不同）。空间坐标形式中，M 首先从最远端关节开始变换，逐渐到最近端关节；注意固定的空间旋量坐标表达中，更近端的关节不会受到远端关节的影响（例如，关节 3 的位移不会影响关节 2 的空间旋量坐标表达）。相反，物体坐标形式中，M 首先从第一个关节开始变换，逐渐到最远端；因而在物体旋量坐标表达中，更远端关节不会受到近端关节的影响（例如，关节 2 的位移不会影响关节 3 的物体旋量坐标表达）。因此，需要明确的是：我们只需要确定机器人在零位时的螺旋轴即可，

任何 $\mathcal{B}_i$ 不受更近端变换的影响，任何 $\mathcal{S}_i$ 不受更远端变换的影响。

【例题 4.6】空间 6R 开链机器人

下面给出如图 4.4 所示的 6R 开链机器人正向运动学的第二种表达形式

$$T(\theta)=Me^{[\mathcal{B}_1]\theta_1}e^{[\mathcal{B}_2]\theta_2}\cdots e^{[\mathcal{B}_6]\theta_6}$$

假设基坐标系、末端坐标系及初始位形都和前面的例子相同，M 也满足式（4.15）。每个关节螺旋轴的旋量坐标，相对末端坐标系的表达如下表所示：

i	ω_i	v_i	i	ω_i	v_i
1	(0, 0, 1)	$(-3L, 0, 0)$	4	(−1, 0, 0)	$(0, 0, -2L)$
2	(0, 1, 0)	(0, 0, 0)	5	(−1, 0, 0)	$(0, 0, -L)$
3	(−1, 0, 0)	$(0, 0, -3L)$	6	(0, 1, 0)	(0, 0, 0)

127

【例题 4.7】Barrett 公司的 WAM 空间 7R 开链机器人

如图 4.8 所示，额外（第 7 个）的关节表明该机器人在完成末端定位任务时是**冗余**（redundant）的。通常情况下，当给定机器人工作空间内的某一位形时，总是在机器人七维关节空间内找到一组关节变量，可以到达这一位形。这个额外的自由度可以用于避障或者优化某一目标函数，如在满足所需的末端位形前提下做到功率最小。

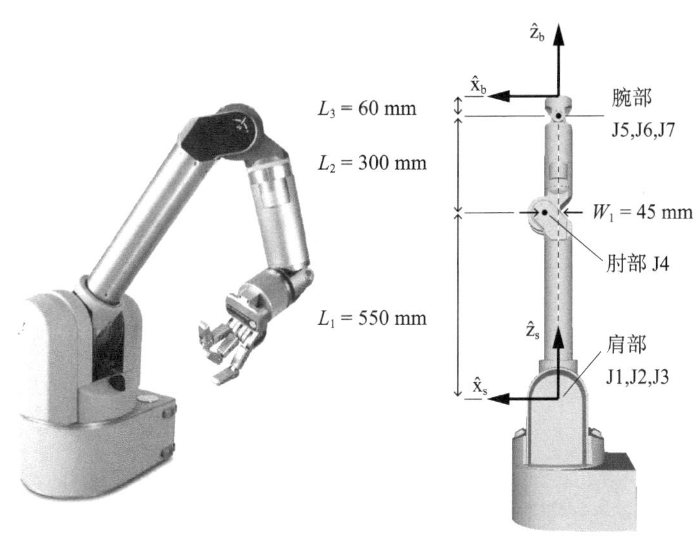

图 4.8　Barrett 公司开发的 WAM 空间 7R 开链机器人。右图为其零位图，在其零位时，轴 1、3、5 和 7 沿 $\hat{z}_s$ 轴方向，而 2、4 和 6 沿 $\hat{y}_s$ 轴方向，正向转动遵循右手定则。轴 1、2、3 相交于 {s} 系的原点，轴 5、6、7 相交于距离 {b} 系原点 60mm 的位置。初始位形（零位）为奇异位形（5.3 节重点讨论此议题）

同样，WAM 的部分关节也安装在基座上，以减轻移动的质量。扭矩输出通过线缆从电机传递到关节。由于移动质量得到有效地减小，所需的电机扭矩也相应减小，这样可用较小的传动比的减速器，速度变得更快。该设计与 UR5 正好相反，后者是将电机与谐波减速器直接放在关节处。

图 4.8 示意了当 WAM 处于零位时，相对末端坐标系下的各螺旋轴 $\mathcal{B}_1,\cdots,\mathcal{B}_7$。零位
128 时，末端坐标系 {b} 为

$$M=\begin{bmatrix}1&0&0&0\\0&1&0&0\\0&0&1&L_1+L_2+L_3\\0&0&0&1\end{bmatrix}$$

各螺旋轴 $\mathcal{B}_1,\cdots,\mathcal{B}_7$ 如下表所示：

i	ω_i	v_i	i	ω_i	v_i
1	(0, 0, 1)	(0, 0, 0)	5	(0, 0, 1)	(0, 0, 0)
2	(0, 1, 0)	$(L_1+L_2+L_3,0,0)$	6	(0, 1, 0)	$(L_3,0,0)$
3	(0, 0, 1)	(0, 0, 0)	7	(0, 0, 1)	(0, 0, 0)
4	(0, 1, 0)	$(L_2+L_3,0,W_1)$			

如图 4.9 所示为 WAM 机器人的各关节值为 $\theta_2=45°$，$\theta_4=-45°$，$\theta_6=-90°$，其他关节角为 0 时的位形，即

$$T(\theta)=Me^{[\mathcal{B}_2]\pi/4}e^{-[\mathcal{B}_4]\pi/4}e^{-[\mathcal{B}_6]\pi/2}=\begin{bmatrix}0&0&-1&0.3157\\0&1&0&0\\1&0&0&0.6571\\0&0&0&1\end{bmatrix}$$

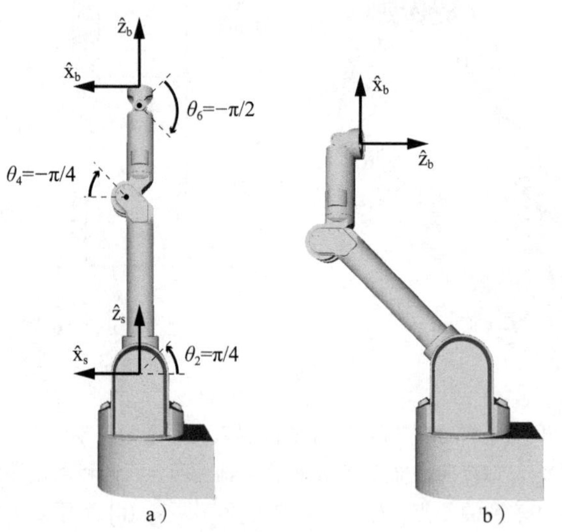

图 4.9 a）WAM 在零位时的位形，突出显示关节 2、4 和 6；b）WAM 在 $\theta=(\theta_1,\cdots,\theta_7)=(0,\pi/4,0,-\pi/4,0,-\pi/2,0)$ 时的位形

4.2 通用机器人的描述格式

通用机器人的描述格式（Universal Robot Description Format，URDF）是一种用于

ROS 系统的 XML 文件格式，可以描述机器人的运动学、惯性特性及构件的几何特征等。URDF 给出了机器人关节及构件的特征描述。

关节 (joint)。关节用来连接两根杆（2 个构件）：父杆和子杆。可用的关节类型包括：移动关节、转动关节（包括转角范围）、连续转动关节（不限转角范围）、固定连接（不允许任何运动的虚拟关节）。每个关节都定义有初始坐标系，用于确定关节变量为零时，子杆相对父杆坐标系的位姿。原点在关节轴上，每个关节对应一个表示单位轴方向的三维向量，在子杆坐标系中描述，沿转动关节正向转动的方向或移动关节的正向移动方向。

杆 (link)。通过关节完全确定机器人的运动学特性，而通过杆来描述机器人的质量特性。第 8 章有关机器人动力学的学习中，将对此进行更加详细的介绍。有关杆中的元素包括质量、初始坐标系（由此定义杆质心处的坐标系相对杆关节坐标系的位姿）、惯性矩阵（相对杆质心坐标系，包含 6 个元素，通常为对角形式）。在第 8 章会看到，刚度的惯性矩阵为 3×3 正定对称阵。由于惯性矩阵为对称阵，因此仅需定义对角线上的项。 129

注意大多数杆上都固连有两个坐标系：第一个坐标系在关节上（通过连在父杆的关节元素来定义），第二个坐标系位于杆的质心处（由杆元素来定义）。

URDF 可以通过树结构图来表示任意的机器人，无论是串联机器人还是机械手，但不能表示 Stewart 平台或者其他并联机器人。机器人及其树结构图的实例如图 4.10 所示。

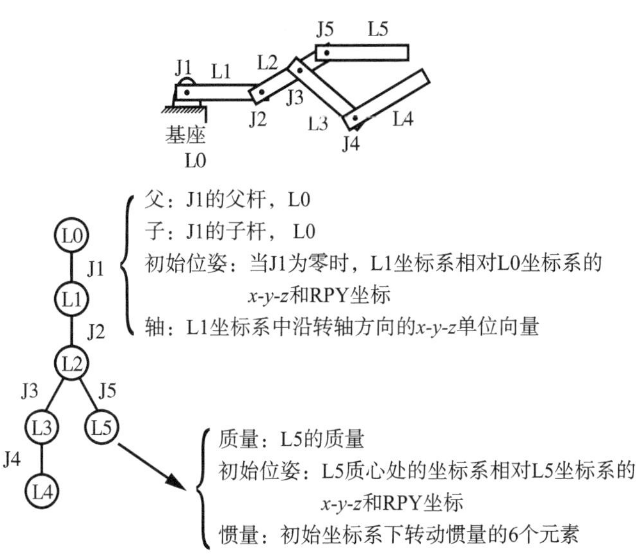

图 4.10 五杆机器人表示成树结构图形式，数的节点为杆，数的边为关节

坐标系 {b} 相对 {a} 系的姿态采用的是 RPY 形式：首先绕固定的 $\hat{x}_a$ 轴横滚，然后绕固定的 $\hat{y}_a$ 轴摇摆，再绕固定的 $\hat{z}_a$ 轴俯仰。

UR5 机械臂的运动学及质量特性如图 4.11 所示，对应的 URDF 文件如下所示，其中包括关节元素（父、子、初始坐标系和关节）、杆元素（质量、初始坐标系和惯量）。URDF 文件需要在每个关节处定义坐标系，因此除了固定的基坐标系 {0}（即 {s}）和末端坐标系 {7}（即 {b}）之外，还定义了坐标系 {1} ～ {6}。图 4.11 还给出了写 URDF 文件所需的其他额外信息。 130

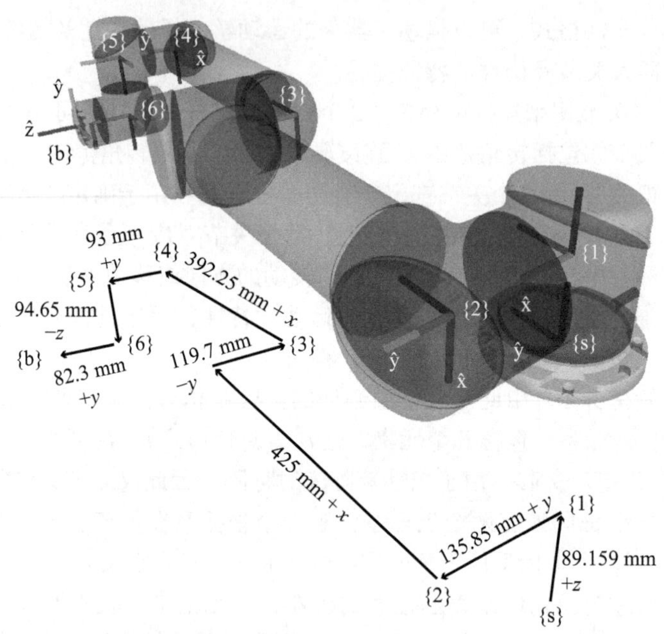

图 4.11　坐标系 {s}（也称作 {0}）、坐标系 {b}（也称作 {7}），以及坐标系 {1}—{6} 的姿态示意在透明的 UR5 图中。系 {s} 和系 {1} 相互重合，系 {2} 和系 {3} 相互重合，系 {4}、{5} 和 {6} 相互重合，因此只需标出 {s}、{2}、{4} 和 {b} 即可。下面的尺寸图则给出了各个坐标系之间的偏距，包括距离大小与方向（相对 {s} 系）

虽然 URDF 文件中所有关节类型都定义成了“连续型”，事实上 UR5 的关节是有限位的。为了简化在此忽略了，而质量及惯量特性是真实的反映。

UR5 URDF 文件（仅考虑运动学及惯性特性）

```
<?xml version="1.0" ?>
<robot name="ur5">

<!-- ********** 运动学特性（关节）********** -->
  <joint name="world_joint" type="fixed">
    <parent link="world"/>
    <child link="base_link"/>
    <origin rpy="0.0 0.0 0.0" xyz="0.0 0.0 0.0"/>
  </joint>
  <joint name="joint1" type="continuous">
    <parent link="base_link"/>
    <child link="link1"/>
131    <origin rpy="0.0 0.0 0.0" xyz="0.0 0.0 0.089159"/>
  <axis xyz="0 0 1"/>
</joint>
<joint name="joint2" type="continuous">
  <parent link="link1"/>
  <child link="link2"/>
  <origin rpy="0.0 1.570796325 0.0" xyz="0.0 0.13585 0.0"/>
  <axis xyz="0 1 0"/>
</joint>
<joint name="joint3" type="continuous">
  <parent link="link2"/>
  <child link="link3"/>
  <origin rpy="0.0 0.0 0.0" xyz="0.0 -0.1197 0.425"/>
```

```
  <axis xyz="0 1 0"/>
</joint>
<joint name="joint4" type="continuous">
  <parent link="link3"/>                                                132
    <child link="link4"/>
    <origin rpy="0.0 1.570796325 0.0" xyz="0.0 0.0 0.39225"/>
    <axis xyz="0 1 0"/>
  </joint>
  <joint name="joint5" type="continuous">
    <parent link="link4"/>
    <child link="link5"/>
    <origin rpy="0.0 0.0 0.0" xyz="0.0 0.093 0.0"/>
    <axis xyz="0 0 1"/>
  </joint>
  <joint name="joint6" type="continuous">
    <parent link="link5"/>
    <child link="link6"/>
    <origin rpy="0.0 0.0 0.0" xyz="0.0 0.0 0.09465"/>
    <axis xyz="0 1 0"/>
  </joint>
  <joint name="ee_joint" type="fixed">
    <origin rpy="-1.570796325 0 0" xyz="0 0.0823 0"/>
    <parent link="link6"/>
    <child link="ee_link"/>
  </joint>

<!-- ********** 惯性特性（连杆）********** -->
  <link name="world"/>
  <link name="base_link">
    <inertial>
      <mass value="4.0"/>
      <origin rpy="0 0 0" xyz="0.0 0.0 0.0"/>
      <inertia ixx="0.00443333156" ixy="0.0" ixz="0.0"
               iyy="0.00443333156" iyz="0.0" izz="0.0072"/>
    </inertial>
  </link>
  <link name="link1">
    <inertial>
      <mass value="3.7"/>
      <origin rpy="0 0 0" xyz="0.0 0.0 0.0"/>
      <inertia ixx="0.010267495893" ixy="0.0" ixz="0.0"
               iyy="0.010267495893" iyz="0.0" izz="0.00666"/>
    </inertial>
  </link>
  <link name="link2">
    <inertial>
      <mass value="8.393"/>
      <origin rpy="0 0 0" xyz="0.0 0.0 0.28"/>
      <inertia ixx="0.22689067591" ixy="0.0" ixz="0.0"
               iyy="0.22689067591" iyz="0.0" izz="0.0151074"/>
    </inertial>
  </link>
  <link name="link3">
    <inertial>
      <mass value="2.275"/>
      <origin rpy="0 0 0" xyz="0.0 0.0 0.25"/>
      <inertia ixx="0.049443313556" ixy="0.0" ixz="0.0"
               iyy="0.049443313556" iyz="0.0" izz="0.004095"/>
    </inertial>
  </link>                                                               133
  <link name="link4">
    <inertial>
      <mass value="1.219"/>
      <origin rpy="0 0 0" xyz="0.0 0.0 0.0"/>
      <inertia ixx="0.111172755531" ixy="0.0" ixz="0.0"
```

```
          iyy="0.111172755531" iyz="0.0" izz="0.21942"/>
    </inertial>
  </link>
  <link name="link5">
    <inertial>
      <mass value="1.219"/>
      <origin rpy="0 0 0" xyz="0.0 0.0 0.0"/>
      <inertia ixx="0.111172755531" ixy="0.0" ixz="0.0"
          iyy="0.111172755531" iyz="0.0" izz="0.21942"/>
    </inertial>
  </link>
  <link name="link6">
    <inertial>
      <mass value="0.1879"/>
      <origin rpy="0 0 0" xyz="0.0 0.0 0.0"/>
      <inertia ixx="0.0171364731454" ixy="0.0" ixz="0.0"
          iyy="0.0171364731454" iyz="0.0" izz="0.033822"/>
    </inertial>
  </link>
  <link name="ee_link"/>
</robot>
```

除了上述描述的特性之外，URDF 还可描述机器人的其他特性，如可视化的外形结构（包括连杆的几何模型），以及连杆几何结构的简化表示，后者可用于运动规划算法中的碰撞检测。

4.3 本章小结

- 给定一开链机器人，其中定义两个坐标系：固定的参考坐标系即基坐标系 {s} 和附着在最后连杆上某一点处的参考坐标系 {b}，后者通常定义为末端坐标系。机器人的正向运动学即是从关节坐标值 θ 到末端 {b} 相对 {s} 位姿的映射 $T(\theta)$。
- 有关开链机器人正向运动学的 D-H 参数表达，可基于附着在每个杆上的参考坐标系之间的相对位移来描述。若连杆坐标系按顺序分别标注为 $\{0\},\cdots,\{n+1\}$，如 {0} 为基坐标系 {s}，$\{i\}$ 为附着在杆 i 上处于关节 i 位置的连杆坐标系，$\{n+1\}$ 为末端工具坐标系。正向运动学方程可写成

$$T_{0,n+1}(\theta)=T_{01}(\theta_1)T_{12}(\theta_2)\cdots T_{n-1,n}(\theta_n)T_{n,n+1}$$

  式中，θ_i 表示第 i 个关节的关节变量，$T_{n,n+1}$ 表示末端坐标系相对 $\{n\}$ 的位形。若
  134 末端坐标系 {b} 与 $\{n\}$ 重合，$T_{n,n+1}$ 项可忽略掉。
- 使用 D-H 法时，需要严格定义连杆坐标系（参考附录 C）。遵照此规定，连杆坐标系 $\{i\text{-}1\}$ 与 $\{i\}$ 之间的齐次变换矩阵 $T_{i-1,i}$ 可以用 4 个参数来表示（称为 D-H 参数），其中 3 个参数表示运动学结构特征，第四个参数为关节值。这 4 个参数为描述连杆坐标系之间相对位移的最小数。
- 正向运动学也可以写成指数积的形式（以空间坐标系的形式为例），即

$$T(\theta)=e^{[\mathcal{S}_1]\theta_1}\cdots e^{[\mathcal{S}_n]\theta_n}M$$

  式中，$\mathcal{S}_i=(\omega_i,v_i)$ 为关节 i 相对基坐标系的旋量坐标，θ_i 表示第 i 个关节的关节变量，$M\in SE(3)$ 表示当机器人处于初始位形时，末端坐标系的位姿；这时，无须单独定义对应各杆的连杆坐标系，只需要定义 M 和螺旋轴 $\mathcal{S}_1,\cdots,\mathcal{S}_n$。

- 指数积公式同样可以写成等效的物体坐标系的形式，即

$$T(\theta)=Me^{[\mathcal{B}_1]\theta_1}\cdots e^{[\mathcal{B}_n]\theta_n}$$

式中，$\mathcal{B}_i=[\mathrm{Ad}_{M^{-1}}]\mathcal{S}_i, i=1,\cdots,n$；$\mathcal{B}_i=(\omega_i,v_i)$ 表示关节 i 相对坐标系 {b} 的旋量坐标，这时机器人处于初始位形。

- 通用机器人表达格式（URDF）是一种用于 ROS 系统及其他表示通用机器人机构的运动学、惯性特性、可视化特性等软件的文件格式。URDF 文件包括：关节描述（连接上下级连杆的关节信息，以确定机器人的运动学特性）、连杆描述（决定机器人的惯性特性）。

4.4 软件

与本章有关的软件函数以 MATLAB 格式列在下面。

```
T = FKinBody (M,Blist,thetalist)
```

给定末端的初始位形 M，末端坐标系下的关节旋量 Blist，以及关节值 thetalist，计 135
算末端坐标系。

```
T = FKinSpace (M,Slist,thetalist)
```

给定末端的初始位形 M，空间坐标系下的关节旋量 Blist，以及关节值 thetalist，计算末端坐标系。

4.5 推荐阅读

有关机器人运动学方面的文献相当多，但大多数文献采用的是最早出现在文献 Denavit 和 Hartenberg（1955）中的 D-H 参数法，附录 C 对该方法进行了介绍。而我们的方法则建立在指数积 PoE（Product of Exponentials）公式基础上，该方法最早是 Brockett（1983b）提出的。Park（1994）讨论了有关指数积公式的计算问题。

附录 C 同时详细讨论了 PoE 公式相对 D-H 参数法的几点优势，如无须建立连杆坐标系，同等对待转动副与移动副，关节轴作为运动旋量时物理意义直观，等等。而 D-H 参数法的唯一优点是它所采用的参数数量最少。而且，需要指出的是，当使用 D-H 参数法时，连杆坐标系设定规则稍有差异，如将关节轴设定为 $\hat{\mathrm{x}}$ 轴，而不是通常所用的 $\hat{\mathrm{z}}$ 轴。为完全描述机器人的正向运动学，连杆坐标系及其 D-H 参数需要事先设定。

总之，除非十分有必要采用最少数量的参数来描述关节的空间运动，否则我们肯定优先选用 PoE 公式。下一章中，还会给出一个优先选用 PoE 公式进行正向运动学建模的更典型实例。

习题

1. 用你擅长的编程语言编写函数 FKinBody 和 FKinSpace。你能使这两个函数的计算效果变得更高吗？如果能，说明如何做到的；如果不能，说明理由。
2. 如图 4.12 所示为处于初始位形的 RRRP 型 SCARA 机器人。试确定该机器人在初始位形时的末端位形 M，在 {0} 系描述的螺旋轴 $\mathcal{S}_i$，以及在 {b} 系描述的各螺旋轴 $\mathcal{B}_i$。若 $l_0=l_1=l_2=1$，关节变量值 $\theta=(0,\pi/2,-\pi/2,1)$，使用函数 FKinBody 和 FKinSpace 寻找 136

末端位形 $T \in SE(3)$，彼此相互验证。

3. 确定如图 4.3 所示的 3R 机器人中，各关节轴 $\mathcal{B}_i$ 相对末端坐标系的旋量坐标。
4. 确定如图 4.5 所示的 RRPRRR 机器人中，各关节轴 $\mathcal{B}_i$ 相对末端坐标系的旋量坐标。
5. 确定如图 4.6 所示的 UR5 机器人中，各关节轴 $\mathcal{B}_i$ 相对末端坐标系的旋量坐标。
6. 确定如图 4.8 所示的 WAM 机器人中，各关节轴 $\mathcal{B}_i$ 相对基坐标系的旋量坐标。

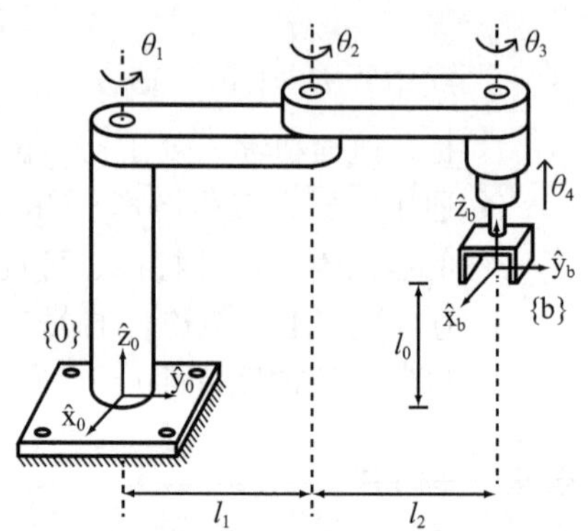

图 4.12　执行拾取操作任务的 RRRP 型 SCARA 机器人

137 7. 如图 4.13 所示为处于初始位形的 PRRRRR 空间开链机器人，试确定末端初始位形 M，在 {0} 系描述的螺旋轴 $\mathcal{S}_i$，以及在 {b} 系描述的各螺旋轴 $\mathcal{B}_i$。

8. 如图 4.14 所示为处于初始位形的空间 RRRRPR 开链机器人，基坐标系与末端坐标系标识在图中，试确定末端初始位形 M，在 {0} 系描述的螺旋轴 $\mathcal{S}_i$，以及在 {b} 系描述的各螺旋轴 $\mathcal{B}_i$。

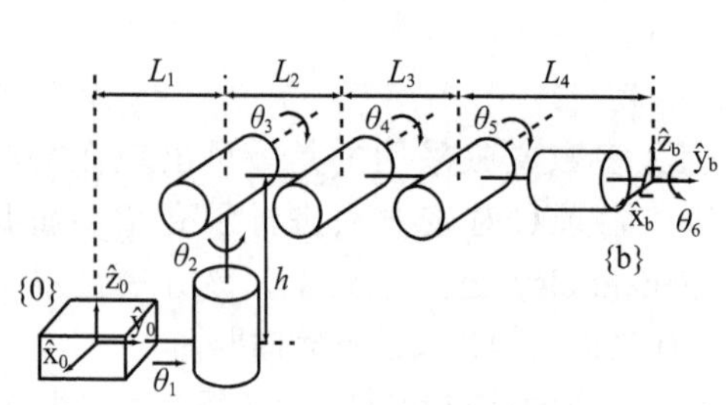

图 4.13　处于初始位形时的空间 PRRRRR 开链机器人

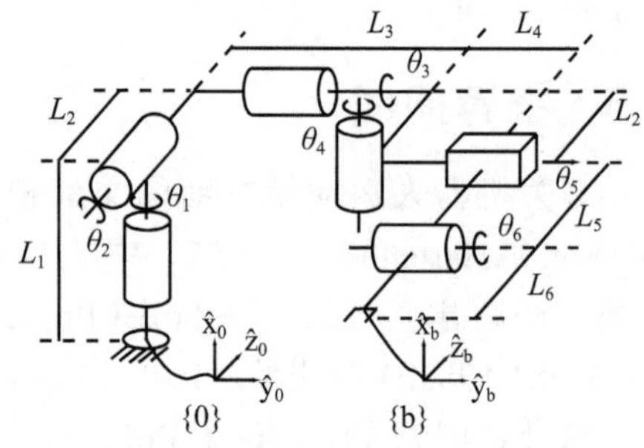

图 4.14　处于初始位形时的空间 RRRRPR 开链机器人

9. 如图 4.15 所示为处于初始位形的空间 RRPPRR 开链机器人，基坐标系与末端坐标系标识在图中，试确定末端初始位形 M，在 {0} 系描述的螺旋轴 $\mathcal{S}_i$，以及在 {b} 系描述的各螺旋轴 $\mathcal{B}_i$。

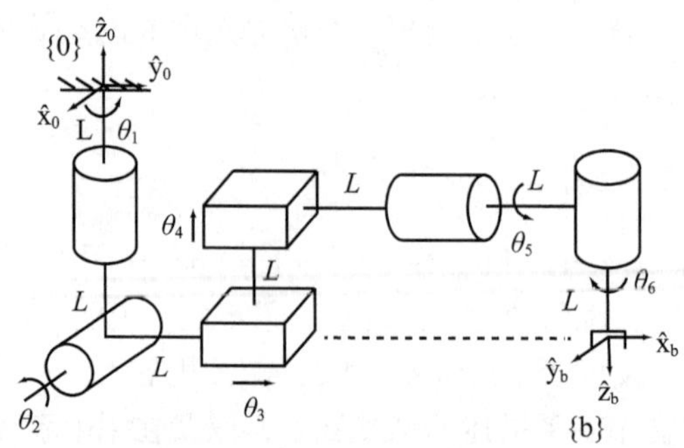

图 4.15　处于初始位形时的空间 RRPPRR 开链机器人

10. 如图 4.16 所示为处于初始位形的空间 URRPR 开链机器人，基坐标系与末端坐标系 138
标识在图中，试确定末端初始位形 M，在 {0} 系描述的螺旋轴 $\mathcal{S}_i$，以及在 {b} 系描
述的各螺旋轴 $\mathcal{B}_i$。 139

11. 如图 4.17 所示为处于初始位形的空间 RPRRR 开链机器人，基坐标系与末端坐标系标识在图中，试确定末端在初始位形 M，在 {0} 系描述的螺旋轴 $\mathcal{S}_i$，以及在 {b} 系描述的各螺旋轴 $\mathcal{B}_i$。

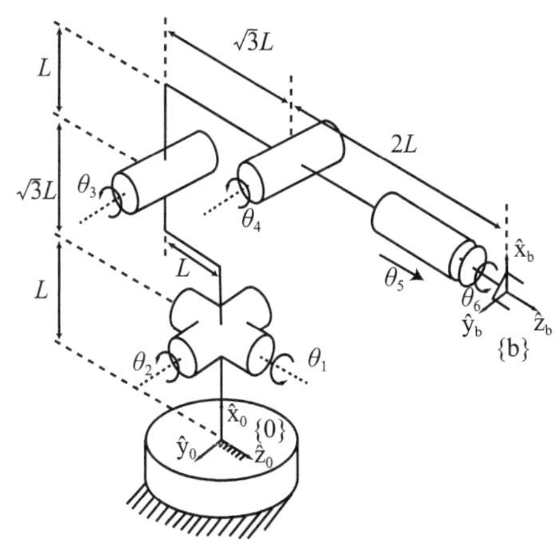

图 4.16　处于初始位形时的空间 URRPR 开链机器人

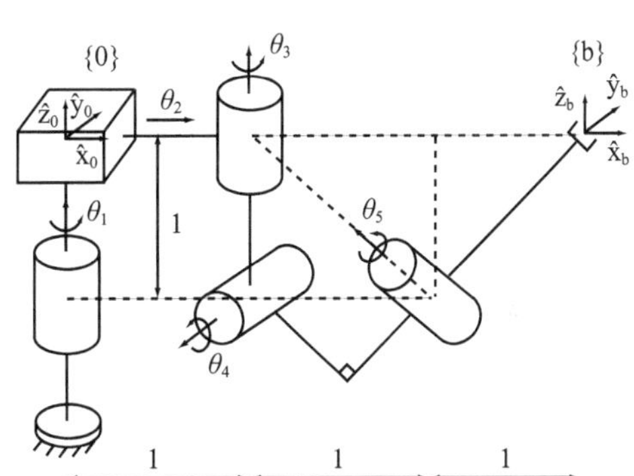

图 4.17　处于初始位形时的空间 RPRRR 开链机器人

12. 如图 4.18 所示为处于初始位形的空间 RRPRRR 开链机器人（所有关节均在同一平面内），试确定末端初始位形 M，在 {0} 系描述的螺旋轴 $\mathcal{S}_i$，以及在 {b} 系描述的各螺旋轴 $\mathcal{B}_i$。假设 $\theta_5=\pi$，其他关节角均为 0，试计算 T_{06} 和 T_{60}。

13. 如图 4.19 所示为处于初始位形的空间 RRRPRR 开链机器人，基坐标系与末端坐标系标识在图中，试确定末端初始位形 M，在 {0} 系描述的螺旋轴 $\mathcal{S}_i$，以及在 {b} 系描述的各螺旋轴 $\mathcal{B}_i$。

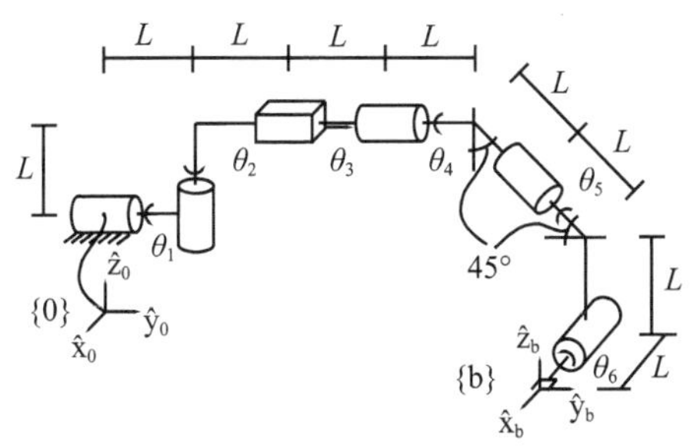

图 4.18　处于初始位形时的空间 RRPRRR 开链机器人

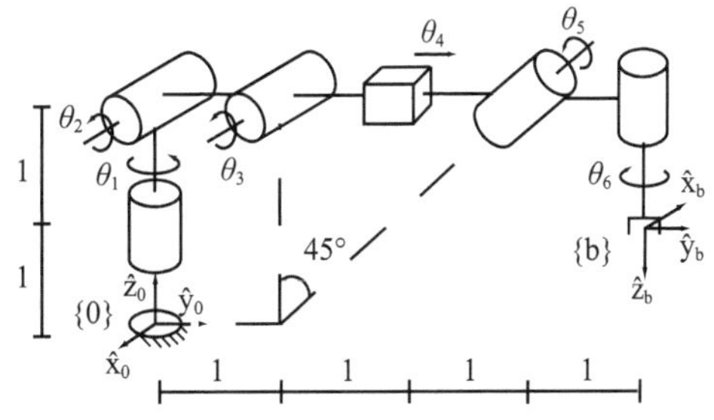

图 4.19　处于初始位形时的空间 RRRPRR 开链机器人

14. 如图 4.20 所示为处于初始位形的空间 RPH 机器人，基坐标系与末端坐标系标识在图中，试确定末端初始位形 M，在 {0} 系描述的螺旋轴 $\mathcal{S}_i$，以及在 {b} 系描述的各螺旋轴 $\mathcal{B}_i$。使用函数 FKinBody 和 FKinSpace 寻找末端位形 $T\in SE(3)$，其中，关节变 140

量值 $\theta=(\pi/2,3,\pi)$，彼此相互验证。

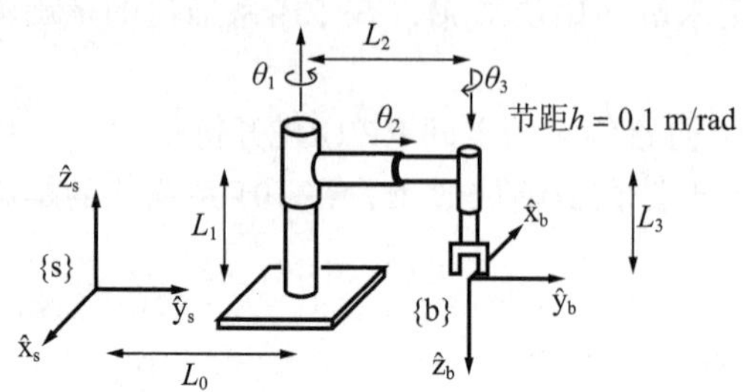

图 4.20　一个处于零位的 RPH 开链机构。沿 / 绕关节轴线的所有箭头控照正方向绘制，即沿增大关节变量值的方向。螺旋关节的节距为 0.1m/rad，即每旋转 1 弧度往前线性前进 0.1m。杆件长度分别为 $L_0=4$，$L_1=3$，$L_2=2$，$L_3=1$（图中未按比例绘制）

15. 如图 4.21 所示为处于初始位形的空间 HRR 机器人，基坐标系与末端坐标系标识在图中，试确定末端初始位形 M，在 {0} 系描述的螺旋轴 $\mathcal{S}_i$，以及在 {b} 系描述的各螺旋轴 $\mathcal{B}_i$。

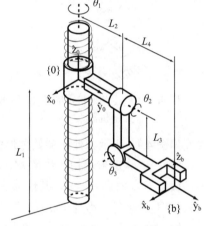

141　16. 处于初始位形的四自由度开链机器人的正向运动学可以写成下面的指数积形式

$$T(\theta)=e^{[\mathcal{A}_1]\theta_1}e^{[\mathcal{A}_2]\theta_2}e^{[\mathcal{A}_3]\theta_3}e^{[\mathcal{A}_4]\theta_4}$$

假设该操作手的初始位形重新定义如下：

$$(\theta_1,\theta_2,\theta_3,\theta_4)=(\alpha_1,\alpha_2,\alpha_3,\alpha_4)$$

定义 $\theta_i'=\theta_i-\alpha_i, i=1,\cdots,4$，这时，正向运动学可以写成

$$T_{04}(\theta_1',\theta_2',\theta_3',\theta_4')=e^{[\mathcal{A}_1']\theta_1'}e^{[\mathcal{A}_2']\theta_2'}M'e^{[\mathcal{A}_3']\theta_3'}e^{[\mathcal{A}_4']\theta_4'}$$

求出 M' 和 $\mathcal{A}_i'$。

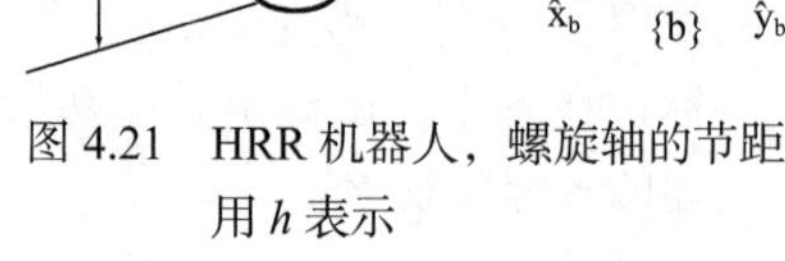

图 4.21　HRR 机器人，螺旋轴的节距用 h 表示

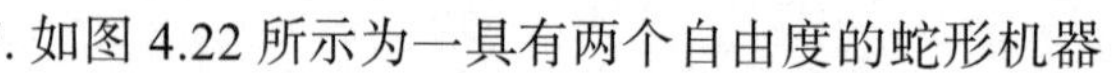

17. 如图 4.22 所示为一具有两个自由度的蛇形机器人，参考坐标系 $\{b_1\}$ 和 $\{b_2\}$ 分别附着在两个末端执行器上。

(a) 假设末端执行器 1 正在抓持一棵树（这时可看作是基座），而末端执行器 2 为自由移动端。当其处于初始位形时，此时正向运动学 $T_{b_1b_2}\in SE(3)$ 可以写成下面的指数积形式

$$T_{b_1b_2}=e^{[\mathcal{S}_1]\theta_1}e^{[\mathcal{S}_2]\theta_2}\cdots e^{[\mathcal{S}_5]\theta_5}M$$

142　求 $\mathcal{S}_3$、$\mathcal{S}_5$ 和 M。

(b) 现在假设末端执行器 2 正在抓持一棵树（这时可看作是基座），而末端执行器 1 为自由移动端。当其处于初始位形时，此时正向运动学 $T_{b_2b_1}\in SE(3)$ 可以写成下面的指数积形式

$$T_{b_2b_1}=e^{[\mathcal{A}_5]\theta_5}e^{[\mathcal{A}_4]\theta_4}e^{[\mathcal{A}_3]\theta_3}Ne^{[\mathcal{A}_2]\theta_2}e^{[\mathcal{A}_1]\theta_1}$$

求 $\mathcal{A}_2$、$\mathcal{A}_4$ 和 N。

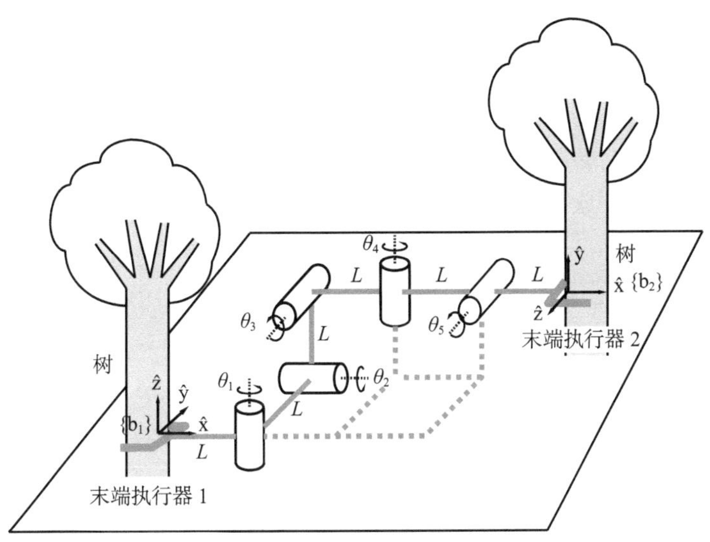

图 4.22　蛇形机器人

18. 如图 4.23 所示为一两个相同的 PUPR 的开链机器人，并处于初始位形。

(a) 基于所给的基坐标系 {A} 和末端坐标系 {a}，左边机器人（机器人 A）的正向运动学可以写成指数积形式

$$T_{Aa} = e^{[\mathcal{S}_1]\theta_1} e^{[\mathcal{S}_2]\theta_2} \cdots e^{[\mathcal{S}_5]\theta_5} M_a$$

求 $\mathcal{S}_2$ 和 $\mathcal{S}_4$。

(b) 假设机器人 A 的末端执行器 2 插入机器人 B 的末端执行器中，且两者的原点重合，这样，这两个机器人形成了一个单环闭链机构。这时所形成机构的位形空间可以表示成下面的形式

$$M = e^{-[\mathcal{B}_5]\phi_5} e^{-[\mathcal{B}_4]\phi_4} e^{-[\mathcal{B}_3]\phi_3} e^{-[\mathcal{B}_2]\phi_2} e^{-[\mathcal{B}_1]\phi_1} e^{[\mathcal{S}_1]\theta_1} e^{[\mathcal{S}_2]\theta_2} e^{[\mathcal{S}_3]\theta_3} e^{[\mathcal{S}_4]\theta_4} e^{[\mathcal{S}_5]\theta_5}$$

若 $M \in SE(3)$ 为常数，且 $\mathcal{B}_i = (\omega_i, v_i), i = 1, \cdots 5$，求 $\mathcal{B}_5$ 和 M。(**提示**：对于任意给定的 $A \in \mathbb{R}^{n \times n}$，$(e^A)^{-1} = e^{-A}$) 143

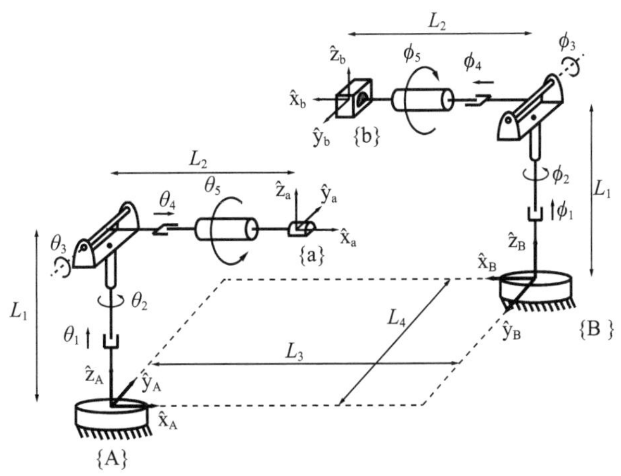

图 4.23　两个 PUPR 开链机器人协同作业

19. 如图 4.24 所示为一个 RRPRR 空间开链机器人，并处于初始位形。

（a）机器人的正向运动学可以写成下面的指数积形式

$$T_{sb} = M_1 e^{[\mathcal{A}_1]\theta_1} M_2 e^{[\mathcal{A}_2]\theta_2} \cdots M_5 e^{[\mathcal{A}_5]\theta_5}$$

求 M_2、M_3、$\mathcal{A}_2$ 和 $\mathcal{A}_3$。（**提示**：参考附录 C）

（b）正向运动学若写成如下形式

$$T_{sb} = e^{[\mathcal{S}_1]\theta_1} e^{[\mathcal{S}_2]\theta_2} \cdots e^{[\mathcal{S}_5]\theta_5} M$$

基于（a）中的参数 $M_1, \cdots, M_5$ 和 $\mathcal{A}_1, \cdots, \mathcal{A}_5$，求 M 和 $\mathcal{S}_1, \cdots, \mathcal{S}_5$。

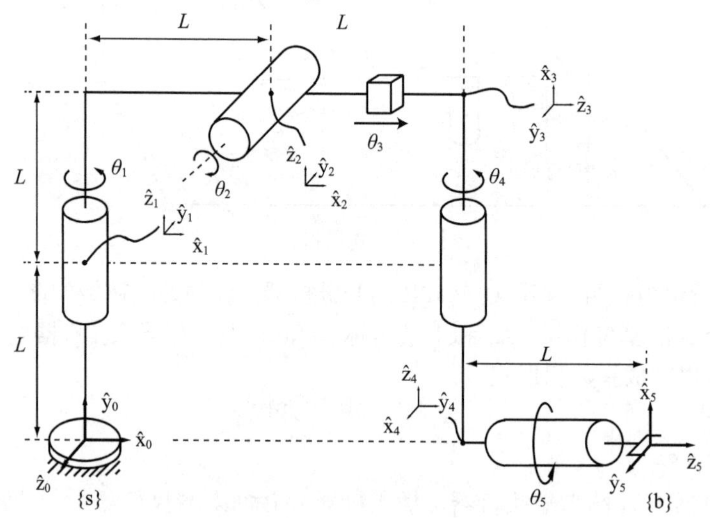

图 4.24　空间 RRPRR 开链机器人

20. 如图 4.25 所示为一个空间 PRRPRR 开链机器人，并处于初始位形。基坐标系与末端坐标系如图所示。试推导该机器人的正向运动学满足如下形式

$$T_{0n} = e^{[\mathcal{S}_1]\theta_1} e^{[\mathcal{S}_2]\theta_2} e^{[\mathcal{S}_3]\theta_3} e^{[\mathcal{S}_4]\theta_4} e^{[\mathcal{S}_5]\theta_5} M e^{[\mathcal{S}_6]\theta_6}$$

式中，$M \in SE(3)$。

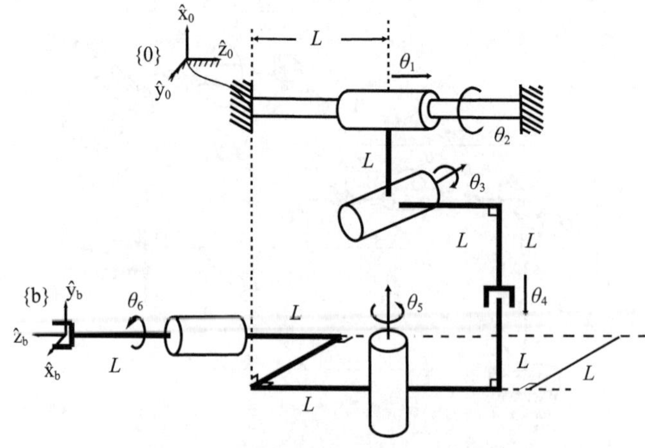

图 4.25　空间 PRRPRR 开链机器人

21.（参考附录 C）对于下面给定的各个 $T \in SE(3)$，求出与之对应的 4 个 D-H 参数值 (α, a, d, ϕ)（如果存在的话），且满足

$$T = \mathrm{Rot}(\hat{\mathrm{x}}, \alpha)\mathrm{Trans}(\hat{\mathrm{x}}, a)\mathrm{Trans}(\hat{\mathrm{z}}, d)\mathrm{Rot}(\hat{\mathrm{z}}, \phi)$$ 144

（a）$T=\begin{bmatrix} 0 & 1 & 1 & 3 \\ 1 & 0 & 0 & 0 \\ 0 & 1 & 0 & 1 \\ 0 & 0 & 0 & 1 \end{bmatrix}$

（b）$T=\begin{bmatrix} \cos\beta & \sin\beta & 0 & 1 \\ \sin\beta & -\cos\beta & 0 & 0 \\ 0 & 0 & -1 & -2 \\ 0 & 0 & 0 & 1 \end{bmatrix}$

（c）$T=\begin{bmatrix} 0 & -1 & 0 & -1 \\ 0 & 0 & -1 & 0 \\ 1 & 0 & 0 & 2 \\ 0 & 0 & 0 & 1 \end{bmatrix}$ 145

第 5 章

Modern Robotics: Mechanics, Planning, and Control

一阶运动学与静力学

上一章介绍了当一组关节位置已知时计算机器人末端坐标系的位置和姿态的方法。本章我们将讨论如何从给定的一组关节位置和速度计算末端执行器的速度（运动旋量）。

在 5.1 节中完全给出末端执行器速度的旋量表达 $\mathcal{V} \in \mathbb{R}^6$ 之前，我们首先考虑一种特殊情况：末端执行器的位形用一组最小数量的坐标 $x \in \mathbb{R}^m$ 表示，速度为 $\dot{x} = \mathrm{d}x/\mathrm{d}t \in \mathbb{R}^m$。这种情况下，机器人的正向运动学可以写成

$$x(t) = f(\theta(t))$$

式中，$\theta \in \mathbb{R}^n$ 为一组关节变量。根据链式法则，上式关于时间的导数为

$$\dot{x} = \frac{\partial f(\theta)}{\partial \theta}\frac{\mathrm{d}\theta(t)}{\mathrm{dt}} = \frac{\partial f(\theta)}{\partial \theta}\dot{\theta} = J(\theta)\dot{\theta}$$

式中，$J(\theta) \in \mathbb{R}^{m \times n}$ 称作**雅可比**（Jacobian）。雅可比矩阵可以表示末端执行器速度相对关节速度的线性敏感度，它是关节变量 θ 的函数。

下面举一个具体的例子。如图 5.1a）所示的 2R 平面开链机器人，其正向运动学为

$$x_1 = L_1 \cos\theta_1 + L_2 \cos(\theta_1 + \theta_2)$$
$$x_2 = L_1 \sin\theta_1 + L_2 \sin(\theta_1 + \theta_2)$$

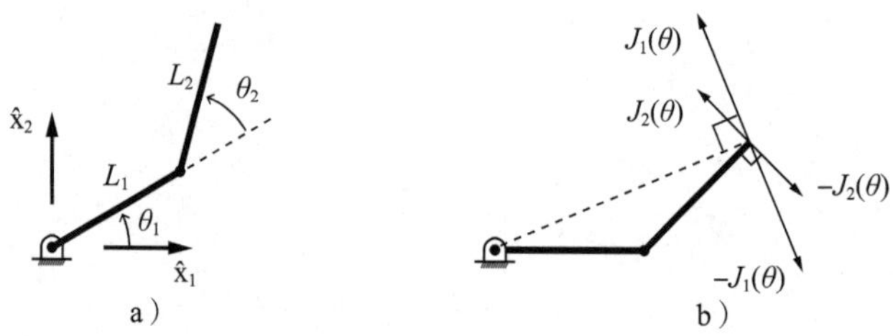

图 5.1 a）平面 2R 开链机械手；b）雅可比的第一列和第二列分别对应末端点当 $\dot{\theta}_1 = 1(\dot{\theta}_2 = 0)$ 和 $\dot{\theta}_2 = 1(\dot{\theta}_1 = 0)$ 时的速度

对上式左右两边关于时间微分，可得

$$\dot{x}_1 = -L_1\dot{\theta}_1 \sin\theta_1 - L_2(\dot{\theta}_1 + \dot{\theta}_2)\sin(\theta_1 + \theta_2)$$
$$\dot{x}_2 = L_1\dot{\theta}_1 \cos\theta_1 + L_2(\dot{\theta}_1 + \dot{\theta}_2)\cos(\theta_1 + \theta_2)$$

上式重新整理可写成 $\dot{x} = J(\theta)\dot{\theta}$ 的形式，即

$$\begin{bmatrix} \dot{x}_1 \\ \dot{x}_2 \end{bmatrix} = \begin{bmatrix} -L_1 \sin\theta_1 - L_2 \sin(\theta_1 + \theta_2) & -L_2 \sin(\theta_1 + \theta_2) \\ L_1 \cos\theta_1 + L_2 \cos(\theta_1 + \theta_2) & L_2 \cos(\theta_1 + \theta_2) \end{bmatrix} \begin{bmatrix} \dot{\theta}_1 \\ \dot{\theta}_2 \end{bmatrix} \tag{5.1}$$

将 $J(\theta)$ 的两列分别记为 $J_1(\theta)$ 和 $J_2(\theta)$，末端的速度 $\dot{x}$ 记为 v_{tip}。因此，式（5.1）变成

$$v_{\text{tip}} = J_1(\theta)\dot{\theta}_1 + J_2(\theta)\dot{\theta}_2 \tag{5.2}$$

上式表明：只要 $J_1(\theta)$ 和 $J_2(\theta)$ 线性无关，通过选取合适的关节速度 $\dot{\theta}_1$ 和 $\dot{\theta}_2$ 即可生成在 x_1-x_2 平面内任意方向的末端速度 v_{tip}。由于 $J_1(\theta)$ 和 $J_2(\theta)$ 与关节变量 θ_1 和 θ_2 有关，有人自然会问是否存在 $J_1(\theta)$ 和 $J_2(\theta)$ 线性相关的位形。对于我们举的这个例子而言，发生线性相关的位形为：若 θ_2 为 0° 或 180° 时，无论 θ_1 如何取值，$J_1(\theta)$ 和 $J_2(\theta)$ 都会线性相关，雅可比矩阵变成奇异阵，相应的位形称为**奇异位形**（singularity）。特征主要表现在机器人末端在某些方向上的速度不能实现。

现在令 $L_1 = L_2 = 1$，考虑该机器人两个非奇异位姿：$\theta = (0, \pi/4)$ 和 $\theta = (0, 3\pi/4)$。在这两种位形下的雅可比 $J(\theta)$ 为

$$J\left(\begin{bmatrix} 0 \\ \pi/4 \end{bmatrix}\right) = \begin{bmatrix} -0.71 & -0.71 \\ 1.71 & 0.71 \end{bmatrix} \text{和}\ J\left(\begin{bmatrix} 0 \\ 3\pi/4 \end{bmatrix}\right) = \begin{bmatrix} -0.71 & -0.71 \\ 0.29 & -0.71 \end{bmatrix}$$

图 5.1b 是机器人在 $\theta_2 = \pi/4$ 时的位形。雅可比矩阵的第 i 列 $J_i(\theta)$ 对应的是当 $\dot{\theta}_i = 1$ 而其他关节速度为零时的末端速度。这些末端速度（即雅可比矩阵的各列）也示意在图 5.1 中。

雅可比矩阵可以用来将关节转速的边界映射到 v_{tip} 的边界中，如图 5.2 所示。不是如图 5.2 那样将关节速度通过雅可比矩阵映射成多边形，而是在 $\dot{\theta}_1$-$\dot{\theta}_2$ 平面内将关节速度映射成一个单位圆。这个圆表示关节速度空间的等廓线，其中驱动器的共同作用可考虑为关节速度的平方和。通过映射，单位圆映射成末端速度的一个椭球，这个椭球称为**可操作度椭球**（manipulability ellipsoid）[⊖]。图 5.3 给出了与 2R 平面开链机器人两组不同位 147
姿相对应的可操作度椭球实例。当操作手的位形接近奇异位形时，椭球将退化成一个线段，末端沿某一方向运动的能力将会丧失。

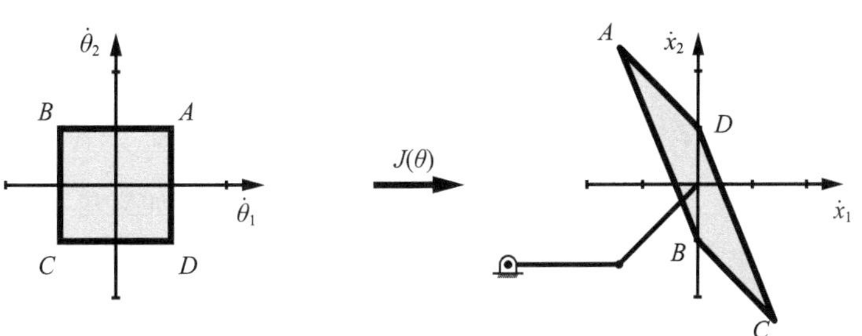

图 5.2 一组关节速度表示成 $\dot{\theta}_1$-$\dot{\theta}_2$ 空间内的一个正方形，通过雅可比映射成末端执行器的速度，表示成平行四边形。其中关节空间的 4 个顶点 A、B、C 和 D 分别对应末端速度空间的 4 个顶点 A、B、C 和 D

利用可操作度椭球这一性能指标，可以度量某一给定位姿接近奇异的程度。例如， 148
我们可以比较可操作度椭球中两个长短半轴的长度 $l_{\max}$ 和 $l_{\min}$，椭球的形状越接近于圆，即 $l_{\max}/l_{\min}$ 趋近于 1，末端到达任意方向就越容易，也越远离奇异位形。

⊖ 正如我们例子中那样，二维椭球通常指代为椭圆。

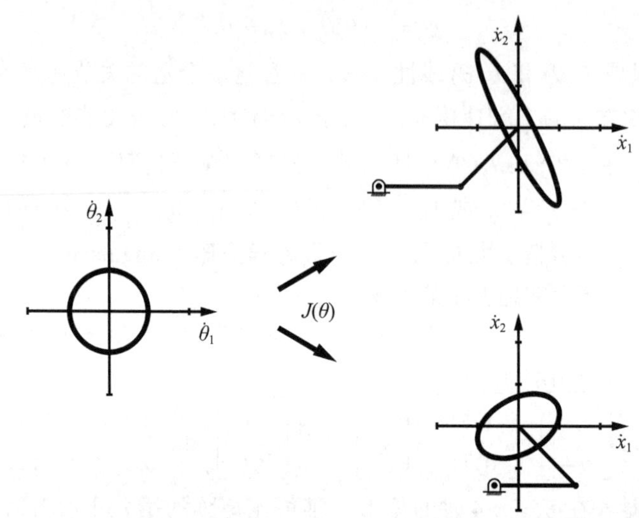

图 5.3　与 2R 平面开链机器人两组不同位姿相对应的可操作度椭球

雅可比矩阵对于静力学分析的作用也非常重要。假设一个外力作用在机器人的末端，这时，为抵制该外力，各关节需要施加多大的力矩？

这个问题可以通过能量守恒定律来回答。假设用于机器人运动的功忽略不计[⊖]，机器人末端施加的功应与关节处产生的功相等。末端力向量记作f_{tip}，关节力矩向量记作 τ，根据能量守恒定律可得

$$f_{\text{tip}}^{\mathrm{T}} v_{\text{tip}} = \tau^{\mathrm{T}} \dot{\theta}$$

上式对任意的关节速度 $\dot{\theta}$ 都成立。由于 $v_{\text{tip}} = J(\theta)\dot{\theta}$，因此等式

$$f_{\text{tip}}^{\mathrm{T}} J(\theta)\dot{\theta} = \tau^{\mathrm{T}} \dot{\theta}$$

必须对所有的关节速度 $\dot{\theta}$ 都成立。因此只有当

$$\tau = J^{\mathrm{T}}(\theta) f_{\text{tip}} \tag{5.3}$$

时才成立。用于生成末端力f_{tip}的关节力矩 τ 可通过上式计算得到。

仍以 2R 平面开链机器人为例。$J(\theta)$ 是与 θ 有关的方阵，如果机器人处于非奇异位形，则$J(\theta)$ 及其转置矩阵均可逆，式（5.3）可以写成

149

$$f_{\text{tip}} = ((J(\theta))^{\mathrm{T}})^{-1}\tau = J^{-\mathrm{T}}(\theta)\tau \tag{5.4}$$

利用上式可确定在相同的静平衡假设条件下，产生预期的末端力所需的关节扭矩大小。例如，令机器人末端以某一法向力推倒一堵墙，如何计算所需的关节力矩？已知平衡条件下机器人的位姿 θ 和一组关节力矩的大小限制

$$-1\,\mathrm{N \cdot m} \leqslant \tau_1 \leqslant 1\,\mathrm{N \cdot m}$$
$$-1\,\mathrm{N \cdot m} \leqslant \tau_2 \leqslant 1\,\mathrm{N \cdot m}$$

式（5.4）即可用来计算出相应的一组末端力，如图 5.4 所示。

⊖ 由于机器人处于平衡态，关节速度 $\dot{\theta}$ 理论上为零。这可以考虑为关节速度 $\dot{\theta}$ 趋向于零的极限情形。为了更正式化，我们可以重温一下“虚功原理”，它处理的是无限小的关节位移而非关节速度。

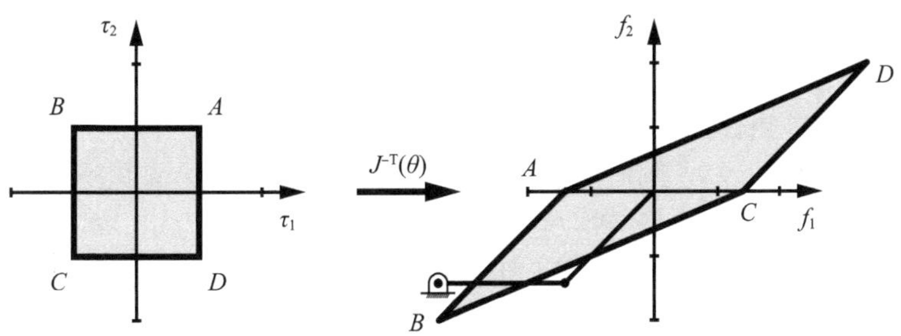

图 5.4　关节扭矩的边界映射至末端力的边界

类似可操作度椭球，可通过雅可比矩阵的逆转置 $J^{-\mathrm{T}}(\theta)$ 将 τ_1-τ_2 平面内的一个等廓单位圆映射成 f_1-f_2 末端力平面的一个椭球，这个椭球称为**力椭球**（force ellipsoid），见图 5.5。力椭球反映了机器人生成不同方向力的难易程度。由可操作度椭球和力椭球明显可以看出，若在某一方向上比较容易地产生末端速度，该方向产生力就变得比较困难，反之亦然，具体如图 5.6 所示。事实上，对于给定的机器人位形，可操作度椭球与力椭球的主轴方向完全重合，但力椭球的主轴长度与可操作度椭球的主轴长度正好相反（如果前者长，后者一定短；反之亦然）。

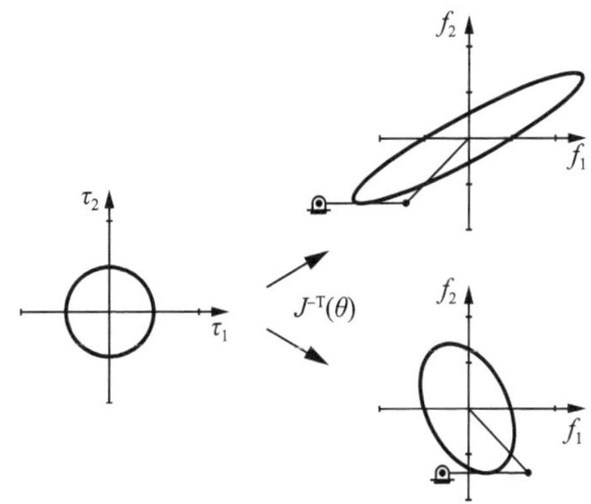

图 5.5　与 2R 平面开链机器人两组不同位姿相对应的力椭球 150

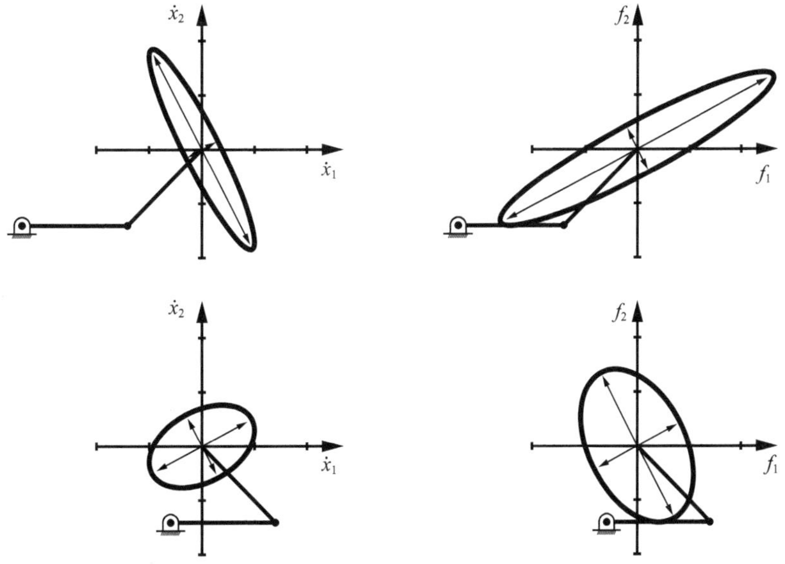

图 5.6　左边一列：两组不同机械臂位形下的可操作度椭球；右边一列：同样的两组不同机械臂位形下的力椭球

处于奇异位形时，可操作度椭球退化成一条线段，力椭球则变成在与可操作度椭球线段正交的方向上一条无限长的直线（沿着杆的方向），而其正交方向则变得很短。可以考虑这样一个例子：当你的手拎着一个重皮箱时，如果沿重力方向垂臂而行，不会感觉吃力（肘部完全伸直，像处于奇异位形），因此这时所有支撑力直接通过你的关节，而没有力矩作用其上。仅有关节结构承受载荷，肌肉不再产生力矩。处于奇异的可操作度椭球会降维。因此其面积退化为零，但力椭球的面积趋于无穷大（假设关节可以支撑载荷）。

本章我们将推导出通用的计算开链机器人雅可比矩阵的方法，其中末端位形表示成 $T \in SE(3)$，而速度表示成旋量 $\mathcal{V}$，或者在固定的基坐标系中来表示，或者在物体坐标系中来表示。接下来还将讨论雅可比矩阵在速度及静力学分析中的应用，包括识别运动学
151 奇异、确定可操作度椭球或力椭球等。后面章节中有关逆运动学、运动规划、动力学及控制方面的内容也将广泛用到雅可比矩阵及本章相关的内容。

5.1 机器人雅可比

在 2R 平面开链机器人的例子中，我们可以看到，对于任意的关节位形 θ，末端速度向量 v_{tip} 和关节速度向量 $\dot{\theta}$ 之间都是线性相关的，通过雅可比矩阵 $J(\theta)$ 可建立起二者的映射关系，即 $v_{\mathrm{tip}} = J(\theta)\dot{\theta}$。末端速度与末端的广义坐标息息相关，反过来，也会影响雅可比矩阵的形式。例如，大多数情况下，v_{tip} 是一个六维运动旋量，但对于纯调姿装置而言，如手腕机构，通常只取末端坐标系的 3 个角速度向量。对 v_{tip} 的其他选择同样也会导致雅可比矩阵的不同公式形式。这里，我们首先从一般形式入手，将 v_{tip} 看作是一个六维运动旋量 $\mathcal{V}$。

下面所有的推导都是对同一简单思想的数学表达，主要体现在式（5.2）中：给定机器人的位形 θ，六维向量 $J_i(\theta)$，即雅可比矩阵 $J(\theta)$ 的第 i 列，就是当 $\dot{\theta}_i = 1$ 而其他关节速度为零时的运动旋量 $\mathcal{V}$。该运动旋量的计算方法完全等同于上一章有关关节螺旋轴的计算方法（对转动副 i 找到关节轴上的一点 q_i）。唯一的区别在于雅可比矩阵中的螺旋轴是包含关节变量 θ 的，而第 4 章有关正向运动学 PoE 公式中的螺旋轴取特殊的关节变量值 θ=0。

下面将给出两种标准形式的雅可比矩阵类型：空间雅可比 $J_s(\theta)$ 和物体雅可比 $J_b(\theta)$。前者满足 $\mathcal{V}_s = J_s(\theta)\dot{\theta}$，$J_{si}(\theta)$ 的每一列对应空间固定坐标系 {s} 中各关节螺旋轴的旋量坐标；后者满足 $\mathcal{V}_b = J_b(\theta)\dot{\theta}$，$J_{bi}(\theta)$ 的每一列对应物体坐标系 {b} 中各关节螺旋轴的旋量坐标。首先讨论空间雅可比。

5.1.1 空间雅可比

本节我们主要推导开链机器人关节速度 $\dot{\theta}$ 与末端执行器的空间速度 $\mathcal{V}_s$ 之间的关系。首先回顾一下线性代数与线性微分方程中的一些基本概念：①若 $A, B \in \mathbb{R}^{n\times n}$ 均可逆，则 $(AB)^{-1} = B^{-1}A^{-1}$；②若 $A \in \mathbb{R}^{n\times n}$ 为常数，$\theta(t)$ 为 t 的标量函数，则 $\mathrm{d}(e^{A\theta})/\mathrm{d}t = Ae^{A\theta}\dot{\theta} = e^{A\theta}A\dot{\theta}$；③ $(e^{A\theta})^{-1} = e^{-A\theta}$。

考虑一个 n 杆的开链机器人，其正向运动学的指数积公式为

$$T(\theta_1,\cdots,\theta_n)=e^{[\mathcal{S}_1]\theta_1}e^{[\mathcal{S}_2]\theta_2}\cdots e^{[\mathcal{S}_n]\theta_n}M \tag{5.5}$$

空间速度 $\mathcal{V}_s$ 可以写成 $[\mathcal{V}_s]=\dot{T}T^{-1}$，其中

$$\begin{aligned}\dot{T}&=\left(\frac{\mathrm{d}}{\mathrm{d}t}e^{[\mathcal{S}_1]\theta_1}\right)\cdots e^{[\mathcal{S}_n]\theta_n}M+e^{[\mathcal{S}_1]\theta_1}\left(\frac{\mathrm{d}}{\mathrm{d}t}e^{[\mathcal{S}_2]\theta_2}\right)\cdots e^{[\mathcal{S}_n]\theta_n}M+\cdots\\&=[\mathcal{S}_1]\dot{\theta}_1e^{[\mathcal{S}_1]\theta_1}\cdots e^{[\mathcal{S}_n]\theta_n}M+e^{[\mathcal{S}_1]\theta_1}[\mathcal{S}_2]\dot{\theta}_2e^{[\mathcal{S}_2]\theta_2}\cdots e^{[\mathcal{S}_n]\theta_n}M+\cdots\end{aligned}$$

152

另外

$$T^{-1}=M^{-1}e^{-[\mathcal{S}_n]\theta_n}\cdots e^{-[\mathcal{S}_1]\theta_1}$$

计算 $\dot{T}T^{-1}$ 可得

$$[\mathcal{V}_s]=[\mathcal{S}_1]\dot{\theta}_1+e^{[\mathcal{S}_1]\theta_1}[\mathcal{S}_2]e^{-[\mathcal{S}_1]\theta_1}\dot{\theta}_2+e^{[\mathcal{S}_1]\theta_1}e^{[\mathcal{S}_2]\theta_2}[\mathcal{S}_3]e^{-[\mathcal{S}_2]\theta_2}e^{-[\mathcal{S}_1]\theta_1}\dot{\theta}_3+\cdots$$

上式也可通过伴随映射写成向量的形式，即

$$\mathcal{V}_s=\underbrace{\mathcal{S}_1}_{J_{s1}}\dot{\theta}_1+\underbrace{\mathrm{Ad}_{e^{[\mathcal{S}_1]\theta_1}}(\mathcal{S}_2)}_{J_{s2}}\dot{\theta}_2+\underbrace{\mathrm{Ad}_{e^{[\mathcal{S}_1]\theta_1}e^{[\mathcal{S}_2]\theta_2}}(\mathcal{S}_3)}_{J_{s3}}\dot{\theta}_3+\cdots \tag{5.6}$$

观察 $\mathcal{V}_s$ 可写成 n 个空间速度的向量和形式

$$\mathcal{V}_s=J_{s1}\dot{\theta}_1+J_{s2}(\theta)\dot{\theta}_2+\cdots J_{sn}(\theta)\dot{\theta}_n \tag{5.7}$$

式中，$J_{si}(\theta)=(\omega_{si}(\theta),v_{si}(\theta))$ 是关节变量 $\theta\in\mathbb{R}^n$ 的函数，其中 i=2,…,n。上式写成矩阵的形式，即

$$\begin{aligned}\mathcal{V}_s&=\begin{bmatrix}J_{s1} & J_{s2}(\theta) & \cdots & J_{sn}(\theta)\end{bmatrix}\begin{bmatrix}\dot{\theta}_1\\\dot{\theta}_2\\\vdots\\\dot{\theta}_n\end{bmatrix}\\&=J_s(\theta)\dot{\theta}\end{aligned} \tag{5.8}$$

矩阵 $J_s(\theta)$ 即为空间固定坐标形式下的雅可比矩阵，简称**空间雅可比**（space Jacobian）。

【**定义 5.1**】将 n 杆开链机器人正向运动学的指数积公式写成如下形式

$$T=e^{[\mathcal{S}_1]\theta_1}\cdots e^{[\mathcal{S}_n]\theta_n}M \tag{5.9}$$

空间雅可比 $J_s(\theta)\in\mathbb{R}^{6\times n}$ 通过

$$\mathcal{V}_s=J_s(\theta)\dot{\theta} \tag{5.10}$$

将关节速度向量 $\dot{\theta}\in\mathbb{R}^n$ 与空间速度 $\mathcal{V}_s$ 有机联系在一起。$J_s(\theta)$ 的第 i 列为

$$J_{si}(\theta)=\mathrm{Ad}_{e^{[\mathcal{S}_1]\theta_1}\cdots e^{[\mathcal{S}_{i-1}]\theta_{i-1}}}(\mathcal{S}_i)\quad(i=2,\cdots,n) \tag{5.11}$$

而第一列为 $J_{s1}=\mathcal{S}_1$。

为了理解 $J_s(\theta)$ 各列的物理意义，观察第 i 列的结构形式为 $J_{si}(\theta)=\mathrm{Ad}_{T_{i-1}}(\mathcal{S}_i)$，其中 $T_{i-1}=e^{[\mathcal{S}_1]\theta_1}\cdots e^{[\mathcal{S}_{i-1}]\theta_{i-1}}$。回顾 $\mathcal{S}_i$ 为机器人处于零位时第 i 个关节相对固定坐标系的旋量坐标，因此 $\mathrm{Ad}_{T_{i-1}}(\mathcal{S}_i)$ 为该机器人经历刚体位移 T_{i-1} 之后的第 i 个关节相对固定坐标系的旋量坐标。物理上，这与前面的 $i-1$ 个关节从零位到当前值 $\theta_1,\cdots,\theta_{i-1}$ 时的旋量坐标是等效的。因此，$J_s(\theta)$ 的第 i 列 $J_{si}(\theta)$ 只是描述第 i 个关节轴相对固定坐标系的旋量，同时也是关

153 节变量 $\theta_1, \cdots, \theta_{i-1}$ 的函数。

总之，确定 $J_s(\theta)$ 第 i 列 J_{si} 的过程类似于在推导指数积公式 $e^{[S_1]\theta_1} \cdots e^{[S_n]\theta_n} M$ 中的关节旋量坐标过程：各列 $J_{si}(\theta)$ 为描述第 i 个关节轴相对固定坐标系的旋量，只是取任意的 θ 值而不是 $\theta = 0$。

【例题 5.2】空间 RRRP 开链机械手的空间雅可比

我们现在以图 5.7 所示空间 RRRP 开链机械手为例说明一下空间雅可比的计算过程。$J_s(\theta)$ 的第 i 列记作 $J_{si} = (\omega_{si}, v_{si})$，而伴随矩阵 $\mathrm{Ad}_{T_{i-1}}$ 在我们计算关节螺旋时不是显式的（需要通过计算得到）。

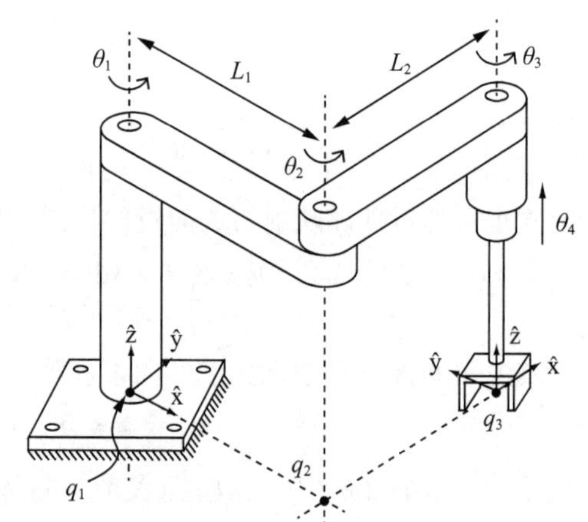

图 5.7　空间 RRRP 开链机械手的空间雅可比

- 观察 ω_{s1} 为常数，且沿 $\hat{z}_s$ 方向：$\omega_{s1} = (0, 0, 1)$。选择坐标原点为 q_1 点，因此 $v_{s1} = (0, 0, 0)$。
- ω_{s2} 也为常数，且沿 $\hat{z}_s$ 方向：$\omega_{s2} = (0, 0, 1)$。选择 q_2 点作为关节轴上一点，坐标为 $(L_1 c_1, L_1 s_1, 0)$，其中 $c_1 = \cos\theta_1$，$s_1 = \sin\theta_1$，因此有 $v_{s2} = -\omega_{s2} \times q_2 = (L_1 s_1, -L_1 c_1, 0)$。
- 无论 θ_1 和 θ_2 如何变化，ω_{s3} 总是沿 $\hat{z}_s$ 方向：$\omega_{s3} = (0, 0, 1)$。选择 q_3 点作为关节轴上一点，坐标为 $(L_1 c_1 + L_2 c_{12}, L_1 s_1 + L_2 s_{12}, 0)$，其中 $c_{12} = \cos(\theta_1 + \theta_2)$，$s_{12} = \sin(\theta_1 + \theta_2)$，因此有 $v_{s3} = -\omega_{s3} \times q_3 = (L_1 s_1 + L_2 s_{12}, -L_1 c_1 - L_2 c_{12}, 0)$。
- 154 由于最后一个关节为移动关节，因此有 $\omega_{s4} = (0, 0, 0)$，关节轴方向为 $v_{s4} = (0, 0, 1)$。因此，该机器人的空间雅可比为

$$J_s(\theta) = \begin{bmatrix} 0 & 0 & 0 & 0 \\ 0 & 0 & 0 & 0 \\ 1 & 1 & 1 & 0 \\ 0 & L_1 s_1 & L_1 s_1 + L_2 s_{12} & 0 \\ 0 & -L_1 c_1 & -L_1 c_1 - L_2 c_{12} & 0 \\ 0 & 0 & 0 & 1 \end{bmatrix}$$

【例题 5.3】空间 RRPRRR 开链机械手的空间雅可比

我们现在以图 5.8 所示空间 RRPRRR 开链机械手为例说明一下空间雅可比的计算过程。选取的基坐标系如图所示。

- 第一个关节沿方向 $\omega_{s1} = (0, 0, 1)$。选择 $q_1 = (0, 0, L_1)$，因此有 $v_{s1} = -\omega_{s1} \times q_1 = (0, 0, 0)$；
- 第二个关节沿方向 $\omega_{s2} = (-c_1, -s_1, 0)$。选择 $q_2 = (0, 0, L_1)$，因此有 $v_{s2} = -\omega_{s2} \times q_2 = (L_1 s_1, -L_1 c_1, 0)$。
- 第三个关节为移动关节，因此有 $\omega_{s3} = (0, 0, 0)$。移动关节轴的方向可以写成

$$v_{s3} = \mathrm{Rot}(\hat{\mathrm{z}}, \theta_1)\mathrm{Rot}(\hat{\mathrm{x}}, -\theta_2)\begin{bmatrix} 0 \\ 1 \\ 0 \end{bmatrix} = \begin{bmatrix} -\mathrm{s}_1\mathrm{c}_2 \\ \mathrm{c}_1\mathrm{c}_2 \\ -\mathrm{s}_2 \end{bmatrix}$$ 155

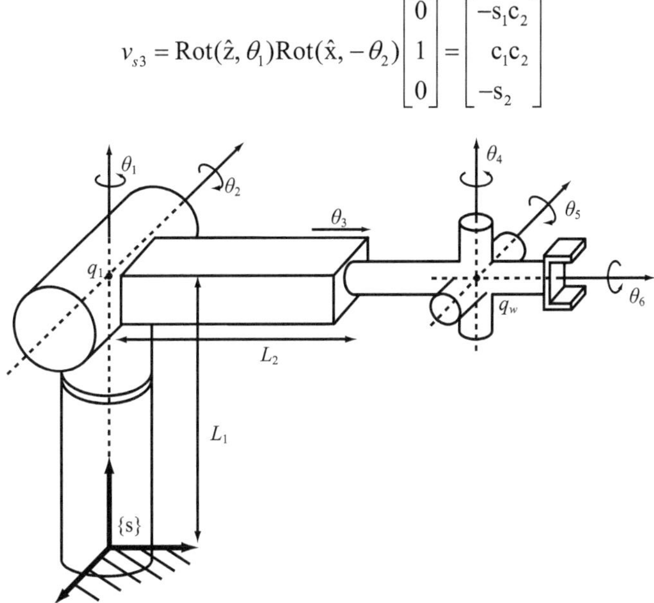

图 5.8　空间 RRPRRR 开链机械手的空间雅可比

- 现在再来考虑运动链的腕部。腕部中心点的坐标可以写成

$$q_w = \begin{bmatrix} 0 \\ 0 \\ L_1 \end{bmatrix} + \mathrm{Rot}(\hat{\mathrm{z}}, \theta_1)\mathrm{Rot}(\hat{\mathrm{x}}, -\theta_2)\begin{bmatrix} 0 \\ L_2 + \theta_3 \\ 0 \end{bmatrix} = \begin{bmatrix} -(L_2 + \theta_3)\mathrm{s}_1\mathrm{c}_2 \\ (L_2 + \theta_3)\mathrm{c}_1\mathrm{c}_2 \\ L_1 - (L_2 + \theta_3)\mathrm{s}_2 \end{bmatrix}$$

观察腕部轴的方向与 θ_1 、 θ_2 及之前腕部关节轴的参数有关，其中

$$\omega_{s4} = \mathrm{Rot}(\hat{\mathrm{z}}, \theta_1)\mathrm{Rot}(\hat{\mathrm{x}}, -\theta_2)\begin{bmatrix} 0 \\ 0 \\ 1 \end{bmatrix} = \begin{bmatrix} -\mathrm{s}_1\mathrm{s}_2 \\ \mathrm{c}_1\mathrm{s}_2 \\ \mathrm{c}_2 \end{bmatrix}$$

$$\omega_{s5} = \mathrm{Rot}(\hat{\mathrm{z}}, \theta_1)\mathrm{Rot}(\hat{\mathrm{x}}, -\theta_2)\mathrm{Rot}(\hat{\mathrm{z}}, \theta_4)\begin{bmatrix} -1 \\ 0 \\ 0 \end{bmatrix} = \begin{bmatrix} -\mathrm{c}_1\mathrm{c}_4 + \mathrm{s}_1\mathrm{c}_2\mathrm{s}_4 \\ -\mathrm{s}_1\mathrm{c}_4 - \mathrm{c}_1\mathrm{c}_2\mathrm{s}_4 \\ \mathrm{s}_2\mathrm{s}_4 \end{bmatrix}$$

$$\omega_{s6} = \mathrm{Rot}(\hat{\mathrm{z}}, \theta_1)\mathrm{Rot}(\hat{\mathrm{x}}, -\theta_2)\mathrm{Rot}(\hat{\mathrm{z}}, \theta_4)\mathrm{Rot}(\hat{\mathrm{x}}, -\theta_5)\begin{bmatrix} 0 \\ 1 \\ 0 \end{bmatrix} = \begin{bmatrix} -\mathrm{c}_5(\mathrm{s}_1\mathrm{c}_2\mathrm{c}_4 + \mathrm{c}_1\mathrm{s}_4) + \mathrm{s}_1\mathrm{s}_2\mathrm{s}_5 \\ \mathrm{c}_5(\mathrm{c}_1\mathrm{c}_2\mathrm{c}_4 - \mathrm{s}_1\mathrm{s}_4) - \mathrm{c}_1\mathrm{s}_2\mathrm{s}_5 \\ -\mathrm{s}_2\mathrm{c}_4\mathrm{c}_5 - \mathrm{c}_2\mathrm{c}_5 \end{bmatrix}$$

因此，该机器人的空间雅可比写成矩阵形式，即可表示成

$$J_s(\theta) = \begin{pmatrix} \omega_{s1} & \omega_{s2} & 0 & \omega_{s4} & \omega_{s5} & \omega_{s6} \\ 0 & -\omega_{s2} \times q_2 & v_{s3} & -\omega_{s4} \times q_w & -\omega_{s5} \times q_w & -\omega_{s6} \times q_w \end{pmatrix}$$

注意到这里可直接写成机器人的雅可比矩阵，无需对正向运动学进行微分得到。

5.1.2　物体雅可比

上节中，我们已经导出了固定坐标系下有关关节速率与末端旋量 $[\mathcal{V}_s] = \dot{T}T^{-1}$ 之间的映射关系，下面来推导物体坐标系下有关关节速率与末端旋量 $[\mathcal{V}_b]=T^{-1}\dot{T}$ 之间的关系。为此，正向运动学可以写成另一种形式的指数积公式，即

156 $$T(\theta)=Me^{[\mathcal{B}_1]\theta_1}e^{[\mathcal{B}_2]\theta_2}\cdots e^{[\mathcal{B}_n]\theta_n} \tag{5.12}$$

计算 $\dot{T}$，得

$$\begin{aligned}\dot{T}&=Me^{[\mathcal{B}_1]\theta_1}\cdots e^{[\mathcal{B}_{n-1}]\theta_{n-1}}\left(\frac{\mathrm{d}}{\mathrm{d}t}e^{[\mathcal{B}_n]\theta_n}\right)+Me^{[\mathcal{B}_1]\theta_1}\cdots\left(\frac{\mathrm{d}}{\mathrm{d}t}e^{[\mathcal{B}_{n-1}]\theta_{n-1}}\right)e^{[\mathcal{B}_n]\theta_n}+\cdots\\&=Me^{[\mathcal{B}_1]\theta_1}\cdots e^{[\mathcal{B}_n]\theta_n}[\mathcal{B}_n]\dot{\theta}_n+Me^{[\mathcal{B}_1]\theta_1}\cdots e^{[\mathcal{B}_{n-1}]\theta_{n-1}}[\mathcal{B}_{n-1}]e^{[\mathcal{B}_n]\theta_n}\dot{\theta}_{n-1}+\cdots\\&\quad+Me^{[\mathcal{B}_1]\theta_1}[\mathcal{B}_1]e^{[\mathcal{B}_2]\theta_2}\cdots e^{[\mathcal{B}_n]\theta_n}\dot{\theta}_1\end{aligned}$$

另外

$$T^{-1}=e^{-[\mathcal{B}_n]\theta_n}\cdots e^{-[\mathcal{B}_1]\theta_1}M^{-1}$$

计算 $T^{-1}\dot{T}$ 可得

$$\begin{aligned}[\mathcal{V}_b]&=[\mathcal{B}_n]\dot{\theta}_n+e^{-[\mathcal{B}_n]\theta_n}[\mathcal{B}_{n-1}]e^{[\mathcal{B}_n]\theta_n}\dot{\theta}_{n-1}+\cdots\\&\quad+e^{-[\mathcal{B}_n]\theta_n}\cdots e^{-[\mathcal{B}_2]\theta_2}[\mathcal{B}_1]e^{[\mathcal{B}_2]\theta_2}\cdots e^{[\mathcal{B}_n]\theta_n}\dot{\theta}_1\end{aligned}$$

或者以矩阵的形式来表示

$$\mathcal{V}_b=\underbrace{\mathcal{B}_n}_{J_{bn}}\dot{\theta}_n+\underbrace{\mathrm{Ad}_{e^{-[\mathcal{B}_n]\theta_n}}(\mathcal{B}_{n-1})}_{J_{b,n-1}}\dot{\theta}_{n-1}+\cdots+\underbrace{\mathrm{Ad}_{e^{-[\mathcal{B}_n]\theta_n}\cdots e^{-[\mathcal{B}_2]\theta_2}}(\mathcal{B}_1)}_{J_{b1}}\dot{\theta}_1 \tag{5.13}$$

因此，物体速度 $\mathcal{V}_b$ 可以表示成 n 个物体速度之和，即

$$\mathcal{V}_b=J_{b1}(\theta)\dot{\theta}_1+\cdots+J_{bn-1}(\theta)\dot{\theta}_{n-1}+J_{bn}\dot{\theta}_n \tag{5.14}$$

式中，各项 $J_{bi}(\theta)=(\omega_{bi}(\theta),v_{bi}(\theta))$ 是关节变量 $\theta\in\mathbb{R}^n$ 的函数。写成矩阵的形式，即

$$\mathcal{V}_b=\begin{bmatrix}J_{b1}(\theta) & \cdots & J_{bn-1}(\theta) & J_{bn}\end{bmatrix}\begin{bmatrix}\dot{\theta}_1\\ \vdots\\ \dot{\theta}_n\end{bmatrix}=J_b(\theta)\dot{\theta} \tag{5.15}$$

矩阵 $J_b(\theta)$ 即为末端（或物体）坐标形式下的雅可比矩阵，简称**物体雅可比**（body Jacobian）。

【**定义 5.4**】将 n 杆开链机器人正向运动学的指数积公式写成如下形式

$$T=Me^{[\mathcal{B}_1]\theta_1}\cdots e^{[\mathcal{B}_n]\theta_n} \tag{5.16}$$

物体雅可比 $J_b(\theta)\in\mathbb{R}^{6\times n}$ 通过

$$\mathcal{V}_b=J_b(\theta)\dot{\theta} \tag{5.17}$$

将关节向量 $\dot{\theta}\in\mathbb{R}^n$ 与末端速度 $\mathcal{V}_b=(\omega_b,v_b)$ 有机联系在一起。$J_b(\theta)$ 的第 i 列为

$$J_{bi}(\theta)=\mathrm{Ad}_{e^{-[\mathcal{B}_n]\theta_n}\cdots e^{-[\mathcal{B}_{i+1}]\theta_{i+1}}}(\mathcal{B}_i)\quad(i=1,\cdots,n-1) \tag{5.18}$$

157 而第一列为 $J_{bn}=\mathcal{B}_n$。

需要理解 $J_b(\theta)$ 各列的物理意义：$J_b(\theta)$ 的各列 $J_{bi}(\theta)=(\omega_{bi}(\theta),v_{bi}(\theta))$ 为第 i 个关节轴的旋量坐标，相对末端坐标系而不是固定坐标系下来描述。确定 $J_b(\theta)$ 第 i 列 J_{si} 的过程类似于在推导指数积公式 $Me^{[\mathcal{B}_1]\theta_1}\cdots e^{[\mathcal{B}_n]\theta_n}$ 中的关节旋量坐标过程，唯一的区别在于 $J_{bi}(\theta)$ 各列为第 i 个关节轴相对末端坐标系的旋量，只是取任意的 θ 值而不是 $\theta=0$。

5.1.3 空间雅可比和物体雅可比的几何解释

也许观察法是另外一种更为简单地推导空间雅可比矩阵第 i 列公式（5.11）和物体雅可比矩阵第 i 列公式（5.18）的方法。下面不妨以图 5.9 所示的 5R 机器人为例。首先考虑空间雅可比第三列，即 J_{s3} 的推导过程，如图 5.9 中左边一列图示。

当机器人处于零位时，第 3 个关节轴相对 {s} 系的旋量坐标可以写成 $\mathcal{S}_3$。显然，关节变量 $\theta_3, \theta_4, \theta_5$ 对关节速度 $\dot{\theta}_3$ 没有影响，因为它们不会导致关节 3 相对 {s} 产生位移。因此，我们可以令这 3 个关节变量值为 0，这样，关节 2 以外部分均可以看作是刚体 B。若令 $\theta_1 = 0$ 和 θ_2 为任意值，在位形为 $T_{ss'} = e^{[\mathcal{S}_2]\theta_2}$ 时，坐标系 {s′} 就处于与 {s} 系当 $\theta_1 = \theta_2 = 0$ 时，相对刚体 B 相同的位置和姿态。再令 θ_1 也为任意值，则在位形为 $T_{ss''} = e^{[\mathcal{S}_1]\theta_1} e^{[\mathcal{S}_2]\theta_2}$ 时，坐标系 {s″} 处于与 {s} 系当 $\theta_1 = \theta_2 = 0$ 时，相对刚体 B 相同的位置和姿态。因此，$\mathcal{S}_3$ 表示对于任意的关节角 θ_1 和 θ_2 时，相对 {s″} 的旋量坐标。J_{s3} 列则是相对 {s} 系的旋量坐标。S_3 从坐标系变换到 {s″} 到 {s}，可通过映射 $[\mathrm{Ad}_{T_{ss''}}] = [\mathrm{Ad}_{e^{[\mathcal{S}_1]\theta_1} e^{[\mathcal{S}_2]\theta_2}}]$ 158
来实现，即式（5.11）中与关节 3 对应的 $J_{s3} = [\mathrm{Ad}_{T_{ss''}}]\mathcal{S}_3$。式（5.11）即为对上述推理过程的一般化描述，即对于任何关节 $i = 1, \cdots, n$ 都适用。

再来推导物体雅可比的第三列，即 J_{b3}，如图 5.9 中右边一列图示。当机器人处于零位时，第 3 个关节轴相对 {b} 系的旋量坐标可以写成 $\mathcal{B}_3$。显然，关节变量 θ_1、θ_2、θ_3 对关节速度 $\dot{\theta}_3$ 没有影响，因为它们不会导致关节相对 {b} 产生位移。因此，我们可以令这些关节变量值为 0，这样，从基座到关节 4 部分均可以看作是刚体 B。若令 $\theta_5 = 0$ 和 θ_4 为任意值，在位形为 $T_{bb'} = e^{[\mathcal{B}_4]\theta_4}$ 时，坐标系 {b′} 就变成一个新的末端坐标系。再令 θ_5 也为任意值，则在位形为 $T_{bb''} = e^{[\mathcal{B}_4]\theta_4} e^{[\mathcal{B}_5]\theta_5}$ 时，坐标系 {b″} 也变成一个新的末端坐标系。列 J_{b3} 只是关节 3 相对 {b″} 系的旋量坐标。由于 $\mathcal{B}_3$ 是在 {b} 中表示，因此有

$$J_{b3} = [\mathrm{Ad}_{T_{b''b}}]\mathcal{B}_3 = [\mathrm{Ad}_{T_{bb''}^{-1}}]\mathcal{B}_3 = [\mathrm{Ad}_{e^{-[\mathcal{B}_5]\theta_5} e^{-[\mathcal{B}_4]\theta_4}}]\mathcal{B}_3$$

上式推导过程中，我们用到了公式 $(T_1 T_2)^{-1} = T_2^{-1} T_1^{-1}$。这个公式即精确对应式（5.18）中与关节 3 对应的 J_{b3}。式（5.18）即为对上述推理过程的一般化描述，即对于任何关节 $i = 1, \cdots, n-1$ 都适用。

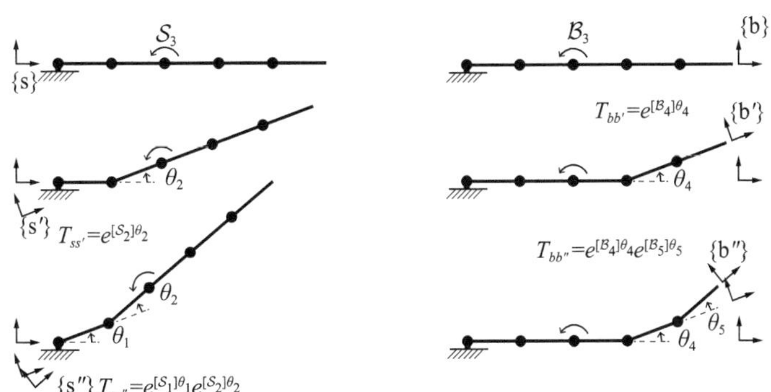

图 5.9　5R 机器人（左手列）空间雅可比第三列 J_{s3} 的推导过程图示；（右手列）物体雅可比第三列 J_{b3} 的推导过程图示

5.1.4 空间雅可比与物体雅可比之间的关系

基坐标系记作 {s}，末端坐标系记作 {b}，机器人的正向运动学可以写成 $T_{sb}(\theta)$。末端坐标系中的速度分别可以写成基坐标系和末端坐标系下的表示形式，即

$$[\mathcal{V}_s] = \dot{T}_{sb}T_{sb}^{-1}$$

$$[\mathcal{V}_b] = T_{sb}^{-1}\dot{T}_{sb}$$

$\mathcal{V}_s$ 与 $\mathcal{V}_b$ 之间的关系可以写成：$\mathcal{V}_s = \mathrm{Ad}_{T_{sb}}(\mathcal{V}_b)$ 和 $\mathcal{V}_b = \mathrm{Ad}_{T_{bs}}(\mathcal{V}_s)$。速度旋量 $\mathcal{V}_s$ 和 $\mathcal{V}_b$ 可以通过雅可比矩阵建立起与输入之间的联系，即

$$\mathcal{V}_s = J_s(\theta)\dot{\theta} \tag{5.19}$$

$$\mathcal{V}_b = J_b(\theta)\dot{\theta} \tag{5.20}$$

因此，式（5.19）可以写成

$$\mathrm{Ad}_{T_{sb}}(\mathcal{V}_b) = J_s(\theta)\dot{\theta} \tag{5.21}$$

对式（5.21）两端都作用 $[\mathrm{Ad}_{T_{bs}}]$，且利用伴随映射的特性 $[\mathrm{Ad}_X][\mathrm{Ad}_Y]=[\mathrm{Ad}_{XY}]$，可得

159

$$\mathrm{Ad}_{T_{bs}}(\mathrm{Ad}_{T_{sb}}(\mathcal{V}_b)) = \mathrm{Ad}_{T_{bs}T_{sb}}(\mathcal{V}_b) = \mathcal{V}_b = \mathrm{Ad}_{T_{bs}}(J_s(\theta)\dot{\theta})$$

由于对于所有的 $\dot{\theta}$ 都有 $\mathcal{V}_b = J_b(\theta)\dot{\theta}$，因此可以导出 $J_s(\theta)$ 与 $J_b(\theta)$ 之间的关系

$$J_b(\theta) = \mathrm{Ad}_{T_{bs}}(J_s(\theta)) = [\mathrm{Ad}_{T_{bs}}]J_s(\theta) \tag{5.22}$$

反过来，也可以从 $J_b(\theta)$ 导出 $J_s(\theta)$，即

$$J_s(\theta) = \mathrm{Ad}_{T_{sb}}(J_b(\theta)) = [\mathrm{Ad}_{T_{sb}}]J_b(\theta) \tag{5.23}$$

空间雅可比与物体雅可比之间的伴随映射关系，与空间速度与物体速度之间的伴随映射关系非常类似，对于这一现象不要奇怪。因为空间雅可比与物体雅可比的各列本质上都是速度旋量。

由式（5.22）和式（5.23）可以看出，$J_b(\theta)$ 与 $J_s(\theta)$ 总是同维的，这一点还将在 5.3 节有关奇异分析的内容中还会详细讨论。

5.1.5 雅可比的另一种分类

上述所推导的空间雅可比和物体雅可比都是用来度量关节速度与末端执行器速度之间关系的。此外还存在另外一种对雅可比矩阵的分类形式：即含最少广义坐标数 q 的末端位形表达。这种表达形式尤其当机器人的任务空间是 $SE(3)$ 子空间时变得特别有意义。例如，平面机器人的末端位形写成 $q=(x,y,\theta)\in\mathbb{R}^3$（$SE(2)$ 中的元素）。

当用最少广义坐标集合来表示末端速度时，一般情况下并不是运动旋量 $\mathcal{V}$ 而是广义坐标的时间导数 $\dot{q}$，这时与速度运动学 $\dot{q}=J_a(\theta)\dot{\theta}$ 对应的雅可比 J_a 有时称作**解析雅可比**（analytic Jacobian），而不是上述所讲的空间或物体形式下的**几何雅可比**（geometric Jacobian）[⊖]。

⊖ “几何雅可比”也经常用于描述关节速率和末端执行器速率表示之间的关系，该表示将末端执行器位置坐标的变化（它既不是物体运动旋量的线性部分，也不是空间运动旋量的线性部分）和角速度表示结合起来。不像物体或空间运动旋量，它们分别只取决于物体或空间坐标系，这种对空间速度的“混合”概念取决于这两个坐标系的定义。

对于任务空间 $SE(3)$，最少广义坐标 $q\in\mathbb{R}^6$ 的典型选择方式是：末端坐标系原点相对基坐标系的 3 个坐标，和末端坐标系姿态相对基坐标系的 3 个坐标。描述姿态的坐标表示方法有欧拉角（参看附录 B）和旋转的指数坐标。

【例题 5.5】基于转动指数坐标的解析雅可比

这个例子中，我们需要找到物体坐标系中描述的几何雅可比 J_b 与解析雅可比 J_a 之间的关系，后者用指数坐标 $r=\hat{\omega}\theta$ 表示姿态（回顾 $\|\hat{\omega}\|=1$ 和 $\theta\in[0,\pi]$）。 160

首先，考虑具有 n 个关节的开链机器人的物体雅可比

$$\mathcal{V}_b=J_b(\theta)\dot{\theta}$$

式中，$J_b(\theta)\in\mathbb{R}^{6\times n}$。$\mathcal{V}_b=(\omega_b,\ v_b)$ 中的角速度与线速度分量可以写成

$$\mathcal{V}_b=\begin{bmatrix}\omega_b\\ v_b\end{bmatrix}=J_b(\theta)\dot{\theta}=\begin{bmatrix}J_\omega(\theta)\\ J_v(\theta)\end{bmatrix}\dot{\theta}$$

式中，J_ω 为 J_b 的上面三行矩阵（$3\times n$ 阶），J_v 为 J_b 的下面三行矩阵（$3\times n$ 阶）。

现在假设我们所取的最少广义坐标 $q\in\mathbb{R}^6$ 为 $q=(r,x)$，其中，$x\in\mathbb{R}^3$ 为末端坐标系原点相对固定坐标系的位置，$r=\hat{\omega}\theta\in\mathbb{R}^3$ 为表示转动的指数坐标。坐标的时间导数 $\dot{x}$ 可以写成关于 v_b 的函数，即

$$\dot{x}=R_{sb}(\theta)v_b=R_{sb}(\theta)J_v(\theta)\dot{\theta}$$

式中，$R_{sb}(\theta)=e^{[r]}=e^{[\hat{\omega}]\theta}$。

时间导数 $\dot{r}$ 与物体角速度 ω_b 之间的关系可以写成

$$\omega_b=A(r)\dot{r}$$

式中，

$$A(r)=I-\frac{1-\cos\|r\|}{\|r\|^2}[r]+\frac{\|r\|-\sin\|r\|}{\|r\|^3}[r]^2$$

（该公式的推导过程具体见习题 5.10）。只要矩阵 $A(r)$ 可逆，可从 ω_b 导出 $\dot{r}$，即

$$\dot{r}=A^{-1}(r)\omega_b=A^{-1}(r)J_\omega(\theta)\dot{\theta}$$

合并上式，得到

$$\dot{q}=\begin{bmatrix}\dot{r}\\ \dot{x}\end{bmatrix}=\begin{bmatrix}A^{-1}(r) & 0\\ 0 & R_{sb}\end{bmatrix}\begin{bmatrix}\omega_b\\ v_b\end{bmatrix} \tag{5.24}$$

因此，几何雅可比 J_b 与解析雅可比 J_a 之间的关系可以写成

$$J_a(\theta)=\begin{bmatrix}A^{-1}(r) & 0\\ 0 & R_{sb}(\theta)\end{bmatrix}\begin{bmatrix}J_\omega(\theta)\\ J_v(\theta)\end{bmatrix}=\begin{bmatrix}A^{-1}(r) & 0\\ 0 & R_{sb}(\theta)\end{bmatrix}J_b(\theta) \tag{5.25}$$

5.1.6 回顾反向一阶运动学

上一节中，我们问了这样一个问题："若给定一组关节坐标，如何求末端速度？"答案是不考虑具体所描述的坐标系，对应的公式可以写成

$$\mathcal{V}=J(\theta)\dot{\theta}$$ 161

通常情况下，我们也对其反问题感兴趣：若给定预期的末端速度 $\mathcal{V}$，如何确定所需

的关节速度 $\dot{\theta}$？这就是反向一阶运动学问题需要解决的，相关的详细讨论见 6.3 节。简单而言，若 $J(\theta)$ 为方阵（关节数为 6，即运动旋量的元素数量），且为满秩阵，因此有 $\dot{\theta}=J^{-1}(\theta)\mathcal{V}$。若 $n\neq 6$ 或者机器人处于奇异时，则 $J(\theta)$ 变得不可逆。当 $n<6$ 时，不能实现任意的末端速度 $\mathcal{V}$，意味着机器人没有足够的关节可以提供动力。若 $n>6$，则称机器人**冗余**。这种情况下，预期的末端速度 $\mathcal{V}$ 通过施加六维约束给关节速度，而剩余的 $n-6$ 个自由度则与机器人内部的运动相对应，并不能反映到机器人末端。例如，如果考虑将从肩到手掌部分的胳膊当作一个 7 关节的开式链结构，当将手掌固定在空间某个位置（如桌面上），我们还拥有一个内部的自由度可以调整肘部的位置。

5.2　开链机器人的静力学

由我们熟悉的虚功原理，可得

关节处的功率消耗 =（用于机器人运动的功率消耗）+（末端执行器的功率消耗）

考虑机器人处于静平衡状态（没有用于机器人运动的功率消耗），这时，关节处的功率消耗等于末端执行器的功率消耗⊖，即

$$\tau^{\mathrm{T}}\dot{\theta}=\mathcal{F}_b^{\mathrm{T}}\mathcal{V}_b$$

式中，τ 为关节力矩的列向量形式。利用等式 $\mathcal{V}_b=J_b(\theta)\dot{\theta}$，可得

$$\tau=J_b^{\mathrm{T}}(\theta)\mathcal{F}_b$$

上式表示的是关节力矩与末端坐标系下描述的力旋量之间的关系。类似的，也可以导出

$$\tau=J_s^{\mathrm{T}}(\theta)\mathcal{F}_s$$

上式表示的是在基坐标系下描述的等式。不考虑选择哪种坐标系，我们可以简写成

$$\tau=J^{\mathrm{T}}(\theta)F \tag{5.26}$$

162 若一个外力旋量 $-\mathcal{F}$ 作用在末端执行器上以平衡各关节力矩，式（5.26）便可用来计算该力矩，以产生反作用力旋量 $\mathcal{F}$，使机器人处于平衡状态⊜。这对力控制很重要并作为一个典型的应用实例。

有人可能会问一个相反的问题，当给定关节力矩后，如何确定末端力旋量？若 J^{T} 是 6×6 阶可逆阵，则显然 $\mathcal{F}=J^{-\mathrm{T}}(\theta)\tau$。若关节数 n 不等于 6，则不是可逆阵，上述问题将变得不太容易解决。

若机器人为冗余度机器人（$n>6$），则即使末端执行器嵌入到混凝土中，机器人也不会不动，而关节力矩可能导致杆的内部运动。静平衡的假设条件不再满足，这时我们还需要考虑动力学来进一步确定机器人的各参数。

若 $n\leqslant 6$，且 $J\in\mathbb{R}^{n\times 6}$ 的阶数为 n，当末端执行器嵌入到混凝土中时，机器人本体也不会发生运动。若 $n<6$，无论关节力矩 τ 如何选取，机器人在 $6-n$ 维的力旋量空间内也不会主动产生力。该力旋量空间可通过下式来定义：

$$\mathrm{Null}(J^{\mathrm{T}}(\theta))=\left\{\mathcal{F}\,\middle|\,J^{\mathrm{T}}(\theta)\mathcal{F}=0\right\}$$

⊖ 我们考虑当 $\dot{\theta}$ 趋于零的极限情况，这与机器人处于平衡态这一假设相对应。

⊜ 如果机器人需要支撑自身重量以保持平衡态，必须将用于平衡重力的力矩加入到关节力矩 τ 中。

因为没有驱动器作用在这些方向，但由于缺少使之发生运动的关节，机器人能抵制在空间 $\mathrm{Null}(J^{\mathrm{T}}(\theta))$ 内由外部施加的任意方向力旋量。例如，考虑一个安装了电机的旋转门，只具有一个旋转关节，末端坐标系置于门把手处。这时，门只能产生一个与门把手圆周运动相切方向的力（由此定义单一方向的力旋量空间），同时抵制其他五维力旋量空间内的任意力旋量。

5.3 奇异性分析

雅可比矩阵可以帮助我们识别机器人某些特殊的位姿：如在某一个或者多个方向同时失去运动能力的位姿，我们称之为**运动学奇异**（kinematic singularity），或者简称为**奇异**（singularity）。数学上，奇异位姿意味着雅可比矩阵 $J(\theta)$ 不再满秩。若想了解其原因，不妨考虑物体雅可比 $J_b(\theta)$，各列写成 $J_{bi}, i=1,\cdots,n$，因此有

$$\begin{aligned}\mathcal{V}_b &= [J_{b1}(\theta) \quad J_{b2}(\theta) \quad \cdots \quad J_{bn}]\begin{bmatrix}\dot{\theta}_1\\ \dot{\theta}_2\\ \vdots\\ \dot{\theta}_n\end{bmatrix}\\ &= J_{b1}(\theta)\dot{\theta}_1 + \cdots + J_{bn}(\theta)\dot{\theta}_n\end{aligned}$$

因此，只要 $n \geqslant 6$，末端速度就可以写成 J_{bi} 的线性组合，$J_b(\theta)$ 所能达到的最高秩为 6。 163

当 $J_b(0)$ 的阶数降到最大值以下，奇异位姿对应此时的 θ。奇异位姿下，末端坐标系丧失掉在某一维或多维方向的瞬时空间速度。这种奇异下损失的自由度同时伴随产生了与之对应方向上的约束力旋量。

运动学奇异的发生与空间或物体雅可比的选择无关。为了解原因，可以回顾一下 $J_s(\theta)$ 与 $J_b(\theta)$ 的关系：$J_s(\theta) = \mathrm{Ad}_{T_{sb}}(J_b(\theta)) = (\mathrm{Ad}_{T_{sb}})J_b(\theta)$，或者展开成

$$J_s(\theta) = \begin{bmatrix} R_{sb} & 0 \\ [p_{sb}]R_{sb} & R_{sb} \end{bmatrix} J_b(\theta)$$

假设矩阵 $[\mathrm{Ad}_{T_{sb}}]$ 是可逆的。因此建立如下线性方程

$$\begin{bmatrix} R_{sb} & 0 \\ [p_{sb}]R_{sb} & R_{sb} \end{bmatrix}\begin{bmatrix} x \\ y \end{bmatrix} = 0$$

存在唯一解 $x=y=0$。对可逆矩阵左乘任何矩阵并不会改变其维数，因此有

$$\mathrm{rank}\ J_s(\theta) = \mathrm{rank}\ J_b(\theta)$$

可见，空间与物体雅可比的奇异完全相同。

运动学奇异也与基坐标系或末端坐标系的选择无关。选择不同的基坐标系等同于简单地对机器人重新放置，对哪个位姿下发生奇异没有任何影响。这一明显的事实可通过图 5.10a 所示的机器人来验证。相对于初始基坐标系的正向运动学表示成 $T(\theta)$，而相对于重新选择的基坐标系的正向运动学表示成 $T'(\theta) = PT(\theta)$，其中 $P \in SE(3)$ 为常值。因此，$T'(\theta)$ 对应的物体雅可比 $J'_b(\theta)$，可通过 $(T')^{-1}\dot{T}'$ 推导得到。简单计算便知

$$(T')^{-1}\dot{T}' = (T^{-1}P^{-1})(P\dot{T}) = T^{-1}\dot{T}$$

上式意味着 $J_b'(\theta) = J_b(\theta)$，因此，无论对于初始基坐标系下描述的机器人还是选择在新的基坐标系下描述的机器人，对奇异性的分析结果完全相同。

再来推导奇异性与末端坐标系的选择也无关。具体如图5.10b所示，相对于初始末端坐标系的正向运动学表示成 $T(\theta)$，而相对于重新选择的末端坐标系的正向运动学表示成 $T'(\theta) = T(\theta)Q$，其中 $Q \in SE(3)$ 为常值。这里，我们来看空间雅可比矩阵，回顾物体雅可比 $J_b(\theta)$ 与 $J_s(\theta)$ 在奇异性方面完全一致，因此令 $J_s'(\theta)$ 表示 $T'(\theta)$ 的空间雅可比。简单计算便知

164

$$\dot{T}'(T')^{-1} = (\dot{T}Q)(Q^{-1}T^{-1}) = \dot{T}T^{-1}$$

上式意味着 $J_s'(\theta) = J_s(\theta)$，因此，运动学奇异与末端坐标系的选择无关。

本节的最后，我们再来讨论一些在含转动和移动关节的6-dof开链机器人中常见的运动学奇异。由前可知，选择空间雅可比或者物体雅可比都可对运动学奇异进行分析，

165 因此在下面的例子中，我们选择用空间雅可比。

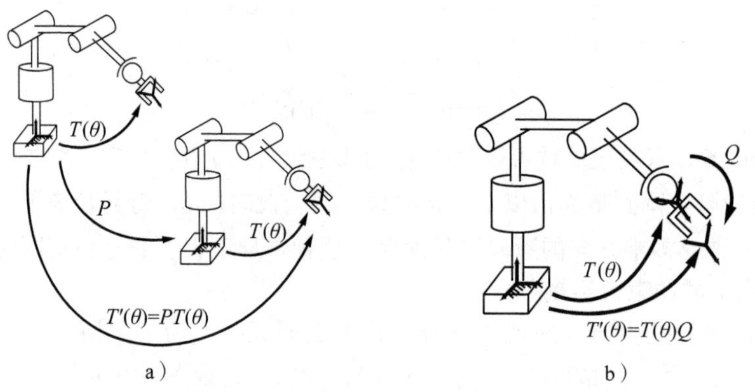

图5.10 运动学奇异与基坐标系或末端坐标系的选择无关。a）选择不同的基坐标系，与重新放置后的机器人基座等效；b）选择不同的末端坐标系

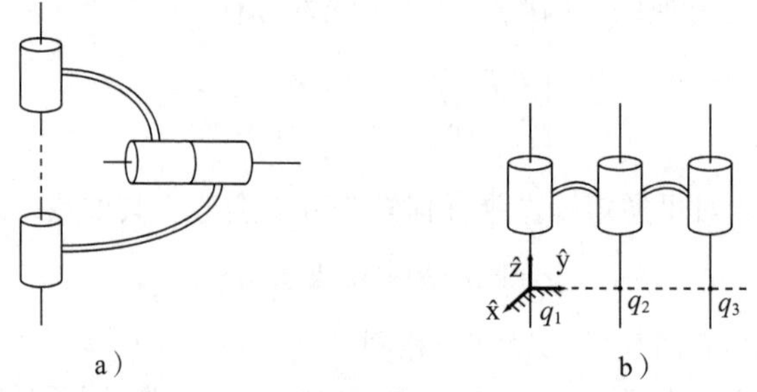

图5.11 a）两个关节轴共线时发生的运动奇异；b）3个关节轴共面平行时发生的运动奇异

1. 2个转动副共轴

我们考虑的第一种情况是2个转动副共轴（图5.11a）。不失一般性，这两个关节轴分别标识为1和2，雅可比矩阵的两列分别为

$$J_{s1}(\theta)=\begin{bmatrix}\omega_{s1}\\-\omega_{s1}\times q_1\end{bmatrix},\quad J_{s2}(\theta)=\begin{bmatrix}\omega_{s2}\\-\omega_{s2}\times q_2\end{bmatrix}$$

由于这两个关节共线，因此有 $\omega_{s1}=\pm\omega_{s2}$，不妨选择同一方向即正号。此外，还可导出 $\omega_{si}\times(q_1-q_2)=0, i=1,2$，因此有 $J_{s1}=J_{s2}$。集合 $\{J_{s1},J_{s2},\cdots,J_{s6}\}$ 线性相关，由此 $J_s(\theta)$ 的秩小于 6。

2. 3 个平面转动副轴线平行

我们考虑的第二种情况是 3 个转动副共面平行（图 5.11b）。不失一般性，这些关节轴分别标识为 1 ～ 3，此时，所选择的基坐标系如图所示。由此可得

$$J_s(\theta)=\begin{bmatrix}\omega_{s1} & \omega_{s1} & \omega_{s1} & \cdots\\ 0 & -\omega_{s1}\times q_2 & -\omega_{s1}\times q_3 & \cdots\end{bmatrix}$$

由于 q_2 和 q_3 是同一轴上的不同点，因此不难验证雅可比矩阵中的前 3 列线性相关。

3. 4 个转动副轴线共点

这里我们考虑的第三种情况是 4 个转动副轴线共点（图 5.12）。同样，不失一般性，这些关节轴分别标识为 1 ～ 4；此时，选择交点为基坐标系的原点。由此可得

$$J_s(\theta)=\begin{bmatrix}\omega_{s1} & \omega_{s2} & \omega_{s3} & \omega_{s4} & \cdots\\ 0 & 0 & 0 & 0 & \cdots\end{bmatrix}$$

雅可比矩阵的前 4 列显然线性相关，其中一列可以写成其他 3 列的线性组合。例如，类似的奇异发生在肘节型机器人的腕部中心正好落在肩部轴线上。

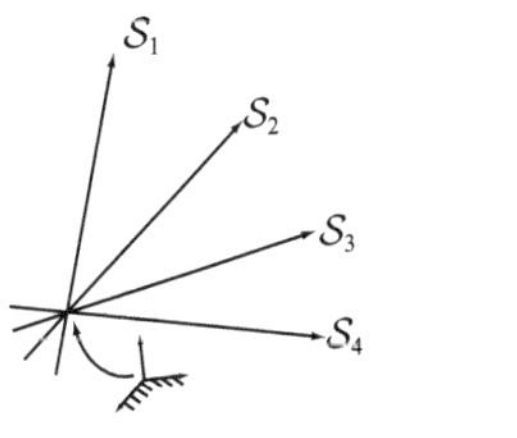

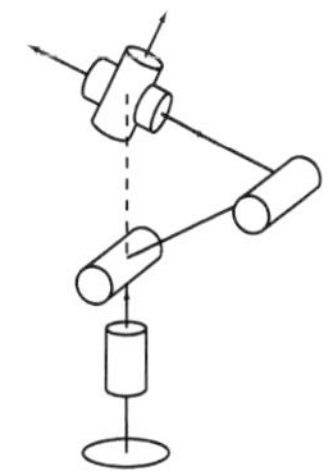

图 5.12　4 个转动副轴线共点所形成的运动学奇异

4. 4 个转动副轴线共面

这里我们考虑的第四种情况是 4 个转动副轴线共面。同样，不失一般性，这些关节轴分别标识为 1 ～ 4；选择将所有关节轴线放在基坐标系的 x-y 平面内。此时，关节轴的方向用单位向量 $\omega_{si}\in\mathbb{R}^3$ 来表示，即

$$\omega_{si}=\begin{bmatrix}\omega_{six}\\\omega_{siy}\\0\end{bmatrix}$$

166

类似的，关节轴 i 上的参考点 $q_i\in\mathbb{R}^3$ 可以写成

$$q_i=\begin{bmatrix}q_{ix}\\q_{iy}\\0\end{bmatrix}$$

因此有

$$v_{si}=-\omega_{si}\times q_i=\begin{bmatrix}0\\0\\\omega_{siy}q_{ix}-\omega_{six}q_{iy}\end{bmatrix}$$

空间雅可比 $J_s(\theta)$ 的前四列为

$$\begin{bmatrix} \omega_{s1x} & \omega_{s2x} & \omega_{s3x} & \omega_{s4x} \\ \omega_{s1y} & \omega_{s2y} & \omega_{s3y} & \omega_{s4y} \\ 0 & 0 & 0 & 0 \\ 0 & 0 & 0 & 0 \\ 0 & 0 & 0 & 0 \\ \omega_{s1y}q_{1x}-\omega_{s1x}q_{1y} & \omega_{s2y}q_{2x}-\omega_{s2x}q_{2y} & \omega_{s3y}q_{3x}-\omega_{s3x}q_{3y} & \omega_{s4y}q_{4x}-\omega_{s4x}q_{4y} \end{bmatrix}$$

不可能线性无关，因为他们只有 3 个非零元素。

5. 6 个转动副轴线都与一条线相交

最后我们再考虑一种情况是 6 个转动副轴线都交于同一条直线。选择这条公共直线作为基坐标系的 $\hat{z}$ 轴，轴线与公共直线的交点作为参考点 $q_i \in \mathbb{R}^3$。因此，每个 q_i 均满足如下形式：$q_i = (0, 0, q_{iz})$，且对于 $i = 1, \cdots, 6$

167

$$v_{si} = -\omega_{si} \times q_i = (\omega_{siy} q_{iz}, -\omega_{six} q_{iz}, 0)$$

因此，空间雅可比可以写成

$$\begin{bmatrix} \omega_{s1x} & \omega_{s2x} & \omega_{s3x} & \omega_{s4x} & \omega_{s5x} & \omega_{s6x} \\ \omega_{s1y} & \omega_{s2y} & \omega_{s3y} & \omega_{s4y} & \omega_{s5y} & \omega_{s6y} \\ \omega_{s1z} & \omega_{s2z} & \omega_{s3z} & \omega_{s4z} & \omega_{s5z} & \omega_{s6z} \\ \omega_{s1y}q_{1z} & \omega_{s2y}q_{2z} & \omega_{s3y}q_{3z} & \omega_{s4y}q_{4z} & \omega_{s5y}q_{5z} & \omega_{s6y}q_{6z} \\ -\omega_{s1x}q_{1z} & -\omega_{s2x}q_{2z} & -\omega_{s3x}q_{3z} & -\omega_{s4x}q_{4z} & -\omega_{s5x}q_{5z} & -\omega_{s6x}q_{6z} \\ 0 & 0 & 0 & 0 & 0 & 0 \end{bmatrix}$$

显然，该矩阵是奇异阵（最后一行均为 0）。

5.4 可操作度

前面各节中我们看到，当机器人发生运动学奇异时，机器人的末端执行器在某一或更多方向上会失去移动或转动的能力。运动学奇异由此呈现给我们一个双向的命题：某些特殊的位形是奇异位形，或者不是奇异位形。因此，自然会问，这些非奇异位形是否会接近奇异位形？答案是肯定的。事实上，我们可以确定在哪些方向上机器人的末端运动的能力会减弱，以及在何种程度上的减弱。可操作度椭球便是这样一个几何性的可视化工具，通过它可以判断机器人末端运动最容易和最困难的具体方位。

平面 2R 机器人的可操作度椭球如图 5.3 所示，该机器人的雅可比公式见式（5.1）。

对于一个通用的 n 关节开链机器人，任务空间的坐标为 $q \in \mathbb{R}^m$，其中，$m \leqslant n$。可操作度椭球对应的是当关节速率满足 $\|\dot{\theta}\| = 1$ 时末端执行器的速度。在 n 维关节速度空间内的一个单元球⊖。假设 J 可逆，单位关节速度条件数可以写成

$$1 = \dot{\theta}^{\mathrm{T}}\dot{\theta} = (J^{-1}\dot{q})^{\mathrm{T}}(J^{-1}\dot{q}) = \dot{q}^{\mathrm{T}}J^{-\mathrm{T}}J^{-1}\dot{q} = \dot{q}^{\mathrm{T}}(JJ^{\mathrm{T}})^{-1}\dot{q} = \dot{q}^{\mathrm{T}}A^{-1}\dot{q} \tag{5.27}$$

若 J 满秩（阶数为 m），矩阵 $A = JJ^{\mathrm{T}} \in \mathbb{R}^{m \times m}$ 为方阵，且为对称正定阵，A^{-1} 也是如此。

⊖ 二维椭球通常被称为“椭圆”，而高于三维空间中的椭球通常被称为“超椭球”，但这里我们使用的椭球术语与维度无关。类似地，我们使用的“球”术语也与维度无关；而不是对二维情形使用“圆”这一术语，对超过三维的情形使用“超球”这一术语。

由线性代数的知识可知，对于任何对称正定阵 $A^{-1}\in\mathbb{R}^{m\times m}$，向量集合 $\dot{q}\in\mathbb{R}^m$ 满足 168

$$\dot{q}^{\mathrm{T}}A^{-1}\dot{q}=1$$

由此定义 m 维空间椭球。令 v_i 和 λ_i 为 A 的特征向量和特征值。椭球主轴方向为 v_i，主轴半径长为 $\sqrt{\lambda_i}$，如图 5.13 所示。进而，椭球的体积 V 与主轴半径长的乘积成正比，即

$$V\propto\sqrt{\lambda_1\lambda_2\cdots\lambda_m}=\sqrt{\det(A)}=\sqrt{\det(JJ^{\mathrm{T}})}$$

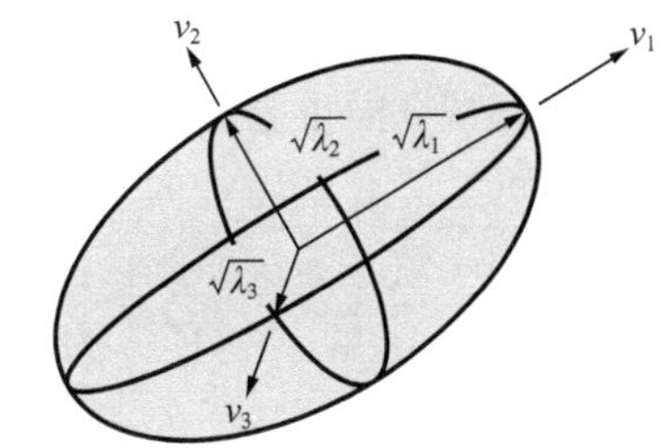

图 5.13 $\dot{q}^{\mathrm{T}}A^{-1}\dot{q}=1$ 在 $\dot{q}\in\mathbb{R}^3$ 空间内的椭球可视化表示：主轴半径长为 A 的特征值 λ_i 的平方根，主轴方向对应特征向量 v_i

对于几何雅可比 J（或者末端坐标系下的 J_b，或者基坐标系下的 J_s），都可以写成 $6\times n$ 雅可比的形式，即

$$J(\theta)=\begin{bmatrix}J_\omega(\theta)\\J_v(\theta)\end{bmatrix}$$

式中，J_ω 为 J 的上 3 列，J_v 为 J 的下 3 列。将此分离开的原因在于：角速度与线速度的量纲不同。由此可以得到两个三维可操作度椭球：一个表示角速度，另一个表示线速度。这两个可操作度椭球都有与 A 的特征向量相对应的主轴，长度为其特征值的平方根。其中，对于角速度可操作度椭球，$A=J_\omega J_\omega^{\mathrm{T}}$；对于线速度可操作度椭球，$A=J_vJ_v^{\mathrm{T}}$。

当在计算线速度可操作度椭球时，使用物体雅可比 J_b 更合适些，因为我们通常对末端坐标系原点的速度更感兴趣，而非固定坐标系原点的速度。

除了可操作度椭球的几何特征之外，定义一个参数来度量机器人沿某种位姿下运动的难易程度也很有用。其中一种方法是定义可操作度椭球的最长轴半径与最短轴半径的比值

$$\mu_1(A)=\frac{\sqrt{\lambda_{\max}(A)}}{\sqrt{\lambda_{\min}(A)}}=\sqrt{\frac{\lambda_{\max}(A)}{\lambda_{\min}(A)}}\geqslant 1$$

式中，$A=JJ^{\mathrm{T}}$。当 $\mu_1(A)$ 接近 1 时，可操作度椭球接近球形或者**各向同性**（isotropic）。意味着该机器人沿任何方向都同样容易，这是理想情况。相反，当机器人接近奇异时，$\mu_1(A)$ 趋于无穷大。 169

类似的，可以定义 $\mu_2(A)$ 为 $\mu_1(A)$ 的平方，又称为矩阵 $A=JJ^{\mathrm{T}}$ 的**条件数**（condition number），即

$$\mu_2(A)=\frac{\lambda_{\max}(A)}{\lambda_{\min}(A)}\geqslant 1$$

同样，该值越小越理想。矩阵的条件数普遍用于衡量矩阵与向量相乘后的敏感度误差减少的程度。

最后一种度量方法是简单利用可操作度椭球的体积，即

$$\mu_3(A)=\sqrt{\lambda_1\lambda_2\cdots}=\sqrt{\det(A)}$$

不像前两种方法，这种情况下是越大越好。

与可操作度椭球类似，可以定义力椭球，表示当关节力矩满足 $\|\tau\|=1$ 时，根据

$\tau = J^{\mathrm{T}}(\theta)\mathcal{F}$，可以得到与上述相近的结果，只是需要满足

$$1 = f^{\mathrm{T}} J J^{\mathrm{T}} f = f^{\mathrm{T}} B^{-1} f$$

式中，$B = (JJ^{\mathrm{T}})^{-1} = A^{-1}$。对于力椭球，矩阵 B 与可操作度椭球中的 A 的作用相同：由 B 的特征值和特征向量定义力椭球的形状。

由于可逆阵 A 的特征向量也是 $B = A^{-1}$ 的特征向量，因此力椭球的主轴与可操作度椭球的主轴相一致。不仅如此，由于 $B = A^{-1}$ 的特征值是 A 的特征值的逆，因此力椭球的主轴半径长度为 $1/\sqrt{\lambda_i}$。这样，力椭球很容易从可操作度椭球推演得到：简单沿主轴方向，按比例尺 $1/\sqrt{\lambda_i}$ 拉伸一下可操作度椭球。此外，由于可操作度椭球的体积 V_A 与主轴半径长的乘积 $\sqrt{\lambda_1\lambda_2\cdots}$ 成正比，力椭球的体积 V_B 与 $1/\sqrt{\lambda_1\lambda_2\cdots}$ 成正比，这样两者的乘积 $V_A V_B$ 为常数，与关节变量 θ 无关。因此，增加机器人的可操作度椭球体积 $\mu_3(A)$ 会同时减小力椭球体积 $\mu_3(B)$。这也解释了本章开始时提到的：当机器人接近奇异时，V_A 趋近于零，
170 而 V_B 趋近于无穷大值。

5.5　本章小结

- n 杆开链机器人的正向运动学可以写成指数积公式

$$T(\theta) = e^{[\mathcal{S}_1]\theta_1} e^{[\mathcal{S}_2]\theta_2} \cdots e^{[\mathcal{S}_n]\theta_n} M$$

  空间雅可比 $J_s(\theta) \in \mathbb{R}^{6\times n}$ 通过公式 $\mathcal{V}_s = J_s(\theta)\dot{\theta}$ 将关节速度 $\dot{\theta} \in \mathbb{R}^n$ 与空间速度 $\mathcal{V}_s$ 有机联系在一起，$J_s(\theta)$ 的第 i 列表示为

$$\begin{cases} J_{si}(\theta) = \mathrm{Ad}_{e^{[\mathcal{S}_1]\theta_1}\cdots e^{[\mathcal{S}_{i-1}]\theta_{i-1}}}(\mathcal{S}_i) & i = 2, \cdots, n \\ J_{s1} = \mathcal{S}_1 \end{cases}$$

  与关节 i 对应的 J_{si} 的旋量坐标在空间坐标系中来描述。关节角 θ 为任意值而不是零。

- n 杆开链机器人的正向运动学也可以写成如下指数积公式

$$T(\theta) = M e^{[\mathcal{B}_1]\theta_1} e^{[\mathcal{B}_2]\theta_2} \cdots e^{[\mathcal{B}_n]\theta_n}$$

  物体雅可比 $J_b(\theta) \in \mathbb{R}^{6\times n}$ 通过公式 $\mathcal{V}_b = J_b(\theta)\dot{\theta}$ 将关节速度 $\dot{\theta} \in \mathbb{R}^n$ 与末端物体速度 $\mathcal{V}_b$ 有机联系在一起，$J_b(\theta)$ 的第 i 列表示为

$$\begin{cases} J_{bi}(\theta) = \mathrm{Ad}_{e^{-[\mathcal{B}_n]\theta_n}\cdots e^{-[\mathcal{B}_{i+1}]\theta_{i+1}}}(\mathcal{B}_i) & i = n-1, \cdots, 1 \\ J_{bn} = \mathcal{B}_n \end{cases}$$

  与关节 i 对应的 J_{bi} 的旋量坐标在物体坐标系中来描述。关节角 θ 为任意值而不是零。

- 物体雅可比与空间雅可比之间的关系满足

$$J_b(\theta) = [\mathrm{Ad}_{T_{bs}}] J_s(\theta)$$
$$J_s(\theta) = [\mathrm{Ad}_{T_{sb}}] J_b(\theta)$$

  式中，$T_{sb} = T(\theta)$。

- 假设具有 n 个单自由度关节的空间开链机器人处于静平衡状态，令 $\tau \in \mathbb{R}^n$ 表示关节力矩，$\mathcal{F} \in \mathbb{R}^6$ 表示施加在末端的力旋量，它们或者在空间坐标系中来描述，或者在物体坐标系中来表示。τ 与 $\mathcal{F}$ 的关系满足

$$\tau = J_b^{\mathrm{T}}(\theta)\mathcal{F}_b = J_s^{\mathrm{T}}(\theta)\mathcal{F}_s$$

- 对于开链机器人而言，运动学奇异位形简称运动奇异，是指当雅可比矩阵不满秩情况下的任一位形 $\theta \in \mathbb{R}^n$。对于由转动副和移动副组成的 6-dof 空间开链机器人，常见的奇异类型包括：① 2 个转动副轴线共线；② 3 个转动副轴线共面平行；③ 4 个转动副轴线共点；④ 4 个转动副轴线共面；⑤ 6 个转动副轴线交于某一公共直线。 171
- 可操作度椭球用于度量机器人沿不同方向运动的难易程度，具体可通过雅可比来度量：用 JJ^{T} 的特征向量定义可操作度椭球的主轴方向，用 JJ^{T} 特征值的平方根定义两个主轴的半径。
- 力椭球用于度量机器人产生不同方向力的难易程度，也可通过雅可比来度量：用 $(JJ^{\mathrm{T}})^{-1}$ 的特征向量定义力椭球的主轴方向，用 $(JJ^{\mathrm{T}})^{-1}$ 特征值的平方根定义两个主轴的半径。
- 可操作度椭球与力椭球的度量指标包括：长半轴与短半轴的比值、它们的平方根、以及椭球的体积。其中前两个指标可以反映出：当数值较小（接近于 1）时，该机器人远离奇异。

5.6 软件

本章涉及的软件函数如下。

```
Jb = JacobianBody(Blist,thetalist)
```

给定物体坐标系下描述的各关节旋量 $\mathcal{B}_i$ 及关节角，计算物体雅可比 $J_b(\theta) \in \mathbb{R}^{6\times n}$。

```
Js = JacobianSpace(Slist,thetalist)
```

给定空间坐标系下描述的各关节旋量 $\mathcal{S}_i$ 及关节角，计算空间雅可比 $J_s(\theta) \in \mathbb{R}^{6\times n}$。

5.7 推荐阅读

指数积公式的一个最大优点是很容易导出雅可比矩阵。雅可比矩阵的每一列对应的就是各个关节轴的旋量坐标（依赖于位形）。有关雅可比矩阵各列紧凑闭环形式的表示可通过矩阵指数直接得到。

大量文献讨论过 6R 开链机器人的奇异分析问题。除了本章介绍的 3 个例子，还可参考 Murray 等（1994），以及本章后面的习题，有些例子中部分转动副替换成了移动副。有关开链机器人奇异分析过程中用到的数学技巧同样可用在并联机构的奇异分析中，本书第 7 章还会讨论这个议题。

机器人可操作度的概念最早由 Yoshikawa 在 1985 年提出并给出了量化的度量公式。目前很多文献都涉及开链机器人可操作度的分析，具体参考 Klein 和 Blaho（1987），Park 和 Brockett（1994）。 172

习题

1. 单位半径的轮子以 1rad/s 的速率从左向右滚动（图 5.14，虚线画的圆表示初始时刻的轮子）。

(a) 给出空间速度（运动旋量）$\mathcal{V}_s(t)$ 关于时间的函数。

(b) 给出 {b} 系原点相对 {s} 系的线速度。

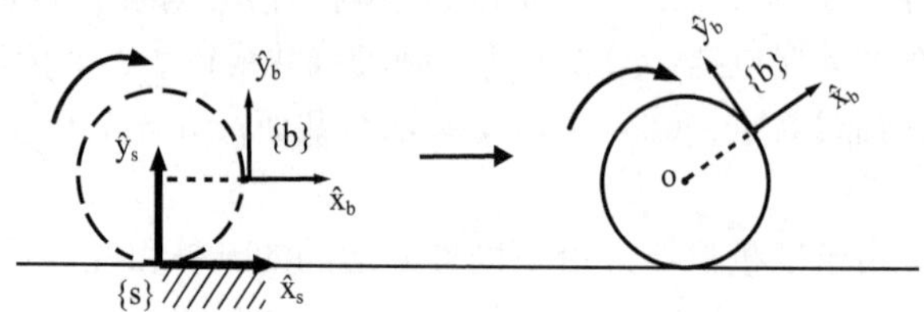

图 5.14 作纯滚动的轮子

2. 如图 5.15a 所示为处于零位的 3R 平面开链机器人。

(a) 假设末端施加的载荷只有沿 $\hat{x}_s$ 轴方向的 5N 纯力，没有其他轴向的分量，求各个关节处需施加的力矩？

(b) 假设末端施加的载荷只有沿 $\hat{y}_s$ 轴方向的 5N 纯力，求各个关节处需施加的力矩？

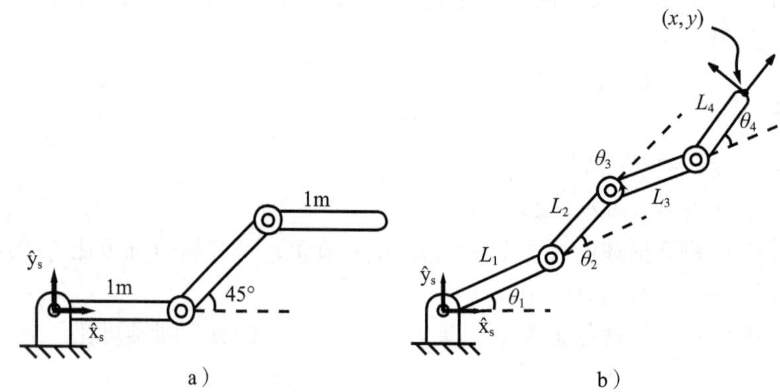

图 5.15 a) 平面 3R 开链机器人，每根杆的杆长为 1m；b) 平面 4R 开链机器人

3. 如图 5.15b 所示为处于零位的 4R 平面开链机器人。

(a) 该机器人正向运动学的 PoE 公式可以写成

$$T(\theta)=e^{[\mathcal{S}_1]\theta_1}e^{[\mathcal{S}_2]\theta_2}e^{[\mathcal{S}_3]\theta_3}e^{[\mathcal{S}_4]\theta_4}M$$

求 $M \in SE(2)$ 以及每个关节旋量坐标 $\mathcal{S}_i=(\omega_{zi}, v_{xi}, v_{yi}) \in \mathbb{R}^3$。

(b) 求该机器人的物体雅可比矩阵。

(c) 假设机器人在位形为 $\theta_1=\theta_2=0$， $\theta_3=\pi/2$， $\theta_4=-\pi/2$ 时处于静平衡状态，这时，力 $f=(10,10,0)$ 和力偶 $m=(0,0,10)$ 施加在机器人的末端（无论力和力偶都相对固定坐标系来表示），求需提供给各个关节处的力矩。

(d) 与（c）的条件相同，不过这时，力 $f=(-10,10,0)$ 和力偶 $m=(0,0,-10)$ 施加在机器人的末端（无论力和力偶都相对固定坐标系来表示），求需提供给各个关节处的力矩。

173 (e) 找出该机器人的所有奇异位形。

4. 如图 5.16 所示为两个手指正在抓取一个罐头盒。坐标系 {b} 放在盒子的中心处，而坐标

系 $\{b_1\}$ 和 $\{b_2\}$ 放在手指与盒子的接触点处，具体如图所示。其中，力 $f_1=(f_{1,x},f_{1,y},f_{1,z})$ 为指尖 1 施加给盒子的力，在坐标系 $\{b_1\}$ 中来描述；力 $f_2=(f_{2,x},f_{2,y},f_{2,z})$ 为指尖 2 施加给盒子的力，在坐标系 $\{b_2\}$ 中来描述。

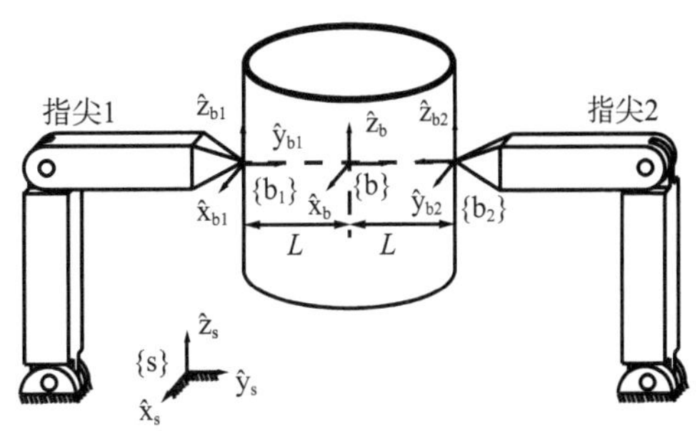

图 5.16　两个手指抓持一个金属罐

(a) 假设系统处于静平衡状态，求施加给盒子的合力旋量 $\mathcal{F}_b$。

(b) 假设 $\mathcal{F}_{ext}$ 为施加给盒子的一个任意外力旋量（在坐标系 $\{b\}$ 表示），求不能抵抗指尖力的所有 $\mathcal{F}_{ext}$。 174

5. 如图 5.17 所示，右上角的刚体绕某一点 (L,L) 以角速度 $\dot{\theta}=1$ 转动。

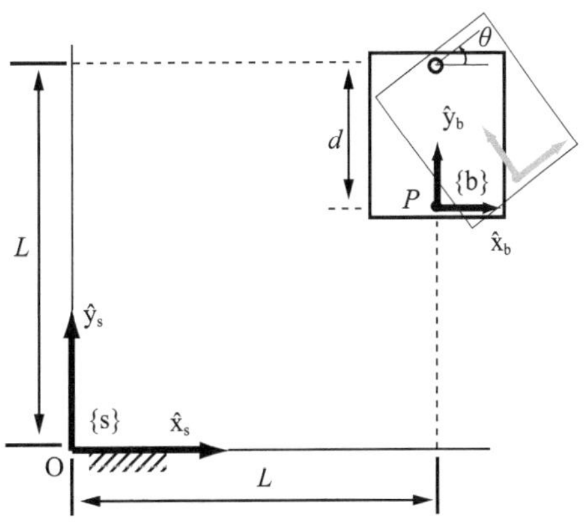

图 5.17　刚体在一平面内旋转

(a) 求运动刚体上一点 P 相对固定坐标系 $\{s\}$ 的位置（基于 θ 的函数）。

(b) 求 P 点相对固定坐标系 $\{s\}$ 的速度。

(c) 求从固定坐标系 $\{s\}$ 中看，坐标系 $\{b\}$ 的位形 T_{sb}。

(d) 求物体坐标系下位形 T_{sb} 对应的运动旋量。

(e) 求空间坐标系下位形 T_{sb} 对应的运动旋量。

(f) 求（d）与（e）所求得的运动旋量之间的关系式。

(g) 求（d）所求得的运动旋量与（b）所求得的 $\dot{P}$ 之间的关系式。

(h) 求（e）所求得的运动旋量与（b）所求得的 $\dot{P}$ 之间的关系式。

6. 如图 5.18 所示为一个新的公园娱乐木马设计方案。骑马者坐在坐标系 $\{b\}$ 所在的位置，固定坐标系 $\{s\}$ 则置于顶端的轴上，具体如图所示。图中标注的尺寸 R=10m，L=20m，其上的两个关节均以角速度 1rad/s 旋转。

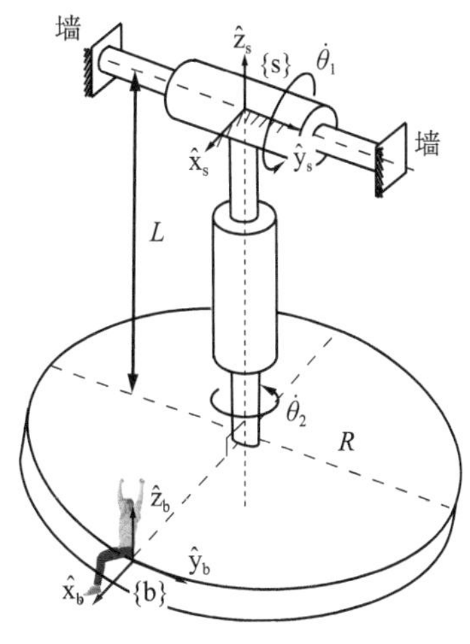

图 5.18　一种新的公园娱乐木马

(a) 假设图所示为 t=0 时机构所在的位置，求骑马者的线速度 v_b 和角速度 ω_b 关于时间 t 的函数，在 $\{b\}$ 坐标系中描述。

(b) 令 p 为表示骑马者相对 $\{s\}$ 系的位置，求其线速度 $\dot{p}(t)$。 175

7. 如图 5.19 所示为处于零位的 RRP 机器人。

（a）写出各关节相对空间坐标系的旋量坐标。求解当 $\theta=(90°,90°,1)$ 时的正向运动学；手绘或者利用计算机绘制该位形处手臂和末端坐标系，求得该位形处的空间雅可比 J_s。

（b）写出各关节相对末端物体坐标系的旋量坐标。求解当 $\theta=(90°,90°,1)$ 时的正向运动
176 学并确认得到与（a）相同的结果；求得该位形处的物体雅可比 J_b。

8. 如图 5.20 所示为处于零位的 RPR 机器人。基坐标系和末端坐标系分别用 {s} 和 {b} 来表示。

（a）求任意位形 $\theta\in\mathbb{R}^3$ 下的空间雅可比 $J_s(\theta)$。

（b）假设该操作手处于零位，外力 $f\in\mathbb{R}^3$ 作用于 {b} 系的原点。求当 $\tau=0$ 时，可抵制 f 的所有方向。

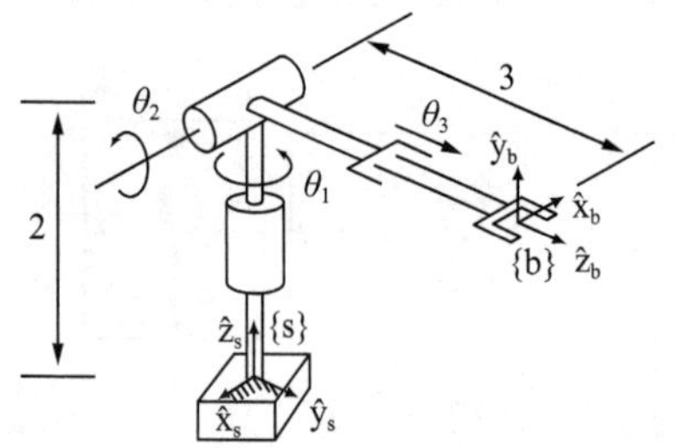

图 5.19　处于初始位置 RRP 机器人

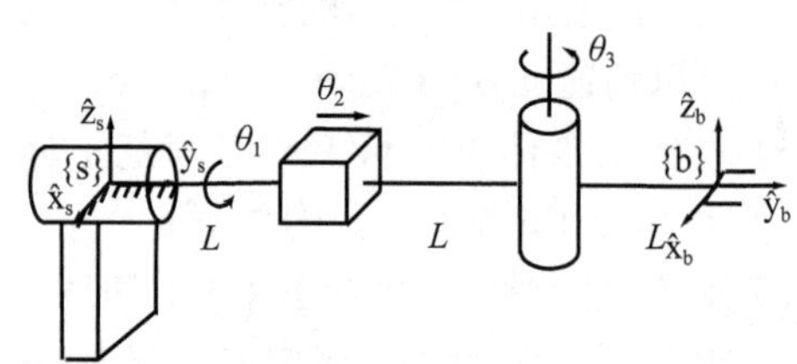

图 5.20　RPR 机器人

9. 求 3R 机器人的运动学奇异。其中，该机器人的正向运动学公式为

$$R=e^{[\hat{\omega}_1]\theta_1}e^{[\hat{\omega}_2]\theta_2}e^{[\hat{\omega}_3]\theta_3}$$

式中，$\hat{\omega}_1=(0,0,1)$，$\hat{\omega}_2=(1/\sqrt{2},0,1/\sqrt{2})$，$\hat{\omega}_3=(1,0,0)$。

10. 本练习主要推导 n 杆开链机器人中与 SO(3) 指数坐标对应的解析雅可比。

（a）给定 $n\times n$ 阶矩阵 $A(t)$，其指数为 $X(t)=e^{A(t)}$ 也是一个 $n\times n$ 阶非奇异矩阵，试证明

$$X^{-1}\dot{X}=\int_0^1 e^{-A(t)s}\dot{A}(t)e^{A(t)s}\mathrm{d}s$$

$$\dot{X}X^{-1}=\int_0^1 e^{A(t)s}\dot{A}(t)e^{-A(t)s}\mathrm{d}s$$

（提示：可能用到公式 $\dfrac{\mathrm{d}}{\mathrm{d}\varepsilon}e^{(A+\varepsilon B)t}|_{\varepsilon=0}=\int_0^t e^{As}Be^{-A(t-s)}\mathrm{d}s$）

177 （b）利用上式结论证明：若 $r(t)\in\mathbb{R}^3$ 和 $R(t)=e^{[r(t)]}$，物体角速度 $[\omega_b]=R^{\mathrm{T}}\dot{R}$ 与 $\dot{r}$ 有关，且满足

$$\omega_b=A(r)\dot{r}$$

式中，$A(r)=I-\dfrac{1-\cos\|r\|}{\|r\|^2}[r]+\dfrac{\|r\|-\sin\|r\|}{\|r\|^3}[r]^2$。

（c）推导出将空间坐标系中的角速度与 $\dot{r}$ 相联系的对应公式 $[\omega_s]=\dot{R}R^T$。

11. 如图 5.21 所示为处于零位的空间 3R 开链机器人。p 为 {b} 系原点相对基坐标系 {s} 的坐标。

（a）在零位时，假设我们希望末端能以线速度 $\dot{p}=(10,0,0)$ 移动，求这时所需的各输入关节速度 $\dot{\theta}_1,\dot{\theta}_2,\dot{\theta}_3$。

（b）假设机器人处于位形 $\theta_1=0,\theta_2=45°,\theta_3=-45°$ 处，并处于静平衡状态，我们希望能产生为 $f_b=(10,0,0)$ 的末端力（在末端坐标系 {b} 中来描述），求这时所需的各输入关节力矩 τ_1,τ_2,τ_3。

（c）在与（b）相同的条件下，假设这次我们希望产生为 $m_b=(10,0,0)$ 的末端力矩（在末端坐标系 {b} 中来描述），求这时所需的各输入关节力矩 τ_1,τ_2,τ_3。

（d）假设最大的关节力矩（受电机输出力矩所限）为

$$\|\tau_1\|\leqslant 10,\quad \|\tau_2\|\leqslant 20,\quad \|\tau_3\|\leqslant 5$$

求在零位时，在末端坐标系的 $\hat{x}$ 方向需施加的最大力。

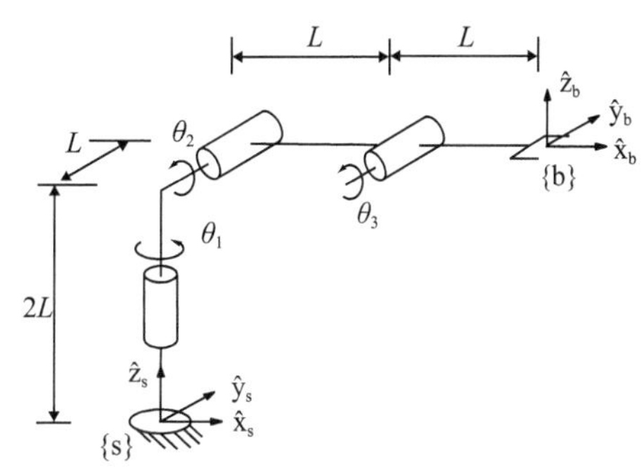

图 5.21　空间 3R 开链机器人　178

12. 如图 5.22 所示为处于零位的 RRRP 开链机器人。p 为 {b} 系原点相对基坐标系 {s} 的坐标。

（a）确定当 $\theta_1=\theta_2=0,\theta_3=\pi/2,\ \theta_4=L$ 时的物体雅可比 $J_b(\theta)$。

（b）求当 $\theta_1=\theta_2=0,\theta_3=\pi/2,\ \theta_4=L$ 和 $\dot{\theta}_1=\dot{\theta}_2=\dot{\theta}_3=\dot{\theta}_4=1$ 时的 $\dot{p}$。

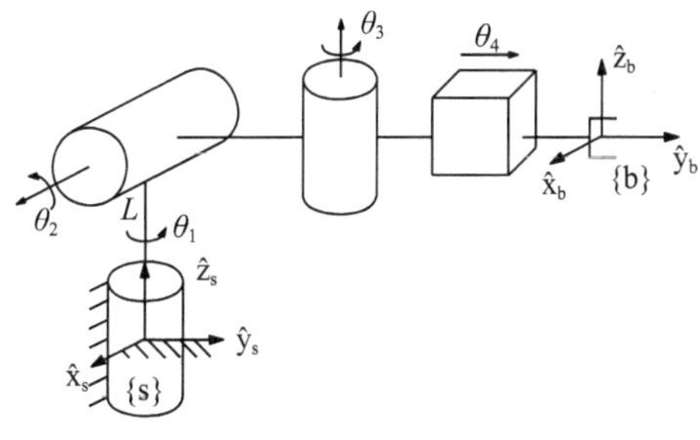

图 5.22　空间 RRRP 开链机器人

13. 对于如图 5.23 所示的空间 6R 开链机器人，

（a）确定空间雅可比 $J_s(\theta)$。

（b）求该机器人的运动学奇异。从关节螺旋轴的几何分布以及得失自由度的角度对每种奇异进行解释。

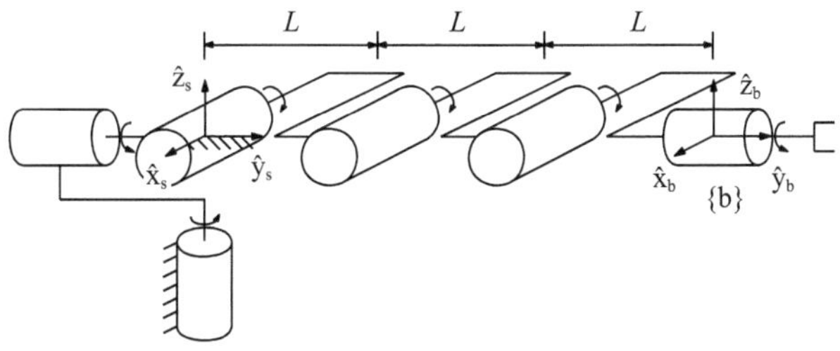

图 5.23　空间 6R 开链机器人的奇异位形

14. 对于如图 5.24 所示的 6-dof 开链机器人，证明当其中任意两个连续转动关节的轴线平行，且移动关节的轴线与这两个转动平行的转动关节所形成的平面正交，该机器人处于运动学奇异状态。

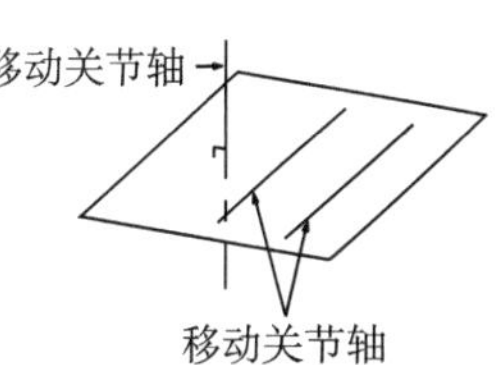

图 5.24　与转动关节和移动关节相关的运动学奇异　179

15. 如图 5.25 所示为处于零位的空间 PRRRRP 开

链机器人。

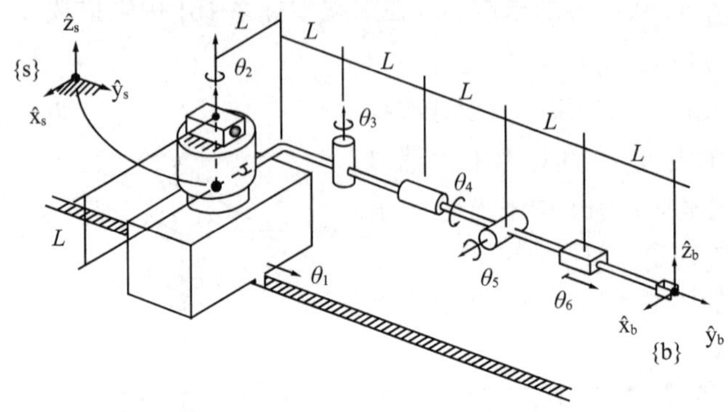

图 5.25　空间 PRRRRP 开链机器人

(a) 零位时，求空间雅可比的前 3 列。

(b) 求空间雅可比的前 3 列线性相关时的所有位形。

(c) 假设运动链在 $\theta_1=\theta_2=\theta_3=\theta_5=\theta_6=0, \theta_4=90°$ 位形处，并处于静平衡状态，一个纯力 $f_b=(10,0,10)$（在末端坐标系 {b} 中来描述）施加在机器人的末端坐标系原点处，求前 3 个输入关节的力矩 τ_1,τ_2,τ_3。

16. 如图 5.26 所示为处于零位的空间 PRPRRR 开链机器人。该位形处，基坐标系原点与末端坐标系的原点之间的距离为 L。

(a) 求空间雅可比 J_s 的前 3 列。

(b) 求物体雅可比 J_b 的后两列。

(c) 当 L 为何值时，零位处于奇异位形。

(d) 求在零位时，若在末端坐标系的 $-\hat{z}_b$ 方向产生 100N 的力，需在关节处施加的

180 力或力矩 τ?

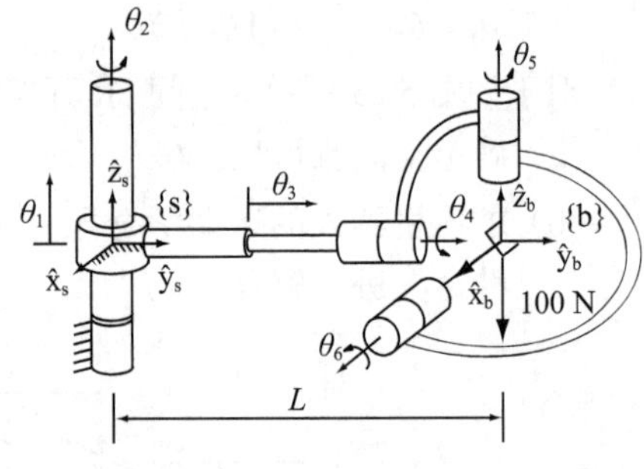

图 5.26　空间 PRPRRR 开链机器人

17. 如图 5.27 所示为处于零位的空间 PRRRRP 开链机器人。

(a) 求空间雅可比 $J_s(\theta)$ 的前 3 列。

(b) 假设机器人处于零位，且 $\dot{\theta}=(1,0,1,-1,2,0)$，求对应的空间速度 $\mathcal{V}_s$。

(c) 零位是否为运动学奇异？给出理由。

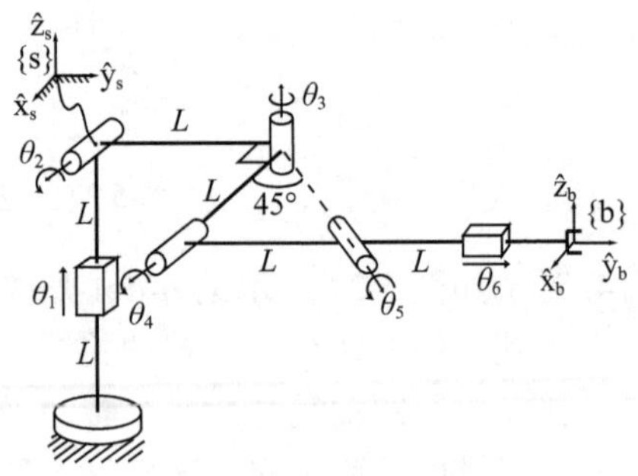

图 5.27　空间 PRRRRP 开链机器人

18. 如图 5.28 所示为 6 自由度 RRPRPR 开链机器人，基坐标系 {s} 和末端坐标系 {b} 也如图所示。当其处于零位时，关节 1、2 和 6 位于固定坐标系的 $\hat{y}$-$\hat{z}$ 平面内，关节 4 与基坐标系的 $\hat{x}$ 轴重合。

(a) 求空间雅可比 $J_s(\theta)$ 的前 3 列。

(b) 假设机器人处于零位，且 $\dot{\theta}=(1,0,1,-1,2,0)$，求对应的空间速度 $\mathcal{V}_s$。

(c) 零位是否为运动学奇异？给出理由。

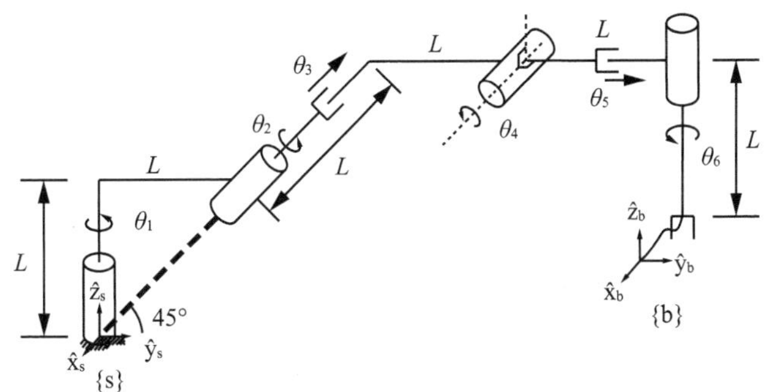

图 5.28 处于零位的空间 RRPRPR 开链机器人

19. 如图 5.29 所示为处于零位的空间 PRRRRP 开链机器人。 181

(a) 求空间雅可比 $J_s(\theta)$ 的前 4 列。

(b) 零位是否为运动学奇异？给出理由。

(c) 计算为平衡下面所给的末端力旋量应在关节处施加的力和力矩：

$\mathcal{F}_s=(0,1,-1,1,0,0)$，$\mathcal{F}_s=(1,-1,0,1,0,-1)$

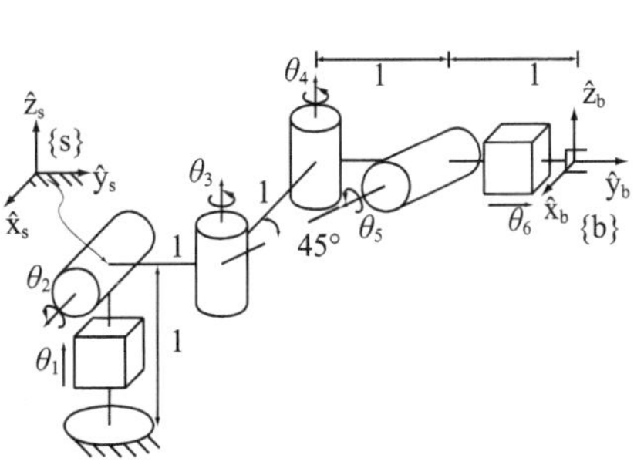

图 5.29 空间 PRRRRP 开链机器人

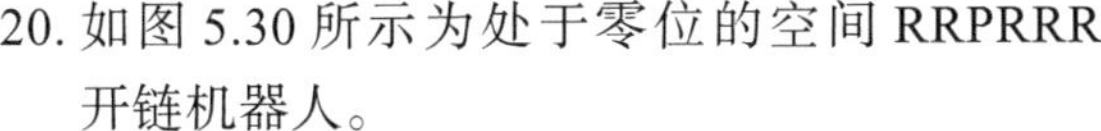

20. 如图 5.30 所示为处于零位的空间 RRPRRR 开链机器人。

(a) 对于如图所示的基坐标系 {0} 和末端坐标系 {t}，该机器人的正向运动学指数积公式可以表示成

$$T(\theta)=e^{[\mathcal{S}_1]\theta_1}e^{[\mathcal{S}_2]\theta_2}e^{[\mathcal{S}_3]\theta_3}e^{[\mathcal{S}_4]\theta_4}e^{[\mathcal{S}_5]\theta_5}e^{[\mathcal{S}_6]\theta_6}M$$

(b) 求空间雅可比 $J_s(\theta)$ 的前 3 列。

(c) 假设基坐标系 {0} 移至如图所示的 {0′} 位置，求空间雅可比 $J_s(\theta)$ 相对新参考坐标系的前 3 列。 182

(d) 零位是否为运动学奇异？如果是，请给出基于关节旋量坐标的几何解释。

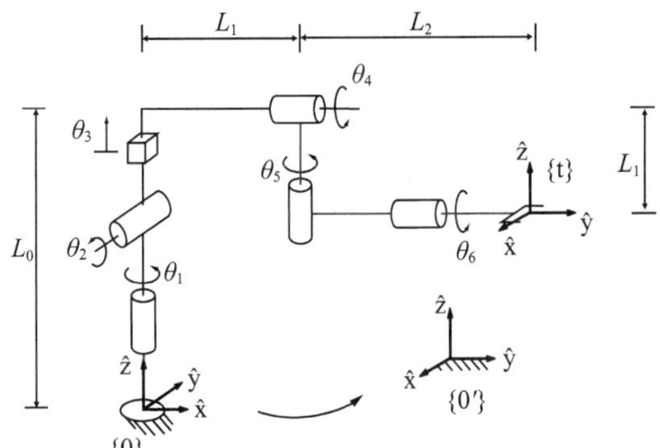

图 5.30 空间 RRPRRR 开链机器人

21. 如图 5.31 所示为用于中风病人康复的 RRPRRR 训练机器人。

(a) 假设该机器人处于零位。$M_{0c} \in SE(3)$ 表示由坐标系 {0} 到坐标系 {c} 的位移，$M_{ct} \in SE(3)$ 表示由坐标系 {c} 到坐标系 {t} 的位移，其正向运动学 T_{0t} 可写成如下形式

$$T_{0t} = e^{[\mathcal{A}_1]\theta_1} e^{[\mathcal{A}_2]\theta_2} M_{0c} e^{[\mathcal{A}_3]\theta_3} e^{[\mathcal{A}_4]\theta_4} e^{[\mathcal{A}_5]\theta_5} e^{[\mathcal{A}_6]\theta_6}$$

求 $\mathcal{A}_2, \mathcal{A}_4, \mathcal{A}_5$。

(b) 假设 $\theta_2 = 90°$，其他各关节变量均为 0，且关节速度为 $(\dot{\theta}_1, \dot{\theta}_2, \dot{\theta}_3, \dot{\theta}_4, \dot{\theta}_5, \dot{\theta}_6) = (1, 0, 1, 0, 0, 1)$，求相对基坐标系 {0} 的空间速度 $\mathcal{V}_s$。

(c)(b) 所在的位形是否为运动学奇异？给出理由。

(d) 假设一个人正在操作该康复机器人，在（b）所在的位形，一个力旋量 $\mathcal{F}_{elbow}$ 作用在肘杆上，另外一个力旋量 $\mathcal{F}_{tip}$ 作用在最后一个杆上，两者均在 {0} 系中来描述，
183 且 $\mathcal{F}_{elbow} = (1, 0, 0, 0, 0, 1)$，$\mathcal{F}_{tip} = (0, 1, 0, 1, 1, 0)$。求为保持机器人的静平衡状态，需施加的关节力和力矩 τ。

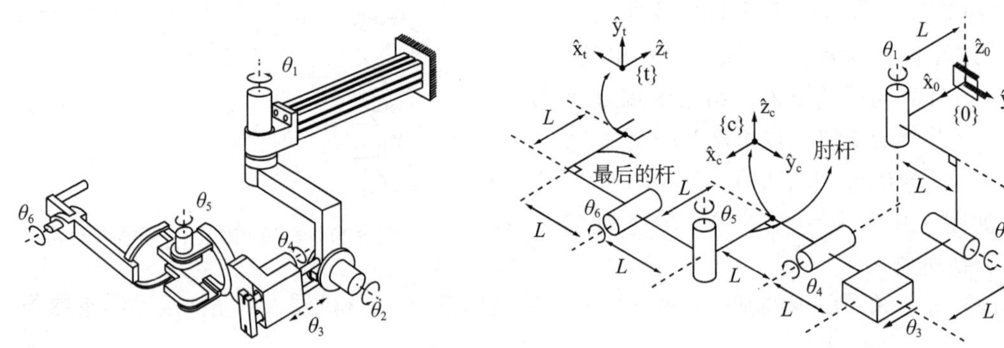

a) 康复机器人 ARMin III (Nef et al., 2009)，由瑞士苏黎世大学提供

b) ARMin III 的运动学模型

图 5.31 康复机器人 ARMin III

22. 考虑 n 杆开链机器人，各杆附着有连杆坐标系，令

$$T_{0k} = e^{[\mathcal{S}_1]\theta_1} \cdots e^{[\mathcal{S}_k]\theta_k} M_k, \quad k = 1, \cdots, n$$

为基座到连杆坐标系 $\{k\}$ 的正向运动学。令 $J_s(\theta)$ 为 T_{0n} 的空间坐标系，其中的列 J_{si} 如下所示：

184 $$J_s(\theta) = [J_{s1}(\theta) \cdots J_{sn}(\theta)]$$

再令 $[\mathcal{V}_k] = \dot{T}_{0k} T_{0k}^{-1}$ 为连杆坐标系 $\{k\}$ 相对基坐标系 {0} 的运动旋量。

(a) 求 $\mathcal{V}_2$ 和 $\mathcal{V}_3$。

(b) 基于 (a) 的计算结果，推导 $\mathcal{V}_{k+1}$ 基于 $\mathcal{V}_k, J_{s1}, \cdots, J_{s,k+1}$ 和 $\dot{\theta}$ 的递归公式。

23. 编写程序，保证用户可以通过输入平面 2R 机器人（图 5.32）两杆的长度 L_1, L_2，以及不同的机器人位形（通过两个关节角 θ_1, θ_2 来定义），绘制各关节的可操作度椭球。该程序能绘制不同位形下的机器人（用两个线段来表示），以及末端点为中心的可操作度椭球。选择相同比例的椭球以便于可视化（例如，该椭球正常情况下应比机械臂的长度短，但还很容易清晰看到）。程序同时能给出各位形下的 3 个可操作度测量值

μ_1, μ_2, μ_3。

（a）选择 $L_1 = L_2 = 1$，画出该机器人，以及在 4 种不同位形 $(-10°, 20°), (60°, 60°), (135°, 90°), (190°, 160°)$ 下的可操作度椭球。进一步确定哪一个位形下可操作度椭球最接近各向同性。这与程序计算的结果是否一致？

（b）可操作度椭球的长轴长度与短轴长度之比是否有赖于 θ_1？还是 θ_2？给出你的答案。

（c）选择 $L_1 = L_2 = 1$，手绘以下各图：机器人在 $(-45°, 90°)$ 时的位形；当 $\dot{\theta}_1 = 1\text{rad/s}$ 和 $\dot{\theta}_2 = 0$ 时，机器人末端的线速度向量；当 $\dot{\theta}_1 = 0$ 和 $\dot{\theta}_2 = 1\text{rad/s}$ 时，机器人末端的线速度向量；通过对上述两个向量求和，得到当 $\dot{\theta}_1 = 1\text{rad/s}$ 和 $\dot{\theta}_2 = 1\text{rad/s}$ 时，机器人末端的线速度向量。

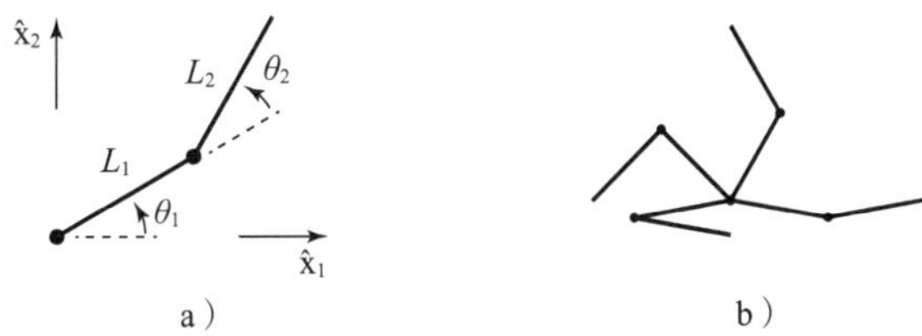

图 5.32　a）2R 机器人；b）机器人的四种不同位形

24. 修改上个题目的程序代码，画力椭球，并对上个题目中所示的 4 种位形进行演示。

25. 6R UR5 机器人的运动学已在 4.1.2 节有所介绍。

（a）给出当所有关节为 π/2 时该机器人的空间雅可比 J_s 的数值解。将该矩阵分解成角速度部分 J_ω（角速度率）和线速度部分 J_v（线速度率）。 185

（b）计算该位形下，三维角速度可操作度椭球主轴的半径和方向（基于 J_ω），和三维线速度可操作度椭球主轴的半径和方向（基于 J_v）。

（c）计算该位形下，三维扭矩力椭球主轴的半径和方向（基于 J_ω），和三维线性力椭球主轴的半径和方向（基于 J_v）。

26. 7R WAM 机器人的运动学已在 4.1.3 节有所介绍。

（a）给出当所有关节为 π/2 时该机器人的物体雅可比 J_b 的数值解。将该矩阵分解成角速度部分 J_ω（角速度率）和线速度部分 J_v（线速度率）。

（b）计算该位形下，三维角速度可操作度椭球主轴的半径和方向（基于 J_ω），和三维线速度可操作度椭球主轴的半径和方向（基于 J_v）。

（c）计算该位形下，三维扭矩力椭球主轴的半径和方向（基于 J_ω），和三维线性力椭球主轴的半径和方向（基于 J_v）。

27. 用你熟悉的语言对本章介绍的函数练习软件编程，验证是否达到预期，你能使其更有效率吗？ 186

第 6 章

Modern Robotics: Mechanics, Planning, and Control

逆运动学

对于通用的 n 自由度开链机器人而言，若其正向运动学写成 $T(\theta), \theta \in \mathbb{R}^n$ 的形式，而其逆运动学问题可以描述成：给定齐次变换矩阵 $X \in SE(3)$，找出满足 $T(\theta) = X$ 的关节角 θ。为更好地反映运动学逆解的主要特征，下面以一个两杆平面开链机器人为例。如图 6.1a 所示，这里只考虑末端执行器的位置而忽略掉其姿态，正向运动学问题可以写成

$$\begin{bmatrix} x \\ y \end{bmatrix} = \begin{bmatrix} L_1 \cos\theta_1 + L_2 \cos(\theta_1 + \theta_2) \\ L_1 \sin\theta_1 + L_2 \sin(\theta_1 + \theta_2) \end{bmatrix} \tag{6.1}$$

假设 $L_1 > L_2$，所有可达点的集合，也就是工作空间，应为内外半径分别为 $L_1 - L_2$ 和 $L_1 + L_2$ 的圆环。若给定末端执行器的位置 (x, y)，不难看出根据 (x, y) 位于工作空间的外部、边界和内部可以判断出反解的数量分别为无解、单一解和两组解。当存在两组解时，第二个关节（亦称肘关节）角可正可负，这两组解有时称作左向和右向解，或者提肘和垂肘解。

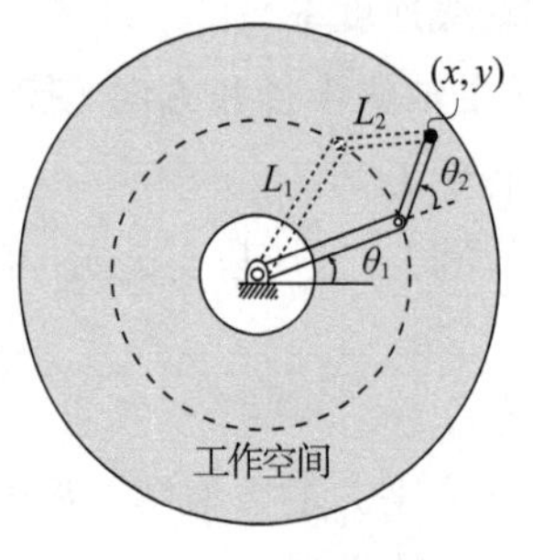

a）工作空间、左右位形

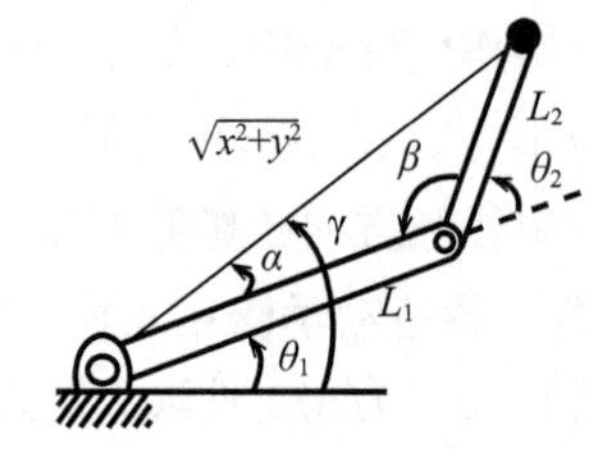

b）几何求解

187 图 6.1　平面 2R 开链机械手的逆运动学

当给定位置 (x, y) 时，不难找到解析解 (θ_1, θ_2)。为此，引入反正切函数 atan2(y, x) 非常有用，可以在找到平面内点 (x, y) 所对应的关节角。类似于正切值 $\tan^{-1}(y/x)$ 的逆，但由于 $\tan^{-1}(y/x)$ 等于 $\tan^{-1}(-y/-x)$，因此 $\tan^{-1}(y/x)$ 的取值范围为 $[-\pi/2, \pi/2]$，而 atan2(y, x) 的取值范围为 $(-\pi, \pi]$。正因如此，atan2 又称为四象限反正切函数。

回顾一下余弦定理，

$$c^2 = a^2 + b^2 - 2ab\cos C$$

式中，a、b 和 c 分别表示三角形的 3 个边长，C 为与长为 c 边相对的角度。

如图 6.1b 所示，若 β 角限定在区间 $[0, \pi]$ 内，根据余弦定理，得

$$L_1^2+L_2^2-2L_1L_2\cos\beta=x^2+y^2$$

由此可得

$$\beta=\cos^{-1}\left(\frac{L_1^2+L_2^2-x^2-y^2}{2L_1L_2}\right)$$

同样，根据余弦定理可得

$$\alpha=\cos^{-1}\left(\frac{x^2+y^2+L_1^2-L_2^2}{2L_1\sqrt{x^2+y^2}}\right)$$

定义 $\gamma=\operatorname{atan2}[y,x]$，由此，运动学逆解的右向解（其中一组解）可写成

$$\theta_1=\gamma-\alpha,\quad \theta_2=\pi-\beta$$

而左向解（另外一组解）可写成

$$\theta_1=\gamma+\alpha,\quad \theta_2=\beta-\pi$$

如果 x^2+y^2 落在范围 $[L_1-L_2,L_1+L_2]$ 之外，则逆解不存在。

上面这个简单的例子表明，对于开链机器人而言，运动学逆解可能存在多组解，这与运动学正解情况不同。对于后者，给定一组关节角总是存在唯一的末端位形与之对应。事实上，一个三杆的开链机械手有无穷组解对应其工作空间内的一个点 (x,y)，这是由于机构中存在额外的自由度，术语上称之为**运动学冗余**。

本章中，我们首先讨论空间 6 自由度开链机器人的运动学逆解问题。绝大多数情况下，这类机器人的运动学逆解数量是有限的，这里只考虑两个常见的例子：PUMA 和 Stanford 机器人，它们的运动学逆解解析式很容易导出。而对于更为通用的开链机器人，我们则采用牛顿 – 拉夫森方法求解其运动学逆解问题。这个过程本质上是个数值迭代算法的应用，如果所选的关节角初值接近真实值，计算结果很容易实现收敛。 188

6.1 逆运动学的解析求解

首先重写一下空间 6 自由度开链机器人正向运动学的指数积公式：

$$T(\theta)=e^{[\mathcal{S}_1]\theta_1}e^{[\mathcal{S}_2]\theta_2}e^{[\mathcal{S}_3]\theta_3}e^{[\mathcal{S}_4]\theta_4}e^{[\mathcal{S}_5]\theta_5}e^{[\mathcal{S}_6]\theta_6}M$$

给定末端坐标系 $X\in SE(3)$，逆运动学就是找出满足 $T(\theta)=X$ 的关节角 $\theta\in\mathbb{R}^6$。下面小节中将以 PUMA 和 Stanford 机器人为例，推导它们运动学逆解的解析式。

6.1.1 6R PUMA 型机械臂

我们首先考虑 6R 型 PUMA 机械臂。如图 6.2 所示，机器人处于初始位置：①两个肩关节正交于一点，关节 1 与 $\hat{z}_0$ 轴重合，关节 2 与 $-\hat{y}_0$ 轴重合；②关节 3（肘关节）位于 $\hat{x}_0$-$\hat{y}_0$ 平面内且与关节 2 的轴线平行；③关节 4、5 和 6（腕关节）相互正交且共点（腕部中心），由此形成一个正交型腕部机构。

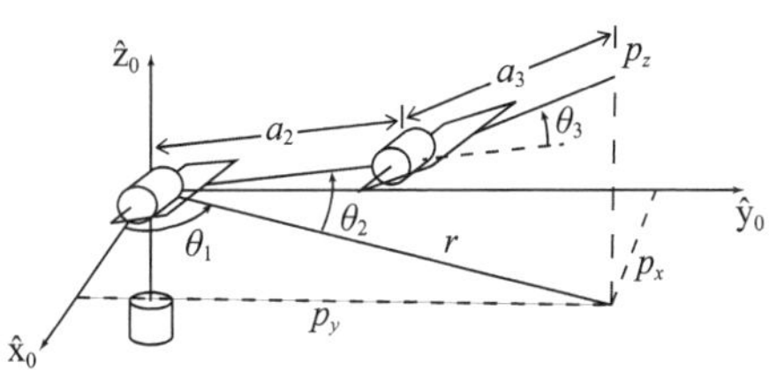

图 6.2 6R PUMA 型机械臂的逆向位置求解

对于本例，不妨假设这3个关节正好分别与 $\hat{z}_0$ 、 $\hat{y}_0$ 和 $\hat{x}_0$ 方向平行。杆2和杆3的长度分别为 a_2 和 a_3 。臂部与肩部可以存在一个偏距（图6.3）。因此，PUMA机器人的逆运动学问题可以分解为逆向位置求解和逆向姿态求解两个子问题。

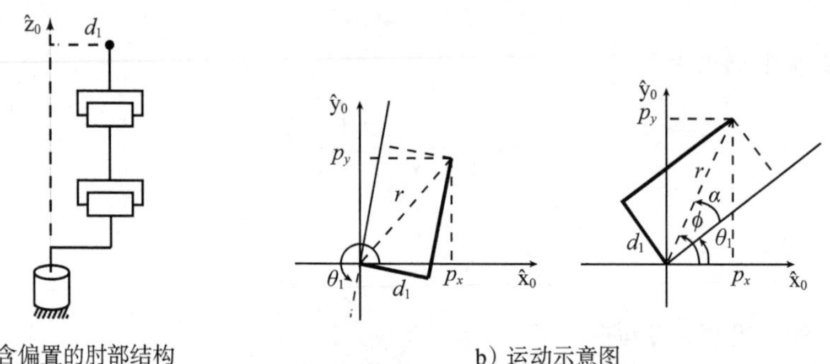

a）含偏置的肘部结构　　b）运动示意图

图6.3　含肩部偏置的6R PUMA型机械臂

189 首先考虑最简单的无偏距情况。如图6.2所示，图中所有向量均相对固定坐标系来描述，并定于腕部中心点 $p\in\mathbb{R}^3$ 的位置坐标为 $p=(p_x, p_y, p_z)$ 。将 p 点向 $\hat{x}_0$-$\hat{y}_0$ 平面投影，可以看出

$$\theta_1=\operatorname{atan2}(p_y, p_x)$$

注意还存在另外一组有效值

$$\theta_1=\operatorname{atan2}(p_y, p_x)+\pi$$

这时， θ_2 的初始值用 $\pi-\theta_2$ 来替代。只要 $p_x, p_y\neq 0$ ，这两组解均有效。当 $p_x=p_y=0$ ，机械臂处于奇异位形（图6.4），这时对于 θ_1 而言有无穷多组解。

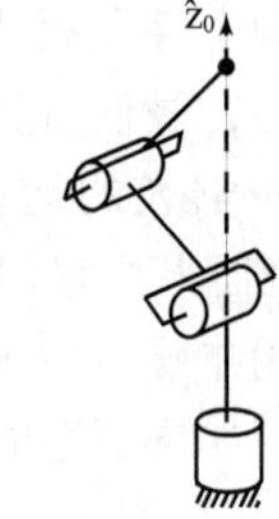

图6.4　零偏置6R PUMA型机械臂的奇异位形

若存在偏距 $d_1\neq 0$ （图6.3），对于 θ_1 而言，通常情况下存在两组解，如图6.3中的左、右图，由图中还可以看出

第一组解： $\theta_1=\phi-\alpha$ ，其中， $\phi=\operatorname{atan2}(p_y, p_x)$ ， $\alpha=\operatorname{atan2}(d_1, \sqrt{r^2-d_1^2})$ ；

第二组解： $\theta_1=\pi+\operatorname{atan2}(p_y, p_x)+\operatorname{atan2}(-\sqrt{p_x^2+p_y^2-d_1^2}, d_1)$

190 确定PUMA型机械臂关节角 θ_2 和 θ_3 的过程，可以进一步简化成求解平面两杆机构的逆运动学问题，其中

$$\begin{aligned}\cos\theta_3&=\frac{r^2-d_1^2+p_z^2-a_2^2-a_3^2}{2a_2a_3}\\&=\frac{p_x^2+p_y^2+p_z^2-d_1^2-a_2^2-a_3^2}{2a_2a_3}=D\end{aligned}$$

由此可求得 θ_3 的值，即

$$\theta_3=\operatorname{atan2}(\pm\sqrt{1-D^2}, D)$$

类似的方法，可求得 θ_2 的值，即

$$\begin{aligned}\theta_2 &= \operatorname{atan2}(p_z, \sqrt{r^2 - d_1^2}) - \operatorname{atan2}(a_3 \mathrm{s}_3, a_2 + a_3 \mathrm{c}_3) \\ &= \operatorname{atan2}(p_z, \sqrt{p_x^2 + p_y^2 - d_1^2}) - \operatorname{atan2}(a_3 \mathrm{s}_3, a_2 + a_3 \mathrm{c}_3)\end{aligned}$$

式中，$\mathrm{s}_3=\sin\theta_3$，$\mathrm{c}_3=\cos\theta_3$。$\theta_3$ 的两组解正好对应平面 2R 型机械臂肘部向上和向下的两组位形。通常情况下，含偏距的 PUMA 型机械臂具有 4 组运动学逆解，如图 6.5 所示。图中上面一行对应的是左向位置（肘部向上和向下），下面一行对应的是右向位置（肘部向上和向下）。

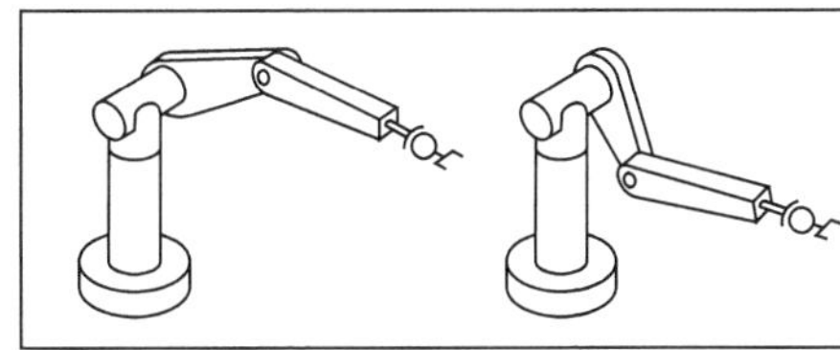
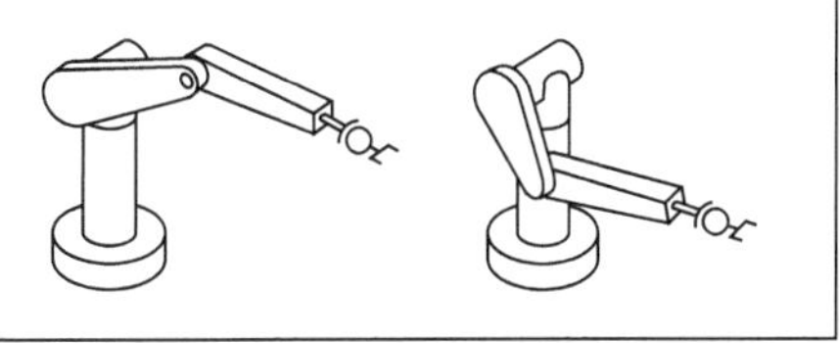

图 6.5　含肩部偏置 6R PUMA 型机械臂的 4 组可能的逆运动学解算结果

下面再来求解姿态逆解的问题。即已知末端姿态，求解关节角 $(\theta_4,\theta_5,\theta_6)$。这个问题非常简单：一旦求得 $(\theta_1,\theta_2,\theta_3)$，正向运动学即可写成如下形式： 191

$$e^{[\mathcal{S}_4]\theta_4} e^{[\mathcal{S}_5]\theta_5} e^{[\mathcal{S}_6]\theta_6} = e^{-[\mathcal{S}_3]\theta_3} e^{-[\mathcal{S}_2]\theta_2} e^{-[\mathcal{S}_1]\theta_1} X M^{-1} \tag{6.2}$$

式中，方程右边项是已知的，后面 3 个关节轴的方向分别为

$$\omega_4 = (0,0,1)\text{，}\quad \omega_5 = (0,1,0)\text{，}\quad \omega_6 = (1,0,0)$$

定义式（6.2）右边项的转动部分为 R，腕部关节角可通过求解下式得到

$$\mathrm{Rot}(\hat{\mathrm{z}}, \theta_4)\mathrm{Rot}(\hat{\mathrm{y}}, \theta_5)\mathrm{Rot}(\hat{\mathrm{x}}, \theta_6) = R$$

上式正好对应的是 ZYX 欧拉角，具体如附录 B 所示。

6.1.2　斯坦福（Stanford）型机械臂

如果 6R PUMA 型机械臂的肘关节用移动副来代替，我们就得到了 RRPRRR 型斯坦福机械臂，如图 6.6 所示。下面我们来讨论一下该机械臂的运动学逆解求解问题，其中姿态求解与 PUMA 型机械臂完全一致，因此不再重复。

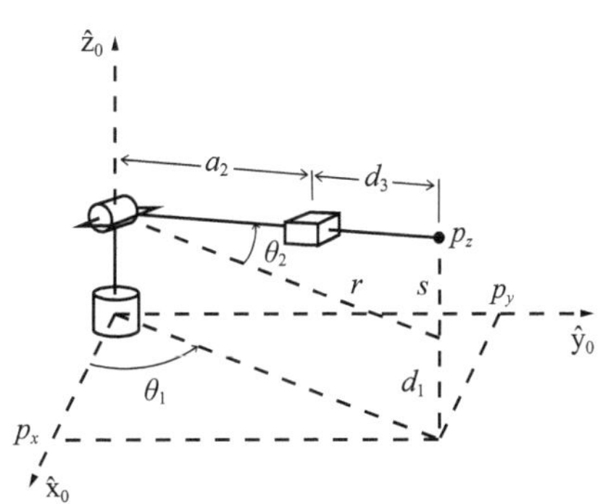

图 6.6　Stanford 型机械臂的前 3 个关节 192

第一个关节角 θ_1 可通过 PUMA 型机械臂第一个关节类似的求解方法求得，即 $\theta_1 = \operatorname{atan2}(p_y, p_x)$（只要 p_x 和 p_y 不同时为 0），关节角 θ_2 可通过图 6.6 观察得到，即

$$\theta_2 = \operatorname{atan2}(s, r)$$

式中，$r^2 = p_x^2 + p_y^2$，$s = p_z - d_1$。类似 PUMA 型机械臂的情况，θ_1 和 θ_2 的第二组解为

$$\theta_1 = \pi + \operatorname{atan2}(p_y, p_x), \quad \theta_2 = \pi - \operatorname{atan2}(s, r)$$

而移动距离 θ_3 可通过下式

$$(\theta_3 + a_2)^2 = r^2 + s^2$$

求得，即

$$\theta_3 = \sqrt{r^2 + s^2} = \sqrt{p_x^2 + p_y^2 + (p_z - d_1)^2} - a_2$$

忽略掉 θ_3 的负根项，只要腕部中心 p 不交在固定坐标系的 $\hat{z}_0$ 轴上，我们便可以得到两组运动学逆解。如果存在偏置，类似 PUMA 型机械臂的情况，也将得到 4 组运动学逆解。

6.2 逆运动学的数值求解

如果逆运动学方程无解析解时，可采用迭代数值方法求解。即使存在解析解，数值算法也经常用于改善求解的精度。例如，PUMA 机器人中，后 3 个关节并不能精确交于一点，肩关节的轴线也不能精确满足正交条件。这种情况下，无须摒弃解析法，而是将其用于预估这类机器人运动学逆解所用数值迭代过程时的初始值。

许多迭代方法可用于非线性方程的求解，而我们的目标不在于详细讨论这些算法（这些内容可在相关教科书中找到），而是将运动学逆解方程转换成现有数值方法可解的形式。为此，将多次使用求解非线性方程的基本方法：牛顿－拉夫森法。此外，也将其他一些优化方法引入其中，以应对精确解不存在的情况，并利用这些方法得到最接近真实值的解；或者，相反情况，存在无穷多个运动学逆解（例如，运动学冗余情况），为此，需要找到相对某种指标的最优解。因此，下面首先讨论用于求解非线性方程的牛顿－拉
193 夫森法，接下来讨论优化第一必要条件。

6.2.1 牛顿－拉夫森法

对于给定的微分方程 $g:\mathbb{R} \to \mathbb{R}$，数值求解方程 $g(\theta)=0$。假设 θ^0 为初值，利用泰勒级数在 θ^0 处展开，并截取到第一项，得

$$g(\theta) = g(\theta^0) + \frac{\partial g}{\partial \theta}(\theta^0)(\theta - \theta^0) + \text{h.o.t}$$

若只保留到第一阶，令 $g(\theta)=0$，求解 θ，得到

$$\theta = \theta^0 - \left(\frac{\partial g}{\partial \theta}(\theta^0)\right)^{-1} g(\theta^0)$$

再将上式求得的值作为初值，代入上述方程中，重复求解，得到下述方程

$$\theta^{k+1} = \theta^k - \left(\frac{\partial g}{\partial \theta}(\theta^k)\right)^{-1} g(\theta^k)$$

上述过程不断迭代，直到满足某个指标值，例如，给定预先设定好的阈值，满足 $\left|g(\theta^k) - g(\theta^{k+1})\right| / \left|g(\theta^k)\right| \leqslant \varepsilon$。

同样的公式可以扩展到多维。例如，$g:\mathbb{R}^n \to \mathbb{R}^n$，有

$$\frac{\partial g}{\partial \theta}(\theta)=\begin{bmatrix}\frac{\partial g_1}{\partial \theta_1}(\theta) & \cdots & \frac{\partial g_1}{\partial \theta_n}(\theta)\\ \vdots & \ddots & \vdots \\ \frac{\partial g_n}{\partial \theta_1}(\theta) & \cdots & \frac{\partial g_n}{\partial \theta_n}(\theta)\end{bmatrix}\in \mathbb{R}^{n\times n}$$

上式不可逆的特殊情况将在 6.2.2 节详细讨论。

6.2.2 逆运动学的数值算法

假设我们用坐标向量 x 及其正向运动学方程 $x=f(\theta)$ 表示末端坐标，自然会得到一个从 n 个关节坐标到 m 个末端坐标的非线性向量方程。假定 $f:\mathbb{R}^n\to\mathbb{R}^m$ 可微，令 x_d 为预期的末端坐标，牛顿–拉夫森法中的 $g(\theta)$ 可以定义成 $g(\theta)=x_d-f(\theta)$，目标是找到关节坐标 θ_d，且保证

$$g(\theta_d)=x_d-f(\theta_d)=0$$

已知初始估计值 θ^0 接近真实解 θ_d，运动学可以写成泰勒展开的形式，即

$$x_d=f(\theta_d)=f(\theta^0)+\underbrace{\left.\frac{\partial f}{\partial \theta}\right|_{\theta^0}}_{J(\theta^0)}\underbrace{(\theta_d-\theta^0)}_{\Delta\theta}+\text{h.o.t.} \tag{6.3}$$ 194

式中，$J(\theta^0)\in\mathbb{R}^{m\times n}$ 为 θ^0 处的坐标雅可比。截取泰勒级数到第一项，式（6.3）进一步简化为

$$J(\theta^0)\Delta\theta=x_d-f(\theta^0) \tag{6.4}$$

假设 $J(\theta^0)$ 为方阵（m=n）且可逆，便可采用下式求解 $\Delta\theta$，即

$$\Delta\theta=J^{-1}(\theta^0)(x_d-f(\theta^0)) \tag{6.5}$$

若正向运动学是 θ 的线性函数，即式（6.3）的高阶项为 0，这时新的估计值 $\theta^1=\theta^0+\Delta\theta$ 精确满足 $x_d=f(\theta^1)$。相反，若正向运动学是 θ 的非线性函数，就如通常情况，这时新的估计值 θ^1 比 θ^0 更接近真实值，迭代过程不断重复，并产生一系列的 θ 值 $\{\theta^0,\theta^1,\theta^2,\cdots\}$，最终在 θ_d 处收敛（图 6.7）。

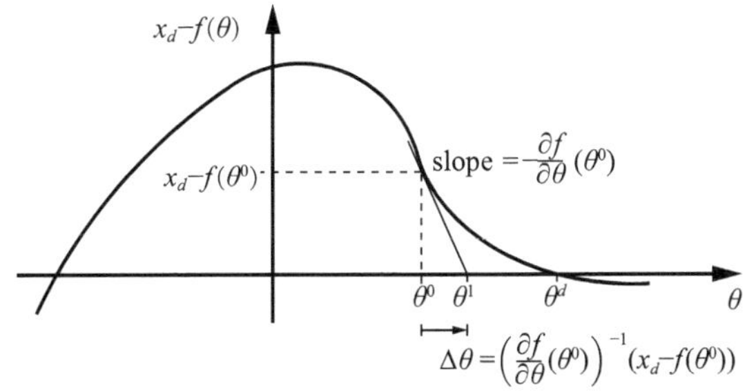

图 6.7 利用牛顿–拉夫森法求解非线性方程的第一步：确定点 $(\theta^0, x_d-f(\theta^0))$ 处的斜率 $-\partial f/\partial\theta$；第二步，确定点 $(\theta^1, x_d-f(\theta^1))$ 处的斜率，最终收敛于 θ_d。注意，初始估计值如在 $x_d-f(\theta)$ 高点处的左边，结果容易在其另一根处收敛；而当初始估计值在 $x_d-f(\theta)$ 高点之上或附近，结果可能导致更大的初值 $|\Delta\theta|$，且迭代过程根本不收敛

如图 6.7 所示，如果逆运动学存在多组解，迭代过程趋向于收敛到与初始值 θ^0 最接近的解。你可以想象到每组解都有其存在的区域，若初始估计值不在这些区域中（如初始值与真实值没有足够接近），迭代过程可能不收敛。

实际上，由于计算效率等原因，式（6.4）经常不采用求逆 $J^{-1}(\theta^0)$ 的方式来求解。可以找到更高效的方法求解线性方程 $Ax=b$ 中的 x。例如，对于可逆阵 A，基于 A 的 LU 分解可以用更少的运算得到 x。在 MATLAB 中，例如，定义

195

```
x = A\b
```

来求解 $Ax=b$ 中的 x，无须计算 A^{-1}。

若 J 不可逆，或者是因为它不是方阵，或者因为奇异，这时，式（6.5）不存在。而式（6.4）的求解可通过将 J^{-1} 替换成 Moore-Penrose 伪逆形式 $J^\dagger$。对于任意的方程满足 $Jy=z$ 形式，式中，$J\in\mathbb{R}^{m\times n}$，$y\in\mathbb{R}^n$，$z\in\mathbb{R}^m$，求解方程

$$y^*=J^\dagger z$$

可分为两大类。

- 方程解 y^* 精确满足 $Jy^*=z$。

  许多编程语言提供了函数库可以直接计算矩阵的伪逆。例如，MATLAB 中，可使用

  ```
  y= pinv(J)*z
  ```

  在 J 满秩的情况下（$n>m$ 时秩为 m；$n<m$ 时秩为 n），也就是机器人未处于奇异位形时，伪逆可通过下式来计算得到

  $J^\dagger=J^{\mathrm{T}}(JJ^{\mathrm{T}})^{-1}$，如果 J 为矮粗型，$n>m$（由于 $JJ^\dagger=I$，因此称为右逆）

  $J^\dagger=(J^{\mathrm{T}}J)^{-1}J^{\mathrm{T}}$，如果 J 为瘦高型，$n<m$（由于 $J^\dagger J=I$，因此称为左逆）

  将雅可比的逆替换成伪逆，式（6.5）变成

  $$\Delta\theta=J^\dagger(\theta^0)(x_d-f(\theta^0)) \tag{6.6}$$

  如果 $\mathrm{rank}(J)<m$，由式（6.6）计算得到的解 $\Delta\theta$ 不可能精确满足式（6.4），但从最小二乘的层面会尽可能接近这个条件。如果 $n>m$，所得解就可以精确满足式（6.4）的误差最小值。

  对于式（6.6）而言，建议使用牛顿－拉夫森迭代算法来找 θ_d。

  （a）初始化：已知 $x_d\in\mathbb{R}^m$，初始估计值 $\theta^0\in\mathbb{R}^n$，设定 $i=0$。

  （b）设定 $e=x_d-f(\theta^i)$，当 $\|e\|>\varepsilon$（ε 为很小值）。

- 设定 $\theta^{i+1}=\theta^i+J^\dagger(\theta^i)e$。

196
- 增加 i。

为修改上述算法，使之能应用在预期末端位形为 $T_{sd}\in SE(3)$ 而不是坐标向量 x_d 的情况。可将关节坐标雅可比 J 替换成末端物体雅可比 $J_b\in\mathbb{R}^{6\times n}$。注意，由于向量 $e=x_d-f(\theta^i)$ 表示的是从当前估计值（由正向运动学得到）到预期末端位形，不能简单地替换成 $T_{sd}-T_{sb}(\theta^i)$；J_b 的伪逆应该作为物体速度旋量 $\mathcal{V}_b\in\mathbb{R}^6$。为找到一个合理的对比，我们可以想象 $e=x_d-f(\theta^i)$ 为一个速度向量，如果遵循单位时间，可使运动从 $f(\theta^i)$ 到 x_d。类似的，我们应该能够找到一个物体速度旋量，如果遵循单位时间，可使运动从

$T_{sb}(\theta^i)$ 到预期的位形 T_{sd}。

为找到这个 $\mathcal{V}_b$，首先需计算相对物体坐标系的预期位形，即

$$T_{bd}(\theta^i) = T_{sb}^{-1}(\theta^i)T_{sd} = T_{bs}(\theta^i)T_{sd}$$

然后，利用矩阵对数确定 $\mathcal{V}_b$，即

$$[\mathcal{V}_b] = \log T_{bd}(\theta^i)$$

由此可给出逆运动学算法，与上述的坐标向量算法相类似。

(a) 初始化：已知 T_{sd}，初始估计值 $\theta^0 \in \mathbb{R}^n$，设定 $i=0$。

(b) 设定 $[\mathcal{V}_b] = \log(T_{sb}^{-1}(\theta^i)T_{sd})$，当 $\|\omega_b\| > \varepsilon_\omega$ 或者 $\|v_b\| > \varepsilon_v$（ε_ω 和 ε_v 为很小值）。

- 设定 $\theta^{i+1} = \theta^i + J^\dagger(\theta^i)\mathcal{V}_b$。
- 增加 i。

基于空间坐标系可导出一种等效的形式，即利用空间雅可比 $J_s(\theta)$ 和空间速度旋量 $\mathcal{V}_s = [\mathrm{Ad}_{T_{sb}}]\mathcal{V}_b$。

对于这种需要收敛的逆运动学数值算法，初始估计值 θ^0 应尽量与真实值 θ_d 接近。只要从初始零位开始操作机器人，便可以满足这个条件。这时实际的末端位形与关节角已知，并确保所需要的末端位置 T_{sd} 相对逆运动学的计算频次缓慢发生变化。其次，当机器人继续运动，前一时间计算得到的 θ_d 再作为新的 T_{sd} 的初值 θ^0，用在下一步的运行中。

【例题 6.1】平面 2R 机器人

现在我们应用基于物体雅可比的牛顿–拉夫森算法来对 2R 机器人的逆运动学问题进行求解。如图 6.8 所示，每根杆长 1m，目标是找到当机器人末端在 $(x,y)=(0.366\text{m}, 1.366\text{m})$ 时的关节角。这时对应 $\theta_d = (30°, 90°)$，且

$$T_{sd} = \begin{bmatrix} -0.5 & -0.866 & 0 & 0.366 \\ 0.866 & -0.5 & 0 & 1.366 \\ 0 & 0 & 1 & 0 \\ 0 & 0 & 0 & 1 \end{bmatrix}$$

197

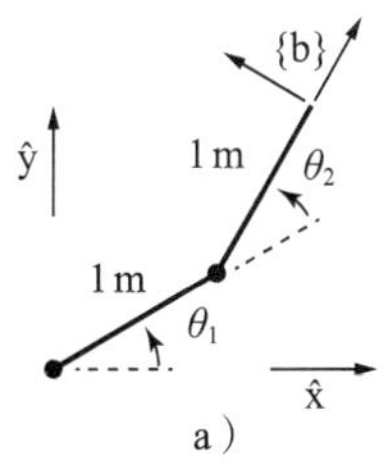

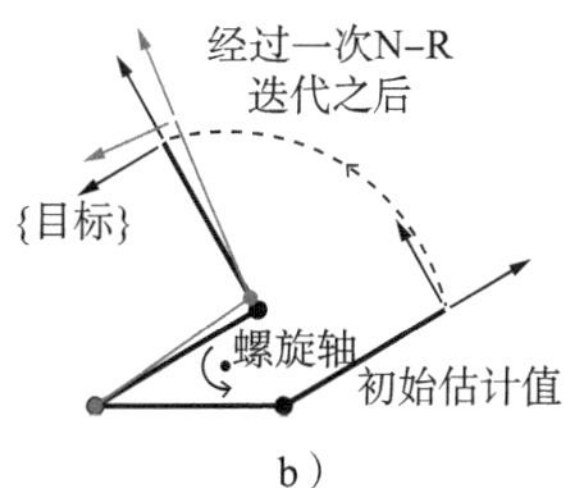

图 6.8 a) 2R 机器人；b) 目标是找到当末端坐标系对应 $\theta_1 = 30°$，$\theta_2 = 90°$ 时的关节角。初始估计值为 $(0°, 30°)$，经过一次牛顿–拉夫森算法迭代，计算得到的关节角为 $(34.23°, 79.18°)$。初始坐标系到目标坐标系（通过虚线表示）的螺旋轴也示意在图中

如图 6.8 所示，在末端坐标系中描述的正向运动学可以写成

$$M = \begin{bmatrix} 1 & 0 & 0 & 2 \\ 0 & 1 & 0 & 0 \\ 0 & 0 & 1 & 0 \\ 0 & 0 & 0 & 1 \end{bmatrix}, \quad \mathcal{B}_1 = \begin{bmatrix} 0 \\ 0 \\ 1 \\ 0 \\ 2 \\ 0 \end{bmatrix}, \quad \mathcal{B}_2 = \begin{bmatrix} 0 \\ 0 \\ 1 \\ 0 \\ 1 \\ 0 \end{bmatrix}$$

初始估计值为 $\theta^0 = (0, 30°)$，设定误差最小值为 $\varepsilon_\omega = 0.001\text{rad}(0.057°)$ 和 $\varepsilon_v = 10^{-4}\text{m}$ (100μm)。牛顿－拉夫森迭代结果如下表所示，由于机器人的运动限定在 x-y 平面内，因此只给出物体速度旋量中 3 个分量值 $(\omega_{zb}, v_{xb}, v_{yb})$。

i	(θ_1, θ_2)	(x, y)	$\mathcal{V}_b = (\omega_{zb}, v_{xb}, v_{yb})$	$\lVert\omega_b\rVert$	$\lVert v_b\rVert$
0	(0.00°, 30.00°)	(1.866, 0.500)	(1.571, 0.498, 1.858)	1.571	1.924
1	(34.23°, 79.18°)	(0.429, 1.480)	(0.115, −0.074, 0.108)	0.115	0.131
2	(29.98°, 90.22°)	(0.363, 1.364)	(−0.004, 0.000, −0.004)	0.004	0.004
3	(30.00°, 90.00°)	(0.366, 1.366)	(0.000, 0.000, 0.000)	0.000	0.000

迭代过程在 3 次迭代后便收敛到公差范围内。图 6.8 给出了一次迭代后的初始估计值、目标位形和一次迭代后的位形。请注意，即使目标坐标系的原点位于初始的 $-\hat{\mathrm{x}}_b$ 方向，第一个 v_{xb} 的计算结果为正。原因是常值物体速度旋量 $\mathcal{V}_b$，通过绕图中所示的螺旋轴
198 旋转，在一秒内便从初始估计值到达目标值。

6.3 逆向速度运动学

一种控制机器人按理想的轨迹 $T_{sd}(t)$ 运动的方法是通过计算出每个离散步长 k 处的逆运动学 $\theta_d(k\Delta t)$，进而在时间间隔 $[(k-1)\Delta t, k\Delta t]$ 内控制如下关节速度 $\dot{\theta}$，即

$$\dot{\theta} = (\theta_d(k\Delta t) - \theta((k-1)\Delta t))/\Delta t$$

将此叠加到反馈控制器中。这是因为为了计算理想的关节速度，预期的新的关节角 $\theta_d(k\Delta t)$ 总要和最新测量得到的实际关节角 $\theta((k-1)\Delta t)$ 进行比较。

规避逆运动学计算的另外一种选择是直接通过关系式 $J\dot{\theta} = \mathcal{V}_d$ 计算得到预期的关节速度 $\dot{\theta}$，其中预期的末端速度 $\mathcal{V}_d$ 和 J 相对同一坐标系来描述，即

$$\dot{\theta} = J^{\dagger}(\theta)\mathcal{V}_d \tag{6.7}$$

预期的速度 $\mathcal{V}_d(t)$ 的矩阵表示既可取 $T_{sd}^{-1}(t)\dot{T}_{sd}(t)$（时间 t 时预期轨迹的物体速度），也可取 $\dot{T}_{sd}(t)T_{sd}^{-1}(t)$（空间速度），具体取哪一种，取决于所用的是物体雅可比还是空间雅可比。但微小的速度误差极有可能随着时间进行累积，导致位置误差不断变大。因此，位置反馈控制器应选择 $\mathcal{V}_d(t)$ 以保持末端跟随的 $T_{sd}(t)$ 具有微小的位置误差。反馈控制问题将在本书第 11 章详细讨论。

对于含有 $n>6$ 个关节的冗余机器人而言，有 $(n-6)$ 维的关节速度满足式（6.7），伪逆 $J^{\dagger}(\theta)$ 的使用保证关节速度满足最小二范数方程 $\lVert\dot{\theta}\rVert = \sqrt{\dot{\theta}^{\mathrm{T}}\dot{\theta}}$。

式（6.7）中伪逆的应用暗含着每个关节速度权重相同。事实上，可以赋予关节速度不同的权重。例如，第一个关节的速度，占据了机器人重量的大部分，因此可以赋予比最后一个关节更大的权重，后者只占据机器人重量的一小部分。正如我们将在后面看到的那样，机器人的动能可以写成

$$\frac{1}{2}\dot{\theta}^{\mathrm{T}}M(\theta)\dot{\theta}$$

式中，$M(\theta)$ 为机器人的质量矩阵，同时也是一个对称正定阵，且与位形相关。质量矩阵 $M(\theta)$ 可作为反向速度运动学的重要函数，目标是找到 $\dot{\theta}$，以使动能最小且满足 $J(\theta)\dot{\theta}=\mathcal{V}_d$。

另外一种可能性是找到 $\dot{\theta}$，以使位形相关的势能函数 $h(\theta)$ 最小且满足 $J(\theta)\dot{\theta}=\mathcal{V}_d$。例如，$h(\theta)$ 可以是梯度势能，或者人工势能函数，其值随着机器人临接近障碍时增大。 199

$h(\theta)$ 的变化率为

$$\frac{\mathrm{d}}{\mathrm{d}t}h(\theta)=\frac{\mathrm{d}h(\theta)}{\mathrm{d}\theta}\frac{\mathrm{d}\theta}{\mathrm{d}t}=\nabla h(\theta)^{\mathrm{T}}\dot{\theta}$$

式中，$\nabla h(\theta)$ 指向 $h(\theta)$ 下降最大的方向。

更为通用些，我们可以希望动能之和与势能变化率最小，即

$$\min_{\dot{\theta}}\frac{1}{2}\dot{\theta}^{\mathrm{T}}M(\theta)\dot{\theta}+\nabla h(\theta)^{\mathrm{T}}\dot{\theta}$$

满足约束方程 $J(\theta)\dot{\theta}=\mathcal{V}_d$。根据优化一阶必要条件（附录 D），可得

$$J^{\mathrm{T}}\lambda=M\dot{\theta}+\nabla h$$

$$\mathcal{V}_d=J\dot{\theta}$$

优化得到的 $\dot{\theta}$ 和 λ 可通过下式导出，即

$$\dot{\theta}=G\mathcal{V}_d+(I-GJ)M^{-1}\nabla h$$

$$\lambda=B\mathcal{V}_d+BJM^{-1}\nabla h$$

式中，$B\in\mathbb{R}^{m\times m}$，$D\in\mathbb{R}^{n\times m}$，且

$$B=(JM^{-1}J^{\mathrm{T}})^{-1}$$

$$G=M^{-1}J^{\mathrm{T}}(JM^{-1}J^{\mathrm{T}})^{-1}=M^{-1}J^{\mathrm{T}}B$$

回顾前述章节中介绍的静力学方程 $\tau=J^{\mathrm{T}}\mathcal{F}$，拉格朗日乘子 λ（附录 D）可以解释成任务空间中的一个力旋量。此外，在关系式 $\lambda=B\mathcal{V}_d+BJM^{-1}\nabla h$ 中，其中的第一项 $B\mathcal{V}_d$ 可以解释成动态力，由此产生了末端速度 $\mathcal{V}_d$；而第二项 $BJM^{-1}\nabla h$ 可以解释为用于平衡重量的静态力。

如果势能函数为零或者不定，这时，最小动能方程为

$$\dot{\theta}=M^{-1}J^{\mathrm{T}}(JM^{-1}J^{\mathrm{T}})^{-1}\mathcal{V}_d$$

式中，$M^{-1}J^{\mathrm{T}}(JM^{-1}J^{\mathrm{T}})^{-1}$ 为重要的伪逆项。

6.4 有关闭环的一点说明

如果 $T_{sd}(0)=T_{sd}(t_f)$，在时间间隔 $[0,t_f]$ 内预期的末端轨迹就是个闭环。但应该指出的是，用于计算冗余机器人逆运动学的数值算法中，或者在位移层面，或者在速度层

面，都有可能导致其运动在关节空间中不满足闭环方程，即 $\theta(0)\neq\theta(t_f)$。如果要求关节
200 空间满足闭环运动，则逆运动学还需满足其他额外条件。

6.5 本章小结

- 已知空间开链机器人的正向运动学 $T(\theta),\theta\in\mathbb{R}^n$，其逆运动学问题就是设法找到对于预期的末端位形 $X\in SE(3)$，求解得到 θ，以满足 $X=T(\theta)$。与正向运动学不同的是，逆运动学问题可能存在多组解，当 X 处于工作空间之外时无解。对于一个具有 n 个关节且 X 位于工作空间之内的空间开链机器人而言，$n=6$ 往往导致反解数量为有限值，而当 $n>6$ 会造成反解数量无穷多个。
- 对于类如 6-dof 的 PUMA 型机械臂，其逆运动学存在解析解。这类机器人通常采用流行的 6R 设计方案：相互正交的 3R 腕部与相互正交的 2R 肩部通过肘部相连。
- Stanford 型机械臂的逆运动学也具有解析解。与 PUMA 型机械臂不同的是，该机器人的肘部关节为 P 副而非 R 副。相应的逆运动学几何求解算法也开发出来，与 PUMA 型机械臂的类似。
- 在逆运动学计算过程中无法得到解析解的情况下可以采用数值迭代方法。这些方法通常会涉及像牛顿 – 拉夫森方法那样的迭代过程来求解逆运动学方程，并且通常需要对关节变量赋初值。迭代过程的效果很大程度上取决于初值选取的质量上，并且在存在多组运动学逆解的情况下，该方法能找到最接近初值的解。每次迭代满足如下形式：

$$\dot{\theta}^{i+1}=\theta^i+J^{\dagger}(\theta^i)\mathcal{V}$$

式中，$J^{\dagger}(\theta)$ 为雅可比 $J(\theta)$ 的伪逆，$\mathcal{V}$ 是在一秒内将 $T(\theta^i)$ 到 T_{sd} 的速度旋量。

6.6 软件

与本章相关的软件函数列举如下。

```
[thetalist, success] = IKinBody (Blist,M,T,thetalist0,eomg,ev)
```

该函数主要是已知末端坐标系中描述的关节旋量 $\mathcal{B}_i$、末端初始位形 M、预期的末端位形 T、关节角的初始估计值 θ^0、以及最小误差 ε_ω 和 ε_v，利用迭代牛顿 – 拉夫森算法来计算逆运动学。若在经过一定次数的迭代之后还无法收敛，算法失效。

201
```
[thetalist, success] = IKinSpace (Slist,M,T,thetalist0,eomg,ev)
```

该函数功能类似于 IKinBody，只是关节旋量在空间坐标系下来描述，所有的误差也在空间坐标系内来表达。

6.7 推荐阅读

目前已知，一般位形下 6R 开链机器人的逆运动学存在最多 16 组解，该结果经 Lee 和 Liang（1988）、Raghavan 和 Roth（1990）证明得到。Paden（1986）和 Murry 等（1994）给出了比本章实例更为通用的 6-dof 开链机器人闭式逆运动学的求解过程。这些过程主要对一系列旋量理论的基本子问题（称为 Paden-Kahan 子问题）进行求解。例

如，利用此方法计算一对给定点之间实现零节距螺旋运动所需的旋转角度。Manocha 和 Canny（1989）给出了求解一般 6R 开链机器人所有 16 个解的迭代数值过程。

Chiaverini 等（2016）系统总结了有关运动学冗余机器人的各种逆运动学求解方法。其中许多方法依赖于最小二乘法优化的结果和求解技巧。正因如此，我们在附录 D 中简要回顾了优化的基础知识；有关优化的经典参考文献是 Luenberger 和 Ye（2008）。Shamir 和 Yomdin（1988）研究了通用的冗余机器人逆运动学求解可重复性（或循环性）条件。

习题

1. 写一段程序用于求解平面 3R 机器人逆运动学的解析解。其中 $L_1=3, L_2=2, L_3=1$，假定机器人末端坐标系的位置 (x,y) 和姿态 θ 已知，各关节没有转角限制。所编的程序应包含全部解（一般情况下总共多少组解），若给定一组关节角，绘制对应的机器人位形。验证当末端为 $(x,y,\theta)=(4,2,0)$ 时程序是否正确？

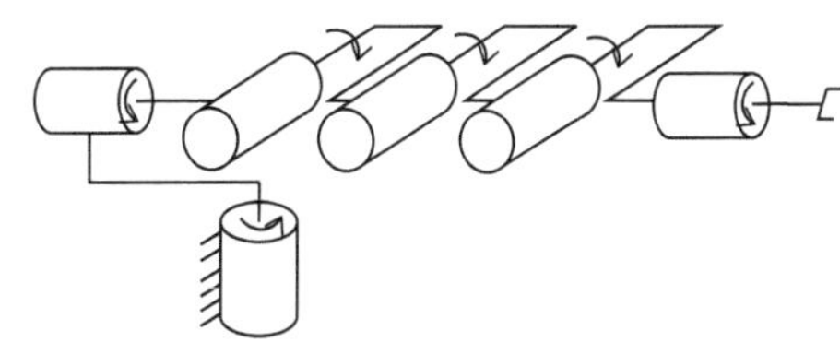

图 6.9　6R 开链机器人

2. 求解如图 6.9 所示 6R 开链机器人的运动学逆解（无须求解其姿态运动学）。 202
3. 求解如图 6.10 所示 6R 开链机器人的末端坐标系从 {T} 到 {T′} 时的运动学逆解。其中，{T} 的初始姿态与固定坐标系 {s} 重合，{T′} 为 {T} 沿 $\hat{y}_s$ 轴平移之后的结果。

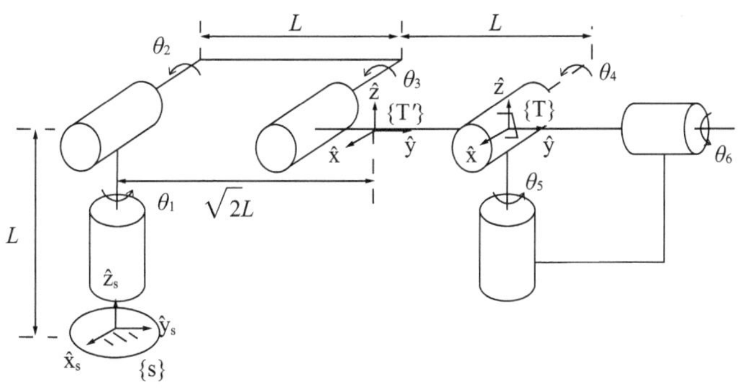

图 6.10　6R 开链机器人

4. 如图 6.11 所示为一处于初始位形下的 RRP 开链机器人，关节 1 和 2 相交于基坐标系的原点，当机器人处于初始位形时，末端坐标系的原点 p 处于位置 $(0,1,0)$ 处。
   (a) 假设 $\theta_1=0$，求解当末端坐标系原点 p 处于位置 $(-6,5,\sqrt{3})$ 时，关节角 θ_2 和 θ_3 的值。
   (b) 如果关节 1 不固定为 0，而是随时变化，求这种情况下，末端坐标系原点 p 处于位置 $(-6,5,\sqrt{3})$ 时，所有可能的运动学逆解 $(\theta_1,\theta_2,\theta_3)$。
5. 如图 6.12 所示为一处于初始位形下的 4-dof 机器人，关节 1 为节距为 h 的螺旋副，给 203
定末端执行器的位置 (p_x,p_y,p_z) 和姿态 $R=e^{[\hat{z}]\alpha}$，其中，$\hat{z}=(0,0,1)$ 和 $\alpha\in[0,2\pi]$，找出

所有可能的运动学逆解 $(\theta_1,\theta_2,\theta_3,\theta_4)$。

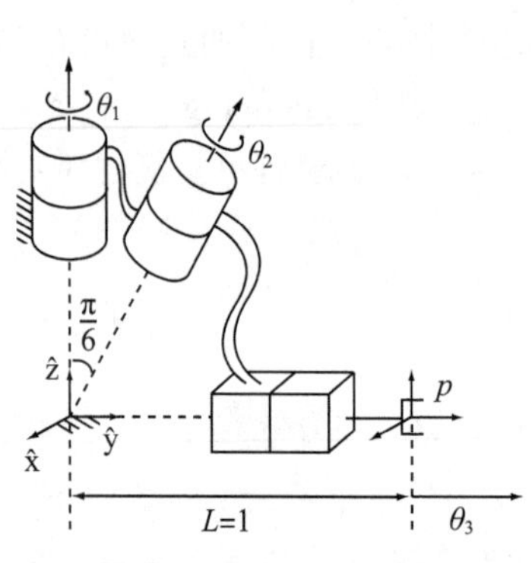

图 6.11　RRP 开链机器人

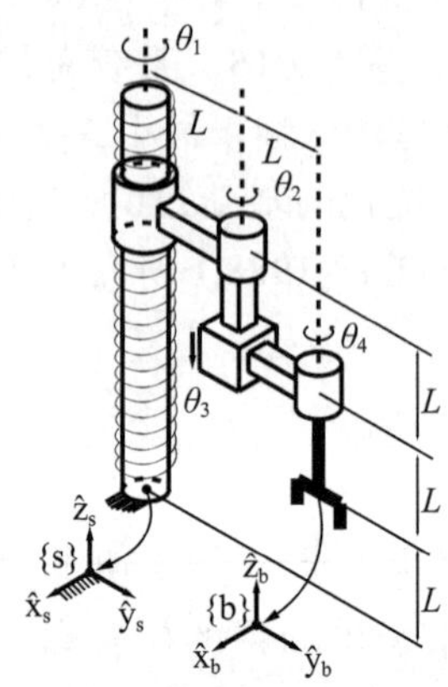

图 6.12　含螺旋副的开链机器人

6. 如图 6.13a 所示为一外科手术机器人，对应的是如图 6.13b 所示的 RRPRRP 开链机器人。

（a）通常情况下，对于给定的末端坐标系总共存在多少组运动学逆解？

（b）考虑如图 6.13b 所示外科手术机器人上的两点 A 和 B，对应的坐标分别为 (x_A,y_A,z_A) 和 (x_B,y_B,z_B)，相对基坐标系中来描述，求各关节变量 $\theta_1,\theta_2,\theta_3,\theta_4$ 和 θ_5；其中对于 $(\theta_1,\theta_2,\theta_3)$ 给出公式，而对于 (θ_4,θ_5) 给出求解过程。

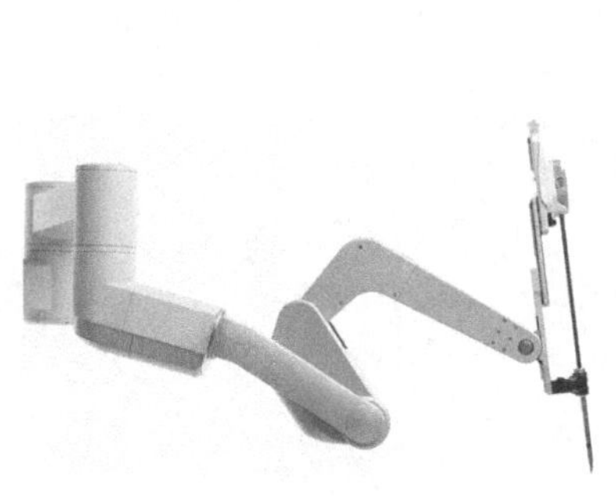

a）达芬奇外科手术机械臂

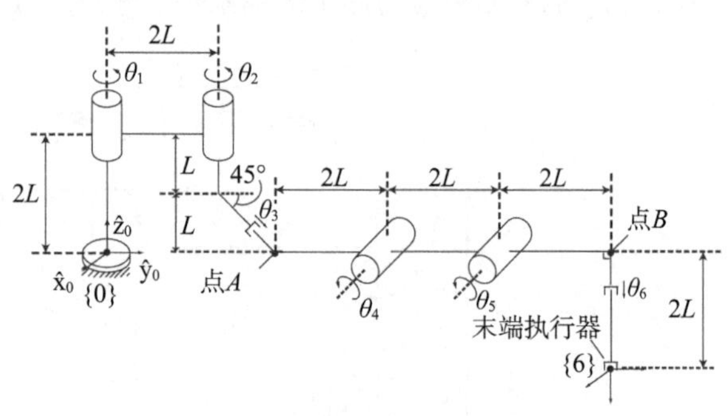

b）处于零位的 RRPRRP 机器人

图 6.13　外科手术机器人及其运动学模型

7. 绘制类似图 6.7 的一张图，表示 $x_d - f(\theta)$ 之间关系，且含两个根。对于给定的初始估计值 θ^0，迭代过程能跳到最接近的根值，并最终收敛到后面的根中。手绘该图并能体现出这种收敛结果，解释图中两个根相互吸引的原因。

8. 利用牛顿 – 拉夫森迭代算法，通过两步找出下面方程的解。

204

$$g(x,y)=\begin{bmatrix} x^2-4 \\ y^2-9 \end{bmatrix}$$

选定初始值 $(x^0,y^0)=(1,1)$。对于任意的估计值 (x,y)，给出一般形式的梯度并计算最初两次迭代的结果。不妨手算或者编程，而且给出所有正确的解，不只是从初始估计值中导出的结果。总共有多少个？

9. 修改方程 IKinBody，并打印出每次牛顿–拉夫森迭代结果，类似 6.2 节中有关 2R 机器人例题中的表那样。列出表格，反映出图 6.8 中 2R 机器人的初始估计为 $(0°, 30°)$，而目标位形对应 $(90°, 120°)$。

10. 如图 6.14 所示为处于零位的 3R 正交轴腕部机构，其中关节 1 与关节 3 的轴线共线。
   （a）已知预期的腕部姿态 $R \in SO(3)$，给出求解其运动学逆解的递归数值过程。
   （b）使用牛顿–拉夫森根轨迹法，基于物体坐标系进行一次迭代求解该机器人的数值运动学逆解。首先写下其正向运动学和机构一般位形下的雅可比矩阵；然后利用前面结果求解特例：初 205 始值为 $\theta_1 = \theta_3 = 0, \theta_2 = \pi/6$，而预期的末端坐标系姿态为

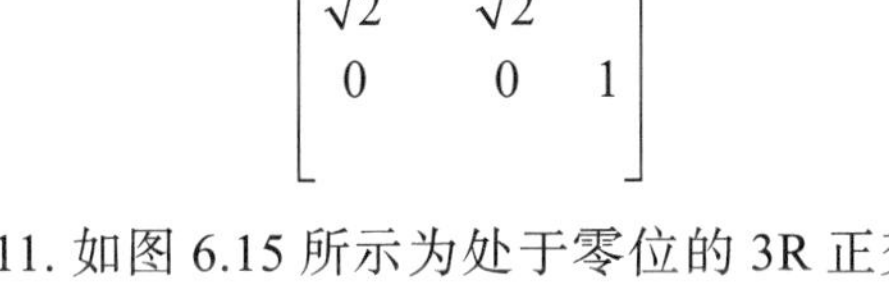

$$R = \begin{bmatrix} \frac{1}{\sqrt{2}} & -\frac{1}{\sqrt{2}} & 0 \\ \frac{1}{\sqrt{2}} & \frac{1}{\sqrt{2}} & 0 \\ 0 & 0 & 1 \end{bmatrix} \in SO(3)$$

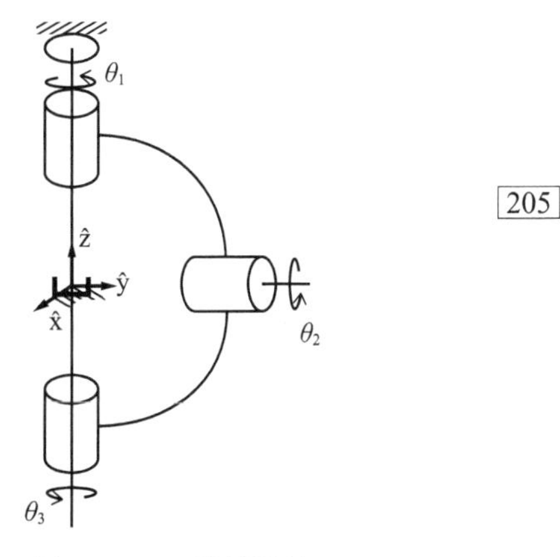

图 6.14　3R 腕部机构

11. 如图 6.15 所示为处于零位的 3R 正交轴腕部机构。
   （a）给出求解该机构运动学逆解（即已知末端的某一位置 p，求解 $(\theta_1, \theta_2, \theta_3)$）的数值计算过程。 206
   （b）已知末端的某一姿态 $R \in SO(3)$，求解所有运动学逆解 $(\theta_1, \theta_2, \theta_3)$。

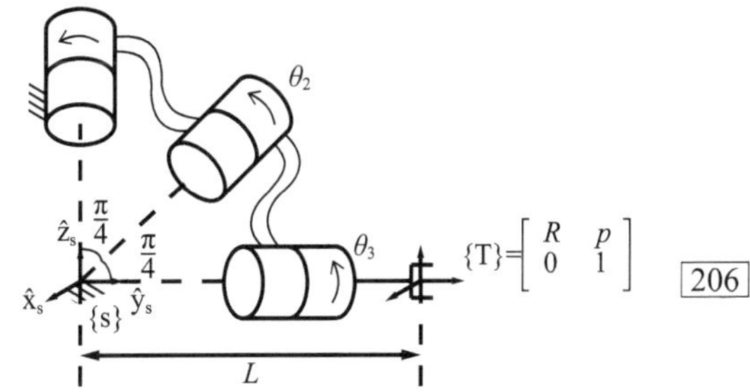

图 6.15　3R 非正交型运动链

12. 利用 IKinSpace 函数求解 UR5 机器人（4.1.2 节）的关节变量 θ_d，并且满足

$$T(\theta_d) = T_{sd} = \begin{bmatrix} 0 & 1 & 0 & -0.5 \\ 0 & 0 & -1 & 0.1 \\ -1 & 0 & 0 & 0.1 \\ 0 & 0 & 0 & 1 \end{bmatrix}$$

距离的单位为 m。设定误差最小值为 $\varepsilon_\omega = 0.001\text{rad}(0.057°)$ 和 $\varepsilon_v = 0.0001\text{m}(0.1\text{mm})$。对应初始估计值 θ^0，不妨选取所有关节角均为 0.1rad。若 T_{sd} 位于机器人的工作空间之外，或者发现初始值过于远离真实解而无法收敛，可以改变 T_{sd} 值，再利用 IKinSpace 函数求解。

注意，逆运动学数值解法的目标就是要找到与初始预估值接近的结果。由于通常初始估计值并不接近真实解（并且记住通常存在多组解），因此，在找到远离初始预估值的结果之前，该过程可能会崩溃。所得结果可能也不受关节限制。这种情况下，你可以对结果进行后处理，以使所有关节角度都在 $[0, 2\pi)$ 范围内。

13. 利用 IKinSpace 函数求解 WAM 机器人（4.1.3 节）的关节变量 θ_d，并且满足

$$T(\theta_d) = T_{sd} = \begin{bmatrix} 1 & 0 & 0 & 0.5 \\ 0 & 1 & 0 & 0 \\ 0 & 0 & 1 & 0.4 \\ 0 & 0 & 0 & 1 \end{bmatrix}$$

距离的单位为 m。设定误差最小值为 $\varepsilon_\omega = 0.001\text{rad}(0.057°)$ 和 $\varepsilon_v = 0.000\,1\text{m}(0.1\text{mm})$。对应初始估计值 θ^0，不妨选取所有关节角均为 0.1rad。若 T_{sd} 位于机器人的工作空间之外，或者发现初始值过于远离真实解而无法收敛，可以改变 T_{sd} 值，再利用 IKinSpace 函数求解。

注意，逆运动学数值解法的目标就是要找到与初始预估值接近的结果。由于通常初始估计值并不接近真实解（并且记住通常存在多组解），因此，在找到远离初始预估值的结果之前，该过程可能会崩溃。所得结果可能也不受关节限制。这种情况下，你可以对结果进行后处理，以使所有关节角度都在 $[0, 2\pi)$ 范围内。

14. 线性代数中有这样一个基本定理（FTLA）：已知矩阵 $A \in \mathbb{R}^{m\times n}$，

$$\text{null}(A) = \text{range}(A^{\mathrm{T}})^{\perp}$$

$$\text{null}(A^{\mathrm{T}}) = \text{range}(A)^{\perp}$$

207 式中，$\text{null}(A)$ 表示 A 的零空间（也就是向量 x 在 $\mathbb{R}^n$ 中的子空间，满足方程 $Ax = 0$）；$\text{range}(A)$ 表示 A 的域或者列空间（也就是 $\mathbb{R}^m$ 中的子空间，由 A 的各列组成）；$\text{range}(A)^{\perp}$ 表示 $\text{range}(A)$ 的正交补（$\mathbb{R}^m$ 中所有向量的集合，其中元素与 $\text{range}(A)$ 中的所有向量正交）。本问题要求利用上述定理证明对于等约束的优化问题存在拉格朗日乘子（附录 D）。令假定可微的 $f:\mathbb{R}^n \to \mathbb{R}$ 是需要进行最小化的目标函数，向量 x 对于任意的可微函数 $g:\mathbb{R}^n \to \mathbb{R}^m$，需满足约束方程 $g(x) = 0$。

假设 x^* 为局部最小值。令 $x(t)$ 为由方程 $g(x) = 0$ 参数化表面上的任意曲线（意味着对于所有的 t，满足 $g(x(t)) = 0$），因此 $x(0) = x^*$。进而，假定 $x(0) = x^*$ 是表面上一规则点，对方程两边 $g(x(t)) = 0$ 关于时间求导，得到在 $t = 0$ 处

$$\frac{\partial g}{\partial x}(x^*)\dot{x}(0) = 0 \tag{6.8}$$

同时，由于 $x(0) = x^*$ 是局部最小值，因此满足 $f(x(t))$（可看作是一目标函数）也在局部最小，即

$$\left.\frac{\mathrm{d}}{\mathrm{d}t} f(x(t))\right|_{t=0} = \frac{\partial f}{\partial t}(x^*)\dot{x}(0) = 0 \tag{6.9}$$

由于（6.8）和（6.9）对于由 $g(x) = 0$ 定义表面上的任意曲线 $x(t)$ 都成立，利用上述定理证明必然存在拉格朗日乘子，满足一阶必要条件

$$\nabla f(x^*)+\frac{\partial g}{\partial x}(x^*)^{\mathrm{T}}\lambda^*=0$$

15.（a）对于矩阵 A、B、C 和 D，若 A^{-1} 存在，试证明

$$\begin{bmatrix} A & D \\ C & B \end{bmatrix}^{-1}=\begin{bmatrix} A^{-1}+EG^{-1}F & -EG^{-1} \\ -G^{-1}F & G^{-1} \end{bmatrix}$$

式中，$G=B-CA^{-1}D$，$E=A^{-1}D$，$F=CA^{-1}$。

（b）利用上述结果确定下列优化问题的一阶必要条件

$$\min_{x\in\mathbb{R}^n}\frac{1}{2}x^{\mathrm{T}}Qx+c^{\mathrm{T}}x$$

满足 $Hx=b$，式中，$Q\in\mathbb{R}^{n\times n}$ 为对称正定阵，$H\in\mathbb{R}^{m\times n}$ 的最高阶数为 m。参考附录 D。 208

第 7 章

Modern Robotics: Mechanics, Planning, and Control

闭链运动学

任何包含一个或多个环路的运动链都称为**闭链**（closed chain）。第 2 章中曾遇到过几个闭链的例子，从平面四杆机构到 Stewart-Gough 平台及 Delta 机器人这样的空间机构（图 7.1），后者都是**并联机构**（parallel mechanism）的典型代表，即通过一组“腿”连接动、静平台所组成的闭链。“腿”本身通常是开链，但有时也可以是局部闭链（如图 7.1b 中的 Delta 机器人）。本章将分析闭链的运动学，特别是并联机构的运动学。

Stewart-Gough 平台已广泛用作运动模拟器和六轴力 & 力矩传感器。若作为力 & 力矩传感器使用，当任何外力施加给动平台时，6 个移动副都承受沿自身直线方向的内力，通过测量这些内力就可以估计出所施加的外力。Delta 机器人是一种 3-dof 机构，其动平台始终保持与静平台平行的方式运动。由于 3 个驱动器直接与静平台的 3 个转动副相连，并且运动部件相对较轻，使得 Delta 机器人可以实现高速运动。

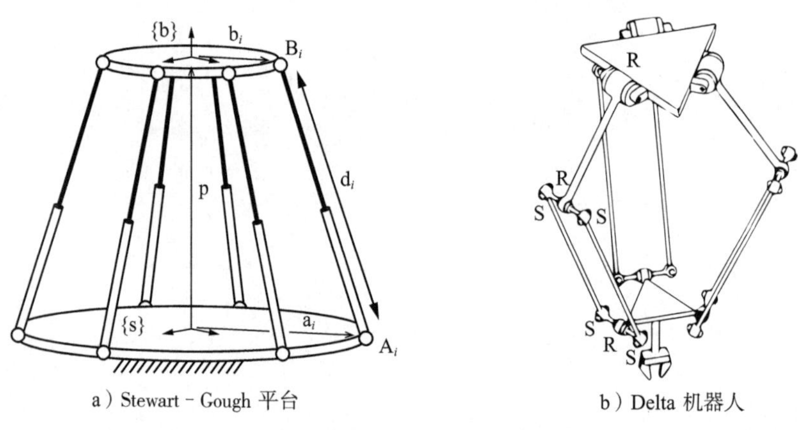

a）Stewart - Gough 平台　　b）Delta 机器人

图 7.1　两种广泛应用的并联机构

相比于开链，闭链允许更为多样化的设计，因此它们的运动学和静力学分析也更为复杂。这种复杂性可以归因于闭链的两个特征：①并非所有关节都需要驱动；②关节变量必须满足若干闭环约束方程，这些约束方程可能是独立的，也可能不是独立的，这一点取决于机构的结构配置。非驱动（或者被动）关节的存在，加上驱动关节的数目可以被刻意地设计为超过机构的自由度数目，即所谓的**冗余驱动**（redundantly actuated），这些不仅使得机构的运动学分析更具有挑战性，而且还带来了开链中不存在的新奇异类型。

回顾前文，对于开链，运动学分析以一种相当直接的方式进行，通过正向运动学公式（例如，以指数积的形式），然后是逆运动学。对于一般的闭链，通常很难得到形如 $X=T(\theta)$ 的正向运动学显式方程，其中 $X\in SE(3)$ 为末端坐标，$\theta\in\mathbb{R}^n$ 为关节坐标。更为有效的方法，应当是尽可能多的，利用机构的运动对称性和其他特点。

在本章中，我们从一系列的案例研究开始，包括一些著名的并联机构，并最终建立一整套运动学的分析工具和方法，从而处理更为一般性的闭链机构。我们的重点会放在精确驱动的并联机构上，即驱动自由度的数目等于该机构的自由度数目。也将讨论用于求解并联机构正向和逆运动学的方法，随后对约束雅可比矩阵，以及逆向、正向运动学雅可比矩阵进行构造和推导。本章的最后将讨论闭链机构中存在的不同类型的运动学奇异。

7.1 正、逆运动学

对比观察串联机构和并联机构，对于串联运动链，正向运动学一般是直接的，而逆运动学可能很复杂（比如，可能有多个解或没有解）；对于并联机构，逆运动学往往相对明确（例如，考虑到平台的形状，确定关节变量可能并不困难），而正向运动学可能相当 210
复杂：任意选择的一组关节值可能不可行，或者可能对应平台多种可能的位形。

我们现在继续进行两个案例研究，即 3-RPR 平面并联机构，以及与之相对应的空间并联机构 3-SPS Stewart-Gough 平台。对这两种机构的分析借鉴了一些简化技术，以得到联立运动学方程组的简化形式，进而可应用于更为一般性的并联机构分析。

7.1.1 3-RPR 平面并联机构

第一个案例，我们考虑 3-dof 的平面 3-RPR 并联机构，如图 7.2 所示。基坐标系 {s} 和物体坐标系 {b} 分别被放置于图中所示的静、动平台。3 个移动副为驱动副，而 6 个转动副则是被动的。3 条腿中各个的长度表示为 s_i，$i = 1, 2, 3$。正向运动学问题是在给定 $s = (s_1, s_2, s_3)$ 的情况下，确定物体坐标系的位置和方向。相反，逆运动学问题是由 $T_{sb} \in SE(2)$ 确定 s。

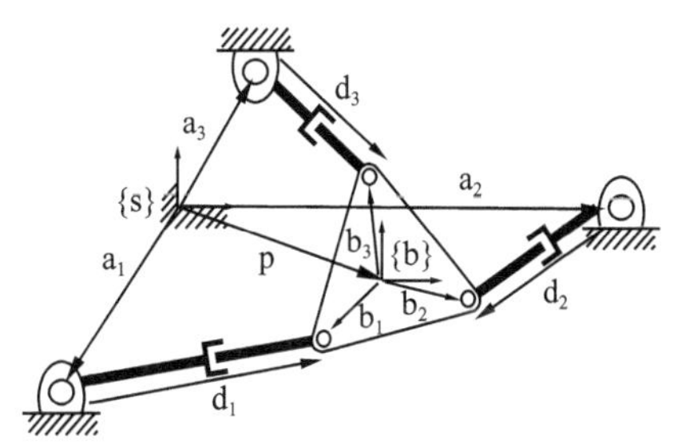

图 7.2 3-RPR 平面并联机构

令 p 为 {s} 坐标系原点到 {b} 坐标系原点的向量，ϕ 为从 {s} 坐标系 $\hat{x}_s$ 轴到 {b} 坐标系 $\hat{x}_b$ 轴的角度。此外，定义如图所示的向量 a_i, b_i, d_i，$i = 1, 2, 3$。基于这些定义，显然有

$$d_i = p + b_i - a_i \tag{7.1}$$ 211

式中，$i = 1, 2, 3$。令

$$\begin{bmatrix} p_x \\ p_y \end{bmatrix} = p \text{ 在 \{s\} 系中描述；}$$

$$\begin{bmatrix} a_{ix} \\ a_{iy} \end{bmatrix} = a_i \text{ 在 \{s\} 系中描述；}$$

$$\begin{bmatrix} d_{ix} \\ d_{iy} \end{bmatrix} = d_i \text{ 在 \{s\} 系中描述；}$$

$$\begin{bmatrix} b_{ix} \\ b_{iy} \end{bmatrix} = b_i \text{ 在 \{s\} 系中描述。}$$

注意到对于 $i=1, 2, 3$，(a_{ix}, a_{iy}) 和 (b_{ix}, b_{iy}) 均为常数，并且除了 (b_{ix}, b_{iy})，其他向量均为在坐标系 {s} 下的描述。

$$R_{sb}=\begin{bmatrix}\cos\phi & -\sin\phi \\ \sin\phi & \cos\phi\end{bmatrix}$$

由此有

$$\begin{bmatrix}d_{ix}\\ d_{iy}\end{bmatrix}=\begin{bmatrix}p_x\\ p_y\end{bmatrix}+R_{sb}\begin{bmatrix}b_{ix}\\ b_{iy}\end{bmatrix}-\begin{bmatrix}a_{ix}\\ a_{iy}\end{bmatrix}$$

式中，$i=1, 2, 3$。又有 $s_i^2=d_{ix}^2+d_{iy}^2$，则

$$\begin{aligned}s_i^2=&(p_x+b_{ix}\cos\phi-b_{iy}\sin\phi-a_{ix})^2\\ &+(p_y+b_{ix}\sin\phi+b_{iy}\cos\phi-a_{iy})^2\end{aligned} \tag{7.2}$$

式中，$i=1, 2, 3$。

如上所述，逆运动学的计算很简单：给定 (p_x, p_y, ϕ) 的值，腿长 (s_1, s_2, s_3) 可以直接从上述方程中计算得出（s_i 的负值在大多数情况下是无法物理实现的，可以忽略）。相反，从腿长 (s_1, s_2, s_3) 确定物体坐标系的位置和方向 (p_x, p_y, ϕ) 的正向运动学求解并不简单。下面的半角正切代换将式（7.2）中的 3 个方程转化为以 t 表示的多项式方程，其中

$$t=\tan\frac{\phi}{2}$$

$$\sin\phi=\frac{2t}{1+t^2}$$

212 $$\cos\phi=\frac{1-t^2}{1+t^2}$$

经过一定的代数运算后，多项式方程（7.2）最终可简化为一个关于 t 的六次多项式，这表明 3-RPR 机构最多可能有 6 个正解。想要说明所有这 6 个解都是可以物理实现的，则需要进一步验证。

图 7.3a 显示了处于奇异位形的机构，其各条腿的长度是相同的，并且尽可能的短。因为在这个对称位形下，伸长的腿会使得平台顺时针或逆时针旋转，所以该位形是一个奇异位形，并且我们无法预测[⊖]。奇异位形在第 7.3 节中有更详细的讨论。图 7.3b 显示了当所有腿的长度相等时，对应的正向运动学的两组解。

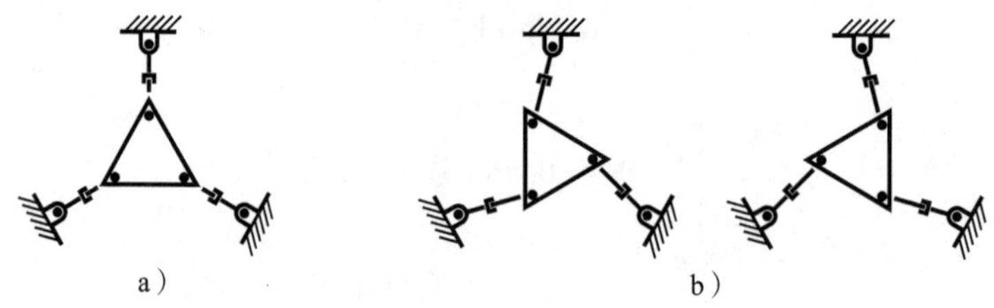

图 7.3　a）处于奇异位形的 3-RPR 机构。在该位形处，腿伸长可能导致平台向逆时针方向旋转或顺时针旋转；b）当所有移动副伸长相同距离时，正向运动学有两组解

⊖　第三种可能是伸长的腿将平台破坏。

7.1.2 Stewart-Gough 平台

我们现在考察图 7.1a 所示的 6-SPS Stewart-Gough 平台的逆运动学和正向运动学。该设计采用 6 个串联的 SPS 结构连接动、静平台，其中球铰为被动副，移动副为驱动副。该机构的运动学方程推导与上述的 3-RPR 平面机构相似。令 {s} 和 {b} 分别表示基坐标系和物体坐标系，且 d_i 为从关节 A_i 指向关节 B_i 的向量，其中 $i = 1,\cdots, 6$。参照图 7.1a，我们作如下规定：

$$p\in\mathbb{R}^3=\mathrm{p}\text{，在 \{s\} 系中描述；}$$

$$a_i\in\mathbb{R}^3=\mathrm{a}_i\text{，在 \{s\} 系中描述；}$$

$$b_i\in\mathbb{R}^3=\mathrm{b}_i\text{，在 \{b\} 系中描述；}$$

$$d_i\in\mathbb{R}^3=\mathrm{d}_i\text{，在 \{s\} 系中描述；}$$

$$R\in SO(3)\text{ 为在 \{s\} 坐标系中 \{b\} 的方向。}$$

为了导出运动约束方程，建立以下向量关系：

$$\mathrm{d}_i=\mathrm{p}+\mathrm{b}_i-\mathrm{a}_i,\quad i=1,\cdots,6$$

上式在 {s} 系中表示为

$$d_i=p+Rb_i-a_i,\quad i=1,\cdots,6$$ 213

第 i 条腿的长度用 s_i 表示，有

$$s_i^2=d_i^{\mathrm{T}}d_i=(p+Rb_i-a_i)^{\mathrm{T}}(p+Rb_i-a_i)$$

式中，$i = 1,\cdots, 6$。注意到 a_i 和 b_i 均已知。将上述方程写作这种形式，逆运动学显得直观：给定 p 和 R，6 条腿的长度 s_i 可以直接通过上述方程确定。

正向运动学则并不是那么直观：给定各条腿的长度 s_i，$i = 1,\cdots, 6$，我们必须求解 $p\in\mathbb{R}^3$ 和 $R\in SO(3)$。这 6 个约束方程，再加上由条件 $R^{\mathrm{T}}R=I$ 产生的 6 个额外的约束，组成了包含 12 个未知量（其中 3 个用于描述 p，9 个用于描述 R）的 12 个方程。

7.1.3 一般并联机构

对于 3-RPR 机构和 Stewart-Gough 平台，我们能够利用机构的某些特性，从而减少方程组。例如，Stewart-Gough 平台的腿可以按照直线来建模，这大大简化了分析。在本节中，我们将简要地考虑并联机构的腿为一般开链的情况。

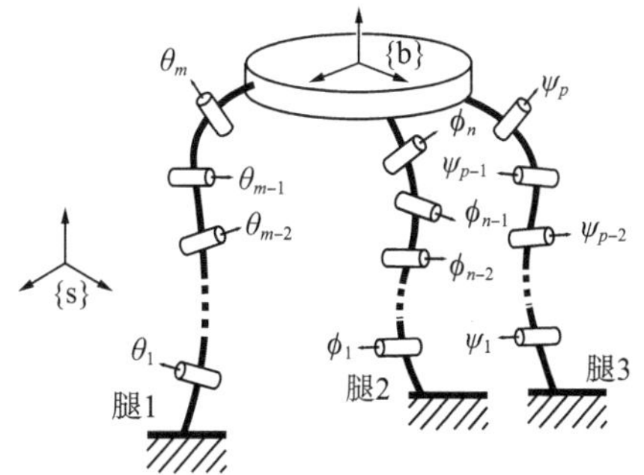

图 7.4 一般并联机构

考虑这样的一个并联机构，如图 7.4 所示，其动、静平台通过 3 条支链连接。动平台的位形由 T_{sb} 给定，3 个运动链的正向运动学分别用 $T_1(\theta)$，$T_2(\phi)$ 和 $T_3(\psi)$ 表示，其中 $\theta\in\mathbb{R}^3$，$\phi\in\mathbb{R}^3$ 且 $\psi\in\mathbb{R}^3$。闭环条件可以写作 $T_{sb}=T_1(\theta)=T_2(\phi)=T_3(\psi)$。消去 T_{sb}，有

$$T_1(\theta)=T_2(\phi)\tag{7.3}$$

$$T_2(\phi)=T_3(\psi)\tag{7.4}$$

式（7.3）和式（7.4）各由 12 个方程（旋转分量 9 个，位置分量 3 个）组成，其中 6 个
214 是独立的：由旋转矩阵约束 $R^{\mathrm{T}}R=I$，旋转分量的 9 个方程可归结为各组 3 个独立的方程。因此，共有 24 个约束方程，其中 12 个是独立的，共有 $n+m+p$ 个未知变量。故该机构具有 $d=n+m+p-12$ 个自由度。

在正向运动学问题中，给定关节变量 (θ, ϕ, ψ) 的 d 值，其余关节变量可以通过式（7.3）和式（7.4）求解。一般来说，这并不简单，而且可能有多解。一旦知道任何一个开链的关节值，就可以求解该腿的正向运动学，从而确定这个闭链的正向运动学。

在逆运动学问题中，给定物体坐标系位移 $T_{sb}\in SE(3)$，设 $T=T_1=T_2=T_3$，关节变量 (θ, ϕ, ψ) 通过式（7.3）和式（7.4）求解。正如这些案例研究所表现的那样，对于大多数并联机构，可以利用其自身的特性来消除其中的一些方程，并将它们简化为一种更易于计算的形式。

7.2 微分运动学

我们现在考虑并联机构的微分运动学。与开链机器人情况有所不同，目标是将输入关节的速度与平台末端的运动旋量联系起来，对闭链机器人的分析由于并非所有的关节都是驱动副而变得复杂。只有驱动关节才能确定输入速度，剩余的被动关节速度必须由运动约束方程确定。通常需要这些被动关节的速度，才能最终确定平台末端的运动旋量。

对于开链机器人，正向运动学的雅可比矩阵是速度分析和静力分析的核心。对于闭链机器人，除了正向的运动学雅可比矩阵外，由运动约束方程确定的雅可比矩阵，我们称之为**约束雅可比矩阵**，在速度和静力分析中同样起着核心作用。通常情况下，可以利用机构的某些特性来简化并减少确定这两个雅可比矩阵的过程。我们将以 Stewart-Gough 平台为例来说明这一点，从而证明逆运动学的雅可比矩阵可以由静力分析直接导出，随后介绍更为一般的并联机构的速度分析方法。

7.2.1 Stewart-Gough 平台

在此之前，我们发现 Stewart-Gough 平台的逆运动学可以解析求解。也就是说，给
215 定物体坐标系的方向 $R\in SO(3)$ 和位置 $p\in\mathbb{R}^3$，以函数形式 $s=g(R, p)$ 可解析得到腿长 $s\in\mathbb{R}^6$。原则上，我们可以对这个方程求导，并转化成以下形式

$$\dot{s}=G(R, p)\mathcal{V}_s \tag{7.5}$$

其中，$\dot{s}\in\mathbb{R}^6$ 表示腿的速度，$\mathcal{V}_s\in\mathbb{R}^6$ 表示空间旋量坐标，且 $G(R, p)\in\mathbb{R}^{6\times 6}$ 表示逆运动学的雅可比矩阵。在大多数情况下，这一过程将需要大量的代数运算。

在这里，我们采取了另一种方法，其基于确定开链机器人静力关系 $\tau=J^{\mathrm{T}}\mathcal{F}$ 的能量守恒原理。闭链机器人的静力关系可以用完全相同的形式表示。我们通过对 Stewart-Gough 平台的分析来说明这一点。

在没有外力的情况下，唯一施加于动平台的力作用在球铰上。在接下来的内容中，所有的向量均为在 {s} 系中表示。令

$$f_i = \hat{n}_i \tau_i$$

为第 i 条腿提供的三维纯力，其中 $\hat{n}_i \in \mathbb{R}^3$ 表示作用力方向的单位向量，$\tau_i \in \mathbb{R}^3$ 为力的大小。由 f_i 产生的力矩 m_i 为

$$m_i = r_i \times f_i$$

式中，$r_i \in \mathbb{R}^3$ 表示从 {s} 坐标系原点到力作用点的向量（这里是球铰 i 的位置）。由于无论是动平台还是静平台上的球铰都不能承受对其作用的任何力矩，所以力 f_i 必然沿着腿所在直线的方向。因此，我们可以用静平台上的球铰来计算力矩 m_i，而不需要动平台上的球铰，即

$$m_i = q_i \times f_i$$

式中，$q_i \in \mathbb{R}^3$ 表示从基坐标系原点到第 i 条腿的基关节的向量。由于 q_i 是常量，将力矩表示为 $q_i \times f_i$ 更为合理。

将 f_i 和 m_i 组合成六维力旋量 $\mathcal{F}_i = (m_i, f_i)$，作用于动平台上的力旋量 $\mathcal{F}_s$ 写作

$$\begin{aligned}
\mathcal{F}_s &= \sum_{i=1}^{6} \mathcal{F}_i = \sum_{i=1}^{6} \begin{bmatrix} r_i \times \hat{n}_i \\ \hat{n}_i \end{bmatrix} \tau_i \\
&= \begin{bmatrix} -\hat{n}_1 \times q_1 & \cdots & -\hat{n}_6 \times q_6 \\ \hat{n}_1 & \cdots & \hat{n}_6 \end{bmatrix} \begin{bmatrix} \tau_1 \\ \vdots \\ \tau_6 \end{bmatrix} \\
&= J_s^{-\mathrm{T}} \tau
\end{aligned}$$

216

式中，J_s 为正向运动学的空间雅可比矩阵，其逆矩阵写作

$$J_s^{-1} = \begin{bmatrix} -\hat{n}_1 \times q_1 & \cdots & -\hat{n}_6 \times q_6 \\ \hat{n}_1 & \cdots & \hat{n}_6 \end{bmatrix}^{\mathrm{T}}$$

7.2.2 一般并联机构

由于其运动学结构，Stewart-Gough 平台特别适合于静力分析，其 6 个关节力都沿着各自腿的方向。因此，雅可比矩阵（或者更准确地说，是逆向雅可比矩阵）可以用与每条腿所在直线相关联的旋量推导出来。在本小节中，我们考虑了更为一般的并联机构，其静力分析并不那么直观。以图 7.4 所示的空间三支链并联机构为例，推导出一种确定正向运动学雅可比矩阵的方法，并可以推广至其他类型的并联机构。

如图 7.4 所示的机构，由 3 条腿分别通过 m、n 和 p 个关节连接两个平台组成。为了简单起见，我们选取 $m = n = p = 5$，因此该机构拥有 $d = n + m + p - 12 = 3$ 个自由度（将接下来的内容推广到不同类型和数目的腿是非常简单的）。对于图中所示的基坐标系和物体坐标系，这 3 条支链的正向运动学可写作：

$$\begin{aligned}
T_1(\theta_1,\ \theta_2, \ldots,\ \theta_5) &= e^{[S_1]\theta_1} e^{[S_2]\theta_2} \cdots e^{[S_5]\theta_5} M_1 \\
T_2(\phi_1,\ \phi_2, \ldots,\ \phi_5) &= e^{[P_1]\phi_1} e^{[P_2]\phi_2} \cdots e^{[P_5]\phi_5} M_2 \\
T_3(\psi_1,\ \psi_2, \ldots,\ \psi_5) &= e^{[Q_1]\psi_1} e^{[Q_2]\psi_2} \cdots e^{[Q_5]\psi_5} M_3
\end{aligned}$$

运动环路约束可以写作

$$T_1(\theta) = T_2(\phi) \tag{7.6}$$

$$T_2(\phi)=T_3(\psi) \tag{7.7}$$

由于这些约束必须恒成立，我们可以采用下式描述其空间运动旋量对时间的导数，即

$$\dot{T}_1T_1^{-1}=\dot{T}_2T_2^{-1} \tag{7.8}$$

$$\dot{T}_2T_2^{-1}=\dot{T}_3T_3^{-1} \tag{7.9}$$

又 $\dot{T}_iT_i^{-1}=[\mathcal{V}_i]$，且 $\mathcal{V}_i$ 为支链 i 末端的空间运动旋量，则各支链的正向运动学雅可比矩阵也存在上述恒等关系，即

$$J_1(\theta)\dot{\theta}=J_2(\phi)\dot{\phi} \tag{7.10}$$

217 $$J_2(\phi)\dot{\phi}=J_3(\psi)\dot{\psi} \tag{7.11}$$

上式可改写作

$$\begin{bmatrix} J_1(\theta) & -J_2(\phi) & 0 \\ 0 & -J_2(\phi) & J_3(\psi) \end{bmatrix}\begin{bmatrix} \dot{\theta} \\ \dot{\phi} \\ \dot{\psi} \end{bmatrix}=0 \tag{7.12}$$

现在我们把 15 个关节重新分配成驱动副和被动副。为不失一般性，假定这 3 个驱动副为 $(\theta_1, \phi_1, \psi_1)$。定义驱动关节 $q_a\in\mathbb{R}^3$ 的向量和被动关节 $q_p\in\mathbb{R}^{12}$ 的向量为

$$q_a=\begin{bmatrix} \theta_1 \\ \phi_1 \\ \psi_1 \end{bmatrix},\quad q_p=\begin{bmatrix} \theta_2 \\ \vdots \\ \phi_5 \end{bmatrix}$$

且有 $q=(q_a, q_p)\in\mathbb{R}^{15}$。式（7.12）可改写作

$$[H_a(q) \quad H_p(q)]\begin{bmatrix} \dot{q}_a \\ \dot{q}_p \end{bmatrix}=0 \tag{7.13}$$

或者，等效地写作

$$H_a\dot{q}_a+H_p\dot{q}_p=0 \tag{7.14}$$

式中，$H_a\in\mathbb{R}^{12\times 3}$ 且 $H_p\in\mathbb{R}^{12\times 12}$。如果 H_p 可逆，则

$$\dot{q}_p=-H_p^{-1}H_a\dot{q}_a \tag{7.15}$$

因此，假设 H_p 是可逆的，一旦给出驱动副的速度，则剩余被动副的速度可以通过式（7.15）得到。

对于驱动副，仍然需要推导出正向雅可比矩阵，即满足 $\mathcal{V}_s=J_a(q)\dot{q}_a$ 的 $J_a(q)\in\mathbb{R}^{6\times 3}$，其中 $\mathcal{V}_s$ 是平台末端的空间运动旋量。为此，我们可以对这 3 条支链中的任意一条进行正向运动学分析：如对支链 1，有 $J_1(\theta)\dot{\theta}=\mathcal{V}_s$，且由式（7.15），有

$$\dot{\theta}_2=g_2^{\mathrm{T}}\dot{q}_a \tag{7.16}$$

$$\dot{\theta}_3=g_3^{\mathrm{T}}\dot{q}_a \tag{7.17}$$

$$\dot{\theta}_4=g_4^{\mathrm{T}}\dot{q}_a \tag{7.18}$$

$$\dot{\theta}_5=g_5^{\mathrm{T}}\dot{q}_a \tag{7.19}$$

式中，对 $i=2,\cdots,5$，每个 $g_i(q)\in\mathbb{R}^3$ 都可以通过式（7.15）确定。定义行向量 $e_1^{\mathrm{T}}=[1 \quad 0 \quad 0]$，

支链 1 的正向运动学可以写作 218

$$\mathcal{V}_s = J_1(\theta)\begin{bmatrix} e_1^{\mathrm{T}} \\ g_2^{\mathrm{T}} \\ g_3^{\mathrm{T}} \\ g_4^{\mathrm{T}} \\ g_5^{\mathrm{T}} \end{bmatrix}\begin{bmatrix} \dot{\theta}_1 \\ \dot{\phi}_1 \\ \dot{\psi}_1 \end{bmatrix} \tag{7.20}$$

既然我们在 $\mathcal{V}_s = J_a(q)\dot{q}_a$ 中考察 $J_a(q)$，且 $\dot{q}_a^{\mathrm{T}} = [\dot{\theta}_1 \quad \dot{\phi}_1 \quad \dot{\psi}_1]$，那么从上可以得出

$$J_a(q) = J_1(q_1, q_2, \dots, q_5)\begin{bmatrix} e_1^{\mathrm{T}} \\ g_2(q)^{\mathrm{T}} \\ g_3(q)^{\mathrm{T}} \\ g_4(q)^{\mathrm{T}} \\ g_5(q)^{\mathrm{T}} \end{bmatrix} \tag{7.21}$$

这个方程也可以由支链 2 或支链 3 分析导出。

即使给定驱动关节 q_a 的值，我们仍需从环路约束方程中求解被动关节 q_p。提前消除尽可能多的 q_p 中的元素显然会简化问题。需要注意的是，$H_p(q)$ 可能变得奇异，使得 $\dot{q}_p$ 不能从 $\dot{q}_a$ 中得到。$H_p(q)$ 变成奇异矩阵的位形对应为**驱动奇异**（actuator singularity），下一节将对此进行讨论。

7.3 奇异

闭链奇异的描述要比开链复杂得多。在本节中，我们通过两个平面机构的案例来突出闭链奇异的基本特征，一个是四杆机构（见图 7.5），另外一个是五杆机构（见图 7.6）。基于这些案例研究，我们将闭链奇异分为 3 种基本类型：**驱动奇异**、**位形空间奇异**（configuration space singularity）和**末端奇异**（end-effector singularity）。

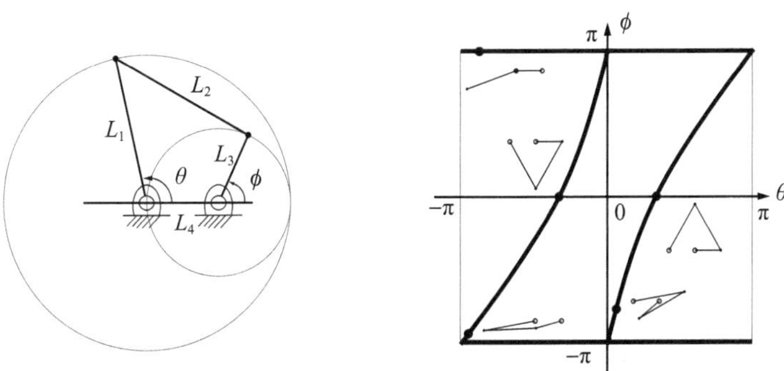

图 7.5 （左图）平面四杆机构，以及（右图）对应的一维 C– 空间，在 θ– ϕ 坐标下以粗线表示。右图同时还绘制了 5 种位形案例，其中 3 个接近分岔点，另外两个则远离分岔点

我们从图 7.5 的四杆机构开始，回忆在第 2 章中，它的 C– 空间（即位形空间）是嵌

入在四维包络空间（每个维度都由一个关节参数化表示）中的一维曲线。将 C– 空间投影到关节角 (θ, ϕ) 上，可以得到如图 7.5 所示的粗线。以 θ 和 ϕ 描述，则四杆机构的运动环路约束方程可以写作

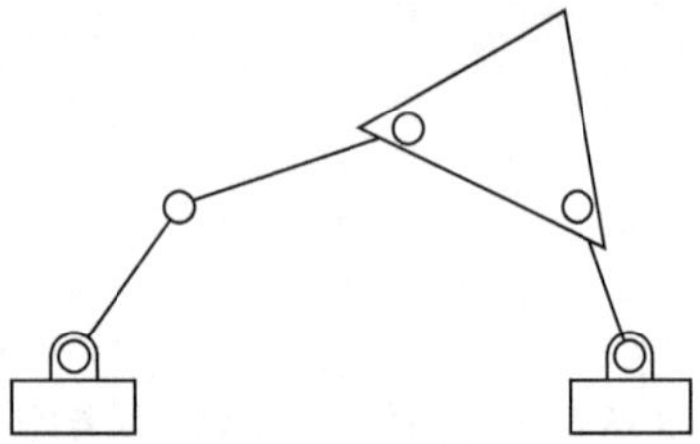

219
$$\phi = \tan^{-1}\left(\frac{\beta}{\alpha}\right) \pm \cos^{-1}\left(\frac{\gamma}{\sqrt{\alpha^2+\beta^2}}\right) \tag{7.22}$$

图 7.6　平面五杆机构

式中

$$\alpha = 2L_3L_4 - 2L_1L_3\cos\theta \tag{7.23}$$

$$\beta = -2L_1L_3\sin\theta \tag{7.24}$$

$$\gamma = L_2^2 - L_4^2 - L_3^2 - L_1^2 + 2L_1L_4\cos\theta \tag{7.25}$$

上述方程解的存在性和唯一性取决于杆长 $L_1,\cdots, L_4$。特别地，当 $\gamma^2 \leqslant \alpha^2+\beta^2$，则方程的解不存在。图 7.5 绘制了选取杆长 $L_1 = L_2 = 4$ 且 $L_3 = L_4 = 2$ 时机构可行的位形。对于这组杆长，两个参数 θ 和 ϕ 的范围都在 0 到 2π 之间。

图 7.5 的一个显著特征是当曲线分支相交时存在**分岔点**（bifurcation point）。当机构接近这些位形时，它有不同的分支。图 7.5 给出了在靠近和远离分岔点的不同分支上的典型位形。

我们现在转到图 7.6 中的五杆机构，其运动环路约束方程可以写成

$$L_1\cos\theta_1 + \cdots + L_4\cos(\theta_1+\theta_2+\theta_3+\theta_4) = L_5 \tag{7.26}$$

$$L_1\sin\theta_1 + \cdots + L_4\sin(\theta_1+\theta_2+\theta_3+\theta_4) = 0 \tag{7.27}$$

在这里，我们已经提前消除了闭环条件中的关节变量 θ_5。将这两个方程写作 $f(\theta_1, \cdots, \theta_4) = 0$ 的形式，其中 $f: \mathbb{R}^4 \to \mathbb{R}^2$，该位形空间可以认为是 $\mathbb{R}^4$ 中的二维曲面。
220 和四杆机构的分岔点一样，该曲面的自相交也可能发生。当机构处于分岔点时，约束雅可比矩阵将出现降秩。对于五杆机构，任意 θ 满足

$$\text{rank}\left(\frac{\partial f}{\partial \theta}(\theta)\right) < 2 \tag{7.28}$$

对应我们所谓的**位形空间奇异**。图 7.7 示意了五杆机构可能存在的位形空间奇异。注意，到目前为止，我们还没有提到五杆机构驱动副的选取问题，或者末端放置在哪里。位形空间奇异的概念完全独立于驱动副的选择或末端的位置。

我们现在考虑，当五杆机构的两个关节为驱动副时。参照图 7.8，两个固定在地面的转动副是驱动副。在正常运行条件下，驱动副的运动可以单独控制。或者，锁定驱动副使得五杆机构完全固定，并将其变成一个刚性结构。

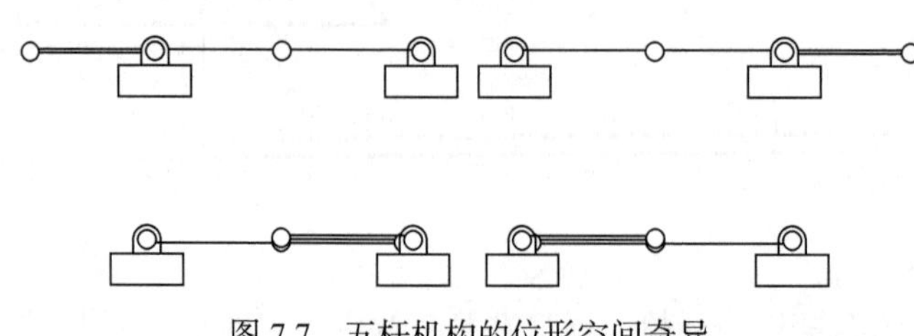

图 7.7　五杆机构的位形空间奇异

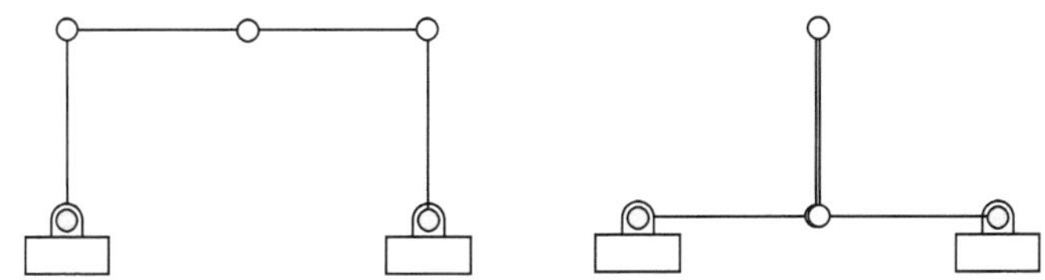

图 7.8　平面五杆机构的驱动奇异，每个案例中的两个驱动副均采用灰色填充。左图为非退化奇异，右图则为退化奇异

对于图 7.8 左边显示的**非退化驱动奇异**（nondegenerate actuator singularity），将两个驱动关节同时向外旋转会把机构分开；同时向内旋转会压碎内部两个杆件，或者导致中间关节不可预测地向上或向下弯曲。对于右边显示的**退化驱动奇异**（degenerate actuator singularity），即使当驱动关节被锁止，内部两个杆件仍可以自由旋转。

将这些奇异归类为**驱动奇异**的原因是，通过将驱动重新分配到不同的关节集合，这 221
种奇异可以消除。对于五杆机构的退化和非退化奇异，将一个驱动重新定位到另外 3 个被动关节中的一个则可以消除原先的奇异位形。

将平面五杆机构的驱动奇异图形化是很简单的，但是对于更复杂的空间闭链，图形化可能很困难。驱动奇异可以用约束雅可比矩阵的秩来表示。如前所述，将运动环路约束写作微分形式：

$$H(q)\dot{q}=[H_a(q)\quad H_p(q)]\begin{bmatrix}\dot{q}_a\\ \dot{q}_p\end{bmatrix}=0 \tag{7.29}$$

式中，$q_a\in\mathbb{R}^a$ 是驱动关节 a 的向量，$q_p\in\mathbb{R}^p$ 是被动关节 p 的向量。由此得出 $H(q)\in\mathbb{R}^{p\times(a+p)}$ 是 $p\times p$ 矩阵的结论。

基于上述定义，我们有以下结论。

- 如果矩阵的秩 $H_p(q)<p$，则 q 为**驱动奇异**。区分退化奇异和非退化奇异涉及更多的数学手段，并且依赖于二阶导数，在这里我们不做进一步探讨。
- 如果矩阵的秩 $H(q)<p$，则 q 为**位形空间奇异**。注意到在这种情况下，$H_p(q)$ 也是奇异的（反之则不成立）。因此，位形空间奇异可视为，所有可能的驱动奇异在所有可能的驱动副组合上得到的交点。

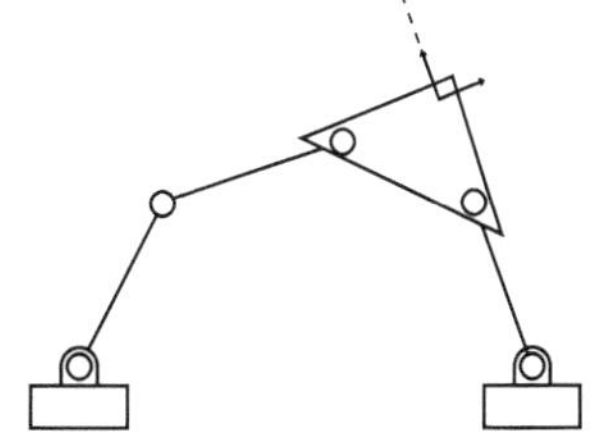

图 7.9　五杆机构的末端奇异

最后一类奇异取决于平台末端的选择。对于五杆机构，我们先忽略末端的方向，而只关注它的 x-y 坐标位置。图 7.9 显示了在给定的末端位置下，五杆机构的**末端奇异**。注意到处于该位形时，沿虚线的速度是不可能的，类似于开链奇异的情况。要理解为什么这些速度是不可能的，考虑这样一个有效的 2R 开链，其由最右边的关节、 222
连接该关节与平台的杆件、平台上的关节、以及平台关节与末端之间的有效连接所组成。由于该 2R 机器人的两个杆件呈一条直线，所以末端不可能有沿杆件方向的运动分量。

末端奇异与驱动副的选取无关。用数学语言可以如下描述，选择任何有效的驱动关节集合 q_a，使该机构不处于驱动奇异，其正向运动学的形式

$$f(q_a)=T_{sb} \tag{7.30}$$

然后，我们可以像处理开链机器人问题一样，检查f对应的雅可比矩阵是否满秩，以确定该类奇异的存在性。

7.4 本章小结

- 任何包含一个或多个环路的运动链都称为**闭链**。**并联机构**是一类闭链，其特点是两个平台，一个移动和一个静止，由多条腿连接，通常是开链，但它们本身可以是闭链。与开链机器人的运动学分析相比，闭链机器人的运动学分析比较复杂，因为只有部分关节为驱动副，并且关节变量必须满足由于机构的结构配置所导致的许多可能独立或不独立的闭环约束方程。
- 对于驱动数和自由度相等的并联机构，逆运动学问题涉及通过给定动平台的位置和方向，确定驱动副的关节坐标。对于一些知名的并联机构，如平面 3-RPR 机构和空间 Stewart-Gough 平台，逆运动学允许存在唯一的解。
- 223 对于驱动数和自由度相等的并联机构，正向运动学问题涉及通过给定所有驱动副的关节坐标，确定动平台的位置和方向。对于一些知名的并联机构，如平面 3-RPR 机构和空间 Stewart-Gough 平台，正向运动学通常允许存在多个解。对于最为一般的 Stewart-Gough 平台，最多可能有 40 种解。
- 闭链机构的微分运动学将驱动副的速度与动平台末端的线速度和角速度联系起来。对于由 n 个单自由度关节组成的自由度为 m 的闭链机构，令 $q_a\in\mathbb{R}^m$ 和 $q_p\in\mathbb{R}^{n-m}$ 分别表示驱动关节和被动关节的向量。运动学闭环约束可表示为 $H_a\dot{q}_a+H_p\dot{q}_p=0$ 的微分形式，其中 $H_a\in\mathbb{R}^{(n-m)\times m}$ 和 $H_p\in\mathbb{R}^{(n-m)\times(n-m)}$ 是与机构位形有关的矩阵。如果 H_p 是可逆的，那么 $\dot{q}_p=-H_p^{-1}H_a\dot{q}_a$，则可以用 $\mathcal{V}=J(q_a,q_p)\dot{q}_a$ 的形式表示微分运动学，其中 $\mathcal{V}$ 是平台末端的运动旋量，$J(q_a,q_p)\in\mathbb{R}^{6\times m}$ 是一个与位形有关的雅可比矩阵。对于像 Stewart-Gough 平台这样的闭链机构，也可以从静力分析中得到相应的正向运动学，和开链机构一样，作用于末端执行器的力旋量 $\mathcal{F}$ 与关节力或力矩有关 τ，即 $\tau=J^{\mathrm{T}}\mathcal{F}$。
- 闭链机构的奇异可以分为 3 类：①位形空间曲面交点处的位形空间奇异（也称一维位形空间的分岔点）；②当驱动关节不能被独立驱动时的非退化驱动奇异，以及当锁定所有关节不能使机构成为刚性结构时的退化驱动奇异；③当末端执行器失去一个或多个运动自由度时的末端奇异。位形空间奇异与驱动副的选取无关，而驱动奇异则取决于驱动副的选取。末端奇异取决于其自身的放置，而不取决于驱动副的选取。

7.5 推荐阅读

有关并联机器人方面的详细介绍可参考文献 Merlet（2006）、Merlet 等（2016），结合近期成果提供了一个更简明的总结。在 20 世纪 90 年代，并联机构运动学中最突出的问题之一是，由 6 个 SPS 支链（移动副为驱动副）连接动、静平台组成的一般 6-6 并联机构，它存在多少个运动学正解的问题。Raghavan 和 Roth（1990）的研究表明，最多可以有 40 组解，而 Husty（1996）开发了一种可以找到所有 40 组解的算法。 224

闭链机构的奇异性在文献中也得到了广泛的关注。本章中所使用闭链奇异的相关术语在文献 Park 和 Kim（1999）中作了介绍。特别是退化和非退化驱动奇异之间的区别，部分来源于 Morse 理论中用于判别 Hessian 矩阵是否奇异（即退化）的临界点等类似术语。在第 2 章和本章的练习中所讨论的 3-UPU 机构可以表现出相当不寻常的奇异行为，对该机构更详细的奇异分析可以参考文献 Han 等（2002）或 di Gregorio 和 Parenti-Castelli（2002）。

习题

1. 如图 7.10 所示的 3-RPR 平面并联机构中，移动副为驱动副。定义 $a_i \in \mathbb{R}^2$ 是在基坐标系下从坐标原点 O 到关节 A_i 的向量，i=1, 2, 3。定义 $b_i \in \mathbb{R}^2$ 从动平台系统原点 P 到关节 B_i 的向量，i = 1, 2, 3，其属于动平台坐标系内。

图 7.10　3-RPR 平面并联机构

（a）求解逆运动学。

（b）推导求解正向运动学的过程。

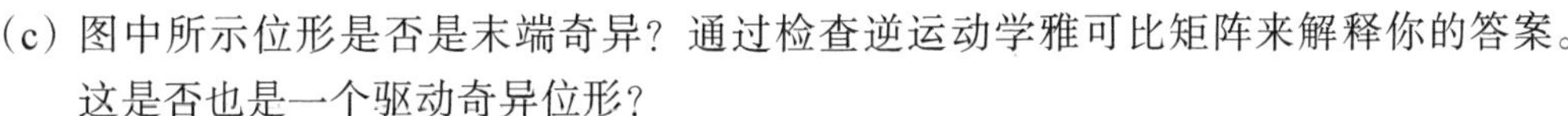

（c）图中所示位形是否是末端奇异？通过检查逆运动学雅可比矩阵来解释你的答案。这是否也是一个驱动奇异位形？

2. 对于如图 7.11a）所示的 3-RPR 平面并联机构，令 ϕ 是从 {s} 坐标系 $\hat{x}$ 轴至 {b} 坐标系 $\hat{x}$ 轴的测量角度，$p \in \mathbb{R}^2$ 是从 {s} 系原点至 {b} 系原点的向量，均为在 {s} 系中的表示。令 $a_i \in \mathbb{R}^2$ 是从 {s} 系原点到固定在大地上的 3 个运动副的向量，其中 i=1, 2, 3（注意其中两个运动副是重叠的），亦是在 {s} 系中的表示。令 $b_i \in \mathbb{R}^2$ 是从 {b} 系原点到与动平台相连的 3 个运动副的向量，其中 i = 1, 2, 3（注意其中两个运动副是重叠的），其为在 {b} 系下的表示。3 个移动副为驱动副，腿的长度是 θ_1, θ_2 和 θ_3。 225

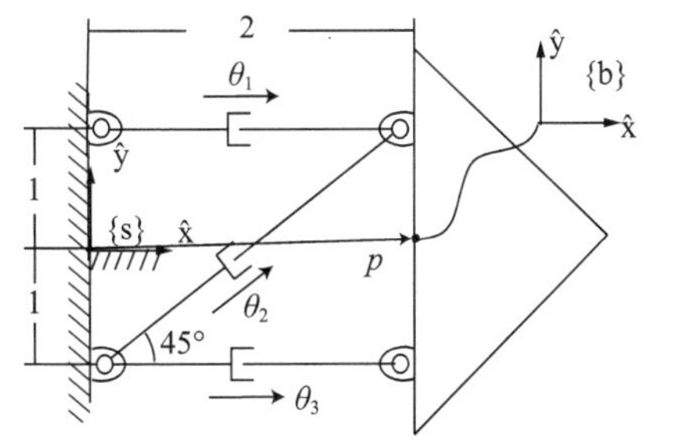

a）3-RPR 平面并联机构

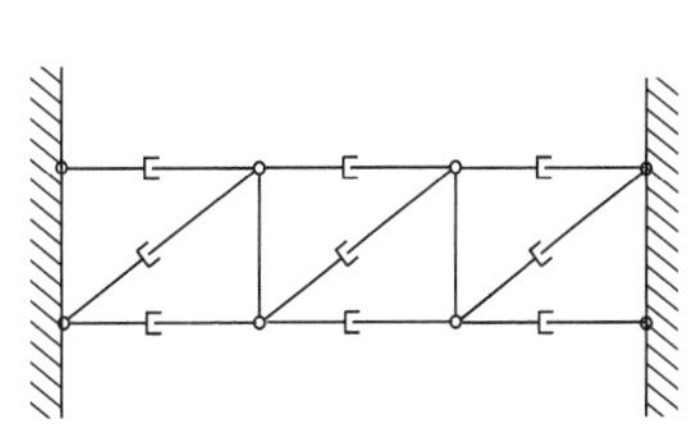

b）桁架

图 7.11　3-RPR 平面并联机构与桁架结构

（a）推导一组与 (ϕ, p) 和 $(\theta_1, \theta_2, \theta_3)$ 有关的独立方程。

（b）该机构的正向运动学最多有几组解？

（c）假设该机构静力平衡，给定作用在关节 $(\theta_1, \theta_2, \theta_3)$ 上的关节力 $\tau = (1, 0, -1)$，求在

末端坐标系 {b} 中的平面力旋量 (m_{bz}, f_{bx}, f_{by})。

（d）现构造由 3 个这样的 3-RPR 并联机构组成的机构，如图 7.11b）所示，求该机构的自由度。

3. 对于如图 7.12 所示的 3-RRR 平面并联机构。在基坐标系中，令 ϕ 是平台末端的方向，且 $p \in \mathbb{R}^2$ 为向量 p 在基坐标系下的描述。令 $a_i \in \mathbb{R}^2$ 为向量 a_i 在基坐标系下的描述，$b_i \in \mathbb{R}^2$ 为向量 b_i 在物体坐标系中的描述。

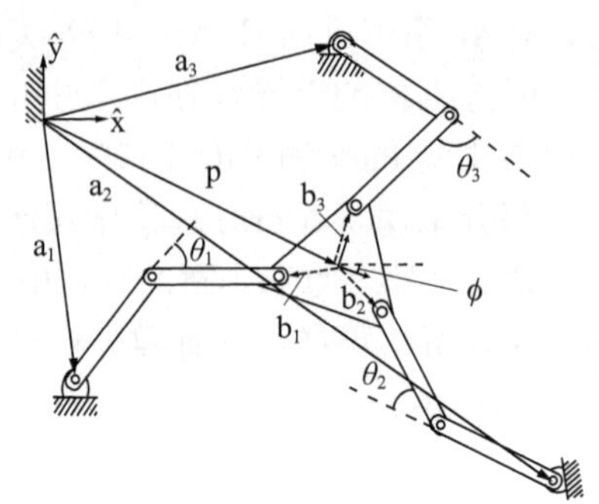

图 7.12　3-RRR 平面并联机构

（a）推导一组与 (ϕ, p) 和 $(\theta_1, \theta_2, \theta_3)$ 有关的独立方程。

（b）该机构的逆运动学和正向运动学最多有几组解？

4. 如图 7.13 所示的是一个处于零位置的六杆机

226 构。令 (p_x, p_y) 为在 {s} 坐标系描述下的 {b} 坐标系原点，且 ϕ 是 {b} 系的方向。其逆运动学问题定义为给定 (p_x, p_y, ϕ) 求解关节变量 (θ, ψ)。

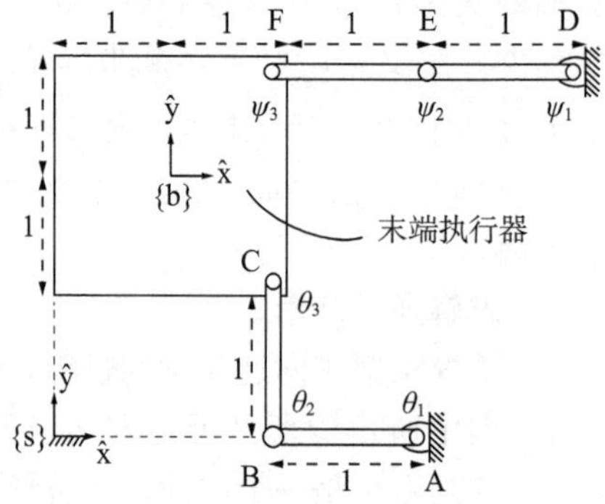

图 7.13　六杆机构

（a）为求解逆运动学，需要建立多少个方程？试推导这些方程。

（b）假设关节 A，D 和 E 为驱动副。分析如下形式的方程，确定图 7.13 所示位形是否为驱动奇异。

$$[H_a \quad H_p]\begin{bmatrix}\dot{q}_a \\ \dot{q}_p\end{bmatrix} = 0$$

式中，q_a 为驱动副向量，q_p 为被动副向量。

（c）假设改用关节 A，B 和 D 为驱动副。试通过 $\mathcal{V}_s = J_a \dot{q}_a$ 求出正向运动学雅可比矩阵 J_a，其中 $\mathcal{V}_s$ 为 {s} 坐标系的运动旋量，$\dot{q}_a$ 为驱动副速度向量。

5. 考虑如图 7.14 所示的 3-PSP 空间并联机构。

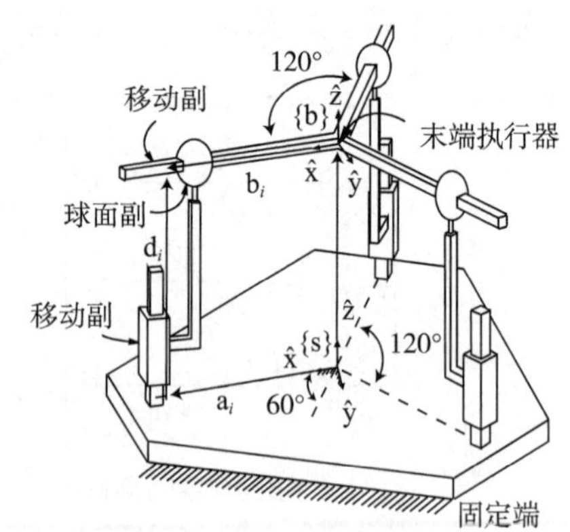

图 7.14　3-PSP 空间并联机构

（a）该机构有几个自由度？

（b）令 $R_{sb} = \mathrm{Rot}(\hat{z}, \theta)\mathrm{Rot}(\hat{y}, \phi)\mathrm{Rot}(\hat{x}, \psi)$ 为物体坐标系 {b} 的方向，且 $p_{sb} = (x, y, z) \in \mathbb{R}^3$ 为从 {s} 系原点至 {b} 系原点的向量（R_{sb} 和 p_{sb} 均为在 {s} 系下的描述）。定义向量 a_i, b_i, d_i，i=1, 2, 3，如图所示。推导一组与 $(\theta, \phi, \psi, x, y, z)$ 和所定义向量有关

227 的独立运动约束方程。

（c）给定 (x, y, z) 的值，是否可以求出垂直移动副 s_i 的值，其中 $s_i=\|\mathrm{d}_i\|$，$i=1, 2, 3$。如果可以，试给出求解算法。

6. 如图 7.15 所示的 Eclipse 机构是一个 6-dof 并联机构，其动平台可以相对于地面倾斜 ± 90°，也可以绕着垂直轴旋转 360°。假设 6 个滑动关节为驱动副。
   （a）推导正、逆向运动学。对于非奇异位形，有多少个运动学正解？
   （b）确定该机构所有的奇异位形并分类。

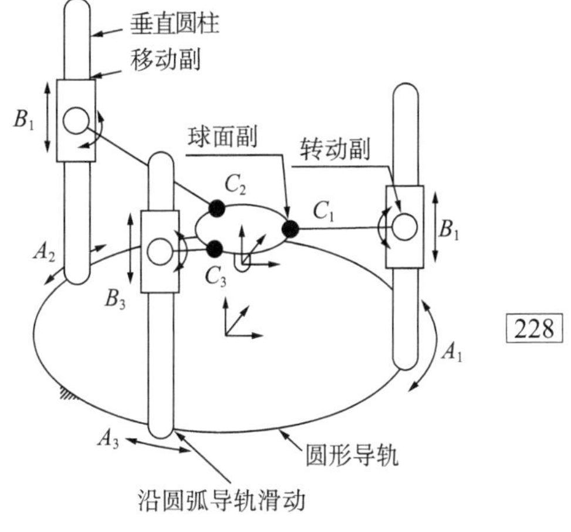

图 7.15　Eclipse 机构

7. 对于如图 7.1b）所示的 Delta 机器人，试求： 228
   （a）正向运动学；
   （b）逆运动学；
   （c）雅可比矩阵 J_a（假设安装在基座上的转动副为驱动副）；
   （d）确定 Delta 机器人的全部驱动奇异位形。

8. 在如图 7.16 所示的 3-UPU 中，万向节的轴线按所指示的顺序连接到动、静平台上，即轴 1 正交地连接在基座上，而轴 4 正交地连接到动平台上。试求： 229
   （a）正向运动学；
   （b）逆运动学；
   （c）雅可比矩阵 J_a（假设安装在基座上的转动副为驱动副）；
   （d）确定这个机器人的全部驱动奇异位形；
   （e）如果可以的话，制作一台样机，看看它能否按照分析所预测的那样运动。 230

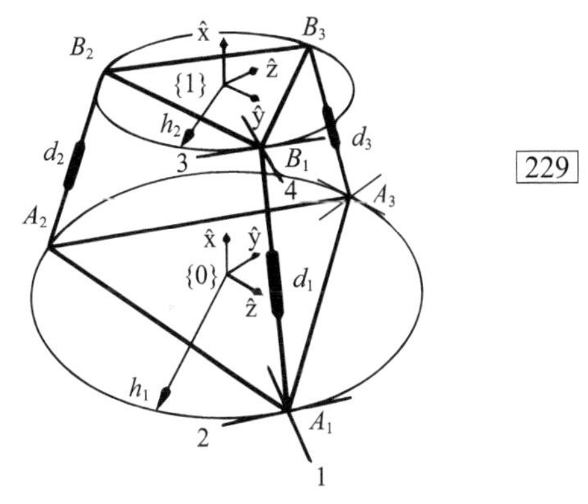

图 7.16　3-UPU 机构

第 8 章

Modern Robotics: Mechanics, Planning, and Control

开链动力学

在本章中，我们再次研究开链机器人的运动，但这次我们考虑引起这些运动的力和力矩；这是**机器人动力学**（robot dynamics）的主题。相关的动力学方程——也称为**运动方程**（equation of motion），是一组具有下列形式的二阶微分方程组：

$$\tau = M(\theta)\ddot{\theta} + h(\theta, \dot{\theta}) \tag{8.1}$$

式中，$\theta \in \mathbb{R}^n$ 表示关节变量，$\tau \in \mathbb{R}^n$ 表示关节力和关节力矩，$M(\theta) \in \mathbb{R}^{n\times n}$ 是一个对称且正定的**质量矩阵**（mass matrix），$h(\theta,\dot{\theta}) \in \mathbb{R}^n$ 是将向心力、科里奥利力、重力和摩擦力等集合在一起的力向量，该向量取决于 θ 和 $\dot{\theta}$ 这两个变量。读者不应被这些方程的简明外表所迷惑，即使对于“简单”的开链，如关节轴线彼此正交或平行的运动链，$M(\theta)$ 和 $h(\theta,\dot{\theta})$ 可能也会非常复杂。

正如我们对机器人的正向运动学和逆运动学进行区分一样，我们通常还要区分机器人的**正向动力学**（forward dynamics）和**逆动力学**（inverse dynamics）。正向动力学问题是在给定状态变量 $(\theta,\dot{\theta})$ 以及关节力和力矩的前提下确定机器人的加速度 $\ddot{\theta}$，即

$$\ddot{\theta} = M^{-1}(\theta)(\tau - h(\theta, \dot{\theta})) \tag{8.2}$$

而逆动力学问题则是找到对应于机器人状态和期望加速度的关节力和力矩 τ，即式（8.1）。

机器人的动力学方程通常可以通过下列两种方式推导得到：对刚体直接应用牛顿–欧拉刚体动力学方程，常称为**牛顿–欧拉公式**（Newton-Euler formulation），或者由机器人的动能和势能导出的**拉格朗日动力学**（Lagrangian dynamics）公式而得到。对于具有简单结构的机器人，如 3 自由度或自由度更少的情形，拉格朗日形式不仅在概念上十分优雅，并且在实际中非常有效。但是，对于自由度数目更多的机器人来讲，其计算可能会很快变得烦琐。对于一般的开链机器人，根据牛顿–欧拉公式可以得到关于逆向动力学和正向动力学的有效递归算法，这些算法可以被组合成解析形式的封闭表达式，如质量矩阵 $M(\theta)$ 以及动力学方程（8.1）中的其他项。牛顿–欧拉公式也可以充分发挥我们
231 在本书中已开发的工具优势。

在本章中，我们将研究有关开链机器人的拉格朗日方程和牛顿–欧拉动力学方程。虽然我们通常用关节空间变量 θ 来表示动力学，但有时候使用末端执行器的位形、运动旋量及其变化率来进行表述可能更为方便。这是 8.6 节中将要研究的任务空间中的动力学。有时机器人运动会受一系列约束，如当机器人与刚性环境接触时。这可以推导出约束动力学（8.7 节），其中关节力矩和关节力空间被划分为两个子空间：导致机器人运动的子空间和导致约束反力的子空间。8.8 节中描述了用于指定机器人惯性属性的 URDF 文件格式。最后，8.9 节描述了机器人动力学推导中遇到的一些实际问题，如电机齿轮和摩擦的影响。

8.1 拉格朗日方程

8.1.1 基本概念和引例

拉格朗日动力学公式的第一步是选择一组独立坐标 $q \in \mathbb{R}^n$ 来描述系统的位形。这个坐标 q 被称为**广义坐标**（generalized coordinate）。一旦选择了广义坐标，随之可以通过这些坐标来定义广义力 $f \in \mathbb{R}^n$。广义力 f 和广义速率 $\dot{q}$ 的内积 $f^{\mathrm{T}}\dot{q}$ 对应于功率，在此意义上 f 和 $\dot{q}$ 是相互对偶的。然后，将拉格朗日函数 $\mathcal{L}(q, \dot{q})$ 定义为整个系统的动能 $\mathcal{K}(q, \dot{q})$ 减去势能 $\mathcal{P}(q)$

$$\mathcal{L}(q, \dot{q}) = \mathcal{K}(q, \dot{q}) - \mathcal{P}(q)$$

运动方程现在可以用拉格朗日函数表示如下：

$$f = \frac{\mathrm{d}}{\mathrm{d}t}\frac{\partial \mathcal{L}}{\partial \dot{q}} - \frac{\partial \mathcal{L}}{\partial q} \tag{8.3}$$

这些方程也被称为**含外力的欧拉－拉格朗日方程**（Euler-Lagrange equations with external force）[⊖]。其推导过程可以在动力学教材中找到。

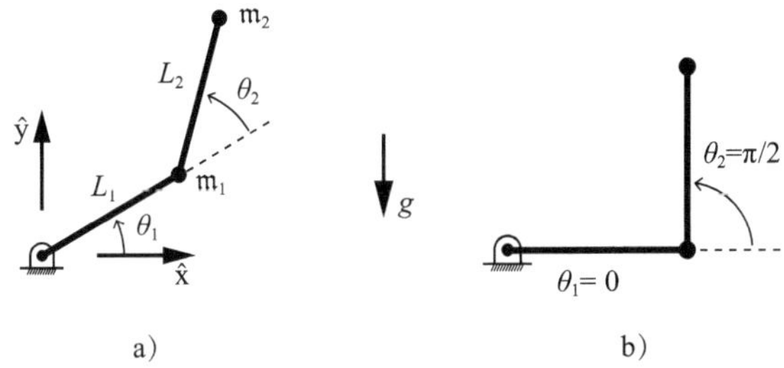

图 8.1　a）在重力作用下的一个 2R 型开链机器人；b）系统处于 θ=（0, π/2）位形

我们通过两个例子来说明拉格朗日动力学方程。在第一个例子中，考虑一个受到约束而只能在垂直线上移动的质量为 $\mathfrak{m}$ 的质点。该质点的位形空间便是这条垂直线，因而广义坐标的一个自然选择便是质点的高度，我们用标量变量 $x \in \mathbb{R}$ 来表示。假设重力 $\mathfrak{m}g$ 向下作用，外界施加的作用力 f 向上作用。根据牛顿第二定律，质点的运动方程为

$$f - \mathfrak{m}g = \mathfrak{m}\ddot{x} \tag{8.4}$$ 232

我们现在应用拉格朗日形式来推到出相同的结果。系统的动能为 $\mathfrak{m}\dot{x}^2/2$，势能为 $\mathfrak{m}gx$，对应的拉格朗日函数为

$$\mathcal{L}(x, \dot{x}) = \mathcal{K}(x, \dot{x}) - \mathcal{P}(x) = \frac{1}{2}\mathfrak{m}\dot{x}^2 - \mathfrak{m}gx \tag{8.5}$$

那么，对应的运动方程由下式给出

$$f = \frac{\mathrm{d}}{\mathrm{d}t}\frac{\partial \mathcal{L}}{\partial \dot{x}} - \frac{\partial \mathcal{L}}{\partial x} = \mathfrak{m}\ddot{x} + \mathfrak{m}g \tag{8.6}$$

该方程与式（8.4）相一致。

⊖ 在标准形式的欧拉－拉格朗日方程中，外力 f 等于零。

我们现在推导出了在重力作用下运动的平面 2R 开链机器人所对应的动力学方程（图 8.1）。该运动链在 $\hat{\mathrm{x}}$-$\hat{\mathrm{y}}$ 平面内运动，重力 g 则作用于 $-\hat{\mathrm{y}}$ 方向。在导出动力学方程之前，我们必须指定所有连杆的质量和惯量属性。为了保持模型的简明，两个连杆被视为各自质量分别集中于各连杆末端的点质量 $\mathfrak{m}_1$ 和 $\mathfrak{m}_2$。连杆 1 质心的位置和速度由下式给出：

$$\begin{bmatrix} x_1 \\ y_1 \end{bmatrix} = \begin{bmatrix} L_1\cos\theta_1 \\ L_1\sin\theta_1 \end{bmatrix}$$
$$\begin{bmatrix} \dot{x}_1 \\ \dot{y}_1 \end{bmatrix} = \begin{bmatrix} -L_1\sin\theta_1 \\ L_1\cos\theta_1 \end{bmatrix}\dot{\theta}_1$$

而连杆 2 的相应参数由下式给出：

$$\begin{bmatrix} x_2 \\ y_2 \end{bmatrix} = \begin{bmatrix} L_1\cos\theta_1 + L_2\cos(\theta_1+\theta_2) \\ L_1\sin\theta_1 + L_2\sin(\theta_1+\theta_2) \end{bmatrix}$$
$$\begin{bmatrix} \dot{x}_2 \\ \dot{y}_2 \end{bmatrix} = \begin{bmatrix} -L_1\sin\theta_1 - L_2\sin(\theta_1+\theta_2) & -L_2\sin(\theta_1+\theta_2) \\ L_1\cos\theta_1 + L_2\cos(\theta_1+\theta_2) & L_2\cos(\theta_1+\theta_2) \end{bmatrix}\begin{bmatrix} \dot{\theta}_1 \\ \dot{\theta}_2 \end{bmatrix}$$

将关节坐标 $\theta=(\theta_1,\theta_2)$ 选作广义坐标。那么，广义力 $\tau=(\tau_1,\tau_2)$ 则对应于关节力矩（由于 $\tau^{\mathrm{T}}\dot{\theta}$ 对应于功率）。拉格朗日函数 $\mathcal{L}(\theta,\ \dot{\theta})$ 具有如下形式：

233
$$\mathcal{L}(\theta,\ \dot{\theta}) = \sum_{i=1}^{2}(\mathcal{K}_i - \mathcal{P}_i) \tag{8.7}$$

式中，连杆的动能项 $\mathcal{K}_1$ 和 $\mathcal{K}_2$ 分别为

$$\mathcal{K}_1 = \frac{1}{2}\mathfrak{m}_1(\dot{x}_1^2+\dot{y}_1^2) = \frac{1}{2}\mathfrak{m}_1 L_1^2\dot{\theta}_1^2$$
$$\begin{aligned}\mathcal{K}_2 &= \frac{1}{2}\mathfrak{m}_2(\dot{x}_2^2+\dot{y}_2^2) \\ &= \frac{1}{2}\mathfrak{m}_2((L_1^2+2L_1L_2\cos\theta_2+L_2^2)\dot{\theta}_1^2+(L_2^2+2L_1L_2\cos\theta_2)\dot{\theta}_1\dot{\theta}_2+L_2^2\dot{\theta}_2^2)\end{aligned}$$

连杆的势能项 $\mathcal{P}_1$ 和 $\mathcal{P}_2$ 分别为

$$\mathcal{P}_1 = \mathfrak{m}_1 g y_1 = \mathfrak{m}_1 g L_1\sin\theta_1$$
$$\mathcal{P}_2 = \mathfrak{m}_2 g y_2 = \mathfrak{m}_2 g(L_1\sin\theta_1 + L_2\sin(\theta_1+\theta_2))$$

因此，本例中的欧拉 – 拉格朗日方程（8.3）具有如下形式：

$$\tau_i = \frac{\mathrm{d}}{\mathrm{d}t}\frac{\partial\mathcal{L}}{\partial\dot{\theta}_i} - \frac{\partial\mathcal{L}}{\partial\theta_i}\ ,\ i=1,\ 2 \tag{8.8}$$

平面 2R 运动链的动力学方程源于对式（8.8）右侧的显式表述（我们省略了详细的计算过程，这些计算虽然直接但是运算烦琐乏味），即

$$\left.\begin{aligned}\tau_1 &= (\mathfrak{m}_1L_1^2+\mathfrak{m}_2(L_1^2+2L_1L_2\cos\theta_2+L_2^2))\ddot{\theta}_1 \\ &\quad+\mathfrak{m}_2(L_1L_2\cos\theta_2+L_2^2)\ddot{\theta}_2-\mathfrak{m}_2L_1L_2\sin\theta_2(2\dot{\theta}_1\dot{\theta}_2+\dot{\theta}_2^2) \\ &\quad+(\mathfrak{m}_1+\mathfrak{m}_2)L_1g\cos\theta_1+\mathfrak{m}_2gL_2\cos(\theta_1+\theta_2) \\ \tau_2 &= \mathfrak{m}_2(L_1L_2\cos\theta_2+L_2^2)\ddot{\theta}_1+\mathfrak{m}_2L_2^2\ddot{\theta}_2+\mathfrak{m}_2L_1L_2\dot{\theta}_1^2\sin\theta_2 \\ &\quad+\mathfrak{m}_2gL_2\cos(\theta_1+\theta_2)\end{aligned}\right\} \tag{8.9}$$

对各项进行整理，得到如下形式的方程：

$$\tau = M(\theta)\ddot{\theta} + \underbrace{c(\theta,\ \dot{\theta}) + g(\theta)}_{h(\theta,\ \dot{\theta})} \tag{8.10}$$

式中

$$M(\theta) = \begin{bmatrix} \mathfrak{m}_1 L_1^2 + \mathfrak{m}_2(L_1^2 + 2L_1L_2\cos\theta_2 + L_2^2) & \mathfrak{m}_2(L_1L_2\cos\theta_2 + L_2^2) \\ \mathfrak{m}_2(L_1L_2\cos\theta_2 + L_2^2) & \mathfrak{m}_2 L_2^2 \end{bmatrix}$$

$$c(\theta,\ \dot{\theta}) = \begin{bmatrix} -\mathfrak{m}_2 L_1 L_2 \sin\theta_2(2\dot{\theta}_1\dot{\theta}_2 + \dot{\theta}_2^2) \\ \mathfrak{m}_2 L_1 L_2 \dot{\theta}_1^2 \sin\theta_2 \end{bmatrix}$$

$$g(\theta) = \begin{bmatrix} (\mathfrak{m}_1 + \mathfrak{m}_2)L_1 g\cos\theta_1 + \mathfrak{m}_2 g L_2\cos(\theta_1 + \theta_2) \\ \mathfrak{m}_2 g L_2 \cos(\theta_1 + \theta_2) \end{bmatrix}$$

式中，$M(\theta)$ 为对称正定的质量矩阵，$c(\theta,\dot{\theta})$ 为包含科里奥利和向心力矩的向量，而 $g(\theta)$ 是包含重力矩的向量。这些揭示了运动方程是 $\ddot{\theta}$ 的线性函数、$\dot{\theta}$ 的二次函数、θ 的三角函数。对于包含转动关节的串联运动链而言，这一结论通常都是正确的，而不只适用于 2R 型机器人。

式（8.10）中的 $M(\theta)\ddot{\theta} + c(\theta,\dot{\theta})$ 项可以对每个点质量写出 $f_i = \mathfrak{m}_i a_i$，其中将加速度 a_i 写为 θ 的函数，基于对上述 $(\dot{x}_1, \dot{y}_1)$ 和 $(\dot{x}_2, \dot{y}_2)$ 的表达式求取微分得到 234

$$f_1 = \begin{bmatrix} f_{x1} \\ f_{y1} \\ f_{z1} \end{bmatrix} = \mathfrak{m}_1 \begin{bmatrix} \ddot{x}_1 \\ \ddot{y}_1 \\ \ddot{z}_1 \end{bmatrix} = \mathfrak{m}_1 \begin{bmatrix} -L_1\dot{\theta}_1^2 \mathrm{c}_1 - L_1\ddot{\theta}_1 \mathrm{s}_1 \\ -L_1\dot{\theta}_1^2 \mathrm{s}_1 + L_1\ddot{\theta}_1 \mathrm{c}_1 \\ 0 \end{bmatrix} \tag{8.11}$$

$$f_2 = \mathfrak{m}_2 \begin{bmatrix} -L_1\dot{\theta}_1^2\mathrm{c}_1 - L_2(\dot{\theta}_1 + \dot{\theta}_2)^2\mathrm{c}_{12} - L_1\ddot{\theta}_1\mathrm{s}_1 - L_2(\ddot{\theta}_1 + \ddot{\theta}_2)\mathrm{s}_{12} \\ -L_1\dot{\theta}_1^2\mathrm{s}_1 - L_2(\dot{\theta}_1 + \dot{\theta}_2)^2\mathrm{s}_{12} + L_1\ddot{\theta}_1\mathrm{c}_1 + L_2(\ddot{\theta}_1 + \ddot{\theta}_2)\mathrm{c}_{12} \\ 0 \end{bmatrix} \tag{8.12}$$

式中，s_{12} 表示 $\sin(\theta_1 + \theta_2)$ 等。定义 r_{11} 为从关节 1 到 $\mathfrak{m}_1$ 的向量，定义 r_{12} 为从关节 1 到 $\mathfrak{m}_2$ 的向量，定义 r_{22} 为从关节 2 到 $\mathfrak{m}_2$ 的向量，附在关节 1 和 2 处并与世界坐标重合的坐标系 $\{i\}$ 中的力矩可表示为 $m_1 = r_{11} \times f_1 + r_{12} \times f_2$ 和 $m_2 = r_{22} \times f_2$（注意到，关节 1 提供用于同时移动 $\mathfrak{m}_1$ 和 $\mathfrak{m}_2$ 的力矩，而关节 2 则只需提供移动 $\mathfrak{m}_2$ 的力矩）。关节力矩 τ_1 和 τ_2 则分别是向量 m_1 和 m_2 的第三个元素，即关于纸面外 $\hat{\mathrm{z}}_i$ 轴的矩。

在 (x, y) 坐标系中，质量的加速度可以简单地写为坐标关于时间的二阶导数，如 $(\ddot{x}_2, \ddot{y}_2)$。这是因为 $\hat{x}$-$\hat{y}$ 坐标系是一个惯性系。然而，关节坐标 (θ_1, θ_2) 并不是一个惯性系，因此加速度可表示为关节变量二阶导数 $\ddot{\theta}$ 以及关节变量一阶导数二次方 $\dot{\theta}^{\mathrm{T}}\dot{\theta}$ 的线性和，如方程（8.11）和（8.12）所示。包含 $\dot{\theta}_i^2$ 的二次项称为**向心**（centripetal）项，而包含 $\dot{\theta}_i\dot{\theta}_j$（$i \neq j$）的二次项则称为**科里奥利**（Coriolis）项。换言之，由于向心项和**科里奥利**项的存在，$\ddot{\theta} = 0$ 并不意味着质量的加速度为零。

为了更好地理解向心项和科里奥利项，考虑处于 $(\theta_1, \theta_2) = (0, \pi/2)$ 位形的一个机械臂，即 $\cos\theta_1 = \sin(\theta_1 + \theta_2) = 1$，$\sin\theta_1 = \cos(\theta_1 + \theta_2) = 0$。假设 $\ddot{\theta} = 0$，可以将式（8.12）中

关于 $\mathfrak{m}_2$ 的加速度 $(\ddot{x}_2,\ddot{y}_2)$ 写为如下形式：

$$\begin{bmatrix}\ddot{x}_2\\ \ddot{y}_2\end{bmatrix}=\underbrace{\begin{bmatrix}-L_1\dot{\theta}_1^2\\ -L_2\dot{\theta}_1^2-L_2\dot{\theta}_2^2\end{bmatrix}}_{\text{向心项}}+\underbrace{\begin{bmatrix}0\\ -2L_2\dot{\theta}_1\dot{\theta}_2\end{bmatrix}}_{\text{科里奥利项}}$$

图 8.2 给出了当 $\dot{\theta}_2=0$ 时的向心加速度 $a_{\text{cent1}}=(-L_1\dot{\theta}_1^2,-L_2\dot{\theta}_1^2)$，当 $\dot{\theta}_1=0$ 时的向心加速度 $a_{\text{cent2}}=(0,-L_2\dot{\theta}_2^2)$，以及当 $\dot{\theta}_1$ 和 $\dot{\theta}_2$ 均为正值时的科里奥利加速度（简称科氏加速度）$a_{\text{cor}}=(0,-2L_2\dot{\theta}_1\dot{\theta}_2)$。如图 8.2 所示，每个向心加速度 $a_{\text{cent}i}$ 将质量 $\mathfrak{m}_2$ 拉向关节 i，以保持 $\mathfrak{m}_2$ 围绕由关节 i 定义的圆周中心旋转[⊖]。因此 $a_{\text{cent}i}$ 在关节 i 处产生的力矩为零。在该示例
235 中，科里奥利加速度 a_{cor} 通过关节 2，因此它在关节 2 处产生零力矩，但是它在关节 1 处产生负力矩——关节 1 处的力矩是负的，这是因为 $\mathfrak{m}_2$ 距离关节 1 更近（由于关节 2 的运动）。因此，由于 $\mathfrak{m}_2$ 绕 $\hat{z}_1$ 轴的惯量正在下降，这意味着关节 1 的正动量下降，而关节 1 的速度 $\dot{\theta}_1$ 是恒定的。因此，关节 1 必须施加负的力矩，这是因为力矩被定义为角动量的变化率。否则 $\dot{\theta}_1$ 会随着 $\mathfrak{m}_2$ 越来越接近关节 1 而增加，这就像随着滑冰者在旋转时收紧伸展的手臂，旋转速度会增加一样。

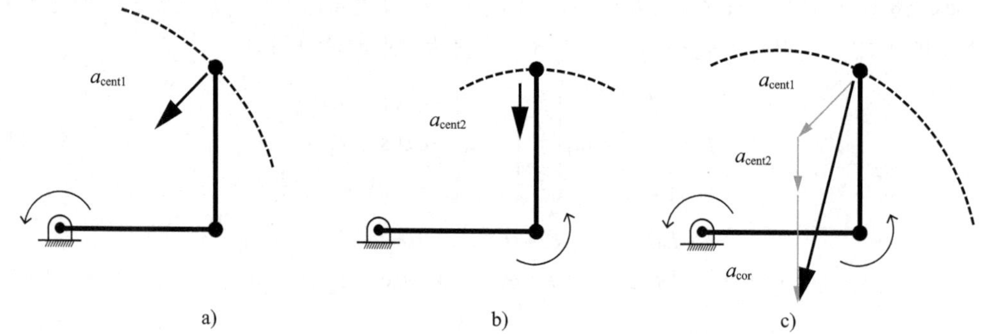

图 8.2　当 $\theta=(0,\pi/2)$ 且 $\ddot{\theta}=0$ 时质量 $\mathfrak{m}_2$ 的加速度。a）当 $\dot{\theta}_2=0$ 时质量 $\mathfrak{m}_2$ 的向心加速度 $a_{\text{cent1}}=(-L_1\dot{\theta}_1^2,-L_2\dot{\theta}_1^2)$；b）当 $\dot{\theta}_1=0$ 时质量 $\mathfrak{m}_2$ 的向心加速度 $a_{\text{cent2}}=(0,-L_2\dot{\theta}_2^2)$；c）当两个关节均以 $\dot{\theta}_i>0$ 的速度旋转时，加速度为 a_{cent1}、a_{cent2} 以及科氏加速度 $a_{\text{cor}}=(0,-2L_2\dot{\theta}_1\dot{\theta}_2)$ 的向量和

8.1.2　通用方程

我们现在描述一般 n 杆开链机器人所对应的拉格朗日动力学公式。第一步是为系统的位形空间选择一组广义坐标 $\theta\in\mathbb{R}^n$。对于所有关节均为驱动关节的开式运动链，我们总可以将广义坐标 θ 选为由关节变量值组成的向量；这样做十分方便。将广义力表示为 $\tau\in\mathbb{R}^n$。如果 θ_i 是旋转关节，则 τ_i 将对应力矩，而如果 θ_i 为平动关节，则 τ_i 将对应力。

一旦选定广义坐标 θ 并确定广义力 τ 之后，下一步是将拉格朗日方程 $\mathcal{L}(\theta,\dot{\theta})$ 表述为如下形式：

⊖　如果没有这种向心加速度，因而没有向心力，质量 $\mathfrak{m}_2$ 将沿着圆周的切线方向飞走。

$$\mathcal{L}(\theta,\ \dot{\theta})=\mathcal{K}(\theta,\ \dot{\theta})-\mathcal{P}(\theta) \tag{8.13}$$

式中，$\mathcal{K}(\theta,\ \dot{\theta})$ 表示整个系统的动能，而 $\mathcal{P}(\theta)$ 表示整个系统的势能。对于由刚性连杆组成的机器人，其动能总可以写为如下形式：

$$\mathcal{K}(\theta,\dot{\theta})=\frac{1}{2}\sum_{i=1}^{n}\sum_{j=1}^{n}m_{ij}(\theta)\dot{\theta}_i\dot{\theta}_j=\frac{1}{2}\dot{\theta}^{\mathrm{T}}M(\theta)\dot{\theta} \tag{8.14}$$

式中，$m_{ij}(\theta)$ 是 $n\times n$ 质量矩阵 $M(\theta)$ 的第 (i,j) 个元素；关于该论断的构造性证明将在我们研究牛顿－欧拉公式时给出。 236

通过对下式等号右侧进行评估计算，可以得到动力学方程的解析表达，即

$$\tau_i=\frac{\mathrm{d}}{\mathrm{d}t}\frac{\partial\mathcal{L}}{\partial\dot{\theta}_i}-\frac{\partial\mathcal{L}}{\partial\theta_i}\ ,\ i=1,\cdots,n \tag{8.15}$$

式中的动能表达式具有公式（8.14）中的形式，动力学的显示形式为

$$\tau_i=\sum_{j=1}^{n}m_{ij}(\theta)\ddot{\theta}_j+\sum_{j=1}^{n}\sum_{k=1}^{n}\Gamma_{ijk}(\theta)\dot{\theta}_j\dot{\theta}_k+\frac{\partial\mathcal{P}}{\partial\theta_i}\ ,\ i=1,\cdots,n \tag{8.16}$$

其中，$\Gamma_{ijk}(\theta)$ 称为**第一类 Christoffel 符号**（Christoffel symbols of the first kind），其定义如下：

$$\Gamma_{ijk}(\theta)=\frac{1}{2}\left(\frac{\partial m_{ij}}{\partial\theta_k}+\frac{\partial m_{ik}}{\partial\theta_j}+\frac{\partial m_{jk}}{\partial\theta_i}\right) \tag{8.17}$$

上式表明 Christoffel 符号，它是科里奥利项和向心项的一般化表示，是由质量矩阵 $M(\theta)$ 推导得出的。

正如我们已经看到的那样，式（8.16）通常可以整理为下列形式

$$\tau=M(\theta)\ddot{\theta}+c(\theta,\ \dot{\theta})+g(\theta)\ \text{或者}\ M(\theta)\ddot{\theta}+h(\theta,\ \dot{\theta})$$

式中，$g(\theta)$ 即为 $\partial\mathcal{P}/\partial\theta$。

通过使用如下形式，我们可以清楚地看到科里奥利和向心力项是速度的二次函数，即

$$\tau=M(\theta)\ddot{\theta}+\dot{\theta}^{\mathrm{T}}\Gamma(\theta)\dot{\theta}+g(\theta) \tag{8.18}$$

式中，$\Gamma(\theta)$ 是 $n\times n\times n$ 矩阵，并且 $\dot{\theta}^{\mathrm{T}}\Gamma(\theta)\dot{\theta}$ 应该按如下形式解释：

$$\dot{\theta}^{\mathrm{T}}\Gamma(\theta)\dot{\theta}=\begin{bmatrix}\dot{\theta}^{\mathrm{T}}\Gamma_1(\theta)\dot{\theta}\\ \dot{\theta}^{\mathrm{T}}\Gamma_2(\theta)\dot{\theta}\\ \vdots\\ \dot{\theta}^{\mathrm{T}}\Gamma_n(\theta)\dot{\theta}\end{bmatrix}$$

式中，$\Gamma_i(\theta)$ 是 $n\times n$ 矩阵，其第 (j,k) 项元素为 Γ_{ijk}。

我们通常也会看到如下形式的动力学方程，即

$$\tau=M(\theta)\ddot{\theta}+C(\theta,\ \dot{\theta})\dot{\theta}+g(\theta)$$

式中 $C(\theta,\dot{\theta})\in\mathbb{R}^{n\times n}$ 称为**科里奥利矩阵**（Coriolis matrix），其第 (j,k) 项元素为

$$c_{ij}(\theta,\ \dot{\theta})=\sum_{k=1}^{n}\Gamma_{ijk}(\theta)\dot{\theta}_k \tag{8.19}$$

科里奥利矩阵被用于证明下列的**无源性质**（passivity property，命题 8.1），该性质可用于
237 证明某些机器人控制律的稳定性，我们将在 11.4 节中看到这一点。

【命题 8.1】 $\dot{M}(\theta)-2C(\theta,\dot{\theta})\in\mathbb{R}^{n\times n}$ 是一个反对称矩阵，其中 $M(\theta)\in\mathbb{R}^{n\times n}$ 为质量矩阵，$\dot{M}(\theta)$ 是它的时间导数，$C(\theta,\dot{\theta})\in\mathbb{R}^{n\times n}$ 是如式（8.19）中定义的科里奥利矩阵。

证明： $\dot{M}-2C$ 矩阵中的第 (j,k) 项分量为

$$\begin{aligned}\dot{m}_{ij}(\theta)-2c_{ij}(\theta,\ \dot{\theta})&=\sum_{k=1}^{n}\frac{\partial m_{ij}}{\partial\theta_k}\dot{\theta}_k-\frac{\partial m_{ij}}{\partial\theta_k}\dot{\theta}_k-\frac{\partial m_{ik}}{\partial\theta_j}\dot{\theta}_k+\frac{\partial m_{kj}}{\partial\theta_i}\dot{\theta}_k\\&=\sum_{k=1}^{n}\frac{\partial m_{kj}}{\partial\theta_i}\dot{\theta}_k-\frac{\partial m_{ik}}{\partial\theta_j}\dot{\theta}_k\end{aligned}$$

通过交换下标 i 和 j，可知

$$\dot{m}_{ji}(\theta)-2c_{ji}(\theta,\ \dot{\theta})=-(\dot{m}_{ij}(\theta)-2c_{ij}(\theta,\ \dot{\theta}))$$

从而证明了命题中的 $(\dot{M}-2C)^{\mathrm{T}}=-(\dot{M}-2C)$。

8.1.3　对质量矩阵的解释

动能 $\frac{1}{2}\dot{\theta}^{\mathrm{T}}M(\theta)\dot{\theta}$ 是对人们所熟知的质点动能表达式 $\frac{1}{2}\mathfrak{m}v^{\mathrm{T}}v$ 的一个推广。质量矩阵 $M(\theta)$ 为正定矩阵这一事实，意味着对于所有的 $\dot{\theta}\neq 0$，有 $\dot{\theta}^{\mathrm{T}}M(\theta)\dot{\theta}>0$，这是对质点的质量始终为正（即 $\mathfrak{m}>0$）这一事实的推广。在这两种情况下，如果速度非零，则动能必须为正。

一方面，对质点，其动力学在笛卡儿坐标系中的表示为 $f=\mathfrak{m}\ddot{x}$，其质量与加速度的方向无关，并且加速度 $\ddot{x}$ 总是与力“平行”，其意义是指加速度 $\ddot{x}$ 是力 f 的标量倍数。另一方面，质量矩阵 $M(\theta)$ 在不同的加速度方向上呈现出不同的有效质量，并且即使当 $\dot{\theta}=0$ 时，$\ddot{\theta}$ 通常也不是 τ 的标量倍数。为了直观地显示有效质量对方向的依赖性，我们可以通过质量矩阵 $M(\theta)$ 映射关节加速度中的单位球 $\{\ddot{\theta}\mid\ddot{\theta}^{\mathrm{T}}\ddot{\theta}=1\}$，从而在机构静止时（$\dot{\theta}=0$）生成一个关节力－力矩椭球。图 8.1 中的 2R 型机械臂所对应的示例如图 8.3 所示，其中 $L_1=L_2=\mathfrak{m}_1=\mathfrak{m}_2=1$，图中给出了两种不同的关节位形：$(\theta_1,\theta_2)=(0°,90°)$ 和 $(\theta_1,\theta_2)=(0°,150°)$。力矩椭球可以解释为与方向相关的质量椭球：关节加速度幅值 $\|\ddot{\theta}\|$ 大小相同时，关节力矩的幅值大小 $\|\tau\|$ 取决于加速度方向。质量椭球的主轴方向由 $M(\theta)$ 的特征向量 v_i 给出，主半轴的长度由对应的特征值 λ_i 给出。当 τ 的方向沿着椭球体的主轴时，加速度 $\ddot{\theta}$ 仅是 τ 的标量倍数。

如果能将质量矩阵表示为末端执行器的有效质量，则更容易将其可视化，这是因为可以通过抓取和移动末端执行器而直接感受到质量。如果你抓住 2R 型机器人的末端点，
238 取决于你施加力的方向，感觉有多重？让我们将末端执行器的有效质量矩阵表示为 $\Lambda(\theta)$，并将末端执行器的速度表示为 $V=(\dot{x},\dot{y})$。我们知道，无论我们使用何种坐标，机器人的动能都必须相同，因此

$$\frac{1}{2}\dot{\theta}^{\mathrm{T}}M(\theta)\dot{\theta}=\frac{1}{2}V^{\mathrm{T}}\Lambda(\theta)V \tag{8.20}$$

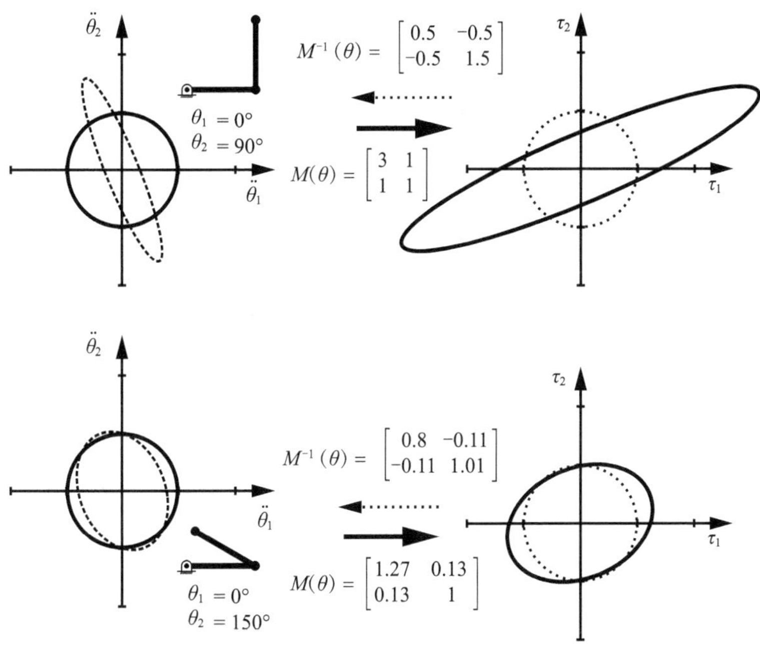

图 8.3 （粗线）加速度 $\ddot{\theta}$ 中的单位球通过质量矩阵 $M(\theta)$ 映射到力矩椭球，该力矩椭球取决于 2R 型机械臂的位形。这些力矩椭球可被解释为质量椭球。图中给出了两种机械臂位形的映射：(0°,90°) 和 (0°,150°)。（点线）力矩 τ 中的单位球通过 $M^{-1}(\theta)$ 映射到加速度椭球

假设雅可比矩阵 $J(\theta)$ 无论如何都能满足 $V = J(\theta)\dot{\theta}$ 这一关系式，式（8.20）可改写为如下形式：

$$
\begin{aligned}
V^{\mathrm{T}}\Lambda V &= (J^{-1}V)^{\mathrm{T}} M (J^{-1}V) \\
&= V^{\mathrm{T}}(J^{-\mathrm{T}} M J^{-1})V
\end{aligned}
$$

换言之，末端执行器的质量矩阵为

$$
\Lambda(\theta) = J^{-\mathrm{T}}(\theta) M(\theta) J^{-1}(\theta) \tag{8.21}
$$

图 8.4 中给出了末端执行器的质量椭球，它们对应于图 8.3 中 2R 型机器人的两种位形；质量椭球的主轴方向由 $\Lambda(\theta)$ 矩阵的特征向量给出，其主半轴长度由 $\Lambda(\theta)$ 矩阵的特征值给出。只有当力沿着椭圆体的主轴时，端点加速度 $(\ddot{x},\ddot{y})$ 是在端点处所施加力 239 (f_x,f_y) 标量的倍数。除非 $\Lambda(\theta)$ 具有 cI 形式（其中 $c>0$ 是标量，I 是单位矩阵），端点处感觉到的质量与（单纯的）点质量不同。

对于用作触觉显示器的机器人，其末端点表观质量（它是机器人位形的函数）的变化是个问题。减少用户对质量变化的感觉，一种方法是使连杆的质量尽可能小。

请注意，此处对所定义的力与加速度之间关系的椭球解释仅与零速度相关，没有科里奥利或向心项。

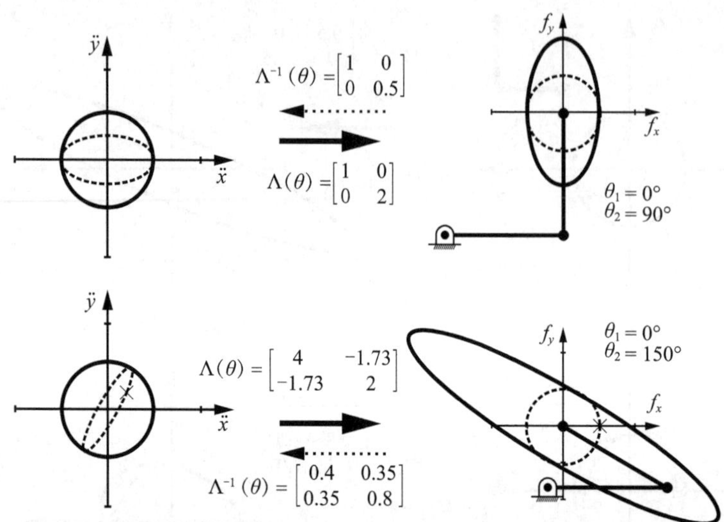

图 8.4 （粗线）末端执行器质量矩阵 $\Lambda(\theta)$ 将 $(\ddot{x},\ddot{y})$ 中的单位加速度球映射到末端执行器的力椭球，该力椭球取决于 2R 型机械臂的位形。对于位形 $(\theta_1,\theta_2)=(0°,90°)$，$f_y$ 方向上的力精确地反映质量 $\mathfrak{m}_1$ 和 $\mathfrak{m}_2$，而 f_x 方向上的力只能反映 $\mathfrak{m}_2$。（点线）通过 $\Lambda^{-1}(\theta)$ 将 f 中的单位球映射到加速度椭球。对于位形 $(\theta_1,\theta_2)=(0°,150°)$，符号 × 表示示例中的端点力 $(f_x,f_y)=(1,0)$ 及其对应的加速度 $(\ddot{x},\ddot{y})=(0.4,0.35)$，表明端点处的力和加速度并不吻合

8.1.4　拉格朗日动力学与牛顿 – 欧拉动力学的对比

在本章的剩余部分，我们将重点介绍用于计算机器人动力学的牛顿 – 欧拉递归方法。通过使用我们迄今为止所开发的工具，牛顿 – 欧拉公式在用计算机实现计算时更加
240 高效，特别是对于具有多个自由度的机器人而言，其中并不需要微分。所得到的运动方程与使用基于能量的拉格朗日方法导出的方程相同，且必须如此。

牛顿 – 欧拉递归方法是建立在单刚体动力学的基础之上，所以我们从单刚体动力学开始。

8.2　单刚体动力学

8.2.1　经典形式

考虑由多个刚性连接的质点组成的一个刚体，其中点质量 i 的质量为 $\mathfrak{m}_i$，并且刚体的总质量为 $\mathfrak{m}=\sum_i \mathfrak{m}_i$。令 $r_i=(x_i, y_i, z_i)$ 为在物体坐标系 {b} 中质量 i 的固定位置，其中该坐标系的原点是满足下列条件的唯一一点

$$\sum_i \mathfrak{m}_i r_i = 0$$

这一点被称为**质心**（center of mass）。如果其他一些点碰巧被不方便地选为原点，那么坐标系 {b} 应该（在不方便的坐标系中）移动到 $(1/\mathfrak{m})\sum_i \mathfrak{m}_i r_i$ 处的质心位置，然后在质心坐

标系中重新计算 r_i。

现在假设刚体移动时的运动旋量为 $\mathcal{V}_b=(\omega_b, v_b)$，同时令 $p_i(t)$ 为点质量 $\mathfrak{m}_i$ 的时变位置，其最初位于 r_i，以上各量均在惯性坐标系 {b} 中表示。那么

$$
\begin{aligned}
\dot{p}_i &= v_b+\omega_b\times p_i \\
\ddot{p}_i &= \dot{v}_b+\frac{\mathrm{d}}{\mathrm{d}t}\omega_b\times p_i+\omega_b\times\frac{\mathrm{d}}{\mathrm{d}t}p_i \\
&= \dot{v}_b+\dot{\omega}_b\times p_i+\omega_b\times(v_b+\omega_b\times p_i)
\end{aligned}
$$

在等号右侧使用 r_i 替换 p_i，同时使用反对称表示法（参见式（3.30）），得到

$$
\ddot{p}_i=\dot{v}_b+[\dot{\omega}_b]r_i+[\omega_b]v_b+[\omega_b]^2 r_i
$$

对于点质量而言，可将 $f_i=\mathfrak{m}_i\ddot{p}_i$ 当作既成事实，作用在 $\mathfrak{m}_i$ 上的力等于

$$
f_i=\mathfrak{m}_i(\dot{v}_b+[\dot{\omega}_b]r_i+[\omega_b]v_b+[\omega_b]^2 r_i)
$$

这意味着一个力矩

$$
m_i=[r_i]f_i
$$

作用在刚体上的总力和力矩，可以表述为力旋量 $\mathcal{F}_b$ 如下：

$$
\mathcal{F}_b=\begin{bmatrix} m_b \\ f_b \end{bmatrix}=\begin{bmatrix} \sum_i m_i \\ \sum_i f_i \end{bmatrix}
$$

为了简化 f_b 和 m_b 的表达式，记住 $\sum_i \mathfrak{m}_i r_i=0$（所以 $\sum_i \mathfrak{m}_i[r_i]=0$），且对于 $a, b\in\mathbb{R}^3$，$[a]=-[a]^{\mathrm{T}}$，$[a]b=-[b]a$，且 $[a][b]=([b][a])^{\mathrm{T}}$。先只关注移动项，有 241

$$
\begin{aligned}
f_b &= \sum_i \mathfrak{m}_i(\dot{v}_b+[\dot{\omega}_b]r_i+[\omega_b]v_b+[\omega_b]^2 r_i) \\
&= \sum_i \mathfrak{m}_i(\dot{v}_b+[\omega_b]v_b)-\underbrace{\sum_i \mathfrak{m}_i[r_i]}_{0}\dot{\omega}_b+\underbrace{\sum_i \mathfrak{m}_i[r_i]}_{0}[\omega_b]\omega_b \\
&= \sum_i \mathfrak{m}_i(\dot{v}_b+[\omega_b]v_b) \\
&= \mathfrak{m}_i(\dot{v}_b+[\omega_b]v_b)
\end{aligned}
\tag{8.22}
$$

速度乘积项 $\mathfrak{m}_i[\omega_b]v_b$ 产生于以下事实：对 $\omega_b\neq 0$，非零常数 $v_b\neq 0$ 对应于惯性系中不断变化的线速度。

现在关注转动项，有

$$
\begin{aligned}
m_b &= \sum_i \mathfrak{m}_i[r_i](\dot{v}_b+[\dot{\omega}_b]r_i+[\omega_b]v_b+[\omega_b]^2 r_i) \\
&= \underbrace{\sum_i \mathfrak{m}_i[r_i]\dot{v}_b}_{0}+\underbrace{\sum_i \mathfrak{m}_i[r_i][\omega_b]v_b}_{0}+\sum_i \mathfrak{m}_i[r_i]([\dot{\omega}_b]r_i+[\omega_b]^2 r_i) \\
&= \sum_i \mathfrak{m}_i(-[r_i]^2\dot{\omega}_b-[r_i]^{\mathrm{T}}[\omega_b]^{\mathrm{T}}[r_i]\omega_b) \\
&= \sum_i \mathfrak{m}_i(-[r_i]^2\dot{\omega}_b-[\omega_b][r_i]^2\omega_b) \\
&= (-\sum_i \mathfrak{m}_i[r_i]^2)\dot{\omega}_b+[\omega_b](-\sum_i \mathfrak{m}_i[r_i]^2)\omega_b \\
&= \mathcal{I}_b\dot{\omega}_b+[\omega_b]\mathcal{I}_b\omega_b
\end{aligned}
\tag{8.23}
$$

其中 $\mathcal{I}_b = -\sum_i \mathfrak{m}_i [r_i]^2 \in \mathbb{R}^{3\times 3}$ 是刚体的**转动惯量矩阵**（rotational inertia matrix）。式（8.23）被称为旋转刚体的**欧拉方程**（Euler's equation）。

在式（8.23）中，注意到存在一个关于角加速度的线性项 $\mathcal{I}_b\dot{\omega}_b$，一个关于角速度的二次项 $[\omega_b]\mathcal{I}_b\omega_b$，正如我们在 8.1 节机构中看到的那样。此外，$\mathcal{I}_b$ 是对称且正定的，这就像机构的质量矩阵一样，旋转动能由二次型给出

$$\mathcal{K} = \frac{1}{2}\omega_b^{\mathrm{T}}\mathcal{I}_b\omega_b$$

242 其中一个不同之处在于：$\mathcal{I}_b$ 是常数，而质量矩阵 $M(\theta)$ 会随着机构位形而变化。

写出 $\mathcal{I}_b$ 中的各个单项元素，得到

$$\begin{aligned}\mathcal{I}_b &= \begin{bmatrix} \sum \mathfrak{m}_i(y_i^2+z_i^2) & -\sum \mathfrak{m}_i x_i y_i & -\sum \mathfrak{m}_i x_i z_i \\ -\sum \mathfrak{m}_i x_i y_i & \sum \mathfrak{m}_i(x_i^2+z_i^2) & -\sum \mathfrak{m}_i y_i z_i \\ -\sum \mathfrak{m}_i x_i z_i & -\sum \mathfrak{m}_i y_i z_i & \sum \mathfrak{m}_i(x_i^2+y_i^2) \end{bmatrix} \\ &= \begin{bmatrix} \mathcal{I}_{xx} & \mathcal{I}_{xy} & \mathcal{I}_{xz} \\ \mathcal{I}_{xy} & \mathcal{I}_{yy} & \mathcal{I}_{yz} \\ \mathcal{I}_{xz} & \mathcal{I}_{yz} & \mathcal{I}_{zz} \end{bmatrix}\end{aligned}$$

用密度函数 $\rho(x, y, z)$ 代替点质量 $\mathfrak{m}_i$，基于微分单元体 $\mathrm{d}V$，物体 $\mathcal{B}$ 上的体积积分可以代替求和，可得

$$\left.\begin{aligned} \mathcal{I}_{xx} &= \int_{\mathcal{B}}(y^2+z^2)\rho(x, y, z)\mathrm{d}V \\ \mathcal{I}_{yy} &= \int_{\mathcal{B}}(x^2+z^2)\rho(x, y, z)\mathrm{d}V \\ \mathcal{I}_{zz} &= \int_{\mathcal{B}}(x^2+y^2)\rho(x, y, z)\mathrm{d}V \\ \mathcal{I}_{xy} &= -\int_{\mathcal{B}} xy\rho(x, y, z)\mathrm{d}V \\ \mathcal{I}_{xz} &= -\int_{\mathcal{B}} xz\rho(x, y, z)\mathrm{d}V \\ \mathcal{I}_{yz} &= -\int_{\mathcal{B}} yz\rho(x, y, z)\mathrm{d}V \end{aligned}\right\} \tag{8.24}$$

如果刚体的密度均匀，则 $\mathcal{I}_b$ 完全由刚体的形状决定（参见图 8.5）。

给定惯性矩阵 $\mathcal{I}_b$，**惯性主轴**（principal axes of inertia）可由 $\mathcal{I}_b$ 的特征向量和特征值给出。令 v_1, v_2, v_3 表示 $\mathcal{I}_b$ 的特征向量，同时令 $\lambda_1, \lambda_2, \lambda_3$ 为对应的特征值。那么，转动惯量的主轴在 v_1, v_2, v_3 的方向上，并且关于这些轴的转动惯量（即**主惯性矩**，principal moments of inertia）为 $\lambda_1, \lambda_2, \lambda_3 > 0$。其中，一根主轴使关于通过质心的所有轴之间的转动惯量最大化，另一根主轴使转动惯量最小化。对于对称的物体，其惯性主轴通常是明确的。它们可能不是唯一的；例如，对于均匀密度的实心球体，在质心处相交的任何 3 个正交轴都能构成一组主轴，并且最小主转动惯量等于最大主转动惯量。

如果惯性主轴与参考系 {b} 的坐标轴对齐，则矩阵 $\mathcal{I}_b$ 中的非对角线项全部为零，并
243 且其特征值分别是关于 $\hat{\mathrm{x}}$、$\hat{\mathrm{y}}$ 和 $\hat{\mathrm{z}}$ 轴的标量惯性矩 $\mathcal{I}_{xx}$、$\mathcal{I}_{yy}$ 和 $\mathcal{I}_{zz}$。在这种情况下，运动方程（8.23）简化为

$$m_b = \begin{bmatrix} \mathcal{I}_{xx}\dot{\omega}_x + (\mathcal{I}_{zz} - \mathcal{I}_{yy})\omega_y\omega_z \\ \mathcal{I}_{yy}\dot{\omega}_y + (\mathcal{I}_{xx} - \mathcal{I}_{zz})\omega_x\omega_z \\ \mathcal{I}_{zz}\dot{\omega}_z + (\mathcal{I}_{yy} - \mathcal{I}_{xx})\omega_x\omega_y \end{bmatrix} \tag{8.25}$$

式中，$\omega_b = (\omega_x, \omega_y, \omega_z)$。在可能的情况下，我们选择 {b} 的坐标轴与惯性主轴对齐，以减少 $\mathcal{I}_b$ 中非零项的数量并简化运动方程。

图 8.5 给出了常见的均匀密度的物体，它们的惯性主轴，以及通过求解积分（8.24）得到的主转动惯量。

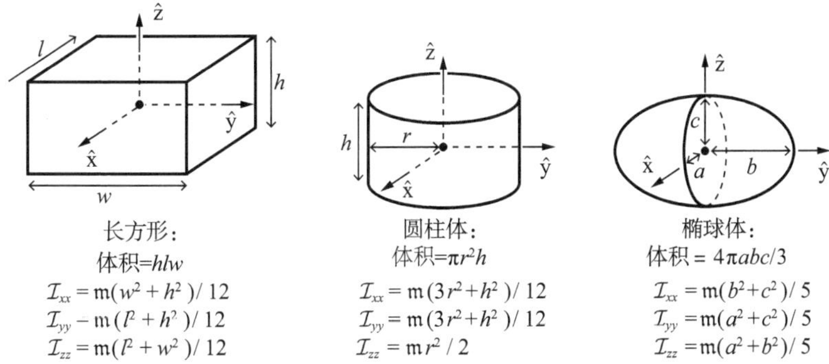

图 8.5 均匀密度的质量体 m 的主轴以及关于主轴的惯量。注意圆柱的 $\hat{x}$ 和 $\hat{y}$ 主轴不是唯一的

惯量矩阵 $\mathcal{I}_b$ 可以在由旋转矩阵 R_{bc} 所描述的转动坐标系 {c} 中表示。将此惯量矩阵表示为 $\mathcal{I}_c$，并且已知转动刚体的动能与所选坐标系无关，我们有

$$\begin{aligned} \frac{1}{2}\omega_c^{\mathrm{T}}\mathcal{I}_c\omega_c &= \frac{1}{2}\omega_b^{\mathrm{T}}\mathcal{I}_b\omega_b \\ &= \frac{1}{2}(R_{bc}\omega_c)^{\mathrm{T}}\mathcal{I}_b(R_{bc}\omega_c) \\ &= \frac{1}{2}\omega_c^{\mathrm{T}}(R_{bc}^{\mathrm{T}}\mathcal{I}_b R_{bc})\omega_c \end{aligned}$$

换言之

$$\mathcal{I}_c = R_{bc}^{\mathrm{T}}\mathcal{I}_b R_{bc} \tag{8.26}$$

如果坐标系 {b} 的轴线不与惯性主轴对齐，那么我们可以通过在旋转坐标系 {c} 中表示惯量矩阵来使其对角化，其中 R_{bc} 的列对应于 $\mathcal{I}_b$ 的特征向量。

有时在一个坐标系的非物体质心的某一点处表示惯性矩阵是比较方便的，如在关节 244
处。**Steiner 定理**可以表述如下。

【定理 8.2】 *关于与坐标系 {b} 对齐的坐标系，但位于坐标系 {b} 中的点 $q = (q_x, q_y, q_z)$ 的惯性矩阵 $\mathcal{I}_q$，与在质心处计算的惯性矩阵 $\mathcal{I}_b$ 有关，即*

$$\mathcal{I}_q = \mathcal{I}_b + \mathrm{m}(q^{\mathrm{T}}qI - qq^{\mathrm{T}}) \tag{8.27}$$

式中，$\mathcal{I}$ 为单位矩阵，m 为物体质量。

Steiner 定理是平行轴定理的一种更为广义的表述；假设刚体关于通过其质心的某轴线的标量惯量为 $\mathcal{I}_{\mathrm{cm}}$，同时假设刚体关于平行于该轴但与其相距为 d 的另一轴线的标量

惯量为$\mathcal{I}_d$，Steiner 定理指出

$$\mathcal{I}_d = \mathcal{I}_{cm} + \mathfrak{m}d^2 \tag{8.28}$$

式（8.26）和式（8.27）可用于计算由刚性构件组成的复合刚体的惯量。首先，我们在 n 个刚性构件质心处的坐标系中分别计算它们的惯量矩阵。然后我们选择一个共同的坐标系 {common}（如在复合刚体的质心处）并使用式（8.26）和（8.27）在该共同坐标系中表示各个惯量矩阵。一旦完成各个惯量矩阵在 {common} 坐标系中的表示，可以将其相加以得到复合刚体的惯量矩阵 $\mathcal{I}_{common}$。

当刚体运动被限制在 $\hat{x}$-$\hat{y}$ 平面时，其中 $\omega_b = (0, 0, \omega_z)$，并且刚体关于通过其质心的 $\hat{z}$ 轴的惯量由标量 $\mathcal{I}_{zz}$ 给出，在这种情况下，空间旋转动力学（8.23）退化为平面旋转动力学

$$m_z = \mathcal{I}_{zz}\dot{\omega}_z$$

并且刚体的转动动能为

$$\mathcal{K} = \frac{1}{2}\mathcal{I}_{zz}\omega_z^2$$

8.2.2 运动旋量 – 力旋量方程

直线动力学（8.22）和旋转动力学（8.23）可以写为下列组合形式：

$$\begin{bmatrix} m_b \\ f_b \end{bmatrix} = \begin{bmatrix} \mathcal{I}_b & 0 \\ 0 & \mathfrak{m}I \end{bmatrix}\begin{bmatrix} \dot{\omega}_b \\ \dot{v}_b \end{bmatrix} + \begin{bmatrix} [\omega_b] & 0 \\ 0 & [\omega_b] \end{bmatrix}\begin{bmatrix} \mathcal{I}_b & 0 \\ 0 & \mathfrak{m}I \end{bmatrix}\begin{bmatrix} \omega_b \\ v_b \end{bmatrix} \tag{8.29}$$

245 式中，I 是 3×3 的单位矩阵。在这之后，同时利用 $[v]v = v \times v = 0$ 和 $[v]^{\mathrm{T}} = -[v]$ 这些事实，可以将式（8.29）写作下列等价形式：

$$\begin{aligned} \begin{bmatrix} m_b \\ f_b \end{bmatrix} &= \begin{bmatrix} \mathcal{I}_b & 0 \\ 0 & \mathfrak{m}I \end{bmatrix}\begin{bmatrix} \dot{\omega}_b \\ \dot{v}_b \end{bmatrix} + \begin{bmatrix} [\omega_b] & [v_b] \\ 0 & [\omega_b] \end{bmatrix}\begin{bmatrix} \mathcal{I}_b & 0 \\ 0 & \mathfrak{m}I \end{bmatrix}\begin{bmatrix} \omega_b \\ v_b \end{bmatrix} \\ &= \begin{bmatrix} \mathcal{I}_b & 0 \\ 0 & \mathfrak{m}I \end{bmatrix}\begin{bmatrix} \dot{\omega}_b \\ \dot{v}_b \end{bmatrix} - \begin{bmatrix} [\omega_b] & 0 \\ [v_b] & [\omega_b] \end{bmatrix}^{\mathrm{T}}\begin{bmatrix} \mathcal{I}_b & 0 \\ 0 & \mathfrak{m}I \end{bmatrix}\begin{bmatrix} \omega_b \\ v_b \end{bmatrix} \end{aligned} \tag{8.30}$$

以这样的方式，现在每个术语都可以用六维空间向量来表示，如下所示。

①向量 (ω_b, v_b) 和 (m_b, f_b) 可以分别使用刚体运动旋量 $\mathcal{V}_b$ 和刚体力旋量 $\mathcal{F}_b$ 来表示：

$$\mathcal{V}_b = \begin{bmatrix} \omega_b \\ v_b \end{bmatrix},\ \mathcal{F}_b = \begin{bmatrix} m_b \\ f_b \end{bmatrix} \tag{8.31}$$

②**空间惯量矩阵**（spatial inertia matrix）$\mathcal{G}_b \in \mathbb{R}^{6\times 6}$ 定义如下：

$$\mathcal{G}_b = \begin{bmatrix} \mathcal{I}_b & 0 \\ 0 & \mathfrak{m}I \end{bmatrix} \tag{8.32}$$

另外，刚体的动能可以通过空间惯量矩阵表示为如下形式：

$$\text{动能} = \frac{1}{2}\omega_b^{\mathrm{T}}\mathcal{I}_b\omega_b + \frac{1}{2}\mathfrak{m}v_b^{\mathrm{T}}v_b = \frac{1}{2}\mathcal{V}_b^{\mathrm{T}}\mathcal{G}_b\mathcal{V}_b \tag{8.33}$$

③**空间动量**（spatial momentum）$\mathcal{P}_b \in \mathbb{R}^6$ 定义如下：

$$\mathcal{P}_b = \begin{bmatrix} \mathcal{I}_b \omega_b \\ \mathfrak{m} v_b \end{bmatrix} = \begin{bmatrix} \mathcal{I}_b & 0 \\ 0 & \mathfrak{m} I \end{bmatrix} \begin{bmatrix} \omega_b \\ v_b \end{bmatrix} = \mathcal{G}_b \mathcal{V}_b \tag{8.34}$$

注意到式（8.30）中包含 $\mathcal{P}_b$ 的项左乘了下列矩阵

$$-\begin{bmatrix} [\omega_b] & 0 \\ [v_b] & [\omega_b] \end{bmatrix}^{\mathrm{T}} \tag{8.35}$$

我们现在解释这个矩阵的起源和几何意义。首先，回想一下，使用反对称矩阵表示法可以计算两个向量 ω_1, $\omega_2 \in \mathbb{R}^3$ 的叉积，如下所示：

$$[\omega_1 \times \omega_2] = [\omega_1][\omega_2] - [\omega_2][\omega_1] \tag{8.36}$$

式（8.35）中的矩阵可被认为是叉积运算在六维运动旋量中的推广。具体来讲，给定两个运动旋量 $\mathcal{V}_1 = (\omega_1, v_1)$ 和 $\mathcal{V}_2 = (\omega_2, v_2)$，执行类似于（8.36）的计算，有 246

$$\begin{aligned}
[\mathcal{V}_1][\mathcal{V}_2] - [\mathcal{V}_2][\mathcal{V}_1] &= \begin{bmatrix} [\omega_1] & v_1 \\ 0 & 0 \end{bmatrix} \begin{bmatrix} [\omega_2] & v_2 \\ 0 & 0 \end{bmatrix} - \begin{bmatrix} [\omega_2] & v_2 \\ 0 & 0 \end{bmatrix} \begin{bmatrix} [\omega_1] & v_1 \\ 0 & 0 \end{bmatrix} \\
&= \begin{bmatrix} [\omega_1][\omega_2] - [\omega_2][\omega_1] & [\omega_1] v_2 - [\omega_2] v_1 \\ 0 & 0 \end{bmatrix} \\
&= \begin{bmatrix} [\omega'] & v' \\ 0 & 0 \end{bmatrix}
\end{aligned}$$

上式可以写成更为紧凑的向量形式：

$$\begin{bmatrix} \omega' \\ v' \end{bmatrix} = \begin{bmatrix} [\omega_1] & 0 \\ [v_1] & [\omega_1] \end{bmatrix} \begin{bmatrix} \omega_2 \\ v_2 \end{bmatrix}$$

这种将叉积推广到两个运动旋量 $\mathcal{V}_1$ 和 $\mathcal{V}_2$ 的运算，称为 $\mathcal{V}_1$ 和 $\mathcal{V}_2$ 的**李括号**（Lie bracket）。

【定义 8.3】给定两个运动旋量 $\mathcal{V}_1 = (\omega_1, v_1)$ 和 $\mathcal{V}_2 = (\omega_2, v_2)$，$\mathcal{V}_1$ 和 $\mathcal{V}_2$ 的**李括号**（Lie bracket），写作 $[\mathrm{ad}_{\mathcal{V}_1}]\mathcal{V}_2$ 或 $\mathrm{ad}_{\mathcal{V}_1}(\mathcal{V}_2)$，其定义如下：

$$\begin{bmatrix} [\omega_1] & 0 \\ [v_1] & [\omega_1] \end{bmatrix} \begin{bmatrix} \omega_2 \\ v_2 \end{bmatrix} = [\mathrm{ad}_{\mathcal{V}_1}]\mathcal{V}_2 = \mathrm{ad}_{\mathcal{V}_1}(\mathcal{V}_2) \in \mathbb{R}^6 \tag{8.37}$$

式中

$$[\mathrm{ad}_{\mathcal{V}}] = \begin{bmatrix} [\omega] & [0] \\ [v] & [\omega] \end{bmatrix} \in \mathbb{R}^{6 \times 6} \tag{8.38}$$

【定义 8.4】给定一个运动旋量 $\mathcal{V} = (\omega, v)$ 和一个力旋量 $\mathcal{F} = (m, f)$，定义映射

$$\mathrm{ad}_{\mathcal{V}}^{\mathrm{T}}(\mathcal{V}) = [\mathrm{ad}_{\mathcal{V}}]^{\mathrm{T}} \mathcal{F} = \begin{bmatrix} [\omega] & 0 \\ [v] & [\omega] \end{bmatrix}^{\mathrm{T}} \begin{bmatrix} m \\ f \end{bmatrix} = \begin{bmatrix} -[\omega] m - [v] f \\ -[\omega] f \end{bmatrix} \tag{8.39}$$

使用上面的符号和定义，单个刚体的动力学方程现在可以写成

$$\begin{aligned}
\mathcal{F}_b &= \mathcal{G}_b \dot{\mathcal{V}}_b - \mathrm{ad}_{\mathcal{V}_b}^{\mathrm{T}}(\mathcal{P}_b) \\
&= \mathcal{G}_b \dot{\mathcal{V}}_b - [\mathrm{ad}_{\mathcal{V}_b}]^{\mathrm{T}} \mathcal{G}_b \mathcal{V}_b
\end{aligned} \tag{8.40}$$

请注意式（8.40）与旋转刚体力矩方程之间的类比

$$m_b = \mathcal{I}_b \dot{\omega}_b - [\omega_b]^{\mathrm{T}} \mathcal{I}_b \omega_b \tag{8.41}$$

式（8.41）即为式（8.40）的旋转分量。 247

8.2.3 其他参考系下的动力学方程

动力学方程（8.40）的推导依赖于质心坐标系 {b} 的使用。然而，在其他坐标系中表达动力学是很简单的。我们称这样的一个坐标系为 {a}。

由于刚体的动能必须与坐标系的表示无关，即

$$\begin{aligned}\frac{1}{2}\mathcal{V}_a^{\mathrm{T}}\mathcal{G}_a\mathcal{V}_a &= \frac{1}{2}\mathcal{V}_b^{\mathrm{T}}\mathcal{G}_b\mathcal{V}_b \\ &= \frac{1}{2}([\mathrm{Ad}_{T_{ba}}]\mathcal{V}_a)^{\mathrm{T}}\mathcal{G}_b[\mathrm{Ad}_{T_{ba}}]\mathcal{V}_a \\ &= \frac{1}{2}\mathcal{V}_a^{\mathrm{T}}\underbrace{[\mathrm{Ad}_{T_{ba}}]^{\mathrm{T}}\mathcal{G}_b[\mathrm{Ad}_{T_{ba}}]}_{\mathcal{G}_a}\mathcal{V}_a\end{aligned}$$

式中，使用了伴随表示 Ad（见定义 3.20）。换言之，{a} 中的空间惯量矩阵 $\mathcal{G}_a$ 与 $\mathcal{G}_b$ 可通过下式相关联

$$\mathcal{G}_a = [\mathrm{Ad}_{T_{ba}}]^{\mathrm{T}}\mathcal{G}_b[\mathrm{Ad}_{T_{ba}}] \tag{8.42}$$

这是 Steiner 定理的一个推广。

使用空间惯量矩阵 $\mathcal{G}_a$，{b} 坐标系中的运动方程（8.40）可以在 {a} 坐标系中等效表示为

$$\mathcal{F}_a = \mathcal{G}_a\dot{\mathcal{V}}_a - [\mathrm{ad}_{\mathcal{V}_a}]^{\mathrm{T}}\mathcal{G}_a\mathcal{V}_a \tag{8.43}$$

式中，$\mathcal{F}_a$ 和 $\mathcal{V}_a$ 是在坐标系 {a} 中力旋量和运动旋量（参见习题 3）。因此，运动方程的形式与坐标系的选择无关。

8.3 牛顿 – 欧拉逆动力学

我们现在考虑由多个单自由度关节相连而组成的一个 n 杆开链机器人的逆动力学问题。给定关节位置 $\theta \in \mathbb{R}^n$、速度 $\dot{\theta} \in \mathbb{R}^n$、加速度 $\ddot{\theta} \in \mathbb{R}^n$，目标是计算动力学方程的右侧

$$\tau = M(\theta)\ddot{\theta} + h(\theta,\dot{\theta})$$

主要结果是递归逆动力学算法，其中包括正向迭代阶段和逆向迭代阶段。在正向迭代中，每个连杆的位置、速度和加速度从基座向末端传递，而在逆向迭代中，每个连杆所
248 受到的力和力矩从末端向基座传递。

8.3.1 推导

在每个连杆 i 的质心处附着一个参考坐标系 $\{i\}$，其中 $i=1,\cdots,n$。基座坐标系表示为 {0}，末端执行器的坐标系表示为 $\{n+1\}$。该坐标系在 $\{n\}$ 中固定。

当机械臂处于零位（home position，也称初始位置）时，所有的关节变量全部为零，我们将坐标系 $\{j\}$ 在 $\{i\}$ 中的位形表示为 $M_{i,j} \in SE(3)$，同时将坐标系 $\{i\}$ 在基座坐标系 $\{0\}$ 中的位形简写为 $M_i = M_{0,i}$。利用这些定义，$M_{i-1,i}$ 和 $M_{i,i-1}$ 可以通过下式来计算

$$M_{i-1,i} = M_{i-1}^{-1}M_i \quad 和 \quad M_{i,i-1} = M_i^{-1}M_{i-1}$$

关节 i 的旋量轴在连杆坐标系 $\{i\}$ 中的表示为 $\mathcal{A}_i$。同样的旋量轴在空间坐标系 $\{0\}$ 中的表示为 $\mathcal{S}_i$，两者可通过下式相关联

$$\mathcal{A}_i = \mathrm{Ad}_{M_i^{-1}}(\mathcal{S}_i)$$

对于任意的关节变量 θ，定义 $T_{i,j}(\theta) \in SE(3)$ 为此时坐标系 $\{j\}$ 在 $\{i\}$ 中的位形；那么 $T_{i-1,i}(\theta_i)$ 表示在给定关节变量 θ_i 下，坐标系 $\{i\}$ 相对于 $\{i-1\}$ 的位形，同时有 $T_{i,i-1}(\theta_i) = T_{i-1,i}^{-1}(\theta_i)$，它们可通过下式计算

$$T_{i-1,i}(\theta_i) = M_{i-1,i} e^{[\mathcal{A}_i]\theta_i} \text{ 和 } T_{i,i-1}(\theta_i) = e^{-[\mathcal{A}_i]\theta_i} M_{i,i-1}$$

我们进一步采用以下符号。

①在坐标系 $\{i\}$ 中表示的连杆坐标系 $\{i\}$ 的运动旋量，记为 $\mathcal{V}_i = (\omega_i, v_i)$。

②通过关节 i 传递到连杆坐标系 $\{i\}$ 的力旋量，它在坐标系 $\{i\}$ 中的表示记为 $\mathcal{F}_i = (m_i, f_i)$。

③令 $\mathcal{G}_i \in \mathbb{R}^{6\times6}$ 表示连杆 i 的空间惯量矩阵，它相对于连杆坐标系 $\{i\}$ 来表示。由于我们假设所有连杆坐标系都位于连杆质心，因此 $\mathcal{G}_i$ 具有分块对角化形式：

$$\mathcal{G}_i = \begin{bmatrix} \mathcal{I}_i & 0 \\ 0 & \mathfrak{m}_i \mathcal{I} \end{bmatrix} \tag{8.44}$$

其中 $\mathcal{I}_i$ 表示连杆 i 的 3×3 转动惯量矩阵，$\mathfrak{m}_i$ 为连杆质量。

基于这些定义，我们可以递归地从基座到到末端，计算每个连杆的运动旋量和加速度。连杆 i 的运动旋量是连杆 $i-1$ 的运动旋量（但是表示在 $\{i\}$ 坐标系中）和由关节速度 $\dot{\theta}_i$ 而引起的附加运动旋量

$$\mathcal{V}_i = \mathcal{A}_i\dot{\theta}_i + [\mathrm{Ad}_{T_{i,i-1}}]\mathcal{V}_{i-1} \tag{8.45}$$

加速度 $\dot{\mathcal{V}}_i$ 也可以通过递归方式求解。对式（8.45）的两侧相对于时间求导，有

$$\dot{\mathcal{V}}_i = \mathcal{A}_i\ddot{\theta}_i + [\mathrm{Ad}_{T_{i,i-1}}]\dot{\mathcal{V}}_{i-1} + \frac{\mathrm{d}}{\mathrm{d}t}([\mathrm{Ad}_{T_{i,i-1}}])\mathcal{V}_{i-1} \tag{8.46}$$ 249

为了计算该式中的最后一项，将 $T_{i,i-1}$ 和 $\mathcal{A}_i$ 分别表示为

$$T_{i,i-1} = \begin{bmatrix} R_{i,i-1} & p \\ 0 & 1 \end{bmatrix} \text{ 和 } \mathcal{A}_i = \begin{bmatrix} \omega \\ v \end{bmatrix}$$

因此有

$$\begin{aligned}
\frac{\mathrm{d}}{\mathrm{d}t}([\mathrm{Ad}_{T_{i,i-1}}])\mathcal{V}_{i-1} &= \frac{\mathrm{d}}{\mathrm{d}t}\begin{bmatrix} R_{i,i-1} & 0 \\ [p]R_{i,i-1} & R_{i,i-1} \end{bmatrix}\mathcal{V}_{i-1} \\
&= \begin{bmatrix} -[\omega\dot{\theta}_i]R_{i,i-1} & 0 \\ -[v\dot{\theta}_i]R_{i,i-1} - [\omega\dot{\theta}_i][p]R_{i,i-1} & -[\omega\dot{\theta}_i]R_{i,i-1} \end{bmatrix}\mathcal{V}_{i-1} \\
&= \underbrace{\begin{bmatrix} -[\omega\dot{\theta}_i] & 0 \\ -[v\dot{\theta}_i] & -[\omega\dot{\theta}_i] \end{bmatrix}}_{-[\mathrm{ad}_{\mathcal{A}_i\dot{\theta}_i}]}\underbrace{\begin{bmatrix} R_{i,i-1} & 0 \\ [p]R_{i,i-1} & R_{i,i-1} \end{bmatrix}}_{[\mathrm{Ad}_{T_{i,i-1}}]}\mathcal{V}_{i-1} \\
&= -[\mathrm{ad}_{\mathcal{A}_i\dot{\theta}_i}]\mathcal{V}_i \\
&= [\mathrm{ad}_{\mathcal{V}_i}]\mathcal{A}_i\dot{\theta}_i
\end{aligned}$$

将此结果代入到式（8.46）中，得到

$$\dot{\mathcal{V}}_i = \mathcal{A}_i\ddot{\theta}_i + [\mathrm{Ad}_{T_{i,i-1}}]\dot{\mathcal{V}}_{i-1} + [\mathrm{ad}_{\mathcal{V}_i}]\mathcal{A}_i\dot{\theta}_i \tag{8.47}$$

即连杆 i 的加速度是 3 个分量之和：由关节加速度 $\ddot{\theta}_i$ 引起的分量，由在 $\{i\}$ 中描述的连杆 $i-1$ 的加速度引起的分量，以及速度乘积分量。

一旦确定了所有连杆从基座向外移动的运动旋量和加速度，我们就可以通过从末端向内移动来计算关节力矩或力。刚体动力学（8.40）可以在给定 $\mathcal{V}_i$ 和 $\dot{\mathcal{V}}_i$ 时确定作用于连杆 i 的总的力旋量。此外，作用在连杆 i 上总的力旋量是通过关节 i 传递的力旋量 $\mathcal{F}_i$ 和通过关节 $i+1$ 而施加在连杆上的力旋量（或者，对于连杆 n，处在末端执行器坐标系 $\{n+1\}$ 中由环境施加在连杆上的力旋量）之和，在坐标系 $\{i\}$ 中描述。因此，我们有下列等式

$$\mathcal{G}_i\dot{\mathcal{V}}_i - \mathrm{ad}^{\mathrm{T}}_{\mathcal{V}_i}(\mathcal{G}_i\mathcal{V}_i) = \mathcal{F}_i - \mathrm{Ad}^{\mathrm{T}}_{T_{i+1,i}}(\mathcal{F}_{i+1}) \tag{8.48}$$

参见图 8.6。从末端向基座部分求解，在各关节 i 处，我们求解方程（8.48）中唯一的未知量：$\mathcal{F}_i$。由于关节 i 仅具有一个自由度，六维向量 $\mathcal{F}_i$ 中余下的 5 个维度由关节结构“自由地”提供，并且执行器只需在关节的旋量轴的方向上提供标量力或力矩：

$$\tau_i = \mathcal{F}_i^{\mathrm{T}}\mathcal{A}_i \tag{8.49}$$

式（8.49）为每个关节提供了所需的力矩，
250 从而解决了逆动力学求解问题。

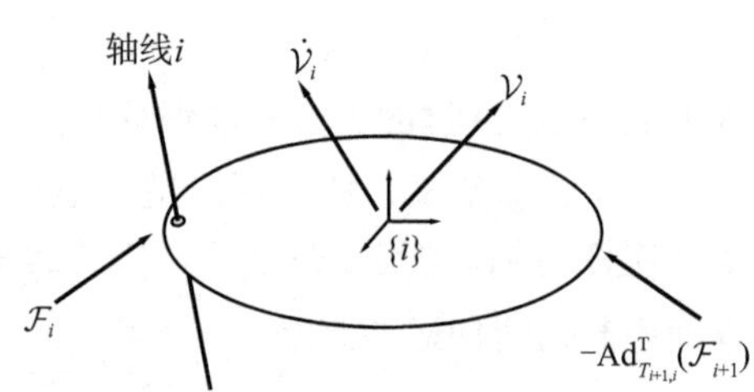

图 8.6　说明施加在连杆 i 上的力矩和力的受力分析图

8.3.2 牛顿–欧拉逆动力学算法

1. 初始化

将坐标系 $\{0\}$ 置于基座，将从 $\{1\}$ 到 $\{n\}$ 的坐标系附连到从 $\{1\}$ 到 $\{n\}$ 连杆的质心处，并在末端执行器处附连坐标系 $\{n+1\}$，其在坐标系 $\{n\}$ 中固定。当 $\theta_i = 0$ 时，定义 $M_{i,i-1}$ 为坐标系 $\{i-1\}$ 在 $\{i\}$ 中的位形。令 $\mathcal{A}_i$ 为在坐标系 $\{i\}$ 中描述的关节 i 的旋量轴，$\mathcal{G}_i$ 为连杆 i 的 6×6 空间惯量矩阵。定义 $\mathcal{V}_0$ 为基座坐标系 $\{0\}$ 的运动旋量，它在 $\{0\}$ 坐标系中表示（该量通常为零）。令 $\mathfrak{g}\in\mathbb{R}^3$ 为表示在基座坐标系中的重力向量，同时定义 $\dot{\mathcal{V}}_0 = (\dot{\omega}_0, \dot{v}_0) = (0, -\mathfrak{g})$（重力被视为基座在相反方向上的加速度）。定义 $\mathcal{F}_{n+1} = \mathcal{F}_{\mathrm{tip}} = (m_{\mathrm{tip}}, f_{\mathrm{tip}})$ 为由末端执行器作用于环境的力旋量，它在末端执行器坐标系 $\{n+1\}$ 中表示。

2. 正向迭代

给定 θ、$\dot{\theta}$、$\ddot{\theta}$，由 $i=1$ 到 n，执行

$$T_{i,i-1} = e^{-[\mathcal{A}_i]\theta_i}M_{i,i-1} \tag{8.50}$$

$$\mathcal{V}_i = \mathrm{Ad}_{T_{i,i-1}}(\mathcal{V}_{i-1}) + \mathcal{A}_i\dot{\theta}_i \tag{8.51}$$

$$\dot{\mathcal{V}}_i = \mathrm{Ad}_{T_{i,i-1}}(\dot{\mathcal{V}}_{i-1}) + \mathrm{ad}_{\mathcal{V}_i}(\mathcal{A}_i)\dot{\theta}_i + \mathcal{A}_i\ddot{\theta}_i \tag{8.52}$$

3. 逆向迭代

由 $i=n$ 到 1，执行

$$\mathcal{F}_i = \mathrm{Ad}^{\mathrm{T}}_{T_{i+1,i}}(\mathcal{F}_{i+1}) + \mathcal{G}_i\dot{\mathcal{V}}_i - \mathrm{ad}^{\mathrm{T}}_{\mathcal{V}_i}(\mathcal{G}_i\mathcal{V}_i) \tag{8.53}$$

$$\tau_i = \mathcal{F}_i^{\mathrm{T}}\mathcal{A}_i \tag{8.54}$$ 251

8.4 封闭形式的动力学方程

在本节中，我们将介绍如何将递归逆动力学算法中的方程组织成一组封闭形式的动力学方程 $\tau = M(\theta)\ddot{\theta} + c(\theta,\dot{\theta}) + (\theta)$。

在此之前，我们证明了之前的论断，即机器人的总动能 $\mathcal{K}$ 可以表示为 $\mathcal{K}=\frac{1}{2}\dot{\theta}^{\mathrm{T}}M(\theta)\dot{\theta}$。我们这样做是因为注意到 $\mathcal{K}$ 可以表示为每个连杆的动能之和

$$\mathcal{K} = \frac{1}{2}\sum_{i=1}^{n}\mathcal{V}_i^{\mathrm{T}}\mathcal{G}_i\mathcal{V}_i \tag{8.55}$$

式中，$\mathcal{V}_i$ 是连杆坐标系 $\{i\}$ 的运动旋量，$\mathcal{G}_i$ 是由式（8.32）定义的连杆 i 的空间惯量矩阵（两者都在连杆坐标系 $\{i\}$ 中表示）。令 $T_{0i}(\theta_1,\cdots,\theta_i)$ 表示从基座坐标系 $\{0\}$ 到连杆坐标系 $\{i\}$ 的正向运动学，并且令 $J_{ib}(\theta)$ 表示由 $T_{0i}^{-1}\dot{T}_{0i}$ 确定的刚体雅可比矩阵。注意，我们所定义的 J_{ib} 是一个 $6\times i$ 的矩阵；通过用零填充最后的 $n-i$ 列将其变为一个 $6\times n$ 的矩阵。基于这个 J_{ib} 定义，可以写出

$$\mathcal{V}_i = J_{ib}(\theta)\dot{\theta}\ ,\quad i=1,\cdots,n$$

动能可以写为

$$\mathcal{K} = \frac{1}{2}\dot{\theta}^{\mathrm{T}}\left(\sum_{i=1}^{n}J_{ib}^{\mathrm{T}}(\theta)\mathcal{G}_iJ_{ib}(\theta)\right)\dot{\theta} \tag{8.56}$$

括号中的项恰好是质量矩阵

$$M(\theta) = \sum_{i=1}^{n}J_{ib}^{\mathrm{T}}(\theta)\mathcal{G}_iJ_{ib}(\theta) \tag{8.57}$$

现在回到最初的任务，即导出一组闭合形式的动力学方程。首先定义堆叠向量

$$\mathcal{V} = \begin{bmatrix}\mathcal{V}_1\\ \vdots\\ \mathcal{V}_n\end{bmatrix} \in \mathbb{R}^{6n} \tag{8.58}$$

$$\mathcal{F} = \begin{bmatrix}\mathcal{F}_1\\ \vdots\\ \mathcal{F}_n\end{bmatrix} \in \mathbb{R}^{6n} \tag{8.59}$$ 252

进一步定义矩阵

$$\mathcal{A} = \begin{bmatrix}\mathcal{A}_1 & 0 & \cdots & 0\\ 0 & \mathcal{A}_2 & \cdots & 0\\ \vdots & \vdots & \ddots & \vdots\\ 0 & \cdots & \cdots & \mathcal{A}_n\end{bmatrix} \in \mathbb{R}^{6n\times n} \tag{8.60}$$

$$\mathcal{G}=\begin{bmatrix}\mathcal{G}_1 & 0 & \cdots & 0\\ 0 & \mathcal{G}_2 & \cdots & 0\\ \vdots & \vdots & \ddots & \vdots\\ 0 & \cdots & \cdots & \mathcal{G}_n\end{bmatrix}\in\mathbb{R}^{6n\times 6n} \tag{8.61}$$

$$[\mathrm{ad}_{\mathcal{V}}]=\begin{bmatrix}[\mathrm{ad}_{\mathcal{V}_1}] & 0 & \cdots & 0\\ 0 & [\mathrm{ad}_{\mathcal{V}_2}] & \cdots & 0\\ \vdots & \vdots & \ddots & \vdots\\ 0 & \cdots & \cdots & [\mathrm{ad}_{\mathcal{V}_n}]\end{bmatrix}\in\mathbb{R}^{6n\times 6n} \tag{8.62}$$

$$[\mathrm{ad}_{\mathcal{A}\dot{\theta}}]=\begin{bmatrix}[\mathrm{ad}_{\mathcal{A}_1\dot{\theta}_1}] & 0 & \cdots & 0\\ 0 & [\mathrm{ad}_{\mathcal{A}_2\dot{\theta}_2}] & \cdots & 0\\ \vdots & \vdots & \ddots & \vdots\\ 0 & \cdots & \cdots & [\mathrm{ad}_{\mathcal{A}_n\dot{\theta}_n}]\end{bmatrix}\in\mathbb{R}^{6n\times 6n} \tag{8.63}$$

$$\mathcal{W}(\theta)=\begin{bmatrix}0 & 0 & \cdots & 0 & 0\\ [\mathrm{Ad}_{T_{2,1}}] & 0 & \cdots & 0 & 0\\ 0 & [\mathrm{Ad}_{T_{3,2}}] & \cdots & 0 & 0\\ \vdots & \vdots & \ddots & \vdots & \vdots\\ 0 & 0 & \cdots & [\mathrm{Ad}_{T_{n,n-1}}] & 0\end{bmatrix}\in\mathbb{R}^{6n\times 6n} \tag{8-64}$$

写成 $\mathcal{W}(\theta)$ 的形式是为了强调 $\mathcal{W}$ 对 θ 的依赖性。最后，定义堆叠向量

$$\mathcal{V}_{\text{base}}=\begin{bmatrix}\mathrm{Ad}_{T_{10}}(\mathcal{V}_0)\\ 0\\ \vdots\\ 0\end{bmatrix}\in\mathbb{R}^{6n} \tag{8.65}$$

$$\dot{\mathcal{V}}_{\text{base}}=\begin{bmatrix}\mathrm{Ad}_{T_{10}}(\dot{\mathcal{V}}_0)\\ 0\\ \vdots\\ 0\end{bmatrix}\in\mathbb{R}^{6n} \tag{8.66}$$

$$\dot{\mathcal{F}}_{\text{tip}}=\begin{bmatrix}0\\ \vdots\\ 0\\ \mathrm{Ad}^{\mathrm{T}}_{T_{n+1,n}}(\mathcal{F}_{n+1})\end{bmatrix}\in\mathbb{R}^{6n} \tag{8.67}$$

253

注意到上式中，$\mathcal{A}\in\mathbb{R}^{6n\times n}$ 和 $\mathcal{G}\in\mathbb{R}^{6n\times 6n}$ 是常数分块对角化矩阵，其中 $\mathcal{A}$ 仅包含运动学参数，而 $\mathcal{G}$ 只包含每个连杆的质量和惯量参数。

基于上述定义，我们先前的递归逆动力学算法可以组合成以下矩阵方程组：

$$\mathcal{V}=\mathcal{W}(\theta)\mathcal{V}+\mathcal{A}\dot{\theta}+\mathcal{V}_{\text{base}} \tag{8.68}$$

$$\dot{\mathcal{V}}=\mathcal{W}(\theta)\dot{\mathcal{V}}+\mathcal{A}\ddot{\theta}-[\mathrm{ad}_{\mathcal{A}\dot{\theta}}](\mathcal{W}(\theta)\mathcal{V}+\mathcal{V}_{\text{base}})+\dot{\mathcal{V}}_{\text{base}} \tag{8.69}$$

$$\mathcal{F} = \mathcal{W}^{\mathrm{T}}(\theta)\mathcal{F} + \mathcal{G}\dot{\mathcal{V}} - [\mathrm{ad}_{\mathcal{V}}]^{\mathrm{T}}\mathcal{G}\mathcal{V} + \mathcal{F}_{\mathrm{tip}} \tag{8.70}$$

$$\tau = \mathcal{A}^{\mathrm{T}}\mathcal{F} \tag{8.71}$$

矩阵 $\mathcal{W}(\theta)$ 具有如下性质：$\mathcal{W}^n(\theta) = 0$（这样的矩阵称为 n 阶幂零）。通过直接计算可以证明 $(I - \mathcal{W}(\theta))^{-1} = I + \mathcal{W}(\theta) + \cdots + \mathcal{W}^{n-1}(\theta)$。定义 $\mathcal{L}(\theta) = (I - \mathcal{W}(\theta))^{-1}$，通过直接计算可以进一步证明

$$\mathcal{L}(\theta) = \begin{bmatrix} I & 0 & 0 & \cdots & 0 \\ [\mathrm{Ad}_{T_{21}}] & I & 0 & \cdots & 0 \\ [\mathrm{Ad}_{T_{31}}] & [\mathrm{Ad}_{T_{32}}] & I & \cdots & 0 \\ \vdots & \vdots & \vdots & \ddots & \vdots \\ [\mathrm{Ad}_{T_{n1}}] & [\mathrm{Ad}_{T_{n2}}] & [\mathrm{Ad}_{T_{n3}}] & \cdots & I \end{bmatrix} \in \mathbb{R}^{6n\times 6n} \tag{8.72}$$

写成 $\mathcal{L}(\theta)$ 的形式主要用来强调 $\mathcal{L}$ 对 θ 的依赖性。之前的矩阵方程可以重新写作如下：

$$\mathcal{V} = \mathcal{L}(\theta)(\mathcal{A}\dot{\theta} + \mathcal{V}_{\mathrm{base}}) \tag{8.73}$$

$$\dot{\mathcal{V}} = \mathcal{L}(\theta)(\mathcal{A}\ddot{\theta} - [\mathrm{ad}_{\mathcal{A}\dot{\theta}}]\mathcal{W}(\theta)\mathcal{V} - [\mathrm{ad}_{\mathcal{A}\dot{\theta}}]\mathcal{V}_{\mathrm{base}} + \dot{\mathcal{V}}_{\mathrm{base}}) \tag{8.74}$$

$$\mathcal{F} = \mathcal{L}^{\mathrm{T}}(\theta)(\mathcal{G}\dot{\mathcal{V}} - [\mathrm{ad}_{\mathcal{V}}]^{\mathrm{T}}\mathcal{G}\mathcal{V} + \mathcal{F}_{\mathrm{tip}}) \tag{8.75}$$

$$\tau = \mathcal{A}^{\mathrm{T}}\mathcal{F} \tag{8.76}$$

如果机器人在末端执行器上施加一个外部力旋量 $\mathcal{F}_{\mathrm{tip}}$，则可将其包含在动力学方程中

$$\tau = M(\theta)\ddot{\theta} + c(\theta,\ \dot{\theta}) + g(\theta) + J^{\mathrm{T}}(\theta)\mathcal{F}_{\mathrm{tip}} \tag{8.77}$$

式中，$J(\theta)$ 表示和 $\mathcal{F}_{\mathrm{tip}}$ 在同一参考系中描述的正向运动学的雅可比矩阵；其他项中

$$M(\theta) = \mathcal{A}^{\mathrm{T}}\mathcal{L}^{\mathrm{T}}(\theta)\mathcal{G}\mathcal{L}(\theta)\mathcal{A} \tag{8.78}$$

$$c(\theta,\ \dot{\theta}) = -\mathcal{A}^{\mathrm{T}}\mathcal{L}^{\mathrm{T}}(\theta)(\mathcal{G}\mathcal{L}(\theta)[\mathrm{ad}_{\mathcal{A}\dot{\theta}}]\mathcal{W}(\theta) + [\mathrm{ad}_{\mathcal{V}}]^{\mathrm{T}}\mathcal{G})\mathcal{L}(\theta)\mathcal{A}\dot{\theta} \tag{8.79}$$

$$g(\theta) = \mathcal{A}^{\mathrm{T}}\mathcal{L}^{\mathrm{T}}(\theta)\mathcal{G}\mathcal{L}(\theta)\dot{\mathcal{V}}_{\mathrm{base}} \tag{8.80}$$ 254

8.5 开链机器人的正向动力学

正向动力学问题涉及求解下列方程中的 $\ddot{\theta}$

$$M(\theta)\ddot{\theta} = \tau(t) - h(\theta,\ \dot{\theta}) - J^{\mathrm{T}}(\theta)\mathcal{F}_{\mathrm{tip}} \tag{8.81}$$

其中给定 θ、$\dot{\theta}$、τ 以及由末端执行器所施加的力旋量 $\mathcal{F}_{\mathrm{tip}}$（如果有的话）。$h(\theta,\dot{\theta})$ 项可以通过调用逆动力学算法来计算，其中令 $\ddot{\theta} = 0$、$\mathcal{F}_{\mathrm{tip}} = 0$。可以使用式（8.57）来计算惯量矩阵 $M(\theta)$。另一种方法是使用逆动力学算法（n 次调用）来逐列构建 $M(\theta)$。在每次调用时，令 $\mathfrak{g} = 0$、$\dot{\theta} = 0$、$\mathcal{F}_{\mathrm{tip}} = 0$。在第一次调用中，列向量 $\ddot{\theta}$ 中除了第一行中的 1 之外，全部为零。在第二次调用中，除了第二行中的 1 之外，$\ddot{\theta}$ 全为零，依此类推。第 i 次调用返回的 τ 向量是 $M(\theta)$ 的第 i 列，并且在 n 次调用之后，$n\times n$ 矩阵 $M(\theta)$ 构建完成。

确定 $M(\theta)$、$h(\theta,\dot{\theta})$ 和 $\mathcal{F}_{\mathrm{tip}}$ 之后，我们可以使用任何有效的算法来求解方程（8.81），其形式为 $M\ddot{\theta} = b$，我们求解其中的 $\ddot{\theta}$。

当给定机器人的初始状态、在 $t\in[0,t_f]$ 区间内的关节力－力矩 $\tau(t)$ 和任意的外部力旋量 $\mathcal{F}_{\text{tip}}(t)$ 时，可用正向动力学来模拟仿真机器人的运动。首先定义函数 *ForwardDynamics*（正向动力学）返回公式（8.81）中的解，即

$$\ddot{\theta}=ForwardDynamics(\theta,\dot{\theta},\tau,\mathcal{F}_{\text{tip}})$$

定义变量 $q_1=\theta$、$q_2=\dot{\theta}$，二阶动力学（8.81）可以转换为两个一阶微分方程

$$\begin{aligned}\dot{q}_1&=q_2\\ \dot{q}_2&=ForwardDynamics(q_1,q_2,\tau,\mathcal{F}_{\text{tip}})\end{aligned}$$

对于形如 $\dot{q}=f(q,t),q\in\mathbb{R}^n$ 形式的一阶微分方程组，计算数值积分的最简单方法是一阶欧拉迭代

$$q(t+\delta t)=q(t)+\delta t\,f(q(t),\,t)$$

其中，正标量 δt 表示时间步长。因此，机器人动力学的欧拉积分为

$$\begin{aligned}q_1(t+\delta t)&=q_1(t)+q_2(t)\delta t\\ q_2(t+\delta t)&=q_2(t)+ForwardDynamics(q_1,q_2,\tau,\mathcal{F}_{\text{tip}})\delta t\end{aligned}$$

给定 $q_1(0)=\theta(0)$ 和 $q_2(0)=\dot{\theta}(0)$ 的一组初始值，可以在时间上向前迭代上述方程，从而以数值形式求解运动 $\theta(t)=q_1(t)$。

正向动力学的欧拉积分算法

- **输入：**初始条件 $\theta(0)$ 和 $\dot{\theta}(0)$，输入力矩 $\tau(t)$ 和末端执行器的力旋量 $\mathcal{F}_{\text{tip}}(t)$，其中
255 $t\in[0,t_f]$，以及积分步的数目 N。
- **初始化：**设置时间步长为 $\delta t=t_f/N$，并设置 $\theta[0]=\theta(0)$，$\dot{\theta}[0]=\dot{\theta}(0)$。
- **迭代：**由 $k=0$ 到 $N-1$，执行

$$\begin{aligned}\ddot{\theta}[k]&=ForwardDynamics(\theta[k],\dot{\theta}[k],\tau(k\delta t),\mathcal{F}_{\text{tip}}(k\delta t))\\ \theta[k+1]&=\theta[k]+\dot{\theta}[k]\delta t\\ \dot{\theta}[k+1]&=\dot{\theta}[k]+\ddot{\theta}[k]\delta t\end{aligned}$$

- **输出：**关节轨迹 $\theta(k\delta t)=\theta[k]$，$\dot{\theta}(k\delta t)=\dot{\theta}[k]$，$k=0,\cdots,N$。

随着积分步数 N 趋向于无穷大，数值积分的结果将收敛于理论结果。与简单的一阶欧拉方法相比，高阶数值积分方案，如四阶龙格－库塔（Runge-Kutta）方法，可以用更少的计算量来生成更接近理论值的近似结果。

8.6　任务空间中的动力学

在本节中，我们将考虑当转换为末端执行器坐标系（任务空间坐标）时，动力学方程如何变化。简单起见，考虑一个 6-dof 开链机器人的关节空间动力学方程，即

$$\tau=M(\theta)\ddot{\theta}+h(\theta,\,\dot{\theta})\,,\quad \theta\in\mathbb{R}^6,\ \tau\in\mathbb{R}^6 \tag{8.82}$$

我们暂时忽略任何末端执行器作用力 $\mathcal{F}_{\text{tip}}$。末端执行器的运动旋量 $\mathcal{V}=(\omega,\,v)$ 与关节速度 $\dot{\theta}$ 通过下式相关联

$$\mathcal{V}=J(\theta)\dot{\theta} \tag{8.83}$$

其中 $\mathcal{V}$ 和 $J(\theta)$ 总是采用相同的参考系来描述。那么时间导数 $\dot{\mathcal{V}}$ 就是

$$\dot{\mathcal{V}} = \dot{J}(\theta)\dot{\theta} + J(\theta)\ddot{\theta} \tag{8.84}$$

在 $J(\theta)$ 可逆的位形 θ 处，我们有

$$\dot{\theta} = J^{-1}\mathcal{V} \tag{8.85}$$

$$\ddot{\theta} = J^{-1}\dot{\mathcal{V}} - J^{-1}\dot{J}J^{-1}\mathcal{V} \tag{8.86}$$

将 $\dot{\theta}$ 和 $\ddot{\theta}$ 代入到式（8.82）中，可得

$$\tau = M(\theta)(J^{-1}\dot{\mathcal{V}} - J^{-1}\dot{J}J^{-1}\mathcal{V}) + h(\theta, J^{-1}\mathcal{V}) \tag{8.87}$$

将 $J^{-\mathrm{T}}$ 表示为 $(J^{-1})^{\mathrm{T}} = (J^{\mathrm{T}})^{-1}$。在方程两端同时前乘 $J^{-\mathrm{T}}$，得到

$$J^{-\mathrm{T}}\tau = J^{-\mathrm{T}}MJ^{-1}\dot{\mathcal{V}} - J^{-\mathrm{T}}MJ^{-1}\dot{J}J^{-1}\mathcal{V} + J^{-\mathrm{T}}h(\theta, J^{-1}\mathcal{V}) \tag{8.88}$$

将 $J^{-\mathrm{T}}\tau$ 表示为力旋量 $\mathcal{F}$，上式可写为

$$\mathcal{F} = \Lambda(\theta)\dot{\mathcal{V}} + \eta(\theta, \mathcal{V}) \tag{8.89}$$ 256

其中

$$\Lambda(\theta) = J^{-\mathrm{T}}M(\theta)J^{-1} \tag{8.90}$$

$$\eta(\theta, \mathcal{V}) = J^{-\mathrm{T}}h(\theta, J^{-1}\mathcal{V}) - \Lambda(\theta)\dot{J}J^{-1}\mathcal{V} \tag{8.91}$$

以上是在机器人末端执行器参考系坐标中表示的动力学方程。如果外部力旋量 $\mathcal{F}$ 施加到末端执行器坐标系，同时假设驱动器提供的力和力矩为零，则末端执行器坐标系的运动由这些方程决定。

注意到为了推导出上述的任务空间动力学，$J(\theta)$ 必须是可逆的（即关节速度和末端执行器运动旋量之间必须存在一对一的映射）。同时注意到 $\Lambda(\theta)$ 和 $\eta(\theta, \mathcal{V})$ 对 θ 的依赖性。一般情况下，由于逆运动学可能有多个解，而动力学依赖于具体的关节位形 θ，所以不能用末端位形 X 来代替对 θ 的依赖关系。

8.7 受约束动力学

现在考虑一个 n 关节机器人受到一组 k 个完整或非完整 Pfaffian 速度约束的情况，约束如下：

$$A(\theta)\dot{\theta} = 0 \,, \quad A(\theta) \in \mathbb{R}^{k\times n} \tag{8.92}$$

请参阅第 2.4 节中关于 Pfaffian 约束的介绍。此类约束可能来自闭环约束；例如，末端执行器刚性地把握门把手的运动，由于门的铰链，末端执行器的运动受到 $k=5$ 个约束。另一个例子是，用笔写字的机器人受到单个约束，该约束使得笔尖在纸上方的高度保持为零。无论如何，我们假设约束对机器人没有作用，即与约束条件对应的广义力 τ_{con} 满足

$$\tau_{\mathrm{con}}^{\mathrm{T}}\dot{\theta} = 0$$

这一假设意味着 τ_{con} 必须是矩阵 $A^{\mathrm{T}}(\theta)$ 列向量的线性组合，即 $\tau_{\mathrm{con}} = A^{\mathrm{T}}(\theta)\lambda$，其中 $\lambda \in \mathbb{R}^k$，因为这些是 $\dot{\theta}$ 被施加在约束条件（8.92）下不做功的广义力为

$$(A^{\mathrm{T}}(\theta)\lambda)^{\mathrm{T}}\dot{\theta} = \lambda^{\mathrm{T}}A(\theta)\dot{\theta} = 0 \quad 对所有 \lambda \in \mathbb{R}^k$$

对于写字机器人的例子，约束不做功这一假设意味着笔和纸之间不会有摩擦。

将约束力 $A^{\mathrm{T}}(\theta)\lambda$ 添加到运动方程中，我们可以用 $n+k$ 个未知量 $\{\ddot{\theta},\lambda\}$（正向动力学）或 $n+k$ 个未知量 $\{\tau,\lambda\}$（逆向动力学）来写出 $n+k$ 个约束运动方程

$$\tau = M(\theta)\ddot{\theta} + h(\theta,\ \dot{\theta}) + A^{\mathrm{T}}(\theta)\lambda \tag{8.93}$$

257

$$A(\theta)\dot{\theta} = 0 \tag{8.94}$$

式中，λ 是一组拉格朗日乘子，而 $A^{\mathrm{T}}(\theta)\lambda$ 是作用于约束的关节力和力矩。从这些方程中可以清楚地看出，机器人具有 $n-k$ 个速度自由度和 k 个“力自由度”——机器人可以自由地生成形如 $A^{\mathrm{T}}(\theta)\lambda$ 的任何广义力（对于写字机器人，还存在一个等式约束：机器人只能对纸张和桌子施加推力，而不是拉力）。

通常，一个比较方便的做法是：在不显示计算拉格朗日乘子 λ 的情况下，将关于 $n+k$ 个未知量的 $n+k$ 个方程简化为关于 n 个未知量的 n 个方程。为此，我们可以根据其他量来求解 λ，并将我们的解代入到式（8.93）中。由于约束在任何时候都是满足的，因此约束的时间变化率满足

$$\dot{A}(\theta)\dot{\theta} + A(\theta)\ddot{\theta} = 0 \tag{8.95}$$

假设 $M(\theta)$ 和 $A(\theta)$ 是满秩矩阵，我们可以求解式（8.93）中的 $\ddot{\theta}$，代入到式（8.95）中。并且为了简洁起见，忽略对 θ 和 $\dot{\theta}$ 的依赖关系，从而得到

$$\dot{A}\dot{\theta} + AM^{-1}(\tau - h - A^{\mathrm{T}}\lambda) = 0 \tag{8.96}$$

使用 $A\ddot{\theta} = -\dot{A}\dot{\theta}$，经过一些操作之后，可以得到

$$\lambda = (AM^{-1}A^{\mathrm{T}})^{-1}(AM^{-1}(\tau - h) - A\ddot{\theta}) \tag{8.97}$$

联立式（8.97）和式（8.93），进一步操作后可得到

$$P\tau = P(M\ddot{\theta} + h) \tag{8.98}$$

式中

$$P = I - A^{\mathrm{T}}(AM^{-1}A^{\mathrm{T}})^{-1}AM^{-1} \tag{8.99}$$

式中，I 是 $n\times n$ 单位矩阵。$n\times n$ 矩阵 $P(\theta)$ 的秩为 n-k，它将关节处的广义力 τ 映射到 $P(\theta)\tau$，从而将作用于约束的广义力分量投影出去，同时保留在机器人上做功的广义力。互补投影 $I-P(\theta)$，它将 τ 映射到 $(I-P(\theta))\tau$，后者是作用在约束上并且不对机器人做功的关节力。

使用 $P(\theta)$，我们可以通过对式（8.98）等号右侧进行计算来求解逆动力学。解 $P(\theta)\tau$ 是能实现期望关节加速度 $\ddot{\theta}$ 的可行分量的一组广义关节力。对于该解，我们可以在不改变机器人加速度的情况下添加任何约束力 $A^{\mathrm{T}}(\theta)\lambda$。

我们可以将式（8.98）重新排列成以下形式：

$$P_{\ddot{\theta}}\ddot{\theta} = P_{\ddot{\theta}}M^{-1}(\tau - h) \tag{8.100}$$

式中

258

$$P_{\ddot{\theta}} = M^{-1}PM = I - M^{-1}A^{\mathrm{T}}(AM^{-1}A^{\mathrm{T}})^{-1}A \tag{8.101}$$

秩为 $n-k$ 的投影矩阵 $P_{\ddot{\theta}}(\theta)\in\mathbb{R}^{n\times n}$，它将关节加速度 $\ddot{\theta}$ 中违反约束的分量投影出去，

仅留下满足约束的分量 $P_{\ddot{\theta}}(\theta)\ddot{\theta}$。为了求解正向动力学，我们对式（8.100）等号右侧进行计算，得到的 $P_{\ddot{\theta}}\ddot{\theta}$ 是一组关节加速度。

在 11.6 节中，我们讨论了混合运动 – 力控制的相关问题。在该主题中，每个时刻的目标是同时获得满足 $A\ddot{\theta}=0$（由 $n-k$ 个运动自由度组成）的期望加速度和在 k 个约束作用下的期望力。在这一节中，我们使用任务空间动力学来更自然地表示任务空间末端执行器的运动和力。

8.8 URDF 中的机器人动力学

正如第 4.2 节所述，在 UR5 通用机器人描述格式文件中，连杆 i 的惯量属性在 URDF（URDF，Universal Robot Description Format）中通过下列连杆元素进行描述：**质量**，**原点**（质心坐标系相对于附连在关节 i 处的一个坐标系的位置和姿态）以及**惯量**，其指定对称旋转惯量矩阵中处于对角线上或对角线上方的 6 个元素。为了完全写出机器人的动力学，对于关节 i，我们还需要关节元素**原点**（origin）和**轴**（axis），其中原点指定当 $\theta_i=0$ 时连杆 i 的关节坐标系相对于连杆 $i-1$ 的关节坐标系的位置和姿态，轴指定关节 i 的运动轴。我们将练习如何把这些元素转换为牛顿 – 欧拉逆向动力学算法所需的物理量。

8.9 驱动、传动和摩擦

到目前为止，我们一直在假设现实中存在能直接提供所需指令力和力矩的执行器。在实践中，存在多种类型的执行器（也称驱动器，如电动、液压和气动）和机械动力传动装置（如齿轮箱），并且执行器可以位于关节处，将机械动力通过线缆或同步带传递而实现远程驱动。每种执行器和机械传动装置构成的组合具有其自身特性，这些特性可以在将实际控制输入（例如，连接到电机的放大器所需要的电流）映射到机器人运动的“扩展动力学”中起重要作用。

在本节中，我们将介绍与一个特定且常见配置（每个关节处均有齿轮减速直流电机）相关的一些问题。例如，这是 Universal Robots UR5 机器人中使用的配置。

图 8.7 给出了一个典型的由直流电机驱动的 n 关节机器人的电气框图。具体而言，我们假设每个关节都是旋转关节。电源将来自电网的交流电转换为直流电，为与每个电 259
机相关的放大器供电。控制箱获取用户输入（如以期望轨迹的形式）以及来自位于每个关节编码器的位置反馈。使用期望轨迹，机器人的动力学模型和当前机器人状态中相对于期望机器人状态的测量误差，控制器计算每个执行器所需的力矩。由于直流电机名义上提供的力矩与通过电机的电流成正比，因此该力矩指令等同于电流指令。然后，每个电机放大器使用电流传感器（图 8.7 中显示为传感器位于放大器外部，但实际上它是处于放大器内部的），以持续调节整个电机两端的电压，以尝试达到所需的电流[⊖]。电机编码器检测电机的运动，并将位置信息发送回控制器。

⊖ 电压通常是指在最大正电压和最大负电压之间快速切换，通过调节占空比所获得的时间平均电压。

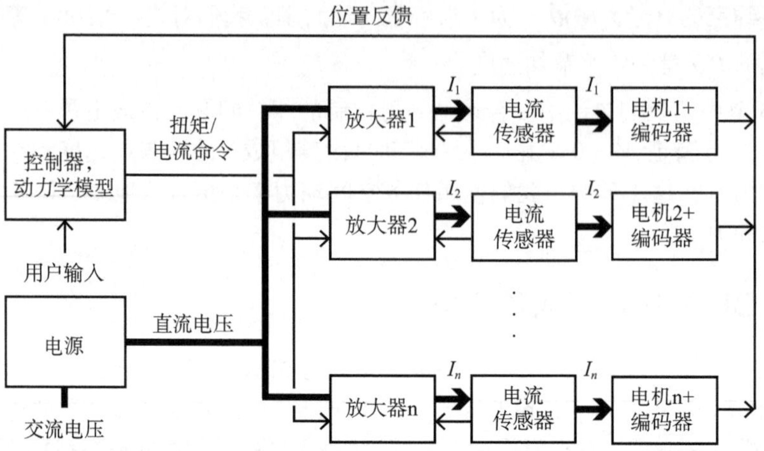

图 8.7　一个典型的 n 关节机器人的系统框图：粗线对应于高功率信号，细线对应于通信信号

下达的力矩指令通常以每秒 1000 次（1 kHz）左右的频率更新，放大器的电压控制环路可以按 10 倍或更多倍的速率更新。

图 8.8 是单轴的电机和其他组件的概念表示。电机中间有一根从电机两端伸出的转轴：一端驱动用于测量关节位置的旋转编码器，另一端成为齿轮减速箱的输入端。齿轮箱在降低速度的同时增加了力矩，这是由于大多数具有适当额定功率的直流电机所能提
260 供的力矩太低，无法适用于机器人应用。轴承的目的是支撑齿轮箱的输出，在齿轮箱轴线周围自由传递力矩，同时将齿轮箱（和电机）与力旋量（由于连杆 $i+1$）在其他 5 个方向上的分量相隔离。编码器、电机、齿轮箱和轴承的外壳均相对于彼此和连杆 i 固定。电机通常配有某种制动器（图中未给出）。

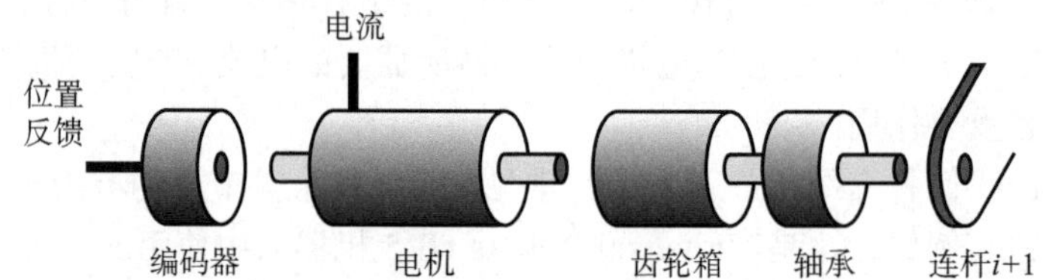

图 8.8　编码器、电机、齿轮箱和轴承的外壳固定在连杆 i 中，而轴承支撑的齿轮箱输出轴则固定在连杆 $i+1$ 中

8.9.1　直流电机和齿轮传动

直流电机由**定子**（stator）和相对于定子旋转的**转子**（rotor）组成。直流电机通过在由永磁体产生的磁场中给绕组发送电流来产生转矩，其中磁体附接到定子，而绕组附接到转子，反之亦然。直流电机有多个绕组，在任意给定时间，其中的一些绕组是通电的，而另一些则处于不工作状态。励磁绕组是根据转子相对于定子角度来选择的。绕组的这种“换向”通过使用机械式的电刷（有刷电机）或电气化的控制电路（无刷电机）而实现。无刷电机的优点在于无电刷磨损和高连续转矩，这是因为绕组通常连接到电机壳体，这样由绕组电阻产生的热量可以更容易地消散。在我们对直流电机建模的基本介绍

中，不区分有刷电机和无刷电机。

图 8.9 示出了带有编码器和齿轮箱的有刷直流电机。

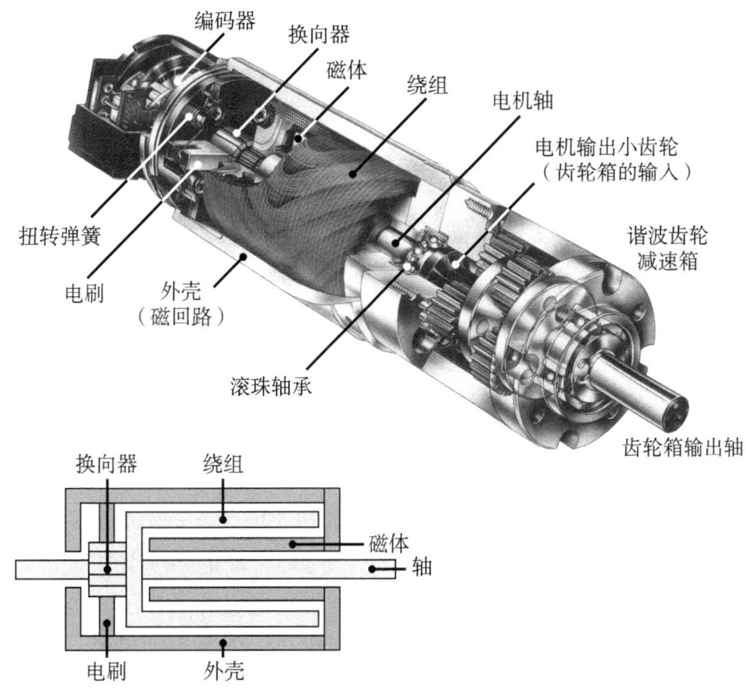

图 8.9 （上图）带有编码器和齿轮箱的 Maxon 有刷直流电机的剖视图⊖。电机的转子由绕组、换向器环和转轴组成。每个绕组连接到换向器的不同部分，当电机旋转时，两个电刷在换向器环上滑动并与不同部分相接触，从而通过一个或多个绕组发送电流。电机轴的一端带动编码器旋转，另一端输入到齿轮减速器。（下图）电机的简化截面图，图中给出了深灰色的定子（电刷、外壳和磁铁）和浅灰色的转子（绕组、换向器和转轴）

由直流电机产生的力矩 τ，以牛顿 – 米（Nm）为单位测量，可通过下列公式计算

$$\tau = k_t I$$

其中 I（以安培（A）为单位）是通过绕组的电流。常数 k_t 称为**力矩常数**（torque constant），其单位为牛顿 – 米 / 安培（Nm/A）。绕组的散热功率，其单位为瓦特（W），由下式计算

$$P_{\text{heat}} = I^2 R$$

其中 R 是绕组的电阻，其单位为欧姆（Ω）。为防止电机绕组过热，必须对通过电机的连续电流进行限制。因此，在连续工作时，电机力矩必须保持低于由电机热特性确定的连 261
续力矩极限 τ_{cont}。

直流电机的简化模型，其中所有量都采用 SI 单位，可以通过将电机消耗的电功率 $P_{\text{elec}} = IV$（单位为瓦特，W）与机械功率 $P_{\text{mech}} = \tau\omega$（单位也为 W）和电机产生的其他功率

⊖ 该剖视图由 Maxon Precision Motors, Inc. 提供，网址 maxonmotorusa.com。

相等而推导得出

$$IV = \tau\omega + I^2R + LI\frac{\mathrm{d}I}{\mathrm{d}t} + \text{摩擦和其他功率损耗项}$$

262 式中，V 是施加到电机两端的电压，其单位为伏特（V）；ω 是电机的角速度，其单位为弧度 / 秒（1/s）；L 是由绕组引起的电感，其单位为亨利（H）。公式右侧的各项依次为电机产生的机械功率，由电机导线电阻而加热绕组所引起的热损耗功率，通过激励或断开绕组电感所消耗或产生的功率（这是由于存储在电感中的能量为 $\frac{1}{2}LI^2$，而功率是能量关于时间的导数），以及轴承等摩擦而损耗的功率。去掉最后一项，使用 $k_tI\omega$ 来代替 $\tau\omega$，并将方程两边同时除以 I，我们得到电压方程

$$V = k_t\omega + IR + L\frac{\mathrm{d}I}{\mathrm{d}t} \tag{8.102}$$

通常式（8.102）用**电常数**（electrical constant）k_e（单位为 Vs）而非力矩常数 k_t 来写出，但是以 SI 单位（Vs 或 Nm/A）表示两者的数值相同；它们代表了电机的恒定特性。所以我们更倾向于使用 k_t。

式（8.102）中的电压项 $k_t\omega$ 被称为**反电动势**（back electromotive，简写为 back-emf），它使电机不再是简单的电阻和电感串联，还可将电能转换为机械能的电动机作为发电机运行，后者将机械能转换为电能。如果电机的电气输入断开（因此没有电流可以流通），同时电机轴被一些外力矩强制带动旋转，则可以测量电机输入端的反电动势电压 $k_t\omega$。

为简单起见，在本节的剩余部分中，我们忽略 $L\mathrm{d}I/\mathrm{d}t$ 这项。当电动机以恒定电流运行时，这种假设是完全成立的。通过该假设，可以将式（8.102）重新排列为

$$\omega = \frac{1}{k_t}(V - IR) = \frac{V}{k_t} - \frac{R}{k_t^2}\tau$$

如果 V 为恒定常数，上式将速度 ω 表示为 τ 的线性函数（斜率为 $-R/k_t^2$）。现在假设电机两端的电压被限制在 $[-V_{\max}, +V_{\max}]$ 区间内，通过电机的电流可能被放大器或电源限制在 $[-I_{\max}, +I_{\max}]$ 区间内。那么，电机在力矩－速度平面内的工作区域如图 8.10 所示。注意，在该平面的第二象限和第四象限中，τ 和 ω 的符号是相反的，因此乘积 $\tau\omega$ 是负值。当电机在这些象限中运行时，它实际上消耗机械能，而不产生机械能。此时电机就像阻尼一样。

着眼于第一象限（$\tau \geqslant 0, \omega \geqslant 0, \tau\omega \geqslant 0$），操作区域的边界称为**速度－力矩曲线**（speed-torque curve）。位于**速度－力矩曲线**一个端点处的**空载速度**（no-load speed）$\omega_0 = V_{\max}/k_t$，是当电机供电电压为 $V_{\max}$ 但不提供驱动力矩时的旋转速度。在此操作条件下，反电动势 $k_t\omega$ 等于所施加的电压，因此没有剩余电压来产生电流（或力矩）。速度－力矩曲线另一
263 端的**堵转力矩**（stall torque）$\tau_{\text{stall}} = k_tV_{\max}/R$ 是在电机轴被阻止旋转时实现的，因此没有反电动势。

图 8.10 中还表示出了连续工作区域，其中 $|\tau| \leqslant \tau_{\text{cont}}$。电机可以在连续工作区域之外间歇地运行，但是在连续工作区域之外延长运行，会增加电机过热的可能性。

电机的额定机械功率为 $P_{\text{rated}}=\tau_{\text{cont}}\omega_{\text{cont}}$，其中 ω_{cont} 是速度－力矩曲线中与 τ_{cont} 相对应的速度。即使电机的额定功率足以满足特定应用，直流电机通常会因为其所能产生的力矩太低而无法使用。如前所述，因此常用齿轮装置来增加力矩，同时还降低转速。对于减速比 G，齿轮箱的输出速度为

$$\omega_{\text{gear}}=\frac{\omega_{\text{motor}}}{G}$$

对于理想的齿轮箱，在力矩传递过程中不会损失功率/能量，因此 $\tau_{\text{motor}}\omega_{\text{motor}}=\tau_{\text{gear}}\omega_{\text{gear}}$，这意味着

$$\tau_{\text{gear}}=G\tau_{\text{motor}}$$

在实践中，由于轮齿、轴承等之间的摩擦和冲击，会存在一些机械能的损失，因此

$$\tau_{\text{gear}}=\eta G\tau_{\text{motor}}$$

式中，$\eta\leqslant 1$ 是齿轮箱的效率。

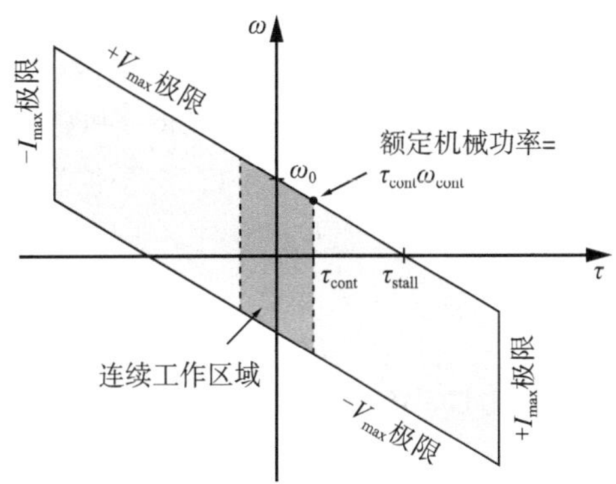

图 8.10 受电流和电压限制的直流电机的工作区域（浅灰色）及其连续工作区域（深灰色）

图 8.11 给出了当电机在传动比为 $G=2$ 264
（其中 $\eta=1$）时的工作区域，原电机性能如图 8.10 所示。经过齿轮传动之后，最大力矩加倍，而最大速度则缩小了两倍。由于许多直流电机的空载速度高达 10 000 rpm 或更高，因此机器人关节的传动比通常为 100 或者更大，以实现速度和力矩之间的适当折中。

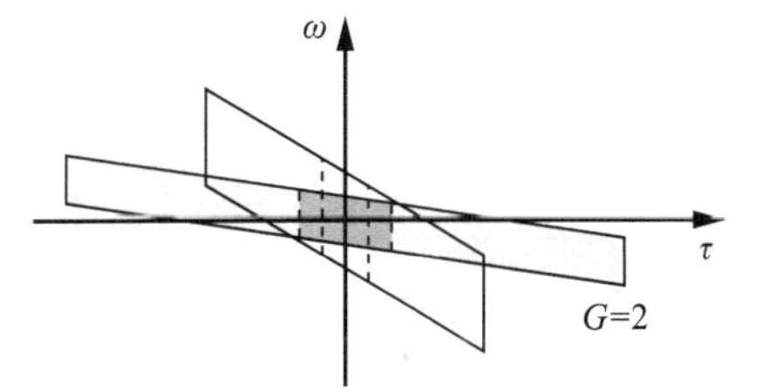

图 8.11 原始电机工作区域，以及减速比为 G=2 时的工作区域，图中给出了力矩增大和速度降低

8.9.2 表观惯量

电机的定子连接到一个连杆，转子可能通过齿轮箱连接到另一个连杆。因此，当计算电机对连杆的质量和惯量的贡献时，定子的质量和惯量必须分配给一个连杆，转子的质量和惯量必须分配给另一连杆。

考虑一个固定连杆 0，其上连接有关节 1 减速电机的定子。关节 1 的转速，即齿轮箱的输出为 $\dot{\theta}$。因此，电机的转子以 $G\dot{\theta}$ 的速度旋转。因此，转子的动能为

$$\mathcal{K}=\frac{1}{2}\mathcal{I}_{\text{rotor}}(G\dot{\theta})^2=\frac{1}{2}\underbrace{G^2\mathcal{I}_{\text{rotor}}}_{\text{表观惯量}}\dot{\theta}^2$$

式中，$\mathcal{I}_{\text{rotor}}$ 是转子关于转轴的标量惯量，$G^2\mathcal{I}_{\text{rotor}}$ 是转子关于转轴的**表观惯量**（apparent inertia），通常称其为**反映惯量**（reflected inertia）。换言之，如果你要抓住连杆 1 并用手带动其旋转，由于齿轮箱的存在，你所感觉到转子所产生的惯量比实际惯量大 G^2 倍。

虽然惯量 $\mathcal{I}_{\text{rotor}}$ 通常远小于由连杆其余部分关于转轴的惯量 $\mathcal{I}_{\text{link}}$，但是表观惯量 $G^2\mathcal{I}_{\text{rotor}}$ 可能与 $\mathcal{I}_{\text{link}}$ 为同一量级，或者甚至更大。

当减速比变大时，一个后果是：由关节 i 所表现出的惯量变得越来越受转子的表观惯量支配。换言之，关节 i 所需的力矩变得相对更加依赖 $\ddot{\theta}_i$、而不是其他关节加速度，
265 即机器人的质量矩阵变得更加对角化。当趋于极限时，质量矩阵的非对角线分量可忽略不计（在没有重力的情况下），机器人的动力学是解耦的——一个关节处的动力学与其他关节的位形或运动无关。

例如，考虑图 8.1 中的 2R 型机械臂，$L_1 = L_2 = \mathfrak{m}_1 = \mathfrak{m}_2 = 1$。现在假设关节 1 和关节 2 中的每个电机的质量为 1，定子惯量为 0.005，转子惯量为 0.001 25，齿轮减速比为 G（$\eta = 1$）。当减速比 $G = 10$ 时，质量矩阵为

$$M(\theta) = \begin{bmatrix} 4.13 + 2\cos\theta_2 & 1.01 + \cos\theta_2 \\ 1.01 + \cos\theta_2 & 1.13 \end{bmatrix}$$

当减速比 $G = 100$ 时，质量矩阵为

$$M(\theta) = \begin{bmatrix} 16.5 + 2\cos\theta_2 & 1.13 + \cos\theta_2 \\ 1.13 + \cos\theta_2 & 13.5 \end{bmatrix}$$

对于第二个机器人而言，非对角线元素相对不太重要。第二个机器人的可用关节力矩是第一个机器人的 10 倍，因此，尽管质量矩阵的元素增加，第二个机器人仍然能够显著提高加速度和末端执行器的有效载荷。然而，第二个机器人各关节的最高速度比第一个机器人的最高速度低 10 倍。

如果转子的表观惯量相对于连杆其余部分的惯量是不可忽略的，则必须对牛顿 – 欧拉逆动力学算法进行修正。一种方法是将连杆看作是由两个独立的机体组成的，传动电机驱动连杆和连杆的其余部分，每个机体都有自己的质心和惯量特性（其中连杆的惯量特性包括定子的惯量特性以及任何安装在连杆上的电机的惯量特性）。在正向迭代中，确定每个机体的运动旋量和加速度，同时在计算转子运动时考虑齿轮箱减速器的影响。在后向迭代中，作用在连杆上的力旋量计算为两个力旋量之和：①由式（8.53）给出的连杆力旋量，②来自远端转子的反作用力旋量。那么，投射到关节轴上的合成力旋量是齿轮力矩 τ_{gear}；将 τ_{gear} 除以减速比，同时加上转子加速度所产生的力矩，即得到所需的电机力矩 τ_{motor}。那么，直流电机的电流指令是 $I_{\text{com}} = \tau_{\text{motor}} / (\eta k_t)$。

8.9.3　考虑电机惯量和齿轮传动的牛顿 – 欧拉逆动力学算法

我们现在重新设计递归牛顿 – 欧拉逆动力学算法，同时考虑上文中所讨论的表观惯量。图 8.12 给出了问题构建。我们假设齿轮和轴无质量，齿轮间的摩擦以及轴和连杆之
266 间的摩擦可以忽略不计。

①**初始化**：将一个坐标系 $\{0\}_L$ 附连到基座上，将从 $\{1\}_L$ 到 $\{n\}_L$ 的坐标系附连到对应编号的连杆（从 1 到 n）质心处，并将从 $\{1\}_R$ 到 $\{n\}_R$ 的坐标系附连到对应编号的转子（从 1 到 n）质心处。坐标系 $\{n+1\}_L$ 附连到末端执行器，假设其相对于坐标系 $\{n\}_L$ 固定不动。定义 $M_{i_R,(i-1)_L}$ 和 $M_{i_L,(i-1)_L}$ 分别为 $\{i-1\}_L$ 在 $\{i\}_R$ 和 $\{i\}_L$ 中的位形，其中 $\theta_i = 0$。令 $\mathcal{A}_i$ 为关节 i 的转轴在 $\{i\}_L$ 中的表述。类似地，令 $\mathcal{R}_i$ 为转子 i 的转轴在 $\{i\}_R$ 中的表述。令 $\mathcal{G}_{i_L}$ 为连杆 i 的 6×6 空间惯量矩阵，其中包括所附连定子的惯量，同时令 $\mathcal{G}_{i_R}$ 为转子 i 的 6×6 空间惯量

矩阵。电机 i 的减速比为 $\mathcal{G}_i$。运动旋量 $\mathcal{V}_{0_L}$ 和 $\dot{\mathcal{V}}_{0_L}$ 以及力旋量 $\mathcal{F}_{(n+1)_L}$ 的定义方式与第 8.3.2 节中的 $\mathcal{V}_0$、$\dot{\mathcal{V}}_0$ 和 $\mathcal{F}_{n+1}$ 相同。

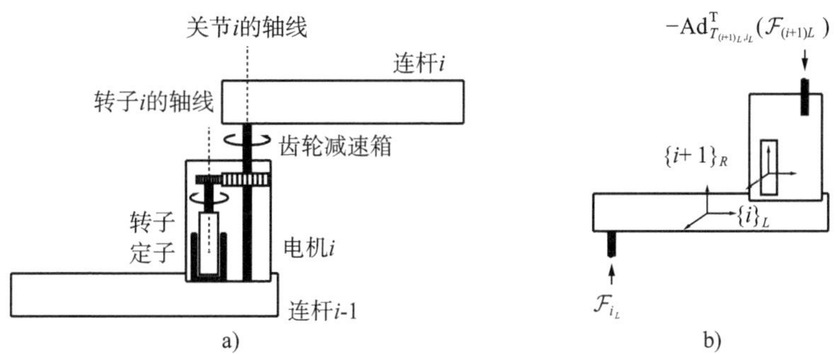

图 8.12　a）连杆 $i-1$ 和连杆 i 之间的减速电机示意图；b）连杆 i 的受力分析图，这类似于图 8.6

②**正向迭代**：给定 θ、$\dot{\theta}$、$\ddot{\theta}$，由 $i=1$ 到 n，执行

$$T_{i_R,(i-1)_L}=e^{-[\mathcal{R}_i]G_i\theta_i}M_{i_R,(i-1)_L} \tag{8.103}$$

$$T_{i_L,(i-1)_L}=e^{-[\mathcal{A}_i]\theta_i}M_{i_L,(i-1)_L} \tag{8.104}$$

$$\mathcal{V}_{i_R}=\mathrm{Ad}_{T_{i_R,(i-1)_L}}(\mathcal{V}_{(i-1)L})+\mathcal{R}_iG_i\dot{\theta}_i \tag{8.105}$$

$$\mathcal{V}_{i_L}=\mathrm{Ad}_{T_{i_L,(i-1)_L}}(\mathcal{V}_{(i-1)_L})+\mathcal{A}_i\dot{\theta}_i \tag{8.106}$$

$$\dot{\mathcal{V}}_{i_R}=\mathrm{Ad}_{T_{i_R,(i-1)_L}}(\dot{\mathcal{V}}_{(i-1)_L})+\mathrm{ad}_{\mathcal{V}_{i_R}}(\mathcal{R}_i)G_i\dot{\theta}_i+\mathcal{R}_iG_i\ddot{\theta}_i \tag{8.107}$$

$$\dot{\mathcal{V}}_{i_L}=\mathrm{Ad}_{T_{i_L,(i-1)_L}}(\dot{\mathcal{V}}_{(i-1)_L})+\mathrm{ad}_{\mathcal{V}_{i_L}}(\mathcal{A}_i)\dot{\theta}_i+\mathcal{A}_i\ddot{\theta}_i \tag{8.108}$$ 267

③**逆向迭代**：由 $i=n$ 到 1，执行

$$\begin{aligned}\mathcal{F}_{i_L}=&\mathrm{Ad}^{\mathrm{T}}_{T_{(i+1)_L,i_L}}(\mathcal{F}_{(i+1)_L})+\mathcal{G}_{i_L}\dot{\mathcal{V}}_{i_L}-\mathrm{ad}^{\mathrm{T}}_{\mathcal{V}_{i_L}}(\mathcal{G}_{i_L}\mathcal{V}_{i_L})\\&+\mathrm{Ad}^{\mathrm{T}}_{T_{(i+1)_R,i_L}}(\mathcal{G}_{(i+1)R}\dot{\mathcal{V}}_{(i+1)R}-\mathrm{ad}^{\mathrm{T}}_{\mathcal{V}_{(i+1)R}}(\mathcal{G}_{(i+1)R}\mathcal{V}_{(i+1)R}))\end{aligned} \tag{8.109}$$

$$\tau_{i,\mathrm{gear}}=\mathcal{A}_i^{\mathrm{T}}\mathcal{F}_{i_L} \tag{8.110}$$

$$\tau_{i,\mathrm{motor}}=\frac{\tau_{i,\mathrm{gear}}}{G_i}+\mathcal{R}_i^{\mathrm{T}}(G_{iR}\dot{\mathcal{V}}_{iR}-\mathrm{ad}^{\mathrm{T}}_{\mathcal{V}_{iR}}(G_{iR}\mathcal{V}_{iR})) \tag{8.111}$$

在逆向迭代阶段，第一步中出现的量 $\mathcal{F}_{(n+1)_L}$ 被当作是施加到末端执行器的外部力旋量（在 $\{n+1\}_L$ 坐标系中表示），其中将 $\mathcal{G}_{(n+1)_R}$ 设为零；$\mathcal{F}_{i_L}$ 表示用于通过电机 i 齿轮箱施加到连杆 i 的力旋量（在 $\{i_L\}$ 坐标系中表示）；$\tau_{i,\mathrm{gear}}$ 为电机 i 齿轮箱处所产生的力矩；$\tau_{i,\mathrm{motor}}$ 是转子 i 的力矩。

注意，如果没有齿轮传动，则不需要对原始的牛顿–欧拉逆动力学算法进行修改；定子连接到一个连杆上，而转子连接到另一个连杆上。用不带齿轮减速器的电机驱动每个轴的机器人，有时被称为**直驱型机器人**（direct-drive robot）。直驱型机器人摩擦力低，但是它们的应用有限，这是因为直驱电机通常必须大而重，以产生适当的力矩。

对于使用减速电机的情形，若其动力学采用拉格朗日方法则不需要修改，只要我们能正确地表示高速旋转的转子的动能。

8.9.4 摩擦

拉格朗日和牛顿–欧拉动力学方程中并未考虑关节处的摩擦，但齿轮箱和轴承中的摩擦力和力矩可能很大。摩擦是一种复杂的现象，是当前大量研究的主题；任何摩擦模型都是试图捕捉接触的微观力学平均行为。

摩擦模型通常包括**静摩擦**（static friction）项和一个与速度相关的**粘性摩擦**（viscous friction）项。静摩擦项的存在意味着，需要非零力矩才能使关节开始运动。粘性摩擦项表明：摩擦力矩量随关节速度的增加而增加。图8.13中给出了一些与速度相关的摩擦模型的示例。

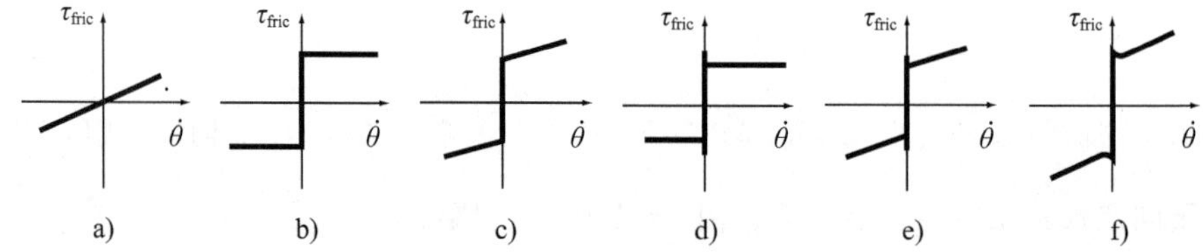

图8.13 与速度相关的摩擦模型示例。a）粘性摩擦，$\tau_{\mathrm{fric}}=b_{\mathrm{viscous}}\dot{\theta}$；b）库仑摩擦，$\tau_{\mathrm{fric}}=b_{\mathrm{static}}\operatorname{sgn}(\dot{\theta})$；$\tau_{\mathrm{fric}}$ 可以在零速度处取 $[-b_{\mathrm{static}},b_{\mathrm{static}}]$ 中的任何值；c）静摩擦加粘性摩擦，$\tau_{\mathrm{fric}}=b_{\mathrm{static}}\operatorname{sgn}(\dot{\theta})+b_{\mathrm{viscous}}\dot{\theta}$；d）静摩擦和动摩擦，要求 $\tau_{\mathrm{fric}}\leqslant|b_{\mathrm{static}}|$ 以启动运动，在运动过程中 $\tau_{\mathrm{fric}}=b_{\mathrm{kinetic}}\operatorname{sgn}(\dot{\theta})$，其中 $b_{\mathrm{static}}>b_{\mathrm{kinetic}}$；e）静摩擦，动摩擦和粘性摩擦；f）表现出Stribeck效应的摩擦定律——在低速时，摩擦力随速度的增加而减小

其他因素可能导致关节处的摩擦，包括关节轴承处的负载、关节处于静止的时间、
268 温度等。齿轮箱中的摩擦力通常随着减速比 G 的增加而增加。

8.9.5 关节和连杆柔性

在实践中，机器人的关节和连杆可能表现出一定的柔性。例如，谐波齿轮箱中的柔轮通过稍许柔性而基本上达到零间隙。因此，具有谐波传动齿轮的关节模型，可以在电机转子和连杆之间包含一个相对刚性的扭转弹簧，其中连杆与齿轮箱相连接。

同样，连杆本身也不是无限刚性的。它们的有限刚度表现为沿连杆的振动。

柔性关节和连杆为机器人的动力学引入了额外的动力学，这使得机器人的动力学和控制变得非常复杂。虽然为了使这些复杂性最小化，许多机器人被设计成刚性的；但在某些情况下，这是不切实际的，因为提高刚度需要额外的连杆质量。

8.10 本章小结

- 给定一组广义坐标 θ 和广义力 τ，欧拉–拉格朗日方程可以写为

$$\tau=\frac{\mathrm{d}}{\mathrm{d}t}\frac{\partial\mathcal{L}}{\partial\dot{\theta}}-\frac{\partial L}{\partial\theta}$$

  式中，$\mathcal{L}(\theta,\dot{\theta})=\mathcal{K}(\theta,\dot{\theta})-\mathcal{P}(\theta)$，$\mathcal{K}$ 是机器人的动能，$\mathcal{P}$ 是机器人的势能。
- 机器人的运动方程可以写成下列的等效形式：

$$\begin{aligned}\tau &= M(\theta)\ddot{\theta} + h(\theta,\ \dot{\theta}) \\ &= M(\theta)\ddot{\theta} + c(\theta,\ \dot{\theta}) + g(\theta) \\ &= M(\theta)\ddot{\theta} + \dot{\theta}^{\mathrm{T}}\Gamma(\theta)\dot{\theta} + g(\theta) \\ &= M(\theta)\ddot{\theta} + C(\theta,\ \dot{\theta})\dot{\theta} + g(\theta)\end{aligned}$$ 269

式中，$M(\theta)$ 是 $n\times n$ 的对称正定质量矩阵，$h(\theta,\dot{\theta})$ 是由于重力和二阶速度项所引起的广义力之和，$c(\theta,\dot{\theta})$ 是二阶速度力，$g(\theta)$ 是重力，$\Gamma(\theta)$ 为对 $M(\theta)$ 相对于 θ 求取偏导数而得到的第一类 Christoffel 符号的 $n\times n\times n$ 矩阵，$C(\theta,\dot{\theta})$ 是 $n\times n$ 的科里奥利矩阵，其第（i，j）个元素为

$$c_{ij}(\theta,\ \dot{\theta}) = \sum_{k=1}^{n}\Gamma_{ijk}(\theta)\dot{\theta}_k$$

如果机器人的末端执行器对环境施加一个力旋量 $\mathcal{F}_{\text{tip}}$，则应该在机器人动力学方程的等号右侧添加 $J^{\mathrm{T}}(\theta)\mathcal{F}_{\text{tip}}$ 项。

- 刚体的对称正定转动惯量矩阵是

$$\mathcal{I}_b = \begin{bmatrix}\mathcal{I}_{xx} & \mathcal{I}_{xy} & \mathcal{I}_{xz} \\ \mathcal{I}_{xy} & \mathcal{I}_{yy} & \mathcal{I}_{yz} \\ \mathcal{I}_{xz} & \mathcal{I}_{yz} & \mathcal{I}_{zz}\end{bmatrix}$$

式中

$$\begin{aligned}\mathcal{I}_{xx} &= \int_{\mathcal{B}}(y^2+z^2)\rho(x,\ y,\ z)\mathrm{d}V & \mathcal{I}_{yy} &= \int_{\mathcal{B}}(x^2+z^2)\rho(x,\ y,\ z)\mathrm{d}V \\ \mathcal{I}_{zz} &= \int_{\mathcal{B}}(x^2+y^2)\rho(x,\ y,\ z)\mathrm{d}V & \mathcal{I}_{xy} &= -\int_{\mathcal{B}}xy\rho(x,\ y,\ z)\mathrm{d}V \\ \mathcal{I}_{xz} &= -\int_{\mathcal{B}}xz\rho(x,\ y,\ z)\mathrm{d}V & \mathcal{I}_{yz} &= -\int_{\mathcal{B}}yz\rho(x,\ y,\ z)\mathrm{d}V\end{aligned}$$

式中，$\mathcal{B}$ 是刚体的体积，$\mathrm{d}V$ 是微分体积元素，$\rho(x,y,z)$ 是密度函数。

- 如果在质心的坐标系 {b} 中定义 $\mathcal{I}_b$，并且坐标轴与惯性主轴对齐，则 $\mathcal{I}_b$ 是对角矩阵。
- 如果 {b} 位于质心，但其各轴未与惯性主轴对齐，则总存在由旋转矩阵 R_{bc} 定义的旋转坐标系 {c}，使得 $\mathcal{I}_c = R_{bc}^T\mathcal{I}_b R_{bc}$ 为对角矩阵。
- 如果在质心处的坐标系 {b} 中定义 $\mathcal{I}_b$，坐标系 {q} 与坐标系 {b} 对齐，但是其原点相对于 {b} 坐标原点在 {b} 中移动了 $q\in\mathbb{R}^3$，那么 {q} 中的惯量 I_q 为

$$\mathcal{I}_q = \mathcal{I}_b + \mathfrak{m}(q^{\mathrm{T}}qI - qq^{\mathrm{T}})$$

- 在质心处的坐标系 {b} 下描述的空间惯量矩阵 $\mathcal{G}_b$，将其定义为一个 6×6 的矩阵，即

$$\mathcal{G}_b = \begin{bmatrix}\mathcal{I}_b & 0 \\ 0 & \mathfrak{m}I\end{bmatrix}$$

坐标系 {a} 相对于坐标系 {b} 的位形为 T_{ba}，那么 {a} 中空间惯量矩阵为

$$\mathcal{G}_a = [\mathrm{Ad}_{T_{ba}}]^{\mathrm{T}}\mathcal{G}_b[\mathrm{Ad}_{T_{ba}}]$$ 270

- 两个运动旋量 $\mathcal{V}_1$ 和 $\mathcal{V}_2$ 的李括号为

$$\mathrm{ad}_{\mathcal{V}_1}(\mathcal{V}_2) = [\mathrm{ad}_{\mathcal{V}_1}]\mathcal{V}_2$$

式中

$$[\mathrm{ad}_{\mathcal{V}}]=\begin{bmatrix}[\omega] & 0\\ [v] & [\omega]\end{bmatrix}\in\mathbb{R}^{6\times 6}$$

- 单个刚体的刚体动力学的运动旋量 – 力旋量公式为

$$\mathcal{F}_b=\mathcal{G}_b\dot{\mathcal{V}}_b-[\mathrm{ad}_{\mathcal{V}_b}]^{\mathrm{T}}\mathcal{G}_b\mathcal{V}_b$$

　　如果 $\mathcal{F}$、$\mathcal{V}$ 和 $\mathcal{G}$ 都在相同的坐标系中描述，则方程具有相同的形式，与坐标系的选取无关。

- 刚体的动能为 $\frac{1}{2}\mathcal{V}_b^T\mathcal{G}_b\mathcal{V}_b$，一个开链机器人的动能为 $\frac{1}{2}\dot{\theta}^T M(\theta)\dot{\theta}$。
- 正向和反向牛顿 – 欧拉逆动力学算法如下。

  ①**初始化**：将坐标系 {0} 附连到基座，将编号从 {1} 到 {n} 的坐标系依次附连到编号从 {1} 到 {n} 的连杆质心处，并在末端执行器处附连坐标系 {n+1}，它与坐标系 {n} 固结。当 $\theta_i=0$ 时，将 $M_{i,i-1}$ 定义为坐标系 {$i-1$} 在 {i} 中的位形。令 $\mathcal{A}_i$ 为关节 i 的旋量轴在 {i} 中的表示，$\mathcal{G}_i$ 为连杆 i 的 6×6 空间惯量矩阵。将 $\mathcal{V}_0$ 定义为以基座坐标系表示的基座坐标系 {0} 的运动旋量（通常为零）。设 $\mathfrak{g}\in\mathbb{R}^3$ 为表示在基座坐标系 {0} 中的重力向量，并定义 $\dot{\mathcal{V}}_0=(0,-\mathfrak{g})$（重力被视为与基座方向相反的加速度）。定义 $\mathcal{F}_{n+1}=\mathcal{F}_{\mathrm{tip}}=(m_{\mathrm{tip}},f_{\mathrm{tip}})$ 为在末端执行器坐标系 {n+1} 中描述的其对环境作用的力旋量。

  ②**正向迭代**：给定 θ、$\dot{\theta}$、$\ddot{\theta}$，对 $i=1$ 到 n，执行

$$T_{i,i-1}=e^{-[\mathcal{A}_i]\theta_i}M_{i,i-1}$$
$$\mathcal{V}_i=\mathrm{Ad}_{T_{i,i-1}}(\mathcal{V}_{i-1})+\mathcal{A}_i\dot{\theta}_i$$
$$\dot{\mathcal{V}}_i=\mathrm{Ad}_{T_{i,i-1}}(\dot{\mathcal{V}}_{i-1})+\mathrm{ad}_{\mathcal{V}_i}(\mathcal{A}_i)\dot{\theta}_i+\mathcal{A}_i\ddot{\theta}_i$$

  ③**逆向迭代**：对 $i=n$ 到 1，执行

$$\mathcal{F}_i=\mathrm{Ad}^{\mathrm{T}}_{T_{i+1,i}}(\mathcal{F}_{i+1})+\mathcal{G}_i\dot{\mathcal{V}}_i-\mathrm{ad}^{\mathrm{T}}_{\mathcal{V}_i}(\mathcal{G}_i\mathcal{V}_i)$$
$$\tau_i=\mathcal{F}_i^{\mathrm{T}}\mathcal{A}_i$$

- 令 $J_{ib}(\theta)$ 为将 $\dot{\theta}$ 与连杆 i 质心坐标系 {i} 的物体运动旋量 $\mathcal{V}_i$ 相关联的雅可比矩阵。那么，机械手的质量矩阵 $M_{ib}(\theta)$ 可以表示为

271

$$M(\theta)=\sum_{i=1}^{n}J_{ib}^{\mathrm{T}}(\theta)\mathcal{G}_iJ_{ib}(\theta)$$

- 正向动力学问题涉及求解下列方程中的 $\ddot{\theta}$

$$M(\theta)\ddot{\theta}=\tau(t)-h(\theta,\ \dot{\theta})-J^{\mathrm{T}}(\theta)\mathcal{F}_{\mathrm{tip}}$$

  使用任何能有效求解 $Ax=b$ 形式方程的求解器。

- 任务空间中的机器人的动力学 $M(\theta)\ddot{\theta}+h(\theta,\dot{\theta})$ 可写作

$$\mathcal{F}=\Lambda(\theta)\dot{\mathcal{V}}+\eta(\theta,\ \mathcal{V})$$

  式中，$\mathcal{F}$ 是施加到末端执行器的力旋量，$\mathcal{V}$ 是末端执行器的运动旋量，$\mathcal{F}$、$\mathcal{V}$ 和

雅可比矩阵 $J(\theta)$ 均在相同的坐标系中定义。任务空间中的质量矩阵 $\Gamma(\theta)$ 以及重力和二阶速度力 $\eta(\theta,\mathcal{V})$ 为

$$\Lambda(\theta)=J^{-\mathrm{T}}M(\theta)J^{-1}$$

$$\eta(\theta,\ \mathcal{V})=J^{-\mathrm{T}}h(\theta,\ J^{-1}\mathcal{V})-\Lambda(\theta)\dot{J}J^{-1}\mathcal{V}$$

- 定义两个秩为 $n-k$ 的 $n\times n$ 投影矩阵

$$P(\theta)=I-A^{\mathrm{T}}(AM^{-1}A^{\mathrm{T}})^{-1}AM^{-1}$$

$$P_{\ddot{\theta}}\ddot{\theta}=M^{-1}PM=I-M^{-1}A^{\mathrm{T}}(AM^{-1}A^{\mathrm{T}})^{-1}A$$

它们对应于作用在机器人上的 k 个 Pfaffian 约束，$A(\theta)\dot{\theta}=0$，$A\in\mathbb{R}^{k\times n}$。那么，$n+k$ 个受约束运动方程

$$\tau=M(\theta)\ddot{\theta}+h(\theta,\ \dot{\theta})+A^{\mathrm{T}}(\theta)\lambda$$

$$A(\theta)\dot{\theta}=0$$

通过消除拉格朗日乘子 λ，上式可以简化为下列的等效形式：

$$P\tau=P(M\ddot{\theta}+h)$$

$$P_{\ddot{\theta}}\ddot{\theta}=P_{\ddot{\theta}}M^{-1}(\tau-h)$$

矩阵 P 将作用于约束但不对机器人做功的关节力–力矩分量投射开，而矩阵 $P_{\ddot{\theta}}$ 将不满足约束的加速度分量投射走。

- 减速比为 G 的一个理想齿轮箱（传动效率为 100%），将电机输出端的力矩乘以系数 G，并将速度除以系数 G，同时使机械功率保持不变。电机转子绕其转轴的惯量，体现在齿轮箱的输出端，是 G^2I_{rotor}。 272

8.11 软件

下面列出了与本章相关的软件函数。

```
adV = ad(V)
```

计算 $[\mathrm{ad}_{\mathcal{V}}]$。

```
taulist = InverseDynamics(thetalist,dthetalist,ddthetalist,g,Ftip, Mlist,Glist,Slist)
```

使用牛顿–欧拉逆动力学计算所需关节力–力矩的 n 维向量 τ，其中给定关节位形 θ（thetalist），关节速度 $\dot{\theta}$（dthetalist），关节加速度 $\ddot{\theta}$（ddthetalist），重力向量 $\mathcal{G}$，F_{tip}；由变换矩阵 $M_{i-1,i}$ 组成的列表（Mlist），其中 $M_{i-1,i}$ 指定了当机器人处于其原始位置时连杆质心坐标系 $\{i\}$ 相对于 $\{i-1\}$ 的位形；连杆空间惯量矩阵 $\mathcal{G}_i$ 组成的列表（Glist），以及在基座坐标系中表示的关节旋量轴 $\mathcal{S}_i$ 所组成的列表（Slist）。

```
M = MassMatrix(thetalist,Mlist,Glist,Slist)
```

当给定关节位形 θ 列表（thetalist），变换矩阵 $M_{i-1,i}$ 组成的列表（Mlist），连杆空间惯量矩阵 $\mathcal{G}_i$ 组成的列表（Glist），以及在基座坐标系中表示的关节旋量轴 $\mathcal{S}_i$ 组成的列表（Slist）时，计算质量矩阵 $M(\theta)$。

```
c = VelQuadraticForces(thetalist,dthetalist,Mlist,Glist,Slist)
```

当给定关节位形 θ 列表（thetalist），关节速度 $\dot{\theta}$ 列表（dthetalist），变换矩阵 $M_{i-1,i}$ 组成的列表（Mlist），连杆空间惯量矩阵 $\mathcal{G}_i$ 组成的列表（Glist），以及在基座坐标系中表示的关节旋量轴 $\mathcal{S}_i$ 组成的列表（Slist）时，计算 $c(\theta,\dot{\theta})$。

```
grav = GravityForces(thetalist,g,Mlist,Glist,Slist)
```

当给定关节位形 θ 列表（thetalist），重量向量 $\mathfrak{g}$，变换矩阵 $M_{i-1,i}$ 组成的列表（Mlist），连杆空间惯量矩阵 $\mathcal{G}_i$ 组成的列表（Glist），以及在基座坐标系中表示的关节旋量轴 $\mathcal{S}_i$ 组成的列表（Slist）时，计算 $g(\theta)$（grav）。

```
JTFtip = EndEffectorForces(thetalist,Ftip,Mlist,Glist,Slist)
```

在给定关节位形 θ 列表（thetalist），施加到末端执行器的力旋量 $\mathcal{F}_{\text{tip}}$，变换矩阵 $M_{i-1,i}$ 组成的列表（Mlist），连杆空间惯量矩阵 $\mathcal{G}_i$ 组成的列表（Glist），以及在基座坐标系中表示的关节旋量轴 $\mathcal{S}_i$ 组成的列表（Slist）时，计算 $J^T(\theta)\mathcal{F}_{\text{tip}}$（JTFtip）。

```
ddthetalist = ForwardDynamics(thetalist,dthetalist,taulist,g,Ftip,Mlist,Glist,Slist)
```

在给定关节位形 θ 列表（thetalist），关节速度 $\dot{\theta}$（dthetalist），关节力－力矩 τ 列表（taulist），重量向量 $\mathfrak{g}$，施加到末端执行器的力旋量 $\mathcal{F}_{\text{tip}}$，变换矩阵 $M_{i-1,i}$ 组成的列表（Mlist），连杆空间惯量矩阵 $\mathcal{G}_i$ 组成的列表（Glist），以及在基座坐标系中表示的关节旋量轴 $\mathcal{S}_i$ 组成的列表（Slist）时，计算关节加速度 $\ddot{\theta}$ 列表（ddthetalist）。

```
[thetalistNext,dthetalistNext] = EulerStep(thetalist,dthetalist, ddthetalist,dt)
```

273 在给定关节位形 θ 列表（thetalist），关节速度 $\dot{\theta}$（dthetalist），关节加速度 $\ddot{\theta}$ 列表（ddthetalist），以及时间步长 δt（dt）时，计算 $\{\theta(t+\delta t),\dot{\theta}(t+\delta t)\}$ 的一阶欧拉近似。

```
taumat = InverseDynamicsTrajectory(thetamat,dthetamat,ddthetamat,g,Ftipmat,Mlist,Glist,Slist)
```

变量 thetamat 是关于机器人关节变量 θ 的一个 $N\times n$ 矩阵，其中第 i 行对应于时间 $t=(i-1)\delta t$（δt 为时间步长）处关节变量的 n 维向量。类似地，变量 dthetamat、ddthetamat 和 Ftipmat 将 $\dot{\theta}$、$\ddot{\theta}$ 和 $\mathcal{F}_{\text{tip}}$ 表示为关于时间的函数。其他输入包括重力向量 $\mathfrak{g}$，变换矩阵 $M_{i-1,i}$ 组成的列表（Mlist），连杆空间惯量矩阵 $\mathcal{G}_i$ 组成的列表（Glist），以及在基座坐标系中表示的关节旋量轴 $\mathcal{S}_i$ 组成的列表（Slist）。该函数计算一个 $N\times n$ 矩阵 taumat，该矩阵表示生成指定轨迹所需的关节力－力矩 $\tau(t)$，其中轨迹由 $\theta(t)$ 和 $\mathcal{F}_{\text{tip}}(t)$ 指定。注意，没有必要指定 δt。速度 $\dot{\theta}(t)$ 和加速度 $\ddot{\theta}(t)$ 需要与 $\theta(t)$ 一致。

```
[thetamat,dthetamat] = ForwardDynamicsTrajectory(thetalist,dthetalist,taumat,g,Ftipmat,
Mlist,Glist,Slist,dt,intRes)
```

该函数使用欧拉积分对机器人的运动方程进行数值积分。函数的输出是 $N\times n$ 的矩阵 thetamat 和 dthetamat，它们的第 i 行分别对应于 n 维向量 $\theta((i-1)\delta t)$ 和 $\dot{\theta}((i-1)\delta t)$。函数的输入是初始状态 $\theta(0)$、$\dot{\theta}(0)$，一个 $N\times n$ 的关节力或力矩矩阵 $\tau(t)$（taumat），重力向量 $\mathfrak{g}$，一个 $N\times n$ 的末端执行器力旋量矩阵 $\mathcal{F}_{\text{tip}}(t)$（Ftipmat），变换矩阵 M_{i-1} 组成的列表（Mlist），连杆空间惯量矩阵 $\mathcal{G}_i$ 组成的列表（Glist），以及在基座坐标系中表示的关节旋量轴 $\mathcal{S}_i$ 组成的列表（Slist），时间步长 δt（dt），以及在每个时间步长中采取的积分步骤数 intRes（一个正整数）。

8.12 推荐阅读

关于牛顿–欧拉和拉格朗日公式的刚体动力学的一个通用参考是文献 Greenwood（2006），更经典的参考文献是 Whittaker（1917），其涵盖的动力学主题范围更为广泛。

使用基于运动旋量和力旋量的经典旋量理论，Featherstone 首先提出了一种开链机器人的递归逆动力学算法（运动旋量、力旋量，及其对应的加速度、动量和惯量的集合，全部适用于空间向量表示）；文献 Featherstone（1983，2008）中描述了这个公式，以及对基于铰接物体惯量的更有效的扩展。

本章介绍的递归逆动力学算法最早在 Park 等（1995）中提出，并利用李群和李代数理论中的标准算子。该方法一个重要的实际优点是：可以导出分析公式以获取动力学的
一阶和更高阶导数。这对基于动力学的运动优化具有重要影响：梯度的分析表达式可以 274
极大地改善运动优化算法的收敛性和鲁棒性。这些和其他相关问题在 Lee 等（2005）等文献中进行了探讨。

任务空间规划是由 Khatib（1987）首先提出，他将其称为操作空间规划。注意到任务空间规划涉及获取正向运动学雅可比矩阵的时间导数，即 $\dot{J}(\theta)$。使用物体或空间雅可比矩阵，实际上可以对 $\dot{J}(\theta)$ 进行分析式评估；这一点在本章最后的一个练习中进行了探讨。

可以在文献 Orin（2016）中找到机器人动力学算法演变的简要历史，也可以找到关于多体系统动力学（其中机器人动力学可被视为其分支）的更普遍的主题。

习题

1. 导出图 8.5 中给出的公式：（a）长方体；（b）圆柱体；（c）椭球体。
2. 考虑一个铸铁哑铃，它由一个圆柱体以及位于其两端的两个实心球体组成。哑铃的密度为 7500 $\mathrm{kg/m^3}$。圆柱体的直径为 4cm，长度为 20cm。每个球体的直径为 20cm。
   （a）在质心处的坐标系 {b} 中找到近似转动惯量矩阵 $\mathcal{I}_b$，其中 {b} 的坐标轴与哑铃的惯性主轴对齐。
   （b）写出空间惯量矩阵 $\mathcal{G}_b$。
3. 任意坐标系中的刚体动力学。
   （a）证明方程（8.42）是 Steiner 定理的推广。
   （b）推导方程（8.43）。

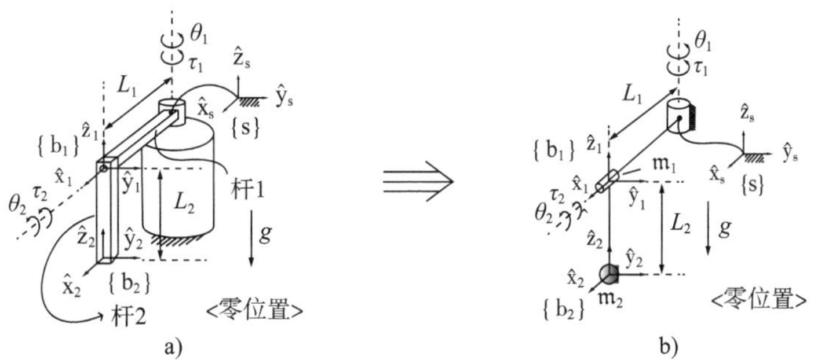

图 8.14 2R 型旋转倒立摆。a）倒立摆的结构；b）模型

4. 图 8.14 中的 2R 开链机器人，称为旋转倒立摆或 Furuta 摆，图中给出其零位。假设每个连杆的质量集中在末端，忽略其厚度，则可以按图 8.14 对机器人进行建模。假设 $\mathfrak{m}_1=\mathfrak{m}_2=2$，$L_1=L_2=1$，$g=10$，连杆惯量 $\mathcal{I}_1$ 和 $\mathcal{I}_2$ 为（分别在各自的连杆坐标系 $\{b_1\}$ 和 $\{b_2\}$ 中表示）

$$\mathcal{I}_1=\begin{bmatrix}0&0&0\\0&4&0\\0&0&4\end{bmatrix},\quad \mathcal{I}_2=\begin{bmatrix}4&0&0\\0&4&0\\0&0&0\end{bmatrix}$$

275 (a) 当 $\theta_1=\theta_2=\pi/4$，并且关节速度和加速度都为零时，推导出动力学方程并确定输入力矩 τ_1 和 τ_2。

(b) 当 $\theta_1=\theta_2=\pi/4$ 时，绘制质量矩阵 $M(\theta)$ 的力矩椭球。

5. 对于任意运动旋量 $\mathcal{V}_1$、$\mathcal{V}_2$、$\mathcal{V}_3$，证明以下李括号恒等式（称为 Jacobi 恒等式）：

$$\mathrm{ad}_{\mathcal{V}_1}(\mathrm{ad}_{\mathcal{V}_2}(\mathcal{V}_3))+\mathrm{ad}_{\mathcal{V}_3}(\mathrm{ad}_{\mathcal{V}_1}(\mathcal{V}_2))+\mathrm{ad}_{\mathcal{V}_2}(\mathrm{ad}_{\mathcal{V}_3}(\mathcal{V}_1))=0$$

6. 在计算牛顿–欧拉逆动力学算法中的坐标系加速度 $\dot{\mathcal{V}}_i$、任务空间动力学的公式时，需要对正向运动学雅可比矩阵的时间导数 $\dot{J}(\theta)$ 进行评估计算。令 $J_i(\theta)$ 表示 $J(\theta)$ 的第 i 列，我们有

$$\frac{\mathrm{d}}{\mathrm{d}t}J_i(\theta)=\sum_{j=1}^{n}\frac{\partial J_i}{\partial\theta_j}\dot{\theta}_j$$

(a) 假设 $J(\theta)$ 是空间雅可比矩阵。证明

$$\frac{\partial J_i}{\partial\theta_j}=\begin{cases}\mathrm{ad}_{J_i}(J_j) & \text{for } i>j\\ 0 & \text{for } i\leqslant j\end{cases}$$

(b) 现在假设 $J(\theta)$ 是物体雅可比矩阵。证明

$$\frac{\partial J_i}{\partial\theta_j}=\begin{cases}\mathrm{ad}_{J_i}(J_j) & \text{for } i<j\\ 0 & \text{for } i\geqslant j\end{cases}$$

7. 证明质量矩阵的时间导数 $\dot{M}(\theta)$ 可以写为下列显式形式

$$\dot{M}=-\mathcal{A}^{\mathrm{T}}\mathcal{L}^{\mathrm{T}}\Gamma^{\mathrm{T}}[\mathrm{ad}_{\mathcal{A}\dot{\theta}}]^{\mathrm{T}}\mathcal{L}^{\mathrm{T}}\mathcal{G}\mathcal{L}\mathcal{A}-\mathcal{A}^{\mathrm{T}}\mathcal{L}^{\mathrm{T}}\mathcal{G}\mathcal{L}[\mathrm{ad}_{\mathcal{A}\dot{\theta}}]\Gamma\mathcal{A}$$

其中使用到动力学封闭形式公式中定义的矩阵。

276 8. 根据质点质量和雅可比矩阵，直观地解释图 8.4 中末端执行器力椭球的形状。

9. 考虑转子惯量为 $\mathcal{I}_{\mathrm{rotor}}$ 的一个电机，它通过减速比为 G 的齿轮箱连接到负载上，该负载关于转轴的标量惯量为 $\mathcal{I}_{\mathrm{link}}$。如果对于电机的任何给定力矩 τ_m，负载的加速度最大，我们称负载和电机之间是**惯量匹配**（inertia matched）。可以写出负载的加速度

$$\ddot{\theta}=\frac{G\tau_m}{\mathcal{I}_{\mathrm{link}}+G^2\mathcal{I}_{\mathrm{rotor}}}$$

通过求解 $\mathrm{d}\ddot{\theta}/\mathrm{d}G=0$ 来确定惯量匹配时的减速比 $\sqrt{\mathcal{I}_{\mathrm{link}}/\mathcal{I}_{\mathrm{rotor}}}$。

10. 给出通过重新排列式（8.98）来得到式（8.100）的步骤。请记住 $P(\theta)$ 不是满秩，因而不可逆。

11. 编写一个能使用牛顿–欧拉逆动力学有效地计算 $h(\theta,\dot{\theta})=c(\theta,\dot{\theta})+g(\theta)$ 的函数。

12. 给出将机器人 URDF 文件中的关节和连杆描述转换为数据 Mlist 、 Glist 和 Slist 的方程，该方程适用于牛顿 – 欧拉算法 InverseDynamicsTrajectory 。
13. $M(\theta)$ 的有效评估计算。
   (a) 从原理上开发一种基于方程（8.57）且具有计算效率的算法，用于确定质量矩阵 $M(\theta)$ 。
   (b) 实现该算法。
14. InverseDynamicsTrajectory 函数要求用户不仅要输入关节变量 thetamat 的时间序列，还要输入关节速度 dthetamat 和加速度 ddthetamat 的时间序列。相反，该函数可以通过使用数值微分来估计每个时间步长的关节速度和加速度，其中只需使用 thetamat 。编写一个能替代的 InverseDynamicsTrajectory 函数，它不需要用户输入 dthetamat 和 ddthetamat 。验证它能产生类似的结果。
15. UR5 机器人的动力学。
   (a) 根据第 4.2 节中 URDF 中定义的质心坐标系及质量和惯量属性，写出 UR5 6 个连杆的空间惯量矩阵 $\mathcal{G}_i$ 。
   (b) 在 $-\hat{z}_s$ 方向上模拟 UR5 在重力作用下的加速度 $\mathfrak{g}$ = 9.81 m/s^2。机器人启动时处于零位形，并且施加的关节力矩为零。模拟 3 秒钟的运动，每秒至少进行 100 次积分步骤（忽略摩擦和齿轮转子的影响）。 277

第 9 章
Modern Robotics: Mechanics, Planning, and Control

轨迹生成

在机器人运动期间，机器人控制器能获取关于目标位置和跟踪速度的稳定输入流。这种以时间函数的形式对机器人位置进行的指定被称为**轨迹**（trajectory）。在某些情况下，轨迹完全由任务来指定；例如，末端执行器可能需要跟踪某个已知的移动物体。在其他情况下，当任务描述只是在给定时间内从一个位置移动到另一个位置时，我们可以自由地设计轨迹来满足这些约束。这即为**轨迹规划**（trajectory planning）领域。轨迹应该是关于时间的足够平滑的函数，并且应该遵守与关节速度、加速度或力矩相关的任何给定限制。

在本章中，我们将轨迹视为**路径**（path）和**时间标度**（time scaling）的组合，其中轨迹是对机器人能达到位形序列的一个纯几何描述，而时间标度则指定达到这些位形时的时间。我们考虑 3 种情况：关节空间和任务空间中的点对点直线轨迹；通过一系列带有时间标签的**中间点**（via points）的轨迹；沿指定路径的最小时间轨迹，其中考虑到执行器极限。寻找能避开障碍的路径留待第 10 章中讨论。

9.1 定义

路径（path）$\theta(s)$ 是将标量路径参数 s（假设 s 在路径起始处为 0、在末端处为 1）映射到机器人位形空间 Θ 中的一点：$\theta:[0,1]\to\Theta$。随着 s 从 0 增大到 1，机器人沿该路径移动。有时可将时间选作 s，其中 s 可在起始时间 $s=0$ 和总的运动时间 $s=T$ 之间变化；但是将几何路径参数 s 的角色与时间参数 t 分开通常是有用的。**时间标度**（time scaling）$s(t)$ 为 $t\in[0,T]$ 区间内的每个时刻分配一个数值 s，即 $s:[0,T]\to[0,1]$。

路径和时间标度一起定义了**轨迹**（trajectory）$\theta(s(t))$，简写为 $\theta(t)$。使用链式法则，沿轨迹的速度和加速度可分别写为

$$\dot{\theta}=\frac{\mathrm{d}\theta}{\mathrm{d}s}\dot{s} \tag{9.1}$$

278

$$\ddot{\theta}=\frac{\mathrm{d}\theta}{\mathrm{d}s}\ddot{s}+\frac{\mathrm{d}^2\theta}{\mathrm{d}s^2}\dot{s}^2 \tag{9.2}$$

为了确保机器人的加速度（以及动力学）具有很好的定义，$\theta(s)$ 和 $s(t)$ 都必须是两阶可微的。

9.2 点到点的轨迹

最简单的运动类型是从一位形处由静止态开始运动，到另一位形处以静止态结束运

动。我们称之为点到点运动。直线是用于点到点运动的最简路径。下面讨论直线路径及其时间标度。

9.2.1　直线路径

我们可在关节空间或任务空间中定义从起始位形 θ_{start} 到终止位形 θ_{end} 的一条“直线”在关节空间中从 θ_{start} 到 θ_{end} 的直线路径，其优点在于简洁明了：对于每个关节 i，由于通常采用 $\theta_{i,\min} \leqslant \theta_i \leqslant \theta_{i,\max}$ 的形式来描述关节限位，因此可行关节位形在关节空间中构成一个凸集 Θ_{free}，所以集合 Θ_{free} 中任意两个端点之间的直线也位于 Θ_{free} 中。直线可以写为如下形式：

$$\theta(s)=\theta_{\text{start}}+s(\theta_{\text{end}}-\theta_{\text{start}}),\ s\in[0,1] \tag{9.3}$$

其导数为

$$\frac{\mathrm{d}\theta}{\mathrm{d}s}=\theta_{\text{end}}-\theta_{\text{start}} \tag{9.4}$$

$$\frac{\mathrm{d}^2\theta}{\mathrm{d}s^2}=0 \tag{9.5}$$

关节空间中的直线轨迹通常不会使末端执行器在任务空间中产生直线运动。如果需要在任务空间中生成直线运动，可以通过 X_{start} 和 X_{end} 来分别指定任务空间中的起始位形和结束位形。如果 X_{start} 和 X_{end} 由最小坐标集表示，则直线定义为 $X(s)=X_{\text{start}}+s(X_{\text{end}}-X_{\text{start}}), s\in[0,1]$。与使用关节坐标的情况相比，我们必须解决以下问题：

- 如果路径经过运动奇异点附近，则相对于有关路径的几乎所有时间标度，关节速度可能变得不合理的大。
- 由于机器人的可达任务空间在 X 坐标中可能并非凸集，因此连接两个可达端点的直线之上的某些点可能无法到达（图 9.1）。

除了上述问题之外，如果 X_{start} 和 X_{end} 由 $SE(3)$ 中的元素而非最小坐标集来表示，那么将会有如何在 $SE(3)$ 中定义“直线”的问题。具有 $X_{\text{start}}+s(X_{\text{end}}-X_{\text{start}})$ 形式的位形通常不在 $SE(3)$ 中。

一个选择是使用旋量运动（同时沿固定螺旋轴线旋转和平移），将机器人的末端执行 279
器从 $X_{\text{start}}=X(0)$ 移动到 $X_{\text{end}}=X(1)$。为了导出这个 $X(s)$，我们可以在 $\{\mathrm{s}\}$ 系中明确地将起始和结束位形分别写为 $X_{s,\text{start}}$ 和 $X_{s,\text{end}}$，同时使用我们的下角标消元法则来在起始坐标系中表示结束位形

$$X_{\text{start, end}}=X_{\text{start},\,s}X_{s,\,\text{end}}=X_{s,\,\text{start}}^{-1}X_{s,\,\text{end}}$$

那么，$\log(X_{s,\,\text{start}}^{-1}X_{s,\,\text{end}})$ 是运动旋量在 $\{\text{start}\}$ 坐标系中的矩阵表示，该旋量在单位时间内从 X_{start} 运动到 X_{end}。因此，路径可以写为

$$X(s)=X_{\text{start}}\exp(\log(X_{\text{start}}^{-1}X_{\text{end}})s) \tag{9.6}$$

式中，X_{start} 是后乘矩阵指数，这是因为运动旋量在 $\{\text{start}\}$ 坐标系中表示，而不是在固定的世界坐标系 $\{\mathrm{s}\}$ 中表述。

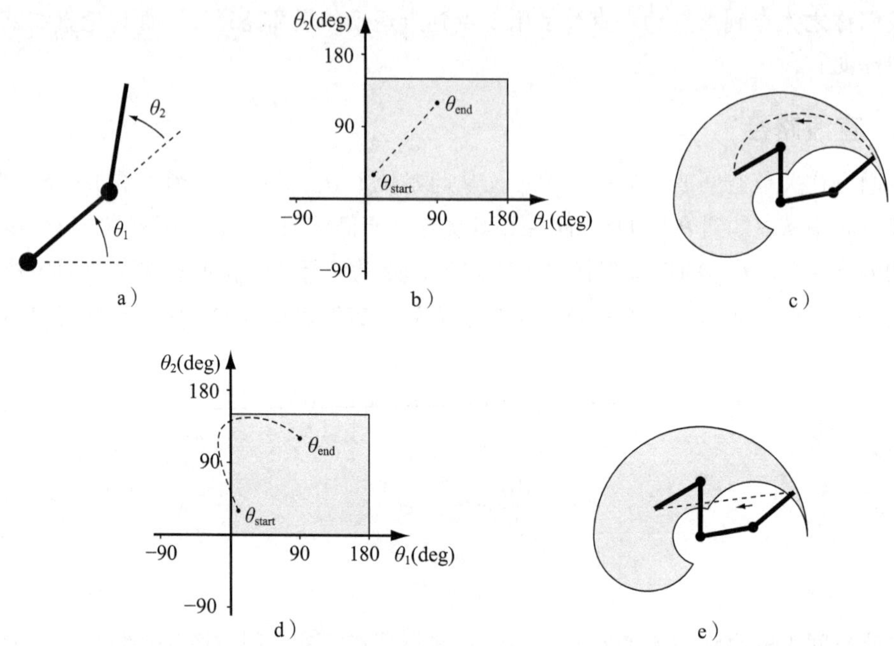

图 9.1　a）2R 型机器人，其关节限位为 $0°\leqslant\theta_1\leqslant180°$，$0°\leqslant\theta_2\leqslant150°$；b）关节空间中的直线路径和 c）任务空间中末端执行器的相应运动（用虚线表示）；根据关节限位，可到达的端点位形用灰色区域描述；d）在关节空间中的曲线（虚线）和 e）其在任务空间中对应的直线路径（虚线）将违反关节限位约束

在螺旋轴线保持不变的意义上讲，该螺旋运动提供了一种“直线”运动。末端执行
280 器的原点在直角坐标空间中通常并不沿直线运动，因为它沿螺旋运动。将旋转运动与平移运动解耦可能更好。写出 $X=(R,p)$，我们可以定义路径

$$p(s)=p_{start}+s(p_{end}-p_{start}) \tag{9.7}$$

$$R(s)=R_{start}\exp(\log(R_{start}^{T}R_{end})s) \tag{9.8}$$

其中坐标原点沿直线运动，而旋转轴在物体坐标系中恒定不变。对于相同 X_{start} 和 X_{end}，图 9.2 示出了螺旋路径和解耦路径。

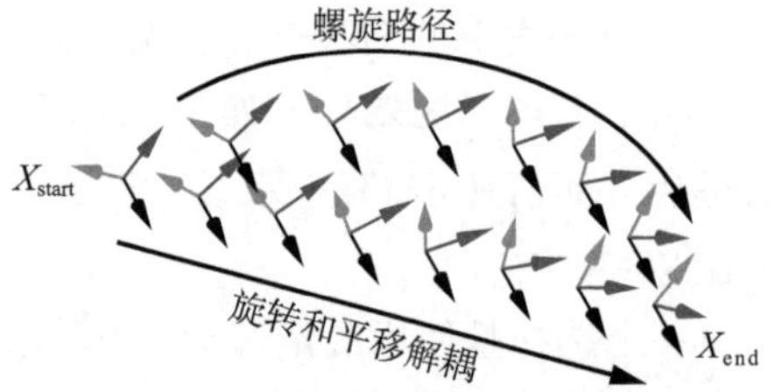

图 9.2　沿恒定螺旋运动的路径与解耦路径之间的对比，在解耦路径中坐标原点沿一条直线运动并且角速度为恒值

9.2.2　直线轨迹的时间标度

路径的时间标度 $s(t)$ 应该确保运动适当平滑，并且满足对机器人速度和加速度的任何约束。对于关节空间中具有（9.3）形式的直线路径，带有时间标度的关节速度和加速度分别为 $\dot{\theta}=\dot{s}(\theta_{end}-\theta_{start})$ 和 $\ddot{\theta}=\ddot{s}(\theta_{end}-\theta_{start})$。对于任务空间中由最小坐标集 $X\in\mathbb{R}^m$ 参数化的直线路径，只需将 θ、$\dot{\theta}$ 和 $\ddot{\theta}$ 依次替换为 X、$\dot{X}$ 和 $\ddot{X}$。

1. 多项式时间标度

（1）三次多项式

一种形式简单的时间标度 $s(t)$ 是使用时间的三次多项式

$$s(t)=a_0+a_1t+a_2t^2+a_3t^3 \tag{9.9}$$

在时间 T 内的点到点运动，在起始处施加约束 $s(0)=\dot{s}(0)=0$ ，在终止处施加 $s(T)=1$ 、$\dot{s}(T)=0$ 的约束。在 $t=0$ 和 $t=T$ 时，对式（9.9）及其导数进行评估计算

$$\dot{s}(t)=a_1+2a_2t+3a_3t^2 \tag{9.10}$$

通过 4 个约束求解 a_0 ，…，a_3 ，我们得到

$$a_0=0,\ \ a_1=0,\ \ a_2=\frac{3}{T^2},\ \ a_3=-\frac{2}{T^3}$$

图 9.3 中示出了 $s(t)$ 、$\dot{s}(t)$ 和 $\ddot{s}(t)$ 的图。 281

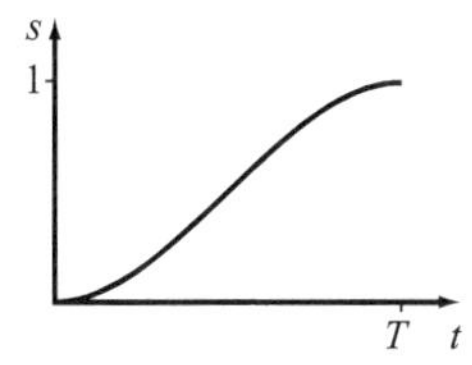

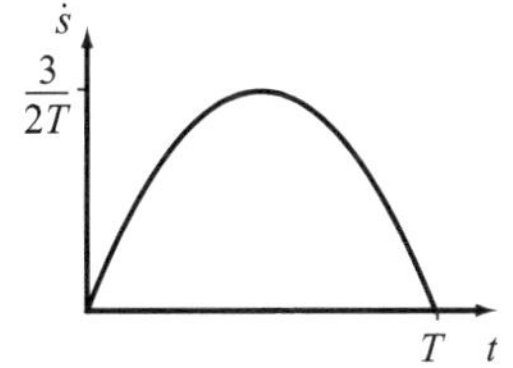

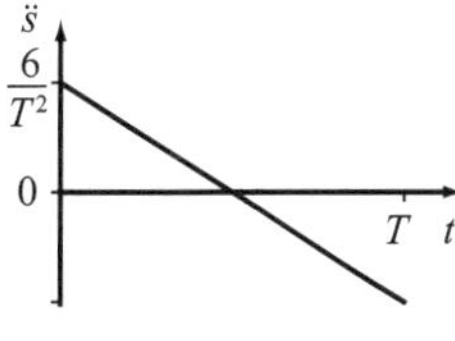

图 9.3　三次多项式时间标度对应的 $s(t)$ 、$\dot{s}(t)$ 和 $\ddot{s}(t)$ 图

将 $s=a_2t^2+a_3t^3$ 代入到式（9.3）中，得到

$$\theta(t)=\theta_{\text{start}}+\left(\frac{3t^2}{T^2}-\frac{2t^3}{T^3}\right)(\theta_{\text{end}}-\theta_{\text{start}}) \tag{9.11}$$

$$\dot{\theta}(t)=\left(\frac{6t}{T^2}-\frac{6t^2}{T^3}\right)(\theta_{\text{end}}-\theta_{\text{start}}) \tag{9.12}$$

$$\ddot{\theta}(t)=\left(\frac{6}{T^2}-\frac{12t}{T^3}\right)(\theta_{\text{end}}-\theta_{\text{start}}) \tag{9.13}$$

在运动的中点处，即 $t=T/2$ 处，关节速度达到最大值

$$\dot{\theta}_{\max}=\frac{3}{2T}(\theta_{\text{end}}-\theta_{\text{start}})$$

在 $t=0$ 和 $t=T$ 时，关节加速度分别达到最大值和最小值

$$\ddot{\theta}_{\max}=\left|\frac{6}{T^2}(\theta_{\text{end}}-\theta_{\text{start}})\right|,\qquad \ddot{\theta}_{\min}=-\left|\frac{6}{T^2}(\theta_{\text{end}}-\theta_{\text{start}})\right|$$

如果最大关节速度和最大关节加速度存在已知极限，即 $|\dot{\theta}|\leqslant\dot{\theta}_{\text{limit}}$ 、$|\ddot{\theta}|\leqslant\ddot{\theta}_{\text{limit}}$ ，则可以检查这些界限以查看所请求的运动时间 T 是否可行。或者，可以求解 T 以找到满足最严格速度或加速度约束的最小可能运动时间。

（2）五次多项式

因为三次多项式时间标度不会对端点路径施加约束，使得 $\ddot{s}(0)$ 和 $\ddot{s}(T)$ 变为零，所以要求机器人在 $t=0$ 和 $t=T$ 时会产生加速度的不连续跳跃。这意味着无限的**加加速度**（jerk），即加速度的导数，这可能会导致机器人产生振动。

一种解决方案是在端点处施加加速度约束 $\ddot{s}(0)=\ddot{s}(T)=0$ 。将这两个约束添加到问题推导中，需要在多项式中增加两个设计自由度，这将生成一个关于时间的五次多项式，即 $s(t)=a_0+\cdots+a_5t^5$ 。我们可以使用关于终端位置、速度和加速度 6 个约束来唯一地求

282　解 $a_0,\cdots,a_5$（本章习题 5），与三次多项式时间标度相比，五次多项式时间标度所产生的最大速度更高、运动更平滑。时间标度图如图 9.4 所示。

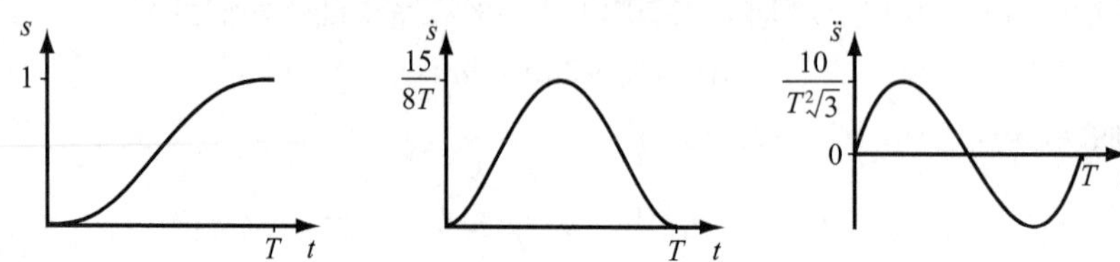

图 9.4　五次多项式时间标度所对应的 $s(t)$、$\dot{s}(t)$ 和 $\ddot{s}(t)$ 图

2. 梯形运动曲线

梯形时间标度在电机控制中非常常见，特别是对于单个关节的运动，它们的名称来自其速度曲线。点对点运动包括：持续时间为 t_a 的恒定加速阶段 $\ddot{s}=a$，紧随其后的持续时间为 $t_v=T-2t_a$ 的恒定速度阶段 $\dot{s}=v$，以及在其后持续时间为 t_a 的恒定减速阶段 $\ddot{s}=-a$。得到的 $\dot{s}$ 曲线为梯形，s 曲线是抛物线、线性段和抛物线串联而成的曲线，它是关于时间的函数（图 9.5）。

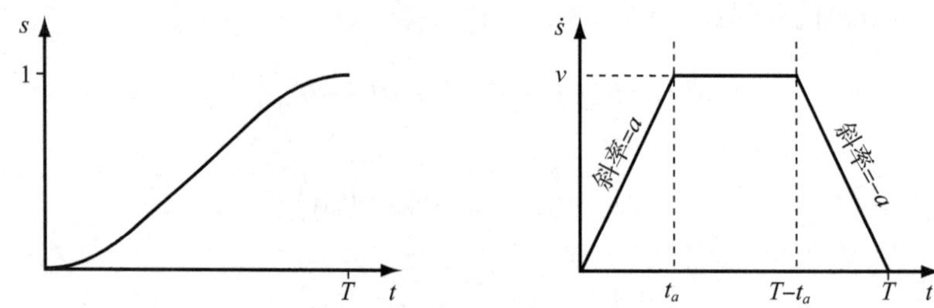

图 9.5　梯形运动曲线所对应的 $s(t)$ 和 $\dot{s}(t)$ 的图

梯形时间标度不像三次多项式时间标度那样平滑，但它的优点是：如果关节速度和关节加速度存在已知的常数极限，其极限值分别为 $\dot{\theta}_{\text{limit}}\in\mathbb{R}^n$ 和 $\ddot{\theta}_{\text{limit}}\in\mathbb{R}^n$，那么，使用最大的 v 和 a 来满足下列条件的梯形运动

$$|(\theta_{\text{end}}-\theta_{\text{start}})v|\leqslant\dot{\theta}_{\text{limit}} \tag{9.14}$$

$$|(\theta_{\text{end}}-\theta_{\text{start}})a|\leqslant\ddot{\theta}_{\text{limit}} \tag{9.15}$$

是可行直线运动中最快的（参见本章习题 8）。

283　如果 $v^2/a>1$，机器人在运动期间永远不会达到速度 v（本章习题 10）。三相的加速 – 滑行 – 减速运动变为两相的加速 – 减速的切换（bang-bang）运动，图 9.5 中的梯形曲线 $\dot{s}(t)$ 变为三角形。

假设 $v^2/a\leqslant1$，梯形运动完全由 v、a、t_a 和 T 指定，但这些参数中只有两个可以独立指定，因为它们必须满足 $s(T)=1$ 和 $v=at_a$ 这两个条件。我们不太可能独立地指定 t_a，因此可以通过 $t_a=v/a$ 对其替换，从运动方程中将它消去。然后可用以关于 v、a 和 T 的函数形式写出 3 个阶段（加速、滑行、减速）期间的运动曲线，如下所示：

$$\text{for } 0\leqslant t\leqslant\frac{v}{a},\qquad \ddot{s}(t)=a \tag{9.16}$$

$$\dot{s}(t)=at \tag{9.17}$$

$$s(t)=\frac{1}{2}at^2 \tag{9.18}$$

$$\text{for } \frac{v}{a}<t\leqslant T-\frac{v}{a},\quad \ddot{s}(t)=0 \tag{9.19}$$

$$\dot{s}(t)=v \tag{9.20}$$

$$s(t)=vt-\frac{v^2}{2a} \tag{9.21}$$

$$\text{for } T-\frac{v}{a}<t\leqslant T,\quad \ddot{s}(t)=-a \tag{9.22}$$

$$\dot{s}(t)=a(T-t) \tag{9.23}$$

$$s(t)=\frac{2avT-2v^2-a^2(t-T)^2}{2a} \tag{9.24}$$

由于v、a和T这 3 个参数中只能独立指定其中两个参数，因此有下列 3 种选择：

- 选择v和a使得$v^2/a\leqslant 1$，从而保证三相梯形曲线，同时使用公式（9.24）求解$s(T)=1$得到时间T

$$T=\frac{a+v^2}{va}$$

如果v和a对应于最大的可能关节速度和加速度，则上式是运动的最小可能时间。

- 选择v和T使得$2\geqslant vT>1$，从而保证三相梯形曲线，同时保证以最高速度v能在时间T内达到$s=1$，通过求解$s(T)=1$得到加速度a

$$a=\frac{v^2}{vT-1}$$

- 选择a和T使得$aT^2\geqslant 4$，从而保证能在给定时间内完成运动，同时求解$s(T)=1$得到v

$$v=\frac{1}{2}(aT-\sqrt{a}\sqrt{aT^2-4})$$ 284

3. S– 曲线时间标度

正如三次多项式时间标度在运动的开始和结束处会产生无限大的加速度一样，梯形运动在$t\in\{0,t_a,T-t_a,T\}$处会引起加速度的不连续跳变。一种解决方案是使用更为平滑的**S– 曲线**（S-curve）时间标度，这是电机控制中流行的一种运动曲线，因为它可以避免由加速度阶跃变化而引起的振动或振荡。S– 曲线时间标度由 7 个阶段组成：①加加速度恒定为$\mathrm{d}^3s/\mathrm{d}t^3=J$的阶段，直至达到期望加速度$\ddot{s}=a$；②加速度恒定为$a$的阶段，直至接近期望速度$\dot{s}=v$；③加加速度恒定为$-J$（负值）的阶段，直至加速度$\ddot{s}$在$\dot{s}$到达$v$时严格等于零；④以恒定速度$v$滑行的阶段；⑤加加速度恒定为$-J$（负值）的阶段；⑥加速度恒定为$-a$的减速段；⑦加加速度恒定为$J$（正值）的阶段，直至$\ddot{s}$和$\dot{s}$恰好在$s$达到 1 时达到零。

图 9.6 中示出了 S– 曲线中速度$\dot{s}(t)$曲线。

给定v、a、J和总运动时间T的一些子集，为确保能实际实现全部 7 个阶段，经过代数操作便可求出所需的在不同阶段之间的切换时间和条件，这与梯形运动曲线的情况类似。

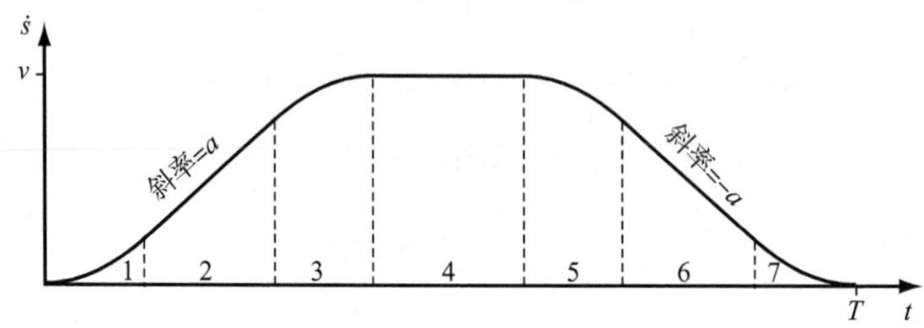

图 9.6 S– 曲线运动中的 $\dot{s}(t)$ 曲线由 7 个阶段组成：①恒定正加加速度；②恒定加速度；③恒定负加加速度；④恒定速度；⑤恒定负加加速度；⑥恒定减速度；⑦恒定正加加速度

9.3 多项式中间点的轨迹

如果我们的目标是让机器人关节在指定时间通过一系列**中间点**（via point），而没有严格规定前后点之间的路径形状，一个简单的解决方案是使用多项式插值直接找到关节历程 $\theta(t)$，其中并不需要首先指定路径 $\theta(s)$，然后再求时间标度 $s(t)$（图 9.7）。

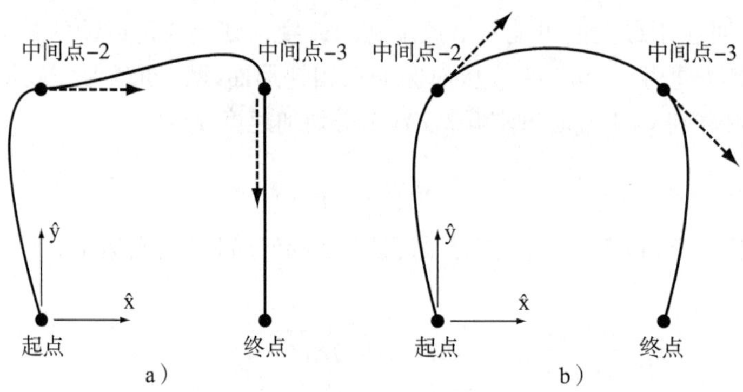

图 9.7 (x, y)空间中的两条路径，它们对应于在 4 个中间点（包括起点和终点）之间做内插的分段三次多项式轨迹。起点和终点处的速度为零，中间点 2 和中间点 3 处的速度由虚线切线向量表示。路径的形状取决于在中间点处的指定速度

设轨迹由 k 个中间点指定，起点处 $T_1=0$，终点处 $T_k=T$。由于每个关节的历程都
285 是单独插值的，我们只关注单个关节变量，并称其为 β 以避免下标泛滥。在每个中间点 $i\in\{1,\cdots,k\}$ 处，用户指定期望位置 $\beta(T_i)=\beta_i$ 和期望速度 $\dot{\beta}(T_i)=\dot{\beta}_i$。轨迹具有 $k-1$ 个分段，并且分段 $j\in\{1,\cdots,k-1\}$ 的持续时间为 $\Delta T_j=T_{j+1}-T_j$。在分段 j 期间的关节轨迹可以表示为下列三次多项式

$$\beta(T_j+\Delta t)=a_{j0}+a_{j1}\Delta t+a_{j2}\Delta t^2+a_{j3}\Delta t^3 \tag{9.25}$$

上式用分段 j 中的时间 Δt 来表达，其中 $0\leqslant\Delta t\leqslant\Delta T_j$。分段 j 需要满足以下 4 个约束

$$\beta(T_j)=\beta_j,\qquad \dot{\beta}(T_j)=\dot{\beta}_j$$

$$\beta(T_j+\Delta T_j)=\beta_{j+1}, \qquad \dot{\beta}(T_j+\Delta T_j)=\dot{\beta}_{j+1}$$

通过这些约束求解 $a_{j0},\cdots,a_{j3}$，我们得到

$$a_{j0}=\beta_j \tag{9.26}$$

$$a_{j1}=\dot{\beta}_j \tag{9.27}$$

$$a_{j2}=\frac{3\beta_{j+1}-3\beta_j-2\dot{\beta}_j\Delta T_j-\dot{\beta}_{j+1}\Delta T_j}{\Delta T_j^2} \tag{9.28}$$

$$a_{j3}=\frac{2\beta_j+(\dot{\beta}_j+\dot{\beta}_{j+1})\Delta T_j-2\beta_{j+1}}{\Delta T_j^3} \tag{9.29}$$

图 9.8 示出了图 9.7a 插值的时间历程。在该二维坐标空间 (x,y) 中，中间点 1、2、3、4 分别发生在 $T_1=0$、$T_2=1$、$T_3=2$ 和 $T_4=3$ 这 4 个时间点。中间点的位置分别为 $(0,0)$、$(0,1)$、$(1,1)$ 和 $(1,0)$，其速度分别为 $(0,0)$、$(1,0)$、$(0,-1)$ 和 $(0,0)$。

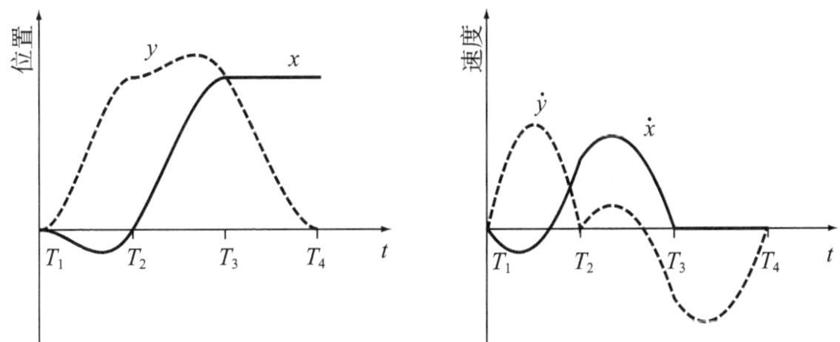

图 9.8　图 9.7a 的三次多项式中间点差值的坐标时间历程

有两个问题值得一提： 286

- 可以通过穿越中间点的时间和中间点速度的“合理”组合来改善插值轨迹的质量。例如，如果用户想要指定中间点的位置和时间而非速度时，可以根据时间和指向待求中间点前后的中间点的坐标向量，使用启发式算法来选择通过速度。例如，图 9.7b 中的轨迹比图 9.7a 中的轨迹更平滑。
- 三次中间点插值能够确保速度在中间点处是连续的，但加速度则不一定连续。该方法很容易推广到使用五次多项式和中间点处加速度规范的情形，其代价是增加了解的复杂度。

如果仅使用两个点（起点和终点），并且每个点的速度为零，则得到的轨迹与第 9.2 节中讨论的直线三次多项式的时标轨迹相同。

存在许多用于内插一组中间点的其他方法。例如，B– 样条插值很受欢迎。在 B– 样条插值中，与图 9.7 中的路径不同，路径可能无法准确地通过中间点，但可以保证路径位于中间点的凸包之内。这对于确保遵守关节极限或工作空间障碍非常重要。

9.4　时间最优的时间标度

在路径 $\theta(s)$ 可由任务或避障路径规划器完全指定的情况下（例如，图 9.9），轨迹规划问题简化为求解时间标度 $s(t)$。人们可以选择合适的时间标度使得消耗的能量最小化，

同时满足时间限定，或其他约束，如防止机器人携带的水洒出。根据机器人的执行器极
287 限，最有用的时间标度之一是使得沿路径的运动时间最小化。这种时间最优轨迹可最大限度地提高机器人的生产率。

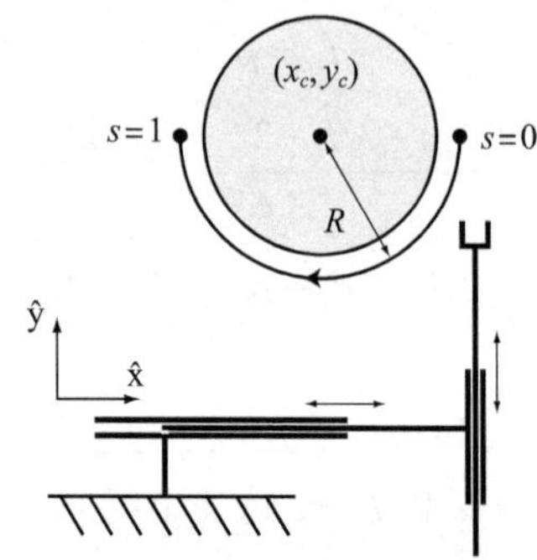

图 9.9　对于具有两个直线关节的机器人，路径规划器在 (x, y) 空间中返回围绕障碍物的半径为 R 的半圆形路径。该路径可以用路径参数 s 表示为 $x(s)=x_c+R\cos s\pi$ 和 $y(s)=y_c-R\sin s\pi$，其中 $s\in[0,1]$。对于 2R 机器人，逆向运动学可把路径表示为关节坐标中关于 s 的一个函数

虽然第 9.2 节的梯形时间标度可以生成时间最优轨迹，但这只是在直线运动、恒定最大加速度 a 和恒定最大滑行速度 v 的假设下的情形。对于大多数机器人而言，由于依赖于状态变量的关节执行器的极限和依赖于状态的动力学

$$M(\theta)\ddot{\theta}+c(\theta,\dot{\theta})+g(\theta)=\tau \tag{9.30}$$

最大可用速度和加速度会沿路径变化。

在本节中，我们将考虑寻找与机器人执行器极限相关的最快可行时间标度 $s(t)$ 这一问题。我们将第 i 个执行器的极限写为

$$\tau_i^{\min}(\theta,\dot{\theta})\leqslant\tau_i\leqslant\tau_i^{\max}(\theta,\dot{\theta}) \tag{9.31}$$

可用的执行器扭矩通常是当前关节速度的函数（参见第 8.9 节）。例如，对于直流电机最大电压给定的情况，电机可用的最大扭矩随电机的速度线性下降。

在继续下文之前我们回想一下，式（9.30）中的二次速度项 $c(\theta,\dot{\theta})$ 可以等效地写为

$$c(\theta,\dot{\theta})=\dot{\theta}^{\mathrm{T}}\Gamma(\theta)\dot{\theta}$$

式中，$\Gamma(\theta)$ 是由质量矩阵 $M(\theta)$ 相对于 θ 的偏导数分量构成的 Christoffel 符号的三维张量。这种形式更清楚地表明了对速度的二次依赖性。现在，从式（9.30）开始，将 $\dot{\theta}$ 替
288 换为 $(\mathrm{d}\theta/\mathrm{d}s)\dot{s}$，同时将 $\ddot{\theta}$ 替换为 $(\mathrm{d}\theta/\mathrm{d}s)\ddot{s}+(\mathrm{d}^2\theta/\mathrm{d}s^2)\dot{s}^2$，经过重新排列，我们得到

$$\underbrace{\left(M(\theta(s))\frac{\mathrm{d}\theta}{\mathrm{d}s}\right)}_{m(s)\in\mathbb{R}^n}\ddot{s}+\underbrace{\left(M(\theta(s))\frac{\mathrm{d}^2\theta}{\mathrm{d}s^2}+\left(\frac{\mathrm{d}\theta}{\mathrm{d}s}\right)^{\mathrm{T}}\Gamma(\theta(s))\frac{\mathrm{d}\theta}{\mathrm{d}s}\right)}_{c(s)\in\mathbb{R}^n}\dot{s}^2+\underbrace{g(\theta(s))}_{g(s)\in\mathbb{R}^n}=\tau \tag{9.32}$$

将其以更紧凑的向量方程形式表达，得到

$$m(s)\ddot{s}+c(s)\dot{s}^2+g(s)=\tau \tag{9.33}$$

式中，$m(s)$ 是当机器人被限制在路径 $\theta(s)$ 时的有效惯量，$c(s)\dot{s}^2$ 包括二次速度项，$g(s)$ 是重力力矩。

类似地，执行器约束（9.31）可以表示为关于 s 的一个函数

$$\tau_i^{\min}(s,\dot{s})\leqslant\tau_i\leqslant\tau_i^{\max}(s,\dot{s}) \tag{9.34}$$

将式（9.33）中的第 i 个分量代入，得到

$$\tau_i^{\min}(s,\dot{s})\leqslant m_i(s)\ddot{s}+c_i(s)\dot{s}^2+g_i(s)\leqslant\tau_i^{\max}(s,\dot{s}) \tag{9.35}$$

令 $L_i(s,\dot{s})$ 和 $U_i(s,\dot{s})$ 分别为满足式（9.35）中第 i 个分量的加速度 $\ddot{s}$ 中的最小值和最大值。根据 $m_i(s)$ 的符号，有 3 种可能性：

$$\left.\begin{aligned}
&\text{如果 } m_i(s)>0,\ L_i(s,\dot{s})=\frac{\tau_i^{\min}(s,\dot{s})-c(s)\dot{s}^2-g(s)}{m_i(s)}\\
&\qquad\qquad\qquad U_i(s,\dot{s})=\frac{\tau_i^{\max}(s,\dot{s})-c(s)\dot{s}^2-g(s)}{m_i(s)}\\
&\text{如果 } m_i(s)<0,\ L_i(s,\dot{s})=\frac{\tau_i^{\max}(s,\dot{s})-c(s)\dot{s}^2-g(s)}{m_i(s)}\\
&\qquad\qquad\qquad U_i(s,\dot{s})=\frac{\tau_i^{\min}(s,\dot{s})-c(s)\dot{s}^2-g(s)}{m_i(s)}\\
&\text{如果 } m_i(s)<0,\ \text{得到一个零惯量点(zero}-\text{inertia point)，见9.4节中的讨论}
\end{aligned}\right\} \tag{9.36}$$

定义

$$L(s,\dot{s})=\max_i L_i(s,\dot{s}),\quad U(s,\dot{s})=\min_i U_i(s,\dot{s}) \tag{9.37}$$

执行器极限（9.35）可以写为依赖于状态的时间标度约束

$$L(s,\dot{s})\leqslant\ddot{s}\leqslant U(s,\dot{s})$$

现在可将时间最优的时间标度问题表述如下：

给定路径 $\theta(s)$，$s\in[0,1]$，初始状态 $(s_0,\dot{s}_0)=(0,0)$，最终状态 $(s_f,\dot{s}_f)=(1,0)$，寻找一个单调递增的两次可微时间标度 $s:[0,T]\to[0,1]$，使得

①满足 $s(0)=\dot{s}(0)=\dot{s}(T)=0$ 和 $s(T)=1$； 289

②在遵循执行器约束（9.37）的同时，使得沿路径的总行程时间 T 最小。

该问题陈述很容易推广到沿路径时初始速度和最终速度均不为零的情形，$\dot{s}(0)>0$ 和 $\dot{s}(T)>0$。

9.4.1 $(s,\dot{s})$ 相平面

这个问题很容易在受路径约束的机器人的 $(s,\dot{s})$ 相平面中可视化，其中 s 在水平轴上从 0 到 1，$\dot{s}$ 位于垂直轴上。由于 $s(t)$ 是单调递增的，因此对于所有时间 t 和所有的 $s\in[0,1]$，有 $\dot{s}(t)\geqslant 0$。路径的时间标度是相平面中从 (0,0) 出发单调向右移动到 (1,0) 的任意曲线（图 9.10）。然而，并非所有这些曲线都能满足加速度约束（9.37）。

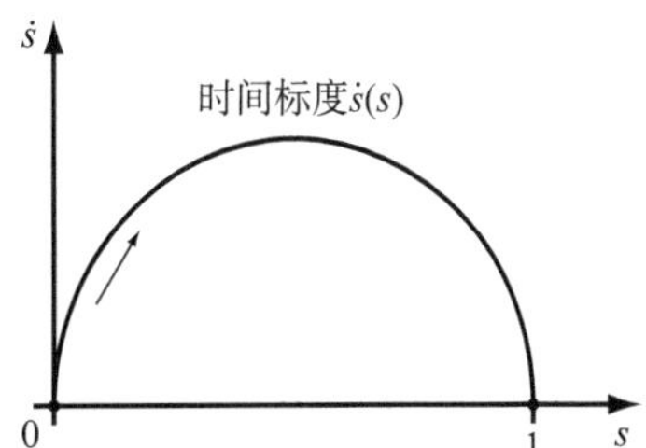

图 9.10　$(s,\dot{s})$ 相平面中的时间标度是一条曲线，在所有时间内有 $\dot{s}\geqslant 0$，将初始的路径位置和速度（0, 0）连接到最终的位置和速度（1, 0）

为了看到加速度约束的影响，在相平面中的每个 $(s,\dot{s})$ 处，我们可以将极限 $L(s,\dot{s})\leqslant\ddot{s}\leqslant U(s,\dot{s})$ 作为

由 $\dot{s}$ 、L 和 U 构成的锥体来绘制，如图 9.11a 所示。如果 $L(s,\dot{s})\geqslant U(s,\dot{s})$，锥体消失——没有任何执行器命令能使机器人保持在此状态的路径上。这些**不允许的**（inadmissible）状态在图 9.11a 中以灰色显示。对于任何 s，通常存在单个极限速度 $\dot{s}_{\text{lim}}(s)$，任何高于该极限的速度都是不被允许的。函数 $\dot{s}_{\text{lim}}(s)$ 称为**速度极限曲线**（velocity limit curve）。在速度极限曲线上，$L(s,\dot{s})=U(s,\dot{s})$，锥体简化为单个向量。

对于满足加速度约束的时间标度，在时间标度曲线上的所有点处，其切线必须位于可行锥体内。图 9.11b 给出了一个不可行的时间标度示例，其所需要的减速度超出了执行器在所示状态下能够提供的范围。

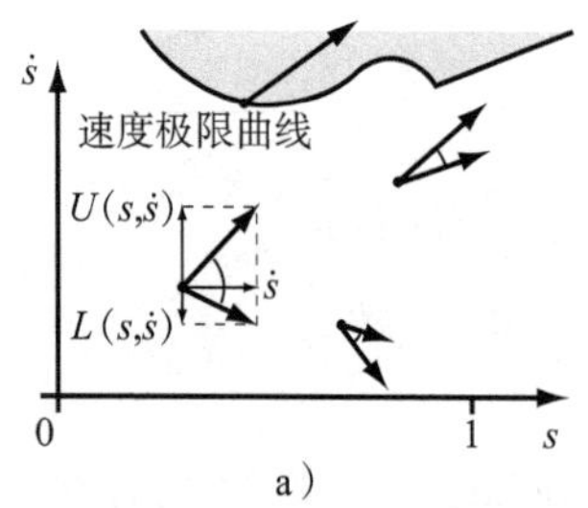

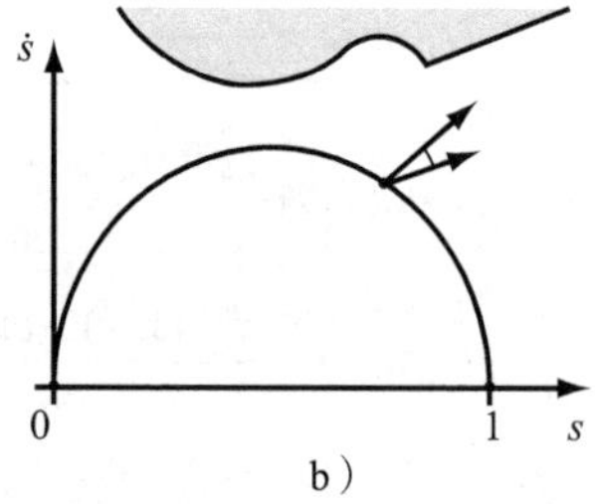

图 9.11　a）4 种不同状态下的加速度受限时的运动锥体。锥体的上部射线是在垂直方向上绘制的 $U(s,\dot{s})$（速度变化）和在水平方向上绘制的 $\dot{s}$（位置变化）的总和。锥体的下部射线由 $L(s,\dot{s})$ 和 $\dot{s}$ 构成。由速度极限曲线界定的灰色区域中的点，有 $L(s,\dot{s})\geqslant U(s,\dot{s})$：该状态不被容许且不存在运动锥。在速度极限曲线上，锥体简化为单个切线向量；b）建议的时间标度是不可行的，因为曲线的切线在指示状态下位于运动锥体之外

对于最小时间运动，在每个 s 处的“速度” $\dot{s}$ 必须尽可能大，同时仍需要满足加速度约束和端点约束。要看清这一点，将运动总时间 T 写为

$$T=\int_0^T 1\mathrm{d}t \tag{9.38}$$

使用 $\mathrm{d}s/\mathrm{d}s=1$ 对上式进行替换，并将积分限从 0 到 T（时间）更改为从 0 到 1（s），

290 得到

$$T=\int_0^T 1\mathrm{d}t=\int_0^T\frac{\mathrm{d}s}{\mathrm{d}s}\mathrm{d}t=\int_0^1\frac{\mathrm{d}t}{\mathrm{d}s}\mathrm{d}s=\int_0^1\dot{s}^{-1}(s)\mathrm{d}s \tag{9.39}$$

因此，为了使时间最小化，$\dot{s}^{-1}(s)$ 应该尽可能小，因此 $\dot{s}(s)$ 必须尽可能大，但仍要满足加速度约束（9.37）和边界约束。

这意味着时间标度必须始终在极限 $U(s,\dot{s})$ 或极限 $L(s,\dot{s})$ 上运行，我们唯一的选择是何时在这些极限之间进行切换。一个常见的解是开关式（bang-bang）轨迹：最大加速度 $U(s,\dot{s})$，然后切换到最大减速度 $L(s,\dot{s})$（这类似于第 9.2 节中永远无法达到滑行速度 v 的梯形运动曲线）。在这种情况下，时间标度可通过以下方式来计算：从 $(0,0)$ 开始令 $U(s,\dot{s})$ 相对于 s 做前向数字积分，从 $(1,0)$ 开始令 $L(s,\dot{s})$ 相对于 s 做后向数字积分，然后求解这些曲线间的交点，如图 9.12a 所示。最大加速度和最大减速度之间的切换发生在交点处。

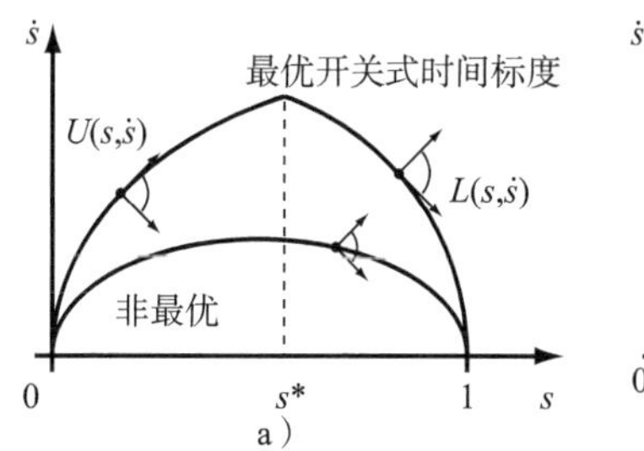

a）

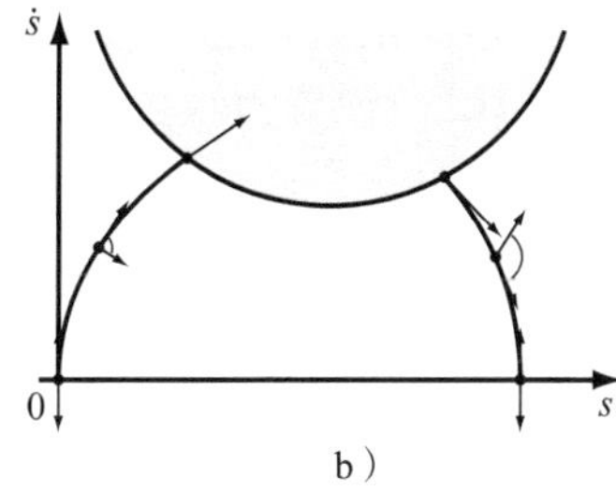

b）

图 9.12　a）时间最优的开关式时间标度从（0, 0）开始对 $U(s,\dot{s})$ 积分，然后在切换点 $\dot{s}$ 处切换到对 $L(s,\dot{s})$ 进行积分。图中还示出了一个切线位于运动锥内部的非最优时间标度；b）有时候速度极限曲线会使得单开关解无法成为可能

在某些情况下，速度极限曲线会使得单开关解无法成为可能，如图 9.12b 所示。在这些情况下，需要一个算法来找到多个切换点。

9.4.2　时间标度算法

求解最优时间标度简化为下列问题：求解最大加速度 $U(s,\dot{s})$ 和最大减速度 $L(s,\dot{s})$ 之间的切换，从而使 $(s,\dot{s})$ 相平面中曲线的“高度”最大化。 291

1. 时间标度算法

①初始化一个空的开关列表 $\mathcal{S}=\{\}$ 和一个开关计数器 $i=0$。设置 $(s_i,\dot{s}_i)=(0,0)$。

②从 (1,0) 开始对公式 $\ddot{s}=L(s,\dot{s})$ 相对于时间做后向积分，直至 $L(s,\dot{s})>U(s,\dot{s})$（此时会穿透速度极限曲线）或 $s=0$。称之为相平面曲线 F。

③从 $(s_i,\dot{s}_i)$ 开始对公式 $\ddot{s}=U(s,\dot{s})$ 相对于时间做前向积分，直至它穿过 F 或直至 $U(s,\dot{s})<L(s,\dot{s})$（此时速度极限曲线被穿透）。将此曲线称为 A_i。如果 A_i 与 F 交叉，那么增大 i，将 $(s_i,\dot{s}_i)$ 设置为穿越发生时的 $(s,\dot{s})$ 值，并将 s_i 附加到开关列表 $\mathcal{S}$ 中。这是从最大加速度到最大减速度的一个切换开关。问题得以解决，$\mathcal{S}$ 是使用路径参数表示的一组开关。相反，如果穿透速度极限曲线，则令 $(s_{\lim},\dot{s}_{\lim})$ 为穿透点，继续下一步。

④对 $[0,\ \dot{s}_{\lim}]$ 范围内的速度执行二分搜索，找到满足下列要求的速度 $\dot{s}'$：使得从 $(s_{\lim},\dot{s}')$ 开始对 $\ddot{s}=L(s,\dot{s})$ 进行前向积分的曲线刚好接触到速度极限曲线而不穿透它。二分搜索的初始条件为 $\dot{s}_{\text{high}}=\dot{s}_{\lim}$ 和 $\dot{s}_{\text{low}}=0$。

（a）将测试速度设置在 $\dot{s}_{\text{low}}$ 和 $\dot{s}_{\text{high}}$ 中间：$\dot{s}_{\text{test}}=(\dot{s}_{\text{high}}+\dot{s}_{\text{low}})/2$。测试点是 $(s_{\lim},\dot{s}_{\text{test}})$。

（b）如果从测试点的曲线穿过速度极限曲线，则令 $\dot{s}_{\text{high}}$ 等于 $\dot{s}_{\text{test}}$。相反，如果测试点的曲线达到 $\dot{s}=0$，则设置 $\dot{s}_{\text{low}}$ 等于 $\dot{s}_{\text{test}}$。返回到步骤（a）。继续执行二分搜索，直至达到指定容差。设 $(s_{\tan},\dot{s}_{\tan})$ 是位于结果曲线恰好以切向方式接触到速度极限曲线（或最接近曲线而不接触到曲线）处的点。此时的运动锥简化为单个向量 292
（$L(s,\dot{s})=U(s,\dot{s})$），它与速度极限曲线相切。

⑤从 $(s_{\tan},\dot{s}_{\tan})$ 开始向后积分 $\ddot{s}=L(s,\dot{s})$，直至它与 A_i 相交。递增 i，将 $(s_i,\dot{s}_i)$ 设置为交点处的 $(s,\dot{s})$ 值，并将 $(s_i,\dot{s}_i)$ 到 $(s_{\tan},\dot{s}_{\tan})$ 的曲线段标记为 A_i。将 s_i 附加到开关列表 $\mathcal{S}$

中。这是从最大加速度到最大减速度的切换开关。

⑥递增 i，并将 $(s_i, \dot{s}_i)$ 设置为 $(s_{\tan}, \dot{s}_{\tan})$。将 s_i 附加到开关列表 $\mathcal{S}$ 中。这是从最大减速度到最大加速度的切换开关。回到第 3 步。

图 9.13 给出了时间标度算法中的第 2 步到第 6 步。（第 2 步）从 (1,0) 开始向后积分 $\ddot{s}=L(s,\dot{s})$，直至达到速度极限曲线。（第 3 步）从 (0,0) 开始对 $\ddot{s}=U(s,\dot{s})$ 前向积分，直至到达其与速度极限曲线的交点 $(s_{\lim}, \dot{s}_{\lim})$。（第 4 步）执行二分搜索以求解 $(s_{\lim}, \dot{s}')$，从 $(s_{\lim}, \dot{s}')$ 向前积分的 $\ddot{s}=L(s,\dot{s})$，从切向接触到速度极限曲线。（第 5 步）从 $(s_{\tan}, \dot{s}_{\tan})$ 沿 $L(s,\dot{s})$ 向后积分，找到从加速到减速的第一个切换开关。（第 6 步）从减速到加速的第二个切换开关位于 $(s_2,\dot{s}_2)=(s_{\tan}, \dot{s}_{\tan})$。（第 3 步）从 $(s_2,\dot{s}_2)$ 沿 $U(s,\dot{s})$ 向前积分导致与 F 在 $(s_3,\dot{s}_3)$ 处相交，此处为从加速到减速的切换。最佳时间标度由 $\mathcal{S}=\{s_1,s_2,s_3\}$ 处的切换开关组成。

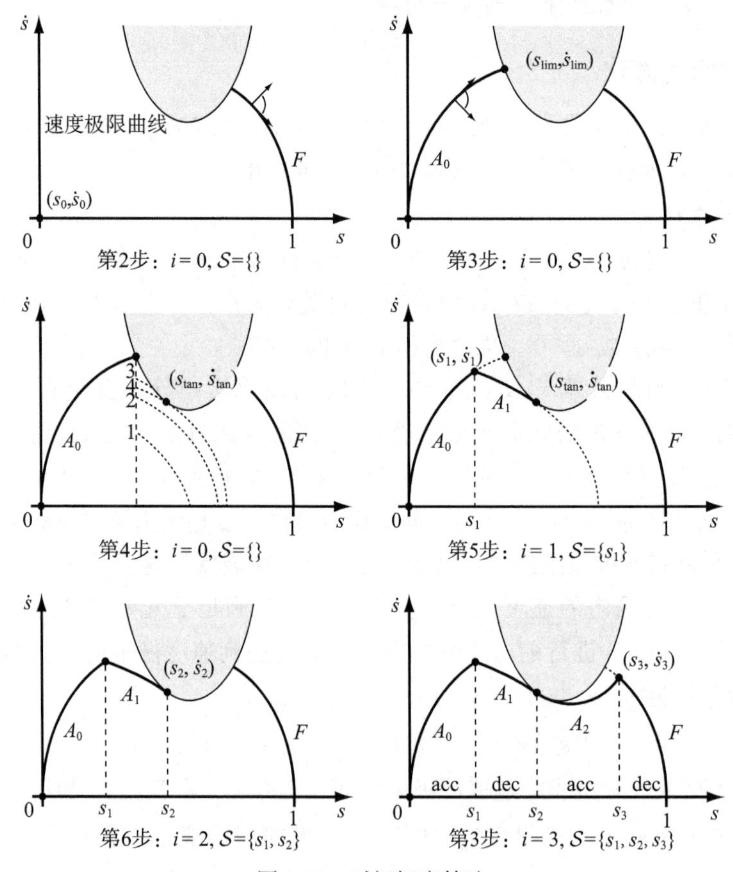

图 9.13　时间标度算法

9.4.3　时间标度算法的变异

请记住，速度极限曲线下方的每个点 $(s,\dot{s})$ 都有一个可行运动锥，而速度极限曲线上的每个点都有一个可行向量。速度极限曲线上可作为最优解一部分的唯一点是：在该点处可行运动向量与速度极限曲线相切；这些便是上面提到的点 $(s_{\tan}, \dot{s}_{\tan})$。认识到这一点，时间标度算法第 4 步中的二分搜索，其实质上是搜索求解 $(s_{\tan}, \dot{s}_{\tan})$ 点，可以替换为对速度极限曲线的显式构造以及在该曲线上搜索求解能满足相切条件的点。见图 9.14。

图 9.14　速度极限曲线上的一点，只有当该点处的可行运动向量与曲线相切，它才可能是时间最优的时间标度的一部分。沿着所示速度极限曲线进行的搜索表明：在该特定曲线上仅有两个点（图中以点作为标记）可以属于时间最优的时间标度

9.4.4　假设和注意事项

上述描述涵盖了最佳时间标度算法的要点。其中掩盖了一些假设；现在可对其明确。

- **保持静态姿势**。如上所述，该算法假设机器人可以在任何状态 $(s, \dot{s}=0)$ 下与重力对抗而保持其位形。这确保了有效时间标度的存在，即该时间标度能使机器人以任意缓慢的速度沿路径进行移动。对于一些机器人和路径而言，由于执行器能力 293
较弱，可能违反该假设。例如，一些路径可能需要使用一些动量来带动机器人通过其静态下无法保持的位形。可以对该算法进行修改以处理这类情况。
- **不容许状态**。该算法假定在每个 s 处存在唯一的速度极限 $\dot{s}_{\lim}(s)>0$，使得所有满足 $\dot{s} \leqslant \dot{s}_{\lim}(s)$ 的速度都是可容许的，同时所有满足 $\dot{s}>\dot{s}_{\lim}(s)$ 的速度都是不容许的。对执行器动力学或摩擦相关的某些模型，可能会违反此假设——可能存在不容许状态的“孤岛”。可以对算法进行修改以处理这种情况。
- **零惯量点**。上述算法假设不存在零惯性点，参见式（9.36）。如果式（9.36）中的 $m_i(s)=0$，则由执行器 i 提供的扭矩不依赖于加速度 $\ddot{s}$，并且式（9.35）中的第 i 个执行器约束直接在 $\dot{s}$ 上定义一个速度约束。在 $m(s)$ 中具有一个或多个零分量的点 s 处，速度极限曲线由零惯量分量定义的速度约束和对于其他分量满足 $L_i(s,\dot{s})=U_i(s,\dot{s})$ 的 $\dot{s}$ 值，两者中的最小值来定义。对于所描述的算法，速度极限曲线上零惯量点的奇异弧线可能导致在 $\ddot{s}=U(s,\dot{s})$ 和 $\ddot{s}=L(s,\dot{s})$ 两者之间做快速切换。在这种情况下，选择与速度极限曲线相切并位于 $U(s,\dot{s})$ 和 $L(s,\dot{s})$ 之间的加速度，可以保持时间最优，同时不会引起控制的颤振。

值得注意的是，时间标度算法会产生加速度不连续的轨迹，这可能会导致振动。除此之外，不准确的机器人惯量特性和摩擦模型会使直接应用时间标度算法变得不切实际。最后，由于最小时间标度总会使至少一个执行器饱和，此时如果机器人偏离计划轨迹，则可能会没有扭矩留给反馈控制器来进行校正动作。

尽管存在这些缺点，时间标度算法可以深入了解机器人跟踪路径的真实潜力。

9.5　本章小结

- 轨迹 $\theta(t)$，$\theta:[0,T]\to\Theta$，可写为 $\theta(s(t))$，即表示为路径 $\theta(s)$ 和时间标度 $s(t)$ 的组合形式，其中路径为 $\theta(s)$，$\theta:[0,1]\to\Theta$，时间标度为 $s(t)$，$s:[0,T]\to[0,1]$。
- 关节空间中的直线路径可以表示为 $\theta(s)=\theta_{\text{start}}+s(\theta_{\text{end}}-\theta_{\text{start}})$，$s\in[0,1]$。类似的形

式对最小任务空间坐标集中的直线路径同样适用。$SE(3)$ 中的“直线”路径，其中 $X=(R,p)$，可以解耦为下列形式的平移路径和旋转路径：

$$p(s)=p_{\text{start}}+s(p_{\text{end}}-p_{\text{start}}) \tag{9.40}$$

295

$$R(s)=R_{\text{start}}\exp(\log(R_{\text{start}}^{\mathrm{T}}R_{\text{end}})s) \tag{9.41}$$

- 三次多项式 $s(t)=a_0+a_1t+a_2t^2+a_3t^3$ 可用于对初始速度和最终速度均为零的点对点运动进行时间标度。在 $t=0$ 和 $t=T$ 时刻，加速度会经历阶跃变化（加加速度无限大）。这种冲击脉冲会引起机器人的振动。
- 五次多项式 $s(t)=a_0+a_1t+a_2t^2+a_3t^3+a_4t^4+a_5t^5$ 可用于对初始速度、最终速度、初始加速度和最终加速度全部为零的点对点运动进行时间标度，在任何时刻的加加速度都是有限值。
- 梯形运动曲线是点对点控制中，尤其是单个电机控制中流行的一种时间标度。该运动由下列 3 个阶段组成：恒定加速度阶段、恒定速度阶段和恒定减速度阶段，这使得速度 $\dot{s}(t)$ 程序为梯形。梯形运动中涉及加速度的阶跃变化。
- S– 曲线运动在电机的点对点控制中也很流行。它由下列 7 个阶段组成：①恒定正加加速度阶段；②恒定加速度阶段；③恒定负加加速度阶段；④恒定速度阶段；⑤恒定负加加速度阶段；⑥恒定减速度阶段；⑦恒定正加加速度阶段。
- 给定一组中间点，包括开始状态、目标状态和机器人运动必须通过的其他中间状态，以及应该达到这些状态的时间 T_i，一组三次多项式时间标度可用于生成对中间点做内插的轨迹 $\theta(t)$。为了防止中间点处的加速度发生阶跃变化，可以使用一组五次多项式来代替。
- 给定机器人路径 $\theta(s)$，机器人的动力学，以及对执行器扭矩的限制，执行器约束可以表示为下列关于 $(s,\dot{s})$ 的向量不等式形式：

$$L(s,\dot{s})\leqslant\ddot{s}\leqslant U(s,\dot{s})$$

时间最优的时间标度 $s(t)$，能够使 $(s,\dot{s})$ 相平面中的曲线“高度”最大化，同时满足 $s(0)=\dot{s}(0)=\dot{s}(T)=0$， $s(T)=1$ 以及执行器约束。最优解始终以最大加速度 $U(s,\dot{s})$ 或最大减速度 $L(s,\dot{s})$ 运行。

9.6 软件

下面列出了与本章相关的软件函数。

```
s = CubicTimeScaling(Tf,t)
```

给定 t 和总的运动时间 T_f，为三次时间标度计算 $s(t)$。

```
s = QuinticTimeScaling(Tf,t)
```

给定 t 和总的运动时间 T_f，为五次时间标度计算 $s(t)$。

296

```
traj = JointTrajectory(thetastart,thetaend,Tf,N,method)
```

计算关节空间中的直线轨迹，并将其表示为 $N\times n$ 矩阵形式，其中矩阵中的每一行（共 N 行）均为关于瞬时关节变量的 n 维向量。第一行是 θ_{start}，第 N 行是 θ_{end}。每行的经历时间是 $T_f/(N-1)$。对于三次时间标度，参数 method 等于 3；对于五次时间标度，参数 method 等于 5。

```
traj = ScrewTrajectory(Xstart,Xend,Tf,N,method)
```

以 N 个 $SE(3)$ 矩阵组成的列表形式计算轨迹，其中每个矩阵表示末端执行器的瞬间位形。第一个矩阵是 X_{start}，第 N 个矩阵是 X_{end}，运动沿恒定的旋量轴进行。每个矩阵的经历时间是 $T_f/(N-1)$。对于三次时间标度，参数 method 等于 3；对于五次时间标度，参数 method 等于 5。

```
traj = CartesianTrajectory(Xstart,Xend,Tf,N,method)
```

以 N 个 $SE(3)$ 矩阵组成的列表形式计算轨迹，其中的每个矩阵表示在末端执行器的瞬间位形。第一个矩阵是 X_{start}，第 N 个矩阵是 X_{end}，末端执行器坐标原点沿直线运动，与旋转分离。每个矩阵的经历时间为 $T_f/(N-1)$。对于三次时间标度，参数 method 等于 3；对于五次时间标度，参数 method 等于 5。

9.7 推荐阅读

Bobrow 等（1985）、Shin 和 McKay（1985）几乎同时发表论文，独立地推导出 9.4 节中介绍的最优时间标度算法的本质。在此一年之前，Hollerbach 解决了下列的限制性问题：为均匀时间标度找到动态可行的时标轨迹，其中时间变量 t 被替换为 $ct(c>0)$（Hollerbach，1984）。

在 Bobrow 等人以及 Shin 和 McKay 的原始论文之后，人们发表了多篇论文对其进行改进，其中解决了零惯量点、奇点、算法效率，甚至是存在约束和障碍的情形（Pfeiffer 和 Johanni，1987；Slotine 和 Yang，1989；Shiller 和 Dubowsky，1985，1988，1989，1991；Shiller 和 Lu，1992；Pham，2014；Pham 和 Stasse，2015）。特别地，在文献 Pfeiffer 和 Johanni（1987）以及 Slotine 和 Yang（1989）中，描述了用于求解点 $(s_{\tan},\dot{s}_{\tan})$ 且在计算上有效可行的方法，在该点处，最佳时间标度与速度极限曲线接触。该算法用于提高时间标度算法的计算效率；例如，参见 Pham（2014）以及 Pham 和 Stasse（2015）等文献中的描述和作为支撑材料的开源代码。在本章中，时间标度算法第 4 步中的二分搜索方法遵循文献 Bobrow 等（1985）中的表示，这是因为其概念简单。

其他研究主要集中在数值方法，如动态规划或非线性优化，以最大限度地降低成本函数，如执行器。Vukobratović 和 Kirćanski 的论文（1982）就是该领域中的一个早期工作例子。 297

习题

1. 考虑 (x,y) 平面中的一个椭圆路径。路径从 $(0,0)$ 开始，顺时针依次进行到 $(2,1)$、$(4,0)$、$(2,-1)$，然后回到 $(0,0)$ 处，如图 9.15 所示。将路径写为关于 $s\in[0,1]$ 的一个函数。

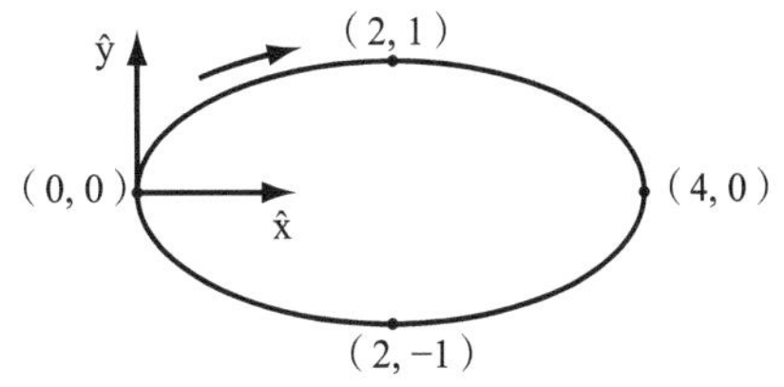

图 9.15　椭圆路径

2. $X=(x,y,z)$ 中的一条圆柱路径给出如下：$x=\cos 2\pi s$，$y=\sin 2\pi s$，$z=2s$，$s\in[0,1]$，

其时间标度为 $s(t)=\frac{1}{4}t+\frac{1}{8}t^2, t\in[0,2]$。写出 $\dot{X}$ 和 $\ddot{X}$。

3. 考虑从 $X(0)=X_{\text{start}}\in SE(3)$ 到 $X(1)=X_{\text{end}}\in SE(3)$ 的一条路径，该路径由沿恒定螺旋轴线的运动组成。该路径通过某些 $s(t)$ 来标度时间。给定 $\dot{s}$ 和 $\ddot{s}$，写出路径上任意点的运动旋量 $\mathcal{V}$ 和加速度 $\dot{\mathcal{V}}$。
4. 考虑从 $\theta_{\text{start}}=(0,0)$ 到 $\theta_{\text{end}}=(\pi,\pi/3)$ 的一条直线路径：$\theta(s)=\theta_{\text{start}}+s(\theta_{\text{end}}-\theta_{\text{start}}), s\in[0,1]$。该运动起始和终止时的速度为零。可行的关节速度为 $|\dot{\theta}_1|,|\dot{\theta}_2|\leqslant 2\text{rad/s}$，可行的关节加速度为 $|\ddot{\theta}_1|,|\ddot{\theta}_2|\leqslant 0.5\text{rad}/s^2$。使用满足关节速度和加速度极限的三次时间标度，求解最快的运动时间 T。
5. 求解能满足 $s(T)=1$ 和 $s(0)=\dot{s}(0)=\ddot{s}(0)=\dot{s}(T)=\ddot{s}(T)=0$ 条件的五次多项式时间标度。
6. 对于五次多项式点对点时间标度，求解其加速度 $\ddot{s}$ 取最大值或最小值的时间，将其表示为关于总的运动时间 T 的函数。
7. 如果要对点对点运动使用多项式时间标度，其中运动的初始和最终的速度、加速度和加加速度全部为零，那么多项式的最小阶数是多少？

298 8. 证明使用最大允许加速度 a 和速度 v 的梯形时间标度，能够使总的运动时间 T 最小化。
9. 为梯形时间标度，手动绘制加速度曲线 $\ddot{s}(t)$。
10. 如果为机器人的梯形时间标度指定了 v 和 a，证明 $v^2/a\leqslant 1$ 是机器人在路径中达到最大速度 v 的必要条件。
11. 如果为梯形时间标度指定 v 和 T，证明 $vT>1$ 是能够在时间 T 内完成运动的一个必要条件。证明 $vT\leqslant 2$ 是三级梯形运动的一个必要条件。
12. 如果为梯形时间标度指定 a 和 T，证明 $aT^2\geqslant 4$ 是确保运动能及时完成的一个必要条件。
13. 考虑在梯形时间标度中永远无法达到最大速度 v 的情况。运动变成了一个开关式运动：持续时间为 $T/2$、且加速度恒定为 a 的加速阶段，紧接着是持续时间为 $T/2$、且加速度恒定为 $-a$ 的减速阶段。写出两个阶段的位置 $s(t)$、速度 $\dot{s}(t)$ 和加速度 $\ddot{s}(t)$，类似于式（9.16）～（9.24）。
14. 为 S– 曲线时间标度手动绘制加速度曲线 $\ddot{s}(t)$。
15. 一个七阶段 S– 曲线可由以下参数完全指定：时间 t_J（恒定正或负加加速度段的持续时间），时间 t_a（恒定正或负的加速度段的持续时间），时间 t_v（恒定速度段的持续时间），总时间 T，加加速度 J，加速度 a 和速度 v。在这 7 个量中，我们可以独立指定其中的多少个量？
16. 标称的 S– 曲线中包含有 7 个阶段，但如果某些不等式约束无法得到满足，该 S– 曲线包含的阶段可以更少。指出在哪些案例中 S– 曲线可能少于 7 个阶段。手动绘制此类情况下的 $\dot{s}(t)$ 速度曲线。
17. 如果 S– 曲线达到所有 7 个阶段，同时其使用的加加速度为 J，加速度为 a，速度为 v，则恒速滑行段的持续时间 t_v 是多少？用 v、a、J 和总运动时间 T 来表示结果。
18. 为一个双自由度机器人，编写通过中间点的三次多项式插值轨迹生成器程序。在程序中，需要以 1000 Hz 的频率为每个关节指定新的位置和速度。用户指定一系列中间点的位置、速度和时间，并且该程序能生成一个阵列，该阵列包括从 $t=0$ 到 $t=T$ 时间段内每毫秒时的关节角度和速度，其中 T 为运动总的持续时间。对于具有至少 3 个中间点的测试用例（一点在开始时，一点在结束时，两者都具有零速度；此外至少需要一个中间点），绘制 299

（a）关节角度空间中的路径（类似于图 9.7）；

（b）每个关节的位置和速度随时间的变化曲线（这些图应类似于图 9.8）。

19. 对于具有指定位置、速度和加速度的中间点，可以使用五阶多项式时间进行插值。对于经过中间点 j 和 $j+1$ 之间的五次多项式区段，该区段持续时间为 ΔT_j，此外指定 β_j、β_{j+1}、$\dot{\beta}_j$、$\dot{\beta}_{j+1}$、$\ddot{\beta}_j$ 和 $\ddot{\beta}_{j+1}$ 等参数，求解五次多项式的系数（类似于式（9.26）～（9.29））。使用符号运算的数学求解器将会使问题简化。

20. 手动或通过计算机在 $(s,\dot{s})$ 平面中绘制梯形运动曲线。

21. 图 9.16 示出了 $(s,\dot{s})$ 平面中的 3 个候选运动曲线（A、B 和 C），以及在 $\dot{s}=0$ 处的 3 个候选运动锥（a、b 和 c）。对于任何机器人动力学，3 条曲线中的两条和 3 个运动锥中的两个都是错误的。指出哪些是错误的，并解释你的推理。解释为什么余下的曲线和运动锥是可能的。

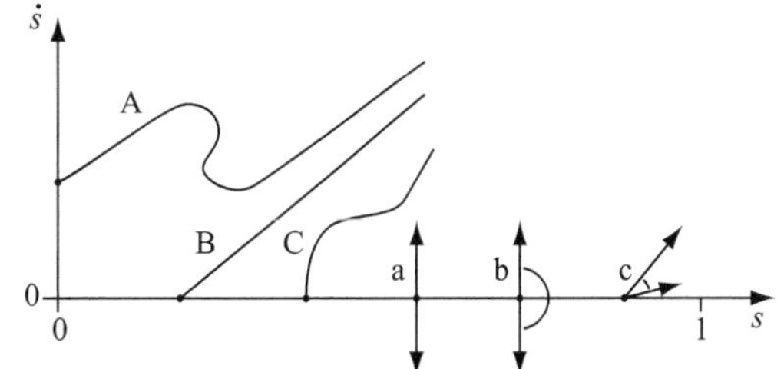

图 9.16 A、B 和 C 是候选积分曲线，它们从图中的各指示点出发，而 a、b 和 c 是 $\dot{s}=0$ 处的候选运动锥体。积分曲线和运动锥中有两个是错误的

22. 在 9.4.4 节的假设下，解释为什么第 9.4.2 节（见图 9.13）的时间标度算法是正确的。特别是

（a）在第 4 步中的二分法搜索中，解释为什么从 $(s_{\lim},\dot{s}_{\text{test}})$ 向前积分的曲线必须是：要么与速度极限曲线接触（或者相切），要么与轴 $\dot{s}=0$ 相接触（并且不与曲线 F 接触）；

（b）解释为什么最终时间标度只能以切向方式接触速度极限曲线；

（c）解释为什么加速度在与时间标度与速度极限曲线的接触点处从最小值切换到最大值。 300

23. 解释如何修改时间标度算法，来处理 $s=0$ 和 $s=1$ 时的初始速度和最终速度非零的情况。

24. 如果机器人的执行器因能力不足，无法在路径的某些位形处保持静止姿态（此时，保持静止姿态这一假设无法保持），解释应如何修改时间标度算法来处理此情形，注意此时仍能满足不容许状态和零惯量点的假设。可能不再存在有效的时间标度。在什么条件下，算法应该终止并指示不存在有效的时间标度？（根据第 9.4.4 节的假设，原始算法总会找到一个解，因此不会检查故障情形）。在（$s,\dot{s}=0$）处，运动锥体是什么样的？此时机器人无法以静态形式保持自身状态。

25. 创建一个计算机程序，它能为水平面内的 2R 型机器人绘制 $(s,\dot{s})$ 平面中的运动锥。该路径是关节空间中从 $(\theta_1,\theta_2)=(0,0)$ 到 $(\pi/2,\pi/2)$ 的直线。使用式（8.9）中的动力学（其中 $g=0$），然后用 s、$\dot{s}$、$\ddot{s}$ 而非 θ、$\dot{\theta}$、$\ddot{\theta}$ 来重写动力学。执行器可以提供的扭

矩范围为 $-\tau_{i,\text{limit}} - b\dot{\theta}_i \leqslant \tau_i \leqslant \tau_{i,\text{limit}} - b\dot{\theta}_i$，其中 $b>0$ 表示扭矩对速度的依赖性。锥体应该绘制在 $(s,\dot{s})$ 中的网格点上。为了使图形易于管理，请将每个锥形射线单位化为相同长度。

26. 我们假设在某路径上只能向前运动，$\dot{s}>0$。如果我们允许在路径上向后运动，即 $\dot{s}<0$，将会发生什么？本练习涉及在 $(s,\dot{s})$ 平面中绘制运动锥和积分曲线，包括正的 $\dot{s}$ 和负的 $\dot{s}$。假设最大加速度为 $U(s,\dot{s})=U>0$，它在 $(s,\dot{s})$ 平面内恒定，最大减速度为 $L(s,\dot{s})=L=-U$。你可以假设 $U=1$ 和 $L=-1$。
   （a）对于任何常数 s，在 $\dot{s}$ $\{-2, -1, 0, 1, 2\}$ 中取值的 5 个点处绘制运动锥。
   （b）假设运动开始时，$(s,\dot{s})=(0,0)$，并且以最大加速度 U 持续运行 t 时间。然后，运动按照最大减速度 L 持续运行 $2t$ 时间。再然后运动按照最大减速度 U 持续运行 t 时间。以手工形式绘制积分曲线（确切的形状无关紧要，但曲线应具有正确的
301 特征）。

运动规划

运动规划是一个寻找从开始状态到目标状态的机器人运动的问题，其间要避免触碰到环境中的障碍物，同时需要满足其他约束条件，如关节极限或扭矩极限。运动规划是机器人学中最活跃的研究领域之一，它也是整本书的主题。本章的目的在于提供针对一些常用技术的实用概述，其中使用机器人手臂和移动机器人作为主要示例系统（图 10.1）。

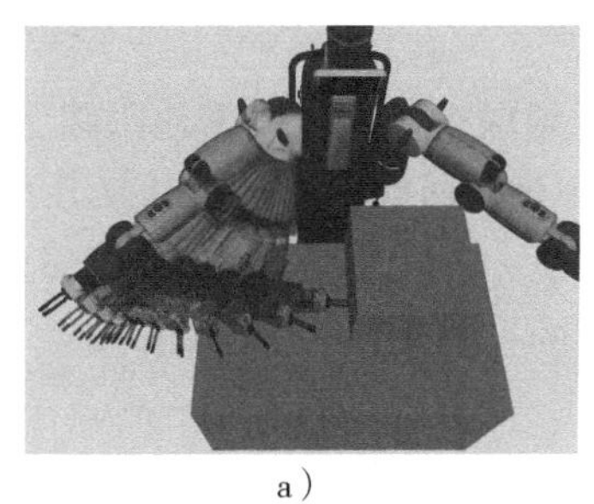

a）

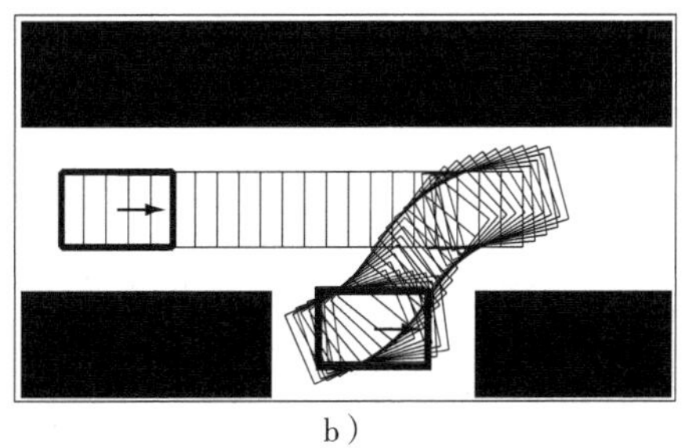

b）

图 10.1　a）一个机器人手臂正在执行一个避障运动规划。该运动规划使用 MoveIt! 软件生成（Sucan 和 Chitta，2016），并在 ROS（机器人操作系统）中使用 rviz 程序进行可视化；b）一个车型移动机器人正在执行平行趴车（平趴）动作

本章首先概述运动规划。接下来介绍一些基础材料，包括位形空间障碍物和图形搜索。最后我们总结几种不同的规划方法。

10.1　运动规划概述

运动规划中的一个关键概念是位形空间（configuration space），简称为 **C– 空间**（C-space）。C– 空间中的每个点 $\mathcal{C}$ 对应于机器人的唯一位形 q，同时机器人的每个位形都可以表示为 C– 空间中的一个点。例如，对于具有 n 个关节的一个机器人手臂，其位形可以表示为由 n 个关节位置组成的一个列表，即 $q=\{\theta_1,\cdots,\theta_n\}$。**自由 C– 空间**（free C-space）$\mathcal{C}_{\text{free}}$ 由机器人既不穿透障碍又不违反关节极限的那些位形组成。

在本章中，除非另外特别说明，我们假设 q 是一个 n 维向量，并且 $\mathcal{C}\in\mathbb{R}^n$。通过进一步推广扩展，本章中的概念同样可适用于非欧 C– 空间，如 $\mathcal{C}=SE(3)$。 302

将用于驱动机器人的控制输入写成 m 维向量，$u\in\mathcal{U}\subset\mathbb{R}^m$，其中对于一个典型的机械臂，我们有 $m=n$。如果机器人具有动力学为二阶系统，如机械臂的动力学，并且控制输入是力（等同地，加速度），则机器人的状态可通过其位形和速度来定义，即 $x=(q,v)\in\mathcal{X}$。对于 $q\in\mathbb{R}^n$，我们通常将速度写作 $v=\dot{q}$。如果我们可以将控制输入作为速度来处理，那么状态 x 就是位形 q。符号 $q(x)$ 表示对应于状态 x 的位形 q，并且 $\mathcal{X}_{\text{free}} = \{q(x) \in \mathcal{C}_{\text{free}}\}$。

机器人的运动方程可以写为

$$\dot{x} = f(x, u) \tag{10.1}$$

或者写为如下的积分形式：

$$x(T) = x(0) + \int_0^T f(x(t), u(t))\mathrm{d}t \tag{10.2}$$

10.1.1　运动规划问题的类型

根据上述定义，对运动规划问题的一个相当广泛的规范如下：

给定初始状态 $x(0) = x_{\text{start}}$ 以及期望的最终状态 x_{goal}，寻找时间 T 和一组控制 $u:[0,T] \to \mathcal{U}$，使得运动（10.2）满足如下条件：$x(T) = x_{\text{goal}}$，并且对于所有 $t \in [0,T]$，总有 $q(x(t)) \in \mathcal{C}_{\text{free}}$。

假设存在某反馈控制器（第 11 章），其可用于确保机器人能紧密地跟踪已规划运动 $x(t), t \in [0,T]$。同时假设存在关于机器人和环境的精确几何模型，它们可被用于评估运动规划期间的 $\mathcal{C}_{\text{free}}$。

基本问题有许多变种，我们将在下面讨论其中的一些变种。

1. 路径规划 vs 运动规划

路径规划问题是一般运动规划问题的一个子问题。路径规划是在初始位形 $q(0) = q_{\text{start}}$ 到目标位形 $q(1) = q_{\text{goal}}$ 之间寻找一条无碰撞路径 $q(s), s \in [0,1]$，这是一个纯几何问题，其中并不涉及动力学、运动持续时间，以及针对运动或控制输入的约束。我们假定路径规划器返回的路径可以按时间进行标度，用以创建可行轨迹（第 9 章）。这个问题有时被称为**钢琴移动问题**（piano mover's problem），用来强调重点在于杂乱空间的几何形状。

2. 控制输入：$m = n$ vs $m < n$

如果控制输入的总数 m 小于自由度数目 n，那么机器人无法跟踪多条路径，即使这
303 些路径是无碰撞路径。例如，一辆汽车的自由度 $n = 3$（汽车底盘在平面内的位置和姿态），但是其控制输入的总数为 $m = 2$（前后运动和转向）；该车无法直接横向 / 侧向移动，从而滑入停车位【译注：所以汽车通常要使用平趴动作进入街边的停车位】。

3. 在线 vs 离线

运动规划问题需要能得到即时结果，其原因可能是因为障碍物出现、消失或不可预测地移动；所以我们需要快速的在线规划算法。如果环境是静态的，那么较慢的离线规划程序就足够了。

4. 最优 vs 满意

除了达到目标状态之外，我们可能希望运动规划能使某成本函数 J 最小化（或近似最小化），一个典型的代价函数如下：

$$J = \int_0^T L(x(t), u(t))\mathrm{d}t$$

例如，令 $L=1$，求解优化问题，我们将得到时间最优运动（time-optimal motion）；如果令 $L=u^T(t)u(t)$，我们将得到“最小作用力”运动（minimum-effort motion）。

5. 准确 vs 近似

当最终状态 $x(T)$ 足够接近 x_{goal} 时，例如，$\|x(T)-x_{goal}\|<\epsilon$，这可能足以满足我们的要求。

6. 有或没有障碍物

即使在没有障碍物的情况下，运动规划问题也可能具有挑战性，特别是如果 $m<n$ 或者需要满足最优性的时候。

10.1.2 运动规划算法的性质

规划算法必须符合运动规划问题的上述属性。此外，还可以通过下列属性来区分规划算法。

1. 多查询 vs 单查询规划

如果要求机器人在不变的环境中求解许多运动规划问题，那么花时间构建能准确表示 $\mathcal{C}_{free}$ 的数据结构，这一工作可能是值得的。然后可以搜索该数据结构，以有效地解决多个规划查询。与之相比，单个查询规划算法需要从头开始解决每个新问题。

2. “随时”规划

随时规划是在找到第一个解之后继续寻找更好解的规划算法。该规划可以随时停止，例如，当已经过了指定的时间限制，同时返回最优解。

3. 完整性

如果能够保证运动规划算法在有限时间内找到解（其前提是：如果解存在的话），同时该算法能在没有可行运动规划的时候报告错误，我们称该运动规划算法是**完整的**（complete）。与之相比，一个相对较弱的概念是**分辨率层级上的完整性**（resolution completeness）。对于某规划算法，如果它能保证在问题的离散化表示分辨率层级上寻找到解（如果解存在的话），例如，$\mathcal{C}_{free}$ 空间的网格表示分辨率层级上，则称该规划算法在分辨率层级上是完整的（resolution complete）。最后，如果在规划时间变为无穷大时，寻找到解（如果存在解的话）的概率趋向于1，则称该规划算法在概率上是完整的（probabilistically complete）。 304

4. 计算复杂度

计算复杂度是指规划程序运行时所花费的时间量或其所需的内存量的特征。这些是根据规划问题的描述来测量的，例如，C–空间的维度或者机器人和障碍物表示中的顶点数量；规划算法的运行时间与C–空间的维度 n 之间可能是指数关系。计算复杂度可以用平均情形或最坏情形来表示。一些规划算法很容易适用于计算复杂性分析，而其他算法则不然。

10.1.3 运动规划方法

没有任何一种单一规划算法能够适用于所有的运动规划问题。下面，我们对现有的多种运动规划算法做一个概述；详细信息留待所示部分。

（1）完整方法（第 10.3 节）

这些方法专注于对 $\mathcal{C}_{\text{free}}$ 空间的几何或拓扑进行精确表示，以确保完整性。对于除简单或低自由度问题之外的所有问题，这些表示在数学上或计算上都难以推导。

（2）网格方法（第 10.4 节）

这些方法将 $\mathcal{C}_{\text{free}}$ 空间离散化为网格，并在这些网格中搜索一个从初始状态 q_{start} 到目标区域中的某一网格点的运动。该方法的某些变种可以使状态空间或控制空间离散化，或者可以使用多尺度网格来细化障碍物附近的 $\mathcal{C}_{\text{free}}$ 空间表示。这些方法相对容易实现，并且可以返回最优解，但是对于固定分辨率，存储网格所需的存储空间以及搜索所需的时间会随着空间维度的数量呈指数增长。这就限制了该方法只能用于解决低维问题。

（3）采样方法（第 10.5 节）

一个通用的采样方法依赖于：用于从 C– 空间或状态空间中选取样本的一个随机函数或确定性函数；用于评估样本是否在 $\mathcal{X}_{\text{free}}$ 空间中的一个函数；用于确定先前自由空间中“最为接近”的样本的一个函数；以及用于尝试从先前样本连接或移动到新样本的一个局部规划算法。这一过程最终可建立用于表示机器人可行运动的图或树。采样方法易于实现，并且往往具有概率上的完整性，甚至可以解决高自由度的运动规划问题。使用该方法求得的解往往令人满意，但它们不是最优解，并且可能难以表征计算复杂度。

（4）虚拟势场（第 10.6 节）

305 虚拟势场能够在机器人上产生一个能将其拉向目标、同时将其推离障碍物的力。该方法相对容易实现，即使是对高自由度系统而言，同时其求解快速，通常允许在线实施。其缺点是势场函数中的局部最小值：机器人可能被卡在吸引力和排斥力相互抵消的位形空间，但此时机器人并未处于目标状态。

（5）非线性优化（第 10.7 节）

通过使用有限数量的设计参数（如多项式系数或傅立叶级数）来表示路径或控制，可以将运动规划问题转换为非线性优化问题。问题变为求解能使成本函数最小化的设计参数，同时需要满足对控制、障碍和目标的约束。这些方法虽然可以生成能近似最优解，但它们需要对解进行初步猜测。由于目标函数和可行解空间通常是非凸的，因此优化过程可能会远离可行解，更不用说最优解了。

（6）平滑（第 10.8 节）

规划算法求解得到的动作通常伴随剧烈震动。我们可以针对运动规划算法的结果，使用平滑算法进行处理以提高其平滑度。

近年来的一个主要趋势是使用采样方法，这种方法易于实现并且可以处理高维问题。

10.2 基础知识

在讨论运动规划算法之前，我们需要建立许多将要用到的概念：位形空间障碍（configuration space obstacle），碰撞检测（collision detection），图（graph）和图搜索（graph search）。

10.2.1　位形空间障碍（C– 障碍物）

对于处于位形 q 处的机器人，确定其是否会与已知环境发生碰撞，这通常需要复杂操作，其中涉及环境和机器人的 CAD 模型。有许多免费和商业软件包可以执行此操作，我们不会在这里深入研究它们。对我们而言，知道下列知识便足够了：工作空间障碍将位形空间 $\mathcal{C}$ 划分为两部分，即**自由空间**（free space）$\mathcal{C}_{\text{free}}$ 和**障碍空间**（obstacle space）$\mathcal{C}_{\text{obs}}$，其中 $\mathcal{C}=\mathcal{C}_{\text{free}}\cup\mathcal{C}_{\text{obs}}$。关节限位可被当作位形空间中的障碍物来处理。

利用自由空间 $\mathcal{C}_{\text{free}}$ 和障碍空间 $\mathcal{C}_{\text{obs}}$ 的概念，路径规划问题可被简化为在障碍空间 $\mathcal{C}_{\text{obs}}$ 中为点状机器人寻找路径的问题。如果障碍物将自由空间 $\mathcal{C}_{\text{free}}$ 划分为相互隔离的**连通分支**（connected component），并且 q_{start} 和 q_{goal} 并不处于同一连通分支内，则不存在无碰撞路径。

C– 空间障碍物的明确数学表示可能会十分复杂，因此我们很少使用 C– 障碍物的精确表示。尽管如此，C– 障碍物的概念对于理解运动规划算法非常重要。这些概念最好用实例进行说明。 306

1. 2R 型平面机械臂

图 10.2 给出了一个 2R 型平面机械臂，其位形为 $q=(\theta_1,\theta_2)$，在其工作空间中有障碍物 A、B 和 C。机器人的 C– 空间由平面的一部分表示，其中 $0\leqslant\theta_1\leqslant2\pi$、$0\leqslant\theta_2\leqslant2\pi$。从第 2 章可知，该机器人的 C– 空间是一个环面（torus），或油炸圈饼形状（doughnut），这是由于正方形在 $\theta_1=2\pi$ 处的边与 $\theta_1=0$ 处的边是相连的；同理，$\theta_2=2\pi$ 与 $\theta_2=0$ 是相连的。通过在 $\theta_1=0$ 和 $\theta_2=0$ 的地方将环面切割两次，并将其放置于平面上，可得到 $\mathbb{R}^2$ 内的正方区域。

图 10.2 右侧的 C– 空间中给出了工作空间障碍物 A、B 和 C，并将它们表示为 C– 障碍物。位于 C– 障碍物内的任何位形，均对应于机械臂在工作空间中会与障碍物发生的侵彻碰撞。图 10.2 在工作空间（10.2b）和 C– 空间（10.2c）中均给出了该机械臂从一个位形到另一位形的无碰撞自由路径。注意到，障碍物将自由空间 $\mathcal{C}_{\text{free}}$ 划分为 3 个连通分支。

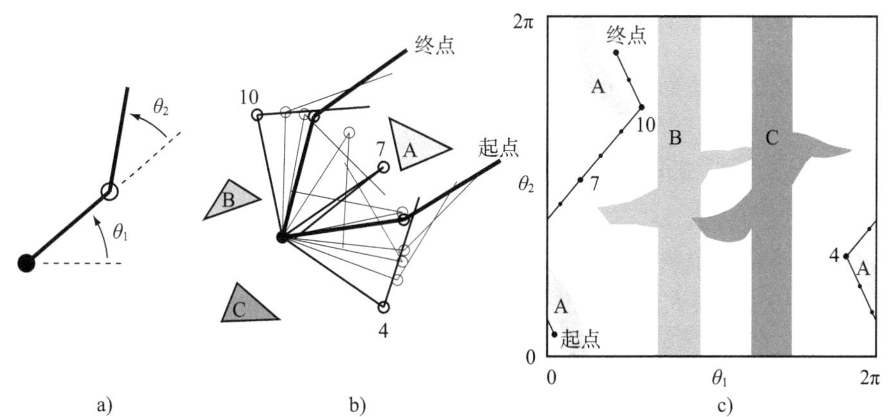

图 10.2　a）2R 型机械臂中的关节角度；b）机械臂在障碍物 A、B 和 C 之间导航；c）在 C–空间中的运动相同，沿路径标记的 3 个中间点 4、7 和 10

2. 圆形平面移动机器人

图 10.3 给出了一圆形移动机器人的俯视图，其位形由其中心位置 $(x,y)\in\mathbb{R}^2$ 给出。机器人在具有单个障碍物的平面内平移（移动而不旋转）。将工作空间障碍物“增大”（放大）一定的尺寸，即移动机器人的半径，在此之后获得相应的 C– 空间障碍物。此 C– 空
307 间障碍之外的任何点都表示机器人的一个自由位形。图 10.4 给出了两个障碍物的工作空间和 C– 空间，该图表明：在这种情况下移动机器人不能通过两个障碍物之间的区域。

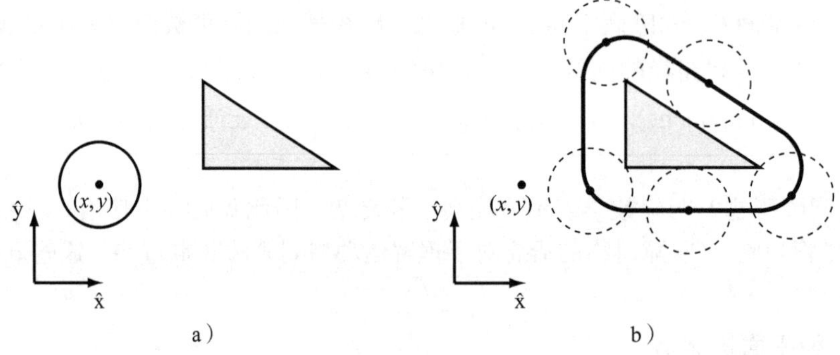

图 10.3　a）圆形移动机器人（空心圆）和工作空间障碍物（灰色三角形），机器人的位形由机器人的中心坐标 (x,y) 来表示；b）在 C– 空间中，障碍物“增长”了机器人的半径，同时机器人被作为一个点来处理，粗线外的任何位形 (x,y) 都是无碰撞的

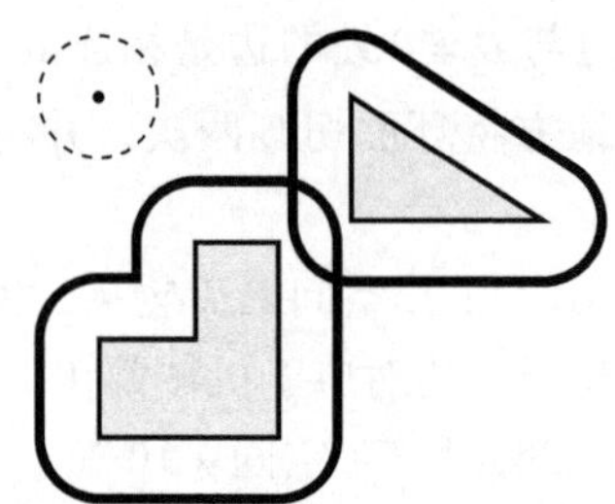

图 10.4　对应于两个工作空间障碍物和圆形移动机器人在“增长”之后的 C– 空间障碍物，重叠边界意味着机器人不能在两个障碍物之间移动

3. 仅能平移的多边形平面移动机器人

在多边形障碍物的空间中，一个可以平移的多边形机器人，图 10.5 给出了其所对应的 C– 空间障碍物。通过沿着障碍物的边界滑动机器人，同时跟踪机器人参考点的位置来得到 C– 空间障碍物。

4. 能同时平移和旋转的平面多边形移动机器人

如果现在允许机器人旋转，图 10.6 给出了图 10.5 中的工作空间障碍物和三角形移动机器人所对应的 C– 障碍物。现在的 C– 空间是三维的，其 C– 空间由 $(x,y,\theta)\in\mathbb{R}^2\times S^1$
308 给出。三维 C– 障碍物是角度为 $\theta\in[0,2\pi)$ 的二维 C– 障碍物切片组成的并集。即使对于这种维度相对较低的 C– 空间，C– 障碍物的精确表示也非常复杂。因此，我们很少对 C– 障碍物进行精确描述。

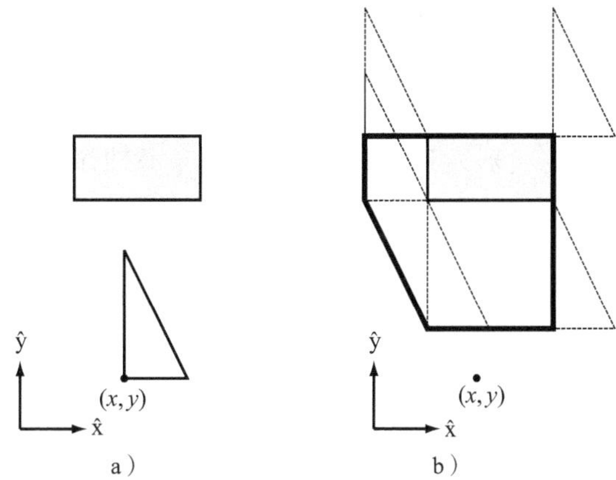

图 10.5 a）一个可以平移但无法旋转的三角形移动机器人，其位形可由参考点的位置 (x,y) 来表示；图中还给出了灰色的工作空间障碍物；b）通过在障碍物的边界周围滑动机器人，同时跟踪参考点的位置来获得相应的 C– 空间障碍物（粗体轮廓）

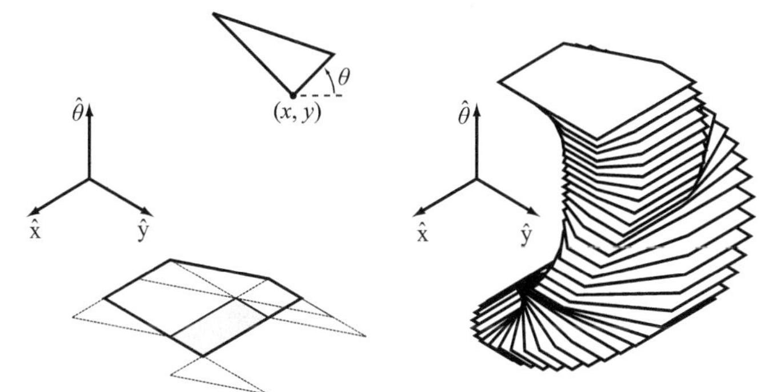

图 10.6 （上）一个可以旋转和平移的三角形移动机器人，其位形可由 (x,y,θ) 来表示。（左）当机器人被限制在 $\theta=0$ 时，C– 空间障碍物如图 10.5b 所示。（右）完整的三维 C– 空间障碍物，以 10° 的增量显示在切片中

10.2.2 到障碍物的距离与碰撞检测

给定 C– 障碍物 $\mathcal{B}$ 和位形 q，让 $d(q,\mathcal{B})$ 为机器人与障碍物之间的距离，其中

$$d(q,\mathcal{B})>0 \text{（与障碍物没有接触）}$$
$$d(q,\mathcal{B})=0 \text{（接触）}$$
$$d(q,\mathcal{B})<0 \text{（侵彻碰撞）}$$

该距离可被定义为（分别）位于机器人与障碍物上的两个最近点之间的欧几里德距离。

距离测量算法（distance-measurement algorithm）是用于确定机器人与障碍物之间距离 $d(q,\mathcal{B})$ 的一个算法。对于任何一个障碍物 $\mathcal{B}_i$，**碰撞检测程序**（collision-detection routine）确定是否有 $d(q,\mathcal{B}_i)\leqslant 0$。碰撞检测程序返回一个（是或否）的二元结果，并且在其核心处可以使用或不使用距离测量算法。

一种流行的距离测量算法是 Gilbert-Johnson-Keerthi（GJK）算法，它能有效地计算 309

两个凸体之间的距离，这两个凸体可由三角网格来表示。任何机器人或障碍物都可被视为多个凸体的集合。该算法扩展后可用于许多距离测量算法和机器人、图形和游戏物理引擎中的碰撞检测程序。

一种更简单的方法是将机器人和障碍物近似为由重叠球体组成的并集。这种近似必须总始终是**保守的**（conservative）——近似表示必须能覆盖对象中的所有点——因此如果碰撞检测程序表明 q 为自由位形，那么我们可以保证实际的几何体是无碰撞的。随着机器人和障碍物表示中的球体数量的增加，这种近似越接近实际几何体。一个例子如图 10.7 所示。

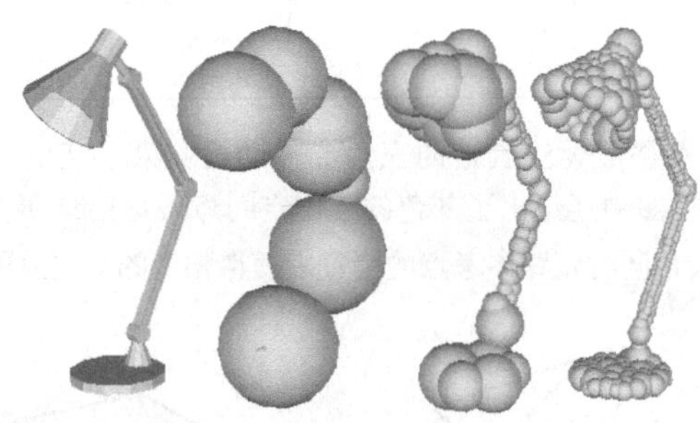

图 10.7　由球体表示的台灯。随着用于表示台灯的球体数量的增加，近似表示得到改善。图片来自文献（Hubbard，1996），经许可使用

给定位于 q 位形的一个机器人，该机器人由中心位于 $r_i(q)$ 处且半径为 R_i 的 k 个球体来表示，其中 $i=1,\cdots,k$；同时给定一个障碍物 $\mathcal{B}$，它由中心处于 b_j 且半径为 $\mathcal{B}_j$ 的 l 个球体来表示，其中 $j=1,\cdots,l$；那么机器人和障碍物之间的距离可以通过下式计算

$$d(q,\mathcal{B})=\min_{i,j}\|r_i(q)-b_j\|-R_i-B_j$$

除了确定机器人在某个特定位形处是否存在碰撞之外，另一个有用的操作是：确定
310 机器人在特定的运动阶段是否存在碰撞。虽然人们已经针对特定的物体几何形状和运动类型推导出了精确解，但通用方法是在精细间隔点处对路径进行采样，同时将机器人“增大”以确保：如果两个连续位形对于长大的机器人是无碰撞的，那么在这两个位形之间由实际机器人扫过的体积也是无碰撞的。

10.2.3　图和树

许多运动规划器或明确地或隐含地将 C– 空间或状态空间表示为一个**图**（graph）。一个图由 $\mathcal{N}$ 个节点和 $\mathcal{E}$ 条边组成，其中每条边 e 连接两个节点。在运动规划中，节点通常表示位形或状态，而节点 n_1 和 n_2 之间的边表示在不穿透障碍物或违反其他约束的情况下从 n_1 运动到 n_2 的能力。

图表可以是**有向的**（directed），也可以是**无向的**或**非定向的**（undirected）。在无向图中，每条边都是双向的：如果机器人可以从 n_1 行进到 n_2，那么它也可以从 n_2 行进到 n_1。在有向图（英文简称为 digraph）中，每条边仅允许沿一个方向行进。对于特定的两个节点而言，它们之间可以有两条边，允许沿相反方向行进。

图也可以是**加权的**（weighted）或**不加权的**（unweighted）。在加权图中，每条边具有与遍历该边相关的正成本。在不加权的图中，每条边具有相同的成本（例如，成本为 1）。因此，我们考虑的最一般类型的图是加权的有向图。

树（tree）是满足下列条件的一个有向图：①没有循环（cycle）；②每个节点最多有 311
一个**父**（parent）节点（即最多只有一条边通向该节点）。树有一个没有父节点的**根**（root）节点和一些没有**子**（child）节点的**叶**（leaf）节点。

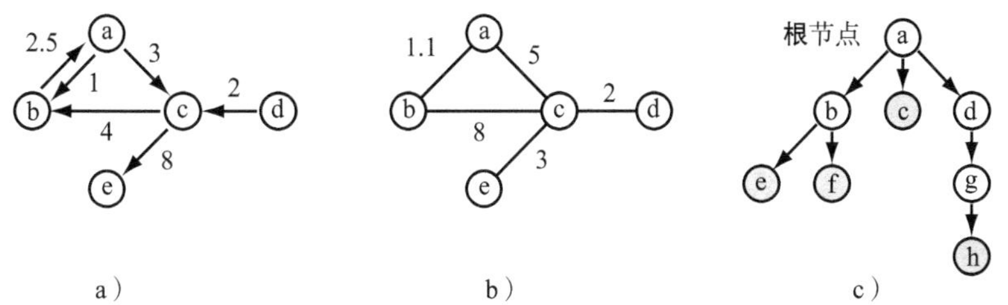

图 10.8 a）加权的有向图；b）加权的无向图；c）树；其中叶节点描有灰色阴影

图 10.8 中给出了有向图、无向图和树的实例。

给定 N 个节点，任何图都可以用一个矩阵 $A\in\mathbb{R}^{N\times N}$ 来表示，其中矩阵中的元素 a_{ij} 表示从节点 i 到节点 j 的边所对应的成本；零成本或负成本表示两节点之间没有边。图和树可以更紧凑地表示为由一系列节点组成的列表，其中的每个节点都连接到其邻居节点。

10.2.4 图搜索

将自由空间表示为图之后，可以通过在图中搜索从起始点到目标的一条路径来找到运动规划。最强大且最受欢迎的图搜索算法之一是 A*（英语发音为“A star”）搜索。

1. A* 搜索

当路径成本仅为沿路径的正边成本之和时，A* 搜索算法能有效地在图上找到最小成本路径。

给定由一组节点 $\mathcal{N}=\{1,\cdots,N\}$ 描述的图，其中节点 1 为起始节点，ε 为一组边，A* 算法使用下列数据结构：

- 由尚未进行探索的节点组成一个排序列表 `OPEN`，以及由已经进行了探索的节点组成的列表 `CLOSED`；
- 矩阵 `cost[node1,node2]` 对由边组成的集合进行编码，其中正值对应于从 `node1` 移动到 `node2` 的成本（负值表示没有边存在）；
- 由到目前为止发现的从起始节点到达节点 `node` 的最小成本组成的阵列数组 `past_cost[node]`；
- 由数组 `parent[node]` 定义的搜索树，对于每个 `node`，其中包含到目前为止从起始节点到该 `node` 最短路径中先前节点的连接。 312

要初始化搜索，构造矩阵 `cost` 对各边进行编码，将列表 `OPEN` 初始化为起始节点 1，将到达起始节点的成本（`past_cost[1]`）初始化为 0，并且对于 $\text{node}\in\{2,\cdots,N\}$，将 `past_cost[node]` 初始化为无穷大（或一个大数），表明目前我们不知道到达那些节点的成本。

在算法的每一步中，从 OPEN 中移除 OPEN 中的第一个节点，称之为 current 节点。再将节点 current 添加到 CLOSED。OPEN 中的第一个节点，是能够使通过该节点到达目标的最佳路径的总估算成本最小化的节点。估算成本可通过下式计算

est_total_cost[node] = past_cost[node]+ heuristic_cost_to_go(node)

式中，heuristic_cost_to_go(node) > 0，它是对从节点到目标实际成本的一个乐观（低估）估计。对于许多路径规划问题而言，对启发式的一个适当选择是距离目标的直线距离，其中忽略任何障碍。

因为 OPEN 是根据估算的总成本进行排序后的列表，所以在 OPEN 中的正确位置插入新节点所需要的计算成本较小。

如果节点 current 在目标集合中，则搜索结束，我们可以从 parent 中重建路径。如果不是，对于图中 current 节点的每个邻居节点 nbr，如果它不在 CLOSED 中，那么 nbr 的 tentative_past_cost 可通过 past_cost[current]+ cost[current,nbr] 来计算。如果

tentative_past_cost < past_cost[nbr]

那么可以按比先前已知成本更低的成本到达 nbr 节点，因此将 past_cost[nbr] 设置为 tentative_past_cost，同时将 parent[nbr] 设置为 current。然后根据其估计的总成本在 OPEN 中添加（或移除）nbr 节点。

然后算法返回到主循环的起始处，从 OPEN 中删除第一个节点，并将其称为 current 节点。如果 OPEN 为空则无解。

因为只有当节点具有所有节点的最小总估计成本时，该节点才能通过检查而加入到目标集中，所以 A* 算法可以确保能够返回最小成本路径。如果节点 current 在目标集中，那么 heuristic_cost_to_go(current) 等于零，并且由于所有边的成本都是正值，我们知道将来找到的任何路径，其成本必然大于或等于 past_cost[current]。因此，去往 current 节点的路径必须是最短路径（可能还有其他成本相同的路径）。

如果能够准确地计算启发式“成本”，考虑到障碍物，那么 A* 算法将会从求解问题所需的最小节点数开始进行探索。当然，准确计算成本相当于求解路径规划问题，因此
313 这是不切实际的。相反，启发式成本的计算应该快速，并且应尽可能地接近实际成本，以确保算法高效运行。我们使用乐观的成本来确保最优解。

A* 算法是最佳优先搜索通用类型的一个示例，其总是从当前被认为“最佳”的节点开始探索。

算法 10.1 中的伪代码描述了 A* 搜索算法。

算法 10.1 A* 搜索

```
OPEN ← {1}
past_cost[1] ← 0, past_cost[node] ← infinity for node ∈ {2, ..., N}
while OPEN is not empty do
   current ← first node in OPEN, remove from OPEN
   add current to CLOSED
   if current is in the goal set then
```

```
      return SUCCESS and the path to current
    end if
    for each nbr of current not in CLOSED do
      tentative_past_cost ← past_cost[current]+cost[current,nbr]
      if tentative_past_cost < past_cost[nbr] then
        past_cost[nbr] ← tentative_past_cost
        parent[nbr] ← current
        put (or move) nbr in sorted list OPEN according to
             est_total_cost[nbr] ← past_cost[nbr] +
                     heuristic_cost_to_go(nbr)
      end if
    end for
  end while
  return FAILURE
```

2. 其他搜索方法

- **Dijkstra 算法**（Dijkstra's algorithm）。如果启发式成本总被估计为零，则 A* 始终从 OPEN 中已经以最小过去成本达到的节点开始进行探索。这种变体称为 Dijkstra 算法，历史上它出现在 A* 之前。Dijkstra 算法也能保证找到最低成本路径，但是在许多问题上它运行得比 A* 慢，因为它缺乏启发式前瞻功能来帮助指导搜索。
- **广度优先搜索**（Breadth-first search）。如果 $\mathcal{E}$ 中每条边的成本相同，则 Dijkstra 算法会退化为广度优先搜索。首先考虑与起始节点有一条边距离的所有节点，然后考虑与起始节点相距两条边的所有节点，以此类推。因此找到的第一个解是最小成本路径。
- **次优 A* 搜索**（Suboptimal A* search）。如果通过将乐观启发式乘以常数因子 $\eta>1$ 来过高估计启发式成本，则 A* 搜索将偏向于从更接近目标的节点，而不是具有低过去成本的节点中进行探索。这可能会更快地找到解，但与乐观成本启 314
发式的情形不同，该解将不能保证是最优的。一种可能性是使用带有膨胀成本的 A* 搜索来找到初始解，然后用逐渐变小的 η 值重新运行搜索，直到分配给搜索的时间到期，或找到一个对应于 $\eta=1$ 的解。

10.3 完整路径规划器

完整的路径规划器依赖于对自由 C– 空间 $\mathcal{C}_{\text{free}}$ 的精确表示。这些技术往往在数学上和算法上都很复杂，对许多实际系统来说它们都是不切实际的，因此我们不会详细研究它们。

完成路径规划的一种方法（我们将在 10.5 节中以修改的形式看到该方法）是基于通过一维**路线图**（roadmap）R 来表示复杂的高维空间 $\mathcal{C}_{\text{free}}$，该路线图具有下列属性。

①**可达性**（reachability）。从 $\mathcal{C}_{\text{free}}$ 空间中的每个点 q 处，可以非常容易地找一条通往点 $q'\in R$ 的自由路径（例如，直线路径）。

②**连通性**（connectivity）。对于 $\mathcal{C}_{\text{free}}$ 中的每个连通分量，在 R 中存在一个对应的连通

分量。

通过这样的路线图，路径规划器可以在自由空间 $\mathcal{C}_{\text{free}}$ 的同一个连通分量中的任意两点 q_{start} 和 q_{goal} 之间找到一条路径，其方法是：在路线图 R 中找寻从 q_{start} 到点 $q'_{\text{start}} \in R$ 的路径，从点 $q'_{\text{goal}} \in R$ 到 q_{goal} 的路径，从 q'_{start} 到 q'_{goal} 的路径。如果可以十分轻易地在 q_{start} 和 q_{goal} 之间找到一条路径，我们甚至可以不需使用路线图。

虽然构建 $\mathcal{C}_{\text{free}}$ 的路线图通常会很复杂，但有些问题的路线图则较为简单。例如，考虑在平面多边形障碍物之间平移的一个多边形机器人。从图 10.5 中可以看出：在这种情况下，C– 障碍物也是多边形的。一个合适的路线图是加权且无向的**能见度图**（visibility graph），其中包括位于 C– 障碍物顶点处的节点以及可以彼此“看到”的节点之间的边（即顶点之间的线段不与障碍物相交）。与每条边相关的权重是节点之间的欧几里德距离。

这不仅是一个合适的路线图 R，而且它允许我们使用 A* 搜索来查找 $\mathcal{C}_{\text{free}}$ 内同一个连通分支中任意两个位形之间的最短路径，这是因为最短路径必须是：①从 q_{start} 到 q_{goal} 的直线段；②由从 q_{start} 到节点 $q'_{\text{start}} \in R$ 的直线段、从节点 $q'_{\text{goal}} \in R$ 到 q_{goal} 的直线段、R 中从 q'_{start} 到 q'_{goal} 的一条直边路径所组成，如图 10.9 所示。请注意，最短路径需要机器人从障
315 碍物边缘处轻轻擦过，因此我们隐含地将 $\mathcal{C}_{\text{free}}$ 视为包括其边界。

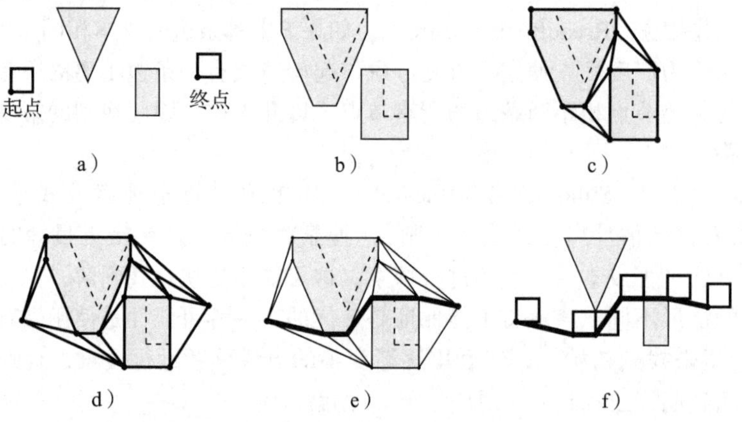

图 10.9　a）在包含三角形和矩形障碍物的环境中，一个正方形移动机器人（图中给出了参考点）的起始和目标位形；b）增长后的 C– 障碍物；c）$\mathcal{C}_{\text{free}}$ 的能见度图路线图 R；d）完整的图由 R 加上 q_{start} 和 q_{goal} 处的节点，以及将这些节点连接到 R 中可见节点的连接组成；e）搜索该图得到最短路径，最短路径用粗体表示；f）机器人沿路径前进时候的示意图

10.4　网格方法

像 A* 这样的搜索算法需要对搜索空间进行离散化。对 C– 空间最简单的离散化是网格。例如，如果位形空间为 n 维，并且我们希望沿着每个维度有 k 个网格点，则 C– 空间可由 k^n 个网格点表示。

通过下列微小修改之后，A* 算法可用作 C– 空间网格中的一个路径规划器：

- 必须选择网格点“邻居”的定义：机器人是否被约束为在位形空间中沿轴对齐方向移动，还是可以同时在多个维度上移动？例如，对于二维 C– 空间，邻居可以是 4– 连通的（在罗盘的基点上：东、西、南、北）或 8– 连通的（对角线方向连通），如图 10.10a 所示。如果允许沿对角线方向运动，应该适当地对对角邻居的成本进行惩罚。例如，东、西、南、北邻居的成本可以是 1，而对角邻居的成本可以是 $\sqrt{2}$ 。如果考虑到实现时的效率问题而需要整数成本，可以使用近似成本 5 和 7。
- 如果仅沿轴对齐方向运动，则启发式成本应基于**曼哈顿距离**（Manhattan distance）， 316 而不是欧几里德距离。曼哈顿距离计算（实现目的时）必须要行驶的“城市街区”的数量，并且其规则中不能使用通过街区的对角线，如图 10.10b 所示。
- 只有当从 `current` 节点到 `nbr` 节点这一步不存在碰撞时，才可将节点 `nbr` 添加到 `OPEN` 中（如果增长后的机器人在 `nbr` 处不与任何障碍物相交，则该步可认为是无碰撞的）。
- 由于已知的网格规则结构，其他优化是可能的。

基于网格的 A* 路径规划器是分辨率完备的：如果在 C– 空间的离散化水平上存在解，该规划器将找到该解。该路径将是允许运动下的最短路径。

图 10.10c 以图 10.2 中的 2R 型机器人为例，说明基于网格的路径规划。C– 空间由 $k=32$ 的网格表示，即每个关节的分辨率为 $360°/32=11.25°$ 。这总共生成了 $32^2=1024$ 个网格点。

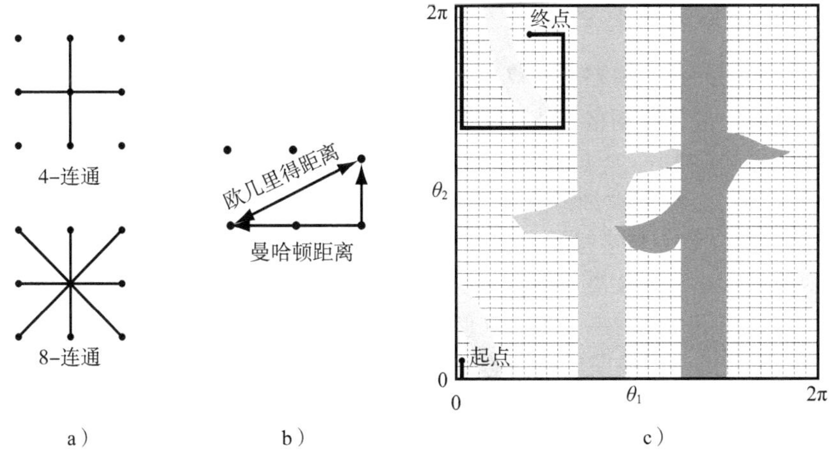

图 10.10 a）一个 4– 连通的网格点和一个 8– 连通的网格点，其中空间的维度 $n=2$；b）以单位间隔隔开的网格点，两点之间的欧几里德距离为 $\sqrt{5}$，而曼哈顿距离为 3；c）图 10.2 中问题的 C– 空间的网格表示和最小长度的曼哈顿距离路径

如上所述，基于网格的规划器是一个单查询规划器：它从头开始解决每个路径规划的查询。但是，如果相同的 q_{goal} 将在同一环境中用于多个路径规划查询，则可能需要对整个网格进行预处理，以启用快速路径规划。这就是**波前**（wavefront）规划器，如图 10.11 所示。

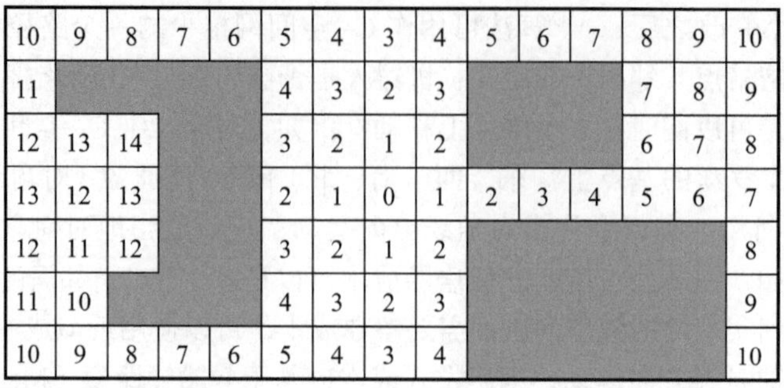

10	9	8	7	6	5	4	3	4	5	6	7	8	9	10
11					4	3	2	3				7	8	9
12	13	14			3	2	1	2				6	7	8
13	12	13			2	1	0	1	2	3	4	5	6	7
12	11	12			3	2	1	2						8
11	10				4	3	2	3						9
10	9	8	7	6	5	4	3	4						10

图 10.11 二维网格上的波前规划器。目标位形的分数为 0。那么，所有无碰撞的 4– 邻居的分数为 1。该过程继续，广度优先，每个自由邻居（目前还没有得分）分配的分数为它的父级分数加 1。一旦目标位形连通分支中的每个网格单元都分配了一个分数，从连接分支中的任何位置进行规划都是非常简单的：在每一步，机器人只需“下坡”移动到分数较低的邻居。发生碰撞的网格点获得高分

虽然基于网格的路径规划易于实现，但它仅适用于低维的 C– 空间。其原因是网格点的数量以及因此导致的路径规划器的计算复杂度，会随着维度 n 的增加呈指数级增长。
317 例如，如果分辨率 $k=100$，那么在维度为 $n=3$ 的 C– 空间中将会生成 k^n 个，也就是 100 万个网格节点，而 $n=5$ 时则会生成 100 亿个网格节点，$n=7$ 时则会生成 100 万亿个节点。一种替代方法是沿每个维度减小分辨率 k，但这将会使 C– 空间的表示变粗，从而可能错过自由路径。

10.4.1 多分辨率网格表示

降低基于网格的路径规划器计算复杂度的一种方法是：对 $\mathcal{C}_{\text{free}}$ 使用多分辨率网格表示。从概念上讲，如果以网格点为中心的直线单元的任何部分接触到 C– 障碍物，则该网格点被认为是障碍物。为了细化障碍物的表示，可以将障碍物单元细分为更小的单元。原始单元的每个维度被划分成两半，从而产生用于 n 维空间中的 2^n 个子单元。然后，任何仍然与 C– 障碍物接触的单元被进一步细分，直至达到指定的最大分辨率。

该表示的优点在于，仅障碍物附近的 C– 空间部分被细化为高分辨率，而远离障碍物的部分则通过较粗的分辨率表示。这使得规划器可以在杂乱的空间中使用短步长找到路径，同时在宽阔的空间中使用较大的步长。图 10.12 说明了这个想法，它只使用 10 个单元来表示一个障碍物；同一障碍物，如果使用相同分辨率的固定网格则需要使用 64 个单元来表示。

对于 $n=2$，这个多分辨率表示被称为**四叉树**（quadtree），因为每个障碍单元被细分为 $2^n=4$ 个单元。对于 $n=3$，每个障碍单元被细分为 $2^n=8$ 个单元，该表示被称为**八叉树**（octree）。

$\mathcal{C}_{\text{free}}$ 的多分辨率表示可以在搜索之前构建，或者在执行搜索时逐渐递增。在后一种情况下，如果发现从 `current` 到 `nbr` 节点这一步处于碰撞中，则可将步长减半，直到该
318 步无碰撞或达到最小步长。

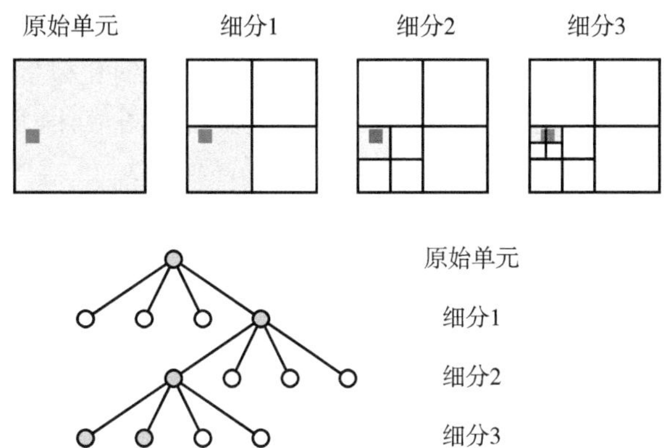

图 10.12 在原始 C– 空间的单元分辨率下，一个小障碍物（由黑色方块表示）导致整个单元都被标记为障碍物。将原始单元细分一次表明至少有 3/4 的单元区域实际上是非碰撞的。原始单元经过三层细分之后，得到总共使用 10 个单元的一个表示：处于 3 级细分的 4 个单元，处于 2 级细分的 3 个单元，以及处于 1 级细分的 3 个单元。浅灰色阴影标记的单元是最终表示中的障碍单元。原始单元格的细分在下图面板中显示为树，更准确地讲是个四叉树，其中树的叶子是表示中的最终单元格

10.4.2 有运动约束时的网格方法

上述基于网格的规划器在操作时有如下假设：机器人可以从常规 C– 空间网格中的一个单元到达任何与其相邻的单元。对于某些机器人而言，这可能是不可行的。例如，汽车无法在一步内到达位于其侧方的“邻居”单元。此外，快速移动的机械臂的动作，应该在状态空间、而不仅是 C– 空间中规划，其中考虑到机械臂的动力学。在状态空间中，机械臂不能在某些方向上移动（图 10.13）。

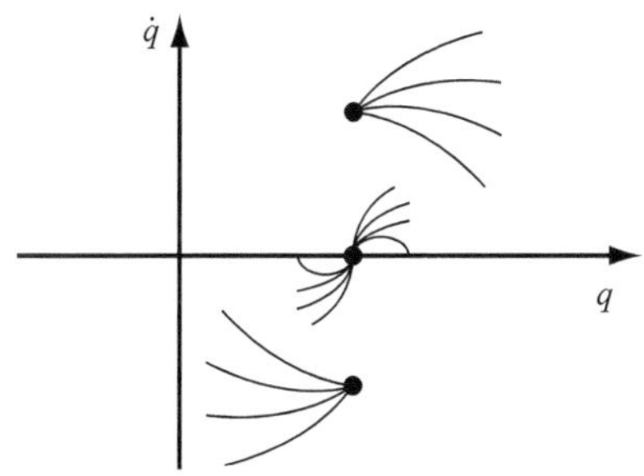

图 10.13 在动态系统的相空间 ($q \in \mathbb{R}$) 中，源自 3 个初始状态的样本轨迹。如果初始状态具有 $\dot{q}>0$，则轨迹不能立即向左移动（对应于 q 中的负运动）。类似地，如果初始状态具有 $\dot{q}<0$，则轨迹不能立即向右移动

当考虑到特定机器人的运动约束时，必须对基于网格的规划器进行调整以适应情况。特别地，这些约束可能生成有向图。一种方法是：在适当的时候，对机器人控制进行离散化，同时仍在 C– 空间或状态空间上使用网格。我们接下来将描述与轮式移动机器人和动态操作机械臂相关的细节。 319

1. 适用于轮式移动机器人的基于网格的路径规划

如 13.3 节所述，独轮车、差速驱动和类汽车机器人的简化模型的控制为 (v,ω)，即前后运动线速度和角速度。这些移动机器人的控制集合如图 10.14 所示。图中还以点的形式给出了控制的离散化。我们可以选择其他形式的离散化。

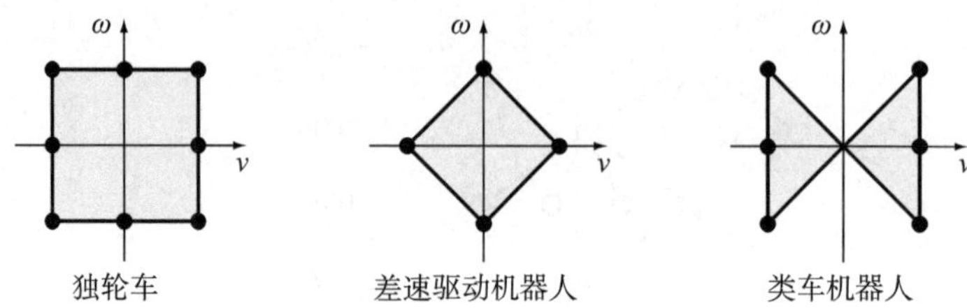

图 10.14　独轮车、差速驱动和类汽车机器人的控制集合的离散化

通过使用控制离散化，我们可以用 Dijkstra 算法的一种变体来求解短路径（算法 10.2）。

算法 10.2　轮式移动机器人的基于网格的 Dijkstra 算法规划器

1: OPEN $\leftarrow \{q_{\text{start}}\}$
2: past_cost[q_{start}] $\leftarrow 0$
3: counter $\leftarrow 1$
4: **while** OPEN is not empty and counter < MAXCOUNT **do**
5: 　current $\leftarrow$ first node in OPEN, remove from OPEN
6: 　**if** current is in the goal set **then**
7: 　　**return** SUCCESS and the path to current
8: 　**end if**
9: 　**if** current is not in a previously occupied C-space grid cell **then**
10: 　　mark grid cell occupied
11: 　　counter $\leftarrow$ counter + 1
12: 　　**for** each control in the discrete control set **do**
13: 　　　integrate control forward a short time Δt from current to q_{new}
14: 　　　**if** the path to q_{new} is collision-free **then**
15: 　　　　compute cost of the path to q_{new}
16: 　　　　place q_{new} in OPEN, sorted by cost
17: 　　　　parent[q_{new}] $\leftarrow$ current
18: 　　　**end if**
19: 　　**end for**
20: 　**end if**
21: **end while**
22: **return** FAILURE

通过将每个控制量在 Δt 时间内进行前向积分，搜索从 q_{start} 开始扩展，为无碰撞路径创建新节点。对于每个节点，跟踪用于到达该节点的控制和路径成本。到达新节点的路径成本是前一节点成本，current 节点成本以及动作成本之和。

对控制量的积分并不会将移动机器人移动到精确的网格点。相反，C– 空间网格在第 9 行和第 10 行中发挥作用。当扩展一个节点时，它所在的网格单元被标记为“已占用”。

随后，将从搜索中删除该被占用单元中的任何节点。这样可以防止搜索向以较低成本到达节点的周边节点扩展。

在搜索期间，将考虑不超过 MAXCOUNT 个节点，其中 MAXCOUNT 是用户选择的值。

应合理选择时间 Δt，使每个运动步长保持在较“小”水平。网格单元的大小应尽可能大，同时要能确保任何控制相对于时间 Δt 进行积分时，可将移动机器人移动到其当前网格单元之外。

当 current 节点位于目标区域之内时，或者（可能是因为障碍物的原因）没有剩余节点可以扩展时，或者已经考虑了 MAXCOUNT 个节点时，规划器结束运行。相对于我们选择的成本函数和问题中的其他参数而言，已找到的任何路径都是最优选择。由于障碍 320
物有助于指导探索，因此规划器在有些杂乱的空间中实际上会跑得更快。

图 10.15 中给出了汽车的运动规划中的一些示例。

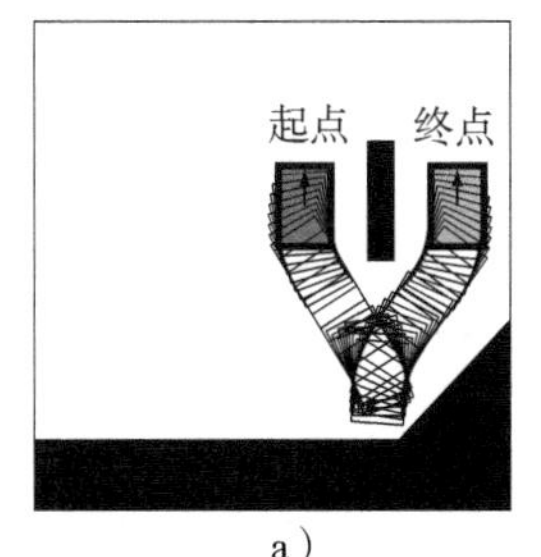

a）

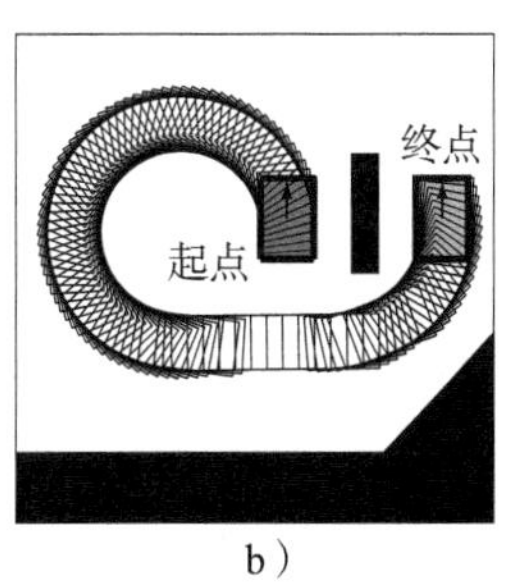

b）

图 10.15　a）一个类汽车机器人的最低成本路径；其中每个动作具有相同的成本，因此倾向于选取短路径；b）倒车受到惩罚情景下的最低成本路径；对倒车进行惩罚需要修改算法 10.2

2. 适用于机械臂的基于网格的运动规划

一种用于规划机械臂运动的方法是将问题分解为路径规划问题，然后对路径进行时间标度： 321

①应用基于网格路径规划器或其他路径规划器在 C– 空间中找到一条无障碍路径；

②对路径进行时间标度，找到遵循机器人动力学的最快轨迹，如第 9.4 节所述，或者使用任何不太激进的时间标度。

由于运动规划问题被分为两个步骤（路径规划以及之后的时间标度），因此合成运动通常不是时间最优的。

另一种方法是直接在状态空间中进行规划。给定机械臂的状态 $(q,\dot{q})$，令 $\mathcal{A}(q,\dot{q})$ 表示在基于有限关节力矩情况下的可行加速度集合。为了使控制量离散化，集合 $\mathcal{A}(q,\dot{q})$ 与下列形式的网格点相交

$$\sum_{i=1}^{n} ca_i\hat{\mathrm{e}}_i$$

式中，c 是整数，$a_i>0$ 是在 $\ddot{q}_i$ 方向的加速度步长，$\hat{\mathrm{e}}_i$ 是在第 i 个方向的单位向量（图 10.16）。

当机器人运动时，加速度集合 $\mathcal{A}(q,\dot{q})$ 发生改变，但网格保持不变。因为这一原因，

并且假设在运动规划过程中，每一“步”的积分时间 Δt 的大小恒定不变，机器人的可达状态（在任意整数步之后）被限制在状态空间中的一个网格中。为了看清这一点，考虑机器人的单个关节角度 q_1，并且为了简单起见假设初始速度为零，即 $\dot{q}_1(0)=0$。在时间步长为 k 时，其速度具有下列形式

$$\dot{q}_1(k)=\dot{q}_1(k-1)+c(k)a_1\Delta t$$

式中，$c(k)$ 是有限整数集中的任意值。通过数学归纳法，任何时间步的速度必须具有 $a_1k_v\Delta t$ 的形式，其中 k_v 为整数。当时间步为 k 时，其位置具有下列形式

$$q_1(k)=q_1(k-1)+\dot{q}_1(k-1)\Delta t+\frac{1}{2}c(k)a_1(\Delta t)^2$$

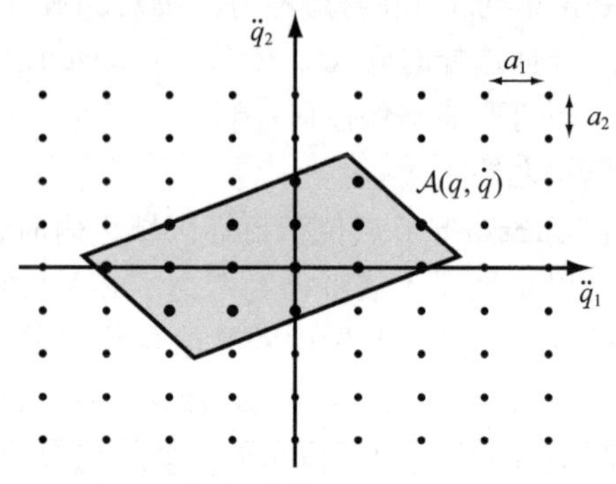

图 10.16 双关节机器人的瞬时可用加速度集 $\mathcal{A}(q,\dot{q})$，该集合与在 $\ddot{q}_1$ 和 $\ddot{q}_2$ 方向分别与间隔为 a_1 和 a_2 距离的网格相交，这给出了离散控制动作（图中表示为尺寸较大的点）

将前一个等式中的速度代入，我们发现任何时间步的位置必须具有 $a_1k_p(\Delta t)^2/2+q_1(0)$ 这
322 种形式，其中 k_p 为整数。

为了找到一条从起始节点到目标集合的轨迹，可以采用广度优先搜索，在状态空间节点上创建一个搜索树。当从状态空间中的一个节点 $(q,\dot{q})$ 进行探索时，对集合 $\mathcal{A}(q,\dot{q})$ 进行评估，以找到关于控制动作的离散集合。通过对控制动作在 Δt 时间内进行积分来创建新节点。如果节点发生碰撞或者如果先前已到达该节点（即通过一条花费相同或更少时间的轨迹），则丢弃该节点。

由于关节角和角速度是有界的，状态空间网格是有限的，因此可以在有限时间内完成搜索。规划器是分辨率完整的，并返回最优时间轨迹，它遵从控制网格中指定的分辨率和时间步长 Δt。

控制网格步长 a_i 必须选得足够小，从而能使对于任何可行状态 $(q,\dot{q})$ 而言，$\mathcal{A}(q,\dot{q})$ 包含控制网格的一个代表性点集。为控制量选择更精细的网格，或者更小的时间步长 Δt，这将在状态空间中创建更为精细的网格，因而我们在障碍物中找到解的可能性更高。它还允许选取较小的目标集，同时保持状态空间网格点位于集合中。

更精细的离散化需要花费更多的计算成本。如果控制离散化的分辨率在每个维度中增加系数 r（即每个 a_i 缩减为 a_i/r），同时将时间步长的大小除以系数 τ，则在给定的运动时间段内，机器人用于增长搜索树的计算时间会增加 $r^{n\tau}$ 倍，其中 n 是机器人关节的总数目。例如，对于三关节机器人，将控制网格分辨率增加 $r=2$ 倍，同时将时间步长减小到 $\frac{1}{4}$，即 $\tau=4$，这将导致完成搜索的时间可能增大到先前的 $2^{3\times4}=4096$ 倍。规划器的高计算复杂度使其多自由度（多于几个）情形中变得不切实际。

上面的描述中忽略了一个重要问题：可行控制集 $\mathcal{A}(q,\dot{q})$ 在一个时间步期间会发生变化，因而在时间步起始时选择的控制，在时间步结束时可能不再可行。正因如此，应该

转而使用保守近似 $\tilde{\mathcal{A}}(q,\dot{q}) \subset \mathcal{A}(q,\dot{q})$ 。无论选择哪种控制动作，该集合在一个时间步期间内都应该是可行的。如何确定这样的保守近似 $\tilde{\mathcal{A}}(q,\dot{q})$ ，这超出了本章的范围，但它与机械臂质量矩阵 $M(q)$ 随 q 的变化速度以及机器人运动的速度快慢界限有关。当速度 $\dot{q}$ 较低且持续时间 Δt 较短时，保守集 $\tilde{\mathcal{A}}(q,\dot{q})$ 与 $\mathcal{A}(q,\dot{q})$ 十分接近。

10.5 采样方法

上面讨论的每种基于网格的方法，提供了在所选离散化条件限制下的最优解。然而，这些方法的缺点在于，它们的计算复杂度很高，使得它们不适用于具有自由度多于几个的系统。 323

一种不同类型的规划器（称为采样方法），它依赖于下列函数：用于从 C– 空间或状态空间中选取样本的一个随机函数或确定性函数；用于评估样本是否在 $\mathcal{X}_{\text{free}}$ 空间中的一个函数；用于确定附近的先前自由空间样本的一个函数；以及一个简单的局部规划器，它试图（从先前样本）连接或移动到新样本。这些函数用于构建表示机器人可行运动的图或树。

采样方法通常放弃网格搜索分辨率上的最优解，以换取在高维状态空间中快速找到满意解的能力。选择样本以形成路线图或搜索树，我们使用比固定高分辨率网格通常所需样本数更少的样本来快速近似自由空间 $\mathcal{X}_{\text{free}}$ ，其中网格点的数量随搜索空间的维度呈指数增长。大多数采样方法在概率上是完整的：当存在样本时，随着样本数量趋向于无穷大，找到解的概率趋于 100%。

两种主要的采样方法是快速探索随机树（RRT，Rapidly exploring Random Tree）和概率路线图（PRM，Probabilistic RoadMap）。前者使用树来表示在 C– 空间或状态空间中进行的单查询规划，而概率路线图 PRM 主要是为多查询规划创建路线图的 C– 空间规划器。

10.5.1 RRT 算法

RRT 算法通过搜索，寻找从初始状态 x_{start} 到目标集 $\mathcal{X}_{\text{goal}}$ 的无碰撞运动。它适用于状态 x 为位形 q 的运动学问题，也适用于动态问题，其中状态包括速度。如算法 10.3 中所述，基本的 RRT 算法从 x_{start} 生成单个树。

算法 10.3 RRT 算法

initialize search tree T with x_{start}
while T is less than the maximum tree size **do**
  $x_{\text{samp}} \leftarrow$ sample from $\mathcal{X}$
  $x_{\text{nearest}} \leftarrow$ nearest node in T to x_{samp}
  employ a local planner to find a motion from x_{nearest} to x_{new} in the direction of x_{samp}
  if the motion is collision-free **then**
    add x_{new} to T with an edge from x_{nearest} to x_{new}
    if x_{new} is in $\mathcal{X}_{\text{goal}}$ **then**
      return SUCCESS and the motion to x_{new}
    end if

```
11:   end if
12: end while
13: return FAILURE
```

在运动学问题的典型实现中（其中 x 为 q），算法第 3 行中的采样器从 $\mathcal{X}$ 的一个几乎均匀分布（略微偏向 $\mathcal{X}_{\text{goal}}$ 中的状态）中随机选取 x_{samp}。搜索树 T（第 4 行）中的最近节点 x_{nearest} 是能使得到 x_{samp} 的欧几里德距离最小化的节点。选择状态 x_{new}（第 5 行）作为从直线上 x_{nearest} 点到 x_{samp} 的一个小距离 d 的状态。因为 d 很小，所以一个非常简单的局部规划器（例如，返回直线运动的一个规划器）通常会找到将 x_{nearest} 连接到 x_{new} 的运动。如果运动中不存在碰撞，则将新状态 x_{new} 添加到搜索树 T。

总的效果是，几乎均匀分布的样本将树向样本“拉”近，使得树能快速探索 $\mathcal{X}_{\text{free}}$。图 10.17 中给出了这种拉动对探索的影响的一个例子。

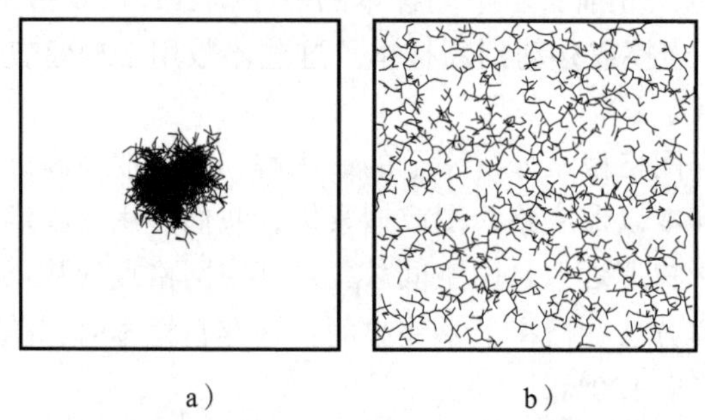

图 10.17　a）通过对一个随机选择的树节点施加均匀分布的随机运动而生成的树不会探索很远；b）由 RRT 算法、通过从均匀分布中随机抽取样本而生成的树。两棵树都有 2000 个节点。图片来自文献（LaValle 和 Kuffner，1999），经许可使用

RRT 基本算法给程序员留下了多种选择：如何从 $\mathcal{X}$ 中采样（第 3 行），如何在 T 中定义“最近”节点（第 4 行），如何规划运动从而向 x_{samp} 前进（第 5 行）。例如，即使对采
324 样方法进行少许更改，也会使规划器的运行时间发生巨大变化。文献中已基于这些选择和其他变化，提出了各种各样的规划器。下面对这些变种中的一些进行描述。

1. 第 3 行：采样器

最明显的采样器是从 $\mathcal{X}$ 的均匀分布中随机取样。这对于下列情况而言是直截了当的：欧几里德 C- 空间 $\mathbb{R}^n$ 和 n 关节机器人 C- 空间 $T^n = S^1 \times \cdots \times S^1 (n次)$，我们可以选择关于每个关节角的均匀分布；对于平面中的移动机器人，其 C- 空间为 $\mathbb{R}^2 \times S^1$，我们可以分别在 $\mathbb{R}^2$ 和 S^1 上选均匀分布。均匀分布这一概念对其他一些弯曲 C- 空间而言，如
325 $SO(3)$，并不那么简单明了。

对于动态系统而言，其状态空间上的均匀分布，可以定义为 C- 空间上的均匀分布和有界速度集上的均匀分布的叉积。

尽管“快速探索随机树”这一名称源于随机采样策略这一概念，但事实上样本并不需要随机生成。例如，可采用确定性采样方案，在 $\mathcal{X}$ 上生成逐渐细化的（多分辨率）

网格。为了反映这种更为普遍的观点，该方法被称为快速探索密集树（RDT，Rapidly-exploring Dense Tree），其目的是用于强调样本最终会在状态空间中变得密集（即当样本数量变为无穷大时，样本变得任意接近 $\mathcal{X}$ 中的每一点）这一关键点。

2. 第 4 行：定义最近节点

找到“最近”节点取决于 $\mathcal{X}$ 中距离的定义。对于 $\mathcal{C}=\mathbb{R}^n$ 中的无约束运动学机器人，对于两点间距离的一个自然选择就是欧氏距离。对于其他空间，如何选择并不太明显。

例如，对于一个类汽车机器人，其 C– 空间为 $\mathbb{R}^2\times S^1$，下列哪个位形更为接近位形 x_{samp}：相对于 x_{samp} 旋转 20 度而得到的一个位形，在 x_{samp} 正后方 2 米处的一个位形，或者在其正侧方 1 米处的那个位形（图 10.18）？由于运动约束限制了原地旋转或直接向侧方移动，因此在其正后方 2 米处的位形，其位置最适宜于向 x_{samp} 发展。因此，定义距离这一概念需要：

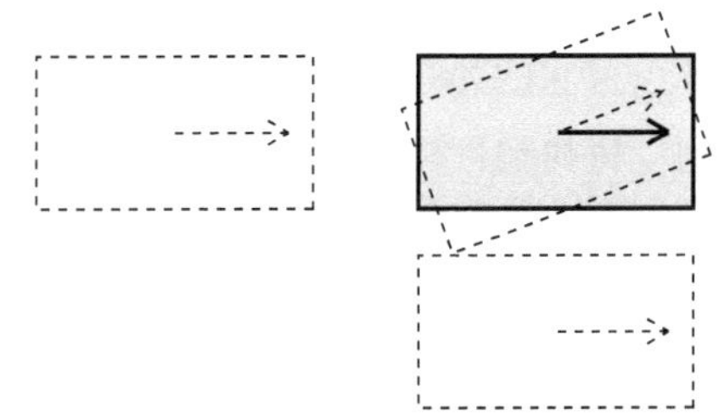

图 10.18　汽车的 3 种虚线位形中哪一种与灰色位形“最接近”

- 将不同单位（例如，度、米、度 / 秒、米 / 秒）的组件组合成单个距离度量；
- 考虑机器人的运动约束。

最近节点 x_{nearest} 可能应该定义为：能最快到达 x_{samp} 的节点，但是计算它与求解运动规划问题一样困难。

对于从 x 到 x_{samp} 的距离度量，一个简单选择是：沿 $x_{\text{samp}}-x$ 的不同分量，取其距离的加权之和。权重表示不同分量的相对重要性。对机器人从状态 x 出发、在有限时间内可到达的状态集，如果我们对其信息知道更多，那么该信息可用于确定最近节点。无论如何，应该快速计算最近节点。寻找最近邻点是计算几何中的常见问题，可以使用各种算法（例如 kd 树和哈希）来有效求解。 326

3. 第 5 行：局部规划器

局部规划器的工作是寻找从 x_{nearest} 到某个点 x_{new} 的运动，其中点 x_{new} 距离 x_{samp} 更为接近。规划器应该简单且能够快速运行。下面给出 3 个例子。

- **直线规划器**。该规划是到 x_{new} 的直线，可以选在 x_{samp} 处，也可以选在位于连接 x_{nearest} 和 x_{samp} 的直线上，且距离 x_{nearest} 为固定距离 d 的地方。适用于没有运动约束的运动学系统。
- **离散控制规划器**。对于具有运动约束的系统，如轮式移动机器人或动态系统，控制可以离散化为离散集 $\{u_1,u_2,\ldots\}$，正如在具有运动约束的网格方法中那样（第 10.4 节中图 10.14 和图 10.16）。使用 $\dot{x}=f(x,u)$，将每个控制从 x_{nearest} 起在固定时间段 Δt 内积分。在没有碰撞的情况下所能到达的新状态中，选择最为接近 x_{samp} 的状态为 x_{new}。
- **轮式机器人规划器**。对于轮式移动机器人，可以使用 Reeds-Shepp 曲线来找到局部规划，如第 13.3 节所述。

可以设计其他针对特定机器人的局部规划器。

4.RRT 的其他变种

基本 RRT 算法的性能，在很大程度上取决于采样方法、距离测量和局部规划器的选择。除了这些选择之外，基本 RRT 的另外两个变体概述如下。

（1）双向 RRT

双向 RRT 生长两棵树：一个从 x_{start} “向前”生长，一个从 x_{goal} “向后”生长。该算法在生长前向树和生长后向树之间交替，并且经常尝试通过从另一个树中选择 x_{samp} 来连接两个树。该方法的优点在于：可以准确地达到单个目标状态 x_{goal}，而不仅仅是目标集 $\mathcal{X}_{goal}$。它的另一个优点是：在许多环境中，两棵树找到彼此的速度，很可能比单个“前向”树找到目标集的速度更快。

该方法的主要问题是：局部规划器可能无法准确地连接两棵树。例如，第 10.5 节中的离散化控制规划器，要想精确地为另一树中的节点创建运动的可能性极低。在这种情
327 况下，当两棵树上存在足够接近的点时，可以认为两棵树或多或少地连接在一起。可以返回一个“破碎的”不连续轨迹，并用平滑方法对其修补（第 10.8 节）。

（2）RRT*

一旦找到一个到达 $\mathcal{X}_{goal}$ 的运动，基本 RRT 算法就返回 SUCCESS。另一种方法是：继续运行算法，同时只有当达到另一个终止条件时（例如，到达最大运行时间或达到最大树），才终止搜索。这样，可以返回最低成本运动。通过这种方式，随着时间的推移，RRT 解可以继续得到改进。但是，由于树中的边不会被删除或更改，因此 RRT 通常不会收敛到最优解。

RRT* 算法是单树 RRT 的变体，它不断地对搜索树进行重新连接，以确保它始终能对从 x_{start} 出发到树中每个节点的最短路径进行编码。这个基本方法适用于没有运动约束的 C– 空间路径规划，它允许从任何节点到任何其他节点的精确路径。

为了将 RRT 修改为 RRT*，RRT 算法的第 7 行（在 T 中插入 x_{new}，并将 $x_{nearest}$ 和 x_{new} 用边连接）被对 T 中所有足够接近 x_{new} 的节点 $x \in \mathcal{X}_{near}$ 进行的一个测试所替换。创建从 $x \in \mathcal{X}_{near}$ 连到 x_{new} 的边，其中要用到满足下列条件的局部规划器：①具有无碰撞运动；②使得从 x_{start} 到 x_{new} 路径的总成本最小化，而不仅是添加边缘的成本。总成本是达到候选 $x \in \mathcal{X}_{near}$ 的成本加上新边的成本。

下一步是考虑每个 $x \in \mathcal{X}_{near}$，看是否可以通过穿过 x_{new} 的一个运动、以较低的成本达到该点。如果是这样，x 的父节点更换为 x_{new}。通过这种方式，对树逐步重新布线，这有利于使用迄今为止可行的最低成本运动来替代消除高成本运动。

$\mathcal{X}_{near}$ 的定义取决于树中的样本数、采样方法的详细信息、搜索空间的维度以及其他因素。

与 RRT 不同的是，RRT* 提供的解随样本节点数量的增加而接近最优解；与 RRT 一样的是，RRT* 算法在概率上是完备的。图 10.19 演示了在 $\mathcal{C}=\mathbb{R}^2$ 的一个简单示例中，RRT* 与 RRT 的重新布线行为。

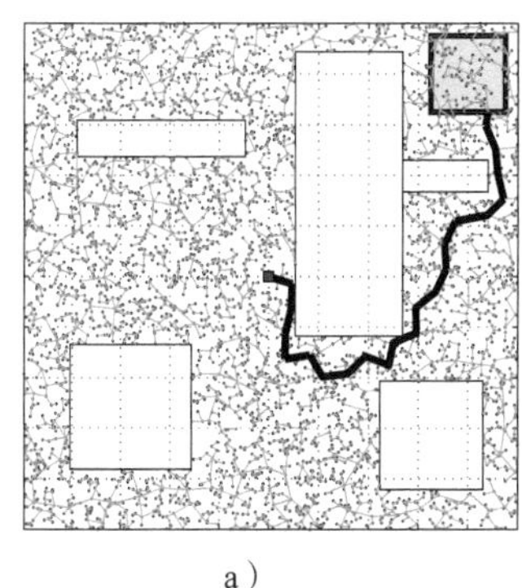

a）

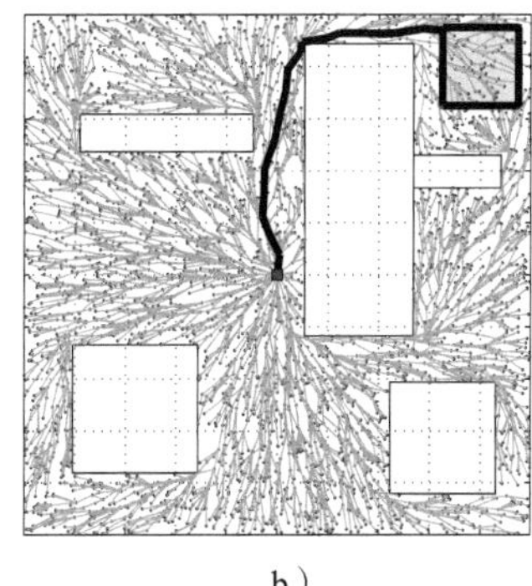

b）

图 10.19 a）5000 个节点后由 RRT 生成的树。目标区域是右上角的正方形，图中给出了最短路径；b）5000 个节点后由 RRT* 生成的树。图片来自（Karaman 和 Frazzoli，2010），经许可使用

10.5.2 概率路线图 PRM 算法

在回答任何特定查询之前，PRM 使用采样来构建 $\mathcal{C}_{\text{free}}$ 的路线图表示（第 10.3 节）。路线图是一个无向图：机器人可沿任何方向从一个节点精确地移动到下一个节点。出于这个原因，PRM 主要适用于运动学问题，其中存在精确的局部规划器，可以求解得到从任何 q_1 到任何其他 q_2 的路径（其中忽略障碍物）。最简单的例子是：不受运动学约束的机器人的直线规划器。

构建路线图后，将特定的起始节点 q_{start} 添加到图形中；这可以通过尝试将其连接到路 328
线图，从最近的节点开始。对目标节点 q_{goal} 也执行相同的操作。然后搜索该图形以寻找一条路径，这通常使用 A* 算法。因此，一旦构建好了路线图，就可以有效地回复查询。

相对于使用高分辨率网格表示来构建路线图，使用 PRM 来构建路线图可能更为快速有效。其原因是：局部规划器在给定位形处，“可见”的 C– 空间体积比通常不随 C– 空间的增大呈现指数性地减小。

算法 10.4 中概述了用于构建具有 N 个节点的路线图 R 的算法，图 10.20 中给出了该算法。

算法 10.4 PRM 路线图构建算法（无向图）

for $i = 1, \ldots, N$ **do**
    $q_i \leftarrow$ sample from $\mathcal{C}_{\text{free}}$
    add q_i to R
end for
for $i = 1, \ldots, N$ **do**
    $\mathcal{N}(q_i) \leftarrow k$ closest neighbors of q_i
    for each $q \in \mathcal{N}(q_i)$ **do**
        if there is a collision-free local path from q to q_i and there is not already an edge from q to q_i **then**
            add an edge from q to q_i to the roadmap R
        end if
    end for

```
end for
return R
```

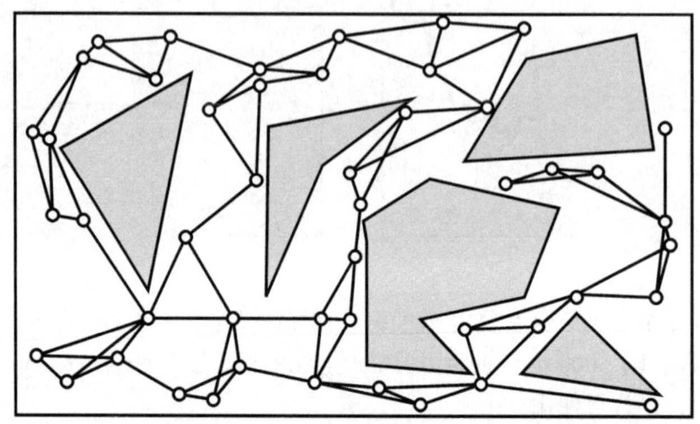

图 10.20 在 $\mathcal{C}=\mathbb{R}^2$ 中的点型机器人的 PRM 路线图示例。考虑连接到样本节点 q 的 k=3 个最近邻点。节点的级数可以大于 3，因为它可能是许多节点的邻点

PRM 路线图构建算法中的一个关键选择是：如何从自由空间 $\mathcal{C}_{\text{free}}$ 中采样。虽然默认值可能是从 $\mathcal{C}$ 上的均匀分布中随机采样并去除存在碰撞的那些位形；但相关研究已经表明，在障碍物附近更密集地采样可以提高通过狭窄通道的可能性，从而能显著地减少合理表示 $\mathcal{C}_{\text{free}}$ 连通性所需的样本数量。另一种选择是确定性多分辨率采样。

10.6 虚拟势场

虚拟势场法源于自然界中潜在能量场的启发，如重力场和磁场。从物理学中我们知
329 道，在 $\mathcal{C}$ 上定义的势场 $\mathcal{P}(q)$ 会产生一个力 $F=-\partial\mathcal{P}/\partial q$，它驱使物体从高势能位置移动到低势能位置。例如，如果 h 是在均匀重力势场（$g=9.81\ \text{m/s}^2$）内相对于地球表面的高度，那么质量 $\mathfrak{m}$ 的重力势能为 $\mathcal{P}(h)=\mathfrak{m}gh$，作用于该质量上的力为 $F=-\partial\mathcal{P}/\partial q=-\mathfrak{m}g$。该力会使质量落到地球表面。

在机器人运动控制中，为目标位形 q_{goal} 分配较低的虚拟势场，为障碍物分配较高的虚拟势场。对机器人施加一个与虚拟势场的负梯度成正比的力，会自然地将机器人推向目标并远离障碍物。

虚拟势场与我们迄今为止看到的规划器截然不同。通常，我们可以快速计算场的梯
330 度，因此可以实时计算出运动（反应控制），而不是提前规划。通过适当的传感器，该方法甚至可以处理移动中或意外出现的障碍物。（虚拟势场）基本方法的缺点在于：即使存在到目标的可行运动，机器人也可能被卡在势场的局部最小值处而远离目标。在某些情况下，我们可以设计势场，来保证唯一的局部最小值即位于目标处，从而消除这个问题。

10.6.1 C– 空间中的点

作为开始，让我们假设一个质点型机器人位于其 C– 空间中。目标位形 q_{goal} 通常编码为：目标处能量为零的二次势能“碗”

$$\mathcal{P}_{\text{goal}}(q)=\frac{1}{2}(q-q_{\text{goal}})^{\mathrm{T}}K(q-q_{\text{goal}})$$

式中，K 是对称的正定加权矩阵（例如，单位矩阵）。这种势场引起的力为

$$F_{\text{goal}}(q)=-\frac{\partial\mathcal{P}_{\text{goal}}}{\partial q}=K(q_{\text{goal}}-q)$$

它是与目标距离成比例的吸引力。

由 C– 障碍物 $\mathcal{B}$ 引起的排斥势能可以根据到障碍物的距离 $d(q,\mathcal{B})$ 计算得出（第 10.2 节）

$$\mathcal{P}_{\mathcal{B}}(q)=\frac{k}{2d^2(q,\mathcal{B})} \tag{10.3}$$

式中，$k>0$ 是缩放因子。势的定义仅对障碍物外的点 $d(q,\mathcal{B})>0$ 是合理的。障碍物势引起的力为

$$F_{\mathcal{B}}(q)=-\frac{\partial\mathcal{P}_{\mathcal{B}}}{\partial q}=\frac{k}{d^3(q,\mathcal{B})}\frac{\partial d}{\partial q}$$

将吸引型的目标势能和排斥型的障碍势能相加，获得总的势能

$$\mathcal{P}(q)=\mathcal{P}_{\text{goal}}(q)+\sum_i\mathcal{P}_{\mathcal{B}_i}(q)$$

这生成了一个总力

$$F(q)=F_{\text{goal}}(q)+\sum_i F_{\mathcal{B}_i}(q)$$

请注意，吸引力和排斥力之和可能不会在 q_{goal} 处给出最小值（零力）。此外，通常对最人势能和最大力进行限制，因为不这样做的话，简单的障碍物势能（10.3）会在靠近障碍物的边界处产生无限大的势能和力。

假设在 $\mathbb{R}^2$ 空间中存在 3 个圆形障碍物，空间中一点所对应的势场如图 10.21 所示。势场的等高线图清楚地给出了：空间中心附近的全局最小值（靠近标有 + 的目标），左侧两个障碍物附近的局部最小值，以及位于障碍物附近的鞍点（在某方向达到最大值、但在另一方向上达到最小值的临界点）。鞍点通常不是问题，因为小的扰动就能使运动继续向目标前进。然而，远离目标的局部最小值将会是一个问题，因为它们会对附近的状态施加吸引力。 331

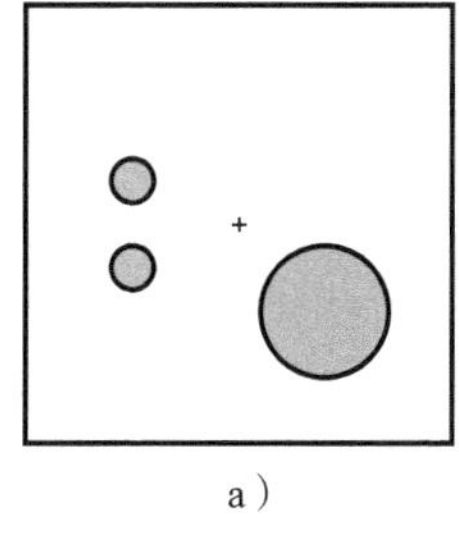

a）

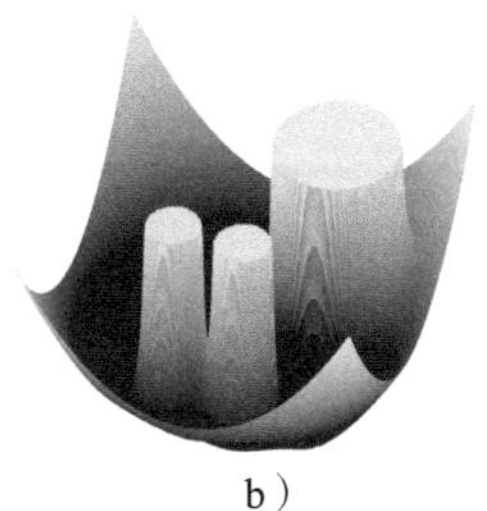

b）

图 10.21　a）$\mathbb{R}^2$ 中的 3 个障碍物和一个目标点，目标点用 + 标记；b）将机器人拉向目标的碗形势能与 3 个障碍物的排斥势能相加之后得到的总势场，势函数在指定的最大值处饱和；c）势函数的等高线图，图中给出了全局最小值，局部最小值以及 4 个鞍点：它们位于每个障碍物与工作空间的边界之间以及两个小障碍物之间；d）势函数引发的力

c）

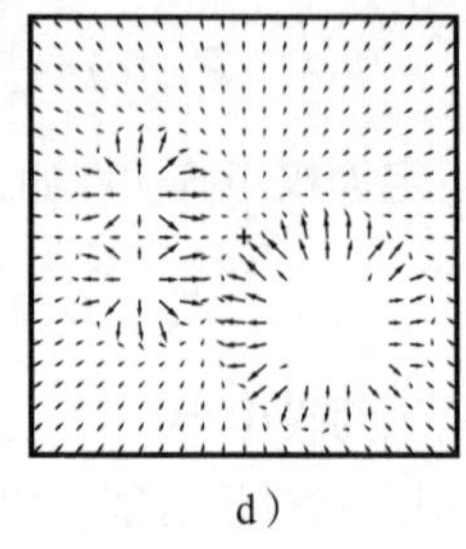

d）

图 10.21 （续）

为了使用计算得到的 $F(q)$ 来实际地控制机器人，我们有几个选项，其中的两个选项是：

- 应用计算出的力加阻尼

$$u=F(q)-B\dot{q} \tag{10.4}$$

如果 B 为正定，那么对于所有的 $\dot{q}\neq 0$，它会消耗能量，从而减少振荡并保证机器人最终将会停下来。如果 $B=0$，机器人将会继续运动，同时总能量保持恒定，总的能量是初始动能 $\frac{1}{2}\dot{q}^T(0)M(q(0))\dot{q}(0)$ 和初始虚拟势能 $\mathcal{P}(q(0))$ 的两者总和。

332

使用控制律（10.4）得到机器人的运动，可以看作是在重力作用下、在图 10.21 的势表面上滚动的球，其中耗散力为滚动摩擦力。

- 将计算得到的力视为指令速度

$$\dot{q}=F(q) \tag{10.5}$$

这会自动消除振荡。

使用简单的障碍物势能（10.3），即使是远处的障碍物，也会对机器人的运动产生影响。为了加快对排斥项的计算，可以忽略远处的障碍。我们可以定义障碍物的影响范围为 $d_{\text{range}}>0$，以便使所有 $d(q,\mathcal{B})\geqslant d_{\text{range}}$ 所引起的势能为零，具体如下：

$$U_{\mathcal{B}}(q)=\begin{cases}\dfrac{k}{2}\left(\dfrac{d_{\text{range}}-d(q,\mathcal{B})}{d_{\text{range}}d(q,\mathcal{B})}\right)^2 & \text{当 } d(q,\mathcal{B})<d_{\text{range}}\\ 0 & \text{其他}\end{cases}$$

另一个问题是：$d(q,\mathcal{B})$ 及其梯度通常难以计算。第 10.6 节描述了处理此问题的方法。

10.6.2　导航函数

势场方法的一个重要问题是局部最小值。虽然势场可能适合于相对整洁的空间，或者是需对意外障碍物作出快速响应的场景，但在许多实际应用中，它们可能会使机器人陷入局部最小值。

避免此问题的一种方法是使用图 10.11 中的波前规划器。波前算法通过在自由空间的网格表示中对从目标单元可达的每个单元进行广度优先遍历，从而创建不存在局部最小值的势函数。因此，如果运动规划问题存在解，那么只需在每一步中执行“下坡”运动，就可使机器人达到目标。

用于无局部最小值的梯度跟踪的另一种方法，是基于用**导航函数**（navigation

function）来替换虚拟势函数。导航函数 $\varphi(q)$ 是满足下列条件的一种虚拟势能函数：

①在 q 上是平滑的（或至少两次可微）；

②在所有障碍物的边界上具有有界的最大值（例如 1）；

③在 q_{goal} 处有一个最小值；

④在所有满足 $\partial\varphi/\partial q=0$（即 $\varphi(q)$ 是 Morse 函数）的临界点 q 处，Hessian 矩阵 $\partial^2\varphi/\partial q^2$ 满秩。 333

条件①确保存在 Hessian 矩阵 $\partial^2\varphi/\partial q^2$。条件②对机器人的虚拟势能施加上限。关键条件是③和④，条件③确保在 $\varphi(q)$ 的所有临界点（包括最小值、最大值和鞍点）中只有一个最小值，它位于 q_{goal} 处。这确保了 q_{goal} 至少在局部具有吸引力。可能存在沿方向子集达到最小值的鞍点，但是条件④确保被吸引到任何鞍点的初始状态集的内部为空（零测度），因此几乎每个初始状态都收敛到唯一的最小值 q_{goal}。

虽然构造仅具有单个最小值的导航势函数是非常重要的，文献（Rimon 和 Kodischek，1991）展示了如何为 n 维 $\mathcal{C}_{free}$ 空间这一特定情况构造导航函数，所述 n 维 $\mathcal{C}_{free}$ 空间由半径为 R 的 n 维球内的所有点以及外部的较小球形障碍物 $\mathcal{B}_i$ 组成，其中 $\mathcal{B}_i$ 的球心为 q_i，半径为 r_i，即 $\mathcal{C}_{free}$ 为 $\{q\in\mathbb{R}^n \,|\, 对于所有i, \|q\|<R且\|q-q_i\|>r_i\}$，这被称为**球形世界**（sphere world）。虽然真正的 C– 空间不太可能是一个球形世界，但 Rimon 和 Koditschek 表明，障碍物的边界和相关的导航函数可以变形为更广泛的星形障碍物。星形障碍物是中心点与障碍物边界上的任何点间的线段能被完全包含在障碍物内的障碍物。**星形世界**（star world）是具有星形障碍物的一个星形 C– 空间。因此，寻找任意星形世界的导航函数，可以简化为寻找用于“模型”球形世界（其中心位于星形障碍物的中心）的导航函数，然后将导航函数拉伸并变形为适合星形世界的导航函数。Rimon 和 Koditschek 给出了一个系统化程序来实现这一目标。

图 10.22 给出了在 $\mathcal{C}\subset\mathbb{R}^2$ 情形下，模型球形世界的导航函数变形为星形世界的导航函数。

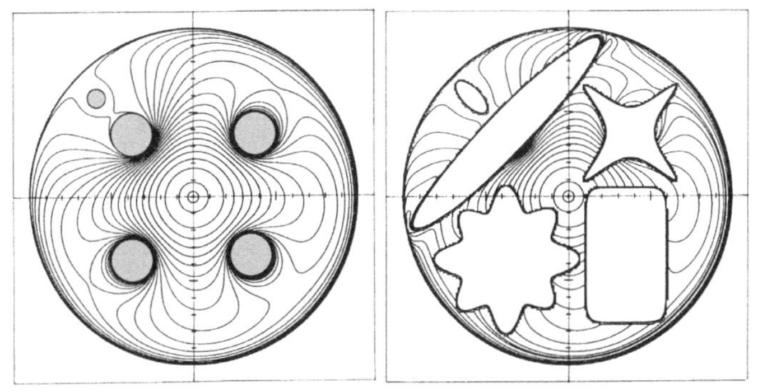

图 10.22 a）具有 5 个圆形障碍物的模型“球形世界”。图中给出了导航函数的等高线图。目标位于 (0,0) 处。请注意，障碍物会在障碍物附近产生鞍点，但其中并不存在局部最小值；b）通过在保持导航函数的同时，使障碍物和势能变形而获得的“星形世界”。该图来自文献（Rimon 和 Kodischek，1991），经美国数学学会许可使用

10.6.3 工作空间中的势能

计算来自障碍物的排斥力的困难之处在于：如何获得到障碍物的距离 $d(q,\mathcal{B})$。避免精确计算的一种方法是：将障碍物的边界表示为一组点障碍物，并通过一小组控制点来表示机器人。将机器人上的控制点 i 的笛卡儿位置写为 $f_i(q)\in\mathbb{R}^3$，障碍物的边界点 j 为 $c_j\in\mathbb{R}^3$。那么这两点之间的距离为 $\|f_i(q)-c_j\|$，在控制点 i 处由障碍点 j 而引起的势能为

$$\mathcal{P}'_{ij}(q)=\frac{k}{2\|f_i(q)-c_j\|^2}$$

它在控制点处产生排斥力

$$F'_{ij}(q)=-\frac{\partial\mathcal{P}'_{ij}}{\partial q}=\frac{k}{\|f_i(q)-c_j\|^4}\left(\frac{\partial f_i}{\partial q}\right)^{\mathrm{T}}(f_i(q)-c_j)\in\mathbb{R}^3$$

334 为了将线性力 $F_{ij}'(q)\in\mathbb{R}^3$ 转化为作用于机器人手臂或移动机器人上的广义力 $F_{ij}(q)\in\mathbb{R}^n$，我们首先找到雅可比矩阵 $J_i(q)\in\mathbb{R}^{3\times n}$，它将 $\dot{q}$ 与控制点的线速度 $\dot{f}_i$ 相关联，即

$$\dot{f}_i=\frac{\partial f_i}{\partial q}\dot{q}=J_i(q)\dot{q}$$

根据虚功原理，由排斥线性力 $F'_{ij}(q)\in\mathbb{R}^3$ 而引起的广义力 $F_{ij}(q)\in\mathbb{R}^n$ 为

$$F_{ij}(q)=J_i^{\mathrm{T}}(q)F'_{ij}(q)$$

现在，很容易计算出作用在机器人上的总力 $F(q)$，它是吸引力 $F_{\mathrm{goal}}(q)$ 和所有 i 和 j 对应的排斥力 $F_{ij}(q)$ 的总和。

10.6.4 轮式移动机器人

前面的分析假设控制力 $u=F(q)-B\dot{q}$（控制律（10.4））或速度 $\dot{q}=F(q)$（控制律（10.5））可以在任何方向上施加。如果机器人是受滚动约束 $A(q)\dot{q}=0$ 作用的轮式移动机器人，则必须将计算得到的 $F(q)$ 投影到将机器人切向移动到约束的控制 $F_{\mathrm{proj}}(q)$。对于采用控制律 $\dot{q}=F_{\mathrm{proj}}(q)$ 的运动学机器人，一个合适的投影为

$$F_{\mathrm{proj}}(q)=(I-A^{\mathrm{T}}(q)(A(q)A^{\mathrm{T}}(q))^{-1}A(q))F(q)$$

335 对于采用控制律 $u=F_{\mathrm{proj}}(q)-B\dot{q}$ 的动态机器人，其投影在第 8.7 节中讨论。

10.6.5 势场在规划器中的应用

势场可以与路径规划器结合使用。例如，诸如 A* 之类的最佳优先搜索，可以将势能用作对代价函数（cost-to-go）的估计。结合搜索函数可防止规划程序永久陷入局部最小值。

10.7 非线性优化

运动规划问题可表示为一般的非线性优化，其中带有等式约束和不等式约束，这样便可利用许多软件包来解决这些问题。非线性优化问题可以通过基于梯度的方法来解决，如顺序二次规划（SQP，Sequential Quadratic Programming）；或者用非梯度方法，

如模拟退火，Nelder-Mead 优化和遗传规划。像许多非线性优化问题一样，这些方法通常不能保证在存在解的前提下找到可行解，更不用说最优解了。但是，对于使用目标函数和约束的梯度方法，如果我们使用与解“接近”的猜测来启动流程，可以期望得到局部最优解。

一般问题可写为如下形式：

$$\begin{array}{rlll} \text{求} & u(t),q(t),T & & (10.6) \\ \text{最小化} & J(u(t),q(t),T) & & (10.7) \\ \text{满足} & \dot{x}(t)=f(x(t),u(t)), & \forall t\in[0,T] & (10.8) \\ & u(t)\in\mathcal{U}, & \forall t\in[0,T] & (10.9) \\ & q(t)\in\mathcal{C}_{\text{free}}, & \forall t\in[0,T] & (10.10) \\ & x(0)=x_{\text{start}} & & (10.11) \\ & x(T)=x_{\text{goal}} & & (10.12) \end{array}$$

为了使用非线性优化来近似求解这个问题，必须对控制 $u(t)$、轨迹 $q(t)$ 以及（10.8）～（10.12）中的等式约束和不等式约束进行离散化。这通常通过如下方式完成：确保在区间 $[0,T]$ 上均匀分布的数量固定的各点处满足约束，同时为位置和 / 或控制历程的选取包含有限参数的表示。如何对位置和控制进行参数化，我们至少有下列 3 种选项。

- **参数化轨迹 $q(t)$**。在这种情况下，直接求解轨迹参数。任何时刻的控制 $u(t)$ 都是使用运动方程计算的。这种方法不适用于控制量少于位形变量（即 $m<n$）的系统。
- **参数化控制 $u(t)$**。直接求解 $u(t)$。状态 $x(t)$ 的计算需要对运动方程进行积分。
- **参数化 $q(t)$ 和 $u(t)$**。由于对 $q(t)$ 和 $u(t)$ 都进行了参数化，会得到更多的变量。此 336
  外也得到更多的约束，因为 $q(t)$ 和 $u(t)$ 必须要能明确地满足动力学方程 $\dot{x}=f(x,u)$，通常是在 $[0,T]$ 区间内均匀分布的数量固定的点处得到满足。我们必须小心选择 $q(t)$ 和 $u(t)$ 的参数化，使得彼此保持一致，以便在这些点处满足动力学方程。

轨迹或控制历程的参数化有无数种方式。参数可以是关于时间的多项式系数，截断傅里叶级数的系数，样条系数，小波系数，分段常数加速度或力分段等。例如，控制 $u_i(t)$ 可以用带有 $p+1$ 个系数 a_j 的时间多项式来表示

$$u_i(t)=\sum_{j=0}^{p}a_j t^j$$

除了状态或控制历程参数之外，总时间 T 可以是另一个控制参数。参数化的选择对于计算在给定时间 t 处的 $q(t)$ 和 $u(t)$ 的效率有影响。它还决定了状态和控制对参数的敏感性，以及各参数是否会影响整个 $[0,T]$ 的轮廓或者是只影响有限时间段内的轮廓。这些是影响数值优化稳定性和效率的重要因素。

10.8 平滑

网格规划器的轴对齐运动和采样规划器的随机运动，可能会导致机器人的运动变得急起急停。处理此问题的一种方法是让规划器在全局范围内进行搜索求解，然后对生成的运动进行后处理以使其更平滑。

有很多方法可以做到这一点，下面概述两种可能性。

1. 非线性优化

基于梯度的非线性优化，虽然可能会在使用随机初始轨迹初始化时无法找到解，但它可以进行有效的后处理步骤，这是由于规划使用一个“合理”解来对优化进行初始化。必须将初始运动转换为控制的参数化表示，并且成本 $J(u(t),q(t),T)$ 可以表示为关于 $u(t)$ 或 $q(t)$ 的函数。例如，成本函数

$$J=\frac{1}{2}\int_0^T \dot{u}^{\mathrm{T}}(t)\dot{u}(t)\mathrm{d}t$$

会对迅速变化的控制进行惩罚。这在人体运动控制中可以找到类比，人体手臂运动的平
337 滑性可归因于关节处扭矩变化率的最小化（Uno 等，1989）。

2. 细分和重新连接

可以使用局部规划器尝试将路径上两个远点连接起来。如果此新连接是无碰撞的，则它将替换原始路径段。由于局部规划器被设计用于生成短而平滑的路径，因此新路径可能比原始路径更短更平滑。该“测试和替换”程序可以迭代式地应用于在路径上随机选取的点。另一种可能性是：使用递归过程将路径首先细分为两部分，并尝试将每个部分用较短的路径来替换；然后，如果其中任一部分无法替换为更短的路径，它将再次细分；以此类推。

10.9　本章小结

- 关于运动规划问题的相当通用的陈述如下：给定初始状态 $x(0)=x_{\text{start}}$ 和期望的最终状态 x_{goal}，找到时间 T 和一个控制集 $u:[0,T]\to\mathcal{U}$，使得运动在 $t\in[0,T]$ 整个期间内满足 $x(T)\in\mathcal{X}_{\text{goal}}$ 以及 $q(x(t))\in\mathcal{C}_{\text{free}}$。
- 运动规划问题可分为以下几类：路径规划 vs 运动规划；完全驱动 vs 受约束或欠驱动；在线 vs 离线；最优 vs 满意；精确 vs 近似；有障碍或无障碍。
- 运动规划器可以通过下列属性来表征：多次查询与单次查询；随时规划与否；完备，分辨率完备，概率完备或不属于上述任何一种；规划的计算复杂度。
- 障碍物将 C– 空间划分为自由 C– 空间 $\mathcal{C}_{\text{free}}$ 和障碍空间 $\mathcal{C}_{\text{obs}}$，其中 $\mathcal{C}=\mathcal{C}_{\text{free}}\cup\mathcal{C}_{\text{obs}}$。障碍物可能会将 $\mathcal{C}_{\text{free}}$ 划分成相互隔离的连通分支。不同连通分支上的位形之间没有可行路径。
- 用于检测位形 q 是否处于碰撞中的一个保守方法，是使用机器人和障碍物的简化“增长”表示。如果增长后的物体之间不存在碰撞，那么可以保证位形无碰撞。检测路径是否不存在碰撞通常涉及在精细间隔点处对路径进行采样，并确保如果各位形处无碰撞，则机器人路径扫掠过的体积是无碰撞的。
- C– 空间的几何通常由节点和连接节点的边所组成的图来表示，其中边表示可行路径。该图可以是无向的（边在两个方向上均可流动）或有向的（边仅能在一个方向上流动）。根据遍历成本，边缘可以加权或不加权。树是其中不存在循环
338 （cycle）的一个有向图，其中每个节点最多具有一个父节点。

- 路线图路径规划器使用 $\mathcal{C}_{\text{free}}$ 的图形表示，路径规划问题可使用从 q_{start} 到路线图的简单路径，沿路线图的路径，以及从路线图到 q_{goal} 的简单路径来求解。
- A* 算法是一种流行的搜索方法，可以在图上找到最低成本路径。它通过始终从（1）未探索的节点和（2）在具有最小估计总成本的路径上进行探索来运行。估计的总成本是从起始节点到达某节点过程中遇到的边缘的权重加上对目标的成本估计。为了确保搜索返回最优解，对 cost-to-go 的成本估算应该是乐观的。
- 基于网格的路径规划器将 C– 空间离散化为由规则网格上的相邻点组成的图。多分辨率网格可允许在宽阔的开放空间中使用大步长，在障碍边界附近使用小步长。
- 将控制集离散使得带有运动约束的机器人可以利用基于网格的方法。如果对控制进行积分无法使机器人准确地落在网格点上，那么如果已经以更低的成本实现了同一网格单元中的状态，则我们仍可以修剪新状态。
- 基本的 RRT 算法从 x_{start} 生成单个搜索树以求解到 $\mathcal{X}_{\text{goal}}$ 的一个运动。它依赖于：在 $\mathcal{X}$ 中寻找样本 x_{samp} 的采样器，在搜索树中查找最近节点 x_{nearest} 的算法，以及用于查找从 x_{nearest} 到更为接近 x_{samp} 的一点的运动的局部规划器。选择能够使树快速探索 $\mathcal{X}_{\text{free}}$ 的采样。
- 双向 RRT 从 x_{start} 和 $\mathcal{X}_{\text{goal}}$ 两个节点出发生成搜索树，并尝试将它们连接起来。随着规划时间趋向于无穷大，RRT* 算法返回的解趋向于最优。
- 概率路线图 PRM 构建了 $\mathcal{C}_{\text{free}}$ 的路线图，用于多查询规划。通过对 $\mathcal{C}_{\text{free}}$ 进行 N 次采样，然后使用局部规划器尝试将每个样本与其几个最近邻居连接起来构建路线图。使用 A* 来搜索路线图。
- 虚拟势场受到重力场和电磁场等势能场的启发。在目标点处生成了一个具有吸引力的势能，而障碍处则生成了具有排斥力的势能。总势能 $\mathcal{P}(q)$ 是这些势能的总和，施加到机器人上的虚拟力为 $F(q)=-\partial\mathcal{P}/\partial q$。通过将该力外加一个阻尼施加到机器人，或者通过模拟一阶动力学并以 $F(q)$ 作为速度来驱动机器人来达到控制机器人的目的。势场方法在概念上很简单，但它可能会使机器人远离目标而陷入局部最小值。
- 导航函数是一种不存在局部最小值的势函数。导航函数使得势场接近全局性地收敛到 q_{goal}。虽然导航函数一般难以设计，但我们可以针对特定环境来进行系统性的设计。 339
- 运动规划问题可以转换为具有等式约束和不等式约束的一般非线性优化问题。虽然优化方法可用于寻找平滑的近似最佳运动，但它们往往会陷入杂乱 C– 空间中的局部最小值。优化方法通常需要对解有一个好的初始猜测。
- 基于网格和基于采样的规划器返回的运动往往是急起急停的。使用非线性优化或使用“细分和重新连接”来对规划进行平滑，可以提高运动质量。

10.10 推荐阅读

涵盖运动规划的优秀教科书大致包括 Latombe（1991）的原始教材，以及 Choset

等（2005）和LaValle（2006）的最新教材。可以在“机器人手册”的运动规划章节（Kavraki和Lavalle，2016）中找到最新的运动规划概要，特别是对于受到非完整和驱动约束的机器人，在控制手册（Lynch等，2011），系统和控制百科全书（Lynch，2015），以及Murray等（1994）的教科书中可以找到。Russell和Norvig（2009）详细介绍了人工智能中的搜索算法和其他算法。

早期在SRI对Shakey机器人运动规划的工作，使得Hart、Nilsson和Raphael在1968年开发出了A*搜索。正如Bellman和Dreyfus（1962）在文献中所描述的那样，这项工作是建立在新建立的用于决策优化的动态规划方法基础之上，它改进了Dijkstra算法（Dijkstra，1959）的性能。Likhachev等（2003）提出了A*的次优随时变体。早期关于多分辨率路径规划的工作在下列文献中有描述，包括：Kambhampati和Davis（1986），Lozano-Perez（2001），Faverjon（1984），Herman（1986）。这些工作基于对C-空间的层次分解（Samet，1984）。

一个早期的工作重点是：在存在障碍物的情况下对自由C-空间进行精确表示。用于多边形在多边形之间移动的能见度图方法，是由Lozano-Perez和Wesley在1979年开发的。在更一般的环境中，研究人员使用复杂的算法和数学方法，来开发单元分解和自由C-空间的精确路线图。关于这项工作的重要例子是Schwartz和Sharir关于钢琴移动问题的一系列论文（Schwartz和Sharir，1983a, b, c）以及Canny的博士论文（Canny，1988）。

由于精确表示C-空间拓扑所需的数学复杂度和高计算复杂度，在20世纪90年代形成的一个运动是使用样本来近似表示C-空间，并且该运动在今天仍继续得到有力发展。这项工作遵循两个主要分支，即概率路线图PRM（Kavraki等，1996）和快速探索随机树RRT（LaValle和Kuffner，1999，2001b, a）。由于它们能够相对有效地处理复
340 杂的高维C-空间，因此对基于采样的规划器的研究已经得到了爆炸发展，在Choset等（2005）和Lavalle（2006）的教材中总结了一些后续工作。本章中重点介绍的双向RRT和RRT*分别在文献LaValle（2006）和Karaman和Frazzoli（2001）中描述。

Barraquand和Latombe（1993）介绍了基于网格的轮式移动机器人运动规划方法；对于受动力学约束的机械臂，用于时间最优运动规划的基于网格的方法在文献Canny等（1988）和Donald和Xavier（1995b, a）中有介绍。

用于碰撞检测的GJK算法在Gilbert等（1988）中推导得出。开源碰撞检测包在开放式运动规划库（OMPL，Open Motion Planning Library）（Sucan等，2012）和机器人操作系统（ROS，Robot Operating System）中实现。文献Hubbard（1996）中描述了用球来近似多面体，从而快速检测碰撞的方法。

Khatib首先介绍了运动规划和实时避障的势场方法，并在文献Khatib（1986）中进行了总结。Barraquand等人（1992）描述了使用势场来指导搜索的基于搜索的规划器。导航函数的构建，即具有唯一局部最小值的势场的构建，在Koditschek和Rimon的一系列论文中有描述，包括Koditschek和Rimon（1990）、Koditschek（1991a, b）、Rimon和Koditschek（1991, 1992）。

基于非线性优化的运动规划已在许多出版物中进行制定，包括：Witkin和Kass的经典计算机图形学论文（1988），其中使用优化来生成动画跳跃灯的运动；为动态非抓

握操作生成运动规划（Lynch 和 Mason，1999）；用于机构最佳运动的牛顿算法（Lee 等，2005）；以及短脉冲顺序动作控制的最新进展，它解决了运动规划和反馈控制问题（Ansari 和 Murphey，2016；Tzorakolefttherakis 等，2016）。Laumond 等（1994）描述了通过“细分和重新连接”来平滑移动机器人路径。

习题

1. 如果一条路径可以连续变形到另一条路径而不移动端点，则该路径与另一条路径是**同伦的**（homotopic）。换言之，它可以像橡皮筋一样拉伸，但不能切割然后再粘贴在一起。对于图 10.2 中的 C– 空间，绘制从开始到目标的路径，该路径与所示路径不同伦。
2. 标记图 10.2 中的连通分支。对于每个连通分支，在连通分支的一个位形处绘制机器人的图片。
3. 假设当关节角 θ_2 位于 [175°,185°] 范围内时，将导致图 10.2 中机器人产生自碰撞。在现有的 C– 障碍物之上绘制新的关节限制 C– 障碍物，并标记 $\mathcal{C}_{\text{free}}$ 的最终连通分支。对于每个连通分支，在连通分支的一个位形处绘制机器人的图片。 341
4. 绘制与图 10.23 中平移的平面机器人和障碍物相对应的 C– 障碍物。
5. 编写一个程序，其输入为多边形机器人的坐标（相对于机器人上的参考点）和多边形障碍物的坐标，其输出为相应的 C– 空间障碍物的图形。在 Mathematica 中，你可能会发现 ConvexHull 函数很有用。在 MATLAB 中，尝试使用 Convhull 函数。
6. 平方根的计算很昂贵。对于机器人和表示为球体集合的障碍物（第 10.2 节），提供一种用于计算机器人与障碍物之间距离的方法，其中最大程度上降低平方根的使用。
7. 对于图 10.24 中的 C– 障碍物、q_{start} 和 q_{goal}，绘制可见度路线图。指出最短路径。

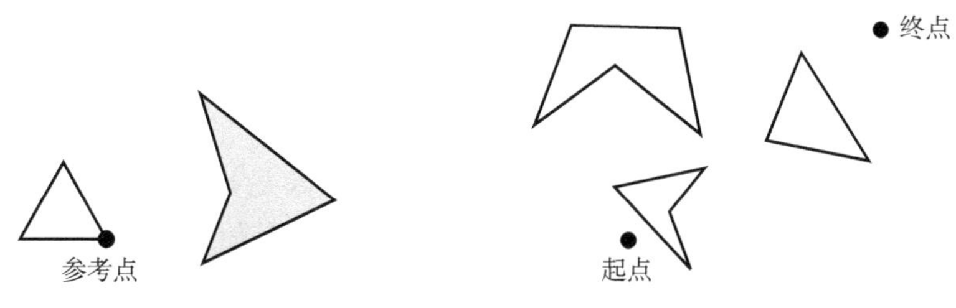

图 10.23 习题 4

图 10.24 习题 7 中的规划问题

8. 在第 10.3 节中所描述的可见度路线图中，并非所有边都是必需的。证明如果边的任一端没有切向碰撞到障碍物（即碰撞到凹的顶点），则不必在路径图中包括 C– 障碍物的两个顶点之间的边。换言之，如果某边与障碍物“碰撞”结束，则它将永远不会在最短路径中使用。 342
9. 在有障碍物的平面上为点型机器人实施 A* 路径规划器。平面区域是 100×100 的区域。该程序生成一个由 N 个节点和 E 条边组成的图，其中 N 和 E 的数值由用户选择。在生成 N 个随机节点之后，程序应该通过边将这些随机节点连接起来，直到生成 E 个独特的边。与每条边相关的成本是节点之间的欧几里德距离。最后，程序应显示图形，使用 A* 搜索节点 1 和 N 之间的最短路径，并显示最短路径，或者如果不存在路径时则指示 FAILURE。启发式成本是到目标的欧几里德距离。

10. 修改练习 10.9 中的 A* 规划器，使用等于目标节点距离 10 倍的启发式成本。将修改后的 A* 与原始 A* 在同一图表上运行，比较它们的运行时间（你可能需要使用大图来注意到影响的存在）。新的启发式求得的解是否最优？
11. 修改练习 10.9 中的 A* 算法，改用 Dijkstra 算法。评论 A* 和 Dijkstra 算法在相同图形上运行时的相对运行时间。
12. 编写一个程序，其输入为：用户输入的多边形障碍物顶点以及一个 2R 型机械臂的规格说明，该机器人手臂的底座位于 $(x,y)=(0,0)$，连杆长度分别为 L_1 和 L_2，每个连杆只是一个线段。通过以 k 度间隔（例如，$k=5$）对两个关节角度进行采样，并检查线段与多边形之间的交叉点的方式，为机器人生成 C– 空间障碍物。绘制工作空间中的障碍物，并在 C– 空间网格中使用黑色方块或点来标识每个与障碍物碰撞的位形。（提示：此程序的核心是检查两条线段是否相交的子程序。如果这两条线段所对应的无限长直线相交，则可以检查此交点是否位于线段内。）
13. 为障碍物环境中的 2R 型机器人编写 A* 网格路径规划器，并在 C– 空间中给出你找到的路径。（见练习 10.12 和图 10.10）
14. 在给定控制离散化的情况下，为轮式移动机器人实施基于网格的路径规划器（算法 10.2）。选择一种简单的方法来表示障碍物，并检查碰撞。你的程序应绘制障碍物，并显示从起点到目标的路径。
15. 一个点型机器人在有障碍物的平面内移动，为该机器人编写 RRT 规划器。自由空间和障碍物由二维阵列表示，其中每个元素对应于二维空间中的网格单元。在阵列的
343 元素中出现 1 意味着在该处存在障碍物，出现 0 则表示该单元处于自由空间中。你的程序应绘制障碍物，RRT 算法所生成的树，同时显示从起点到目标的路径。
16. 执行与上一练习相同的操作，但障碍物现在由线段表示。线段可以被认为是障碍的边界。
17. 写一个 PRM 计划器，求解习题 10.15 中的问题。
18. 编写一个程序，在有点形障碍的环境中为 2R 型机器人实施虚拟势场。机器人的两个连杆为线段；用户指定机器人的目标位形，机器人的起始位形，以及工作空间中点形障碍物的位形。在机器人的每个连杆上放置两个控制点，并将工作空间势能转换为位形空间势能。在一个工作空间图中，绘制一个由几个点形障碍物组成的示例环境，以及机器人的起始和目标位形。在第二个 C– 空间图中，将势函数绘制为关于 (θ_1,θ_2) 的等高线图，并在其上覆盖从起始位形到目标位形的规划路径。机器人使用运动控制律 $\dot{q}=F(q)$。

    查看是否可以创建下列规划问题，它导致某些初始机械臂位形收敛到不希望的局部
344 最小值处，但它能成功地为其他初始机械臂位形找到目标路径。

机器人控制

根据任务及其周边的环境，机器人手臂可以表现出多种不同的行为。其输出是为完成任务所需的编程运动，例如，将物体从一个地方移动到另一个地方，或者跟踪喷漆枪的轨迹。当将抛光轮应用于工件时，机器人手臂可以充当力的来源。诸如在黑板上书写绘画的任务中，它必须控制某些方向上的力（该力必须将粉笔压在黑板上），同时控制其他方向上的运动（运动必须在黑板平面内）。当机器人的目的是充当触觉显示器，如渲染虚拟环境时，我们可能希望它像弹簧、阻尼器或质量一样，对施加于其上的力做出响应。

在每种情况下，机器人控制器的工作是将任务规范转换为执行器处的力和力矩。实现上述行为的控制策略被称为**运动控制**（motion control）、**力控制**（force control）、**运动–力混合控制**（hybrid motion-force control）或**阻抗控制**（impedance control）。在这些行为中，哪种行为最为适当，取决于任务和环境。例如，当末端执行器与某物体接触时，选取力控制作为目标是有意义的，但当它在自由空间中移动时选取力控制则无意义。无论环境如何，我们还有由力学施加的一个根本约束：机器人不能独立地控制同一方向上的运动和力。如果机器人施加运动，则力将由环境决定；如果机器人施加力，则运动将由环境决定。

一旦我们选择了与任务和环境相一致的控制目标，就可以使用反馈控制来实现这一目标。反馈控制使用位置、速度和力传感器来测量机器人的实际行为，将其与期望行为进行比较，并调制发送到执行器的控制信号。几乎所有的机器人系统都会用到反馈。

在本章中，我们将重点放在以下方面：用于关节空间和任务空间中运动控制的反馈控制、力控制、运动–力混合控制以及阻抗控制。 345

11.1 控制系统概述

一个典型的控制框图如图 11.1a 所示。传感器通常是：用于测量关节位置和角度的电位计、编码器或旋转变压器；用于测量关节速度的转速计；关节力–扭矩传感器；多轴力–力矩传感器，该传感器通常安装在机械臂末端和末端执行器之间的“手腕”处。控制器对传感器进行采样，并以数百至数千赫兹的速率将其控制信号更新至执行器。在大多数机器人应用中，考虑与机器人和环境动力学相关的时间常数，高于此数值的控制更新率，其优势有限。在我们的分析中，我们将忽略采样时间非零这一事实，并将控制器看作是在连续时间内实现的。

虽然转速计可以直接对速度进行测量，但常用的方法是使用数字滤波器在连续的时间步长上对位置信号进行数值差分。低通滤波器通常与差分滤波器结合使用，以减少由于差分位置信号的量化而引起的高频信号内容。

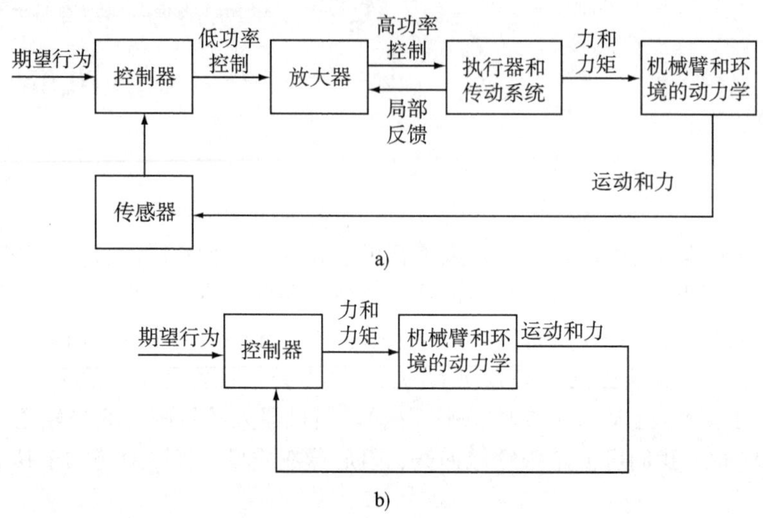

图 11.1　a）典型的机器人控制系统。内部控制回路用于帮助放大器和执行器实现所需的力或扭矩。例如，处于转矩控制模式的直流电机放大器，可以测量通过电机的实际电流，并且使用局部控制器将其与期望电流更好地匹配，这是因为电流与电机产生的转矩成正比。或者，电机控制器可以通过安装在电机减速箱输出端的应变仪来直接测量力矩，并通过反馈来实现局部力矩的闭环控制。b）带有理想传感器和控制器模块的简化模型，该控制器可直接生成力和扭矩。该处假定 a 部分中的放大器和执行器模块能够实现理想行为。图中未标出可在动力学模块之前注入的干扰力，或是动力学模块之后注入的干扰力或运动

如 8.9 节所述，有多种不同的技术可用于产生机械动力、转换速度和力，并传送到机器人关节。在本章中，我们将每个关节的放大器、执行器和变速器集中在一起，并将它们视为从低功率控制信号转换到（高功率）力和力矩的变压器。这个假设以及完美传感器的假设，使我们能将图 11.1a 中的框图简化为图 11.1b 中所示的框图，其中控制器直接产生力和力矩。本章的剩余部分讨论图 11.1b 中“控制器”框内的控制算法。

真实的机器人系统会受到关节和连杆的柔性和振动、齿轮和变速器的间隙、执行器的饱和极限以及传感器有限分辨率等因素的影响，这些因素在设计和控制方面会产生重大问题，但它们超出了本章的讨论范围。

11.2　误差动力学

在本节中，我们将重点放在单个关节的受控动力学上，因为这些概念很容易拓展到多关节机器人的情形。

如果期望的关节位置为 $\theta_d(t)$，而实际关节位置为 $\theta(t)$，那么我们将关节误差定义为

$$\theta_e(t)=\theta_d(t)-\theta(t)$$

决定受控系统关节误差 $\theta_e(t)$ 的演化的微分方程称为**误差动力学**（error dynamics）。反馈
346 控制器的目的是产生误差动力学，它能使 $\theta_e(t)$ 随着 t 的增加而趋向于零或某个极小值。

11.2.1 误差响应

测试控制器工作情况的一个常用方法是：指定非零初始误差 $\theta_e(0)$，并查看控制器降低初始误差的速度和完整程度。我们将（单位）**误差响应**（error response）定义为受控系统的响应 $\theta_e(t)(t>0)$，其初始条件为 $\theta_e(0)=1$，且 $\dot{\theta}_e(0)=\ddot{\theta}_e(0)=\cdots=0$。

一个理想的控制器会将误差立即变为零，并将误差始终保持为零。而在实践中，减小误差需要时间，并且误差可能永远不会被完全消除。如图 11.2 所示，典型的误差响应 $\theta_e(t)$ 可以通过**瞬态响应**（transient response）和**稳态响应**（steady-state response）来描述。 347
稳态响应可以通过稳态误差 e_{ss} 来表征，其中 e_{ss} 为 $\theta_e(t)$ 在 $t\to\infty$ 时的渐近误差。瞬态响应可以通过超调和（2%）调节时间来表征。参照图中的一对长虚线，对于所有的 $t\geqslant T$，第一次实现 $|\theta_e(t)-e_{ss}|\leqslant 0.02(\theta_e(0)-e_{ss})$ 这一条件的时间 T，被称为 2% 调节时间（2% 误差带所对应的调节时间）。如果初始的误差响应超过了最终的稳态误差，系统发生超调现象，并且在这种情况下，超调定义为

$$\text{超调}=\left|\frac{\theta_{e,\min}-e_{ss}}{\theta_e(0)-e_{ss}}\right|\times 100\%$$

式中，$\theta_{e,\min}$ 是误差所能达到的最小正值。

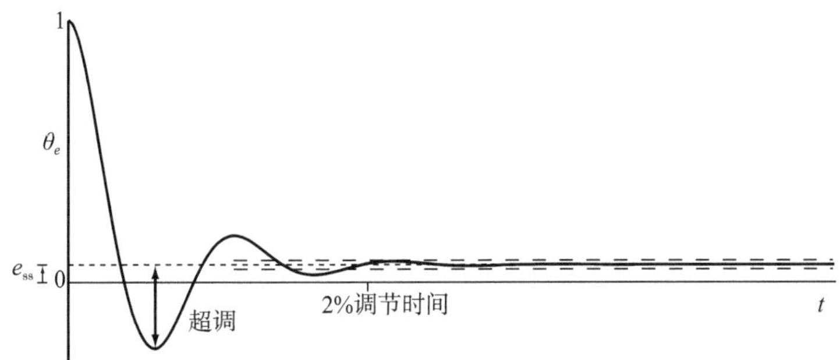

图 11.2 误差响应示例，其中给出了稳态误差 e_{ss}，超调，以及 2% 误差带所对应的调节时间

一个好的误差响应有下列特征：

- 稳态误差很小或者为零；
- 超调很小或者零超调；
- 2% 调节时间很短。

11.2.2 线性误差动力学

在本章中，我们主要研究误差动力学可通过下述形式的线性常微分方程来描述的线性系统：

$$a_p\theta_e^{(p)}+a_{p-1}\theta_e^{(p-1)}+\cdots+a_2\ddot{\theta}_e+a_1\dot{\theta}_e+a_0\theta_e=c \tag{11.1}$$

这是一个 p 阶微分方程，这是因为存在 θ_e 相对于时间的 p 阶导数。如果常数 c 为零，则微分方程（11.1）是齐次的，如果 $c\neq 0$，则微分方程（11.1）是非齐次的。 348

对于齐次（$c=0$）线性误差动力学，公式（11.1）中的 p 阶微分方程可以写为

$$\theta_e^{(p)} = -\frac{1}{a_p}(a_{p-1}\theta_e^{(p-1)} + \cdots + a_2\ddot{\theta}_e + a_1\dot{\theta}_e + a_0\theta_e)$$
$$= -a'_{p-1}\theta_e^{(p-1)} - \cdots - a'_2\ddot{\theta}_e - a'_1\dot{\theta}_e - a'_0\theta_e \tag{11.2}$$

该 p 阶微分方程可以通过定义向量 $x = (x_1, \cdots, x_p)$ 而表示为 p 个耦合的一阶微分方程，其中

$$x_1 = \theta_e$$
$$x_2 = \dot{x}_1 = \theta_e$$
$$\cdots$$
$$x_p = \dot{x}_{p-1} = \theta_e^{(p-1)}$$

同时将式（11.2）写为

$$\dot{x}_p = -a'_0 x_1 - a'_1 x_2 - \cdots - a'_{p-1} x_p$$

那么，$\dot{x}(t) = Ax(t)$，其中

$$A = \begin{bmatrix} 0 & 1 & 0 & \cdots & 0 & 0 \\ 0 & 0 & 1 & \cdots & 0 & 0 \\ \vdots & \vdots & \vdots & \ddots & \vdots & \vdots \\ 0 & 0 & 0 & \cdots & 1 & 0 \\ 0 & 0 & 0 & \cdots & 0 & 1 \\ -a'_0 & -a'_1 & -a'_2 & \cdots & -a'_{p-2} & -a'_{p-1} \end{bmatrix} \in \mathbb{R}^{p \times p}$$

回顾标量形式的一阶微分方程 $\dot{x}(t) = ax(t)$，其解为 $x(t) = e^{at}x(0)$；通过类比，使用矩阵指数可知，向量形式的微分方程 $\dot{x}(t) = Ax(t)$ 的解为 $x(t) = e^{At}x(0)$，正如我们在 3.2.3 节中所见到的那样。对于标量形式的微分方程，如果 a 为负值，那么无论其解从任何初始条件出发，最后都会收敛到稳态解 $x = 0$；与之类似，如果矩阵 A 为负定，即矩阵 A 的所有特征值（可能是复数）具有负实部，那么矩阵形式的微分方程 $\dot{x}(t) = Ax(t)$ 的解最终也会收敛到 $x = 0$。

矩阵 A 的特征值可由 A 的特征多项式的根给出，即满足下列条件的复数值 s：

$$\det(sI - A) = s^p + a'_{p-1}s^{p-1} + \cdots + a'_2 s^2 + a'_1 s + a'_0 = 0 \tag{11.3}$$

方程（11.3）也是 p 阶微分方程（11.1）的特征方程。

方程（11.3）的所有根都具有负实部的一个必要条件是：所有系数 $a'_0, \cdots, a'_{p-1}$ 必须是正值。对于 p =1 和 p =2，该条件也是充分条件。对于 p =3，还必须满足 $a'_2 a'_1 > a'_0$ 这一条件。对于更高阶的系统，还必须保证一些其他的条件成立。

349　如果方程（11.3）的每个根都具有负实部，我们称误差动力学是**稳定的**（stable）。如果方程（11.3）中的任何一个根具有正实部，则误差动力学是**不稳定的**（unstable），并且误差 $\|\theta_e(t)\|$ 会随着 $t \to \infty$ 而无限制地增长。

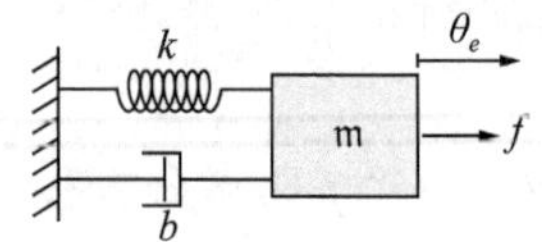

图 11.3　一个线性的质量 – 弹簧 – 阻尼系统

对于二阶误差动力学，我们要记住的一个非常好的机械类比是：线性的质量 – 弹簧 – 阻尼系统，如图 11.3 所示。质量 m 的位置是 θ_e，同时外力 f 被施加到质量块上。阻尼

对质量块施加的力为 $-b\dot{\theta}_e$，其中 b 是阻尼常数，弹簧对质量施加的力为 $-k\theta_e$，其中 k 为弹簧常数。因此，质量块的运动方程可以写为

$$\mathfrak{m}\ddot{\theta}_e + b\dot{\theta}_e + k\theta_e = f \tag{11.4}$$

在质量块 $\mathfrak{m}$ 趋近于零的极限中，二阶动力学（11.4）降阶为一阶动力学：

$$b\dot{\theta}_e + k\theta_e = f \tag{11.5}$$

根据一阶动力学，外力产生速度而非加速度。

在下面的小节中，我们考虑齐次情况（$f=0$）下的一阶和二阶误差响应，其中 $b,k>0$，这样可确保误差动力学稳定，并且误差最终收敛到零（$e_{ss}=0$）。

1. 一阶误差动力学

当 $f=0$ 时，一阶误差动力学（11.5）可以写为如下形式：

$$\dot{\theta}_e(t) + \frac{k}{b}\theta_e(t) = 0$$

或

$$\dot{\theta}_e(t) + \frac{1}{\mathrm{t}}\theta_e(t) = 0 \tag{11.6}$$

式中，$\mathrm{t}=b/k$，它被称为一阶微分方程的时间常数。微分方程（11.6）的解为

$$\theta_e(t) = e^{-t/\mathrm{t}}\theta_e(0) \tag{11.7}$$

时间常数 t 是一阶指数衰减且已经衰减到其初始值约 37% 大小时所对应的时间。误差响应 $\theta_e(t)$ 由初始条件 $\theta_e(0)=1$ 定义。图 11.4 中给出了不同时间常数下的误差响应图。稳态误差为零，在衰减的指数误差响应中没有超调，2% 调节时间可以通过求解以下方程中 350
的时间 t 来确定：

$$\frac{\theta_e(t)}{\theta_e(0)} = 0.02 = e^{-t/\mathrm{t}}$$

通过求解，我们得到

$$\ln 0.02 = -t/\mathrm{t} \rightarrow t = 3.91\mathrm{t}$$

2% 误差对应的调节时间约为 4t。随着弹簧常数 k 的增加或阻尼常数 b 的减小，响应变快。

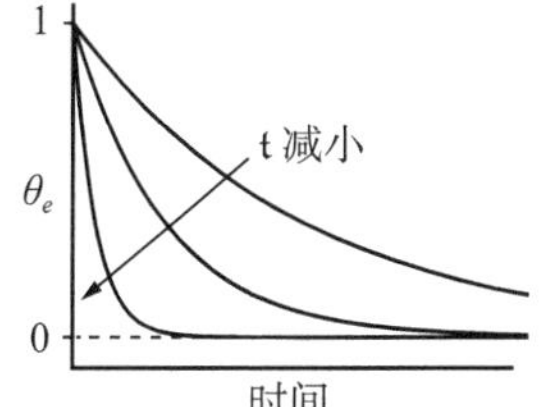

图 11.4　3 种不同时间常数下的一阶误差响应

2. 二阶误差动力学

二阶误差动力学

$$\ddot{\theta}_e(t) + \frac{b}{\mathfrak{m}}\dot{\theta}_e(t) + \frac{k}{\mathfrak{m}}\theta_e(t) = 0$$

可写为**标准的二阶形式**（standard second-order form）

$$\ddot{\theta}_e(t) + 2\zeta\omega_n\dot{\theta}_e(t) + \omega_n^2\theta_e(t) = 0 \tag{11.8}$$

式中，ω_n 被称为**自然频率**（natural frequency），ζ 称为**阻尼比**（damping ratio）。对于质量 – 弹簧 – 阻尼系统而言，$\omega_n = \sqrt{k/\mathfrak{m}}$，$\zeta = b/(2\sqrt{k\mathfrak{m}})$。特征多项式

$$s^2 + 2\zeta\omega_n s + \omega_n^2 = 0 \tag{11.9}$$

的两个根为

$$s_1 = -\zeta\omega_n + \omega_n\sqrt{\zeta^2 - 1} \text{ 和 } s_2 = -\zeta\omega_n - \omega_n\sqrt{\zeta^2 - 1} \tag{11.10}$$

当且仅当 $\zeta\omega_n > 0$ ， $\omega_n^2 > 0$ 时，二阶误差动力学（11.8）是稳定的。

如果误差动力学是稳定的，那么微分方程的解 $\theta_e(t)$ 有 3 种类型，这取决于其根 $s_{1,2}$ 是不等的两个实数（ $\zeta > 1$ ）， $s_{1,2}$ 是相等的两个实数（ $\zeta = 1$ ），或者 $s_{1,2}$ 是两个共轭复数
351 （ $\zeta < 1$ ）。

- **过阻尼**（overdamped）： $\zeta > 1$ 。两个根 $s_{1,2}$ 同为实数且不相等，微分方程（11.8）的解是

$$\theta_e(t) = c_1 e^{s_1 t} + c_2 e^{s_2 t}$$

其中 c_1 和 c_2 可以根据初始条件计算。响应是两个衰减指数之和，其时间常数分别为 $t_1 = -1/s_1$ 和 $t_2 = -1/s_2$ 。方程解中“较慢”的时间常数由较小的负根 $s_1 = -\zeta\omega_n + \omega_n\sqrt{\zeta^2 - 1}$ 给出。

（单位）误差响应的初始条件是 $\theta_e(0) = 1$ 和 $\dot{\theta}_e(0) = 0$ ，并且常数 c_1 和 c_2 可由下式计算：

$$c_1 = \frac{1}{2} + \frac{\zeta}{2\sqrt{\zeta^2 - 1}} \text{ 和 } c_2 = \frac{1}{2} - \frac{\zeta}{2\sqrt{\zeta^2 - 1}}$$

- **临界阻尼**（critically damped）： $\zeta = 1$ 。根 $s_{1,2} = -\omega_n$ 为相等的两个正数，并且微分方程（11.8）的解为

$$\theta_e(t) = (c_1 + c_2 t)e^{-\omega_n t}$$

即一个衰减的指数函数乘以一个时间的线性函数。衰减指数的时间常数为 $t = 1/\omega_n$ 。对于初始条件为 $\theta_e(0) = 1$ 和 $\dot{\theta}_e(0) = 0$ 的误差响应，有

$$c_1 = 1 \text{ 和 } c_2 = \omega_n$$

- **欠阻尼**（underdamped）： $\zeta < 1$ 。根 $s_{1,2}$ 是一对共轭复数 $s_{1,2} = -\zeta\omega_n \pm j\omega_d$ ，其中 $\omega_d = \omega_n\sqrt{1 - \zeta^2}$ 是**有阻尼固有频率**（damped natural frequency）。微分方程的解为

$$\theta_e(t) = (c_1 \cos\omega_d t + c_2 \sin\omega_d t)e^{-\zeta\omega_n t}$$

即一个衰减的指数函数（时间常数为 $t = 1/(\zeta\omega_n)$ ）乘以一个正弦函数。对于初始条件为 $\theta_e(0) = 1$ 和 $\dot{\theta}_e(0) = 0$ 的误差响应，有

$$c_1 = 1 \text{ 和 } c_2 = \frac{\zeta}{\sqrt{1 - \zeta^2}}$$

图 11.5 中给出了过阻尼、临界阻尼和欠阻尼 3 种情况下的根位置，以及它们的误差响应 $\theta_e(t)$ 。该图还给出了根的位置与瞬态响应属性之间的关系：复平面中越靠左侧的根，其对应的调节时间越短；而距离实轴越远的根，其对应的超调和振荡也就越大。这些根位置和瞬态响应属性之间的一般关系也适用于具有多于两个根的高阶系统。

如果二阶误差动力学（11.8）是稳定的，则无论误差动力学是否为过阻尼、欠阻尼或临界阻尼，稳态误差 e_{ss} 都为零。2% 调节时间约为 4t（4 个时间周期），其中如果误差
352 动力学为过阻尼情况，则 t 对应于“较慢”的根 s_1 。对于过阻尼和临界阻尼的误差动力

学，其超调为零；对于欠阻尼的误差动力学，可以通过查找误差响应第一次满足 $\dot{\theta}_e = 0$（在 $t = 0$ 之后）来计算超调。这是超调的峰值，它发生的时间为

$$t_p = \pi / \omega_d$$

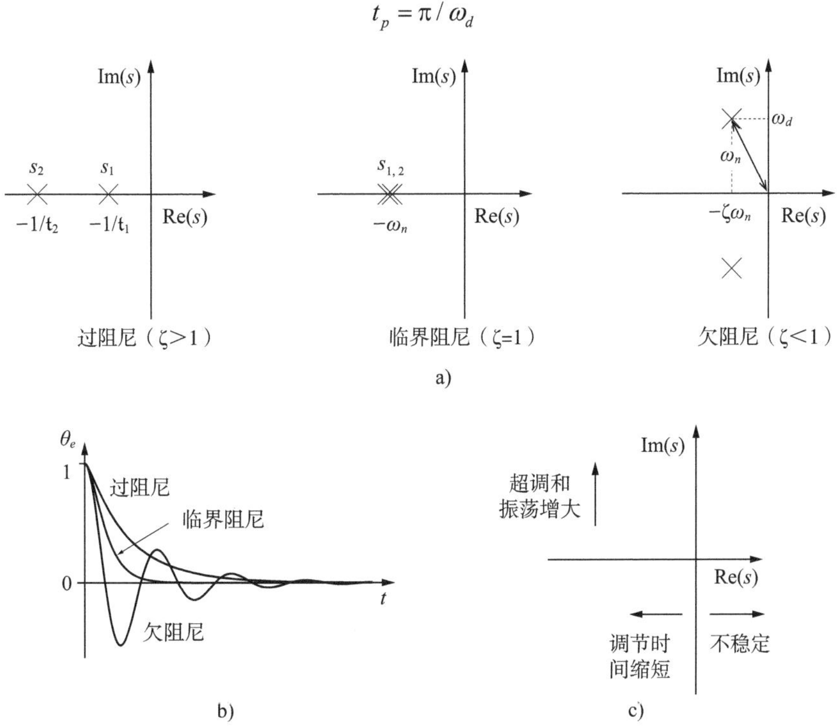

图 11.5　a）二阶系统在过阻尼、临界阻尼和欠阻尼情况下的示例根位置；b）二阶系统在过阻尼、临界阻尼和欠阻尼情况下的误差响应；c）根位置与瞬态响应属性之间的关系

将其代入欠阻尼情况时的误差响应，得到

$$\begin{aligned}\theta_e(t_p) = \theta_e\left(\frac{\pi}{\omega_d}\right) &= \left(\cos\left(\omega_d \frac{\pi}{\omega_d}\right) + \frac{\zeta}{\sqrt{1-\zeta^2}}\sin\left(\omega_d \frac{\pi}{\omega_d}\right)\right)e^{-\zeta\omega_n\pi/\omega_d} \\ &= -e^{-\pi\zeta/\sqrt{1-\zeta^2}}\end{aligned}$$

因此，根据我们对超调的定义，此时超调为 $e^{-\pi\zeta/\sqrt{1-\zeta^2}} \times 100\%$。于是，$\zeta = 0.1$ 时超调为 73%，$\zeta = 0.5$ 时超调为 16%，$\zeta = 0.8$ 时超调为 1.5%。 353

11.3　速度输入的运动控制

如第 8 章所述，我们通常假设：可以直接控制机器人关节处的力或力矩，机器人的动力学则将这些控制量转换为关节加速度。然而，在某些情况下，我们假设：可以直接控制关节的速度，如当执行器是步进电机时。在这种情况下，关节的速度直接由发送到步进电机的脉冲序列的频率决定[⊖]。另一个例子是：当电动机的放大器处于速度控制模式

⊖　这里假设扭矩需求足够低，从而使步进电机能够跟上脉冲序列。

时——放大器试图达到用户要求的关节速度，而不是关节力或力矩。

在本节中，我们将假设控制输入是关节速度。在 11.4 节中，实际上在本章的剩余部分中，我们假定控制输入为关节力和力矩。

可以在关节空间或任务空间中表述运动控制任务。当在任务空间中表述轨迹时，供给控制器的是关于末端执行器位形 $X_d(t)$ 的稳定流，并且我们的目标是控制关节速度从而使机器人能跟踪该轨迹。在关节空间中，供给控制器的是关于期望关节位置 $\theta_d(t)$ 的稳定流。

我们可以通过一个单关节机器人来很好地说明其中所涉及的主要理念，因此我们以单关节机器人作为开始，进而推广到多关节的机器人。

11.3.1　单关节的运动控制

1. 前馈控制

给定期望的关节轨迹 $\theta_d(t)$，最简单的控制类型是选取指令速度 $\dot{\theta}(t)$，使得

$$\dot{\theta}(t)=\dot{\theta}_d(t) \tag{11.11}$$

式中，$\dot{\theta}_d(t)$ 来自期望轨迹。这称为**前馈**（feedforward）或**开环控制器**（open-loop controller），这是因为不需要使用反馈（传感器数据）来实现它。

2. 反馈控制

在实践中，根据前馈控制律（11.11），位置误差会随着时间而累积。另一种策略是：连续测量每个关节的实际位置，并以**反馈控制器**（feedback controller）的形式来实现。

（1）P 控制和一阶误差动力学

最简单的反馈控制器是

354
$$\dot{\theta}(t)=K_p(\theta_d(t)-\theta(t))=K_p\theta_e(t) \tag{11.12}$$

其中 $K_p>0$。该控制器称为比例控制器或 **P 型控制器**，因为它会产生一个与位置误差 $\theta_e(t)=\theta_d(t)-\theta(t)$ 成正比的校正控制。换言之，恒定的**控制增益**（control gain）K_p 的作用有点类似于一个虚拟弹簧，它试图将实际的关节位置拉到期望的关节位置处。

P 型控制器是线性控制器的一个例子，因为它产生的控制信号是误差 $\theta_e(t)$ 与时间导数和时间积分的线性组合。

对于 $\theta_d(t)$ 恒定的情况，即 $\dot{\theta}_d(t)=0$，被称为**设定点控制**（setpoint control）。在设定点控制中，误差动力学为

$$\dot{\theta}_e(t)=\cancelto{0}{\dot{\theta}_d(t)}-\dot{\theta}(t)$$

在代入 P 型控制器 $\dot{\theta}(t)=K_p\theta_e(t)$ 之后，误差动力学可以写为下列形式

$$\dot{\theta}_e(t)=-K_p\theta_e(t)\rightarrow\dot{\theta}_e(t)+K_p\theta_e(t)=0$$

这是一个一阶误差动力学方程（11.6），其时间常数为 $t=1/K_p$。衰减的指数函数的误差响应如图 11.4 所示；其稳态误差为零，没有超调，2% 调节时间为 $4/K_p$；K_p 越大意味着响应越快。

现在考虑 $\theta_d(t)$ 不是常数，但其导数 $\dot{\theta}_d(t)$ 为常数这一情况，即 $\dot{\theta}_d(t)=c$。那么在P型控制器作用下，误差动力学可以写为

$$\dot{\theta}_e(t)=\dot{\theta}_d(t)-\dot{\theta}(t)=c-K_p\theta_e(t)$$

可将上式重写为

$$\dot{\theta}_e(t)=K_p\theta_e(t)=c$$

这是个一阶非齐次线性微分方程，其解为

$$\theta_e(t)=\frac{c}{K_p}+\left(\theta_e(0)-\frac{c}{K_p}\right)e^{-K_pt}$$

当时间趋于无穷大时，该解会收敛到非零值 c/K_p。与设定点控制的情形不同，此时稳态误差 e_{ss} 非零；关节位置总是落后于运动参考。通过选择大的控制增益 K_p，可以使稳态误差 c/K_p 变小，但是 K_p 的大小却受到实际限制。一方面，真实的关节会有速度限制，这可能妨碍利用大的 K_p 值来实现较大的速度指令；另一方面，当通过离散时间数字控制器进行实现时，大的 K_p 值可能导致不稳定性——大的增益可能导致单个伺服周期内 θ_e 发生大的变化，这意味着伺服周期后期的控制动作对不再相关的传感数据仍有响应。

（2）PI 控制和二阶误差动力学

对使用大增益 K_p 的一个替代方案是在控制律中引入另一术语。比例-积分控制器或PI控制器，其中添加一个与误差的时间积分成正比的项 355

$$\dot{\theta}(t)=K_p\theta_e(t)+K_i\int_0^t\theta_e(t)\mathrm{d}t \tag{11.13}$$

式中，t 是当前时间，而 t 是积分变量。PI 控制器的框图如图 11.6 所示。

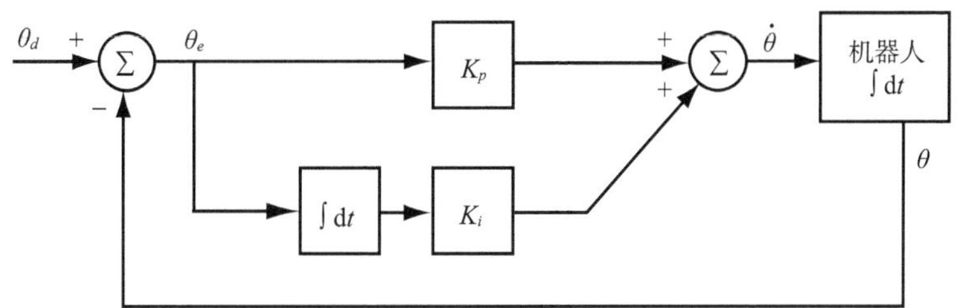

图 11.6 PI 控制器的框图，它产生一个指令速度 $\dot{\theta}$ 作为机器人的输入

使用该控制器，恒定 $\dot{\theta}_d(t)$ 对应的误差动力学变为

$$\dot{\theta}_e(t)+K_p\theta_e(t)+K_i\int_0^t\theta_e(t)\mathrm{d}t=c$$

将该动力学相对于时间取微分，得到

$$\ddot{\theta}_e(t)+K_p\dot{\theta}_e(t)+K_i\theta_e(t)=0 \tag{11.14}$$

我们可以用标准的二阶形式（11.8）来重写这个方程，其中，固有频率为 $\omega_n=\sqrt{K_i}$，阻尼比为 $\zeta=K_p/2\sqrt{K_i}$。

将方程（11.14）中的 PI 控制器与图 11.3 的质量-弹簧-阻尼相关联，增益 K_p 在质

量 – 弹簧 – 阻尼系统中的作用相当于 b/m（较大的 K_p 意味着较大的阻尼常数 b），而增益 K_i 的作用相当于 k/m（较大的 K_i 表示较大的弹簧常数 k）。

当且仅当 $K_i>0$ 且 $K_p>0$ 时，PI 控制的误差动力学方程是稳定的，特征方程根为

$$s_{1,2}=-\frac{K_p}{2}\pm\sqrt{\frac{K_p^2}{4}-K_i}$$

令 $K_p=20$，并在 K_i 从零增长时在复平面中绘制这些根，如图 11.7 所示。该图或任何一个参数变化时根的分布图，称为**根轨迹图**（root locus）。

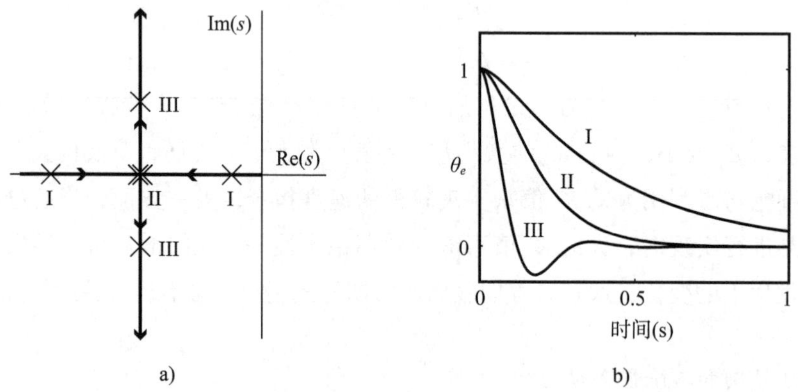

图 11.7　a）PI 速度控制下关节误差动力学特征方程的复根，其中 K_p=20 保持固定不变，而 K_i 从零开始增大；该图称为根轨迹图；b）初始状态为 θ_e=1，$\dot{\theta}_e=0$ 的误差响应，其中情况 I 为过阻尼（ζ=1.5，K_i=44.4），情况 II 为临界阻尼（ζ=1，K_i=100），情况 III 为欠阻尼（ζ=0.5，K_i=400）

对于 $K_i=0$，特征方程 $s^2+K_ps+K_i=s^2+20s=s(s+20)=0$ 所对应的特征根分别为 $s_1=0$ 和 $s_2=-20$。当 K_i 增大时，根在 s 平面的实轴上相互靠近，如图 11.7a 所示。由于这两个根是实数且不相等，误差动力学方程是过阻尼的（$\zeta=K_p/2\sqrt{K_i}>1$，情况 I），
356 并且由于指数响应的时间常数 $\mathrm{t}_1=-1/s_1$ 对应于“慢”根而使得误差响应缓慢。当 K_i 增加时，阻尼比减小，“慢”根向左移动（而“快”根向右移动），响应变快。当 K_i 增大到 100 时，两个根在 $s_{1,2}=-10=-\omega_n=K_p/2$ 处相遇，并且误差动力学方程为临界阻尼（$\zeta=1$，情况 II）。误差响应具有较短的 2% 调节时间，为 $4\mathrm{t}=4/(\zeta\omega_n)=0.4\mathrm{s}$，并且响应过程中不存在超调或振荡。随着 K_i 继续增长，阻尼比 ζ 降到 1 以下，根从垂直方向离开实轴，在 $s_{1,2}=-10\pm j\sqrt{K_i-100}$ 处变为共轭复根（情况 III）。误差动力学是欠阻尼的，随着 K_i 的增加，响应开始出现超调和振荡。由于时间常数 $\mathrm{t}=1/(\zeta\omega_n)$ 保持不变，因此调节时间不受影响。

根据 PI 控制器的简单模型，我们总可以为临界阻尼（$K_i=K_p^2/4$）选择 K_p 和 K_i，并不受限制地增大 K_p 和 K_i，从而生成任意快速的误差响应。然而，如上所述，在实际中存在限制。在这些实际限制范围内，应选择 K_p 和 K_i 用以产生临界阻尼。

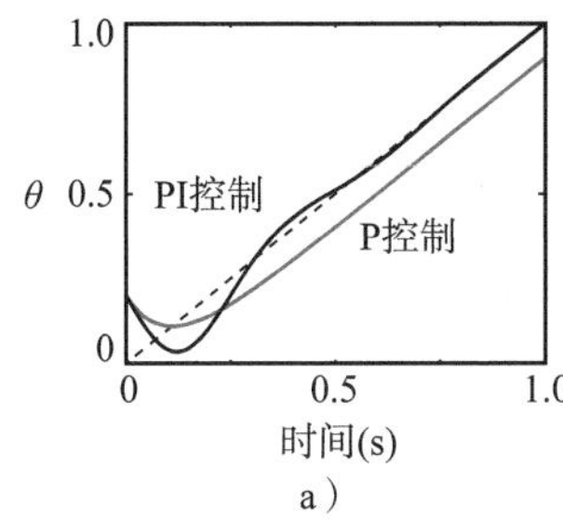

a）

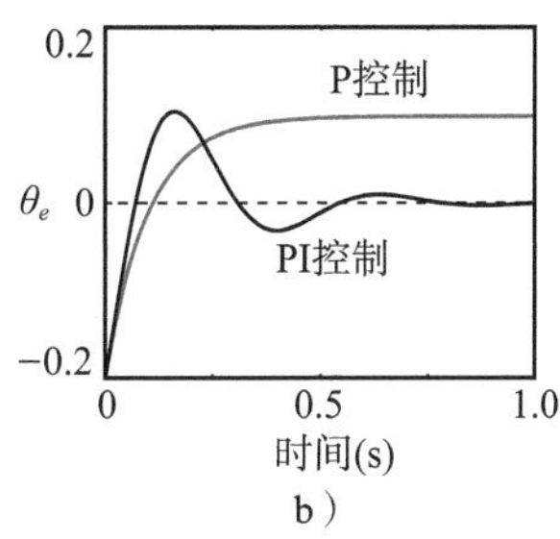

b）

图 11.8 在具有初始位置误差的情况下，P 控制和 PI 控制下关节的运动，用于跟踪参考轨迹（虚线），其中期望速度 $\dot{\theta}_d(t)$ 为常数。a）响应 $\theta(t)$；b）误差响应 $\theta_e(t)=\theta_d(t)-\theta(t)$

图 11.8 给出了 P 控制器和 PI 控制器试图跟踪恒速轨迹时的性能对比。两种情况下，比例增益 K_p 相同，P 控制器的 $K_i=0$。从响应形状来看，PI 控制器中的 K_i 似乎选得有点过大，使得系统处于欠阻尼状态。同样可以看出，PI 控制器的 $e_{ss}=0$，但 P 控制器的 $e_{ss}\neq 0$，这与我们上面的分析相一致。

如果期望速度 $\dot{\theta}_d(t)$ 不是常数，则不能期望 PI 控制器能够完全消除稳态误差。然而，如果它变化缓慢，那么设计良好的 PI 控制器可以提供比 P 控制器更好的跟踪性能。 357

3. 前馈加反馈控制

反馈控制的一个缺点是：在关节开始移动之前需要存在误差。在任何误差开始累积之前，最好使用我们对期望轨迹 $\theta_d(t)$ 的了解来开启运动。

我们可以将前馈控制的优点（即使没有误差时也可以控制运动）和反馈控制的优点（可以限制误差的累积）结合起来，如下所示：

$$\dot{\theta}(t)=\dot{\theta}_d(t)+K_p\theta_e(t)+K_i\int_0^t\theta_e(t)\mathrm{d}t \tag{11.15}$$

如图 11.9 所示，这个前馈 – 反馈控制器是我们优先选择的控制律，用于产生输送到关节的指令速度。

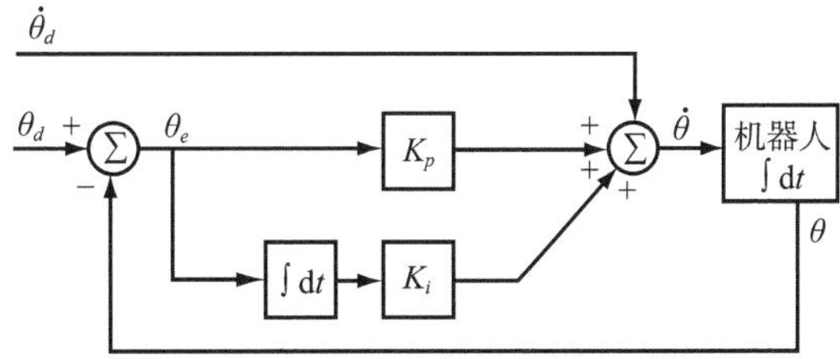

图 11.9 前馈加 PI 反馈控制的系统框图，它产生的指令速度 $\dot{\theta}$ 被作为机器人的输入

11.3.2 多关节机器人的运动控制

单关节 PI 反馈加前馈控制器（11.15）可立即推广到包含 n 个关节的机器人。参考位置 $\theta_d(t)$ 和实际位置 $\theta(t)$ 现在变为 n 维向量，并且增益 K_p 和 K_i 现在分别变为具有 k_pI 和 k_iI 形式的 $n\times n$ 对角矩阵，其中标量 k_p 和 k_i 为正值，而 I 是 $n\times n$ 单位矩阵。每个关节的稳定性和性能分析与第 11.3 节中的单关节情况相同。 358

11.3.3　任务空间中的运动控制

我们可以在任务空间中描述前馈加反馈控制律。令 $X(t) \in SE(3)$ 为末端执行器的位形，它是时间的函数；$\mathcal{V}_b(t)$ 为在末端执行器坐标系 {b} 中表述的末端执行器运动旋量，即 $[\mathcal{V}_b] = X^{-1}\dot{X}$。期望运动由 $X_d(t)$ 和 $[\mathcal{V}_d] = X_d^{-1}\dot{X}_d$ 给出。控制律（11.15）的任务空间版本为

$$\mathcal{V}_b(t) = [\mathrm{Ad}_{X^{-1}X_d}]\mathcal{V}_d(t) + K_p X_e(t) + K_i \int_0^t X_e(t)\mathrm{d}t \tag{11.16}$$

式中，$[\mathrm{Ad}_{X^{-1}X_d}]\mathcal{V}_d$ 项将前馈运动旋量 $\mathcal{V}_d$ 表述在 X（也可以写为 X_{sb}）处实际末端执行器坐标系中，而不是期望的末端执行器坐标系 X_d（也可以写为 X_{sd}）中。当末端执行器处于期望位形（$X = X_d$）时，该项退化为 $\mathcal{V}_d$。此外，位形误差 $X_e(t)$ 并不是简单的 $X_d(t) - X(t)$，这是因为减去 $SE(3)$ 中的元素没有意义。相反，正如我们在 6.2 节中看到的那样，X_e 应该指代运动旋量，如果在单位时间内依据该运动旋量运动，则会从 X 过渡到 X_d。在末端执行器坐标系中，该运动旋量的 $se(3)$ 表示为 $[X_e] = \log(X^{-1}X_d)$。

如 11.3.2 节所述，对角增益矩阵 $K_p, K_i \in \mathbb{R}^{6\times 6}$ 分别具有 $k_p I$ 和 $k_i I$ 的形式，其中 $k_p, k_i > 0$。

可以使用 6.3 节中的逆速度运动学来计算用于实现控制律（11.16）中 V_b 的指令关节速度 $\dot{\theta}$，

$$\dot{\theta} = J_b^{\dagger}(\theta)\mathcal{V}_b$$

式中 $J_b^{\dagger}(\theta)$ 为机体雅可比矩阵的伪逆。

可以使用末端执行器位形和速度的其他表示来定义任务空间中的运动控制。例如，对于末端执行器位形的最小坐标表示 $x \in \mathbb{R}^m$，可以编写控制律如下：

$$\dot{x}(t) = \dot{x}_d(t) + K_p(x_d(t) - x(t)) + K_i \int_0^t (x_d(t) - x(t))\mathrm{d}t \tag{11.17}$$

对于混合位形表示 $X = (R, p)$，其速度由 $(\omega_b, \dot{p})$ 表示

359

$$\begin{bmatrix} \omega_b(t) \\ \dot{p}(t) \end{bmatrix} = \begin{bmatrix} R^{\mathrm{T}}(t)R_d(d) & 0 \\ 0 & I \end{bmatrix} \begin{bmatrix} \omega_d(t) \\ \dot{p}_d(t) \end{bmatrix} + K_p X_e(t) + K_i \int_0^t X_e(t)\mathrm{d}t \tag{11.18}$$

式中

$$X_e(t) = \begin{bmatrix} \log(R^{\mathrm{T}}(t)R_d(t)) \\ p_d(t) - p(t) \end{bmatrix}$$

图 11.10 给出了控制律（11.16）的性能，其中末端执行器速度为机体运动旋量 V_b、以及控制律（11.18）的表现，其中末端执行器速度是 $(\omega_b, \dot{p})$。控制任务是将 X_d 从初始位形稳定到原点。

$$R_0 = \begin{bmatrix} 0 & -1 & 0 \\ 1 & 0 & 0 \\ 0 & 0 & 1 \end{bmatrix}, \qquad p_0 \begin{bmatrix} 1 \\ 1 \\ 0 \end{bmatrix}$$

前馈速度为零，$K_i = 0$。图 11.10 给出了末端执行器跟踪的不同路径。从末端执行器坐

标原点的直线运动中，可以看出控制律（11.18）中直线控制和角度控制之间的解耦。

控制律（11.16）在移动操作中的应用可以在第 13.5 节中找到。

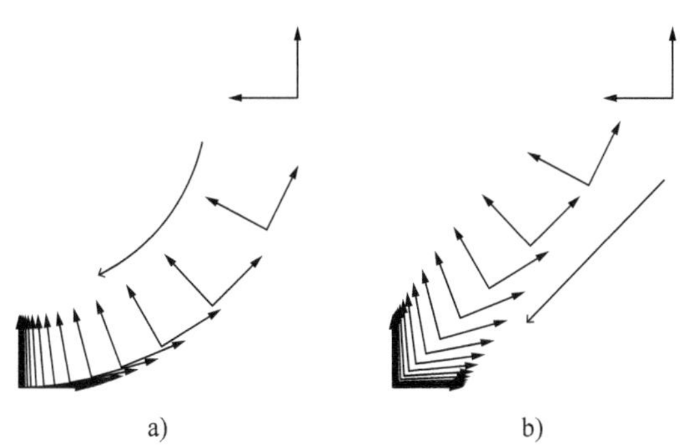

图 11.10　a）末端执行器位形在控制律（11.16）的作用下收敛于原点，其中末端执行器的速度通过机体运动旋量 $\mathcal{V}_b$ 来表示；b）末端执行器位形在控制律（11.18）的作用下收敛于原点，其中末端执行器的速度表示为 $(\omega_b, \dot{p})$

11.4　力或力矩输入的运动控制

对于步进电机控制的机器人，其应用通常局限于力 – 力矩要求较低或可预测的情形。此外，机器人控制工程师不依赖现成的电机放大器的速度控制模式，因为这些速度控制算法中不使用机器人的动力学模型。相反，机器人控制工程师在转矩控制模式下使用放大器：放大器的输入是所需的转矩（或力）。这允许机器人控制工程师在控制律设计中使用机器人的动力学模型。 360

在本节中，控制器生成关节力矩和力，以尝试在关节空间或任务空间中跟踪期望轨迹。我们可以再次使用一个单关节机器人来很好地说明其中的主要理念，所以我们以单关节机器人作为起始，然后再推广到多关节机器人。

11.4.1　单个关节的运动控制

考虑连接到单个连杆的单个电机，如图 11.11 所示。设 τ 为电机的转矩，θ 为连杆的转角。系统的动力学可以写为

$$\tau = M\ddot{\theta} + \mathfrak{m}gr\cos\theta \qquad (11.19)$$

式中，M 是连杆关于旋转轴的标量惯量，$\mathfrak{m}$ 是连杆的质量，r 是从连杆质心到转轴的距离，$g \geqslant 0$ 是重力加速度。

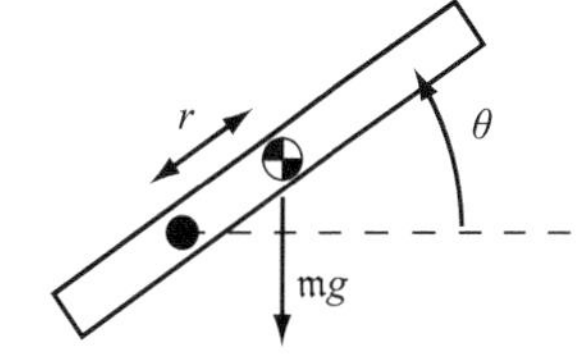

图 11.11　在重力作用下旋转的单关节机器人，图中的方格圆盘表示质心

根据模型（11.19），系统中不存在能量耗散环节：如果移动连杆，然后将 τ 设置为零，那么连杆将会永远运动。当然，这是不现实的；实际中的各种轴承、齿轮和变速箱中必然存在摩擦。对摩擦建模是一个活跃的研究领域，但在一个简单的模型中，旋转摩擦是由粘性摩擦力引起的，所以

$$\tau_{\text{fric}} = b\dot{\theta} \qquad (11.20)$$

式中，$b>0$。在添加摩擦力矩之后，最终的模型变为

$$\tau = M\ddot{\theta} + \mathrm{mg}r\cos\theta + b\dot{\theta} \tag{11.21}$$

可以将其写为更为紧凑的形式：

$$\tau = M\ddot{\theta} + h(\theta,\dot{\theta}) \tag{11.22}$$

式中，h 包含仅依赖于状态而非加速度的所有项⊖。

为了在下述仿真中更有具体性，我们设定 M =0.5kgm²，m=1kg，r =0.1m，b = 0.1 Nms/rad。在一些示例中，连杆在水平面内移动，因此 g=0。在其他示例中，连杆在
361 垂直平面内移动，因此 g=9.81m/s²。

1. 反馈控制：PID 控制

常见的反馈控制器是线性比例 – 积分 – 微分控制或 **PID 控制**（PID control）。PID 控制器只是在 PI 控制器（公式（11.13））上附加了一个与误差的时间导数成正比的微分项

$$\tau = K_p\theta_e + K_i\int\theta_e(t)\mathrm{d}t + k_d\dot{\theta}_e \tag{11.23}$$

式中，控制增益 K_p、K_i 和 K_d 均为正值。比例增益 K_p 的作用，类似于试图减小位置误差 $\theta_e=\theta_d-\theta$ 的一个虚拟弹簧。微分增益 K_d 的作用，类似于试图减小速度误差 $\dot{\theta}_e=\dot{\theta}_d-\dot{\theta}$ 的一个虚拟阻尼。积分增益可用于减少或消除稳态误差。PID 控制器的系统框图如图 11.12 所示。

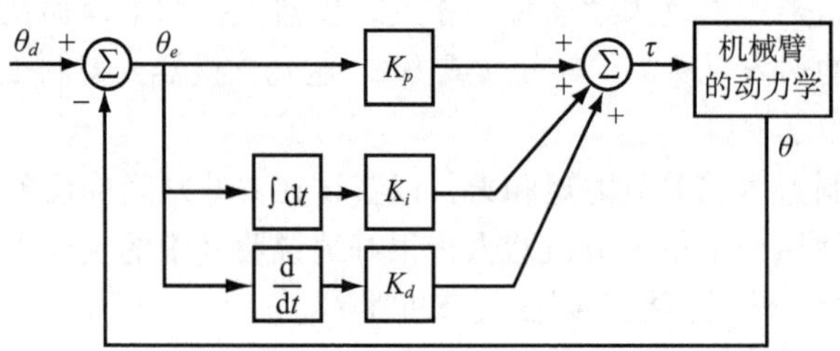

图 11.12　PID 控制器的系统框图

（1）PD 控制和二阶误差动力学

现在我们考虑 $K_i=0$ 这种情形；它称为 PD 控制。我们假设机器人在水平面上移动（$g=0$）。将 PD 控制律代入动力学方程（11.21）中，我们得到

$$M\ddot{\theta} + b\dot{\theta} = K_p(\theta_d-\theta) + K_d(\dot{\theta}_d-\dot{\theta}) \tag{11.24}$$

如果控制目标是设定点控制，设定为恒定的 θ_d，其中 $\dot{\theta}_d=\ddot{\theta}_d=0$，那么 $\theta_e=\theta_d-\theta$，$\dot{\theta}_e=-\dot{\theta}$，并且 $\ddot{\theta}_e=-\ddot{\theta}$。式（11.24）可以改写为

$$M\ddot{\theta}_e + (b+K_d)\dot{\theta}_e + K_p\theta_e = 0 \tag{11.25}$$

或者，写为标准的二阶形式（11.8）：

$$\ddot{\theta}_e + \frac{b+K_d}{M}\dot{\theta}_e + \frac{K_p}{M}\theta_e = 0 \quad\rightarrow\quad \ddot{\theta}_e + 2\zeta\omega_n\dot{\theta}_e + \omega_n^2\theta_e = 0 \tag{11.26}$$

⊖ 系统的状态包括位置和速度，并不包含加速度；这是控制中的常识。

式中，阻尼比 ζ 和固有频率 ω_n 分别为

$$\zeta = \frac{b+K_d}{2\sqrt{K_p M}} \text{ 和 } \omega_n = \sqrt{\frac{K_p}{M}}$$ 362

为了稳定性，$b+K_d$ 和 K_p 必须为正。如果误差动力学方程是稳定的，则稳态误差为零。对于无超调的快速响应，应选择增益 K_d 和 K_p 以满足临界阻尼（$\zeta=1$）。为了获得快速响应，K_p 应在满足实际问题限制的前提下选择的尽可能高，常遇到的实际限制包括：执行器饱和，不希望存在的快速扭矩变化（颤振），由于关节和连杆中的未建模柔性而导致的结构振动，甚至可能是由于有限的伺服速度频率而导致的不稳定性。

（2）PID 控制和三阶误差动力学

现在考虑连杆在垂直平面中移动（$g>0$）时的设定点控制这一情形。使用前面的 PD 控制律，现在可将误差动力学写为

$$M\ddot{\theta}_e + (b+K_d)\dot{\theta}_e + K_p\theta_e = \mathrm{m}gr\cos\theta \tag{11.27}$$

这意味着关节停留在满足 $K_p\theta_e = \mathrm{m}gr\cos\theta$ 这一条件的位形 θ 处，即当 $\theta_d \neq \pm\pi/2$ 时，最终误差 θ_e 非零。其原因是：为了让连杆在 $\theta \neq \pm\pi/2$ 处保持静止，机器人必须要提供非零扭矩；但只有当 $\theta_e \neq 0$ 时，PD 控制律才能在静止时产生非零扭矩。我们可以通过增加增益 K_p 来减小这个稳态误差，但是如上所述，在实际中存在限制。

为消除稳态误差，我们返回到 PID 控制器，设置 $K_i > 0$。即使在零位置误差情况下，它也允许非零的稳态扭矩；此时只有积分误差必须非零。图 11.13 给出了将积分项添加到控制器的效果。 363

要了解其工作原理，写出设定点的误差动力学

$$M\ddot{\theta}_e + (b+K_d)\dot{\theta}_e + K_p\theta_e + K_i\int\theta_e(t)\mathrm{d}t = \tau_{\mathrm{dist}} \tag{11.28}$$

式中，τ_{dist} 是代替重力项 $\mathrm{m}gr\cos\theta$ 的扰动力矩。对方程两边求导，我们得到三阶误差动力学

$$M\theta_e^{(3)} + (b+K_d)\ddot{\theta}_e + K_p\dot{\theta}_e + K_i\theta_e = \dot{\tau}_{\mathrm{dist}} \tag{11.29}$$

如果 τ_{dist} 是常数，则方程（11.29）右侧为零，其特征方程为

$$s^3 + \frac{b+K_d}{M}s^2 + \frac{K_p}{M}s + \frac{K_i}{M} = 0 \tag{11.30}$$

如果方程（11.30）的所有根都具有负实部，那么误差动力学是稳定的，并且 θ_e 收敛到零。（当连杆旋转时，由重力引起的扰动扭矩不是恒定的，它随着 $\dot{\theta}$ 趋于零而接近于一个常数，因此类似的推理在接近平衡点 $\theta_e = 0$ 处保持成立。）

如果要确保方程（11.30）的所有根都具有负实部，其控制增益必须满足以下条件以确保稳定性（第 11.2 节）：

$$K_d > -b$$

$$K_p > 0$$

$$\frac{(b+K_d)K_p}{M} > K_i > 0$$

因此，新的增益 K_i 必须满足下界限和上界限条件（图 11.14）。一个合理的设计策略是：选取合适的 K_p 和 K_d 以获得良好的瞬态响应，然后选择 K_i，它要足够大以有助于减少或消除稳态误差，但又要小到足以使其不会显著影响稳定性。在图 11.13 的示例中，相对较大的 K_i 会使瞬态响应变差，从而产生明显的超调，但它消除了稳态误差。

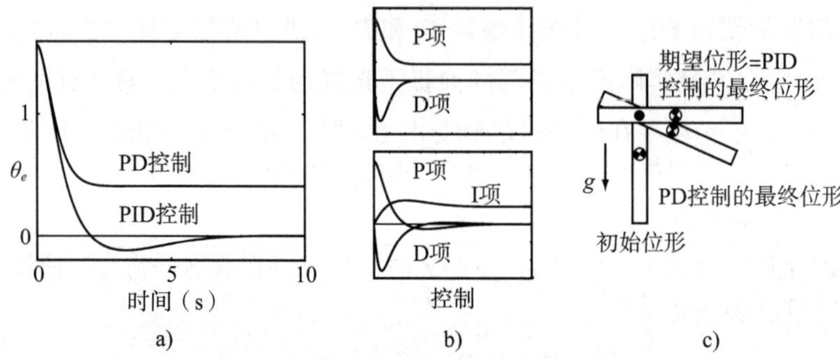

图 11.13 a）PD 控制器的跟踪误差，其中 K_d=2 Nms/rad 且 K_p=2.205 Nm/rad，为临界阻尼，PID 控制器具有相同的 PD 增益，其 K_i=1 Nm/(rad・s)。机械臂的初状态为 $\theta(0)=-\pi/2$，$\dot{\theta}(0)=0$；其目标状态为 $\theta_d=0$，$\dot{\theta}_d=0$；b）PD 和 PID 控制律中各控制项的贡献。请注意，PID 控制器的非零 I（积分）项允许 P（比例）项降至零；c）初始和最终位形，图中的方格圆盘表示质心

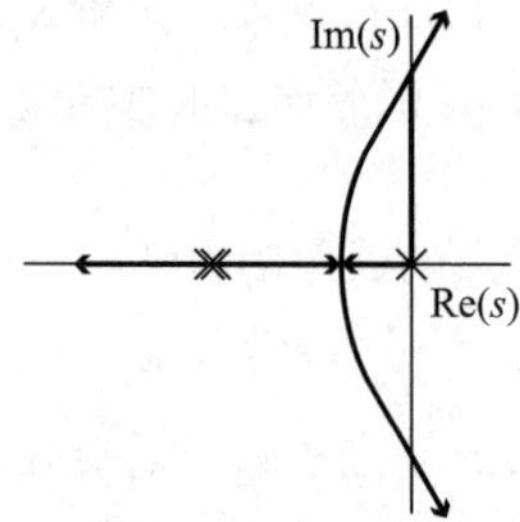

图 11.14 当 K_i 从零开始增大时，方程（11.30）中 3 个根的运动。首先选择 PD 控制器，其中选取合适的 K_p 和 K_d 以产生临界阻尼，此时在负实轴上产生两个并置的根（重根）。添加无穷小的增益 $K_i > 0$ 会在原点处创建第三个根。当我们增大 K_i 时，两个重根中的一个在负实轴上向左移动，而另外两个根则向彼此移动，相遇，脱离实轴，然后开始向右弯曲，最后当 $K_i=(b+K_d)K_p/M$ 时进入右半平面。较大的 K_i 值会使系统变得不稳定

实际上，对于许多机器人控制器来说有 $K_i=0$，这是因为稳定性是最重要的。为了限制积分控制中不利于稳定性的效应可以采用其他技术，如**积分器抗饱和**（integrator anti-windup），这限制了误差积分允许增大的程度。

PID 控制算法的伪代码如图 11.15 所示。

```
time = 0                              // dt = 伺服周期
eint = 0                              // 误差积分
```

图 11.15 PID 控制的伪代码

```
qprev = senseAngle                  // 初始关节角度q
loop
  [qd,qdotd] = trajectory(time) // 源自轨迹发生器

  q = senseAngle                    // 感知实际的关节角度
  qdot = (q - qprev)/dt             // 简单的速度计算
  qprev = q

  e = qd - q
  edot = qdotd - qdot
  eint = eint + e*dt

  tau = Kp*e + Kd*edot + Ki*eint
  commandTorque(tau)

  time = time + dt
end loop
```

图 11.15 （续）

虽然我们的分析侧重于设定点控制，但 PID 控制器非常适用于 $\dot{\theta}_d(t)\neq 0$ 时的轨迹跟踪。然而，积分控制并不会消除沿任意轨迹的跟踪误差。

2. 前馈控制

轨迹跟踪的另一个策略是：使用机器人的动力学模型来主动产生力矩，而不是等待误差。令控制器的动力学模型如下： 364

$$\tau=\tilde{M}(\theta)\ddot{\theta}+\tilde{h}(\theta,\dot{\theta}) \tag{11.31}$$

式中，如果 $\tilde{M}(\theta)=M(\theta)$ 且 $\tilde{h}(\theta,\dot{\theta})=h(\theta,\dot{\theta})$，那么模型是完美的。注意，惯量模型 $\tilde{M}(\theta)$ 被写为关于位形 θ 的函数形式。虽然我们简单的单关节机器人的惯量不是位形的函数，但以这种方式编写的方程，允许我们在 11.4.2 节中对多关节系统来重复使用方程（11.31）。 365

给定来自轨迹发生器的 θ_d、$\dot{\theta}_d$ 和 $\ddot{\theta}_d$，前馈扭矩可计算如下：

$$\tau(t)=\tilde{M}(\theta_d(t))\ddot{\theta}_d(t)+\tilde{h}(\theta_d(t),\dot{\theta}_d(t)) \tag{11.32}$$

如果机器人动力学的模型是精准的，并且没有初始状态误差，则机器人可以准确地跟踪期望轨迹。

前馈控制的伪代码实现如图 11.16 所示。

```
time = 0                                              // dt = 伺服周期
loop                                                  // 轨迹发生器
  [qd,qdotd,qdotdotd] = trajectory(time)              // 计算动力学
  tau = Mtilde(qd)*qdotdotd + htilde(qd,qdotd)
  commandTorque(tau)
  time = time + dt
end loop
```

图 11.16 前馈控制的伪代码

图 11.17 给出了重力作用下连杆前馈轨迹跟踪的两个例子。这里，控制器的动力学模型中除了 $\tilde{r}=0.08\text{m}$ 之外都是正确的，实际中的参数为 $r=0.1\text{m}$。在任务 1 中，误差保持在很小的水平上，这是因为未建模的重力效应为 $\theta=-\pi/2$ 提供了一个类似弹簧的力，使得在开始时对机器人加速并在结束时对其减速。在任务 2 中，未建模的重力效应会对

所需的运动产生影响，从而产生更大的跟踪误差。

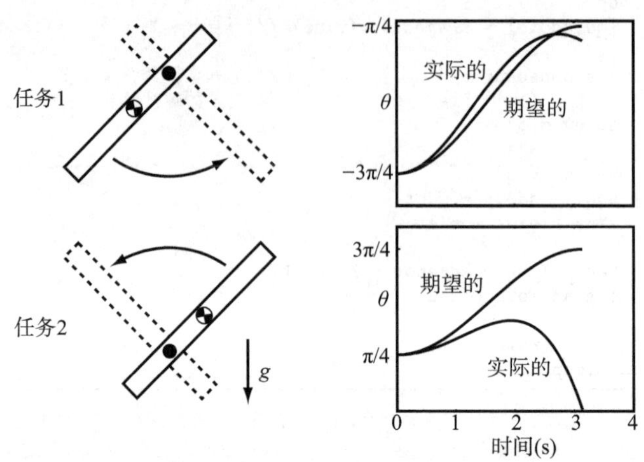

图 11.17　使用不正确的模型得到的前馈控制结果：$\tilde{r}=0.08\mathrm{m}$，但 $r=0.1\mathrm{m}$。任务 1 中的期望轨迹为 $\theta_d(t)=-\pi/2-(\pi/4)\cos(t)$，$0\leqslant t\leqslant\pi$。任务 2 中的期望轨迹是 $\theta_d(t)=\pi/2-(\pi/4)\cos(t)$，$0\leqslant t\leqslant\pi$

因为始终存在建模误差，所以前馈控制总是与反馈一起使用，如下文所述。

3. 前馈加反馈线性化

所有实用的控制器都使用反馈，因为任何机器人和环境动力学模型都不是理想状态。尽管如此，一个好的模型可以用来提高性能并简化我们的分析。

我们将 PID 控制与机器人动力学模型 $\{\tilde{M},\tilde{h}\}$ 结合起来，使其能够沿着任何轨迹，而不仅仅是设定点来实现误差动力学

$$\ddot{\theta}_e+K_d\dot{\theta}_e+K_p\theta_e+K_i\int\theta_e(t)\mathrm{d}t=0 \tag{11.33}$$

误差动力学（11.33）和选取适当的 PID 增益能够确保轨迹误差的指数衰减。

由于 $\ddot{\theta}_e=\ddot{\theta}_d-\ddot{\theta}$，为了实现误差动力学（11.33），我们为机器人选取如下指令加速度

366

$$\ddot{\theta}=\ddot{\theta}_d-\ddot{\theta}_e$$

然后将其与方程（11.33）结合，得到

$$\ddot{\theta}=\ddot{\theta}_d+K_d\dot{\theta}_e+K_p\theta_e+K_i\int\theta_e(t)\mathrm{d}t \tag{11.34}$$

将方程（11.34）中的 $\ddot{\theta}$ 代入到机器人的动力学模型 $\{\tilde{M},\tilde{h}\}$，我们得到**前馈加反馈线性化控制器**（feedforward plus feedback linearizing controller），这也称为**逆动力学控制器**（inverse dynamics controller）或**计算力矩控制器**（computed torque controller）：

$$\tau=\tilde{M}(\theta)(\ddot{\theta}_d+K_p\theta_e+K_i\int\theta_e(t)\mathrm{d}t+K_d\dot{\theta}_e)+\tilde{h}(\theta,\dot{\theta}) \tag{11.35}$$

该控制器由于使用规划加速度 $\ddot{\theta}_d$ 而引入前馈分量，它被称为反馈线性化，这是因为使用 θ 和 $\dot{\theta}$ 的反馈来生成线性误差动力学。$\tilde{h}(\theta,\dot{\theta})$ 项消除了依赖于状态的非线性动力学部分，惯量模型 $\tilde{M}(\theta)$ 将所需的关节加速度转换为关节力矩，实现了简单的线性误差动力学（11.33）。

计算力矩控制器的框图如图 11.18 所示。选择增益 K_p、K_i 和 K_d 来放置特征方程的根，以便实现良好的瞬态响应。在实践中，通常将 K_i 选为零。 367

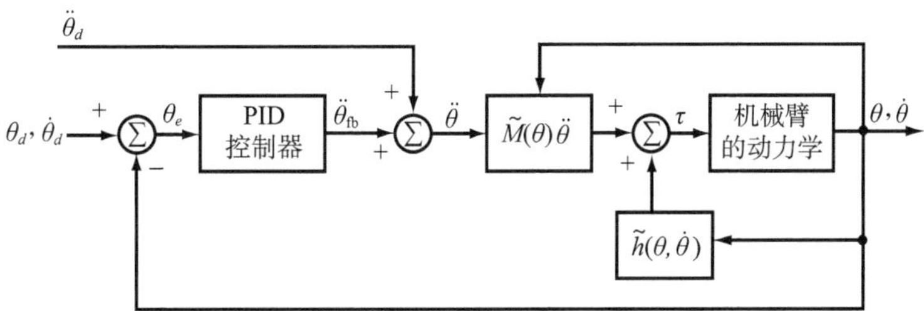

图 11.18　计算力矩控制。将前馈加速度 $\ddot{\theta}_d$ 和由 PID 反馈控制器计算的加速度 $\ddot{\theta}_{fb}$ 相加，以产生指令加速度 $\ddot{\theta}$

图 11.19 给出了计算力矩控制相对于仅使用前馈和反馈的典型行为。伪代码如图 11.20 所示。

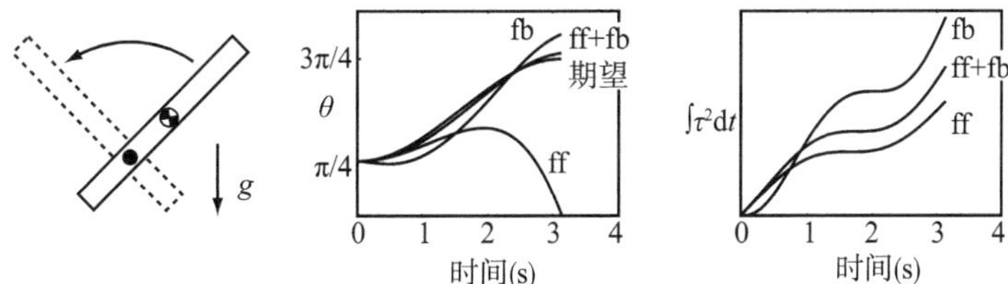

图 11.19　仅使用前馈（ff），仅使用反馈（fb）和使用计算力矩控制（ff + fb）时的性能对比。PID 增益取自图 11.13，前馈建模误差取自图 11.17。期望运动是图 11.17 中的任务 2（左图）。中间的图给出了 3 个控制器的跟踪性能。右图给出了 3 种控制器所对应的 $\int\tau^2(t)\mathrm{d}t$，该量是衡量控制作用力（control effort）的一个标准测量。这些图给出了下列典型行为：计算力矩控制器比单独的前馈或反馈的跟踪效果更好，与单独的反馈相比，它所需要的控制作用力更小

```
time = 0                                                  // dt = 伺服周期时间
eint = 0                                                  // 误差积分
qprev = senseAngle                                        // 初始的关节角度 q
loop
  [qd,qdotd,qdotdotd] = trajectory(time)                  // 源自轨迹发生器

  q = senseAngle                                          // 感知实际的关节角度
  qdot = (q - qprev)/dt                                   // 简单的速度计算
  qprev = q

  e = qd - q
  edot = qdotd - qdot
  eint = eint + e*dt

  tau = Mtilde(q)*(qdotdotd+Kp*e+Kd*edot+Ki*eint) + htilde(q,qdot)
  commandTorque(tau)

  time = time + dt
end loop
```

图 11.20　计算力矩控制器的伪代码

11.4.2　多关节机器人的运动控制

上述用于单关节机器人的方法可以直接转移到 n 关节机器人。不同之处在于动力学（11.22）现在采用更一般的向量形式表达：

$$\tau = M(\theta)\ddot{\theta} + h(\theta,\dot{\theta}) \tag{11.36}$$

式中，$n \times n$ 的正定质量矩阵 M 现在是位形 θ 的函数。通常，动力学（11.36）中的组成
368 部分之间是相互耦合的——关节的加速度是其他关节位置、速度和力矩的函数。

对于多关节机器人，我们区分两种类型的控制：**分散控制**（decentralized control），其中对每个关节单独进行控制，关节之间没有信息共享；**集中控制**（centralized control），其中 n 个关节中每个关节的完整状态信息都可用来计算各关节所需的控制。

1. 分散式多关节控制

控制多关节机器人的最简单方法是在每个关节处使用一个独立的控制器，如第 11.4.1 节中所讨论的单关节控制器。当机器人各关节的动力学解耦时，至少是近似解耦时，分散控制比较适合。当各关节的加速度仅取决于该关节的扭矩、位置和速度时，动力学是解耦的。这要求机器人的质量矩阵是对角矩阵，如在直角坐标机器人或龙门式机器人中，其中前 3 个轴是相互正交的直线关节。这种类型的机器人实际上相当于 3 个单关节系统。

在没有重力的情况下，高减速比机器人也能实现近似解耦。质量矩阵 $M(\theta)$ 近似为对角矩阵，这是因为 $M(\theta)$ 主要由电机本身的表观惯量决定（见第 8.9 节）。各个关节处显著的摩擦力也有助于动力学的解耦。

2. 集中式多关节控制

当重力和力矩比较显著且耦合时，或当质量矩阵 $M(\theta)$ 无法很好地用对角矩阵近似时，分散式控制的性能可能无法令人接受。在这种情况下，图 11.18 的计算力矩控制器
369 （11.35）可以推广到多关节机器人。现在，位形 θ 和 θ_d、误差 $\theta_e = \theta_d - \theta$ 均为 n 维向量，先前正的标量增益变为正定矩阵 K_p，K_i，K_d：

$$\tau = \tilde{M}(\theta)(\ddot{\theta}_d + K_p\theta_e + K_i\int\theta_e(\mathrm{t})\mathrm{d}t + K_d\dot{\theta}_e) + \tilde{h}(\theta,\dot{\theta}) \tag{11.37}$$

通常，我们将增益矩阵选为 k_pI、k_iI 和 k_dI，其中 k_p、k_i 和 k_d 为非负标量。通常，选 k_i 为零。在有 $\tilde{M}$ 和 $\tilde{h}$ 精确动力学模型的情况下，每个关节的误差动力学退化为线性动力学（11.33）。该控制算法的系统框图和伪代码分别见图 11.18 和图 11.20。

控制律（11.37）的实施需要计算潜在会很复杂的动力学。对这些动力学，我们可能没有好的模型，或者在伺服速度下计算方程的运算成本太高。在这种情况下，如果所需的速度和加速度很小，仅使用 PID 控制和重力补偿就可以得到（11.37）的近似：

$$\tau = K_p\theta_e + K_i\int\theta_e(\mathrm{t})\mathrm{d}t + K_d\dot{\theta}_e + \tilde{g}(\theta) \tag{11.38}$$

在零摩擦、完美重力补偿和 PD 设定点控制（$K_i = 0$，$\dot{\theta}_d = \ddot{\theta}_d = 0$）的情况下，受控动力学可写为

$$M(\theta)\ddot{\theta} + C(\theta,\dot{\theta})\dot{\theta} = K_p\theta_e - K_d\dot{\theta} \tag{11.39}$$

式中，科里奥利项和向心项写为 $C(\theta,\dot{\theta})\dot{\theta}$ 。我们现在可以定义一个虚拟的“误差能量”，它是存储在虚拟弹簧 K_p 中的“误差势能”和“误差动能”的总和

$$V(\theta_e,\dot{\theta}_e)=\frac{1}{2}\theta_e^{\mathrm{T}}K_p\theta_e+\frac{1}{2}\dot{\theta}_e^{\mathrm{T}}M(\theta)\dot{\theta}_e \tag{11.40}$$

由于 $\dot{\theta}_d=0$ ，上式简化为

$$V(\theta_e,\dot{\theta})=\frac{1}{2}\theta_e^{\mathrm{T}}K_p\theta_e+\frac{1}{2}\dot{\theta}^{\mathrm{T}}M(\theta)\dot{\theta} \tag{11.41}$$

将上式相对于时间求导，并将（11.39）代入其中，我们得到

$$\begin{aligned}\dot{V}&=-\dot{\theta}^{\mathrm{T}}K_p\theta_e+\dot{\theta}^{\mathrm{T}}M(\theta)\ddot{\theta}+\frac{1}{2}\dot{\theta}^{\mathrm{T}}\dot{M}(\theta)\dot{\theta}\\&=-\dot{\theta}^{\mathrm{T}}K_p\theta_e+\dot{\theta}^{\mathrm{T}}(K_p\theta_e-K_d\dot{\theta}-C(\theta,\dot{\theta})\dot{\theta})+\frac{1}{2}\dot{\theta}^{\mathrm{T}}\dot{M}(\theta)\dot{\theta}\end{aligned} \tag{11.42}$$

重新排列，并使用 $\dot{M}-2C$ 为斜对称这一事实（命题 8.1.2），我们得到

$$\begin{aligned}\dot{V}&=-\dot{\theta}^{\mathrm{T}}K_p\theta_e+\dot{\theta}^{\mathrm{T}}(K_p\theta_e-K_d\dot{\theta})+\underbrace{\frac{1}{2}\dot{\theta}^{\mathrm{T}}(\dot{M}(\theta)-2C(\theta,\dot{\theta}))\dot{\theta}}_{0}\\&=-\dot{\theta}^{\mathrm{T}}K_d\dot{\theta}\leqslant 0\end{aligned} \tag{11.43}$$

370

这表明当 $\dot{\theta}\neq 0$ 时，误差能量减小。如果 $\dot{\theta}=0$ 且 $\theta\neq\theta_d$ ，则虚拟弹簧确保 $\ddot{\theta}\neq 0$ ，因此 $\dot{\theta}_e$ 将再次变为非零，并且将消耗更多的误差能量。因此，通过 Krasovskii-LaSalle 不变原理（习题 11.12），总的误差能量将会单调地减小，无论机器人从任何初始状态开始，最终都会收敛并停止在 θ_d（ $\theta_e=0$ ）。

11.4.3 任务空间中的运动控制

在 11.4.2 节中，我们专注于关节空间中的运动控制。一方面，这很方便，因为在这个空间中，我们可以非常方便地表述关节限位，并且机器人应该能够执行任何遵从这些限位的关节空间路径。我们可以通过关节变量来自然地描述轨迹，并且不存在奇点或冗余的问题。

另一方面，由于机器人与外部环境和环境中的物体相互作用，将运动表述为任务空间中的末端执行器轨迹可能更为方便。令 $(X(t)),\mathcal{V}_b(t)$ 来指定末端执行器轨迹，其中 $X\in SE(3)$ 且 $[\mathcal{V}_b]=X^{-1}\dot{X}$，即运动旋量 $\mathcal{V}_b$ 在末端执行器坐标系 {b} 中表达。如果关节空间中的相应轨迹是可行的，我们现在有两个控制选项：①转换为关节空间轨迹并按照 11.4.2 节进行控制；②在任务空间中表述机器人的动力学和控制律。

第一个选项是将轨迹转换到关节空间。正向运动学是 $X=T(\theta)$ 和 $\mathcal{V}_b=J_b(\theta)\dot{\theta}$ 。然后使用逆运动学从任务空间轨迹中计算求解关节空间轨迹（第 6 章）：

$$(\text{逆运动学})\quad \theta(t)=T^{-1}(X(t)) \tag{11.44}$$

$$\dot{\theta}(t)=J_b^{\dagger}(\theta(t))\mathcal{V}_b(t) \tag{11.45}$$

$$\ddot{\theta}(t)=J_b^{\dagger}(\theta(t))(\dot{\mathcal{V}}_b(t)-\dot{J}_b(\theta(t))\dot{\theta}(t)) \tag{11.46}$$

该方法的一个缺点是：我们必须计算逆运动学，$J_b^{\dagger}$ 和 $\dot{J}_b$ ，这可能需要很强的算力。

第二个选项是在任务空间坐标中来表达机器人的动力学，如第 8.6 节所述。回想一下任务空间中的动力学

$$\mathcal{F}_b = \Lambda(\theta)\dot{\mathcal{V}}_b + \eta(\theta, \mathcal{V}_b)$$

通过 $\tau = J_b^T(\theta)\mathcal{F}_b$ 这一关系式，我们可将关节力和力矩 τ 与末端执行器坐标系中的力旋量 $\mathcal{F}_b$ 关联起来。

我们现在可以在任务空间中编写一个控制律，其灵感来自关节坐标系中的计算力矩控制律（11.37），如下所示：

371 $$\tau = J_b^{\mathrm{T}}(\theta)\left(\tilde{\Lambda}(\theta)\left(\frac{\mathrm{d}}{\mathrm{d}t}([\mathrm{Ad}_{X^{-1}X_d}]\mathcal{V}_d) + K_p X_e + K_i \int X_e(t)\mathrm{d}t + K_d \mathcal{V}_e\right) + \tilde{\eta}(\theta, \mathcal{V}_b)\right) \quad (11.47)$$

式中，$\{\tilde{\Lambda}, \tilde{\eta}\}$ 代表控制器的动力学模型，而 $\frac{\mathrm{d}}{\mathrm{d}t}([\mathrm{Ad}_{X^{-1}X_d}]\mathcal{V}_d)$ 是在 X 处实际末端执行器坐标系中表示的前馈加速度（此项可近似为接近参考状态时 $\dot{\mathcal{V}}_d$）。位形误差 X_e 满足 $[X_e] = \log(X^{-1}X_d)$：X_e 为表述在末端执行器坐标系中的运动旋量，如果在单位时间内跟随该旋量，将会使系统从当前位形 X 移动到期望位形 X_d。速度误差可计算如下：

$$\mathcal{V}_e = [\mathrm{Ad}_{X^{-1}X_d}]\mathcal{V}_d - \mathcal{V}$$

变换 $[\mathrm{Ad}_{X^{-1}X_d}]$ 将参考运动旋量 $\mathcal{V}_d$（在坐标系 X_d 中表述）表示为 X 处末端执行器坐标系中的一个运动旋量，实际速度 $\mathcal{V}$ 也表示在该坐标系中，因此可以对这两个表达式求差。

11.5　力控制

当我们的任务不是生成末端执行器的运动，而是需要向环境施加力和力矩时，需要进行**力控制**（force control）。只有当环境在每个方向上都能提供阻力时（例如，如果末端执行器嵌入到混凝土中或者附接到在各运动方向上能提供阻力的弹簧之上），才能进行纯粹的力控制。纯粹的力控制是一种抽象，因为机器人通常至少能够在某个方向上自由移动。然而，这是一个有用的抽象，它帮助引出了混合的运动 – 力控制，如 11.6 节所述。

在理想的力控制中，末端执行器的作用力，不会受施加到末端执行器的干扰运动的影响。这与理想运动控制的情况是相互对偶的，后者是指运动不受干扰力的影响。

令 $\mathcal{F}_{\mathrm{tip}}$ 为机械手对环境所施加的力旋量。机械手的动力学可以写成

$$M(\theta)\ddot{\theta} + c(\theta, \dot{\theta}) + g(\theta) + b(\dot{\theta}) + J^{\mathrm{T}}(\theta)\mathcal{F}_{\mathrm{tip}} = \tau \quad (11.48)$$

式中，$\mathcal{F}_{\mathrm{tip}}$ 和 $J(\theta)$ 在同一坐标系（空间坐标系或末端执行器坐标系）中定义。由于机器人通常在力控制任务期间移动缓慢（或根本不移动），因此我们可以忽略加速度和速度项，得到

$$g(\theta) + J^{\mathrm{T}}(\theta)\mathcal{F}_{\mathrm{tip}} = \tau \quad (11.49)$$

在没有对机器人末端执行器的力 – 力矩进行任何直接测量的情况下，单独的关节角度反馈可用于实施如下的力控制律

$$\tau = \tilde{g}(\theta) + J^{\mathrm{T}}(\theta)\mathcal{F}_d \quad (11.50)$$

式中，$\tilde{g}(\theta)$ 是重力矩的模型，$\mathcal{F}_d$ 是期望力旋量。该控制律需要一个好的重力补偿模型，同时需要能够精确控制机器人关节处所产生的力矩。在不使用齿轮减速的直流电机的情况下，可以通过电机的电流控制来实现扭矩控制。在高减速比驱动的情况下，传动装置中的大摩擦力矩会降低仅通过电流控制而实现的扭矩控制的质量。在这种情况下，可在传动装置的输出端安装应变片来直接测量关节力矩；该信息反馈给本地控制器，它调制电机电流以获得所需的输出转矩。 372

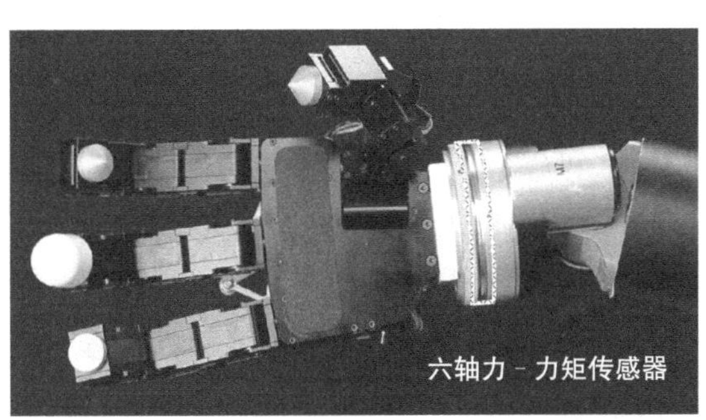

图 11.21 安装在机器人手臂和末端执行器之间的六轴力 - 力矩传感器

另一种解决方案是在机械臂和末端执行器之间为机械臂配备一个六轴力 - 力矩传感器，直接测量末端执行器的力旋量 $\mathcal{F}_{\text{tip}}$（图 11.21）。考虑具有前馈项和重力补偿的 PI 力控制器[⊖]

$$\tau = \tilde{g}(\theta) + J^{\mathrm{T}}(\theta)(\mathcal{F}_d + K_{fp}\mathcal{F}_e + K_{fi}\int \mathcal{F}_e(t)\mathrm{d}t) \tag{11.51}$$

式中，$\mathcal{F}_e = \mathcal{F}_d - \mathcal{F}_{\text{tip}}$，$K_{fp}$ 和 K_{fi} 分别是比例和积分环节的正定增益矩阵。在完美重力模型的情况下，将力控制器（11.51）代入到动力学（11.49）中，得到误差动力学方程，即

$$K_{fp}\mathcal{F}_e + K_{fi}\int \mathcal{F}_e(t)\mathrm{d}t = 0 \tag{11.52}$$

在系列情况中，由于 $\tilde{g}(\theta)$ 的模型不正确，在（11.52）右侧受到非零但恒定的力扰动。我们对其求导，得到 373

$$K_{fp}\dot{\mathcal{F}}_e + K_{fi}\mathcal{F}_e = 0 \tag{11.53}$$

这表明对于正定的 K_{fp} 和 K_{fi}，$\mathcal{F}_e$ 收敛到零。

控制律（11.51）简单而有吸引力，但如果使用不当可能会有危险。如果机器人没有任何东西可以推动，它将在尝试于末端执行器处生成力时失败而发生加速。由于典型的力控制任务需要很少的运动，我们可以通过增加速度阻尼来限制此加速度。这给出了修改后的控制律

$$\tau = \tilde{g}(\theta) + J^{\mathrm{T}}(\theta)(\mathcal{F}_d + K_{fp}\mathcal{F}_e + K_{fi}\int \mathcal{F}_e(t)\mathrm{d}t - K_{\text{damp}}\mathcal{V}) \tag{11.54}$$

式中，K_{damp} 是正定矩阵。

⊖ 通常情况下，微分控制并不重要，这主要是因为下列两个原因：①对力的测量通常是有噪声的，因此它们的时间导数几乎没有意义；②我们假设可以直接控制关节处的力和力矩，简单刚体动力学模型意味着力直接传递到末端执行器——不存在将我们的控制命令进行积分来生成期望行为的动力学，这与运动控制不同。

11.6 运动–力混合控制

对于需要施加受控力的大多数任务，它们也需要产生受控运动。混合的运动–力控制可用于实现此目的。如果任务空间是n维的，那么在任何时刻t，我们可以自由地指定$2n$个力和运动中的n项；剩余的n项由环境决定。除了这种约束外，我们也不应该在“同一方向”指定力和运动，因为它们之间并非相互独立的。

例如，考虑一个二维环境，其模型为阻尼模型，$f = B_{\text{env}}v$，其中

$$B_{\text{env}} = \begin{bmatrix} 2 & 1 \\ 1 & 1 \end{bmatrix}$$

将v和f的分量定义为(v_1, v_2)和(f_1, f_2)，我们有$f_1 = 2v_1 + v_2$，$f_2 = v_1 + v_2$。在任何时刻，在总共$2n = 4$个速度和力中，我们自由选取的自由度为$n = 2$。例如，我们可以独立指定f_1和v_1，这是因为B_{env}不是对角矩阵。然后，由B_{env}确定v_2和f_2。我们不能同时独立地控制f_1和$2v_1 + v_2$，因为根据环境它们处于“相同方向”。

11.6.1 自然约束和虚拟约束

当环境在k个方向上拥有无限刚度（刚性约束），同时它在剩余的$n-k$个方向上不受约束时，会出现一个特别有趣的情况。在这种情况下，我们无法选择应该指定$2n$个运动和力中的哪一个——与环境的接触本身，为机器人选取可以自由施加力的k个方向以及
374 可以自由运动的$n-k$个方向。例如，考虑$SE(3)$中维度为$n = 6$的一个任务空间。那么，牢牢抓住柜门的机器人，其末端执行器运动自由度的数目为$6-k=1$，即围绕机柜铰链的旋转自由度，因此力的自由度数目为$k=5$；机器人可以在不移动门的前提下，施加任何一个关于铰链轴线作用力矩为零的力旋量。

作为另一个例子，在黑板上书写的机器人，可以自由地控制施加到黑板上的力（$k=1$），但是它不能穿透黑板；机器人可以自由移动的自由度数目为$6-k=5$（其中的两个自由度用于指定粉笔尖在黑板平面内的运动，剩余的3个自由度用于描述粉笔的姿态），但机器人无法独立地控制这些方向上的力。

对于上述的粉笔例子，我们有两个附加说明：第一个是由摩擦引起的——挥舞粉笔的机器人实际上可以控制与黑板平面之间的切向力，其前提是它在黑板平面内的期望运动为零，并且期望的切向力不超过静摩擦极限，该极限由摩擦系数和指向黑板的法向压力决定（参见12.2节中关于摩擦模型的讨论）。在这种情况下，机器人有3个运动自由度（围绕相交于粉笔和黑板接触点处的3个轴线的旋转）和3个线性力自由度。第二个附件说明是机器人可以决定从黑板脱离。在这种情况下，机器人将拥有6个运动自由度，并且没有关于力的自由度。因此，机器人的位形不是决定运动方向和力自由度的唯一因素。尽管如此，在本节中我们将考虑简化情形，其中运动和力的自由度仅由机器人的位形决定，并且所有约束都是等式约束。例如，黑板的速度不等式约束（粉笔不能穿透黑板）被当作等式约束（机器人也不会将粉笔拉离黑板）来处理。

作为最后一个例子，考虑一个机器人使用板擦来擦拭无摩擦的黑板（图11.22），其中板擦作为刚性块来建模。令$X(t) \in SE(3)$为刚性块（板擦）坐标系$\{b\}$相对于空间坐

标系 {s} 的位形。物体坐标系的运动旋量和力旋量可分别写为 $\mathcal{V}_b=(\omega_x,\omega_y,\omega_z,v_x,v_y,v_z)$，$\mathcal{F}_b=(m_x,m_y,m_z,f_x,f_y,f_z)$。为了保持板擦与黑板之间的接触，需要在运动旋量上施加 $k=3$ 个约束：

$$\omega_x=0$$
$$\omega_y=0$$
$$v_z=0$$

使用第 2 章的语言，这些速度约束是完整约束——可以对这些微分约束进行积分来得到位形约束。

这些约束称为**自然约束**（natural constraint），它们由环境指定。在力旋量上也有 $6-k=3$ 个自然约束：$m_z=f_x=f_y=0$。根据自然约束，我们可以为板擦自由地指定任何能满足上述 $k=3$ 个速度约束的运动旋量，同时可为其指定任何能满足 $6-k=3$ 个力旋量约束的力旋量（其前提是 $f_z<0$，以保持板擦与黑板的接触）。这些关于运动和力的规范 375
称为**虚拟约束**，也称为**人工约束**（artificial constraint）。下面是一组虚拟约束及其对应的自然约束：

自然约束	虚拟约束	自然约束	虚拟约束
$\omega_x=0$	$m_x=0$	$f_x=0$	$v_x=k_1$
$\omega_y=0$	$m_y=0$	$f_y=0$	$v_y=0$
$m_z=0$	$\omega_z=0$	$v_z=0$	$f_z=k_2<0$

虚拟约束导致板擦在对黑板施加恒定力 k_2 的同时，以 $v_x=k_1$ 的速度移动。

11.6.2 运动 – 力混合控制器

我们现在回到如何设计运动 – 力混合控制器的问题。如果环境是刚性的，那么我们可以将任务空间中的 k 个自然约束表达为 Pfaffian 约束

$$A(\theta)\mathcal{V}=0 \tag{11.55}$$

其中，对于运动旋量 $\mathcal{V}\in\mathbb{R}^6$，我们有 $A(\theta)\in\mathbb{R}^{k\times 6}$。该公式包括完整约束和非完整约束。

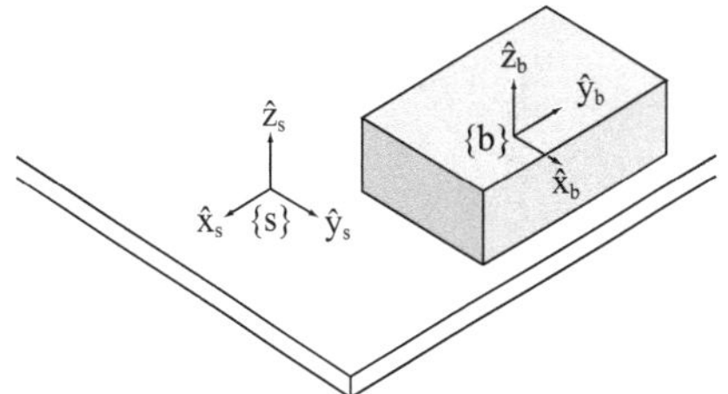

图 11.22　在黑板上粘连固定空间坐标系 {s}；在板擦上粘连附体坐标系 {b}

如果机器人的任务空间动力学（第 8.6 节），在没有约束的情况下，由下式给出

$$\mathcal{F}=\Lambda(\theta)\dot{\mathcal{V}}+\eta(\theta,\mathcal{V})$$ 376

式中，$\tau=J^{\mathrm{T}}(\theta)\mathcal{F}$ 是由执行器产生的关节力矩和力，那么根据第 8.7 节，可知约束动力学为

$$\mathcal{F}=\Lambda(\theta)\dot{\mathcal{V}}+\eta(\theta,\mathcal{V})+\underbrace{A^{\mathrm{T}}(\theta)\lambda}_{\mathcal{F}_{\mathrm{tip}}} \tag{11.56}$$

式中，$\lambda\in\mathbb{R}^k$ 是拉格朗日乘数，$\mathcal{F}_{\mathrm{tip}}$ 是机器人施加到约束上的力旋量。期望的力旋量 $\mathcal{F}_d$ 必须位于 $A^{\mathrm{T}}(\theta)$ 的列向量空间中。

由于在任何时刻都必须要满足式（11.55），我们可以用时间导数来代替它

$$A(\theta)\dot{\mathcal{V}} + \dot{A}(\theta)\mathcal{V} = 0 \tag{11.57}$$

为了确保当系统状态已满足 $A(\theta)\mathcal{V}=0$ 时能满足（11.57），任何期望加速度 $\dot{\mathcal{V}}_d$ 都应满足 $A(\theta)\dot{\mathcal{V}}_d = 0$。

现在求解方程（11.56）中的 $\dot{\mathcal{V}}$，将结果代入（11.57）中并求解 λ，得到

$$\lambda = (A\Lambda^{-1}A^{\mathrm{T}})^{-1}(A\Lambda^{-1}(\mathcal{F}-\eta) - A\dot{\mathcal{V}}) \tag{11.58}$$

式中，我们用到了源自式（11.57）中的 $-A\dot{\mathcal{V}} = \dot{A}\mathcal{V}$。使用式（11.58），可以计算出机器人对约束施加的力旋量 $\mathcal{F}_{\mathrm{tip}} = A^{\mathrm{T}}(\theta)\lambda$。

将式（11.58）代入式（11.56）并进行操作，受约束动力学（11.56）中的 n 个方程可表示为 $n-k$ 个独立的运动方程：

$$P(\theta)\mathcal{F} = P(\theta)(\Lambda(\theta)\dot{\mathcal{V}} + \eta(\theta,\mathcal{V})) \tag{11.59}$$

式中

$$P = I - A^{\mathrm{T}}(A\Lambda^{-1}A^{\mathrm{T}})^{-1}A\Lambda^{-1} \tag{11.60}$$

I 是单位矩阵。$n\times n$ 矩阵 $P(\theta)$ 的秩为 $n-k$，它将任意的一个机械手力旋量 $\mathcal{F}$ 投影到力旋量的子空间，该子空间可使末端执行器沿与约束相切的方向移动。秩为 k 的矩阵 $I-P(\theta)$ 将任意的一个力旋量 $\mathcal{F}$ 投影到与约束相对作用的力旋量子空间上。因此，P 将 n 维力空间划分为两部分：用于解决运动控制任务的力旋量，以及用于解决力控制任务的力旋量。

我们的运动–力混合控制器是任务空间运动控制器（来自计算力矩控制律（11.47））
377 和任务空间力控制器（11.51）两者之和，每个控制器都被投影到相应的子空间中以产生力。假设在末端执行器坐标系 {b} 中表达力旋量和运动旋量

$$\begin{aligned}\tau = J_b^{\mathrm{T}}(\theta)\Bigg(&\underbrace{P(\theta)\left(\tilde{\Lambda}(\theta)\left(\frac{\mathrm{d}}{\mathrm{d}t}([\mathrm{Ad}_{X^{-1}X_d}]\mathcal{V}_d) + K_pX_e + K_i\int X_e(t)\mathrm{d}t + K_d\mathcal{V}_e\right)\right)}_{\text{运动控制}} \\ &+ \underbrace{(I-P(\theta))(\mathcal{F}_d + K_{fp}\mathcal{F}_e + K_{fi}\int\mathcal{F}_e(t)\mathrm{d}t)}_{\text{力控制}} \\ &+ \underbrace{\tilde{\eta}(\theta,\mathcal{V}_b)}_{\text{科里奥利和重力项}}\Bigg)\end{aligned} \tag{11.61}$$

因为两个控制器的动力学通过 P 和 $I-P$ 这两个正交投影而相互解耦，所以控制器继承了独立的力和运动控制器在各自子空间上的误差动态和稳定性分析。

在刚性环境中实施混合控制律（11.61）的困难之处在于：知道在任何时间都有效的 $A(\theta)\mathcal{V}=0$ 的约束形式。这对于指定期望运动和期望力、计算投影都是必要的，但关于环境的任何模型都会存在一些不确定性。处理该问题的一种方法是：基于力反馈，使用实时估计算法来识别约束方向。另一种方法是通过选择低反馈增益来牺牲一些性能，这会使运动控制器变“软”，同时力控制器更能容忍力的误差。我们还可以在机器人本体结构中构建被动柔性，以实现类似的效果。在任何情况下，由于关节和连杆中存在的柔性，一些被动柔性是不可避免的。

11.7 阻抗控制

在刚性环境中理想的运动 – 力混合控制，需要极端的机器人**阻抗**（impedance），阻抗将端点的运动变化作为干扰力的函数来表征。理想的运动控制对应于高阻抗（由于力扰动而引起的运动变化很小），而理想的力控制对应于低阻抗（由于运动干扰而引起的力的变化很小）。在实践中，机器人可实现的阻抗范围是有限的。

在本节中，我们考虑阻抗控制问题，其中要求机器人末端执行器呈现特定的质量、弹簧和阻尼属性[⊖]。例如，用作触觉手术模拟器的机器人，其任务可以是模拟与虚拟组织相接触的虚拟手术器械的质量、刚度和阻尼特性。 378

用于呈现阻抗的单自由度机器人的动力学可以写为

$$\mathfrak{m}\ddot{x}+b\dot{x}+kx=f \tag{11.62}$$

式中，x 是位置，$\mathfrak{m}$ 是质量，b 是阻尼，k 是刚度，f 是用户施加的力，如图 11.23 所示。松散意义上，我们称如果 $\{\mathfrak{m},b,k\}$ 中的一个或多个参数（通常包括 b 或 k）很大，则机器人呈现高阻抗。同样地，如果所有这些参数都很小，我们称阻抗低。

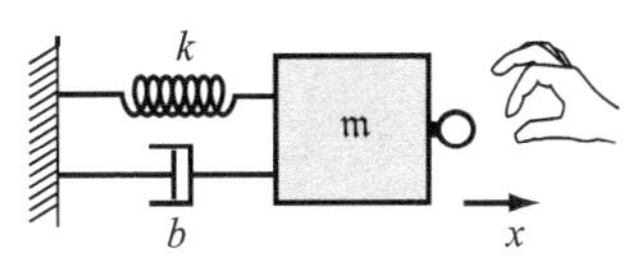

图 11.23 用于生成单自由度质量 – 弹簧 – 阻尼虚拟环境的机器人，人手将力 f 施加到触觉界面

更正式地，对式（11.62）两边取拉普拉斯变换[⊜]，得到

$$(\mathfrak{m}s^2+bs+k)X(s)=F(s) \tag{11.63}$$

阻抗由位置扰动到力的传递函数 $Z(s)=F(s)/X(s)$ 来定义。因此，阻抗取决于频率，并且其低频响应由弹簧支配，而高频响应由质量支配。**导纳**（admittance）$Y(s)$ 是阻抗的倒数：$Y(s)=Z^{-1}(s)=X(s)/F(s)$。

一个好的运动控制器，其特征在于高阻抗（低导纳），这是因为 $\Delta X=Y\Delta F$。如果导纳 Y 小，则力扰动 ΔF 仅能产生小的位置扰动 ΔX。类似地，一个好的力控制器，其特征在于低阻抗（高导纳），因为 $\Delta F=Z\Delta X$，并且阻抗 Z 小意味着运动扰动仅能产生小的力扰动。

阻抗控制的目标是实施如下的任务空间行为：

$$M\ddot{x}+B\dot{x}+Kx=f_{\text{ext}} \tag{11.64}$$

式中，$x\in\mathbb{R}^n$ 是在最小坐标集中的任务空间位形，如 $x\in\mathbb{R}^3$；M、B 和 K 是由机器人模拟的正定虚拟质量、阻尼和刚度矩阵，并且 f_{ext} 是施加到机器人的力，该力可能由用户施加。M、B 和 K 的值可能会根据虚拟环境中的位置而改变，以便表示不同的物体，但我们关注的是恒定量值情况。在机器人的受控运动中，我们还可以用参考值的微小位移 $\Delta\ddot{x}$、$\Delta\dot{x}$ 和 Δx 来代替 $\ddot{x}$、$\dot{x}$ 和 x，但是我们将在这里省去任何此类额外表示法。

行为（11.64）可以用运动旋量和力旋量来替代实现，其中使用力旋量 $\mathcal{F}_{\text{ext}}$ 来取代 f_{ext}，利用运动旋量 $\mathcal{V}$ 来取代 $\dot{x}$，利用 $\dot{\mathcal{V}}$ 来取代 $\ddot{x}$，利用指数坐标 $\mathcal{S}\theta$ 来取代 x。或者，线 379

⊖ 关于阻抗控制的一个流行子类别是**刚度控制**（stiffness control）或**柔顺性控制**（compliance control），其中机器人仅呈现为一个虚拟弹簧。

⊜ 如果你不熟悉拉普拉斯变换和传递函数，请不要惊慌！我们这里不需要扣细节。

性行为和旋转行为之间可以解耦，如第 11.4 节中所述。

有两种常见的方法可用来实现（11.64）中的行为。

- 机器人感知端点运动 $x(t)$ 并控制关节力矩和力来生成 $-f_{\text{ext}}$，其为显示给用户的力。这种机器人被称为**阻抗控制的**（impedance controlled），因为它实现了从运动到力的传递函数 $Z(\mathcal{S})$。从理论上讲，阻抗控制下的机器人应该只与导纳类型的环境相耦合。
- 机器人使用安装在腕部的力 – 力矩传感器来感知 f_{ext}，并控制其运动以做出响应。这种机器人被称为**导纳控制的**（admittance controlled），因为它实现了从力到运动的传递函数 $Y(\mathcal{S})$。从理论上讲，导纳控制下的机器人应该只能与阻抗类型的环境相耦合。

11.7.1　阻抗控制算法

在阻抗控制算法中，编码器、转速计、甚至可能包括加速度计，被用于估计关节和端点的位置、速度、甚至加速度。通常阻抗控制下的机器人并不在腕部配备力 – 力矩传感器，而是依靠它们精确控制关节扭矩的能力来呈现适当的末端执行器力 $-f_{\text{ext}}$，如式（11.64）。一个好的控制律可能是

$$\tau = J^{\mathrm{T}}(\theta)(\underbrace{\tilde{\Lambda}(\theta)\ddot{x} + \tilde{\eta}(\theta,\dot{x})}_{\text{机械臂动力学补偿}} - \underbrace{(M\ddot{x} + B\dot{x} + Kx)}_{f_{\text{ext}}}) \tag{11.65}$$

其中，使用坐标 x 来描述任务空间中的动力学模型。在末端执行器处添加力 – 力矩传感器的话，可以允许使用反馈项来更紧密地实现期望的相互作用力 $-f_{\text{ext}}$。

在控制律（11.65）中，假设可以直接测量 $\ddot{x}$、$\dot{x}$ 和 x。对加速度 $\ddot{x}$ 的测量可能有噪声，并且有在感测到加速度后试图补偿机器人质量的问题。因此，消除质量补偿项 $\tilde{\Lambda}(\theta)\ddot{x}$ 并设定 $M=0$ 并不罕见。机械臂的质量对于使用者来说是显而易见的，但是阻抗控制下的机械臂通常被设计成是轻质的。假设较小的速度并用更简单的重力补偿模型来代替非线性动力学补偿也并不罕见。

当用式（11.65）来模拟刚性环境（大 K 情况）时会出现问题。一方面，通过编码器测量的位置的微小变化会导致电机转矩发生大的变化。这种有效的高增益，加上延迟、
380 传感器量化和传感器误差，可能会产生振荡行为或不稳定。另一方面，在模拟低阻抗环境时，有效增益也较低。轻巧的可反向驱动的机械手擅长模拟这样的环境。

11.7.2　导纳控制算法

在导纳控制算法中，由腕部测力传感器来测量用户施加的力 f_{ext}，同时机器人以满足式（11.64）的末端执行器加速度进行响应。一种简单方法是根据下式来计算所需的末端执行器加速度 $\ddot{x}_d$，即

$$M\ddot{x}_d + B\dot{x} + Kx = f_{\text{ext}}$$

其中 $(x,\dot{x})$ 是当前状态。通过求解，我们得到

$$\ddot{x}_d = M^{-1}(f_{\text{ext}} - B\dot{x} - Kx) \tag{11.66}$$

对于由 $\dot{x} = J(\theta)\dot{\theta}$ 定义的雅可比矩阵 $J(\theta)$，所需的关节加速度 $\ddot{\theta}_d$ 可通过下式求解：

$$\ddot{\theta}_d = J^{\dagger}(\theta)(\ddot{x}_d - \dot{J}(\theta)\dot{\theta})$$

使用逆动力学计算关节力和力矩指令 τ。当目标是仅模拟弹簧或阻尼时，可得到该控制律的简化版本。为了在面对嘈杂的力测量时使响应更平滑，可以对力读数进行低通滤波。

对于导纳控制的机器人来说，模拟小质量环境是一项挑战，这是因为此时小力会产生很大的加速度。大的有效增益会产生不稳定性。然而，具有高减速比的机器人在导纳控制下，在模拟刚性环境方面可以有出色的表现。

11.8 底层的关节力 / 力矩控制

在本章中，我们一直假设每个关节能产生所需的扭矩或力。在实践中，这种理想情形无法完全实现，但我们有不同方法来逼近它。下面列出了使用电机的一些最常见方法（8.9.1 节），以及它们相对于先前所列出方法的优缺点。这里我们假设使用旋转关节和旋转电机。

1. 直驱电机的电流控制

在这种构型下，每个关节处都有一个电机放大器和一个不带减速器的电机。电机的转矩大致服从 $\tau = k_t I$ 这一关系，即转矩与通过电机的电流成正比。放大器接收到所需转矩请求，除以转矩常数 k_t，产生电机电流 I。为了产生所需的电流，集成到放大器中的电流传感器连续地测量通过电机的实际电流，放大器使用局部反馈控制回路来调节电机 381
两端的平均电压（相对于时间而言），以达到所需的电流。该局部反馈回路的运行速率高于产生请求转矩的控制回路。一个典型的例子是局部电流控制回路采用 10 kHz，而外部控制回路以 1 kHz 的频率来获取关节转矩请求。

这种构型的一个问题是，通常未装配减速器的电机必须非常大，以便产生足够的扭矩。如果电机固定在地面上并通过电缆或闭式运动链连接到末端执行器，则该构型可行。如果电机可以移动，如一个串联式运动链关节处的电机，此种情况下使用大型的无减速箱的电机通常是不切实际的。

2. 减速电机的电流控制

除了电机有齿轮箱（8.9.1 节）外，这种构型与前一种构型类似。使用 $G > 1$ 的减速比增加了关节处可用的扭矩。

- **优点：** 较小的电机便可提供所需的扭矩。电机还可以按更高的速度运行，此时电能到机械能的转换效率更高。
- **缺点：** 齿轮箱引入了间隙（在没有运动输入的情况下，齿轮箱的输出端可以转动，使接近零速度时的运动控制变得很有挑战）和摩擦。通过使用特定类型的传动装置，例如谐波齿轮传动，几乎可以将齿隙消除。然而，无法消除摩擦。齿轮箱输出端的额定扭矩为 $Gk_t I$，但齿轮箱中的摩擦力会降低可用扭矩，并会使实际产生的扭矩产生很大的不确定性。

3. 具有局部应变仪反馈的减速电机的电流控制

这种构型与前一种构型相类似，其不同之处在于谐波驱动传动装置上配备有应变仪，该应变仪可检测出齿轮箱输出端实际输送的扭矩。放大器在局部反馈控制器中使用该扭矩信息，以调节电机中的电流，从而实现所要求的转矩。

- **优点**：将传感器放在传动装置的输出端可以补偿摩擦中的不确定性。
- **缺点**：关节构型中引入了额外的复杂性。此外，谐波传动齿轮通过在齿轮组中引入一些扭转柔性来实现接近零的齿隙，同时由于该扭转弹簧的存在而增加的动力学，可能使高速运动控制复杂化。

4. 串联弹性执行器

串联弹性执行器（Series Elastic Actuator，SEA）包括带有减速器（通常是谐波齿轮
382 减速器）的电机，以及将减速齿轮的输出端连接到执行器输出端的扭转弹簧。SEA 类似于先前的构型，不同之处在于增加的弹簧的扭转弹簧常数远低于谐波减速器的弹簧常数。弹簧的角度偏差 $\Delta\phi$ 通常由光学编码器、磁编码器或电容编码器来测量。传递到执行器输出端的扭矩为 $k\Delta\phi$，其中 k 为扭转弹簧常数。弹簧的扭转变形被馈送到局部反馈控制器，该控制器控制供给到电机的电流，以便实现期望的弹簧扭转变形，并由此实现期望的扭矩。

- **优点**：增加扭转弹簧使关节自然地变“软”，因此非常适合人机交互任务。它还可以保护传动装置和电机免受输出端的冲击，如当输出连杆与环境中的某些物体相撞击时。
- **缺点**：关节构型存在额外的复杂性。此外，由于更柔的弹簧而增加的动力学使得在输出端控制高速或高频运动更具挑战性。

2011 年，NASA 的 Robonaut2（R2）成为太空中的第一个人形机器人，它被用于在国际空间站上进行操作。Robonaut2 中包含许多 SEA，包括图 11.24 中的髋部执行器。

图 11.24　a）国际空间站中的 Robonaut2 机器人；b）R2 的髋关节 SEA；c）定制的扭转弹簧。孔安装座的内圈连接到谐波齿轮箱的输出端，孔安装座的外圈是 SEA 的输出，它连接到下一个连杆。弹簧设计有硬止挡，最大可允许大约 0.07 弧度的偏转变形；d）SEA 的横截面。通过求解弹簧输入端和弹簧输出端的偏转变形读数之差，确定扭转弹簧的偏转变形 $\Delta\phi$。使用光学编码器和弹簧偏转变形传感器来估计关节角度。电机控制器 – 放大器位于 SEA 内，它使用串行通信协议与集中式控制器通信。中空孔允许电缆从 SEA 内部穿过。所有图片均由 NASA 提供

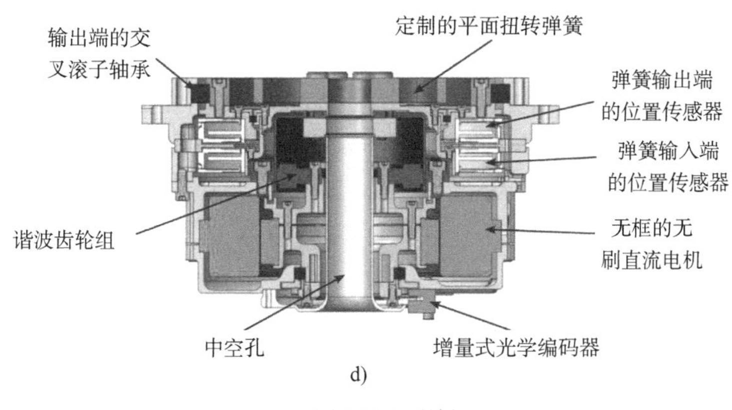

d)

图 11.24 （续）

11.9 其他议题

1. 鲁棒控制

对于操作中的不确定性，虽然所有稳定的反馈控制器都赋予了一定程度的鲁棒性；但是鲁棒控制领域涉及如何设计控制器，从而能使机器人在受到有界参数不确定性（如其惯量特性）的影响时，能明确地保证其性能。

2. 自适应控制

机器人的自适应控制涉及在执行期间估计机器人的惯量或其他参数，并利用这些估计来实时更新控制律。

3. 迭代学习控制

迭代学习控制（Iterative Learning Control，ILC）通常侧重于重复性任务。如果机器人一遍又一遍地执行相同的拾取和放置操作，则可以使用先前的执行轨迹误差来修改下一次执行的前馈控制。通过这种方式，机器人可以随时间的推移而改善其性能，从而使执行误差趋向于零。这种类型的学习控制与自适应控制的不同之处在于："学习"信息通常是非参数化的，并且仅对单个轨迹有用。但是，迭代学习控制 ILC 可以解释在特定模型中尚未参数化的因素。 383

4. 被动柔性和柔性机械臂

所有机器人都不可避免地有一些被动柔性。对该柔性进行建模可以简化为假设在每个转动关节处均装有扭转弹簧（例如，考虑到谐波齿轮减速装置中柔轮的有限刚度），也可像把每个连杆当作柔性梁处理那样复杂。柔性的两个显著影响是：①电机的角度读数、真实的关节角度和所接连杆的端点位置之间的不匹配；②机器人动力学的阶数增加。这 384
些问题会引起在控制中具有挑战性的问题，特别是当处于低频振动模式时。

一些机器人被专门设计具有被动柔性，特别是那些用于与人类或环境进行接触交互的机器人。这种机器人可能牺牲运动控制性能而有利于安全。一个被动柔性执行器的例子是如上所述的串联弹性执行器 SEA。

5. 变阻抗执行器

通常可以使用反馈控制律来控制关节的阻抗，如第 11.7 节中所述。但是，该控制的带宽有限；以弹簧行为模式进行主动控制的关节，将仅在受低频扰动时实现类似弹簧的行为。

一类新类型的执行器，称为**变阻抗**（variable-impedance）或**变刚度驱动器**（variable-stiffness actuator），旨在为驱动器提供所需的被动机械阻抗，而不受主动控制律的带宽限制。作为示例，变刚度驱动器可以包括两个电机，其中一个电机独立地控制关节的机械刚度（例如，使用内部非线性弹簧的设定点），而另一个电机用来产生力矩。

11.10　本章小结

- 通常可通过指定非零初始误差 $\theta_e(0)$ 来测试反馈控制器的性能。误差响应通常以超调，2% 调节时间和稳态误差来表征。
- 对下列线性误差动力学而言，

$$a_p\theta_e^{(p)} + a_{p-1}\theta_e^{p-1} + \cdots + a_2\ddot{\theta}_e + a_1\dot{\theta}_e + a_0\theta_e = 0$$

  当且仅当下列特征方程的所有复根 $s_1, \cdots, s_p$

$$a_p s^p + a_{p-1}s^{p-1} + \cdots + a_2 s^2 + a_1 s + a_0 = 0$$

  的实数部分小于零，即对所有的 $i = 1, \cdots, p$，有 $Re(s_i) < 0$，此时系统是稳定的，并且所有的初始误差都将收敛到零。
- 稳定的二阶线性误差动力学可以写为下列标准形式：

$$\ddot{\theta}_e + 2\zeta\omega_n\dot{\theta}_e + \omega_n^2\theta_e = 0$$

  式中，ζ 为阻尼比，ω_n 为固有频率。特征方程的根为

$$s_{1,2} = -\zeta\omega_n \pm \omega_n\sqrt{\zeta^2 - 1}$$

  如果 $\zeta > 1$，误差动力学为过阻尼；如果 $\zeta = 1$，误差动力学为临界阻尼；如果
385 $\zeta < 1$，误差动力学为欠阻尼。
- 对于一个多关节机器人，用于生成关节速度指令的前馈加 PI 反馈控制器为

$$\dot{\theta}(t) = \dot{\theta}_d(t) + K_p\theta_e(t) + K_i\int_0^t \theta_e(t)\mathrm{d}t$$

  式中，$K_p = k_p I$，$K_i = k_i I$。对于参考速度为恒值的设定点控制而言，如果 $k_p > 0$ 且 $k_i > 0$，那么关节误差 $\theta_e(t)$ 会随着时间 t 趋于无穷而趋于零。
- 用于生成运动旋量的前馈加 PI 反馈控制器在任务空间中的版本，其在末端执行器坐标系中可写为下列形式

$$\mathcal{V}_b(t) = [\mathrm{Ad}_{X^{-1}X_d}]\mathcal{V}_d(t) + K_p X_e(t) + K_i\int_0^t X_e(t)\mathrm{d}t$$

  式中，$[X_e] = \log(X^{-1}X_d)$。
- 用于生成关节力和力矩的 PID 关节空间反馈控制器为

$$\tau = K_p\theta_e + K_i\int\theta_e(t)\mathrm{d}t + K_d\dot{\theta}_e$$

  式中，$\theta_e = \theta_d - \theta$，$\theta_d$ 为期望的关节角度向量。
- 关节空间中的计算力矩控制器为

$$\tau = \tilde{M}(\theta)(\ddot{\theta}_d + K_p\theta_e + K_i\int\theta_e(t)\mathrm{d}t + K_d\dot{\theta}_e) + \tilde{h}(\theta, \dot{\theta})$$

该控制器消除了非线性项，使用前馈控制主动生成所需的加速度 $\ddot{\theta}_d$，并使用线性反馈控制来达到稳定。

- 对于没有关节摩擦以及完美的重力模型的机器人，根据 Krasovskii-LaSalle 不变原理，加入重力补偿的关节空间 PD 设定点控制，即

$$\tau = K_p\theta_e + K_d\dot{\theta} + \tilde{g}(\theta)$$

全局收敛到 $\theta_e = 0$。

- 任务空间力控制可通过下列控制器达到，即

$$\tau = \tilde{g}(\theta) + J^{\mathrm{T}}(\theta)(\mathcal{F}_d + K_{fp}\mathcal{F}_e + K_{fi}\int F_e(t)\mathrm{d}t - K_{\mathrm{damp}}\mathcal{V})$$

该控制器包括重力补偿、前馈力控制、PI 力反馈、以及用于防止快速运动的阻尼。

- 环境中的刚性约束指定了 $6-k$ 个自由运动方向和 k 个可以施加力的约束方向。这些约束可以表示为 $A(\theta)\mathcal{V} = 0$。力旋量 $\mathcal{F}$ 可以划分为 $\mathcal{F} = P(\theta)\mathcal{F} + (I - P(\theta))\mathcal{F}$，其中 $P(\theta)$ 投影到可沿约束的切线方向移动的末端执行器的力旋量子空间，$I - P(\theta)$ 投影到与约束相对作用的力旋量子空间。可以根据任务空间质量矩阵 $\Lambda(\theta)$ 和约束 $A(\theta)$，将投影矩阵 $P(\theta)$ 写成 386

$$P = I - A^{\mathrm{T}}(A\Lambda^{-1}A^{\mathrm{T}})^{-1}A\Lambda^{-1}$$

- 阻抗控制器测量末端执行器的运动，并产生终点力以模拟质量 – 弹簧 – 阻尼系统。导纳控制器测量末端执行器的力，并产生终点运动以实现相同目的。

11.11 软件

下面列出与本章内容相关的软件程序。

```
taulist = ComputedTorque(thetalist,dthetalist,eint,g,
Mlist,Glist,Slist,thetalistd,dthetalistd,ddthetalistd,Kp,Ki,Kd)
```

该函数为计算力矩控制律（11.35）计算在特定时刻的关节控制量 τ。其输入是关节变量、关节速度和关节误差积分的 n 维向量；重力向量 $\mathfrak{g}$；由描述连杆质心位置的变换 $M_{i-1,i}$ 组成的列表；连杆空间惯量矩阵 $\mathcal{G}_i$ 组成的列表；在基坐标系中表示的关节旋量轴 $\mathcal{S}_i$ 组成的列表；用于描述期望运动的 n 维向量 θ_d、$\dot{\theta}_d$ 和 $\ddot{\theta}_d$；以及 PID 标量增益 k_p、k_i 和 k_d，其中增益矩阵为 $K_p = k_pI$，$K_i = k_iI$，$K_d = k_dI$。

```
[taumat,thetamat] = SimulateControl(thetalist,dthetalist,g,
Ftipmat,Mlist,Glist,Slist,thetamatd,dthetamatd,ddthetamatd,
gtilde,Mtildelist,Gtildelist,Kp,Ki,Kd,dt,intRes)
```

该函数模拟在给定期望轨迹上的计算力矩控制器（11.35）。其输入包括机器人的初始状态，由 (0) 和 $\dot{\theta}(0)$ 给出；重力向量 $\mathfrak{g}$；由末端执行器所施加力旋量的 $N\times 6$ 矩阵，其中矩阵中的每一行对应于轨迹中的一个时刻；由描述连杆质心位置的变换 $M_{i-1,i}$ 组成的列表；连杆空间惯量矩阵 $\mathcal{G}_i$ 组成的列表；在基坐标系中表示的关节旋量轴 $\mathcal{S}_i$ 组成的列表；用于描述期望关节位置、速度和加速度的 $N\times n$ 矩阵，其中矩阵中的每一行对应于一个时刻；一个（可能是不正确的）重力向量模型；一个关于变换 $M_{i-1,i}$ 的（可能是不正确的）

模型；连杆惯量矩阵的（可能是不正确的）模型；PID 标量增益 k_p、k_i 和 k_d，其中增益矩阵为 $K_p = k_p I$，$K_i = k_i I$，$K_d = k_d I$；定义期望轨迹的矩阵中每行元素间的时间步长；
387 以及每个时间步长期间要采用的积分步数。

11.12 推荐阅读

计算力矩控制器起源于 1970 年的研究（Paul，1972；Markiewicz，1973；Bejczy，1974；Raibert 和 Horn，1978），其实际实施的问题（例如，其计算复杂度和建模误差）推动了非线性控制、鲁棒控制、迭代学习控制和自适应控制的发展。文献 Takegaki 和 Arimoto（1981）提出并分析了加入重力补偿的 PD 控制，文献 Kelly（1997）评述了对于基本控制器的后续分析和修改。

运动控制的任务空间方法，也称为操作空间控制，最初由 Luh 等（1980）和 Khatib（1987）概述。文献 Bullo 和 Murray（1999）中给出了机械系统跟踪控制的几何方法，其中系统的位形空间可以是一般流形，包括 $SO(3)$ 和 $SE(3)$。

运动 – 力混合控制中的自然约束和人工约束的概念最先是由 Mason（1980）描述的，并且基于这些概念的早期运动 – 力混合控制器在文献 Raibert 和 Craig（1981）中有报道。正如 Duffy（1990）所指出的那样，在指定可控运动和力的子空间时必须要小心谨慎。本章中的运动 – 力混合控制方法反映了 Liu 和 Li 的几何方法（2002）。Hogan 在一系列论文（Hogan，1985a, b, c）中首次描述了阻抗控制。文献 Howard 等（1998）和 Lončarić（1987）中讨论了刚体的刚度矩阵，其位形由 $X \in SE(3)$ 表示。

机器人控制建立在完善的线性控制领域（例如，Franklin 等，2014；Åström 和 Murray，2008）和不断增长的非线性控制（Isidori，1995；Jurdjevic，1997；Khalil，2014；Nijmeijer 和 van der Schaft，1990；Sastry，1999）之上。关于机器人控制的一般参考包括：编辑卷 de Wit 等（2012）、Spong 等（2005）、Siciliano 等（2009）、Craig（2004）和 Murray 等（1994）编写的教科书；“机器人手册”中的运动控制章节（Chung 等，2016）和力控制章节（Villani 和 Schutter，2016）；“系统与控制百科全书”中的机器人运动控制章节（Spong，2015）；对于欠驱动和非完整机器人，控制手册中的章节（Lynch 等，2011）以及系统与控制百科全书中的章节（Lynch，2015）。

文献 Pratt 和 Williamson（1995）中列出了 SEA 的原理，NASA 的 Robonaut 2 及其 SEA 在 Robonaut 2 的网站上 Robonaut 2（2016）、Diftler 等（2011）以及 Mehling（2015）
388 中有描述。变阻抗执行器的综述见文献 Vanderbroght 等（2013）。

习题

1. 将下列机器人任务分类为运动控制、力控制、运动 – 力混合控制、阻抗控制或某种组合。请说明你的答案。
   (a) 用螺丝刀拧紧螺丝。
   (b) 沿地板推箱子。
   (c) 倒一杯水。

(d) 与人握手。

(e) 投掷棒球来击中目标。

(f) 铲雪。

(g) 挖洞。

(h) 进行背部按摩。

(i) 地板吸尘。

(j) 携带一盘玻璃杯。

2. 一个欠阻尼的二阶系统，其 2% 调节时间约为 $t=4/(\zeta\omega_n)$，其中 $e^{-\zeta\omega_n t}=0.02$。请问其 5% 调节时间是多长？

3. 一个欠阻尼的二阶系统，其中 $\omega_n=4$，$\zeta=0.2$，$\theta_e(0)=1$，$\dot{\theta}_e(0)=0$；求解任何常数并给出其特定方程。计算有阻尼固有频率、近似的超调、2% 调节时间。在计算机上绘制解，并精确测量超调和调节时间。

4. 一个欠阻尼的二阶系统，其中 $\omega_n=10$，$\zeta=0.1$，$\theta_e(0)=0$，$\dot{\theta}_e(0)=1$；求解任何常数并给出其特定方程。计算有阻尼固有频率。在计算机上绘制解。

5. 考虑重力场中的一个单摆，g=10 m/s^2。单摆由 1m 长的无质量杆与其端部 2 kg 重的质量组成。单摆关节处的粘性摩擦系数为 b = 0.1 Nms/rad。

(a) 写出单摆的运动方程，将其表示为 θ 的函数，其中 $\theta=0$ 对应于“垂直向下”位形。

(b) 在稳定的“垂直向下”平衡点处，对运动方程进行线性化处理。为此，将任何关于 θ 的三角函数项替换为泰勒展开中的线性项。给出线性化动力学 $\mathfrak{m}\ddot{\theta}+b\dot{\theta}+k\theta=0$ 中的有效质量 $\mathfrak{m}$ 和弹簧常数 k。在稳定平衡点处，阻尼比是多少？系统属于欠阻尼、临界阻尼或过阻尼中的哪种情形？如果为欠阻尼，有阻尼固有频率是多少？收敛到平衡点的时间常数和 2% 调节时间各是多少？

(c) 现在在平衡的直立向上位形处，写出 $\theta=0$ 的线性化运动方程。有效弹簧常数 k 是多少？　389

(d) 为将单摆稳定在直立向上的位置，在单摆的关节处添加电机，并选择 P 控制器 $\tau=K_p\theta$。对于什么样的 K_p 选值，垂直向上的位置才是稳定的？

6. 为 $\mathfrak{m}\ddot{x}+b\dot{x}+kx=f$ 形式的单自由度质量－弹簧－阻尼系统开发一个控制器，其中 f 是控制力，$\mathfrak{m}$ = 4 kg，b = 2 Ns/m，k = 0.1 N/m。

(a) 不受控系统的阻尼比是多少？不受控系统处于过阻尼、欠阻尼或临界阻尼中的哪种？如果其为欠阻尼，有阻尼固有频率是多少？收敛到原点的时间常数是多少？

(b) 选择一个 P 控制器 $f=K_p x_e$，其中 $x_e=x_d-x$ 为位置误差，$x_d=0$。K_p 为何值时能产生临界阻尼？

(c) 选择一个 D 控制器 $f=K_d\dot{x}_e$，其中 $\dot{x}_d=0$。什么的 K_d 值能产生临界阻尼？

(d) 选择能产生临界阻尼且 2% 调节时间为 0.01 秒的 PD 控制器。

(e) 对于上面的 PD 控制器，如果 $x_d=1$ 且 $\dot{x}_d=\ddot{x}_d=0$，那么当时间 t 趋于无穷大时，对应的稳态误差 $x_e(t)$ 是多少？什么是稳态控制力？

(f) 现在为 f 插入一个 PID 控制器。假设 $x_d\neq 0$ 且 $\dot{x}_d=\ddot{x}_d=0$。在误差动力学方程的左

边使用 $\ddot{x}_e$、$\dot{x}_e$、x_e 和 $\int x_e(t)\mathrm{d}t$ 项，在其右边为恒定的激励项（提示：你可以将 k_x 写为 $-k(x_d-x)+kx_d$）。将该方程的两边相对于时间取微分，并给出为达到稳定性 K_p、K_i 和 K_d 需要满足的条件。证明使用 PID 控制器可以实现零稳态误差。

7. 对单自由度机器人和机器人控制器进行模拟仿真。

（a）为一个单关节机器人编写一个模拟器，该机器人由连杆以及一个在重力作用下带动该连杆转动的电机组成，其中使用第 11.4 节给出的模型参数。模拟器应包括：①动力学函数，它将机器人的当前状态和电机所施加的扭矩作为输入，并将机器人的加速度作为输出；②数值积分器，它使用动力学函数在一系列长度为 Δt 的时间周期内计算系统的新状态。一阶欧拉积分方法，例如，$\theta(k+1)=\theta(k)+\dot{\theta}(k)\Delta t$，$\dot{\theta}(k+1)=\dot{\theta}(k)+\ddot{\theta}(k)\Delta t$，足以满足该问题的要求。使用两种方式来测试模拟器：①机器人在 $\theta=-\pi/2$ 位置处从静止启动，并施加一个 0.5Nm 的恒定扭矩；②机器人在 $\theta=-\pi/4$ 位置处从静止启动并施加零扭矩。对于这两个例子，将位置绘制为关于时间的函数，持续仿真足够时间以观察其基本行为。为确保行为有意义，一个合理的 Δt 的选择是 1 毫秒。

（b）向模拟器中添加两个函数：①轨迹发生器函数，它获取当前时间并返回机器人的
390 期望状态和加速度；②控制函数，它获取机器人的当前状态和来自轨迹发生器的信息，并返回控制扭矩。对于所有 $t<T$，最简单的轨迹生成器将返回 $\theta=\theta_{d1}$ 和 $\dot{\theta}=\ddot{\theta}=0$，对于所有 $t\geqslant T$ 将返回 $\theta=\theta_{d2}\neq\theta_{d1}$ 和 $\dot{\theta}=\ddot{\theta}=0$。该轨迹是关于位置的阶梯函数。使用 PD 反馈控制器作为控制函数，并令 K_p = 10 Nm/rad。对于经过良好调整的 K_d 选项，给出 K_d（包括单位），并以超过 2 秒的时间函数的形式为下列系统绘制位置，系统初始状态为静止在 $\theta=-\pi/2$ 处，阶跃轨迹参数为 $\theta_{d1}=-\pi/2$、$\theta_{d2}=0$，阶跃跳变发生在 T = 1s 时刻。

（c）展示两种不同的 K_d 选项，它们分别产生①超调和②没有超调的缓慢响应。给出增益和位置图。

（d）将非零的 K_i 添加到原来经过良好调整的 PD 控制器中，以消除稳态误差。给出 PID 增益并绘制阶跃测试的结果。

8. 修改习题 7 中的单关节机器人的模拟仿真，以模拟从电机到连杆的一个柔性装置，其刚度为 500 Nm/rad。调节 PID 控制器，使其能够对某期望轨迹给出良好响应，该期望轨迹从 $\theta=-\pi/2$ 阶跃跳变到 $\theta=0$。给出增益并绘制响应。

9. 模拟仿真一个双自由度机器人和机器人控制器（图 11.25）。

（a）机器人的动力学。推导重力作用下 2R 型机器人的动力学方程（图 11.25）。

连杆 i 的质量为 $\mathfrak{m}_i$，质心与关节轴线的距离为 r_i，连杆 i 相对于关节的标量惯量为 $\mathcal{I}_i$，连

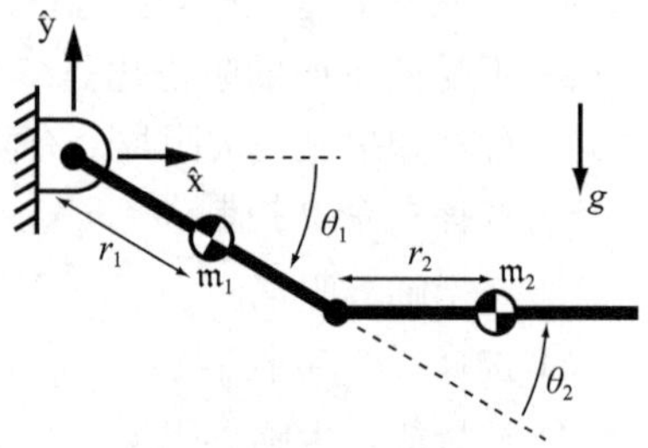

图 11.25　双连杆机械臂。连杆 i 的长度为 L_i，其关于关节的惯量为 $\mathcal{I}_i$。重力加速度为 $g=9.81\ \mathrm{m/s^2}$

杆 i 的长度为 L_i。关节处没有摩擦力。

（b）带有直驱电机的机器人。假设机器人的每个关节是由直流电机直接驱动，而不经过齿轮传动。各电机的规格如下，定子的质量和惯量分别为 $\mathfrak{m}_i^{\text{stator}}$ 和 $\mathcal{I}_i^{\text{stator}}$，转子（旋转部分）的质量和惯量分别为 $\mathfrak{m}_i^{\text{rotor}}$ 和 $\mathcal{I}_i^{\text{rotor}}$。对于关节 i 处的电机，其定子连接到连杆 $i-1$，其转子连接到连杆 i。连杆是质量为 $\mathfrak{m}_i$、长度为 L_i 的密度均匀的薄杆。对于 $i\in\{1,2\}$ 中的每个连杆，给出其相对于关节的总惯性量 $\mathcal{I}_i$、质量 $\mathfrak{m}_i$、质心与关节轴距离 r_i 的方程，其中用到上面给出的量。考虑如何为不同连杆分配电机重量和惯量。

（c）带有减速电机的机器人。假设电机 i 的减速比为 G_i，并且齿轮传动装置本身的质量为零。与上述（b）部分一样，对于 $i\in\{1,2\}$ 中的每个连杆，给出其相对于关节的总惯性量 $\mathcal{I}_i$、质量 $\mathfrak{m}_i$、质心与关节轴距离 r_i 的方程。

（d）仿真和控制。与习题 7 一样，编写一个具有（至少）4 个功能的模拟器：动力学函数、数值积分器、轨迹生成器和控制器。假设关节处的摩擦为零，重力加速度 g = 9.81 m/s^2 的方向如图所示，L_i = 1 m，r_i = 0.5 m，$\mathfrak{m}_1$ = 3 kg，$\mathfrak{m}_2$ = 2 kg，$\mathcal{I}_1$ = 2 kgm^2，$\mathcal{I}_2$ = 1 kgm^2。编写一个 PID 控制器，找到能提供良好响应的增益，并以参考轨迹的时间函数的形式来绘制关节角度；当 $t<1$ s 时，该参考轨迹在 $(\theta_1,\theta_2)=(-\pi/2,0)$ 处保持不动，当 $t\geqslant 1$ s 时，参考轨迹在 $(\theta_1,\theta_2)=(0,-\pi/2)$ 处保持 391
不动。机器人的初始状态为在 $(\theta_1,\theta_2)=(-\pi/2,0)$ 位形处静止。

（e）转矩极限。电机真正可用的转矩大小存在极限。虽然这些极限通常取决于速度，但我们假设每个电机的转矩极限与速度无关，$\tau_i\leqslant\left|\tau_i^{\max}\right|$。假设 $\tau_1^{\max}=100\ \text{Nm}$，$\tau_2^{\max}=20\ \text{Nm}$。控制律可以发送更大的转矩请求，但实际转矩在这些极限值处达到饱和。重新运行（d）中的 PID 控制仿真，以时间函数的形式绘制转矩和位置。

（f）摩擦。在每个关节处添加 b_i = 1 Nms/rad 的粘性摩擦系数，重新运行（e）中的 PID 控制模拟。

10. 为习题 9 中的双关节机器人编写一个更复杂的轨迹生成器函数。轨迹生成器应采用下列输入：

- 每个关节所需的初始位置、速度和加速度；
- 期望的最终位置、速度和加速度；
- 总的运动时间 T。

一个具有

```
[qd,qdotd,qdotdotd] = trajectory(time)
```

形式的调用，能在每个时间点返回期望的位置、速度和加速度。轨迹生成器提供的轨迹应为时间的一个平滑函数。

作为示例，每个关节可以遵循具有下列形式的五阶多项式轨迹

$$\theta_d(t)=a_0+a_1t+a_2t^2+a_3t^3+a_4t^4+a_5t^5 \tag{11.67}$$

给定关节在 $t=0$ 和 $t=T$ 时刻的期望位置、速度和加速度，通过评估式（11.67）及其 392
在 $t=0$ 和 $t=T$ 时刻的一阶和二阶导数，可以唯一地求解 6 个系数 $a_0,\cdots,a_5$。

调整 PID 控制器以跟踪一个五阶多项式轨迹，该轨迹在 $T=2\text{ s}$ 时刻，从 $(\theta_1,\theta_2)=(-\pi/2,0)$ 的静止位置发生跳变，并静止到 $(\theta_1,\theta_2)=(0,-\pi/2)$ 位置。给出增益值，并绘制两个关节的参考位置和实际位置。你可以忽略扭矩极限和摩擦。

11. 对于习题 9 中的双关节机器人和习题 10 中的五阶多项式轨迹，模拟一个用于稳定轨迹的计算力矩控制器。机器人没有关节摩擦或扭矩极限。建模时，连杆质量应比实际值大 20%，从而在前馈模型中产生误差。给出 PID 增益，并绘制计算力矩控制器和仅使用 PID 控制时的参考关节角度和实际关节角度。

12. Krasovskii-LaSalle 不变原理的说明如下。考虑一个系统 $\dot{x}=f(x), x\in\mathbb{R}^n$，$f(0)=0$；同时考虑能满足下列条件的一个任意能量函数 $V(x)$：
    - 对于所有的 $x\neq 0$，$V(x)>0$；
    - 当 $x\to 1$，$V(x)\to\infty$；
    - $V(0)=\dot{V}(0)=0$；
    - 沿系统的所有轨迹，均有 $\dot{V}(x)\leqslant 0$。

    令 $\mathcal{S}$ 为 $\mathbb{R}^n$ 中满足：① $\dot{V}(x)=0$；②从 $\mathcal{S}$ 开始的轨迹始终能保持在 $\mathcal{S}$ 中这两个条件的最大集合。那么，如果 $\mathcal{S}$ 仅包含原点，则原点是全局渐近稳定的——所有轨迹均收敛到原点。

    使用公式（11.40）中的能量函数 $V(x)$，说明当 $K_p=0$ 或 $K_d=0$ 时，带有重力补偿的集中式多关节 PD 设定点控制是如何违反 Krasovskii-LaSalle 原理的。对于一个实用的机器人系统，是否可以使用 Krasovskii-LaSalle 不变原理来证明，即使当 $K_d=0$ 时依然有全局渐近稳定性？解释你的答案。

13. 如图 11.25 所示，可以使用端点任务坐标 $X=(x,y)$，对习题 9 的双关节机器人进行任务空间中的控制。任务空间速度为 $\mathcal{V}=\dot{X}$。给出计算力矩控制律（11.47）中的雅可比矩阵 $J(\theta)$ 和任务空间动力学模型 $\{\tilde{\Lambda}(\theta),\tilde{\eta}(\theta,\mathcal{V})\}$。

14. 选择合适的空间参考系 {s} 和末端坐标系 {b}，表述完成下列任务时所对应的自然约束和人为约束（每个任务有 6 个约束）：

    ①打开柜门；

    ②转动一个螺杆，每转一圈时线性前进距离为 p；

    ③用粉笔在黑板上画一个圆圈。

393 15. 假设图 11.25 中的双关节机器人的末端执行器因为受到约束，只能在直线 $x-y=1$ 上移动。机器人的连杆长度为 $L_1=L_2=1$。将约束写为 $A(\theta)\mathcal{V}=0$，其中 $X=(x,y)$，$\mathcal{V}=\dot{X}$。

16. 推导出受约束的运动方程（11.59）和（11.60）。展示所有步骤。

17. 我们一直假设每个驱动器都能提供控制律所需的力矩。实际上，通常在每个驱动器处都运行有一个内部控制回路，它通常以比外部回路更高的伺服速度运行，以试图跟踪力矩命令。图 11.26 给出了直流电机的两种可能性，其中电机的输出转矩 τ 与通过电机的电流 I 成正比，即 $\tau=k_t I$。来自电机的转矩通过齿轮放大，齿轮的减速比为 G。

在上方的控制方案中，电流传感器测量电机电流，并将其与所需电流 I_{com} 进行比较；电流误差传递到 PI 控制器，该控制器可设定低功率脉冲宽度调制（PWM）数字信号的占空比，发送 PWM 信号到 H 桥来生成实际的电机电流。在下方的控制方案中，在电机传动装置的输出端和连杆之间插有应变仪力矩传感器，直接将测量得到的力矩与力矩命令 τ_{com} 进行比较。由于应变仪测量形变，安装有应变仪的元件，其力 394
转刚度必须为有限值。串联弹性驱动器被设计为具有特别柔性的扭转元件，因此使用编码器测量较大变形。根据编码器读数和扭转弹簧常数来估算转矩。

（a）对于电流测量方案，在标记为 I_{com}/τ_{com} 的框图中应该采用什么乘积因子？即使 PI 电流控制器可以完美地完成其工作（$I_{error}=0$），并且扭矩常数 k_t 是完全已知的，什么样的因素能使结果扭矩产生误差？

（b）对于应变仪测量方法，解释在齿轮箱和连杆之间具有柔性元件的缺点（如果有的话）。

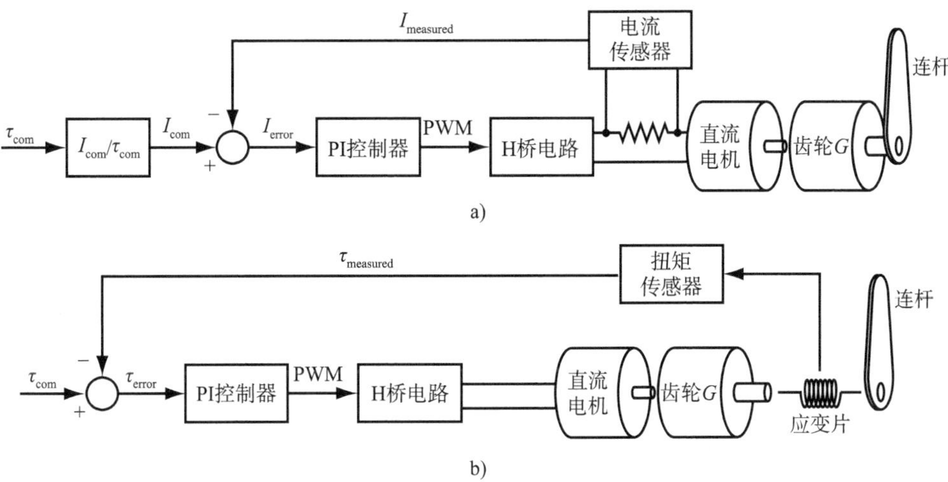

图 11.26 两种控制由直流减速电机驱动的关节力矩的方法。a）通过测量电流路径中小电阻两端的电压来测量电机电流。PI 控制器能使实际电流更好地匹配电流命令 I_{com}；b）通过应变仪来测量传递到连杆的实际转矩

18. 修改 SimulateControl 函数，使其能够容允初始状态误差。 395

第 12 章

Modern Robotics: Mechanics, Planning, and Control

抓握和操作

到目前为止，本书的大部分内容主要关注机器人自身的运动学、动力学、运动规划和控制。只有在第 11 章中，在关于力控制和阻抗控制的主题中，机器人最终才开始与自由空间以外的环境进行交互。现在，机器人才真正变得有价值——它可以在环境中的物体上执行有用的工作。

在本章中，我们的重点从机器人自身向外转移到机器人与其周围环境之间的相互作用。假设到目前为止，通过使用所讨论的方法，我们能完美地实现机器人手或末端执行器的期望行为，无论行为是运动控制、力控制、混合运动 - 力控制、还是阻抗控制。我们现在关注的是机器人和物体之间的接触界面，多个物体之间的接触，以及物体和环境约束之间的接触。简而言之，我们的重点是**操作**（manipulation）本身，而非操作臂（manipulator）。操作的例子包括：抓握（grasping）、推动（pushing）、滚动（rolling）、投掷（throwing）、捕捉（catching）、叩击（tapping）等。为了对我们的讨论范围进行限制，我们将假设环境中的操作臂、物体和障碍物都是刚性的。

为了对机器人操作任务进行仿真、规划和控制，我们（至少）需要了解 3 个要素：接触运动学；通过接触所施加的力；刚体动力学。在接触运动学中，我们研究刚体如何相对于彼此移动而不发生穿透；并根据接触是滚动、滑动还是分离，来对这些可行运动进行分类。接触力模型解决了可通过滚动和滑动接触而传递的法向力和摩擦力。最后，物体的实际运动是能够同时满足运动学约束、接触力模型和刚体动力学的运动。

本章介绍了接触运动学（12.1 节）和接触力模型（12.2 节），并将这些模型应用于机器人抓握和其他类型的操作的问题。

在本章中，我们将会使用下列源自线性代数的定义。

【定义 12.1】给定由 j 个向量组成的集合 $\mathcal{A}=a_1,\cdots,a_j\in\mathbb{R}^n$，我们定义这些向量的**线性组合**（linear span）为

396

$$\operatorname{span}(\mathcal{A})=\left\{\sum_{i=1}^{j}k_i a_i \mid k_i\in\mathbb{R}\right\}$$

非负线性组合（nonnegative linear combination），有时称之为**正线性组合**（positive span）或**锥形组合**（conical span）为

$$\operatorname{pos}(\mathcal{A})=\left\{\sum_{i=1}^{j}k_i a_i \mid k_i\geqslant 0\right\}$$

凸线性组合（convex span）为

$$\operatorname{conv}(\mathcal{A})=\left\{\sum_{i=1}^{j}k_i a_i \mid k_i\geqslant 0 \text{ 且 } \sum_{i}k_i=1\right\}$$

显然，$\text{conv}(\mathcal{A}) \subset \text{pos}(\mathcal{A}) \subset \text{span}(\mathcal{A})$（见图 12.1）。下列源自线性代数的事实也是有用的。

①空间 $\mathbb{R}^n$ 可由最少 n 个向量的线性组合覆盖。

②空间 $\mathbb{R}^n$ 可由最少 $n+1$ 个向量的正线性组合覆盖。

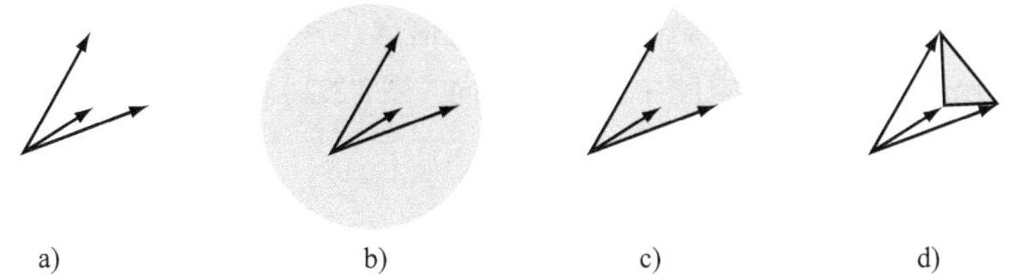

图 12.1 a）$\mathbb{R}^2$ 中的 3 个向量，图中表示为从原点出发的箭头；b）向量的线性组合是整个平面；c）正线性组合为灰色的锥形阴影区域；d）凸线性组合为多边形及其内部

第一个事实隐含在我们使用 n 个坐标来表示 n 维欧几里德空间。第二个事实则遵循以下事实：对于任意 n 个向量 $\mathcal{A}=\{a_1,\cdots,a_n\}$，存在一个向量 $c\in\mathbb{R}^n$，使得对于所有 i，有 $a_i^{\mathrm{T}}c\leqslant 0$。换言之，$\mathcal{A}$ 中向量的非负组合可以在方向 c 上创建一个向量。但是，如果我们将 $a_1,\cdots,a_n$ 取为 $\mathbb{R}^n$ 的正交坐标基，然后选择 $a_{n+1}=-\sum_{i=1}^{n}a_i$，我们看到这组 $n+1$ 个向量的正线性组合将覆盖 $\mathbb{R}^n$。

12.1 接触运动学

接触运动学是研究两个或多个刚体在遵循不可穿透约束的前提下，如何相对于彼此运动。它还将接触时的运动划分为两类：滚动或滑动。下面我们从两个刚体间的单个接触开始进行探讨。 397

12.1.1 单个接触的一阶分析

考虑两个刚体，其位形分别由局部坐标列向量 q_1 和 q_2 给出。将复合位形写为 $q=(q_1,q_2)$，我们定义两个刚体之间的距离函数为 $d(q)$，当刚体分离时 $d(q)$ 为正，当刚体接触时 $d(q)$ 为零，当刚体相互穿透时 $d(q)$ 为负。当 $d(q)>0$，刚体运动不受约束；每个刚体都可以自由运动，自由度数目为 6。当刚体接触时（$d(q)=0$），我们查看时间导数 $\dot{d}$、$\ddot{d}$ 等，以确定刚体是否为保持接触或分离，因为它们遵循特定的轨迹 $q(t)$。这可以通过下列的可能性列表来确定：

d	$\dot{d}$	$\ddot{d}$	$\cdots$		d	$\dot{d}$	$\ddot{d}$	$\cdots$	
>0				没有接触	$=0$	$=0$	>0		接触，但将要分离
<0				不可行（穿透）	$=0$	$=0$	<0		不可行（穿透）
$=0$	>0			接触，但将要分离	等				
$=0$	<0			不可行（穿透）					

只有当所有时间导数均为零时，刚体之间保持接触。

现在我们假设两个刚体最初在一个单点处接触（$d=0$）。写出 d 的两个时间导数：

$$\dot{d}=\frac{\partial d}{\partial q}\dot{q} \tag{12.1}$$

$$\ddot{d}=\dot{q}^{\mathrm{T}}\frac{\partial^2 d}{\partial q^2}\dot{q}+\frac{\partial d}{\partial q}\ddot{q} \tag{12.2}$$

$\partial d/\partial q$ 项和 $\partial^2 d/\partial q^2$ 项包含有关局部接触的几何信息。梯度向量 $\partial d/\partial q$ 对应于与**接触法线**（contact normal）相关的 q 空间中的分离方向（图 12.2）。矩阵 $\partial^2 d/\partial q^2$ 对与刚体在接触处的相对曲率相关的信息进行编码。

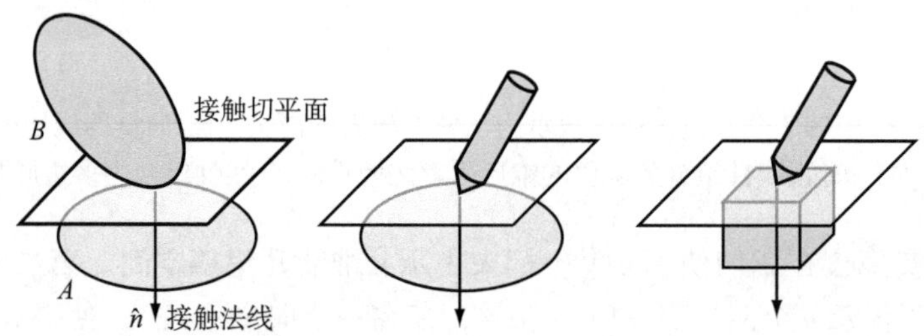

图 12.2　（左）单点接触中的刚体 A 和刚体 B，它们定义了一个接触切平面，以及垂直于切平面的接触法线向量 $\hat{n}$。在默认情况下，选择法线的正方向为指向刚体 A 的内部。由于本章未涉及接触曲率，因此接触对中间和右侧图面板中的刚体运动将施加相同的限制

在本章中，我们假设接触处只能获得接触的法向信息 $\partial d/\partial q$；关于局部接触几何的其他信息，包括接触曲率 $\partial^2 d/\partial q^2$ 和更高阶导数，则是未知的。根据这个假设，我们将分析截断至式（12.1），并假设如果 $\dot{d}=0$，刚体仍将保持接触。由于我们只处理一阶接触导数 $\partial d/\partial q$，我们将我们的分析称为一阶（first-order）分析。在这种一阶分析中，对图 12.2 中的接触点使用相同方式进行处理，因为它们具有相同的接触法线。

如上表所示，包含接触曲率 $\partial^2 d/\partial q^2$ 的二阶（second-order）分析可以表明：即使当 $d=\dot{d}=0$ 时，接触实际上也可以是脱离或穿透。我们将看到这方面的例子，但对二阶接触条件的详细分析则超出了本章的范围。

398

12.1.2　接触类型：滚动、滑动和分离

给定通过单点接触的两个物体，如果两者之间保持接触，则它们会经历滚动 – 滑动运动。保持接触的约束是完整约束，$d(q)=0$。保持接触的一个必要条件是 $\dot{d}=0$。

如图 12.2 所示，根据接触法线，我们将速度约束 $\dot{d}=0$ 写为一种形式，其中并不需要以显式来表示距离函数。令 $\hat{n}\in\mathbb{R}^3$ 表示与接触法线对齐的单位向量，将其表示在世界坐标系中。令 $p_A\in\mathbb{R}^3$ 为物体 A 上的接触点在世界坐标系中的表示，并且令 $p_B\in\mathbb{R}^3$ 为物体 B 上的接触点在世界坐标系中的表示。尽管接触点向量 p_A 和 p_B 在起始时相同，速度 $\dot{p}_A$ 和 $\dot{p}_B$ 可能不同。因此，$\dot{d}=0$ 这一条件可以写为

$$\hat{n}^{\mathrm{T}}(\dot{p}_A-\dot{p}_B)=0 \tag{12.3}$$

由于接触法线的方向被定义为指向物体 A 内部，因此，不可穿透性约束 $\dot{d}\geqslant 0$ 可被写为

$$\hat{n}^{\mathrm{T}}(\dot{p}_A-\dot{p}_B)\geqslant 0 \tag{12.4}$$

让我们根据空间坐标系中物体 A 和物体 B 的运动旋量 $\mathcal{V}_A=(\omega_A,v_A)$ 和 $\mathcal{V}_B=(\omega_B,v_B)$，来重写约束（12.4）[⊖]。注意到

$$\dot{p}_A=v_A+\omega_A\times p_A=v_A+[\omega_A]p_A$$
$$\dot{p}_B=v_B+\omega_B\times p_B=v_B+[\omega_B]p_B$$

与沿接触法线方向施加的单位力相对应的力旋量 $\mathcal{F}=(m,f)$，可以定义为

$$\mathcal{F}=(p_A\times\hat{n},\hat{n})=([p_A]\hat{n},\hat{n})$$ 399

虽然我们没有必要在刚体的纯运动学分析中引入力，但是稍后我们将会发现：在第 12.2 节中讨论接触力时，采用这种表示方法会很方便。

使用这些表达式，不等式约束（12.4）可以写为

不可穿透性约束 $\mathcal{F}^{\mathrm{T}}(\mathcal{V}_A-\mathcal{V}_B)\geqslant 0$ （12.5）

（参照本章习题 1）。如果

有效约束 $\mathcal{F}^{\mathrm{T}}(\mathcal{V}_A-\mathcal{V}_B)\geqslant 0$ （12.6）

那么，对于一阶分析而言，约束是有效的，并且刚体将保持接触状态。

如果 B 为固定夹具，不可穿透性约束（12.5）可简化为

$$F^{\mathrm{T}}\mathcal{V}_A\geqslant 0 \tag{12.7}$$

如果 $\mathcal{F}^{\mathrm{T}}\mathcal{V}_A>0$，则称 $\mathcal{F}$ 和 $\mathcal{V}_A$ 是**相斥的**（repelling）。如果 $\mathcal{F}^{\mathrm{T}}\mathcal{V}_A=0$，则称 $\mathcal{F}$ 和 $\mathcal{V}_A$ 是**互易的**（reciprocal），并且约束是有效的。

满足（12.6）的运动旋量 $\mathcal{V}_A$ 和 $\mathcal{V}_B$ 被称为**一阶滚动 – 滑动运动**（first-order roll-slide motion）——接触可以是滑动或滚动。**滚动 – 滑动接触**（roll-slide contact）可以进一步划分为**滚动接触**（rolling contact）和**滑动接触**（sliding contact）。如果物体在接触处不存在相对于彼此的运动，则接触是滚动的

（滚动约束） $\dot{p}_A=v_A+[\omega_A]p_A=v_B+[\omega_B]p_B=\dot{p}_B$ （12.8）

注意，"滚动"接触包括两个物体相对于彼此保持静止这种情形，即两者之间没有相对旋转。因此，"粘附"（sticking）是指代此类接触的另一术语。

如果运动旋量满足式（12.6）但不满足式（12.8）中的滚动方程，则它们是滑动的。

我们为滚动接触分配一个**接触标签**（contact label）R，为滑动接触分配标签 $\mathcal{S}$，并给将要分离的接触（满足不可穿透性约束（12.5）但不满足有效约束（12.6））分配标签 $\mathcal{B}$。

当我们考虑第 12.2 节中的摩擦力时，滚动和滑动接触之间的区别变得尤为重要。

【例题 12.2】考虑图 12.3 中给出的接触。物体 A 和物体 B 在 $p_A=p_B=[1\ \ 2\ \ 0]^{\mathrm{T}}$ 处接触，接触的法线方向为 $\hat{n}=[0\ \ 1\ \ 0]^{\mathrm{T}}$。不可穿透性约束（12.5）为

$$\mathcal{F}^{\mathrm{T}}(\mathcal{V}_A-\mathcal{V}_B)\geqslant 0$$

⊖ 本章中，所有的运动旋量和力旋量均表述在空间坐标系中。

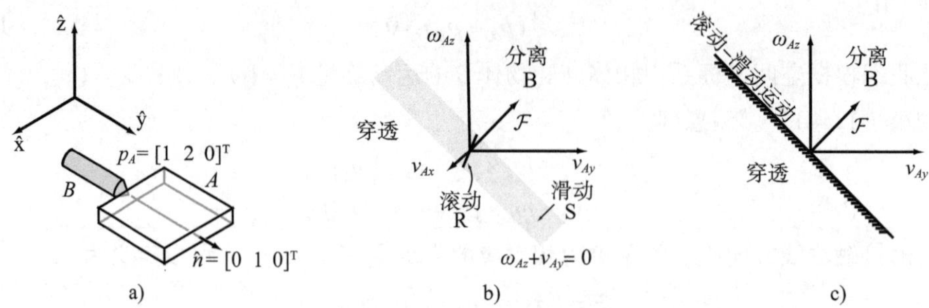

图 12.3　a）物体 A 和物体 B 在 $p_A=p_B=[1\ 2\ 0]^{\mathrm{T}}$ 处接触，接触的法线方向为 $\hat{n}=[0\ 1\ 0]^{\mathrm{T}}$；b）运动旋量 $\mathcal{V}_A$，以及 A（被限制在一个平面内）和 B（固定）对应的接触标签；接触法向力旋量 $F=[m_x\ m_y\ m_z\ f_x\ f_y\ f_z]^{\mathrm{T}}=[0\,0\,1\,0\,1\,0]^{\mathrm{T}}$
c）从 $-v_{Ax}$ 轴往下看

上式变为

400

$$[([p_A]\hat{n})^{\mathrm{T}}\,\hat{n}^{\mathrm{T}}]\begin{bmatrix}\omega_A-\omega_B\\ v_A-v_B\end{bmatrix}\geqslant 0$$

代入数值，得到

$$[0\,0\,1\,0\,1\,0][\omega_{Ax}-\omega_{Bx}\ \omega_{Ay}-\omega_{By}\ \omega_{Az}-\omega_{Bz}\ v_{Ax}-v_{Bx}\ v_{Ay}-v_{By}\ v_{Az}-v_{Bz}]^{\mathrm{T}}\geqslant 0$$

或者

$$\omega_{Az}-\omega_{Bz}+v_{Ay}-v_{By}\geqslant 0$$

因此滚动–滑动运动旋量满足

$$\omega_{Az}-\omega_{Bz}+v_{Ay}-v_{By}=0 \tag{12.9}$$

式（12.9）在运动旋量 $(\mathcal{V}_A,\mathcal{V}_B)$ 的 12 维空间中定义了一个 11 维的超平面。

滚动约束（12.8）相当于

401

$$\begin{aligned}v_{Ax}-\omega_{Az}p_{Ay}+\omega_{Ay}p_{Az}&=v_{Bx}-\omega_{Bz}p_{By}+\omega_{By}p_{Bz}\\ v_{Ay}+\omega_{Az}p_{Ax}-\omega_{Ax}p_{Az}&=v_{By}+\omega_{Bz}p_{Bx}-\omega_{Bx}p_{Bz}\\ v_{Az}+\omega_{Ax}p_{Ay}-\omega_{Ay}p_{Ax}&=v_{Bz}+\omega_{Bx}p_{By}-\omega_{By}p_{Bx}\end{aligned}$$

用数值替代 p_A 和 p_B，得到

$$v_{Ax}-2\omega_{Az}=v_{Bx}-2\omega_{Bz} \tag{12.10}$$

$$v_{Ay}+\omega_{Az}=v_{By}+\omega_{Bz} \tag{12.11}$$

$$v_{Az}+2\omega_{Ax}-\omega_{Ay}=v_{Bz}+2\omega_{Bx}-\omega_{By} \tag{12.12}$$

约束方程（12.10）～（12.12）定义了滚动–滑动运动旋量的 11 维超平面中的一个 9 维超平面子空间。

为了在低维空间中对约束进行可视化，我们假设 B 是静止的（$\mathcal{V}_B=0$），并且 A 被限制在 $z=0$ 平面内，即 $\mathcal{V}_A=[\omega_{Ax}\ \omega_{Ay}\ \omega_{Az}\ v_{Ax}\ v_{Ay}\ v_{Az}]^{\mathrm{T}}=[0\ 0\ \omega_{Az}\ v_{Ax}\ v_{Ay}\ 0]^{\mathrm{T}}$。力旋量 $\mathcal{F}$ 写为 $[m_z\ f_x\ f_y]^{\mathrm{T}}=[1\,0\,1]^{\mathrm{T}}$。滚动–滑动约束（12.9）简化为

$$v_{Ay}+\omega_{Az}=0$$

而滚动约束则简化为

$$v_{Ax}-2\omega_{Az}=0$$
$$v_{Ay}+\omega_{Az}=0$$

单个滚动－滑动约束在$(\omega_{Az},v_{Ax},v_{Ay})$空间中生成一个平面，并且两个滚动约束在该平面中生成一条线。因为$\mathcal{V}_B=0$，约束曲面通过原点$\mathcal{V}_A=0$。如果$\mathcal{V}_B\neq 0$，则通常不再是这种情况。

图 12.3 以图形方式给出：当$\mathcal{V}_B=0$时，非穿透运动旋量$\mathcal{V}_A$必须与约束力旋量$\mathcal{F}$拥有非负点积。

12.1.3　多个接触

现在假设一个物体A与其他m个物体之间存在n个接触，其中$n\geqslant m$。接触依次编号为$i=1,\cdots,n$，除A之外的其他物体编号为$j=1,\cdots,m$。令$j(i)\in\{1,\cdots,m\}$表示与接触i相关的其他物体数量。每个接触i将$\mathcal{V}_A$约束到其六维运动旋量空间的半空间，该六维运动旋量空间由形式为$\mathcal{F}^{\mathrm{T}}\mathcal{V}_A=\mathcal{F}^{\mathrm{T}}\mathcal{V}_j(i)$的五维超平面界定。对来自所有接触的约束集取并集，我们得到关于$\mathcal{V}_A$空间中可行运动旋量的一个**多面体凸集**（polyhedral convex set），简称为**多面体**（polytope）⊖ V，写为

$$V=\{\mathcal{V}_A \mid 对于所有的i,\ 有\mathcal{F}_i^{\mathrm{T}}(\mathcal{V}_A-\mathcal{V}_{j(i)})\geqslant 0\}$$

其中，$\mathcal{F}_i$对应于第i个接触法线（指向物体A），而$\mathcal{V}_{j(i)}$是接触i处的其他物体的运动旋量。如果由接触i贡献的半空间约束不改变可行运动旋量多面体V，则接触i处的约束是冗余 402
的。通常，一个物体的可行运动旋量多面体，其构成包括：六维的多面体内部（其中没有接触约束是有效的），一个约束处于有效状态的五维面，两个约束处于有效状态的四维面，依此类推，直至一维边和零维点。多面体的k维面上的运动旋量$\mathcal{V}_A$表明$6-k$个独立（非冗余）接触约束是有效的。

如果提供约束的所有物体都是静止的，即对于所有j有$\mathcal{V}_j=0$，则由（12.5）定义的每个约束超平面都会通过$\mathcal{V}_A$空间的原点。我们称这种约束为**齐次**（homogeneous）约束。可行运动旋量集成为一个以原点为顶点的圆锥，称为（齐次）**多面体凸锥**（polyhedral convex cone）。设$\mathcal{F}_i$为固定接触i的约束力旋量。那么，可行运动旋量锥V为

$$V=\{\mathcal{V}_A \mid 对于所有的i,\ 有\mathcal{F}_i^{\mathrm{T}}\mathcal{V}_A\geqslant 0\}$$

如果$\mathcal{F}_i$的正线性组合可以覆盖六维力旋量空间，或者等效地，F_i的凸组合包含内部的原点，那么可行运动旋量多面体V会简化为原点处的一点，固定接触完全约束了物体的运动，此时我们得到**形封闭**（form closure），我们将在第 12.1 节中对其进行更详细的讨论。

如第 12.1 节所述，为每个点接触i分配一个与接触类型相对应的标签：如果是脱离接触则标签为 B，如果为滚动接触时则标签为 R，如果是接触接触则标签为 S，即满足（12.6）但不满足（12.8）。整个系统的**接触模式**（contact mode）可以写为在接触处的接

⊖ 在任意向量空间中，我们通常用“多面体”这一术语来指代由超平面限定的凸集。该集合不必是有限的；它可以是一个具有无限体积的圆锥体。它也可以是一个点，或者如果约束与刚体假设不相容则为空集。

触标签的级联形式。由于我们有 3 种不同类型的接触标签，具有 n 个接触的物体系统最多可以有 $3n$ 个接触标签。其中的一些接触模式可能是不可行的，因为它们对应的运动学约束可能不被容许。

【**例题 12.3**】图 12.4 给出了与六边形体 A 相接触的三角形手指。为了更容易地对接触约束可视化，六边形仅限于在平面中平移，因此其运动旋量可写为 $\mathcal{V}_A=(0,0,0,v_{Ax},v_{Ay},0)$。在图 12.4a 中，单个静止手指形成一个可以绘制在 $\mathcal{V}_A$ 空间中的接触力旋量 $\mathcal{F}_1$。所有可行的运动旋量都在 $\mathcal{F}_1$ 方向上具有非负分量。满足 $\mathcal{F}_1^{\mathrm{T}}\mathcal{V}_A=0$ 条件的滚动 – 滑动运动旋量位于约束线上。由于不允许旋转，因此产生滚动接触的唯一运动旋量为 $\mathcal{V}_A=0$。在图 12.4b 中，由两个静止手指引起的约束的并集生成了可行运动旋量（多面体凸）锥体。图 12.4c 给出了 3 个接触的手指，其中一个手指以运动旋量 $\mathcal{V}_3$ 移动。因为移动手指具有非零速度，其约束半空间从原点移位了 $\mathcal{V}_3$。结果是可行运动旋量的闭合多边形。

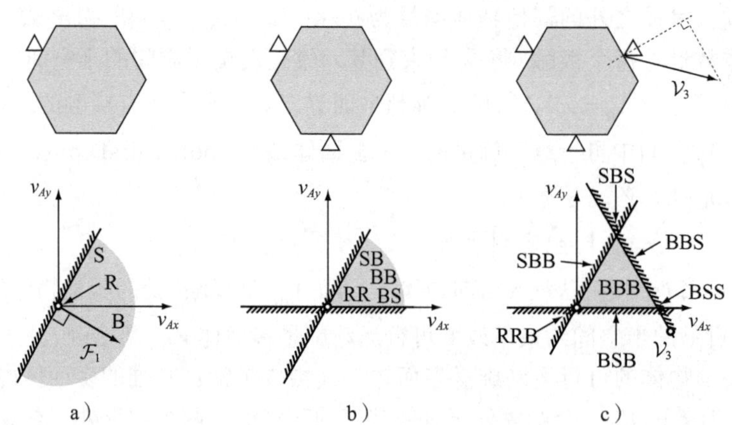

图 12.4　运动控制模式下的手指与一个六边形接触，该六边形仅限于在平面内平移（例题 12.3）。a）单个静止手指在六边形运动旋量 $\mathcal{V}_A$ 上提供单个半空间约束。可行运动半空间以灰色阴影显示。图中给出了对应于脱离接触 B 的二维运动旋量集合，对应于滑动接触 S 的一维集合和对应于滚动（固定）接触 R 的零维集合；b）来自两个静止手指的约束的并集生成一个可行运动旋量锥。该锥体对应于 4 种可能的接触模式：RR，SB，BS 和 BB。图中首先给出左上方手指的接触标签；c）3 个手指，其中一个按线速度 $\mathcal{V}_3$ 移动，产生可行运动旋量的闭合多边形。对应的可行运动旋量有 7 种可能的接触模式：一个所有接触为脱离形式的二维集合；3 个一维集合，其中各集合内有一个接触约束有效；以及 3 个零维集合，其中各集合内有两个接触约束有效。注意，在移动手指处的滚动接触是不可行的，因为如下图的右下方所示，六边形通过平移“跟踪”移动手指将违反不可穿透性约束。如果第三根手指是静止的，六边形的唯一可行运动将是零速度，其接触模式为 RRR

【**例题 12.4**】图 12.5 给出了 3 个固定接触与未给出的平面体 A 的接触法线。物体在平面中移动，因此 $v_{Az}=\omega_{Ax}=\omega_{Ay}=0$。在这个例子中，我们不区分滚动和滑动，因此沿
403 法线的接触位置是无关紧要的。以 (m_z,f_x,f_y) 形式表示的 3 个接触力旋量为 $\mathcal{F}_1=(-2,0,1)$，$\mathcal{F}_2=(1,-1,0)$ 和 $\mathcal{F}_3=(1,1,0)$，产生的运动约束为

$$v_{Ay} - 2\omega_{Az} \geqslant 0$$
$$-v_{Ax} + \omega_{Az} \geqslant 0$$
$$v_{Ax} + \omega_{Az} \geqslant 0$$

这些约束描述了一个以原点为顶点的可行运动旋量的多面体凸锥，如图 12.5b 所示。

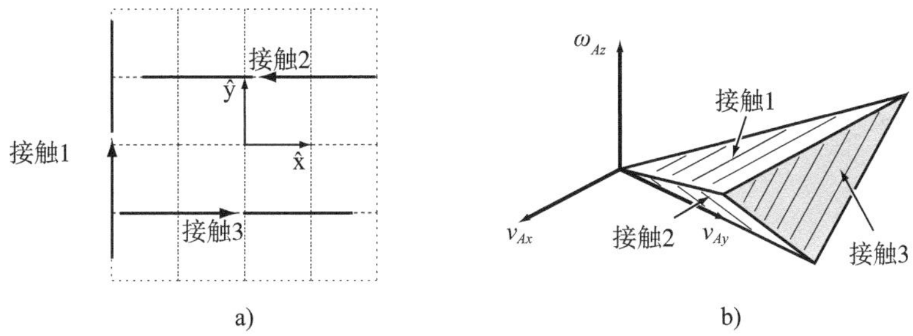

图 12.5 a）表示与平面体上 3 个固定接触的接触法线相对应的力线的箭头。如果我们只关注可行运动，并且不区分滚动和滑动，那么在沿该线任何地方的、具有如图所示接触法线的接触都是等效的；b）3 个约束半空间定义了可行运动旋量的多面体凸锥。在该图中，锥体在平面 v_{Ay}=2 处被截断。锥体的外表面由白色背景上的阴影表示，内表面由灰色背景上的阴影表示。锥体内部的运动旋量对应于所有为脱离类型的接触，而锥体面上的运动旋量对应于一个有效约束，并且锥体的 3 个边缘上的运动旋量对应于两个有效约束 404

12.1.4 多物体组合

上面的讨论可以推广到寻找多个接触体的可行运动旋量。如果物体 i 和物体 j 在点 p 处接触，其中 $\hat{n}$ 指向物体 i 并且 $\mathcal{F} = ([p]\hat{n}, \hat{n})$，那么它们的空间运动旋量 $\mathcal{V}_i$ 和 $\mathcal{V}_j$ 必须满足下列约束

$$\mathcal{F}^{\mathrm{T}}(\mathcal{V}_i - \mathcal{V}_j) \geqslant 0 \tag{12.13}$$

以避免穿透。这是复合 $(\mathcal{V}_i, \mathcal{V}_j)$ 运动旋量空间中的齐次半空间约束。在 m 个物体构成的组合中，每个成对出现的接触在 $6m$ 维复合运动旋量空间（对于平面物体，复合运动旋量空间的维度为 $3m$）中产生另一个约束，其结果是以复合运动旋量空间原点为顶点的、运动学上可行的运动旋量多面体凸锥。整个组合的接触模式是组合中每个接触的接触标签的级联。

如果存在其运动受到控制的物体，如机器人手指，则对剩余物体运动的约束不再是齐次的。结果，在复合运动旋量空间中，不受控物体的可行运动旋量多面体凸集不再是以原点为顶点的锥形。

12.1.5 其他类型的接触

我们一直在考虑如图 12.6a 所示类型的点接触，其中至少有一个接触物体唯一地定义了接触法线。图 12.6b ～ e 给出了其他类型的接触。由图 12.6b ～ d 的凸凹顶点、线 405
和平面接触提供的运动学约束，在一阶意义上，与由有限个单点接触集合所提供的那些约束相同。我们忽略图 12.6e 中的退化情况，因为其中不存在唯一的接触法线定义。

不可穿透性约束（12.5）源于下列事实：可以在法线方向上施加任意大的接触力以防止穿透。在第 12.2 节中，我们将看到也可以应用由摩擦而引起的切向力，并且这些力可以防止两个接触的物体之间发生滑动。法向接触力和切向接触力受到约束：法向力必须指向推入物体的方向而非往外拉的方向，最大摩擦力与法向力成正比。

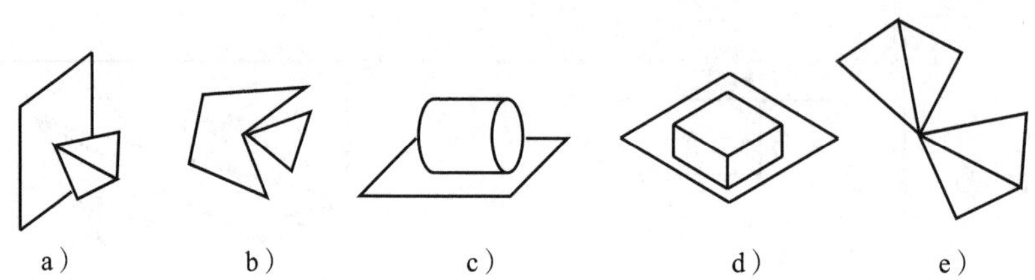

图 12.6　a）顶点 – 面接触；b）凸顶点和凹顶点之间的接触可被视为多点接触，与凹顶点相邻的每个面都有一个接触，这些面定义了接触法线；c）线接触可视为位于线两端的两个点接触；d）平面接触可被视为位于接触区域凸包角点处的点接触；e）凸的顶点 – 顶点接触。这种情况是退化情形，因此不予考虑

如果我们希望在不对力进行显式建模的情况下，对摩擦效应进行近似的运动学分析，可以定义 3 个关于点接触的纯运动学模型：**无摩擦的点接触**（frictionless point contact）、**带摩擦的点接触**（point contact with friction）和**软接触**（soft contact），后者也称为软指接触（soft-finger）。无摩擦的点接触仅实施滚动 – 滑动约束（12.5）。有摩擦的点接触也实施滚动约束（12.8），其中对摩擦力的隐式建模足以防止接触处的滑动。软接触实施滚动约束（12.8）以及一个或多个其他的约束：接触的两个物体可能不会绕接触法线轴相对于彼此旋转。由于两个物体间的接触面积非零，这模拟了变形和由此产生的摩擦力矩可抵抗任何旋转。对平面问题，具有摩擦和软接触的点接触是相同的。

12.1.6　平面图形化方法

平面问题允许使用图形方法对单个物体的可行运动进行可视化，这是因为运动旋量空间是三维的。图 12.5 给出了平面运动旋量锥的一个示例。对自由度多于 3 个的系统，
406 很难绘制这样的图像。

用来在 {s} 系中表示平面运动旋量 $\mathcal{V}=(\omega_z,v_x,v_y)$ 的一个便利方法是：将其表示为位于 $(-v_y/\omega_z,v_x/\omega_z)$ 处的一个**旋转中心**（Center of Rotation，CoR）外加角速度 ω_z。旋转中心 CoR 是（投影）平面中相对于运动能保持静止的点，即旋量轴与平面的交点[⊖]。在运动速度并不重要的情况下，我们可以简单地用“+”、“−”或“0”这些表示旋转方向的标志，来标记旋转中心 CoR，见图 12.7。平面运动旋量到旋转中心 CoR 的映射如图 12.8 所示，它表明旋转中心 CoR 的空间是由一个带“+”标记的 CoR 平面（逆时针），一个带“−”标记的 CoR 平面（顺时针），以及表示平移方向的一个圆组成。

给定两个不同的运动旋量 $\mathcal{V}_1$ 和 $\mathcal{V}_2$ 及其对应的 CoR，这些运动旋量的线性组合集 $k_1\mathcal{V}_1+k_2\mathcal{V}_2$（其中 $k_1,k_2\in\mathbb{R}$），对应于通过 $\mathrm{CoR}(\mathcal{V}_1)$ 和 $\mathrm{CoR}(\mathcal{V}_2)$ 的 CoR 线。由于 k_1 和 k_2 可

⊖　注意到必须小心处理 ω_z=0 这种情形，因为它对应于旋转中心 CoR 处于无限远处。

以取任一符号，因此，如果 ω_{1z} 或 ω_{2z} 非零，则该线上的 CoR 可以取任一符号。如果 $\omega_{1z}=\omega_{2z}=0$，则该线性组合对应于所有平移方向的集合。

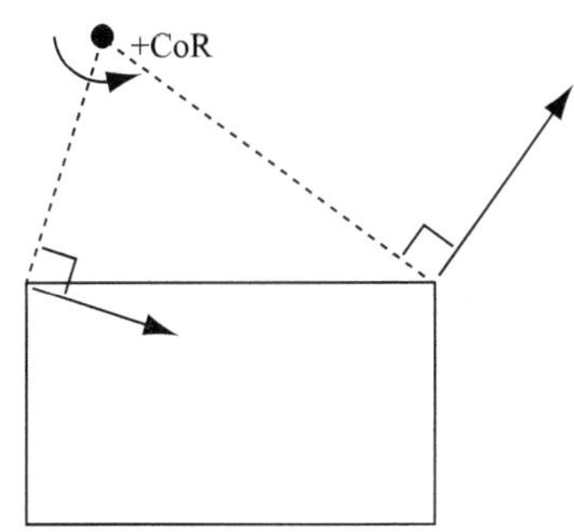

图 12.7 给定平面物体上两点的速度，垂直于速度的直线在 CoR 处相交。所示的旋转中心 CoR 标记为“+”，对应于物体的（逆时针）正角速度

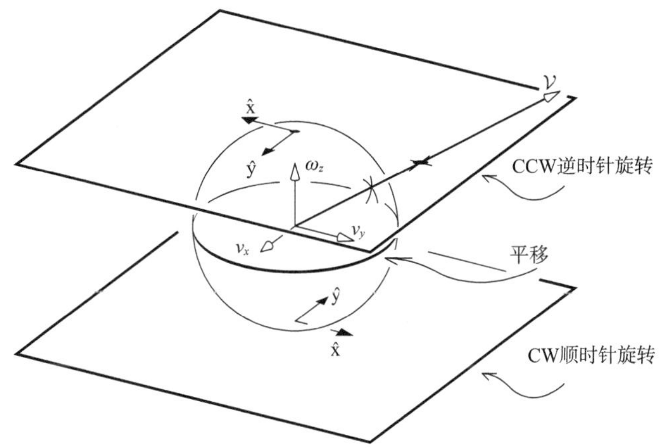

图 12.8 将平面运动旋量 $\mathcal{V}$ 映射到旋转中心 CoR。包含向量 $\mathcal{V}$ 的射线在 ω_z=1 处与标记为“+”的 CoR 平面相交，或在 ω_z=−1 处与标记为“−”的 CoR 平面相交，或与平移方向的圆相交

更有趣的情况是当 $k_1,k_2\geqslant 0$ 时。给定两个运动旋量 $\mathcal{V}_1$ 和 $\mathcal{V}_2$，这两个速度的非负线性组合可写为

$$V=\text{pos}(\{\mathcal{V}_1,\mathcal{V}_2\})=\{k_1\mathcal{V}_1+k_2\mathcal{V}_2 \mid k_1,k_2\geqslant 0\}$$ 407

这是一个以原点为顶点的平面运动旋量锥，$\mathcal{V}_1$ 和 $\mathcal{V}_2$ 定义了圆锥的边缘。如果 ω_{1z} 和 ω_{2z} 具有相同的符号，那么它们的非负线性组合的旋转中心 CoR(pos($\{\mathcal{V}_1,\mathcal{V}_2\}$)) 都具有该符号，并且它位于两个 CoR 之间的线段上。如果 CoR($\mathcal{V}_1$) 和 CoR($\mathcal{V}_2$) 的标记分别为“+”和“−”，则 CoR(pos($\{\mathcal{V}_1,\mathcal{V}_2\}$)) 由包含两个 CoR 的直线减去 CoR 之间的线段组成。该集合由附着于 CoR($\mathcal{V}_1$) 的一条标记为“+”的 CoR 射线，附着于 CoR($\mathcal{V}_2$) 的标记为“−”的 CoR 射线，以及标记为 0 的无限远点（对应于平移）组成。这个元素集合应该被视为一个单独的线段（尽管其中一个通过无限远点），就像上面提到的第一个案例一样。图 12.9 和图 12.10 给出了对应于平面运动旋量的正线性组合的 CoR 区域的示例。

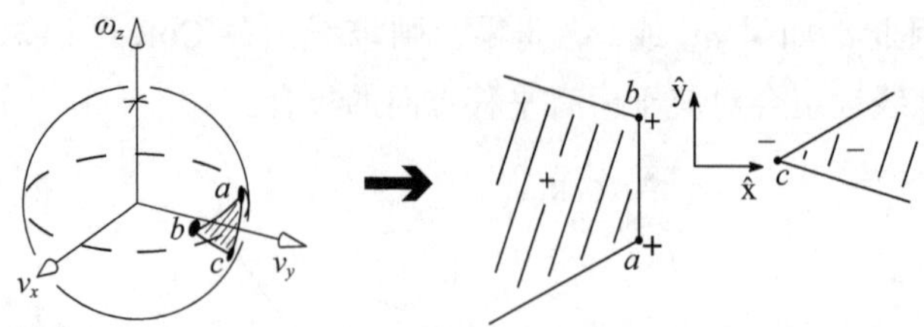

图 12.9　运动旋量锥与单位运动旋量球的交点，以及用 CoR 集合表示的锥体（两个阴影区域在无穷远处连接形成单个集合）

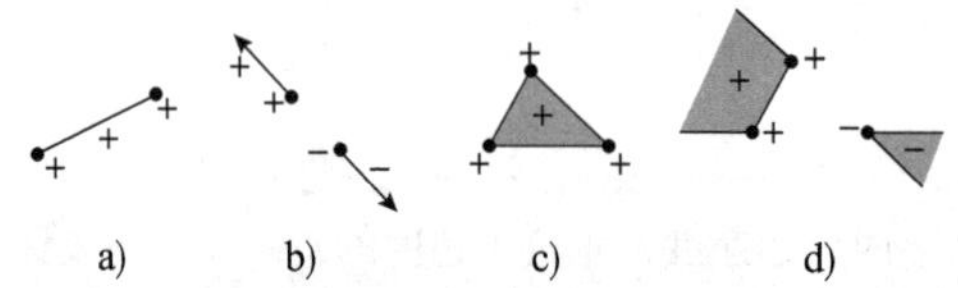

图 12.10　a）两个标记为“+”的 CoR 的正线性组合；b）一个标记为“+”的 CoR 和一个标记为“−”的 CoR 的正线性组合；c）3 个标记为“+”的 CoR 的正线性组合；d）两个标记为“+”的 CoR 和一个标记为“−”的 CoR 的正线性组合

平面运动旋量的 CoR 表示，对于表示与静止物体相接触的可移动物体的可行运动特别有用。由于约束是静止的，如第 12.1 节所述，可行运动旋量构成了一个以原点为顶点的多面体凸锥。这样的锥体可以由具有“+”、“−”和“0”标记的一组 CoR 唯一地表示。
408 通过移动约束生成的一般运动旋量多面体，不能由具有这种标签的一组 CoR 唯一地表示。

给定静止物体和可移动物体之间的接触，我们可以绘制出那些不违反不可穿透性约束的 CoR。为接触法线上的所有点打上“ ± ”标签，处于指向内部方向法线左侧的点标签为“ + ”，在其右侧的点标签为“ − ”。标签为“ + ”的所有点可以表示具有正角速度的可移动物体的 CoR，并且标记为“−”的所有点可以表示具有负角速度的 CoR，而不违反一阶接触约束。我们可以进一步为每个 CoR 分配接触标签，以对应于脱离接触 B，滑动接触 S 或滚动接触 R 的一阶条件。对于平面滑动，我们将标签 S 细分为两个子类：Sr，移动物体相对于固定约束向右滑动；Sl，移动物体向左滑动。图 12.11 中描述了这些标签。

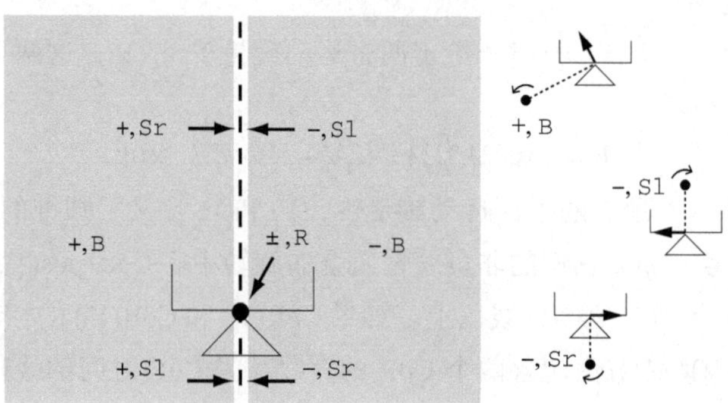

图 12.11　固定三角形与可移动物体接触。接触法线左侧的 CoR 标记为“ + ”，法线右侧的 CoR 标记为“ − ”，而法线上的 CoR 则标记为“ ± ”。图中还给出了 CoR 的接触标签。对于接触法线上的点，分配给 CoR 的 Sl 和 Sr 标签符号，在接触点处发生切换。图中给出了 3 个 COR 及其相关标签

如果存在多个接触，我们只需根据各个接触求解得出约束和接触标签的并集。约束的这种并集意味着可行的 CoR 区域是凸的，齐次多面体的运动旋量锥也是如此。

【例题 12.5】图 12.12a 中给出了站立在桌子上一个平面物体，它同时与静止的机器人手指相接触。手指为物体的运动定义了一个不等式约束，而桌子则为其定义了另外两个约束。不违反不可穿透性约束的运动旋量锥，可由对每个接触能保持标签一致的 CoR 表示，如图 12.12b 所示。每个可行的 CoR 都标有接触模式，该模式为各个接触标签的级联，如图 12.12c 所示。

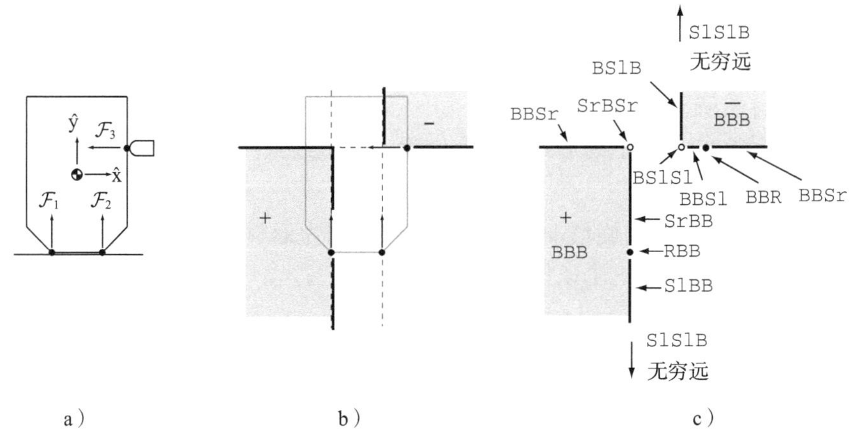

图 12.12 a）放在桌子上的物体，它有由桌子提供的两个接触约束以及由静止的机器人手指提供的单个接触约束；b）以 CoR 表示的可行运动旋量，以灰色显示。请注意，向左和向下延伸的线条在无穷远处发生“环绕”并分别从右侧和顶部返回，因此该 CoR 区域应解释为单个连通的凸区域；c）分配给每个可行运动的接触模式。零速度的接触模式为 RRR

现在仔细看一下图 12.12c 中由（+，SrBSr）所表示的 CoR。这个动作真的可能存在吗？显然，它实际上是不可能的：物体会立即穿透静止的手指。由于我们的一阶分析忽略了局部接触曲率，我们会得出错误结论，即该运动是可能发生的。二阶分析表明这 409
一动作确实是不可能发生的。然而，如果接触处物体的曲率半径足够小，则可以发生运动。

因此，一阶滚动 – 滑动运动可以通过二阶分析被分类为穿透接触或脱离接触。类似地，如果我们的二阶分析表明滚动 – 滑动运动，三阶或更高阶分析则可能表明穿透或脱离。在任何情况下，如果 n 阶分析表明接触是脱离或穿透，那么任何大于 n 阶的分析都将不会改变结论。

12.1.7 形封闭

如果一组静止约束能阻止物体的所有运动，则可实现物体的**形封闭**（form closure）。如果这些约束是由机器人手指提供的，我们称之为**形封闭抓握**（form-closure grasp）。图 12.13 给出一个例子。

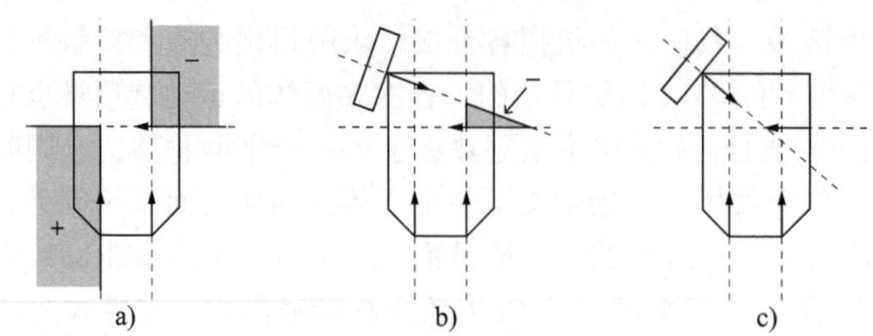

图 12.13 a）图 12.12 中的物体有 3 个固定的点接触，物体的可行运动旋量锥表示为一个凸的 CoR 区域；b）第四个触点减小了可行运动旋量锥的尺寸大小；c）通过改变第四个接触法线的角度，不存在可行的运动旋量；物体处于形封闭状态

1. 一阶形封闭所需的接触数量

每个静止接触 i 能提供下列形式的半空间运动旋量约束

$$\mathcal{F}_i^{\mathrm{T}}\mathcal{V}\geqslant 0$$

如果能满足约束的唯一运动旋量 $\mathcal{V}$ 是零运动旋量，则为形封闭。对于三维空间中的物体而言，如果存在 j 个接触，这个条件相当于

410 $$\operatorname{pos}(\{\mathcal{F}_1,\cdots,\mathcal{F}_j\})=\mathbb{R}^6$$

因此，根据本章开头所陈述的事实 2，空间物体的一阶形封闭需要至少 $6+1=7$ 个接触。对于平面物体，对应的条件是

$$\operatorname{pos}(\{\mathcal{F}_1,\cdots,\mathcal{F}_j\})=\mathbb{R}^3$$

对于一阶形封闭需要 $3+1=4$ 个接触。下列定理对这些结果进行了总结。

【定理 12.6】对于平面物体，一阶形封闭需要至少 4 个点接触。对于空间物体，一阶形封闭至少需要 7 个点接触。

现在考虑一个问题，在平面中抓握圆盘。我们应该明确的是，无论接触的数量如何，都不可能在运动学上阻止圆盘的运动；圆盘总能围绕它的中心旋转。这些物体被称为**例外**（exceptional）—— 物体上所有点处的接触法向力的正线性组合并不等于 $\mathbb{R}^n$，其中在平面情况下 $n=3$，在空间中 $n=6$。这种三维物体的例子包括由旋转形成的表面，如球体和椭球体。

图 12.14 给出了平面抓握的示例。第 12.1 节的图形化方法表明图 12.14a 中的 4 个接触能使物体保持固定不动。我们的一阶分析表明，图 12.14b 和图 12.14c 中的物体可以在三指抓握时围绕物体的中心旋转，但实际上这对于图 12.14b 中的物体是不可能的——二阶分析会告诉我们这个物体实际上是固定不动的。最后，一阶分析告诉我们图 12.14d ～ f 中的双指抓握是相同的，但事实上，由于曲率效应，仅需两个手指便可使图 12.14f 中的物体固定。

411 总而言之，我们的一阶分析始终能正确地标记脱离和穿透运动，但二阶和更高阶效应可能会将一阶滚动 – 滑动运动变为脱离或穿透。如果通过一阶分析表明一个物体处于形封闭状态，则对于任何分析而言，该物体都处于形封闭状态。如果通过一阶分析表明只有滚动 – 滑动运动是可行的，则可以通过高阶分析表明物体处于形封闭；否则，通过任何分析，物体均不处于形封闭。

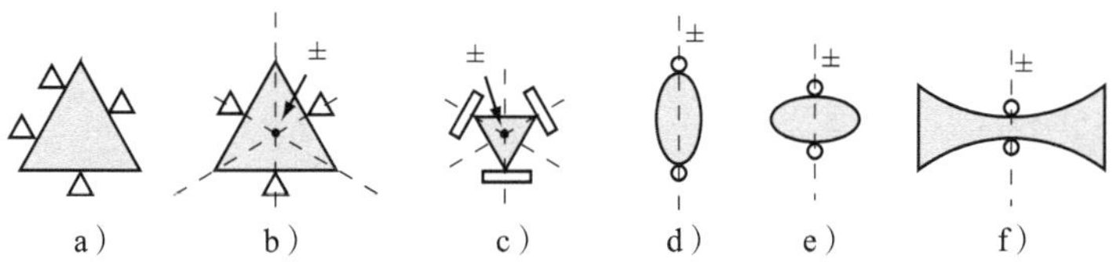

图 12.14　a 中 4 个手指生成平面形封闭。一阶分析对 b 和 c 同等对待，说明在每种情况下三角形都可以围绕其中心旋转。二阶分析表明这对于 b 是不可能的。在 d、e 和 f 中抓握的一阶分析结果是相同的，表示围绕位于垂线上任何中心的旋转都是可能的。这对于 d 是正确的，而对于 e，只有围绕此中一部分中心的旋转是可能的。f 中任何动作都不可能

2. 一阶形封闭的线性规划测试

令 $F=[\mathcal{F}_1\ \mathcal{F}_2 \cdots \mathcal{F}_j]\in\mathbb{R}^{n\times j}$ 为一个列向量由 j 个接触力旋量组成的矩阵。对于空间物体有 $n=6$，对于平面物体有 $n=3$，其中 $\mathcal{F}_i=[m_{iz}\ f_{ix}\ f_{iy}]^{\mathrm{T}}$。如果存在一个权重向量 $k\in\mathbb{R}^j, k\geqslant 0$，使得对于所有 $\mathcal{F}_{\mathrm{ext}}\in\mathbb{R}^n$ 有 $Fk+\mathcal{F}_{ext}=0$，那么接触将产生形封闭。

很明显，如果 F 不是满秩（$\mathrm{rank}(F)<n$），则物体不会处于形封闭。如果矩阵 F 满秩，则形闭合条件等价于：存在严格的正系数 $k>0$，使得 $Fk=0$。我们可以将此测试表示为下列一组条件，它是一个**线性规划**（linear program）示例：

$$
\begin{aligned}
&\text{求} && k \\
&\text{最小化} && 1^{\mathrm{T}}k \\
&\text{满足} && Fk=0 \\
& && k_i \geqslant 1,\ i=1,\cdots,j
\end{aligned} \tag{12.14}
$$

式中，1 是由数字 1 组成的一个 j 维向量。如果 F 满秩且（12.14）存在解 k，则物体处于一阶形封闭状态。否则就不是。请注意，取决于 LP 解算器，目标函数 $1^{\mathrm{T}}k$ 并非是求解二元问题所必须的，但我们将其包含在内以确保问题是适定的（well-posed）。

【例题 12.7】图 12.15 中的平面物体中心有一个孔。两个手指分别与孔的两个不同边缘接触，产生 4 个接触法线。矩阵 $F=[\mathcal{F}_1\ \ \mathcal{F}_2\ \ \mathcal{F}_3\ \ \mathcal{F}_4]$ 由下式给出

$$
F=\begin{bmatrix} 0 & 0 & -1 & 2 \\ -1 & 0 & 1 & 0 \\ 0 & -1 & 0 & 1 \end{bmatrix}
$$

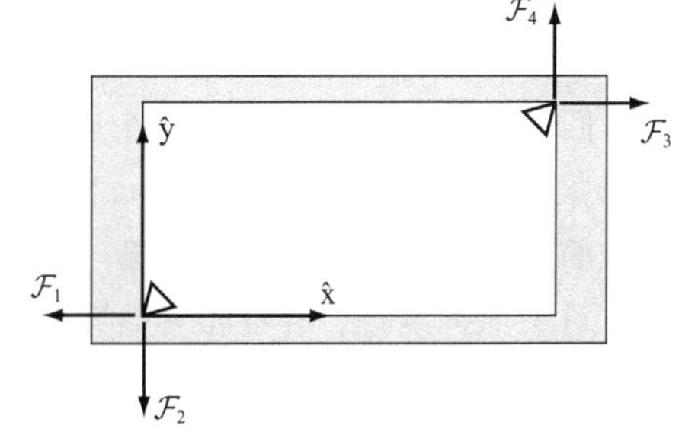

图 12.15　两个手指从内部抓握一个物体 412

显然，矩阵 F 的秩为 3。线性规划（12.14）返回解如下：$k_1=k_3=2$，$k_2=k_4=1$，因此在该抓握下的物体处于形封闭状态。你可以在 MATLAB 中对此进行测试，例如，使用 linprog 函数，该函数的参数包括：目标函数，表示为权重向量 f 与 k 中元素的点积；关于 k 的形式为 $Ak\leqslant b$（用于编码 $k_i\geqslant 1$）的一组不等式约束；形式为 $A_{\mathrm{eq}}k=b_{\mathrm{eq}}$（用于编码 $Fk=0$）的一组等式约束。

```
f = [1,1,1,1];
A = [[-1,0,0,0]; [0,-1,0,0]; [0,0,-1,0]; [0,0,0,-1]];
b = [-1,-1,-1,-1];
F = [[0,0,-1,2]; [-1,0,1,0]; [0,-1,0,1]];  % the F matrix
Aeq = F;
beq = [0,0,0];
k = linprog(f,A,b,Aeq,beq);
```

上述程序生成下列结果

```
k =
    2.0000
    1.0000
    2.0000
    1.0000
```

如果右侧手指移动到孔的右下方角点处，新的F矩阵为

$$F=\begin{bmatrix} 0 & 0 & 0 & -2 \\ -1 & 0 & 1 & 0 \\ 0 & -1 & 0 & -1 \end{bmatrix}$$

该矩阵仍然是满秩，但线性规划没有解。这种抓握不会产生形封闭：物体可在页面
413 内向下滑动。

3. 形封闭质量的度量

考虑图 12.16 中的两个形封闭抓握。哪个抓握的质量更好？

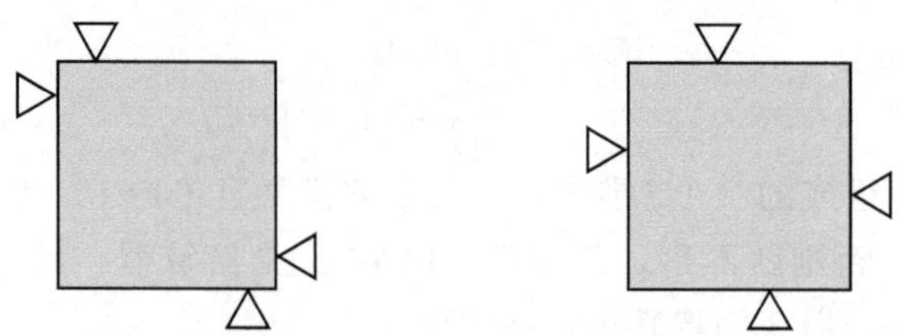

图 12.16　两个抓握都会生成形封闭，但哪个质量更好

回答这个问题需要一个能衡量抓握质量的指标。**抓握度量**（grasp metric）的输入为接触集 $\{\mathcal{F}_i\}$，输出为单个值 $\mathrm{Qual}(\{\mathcal{F}_i\})$，其中 $\mathrm{Qual}(\{\mathcal{F}_i\})<0$ 表示抓握不会生成形封闭，较大的正值表示更好的抓握质量。

对于抓握度量，存在很多合理选择。作为示例，假设为了避免物体损坏，我们要求接触 i 处的力小于或等于 $f_{i,\max}>0$。然后，由 j 个接触所施加的总接触力旋量集合，可由下式给出

$$CF=\left\{\sum_{i=1}^{j} f_i\mathcal{F}_i \,\middle|\, f_i\in[0,f_{i,\max}]\right\} \tag{12.15}$$

有关二维示例，参见图 12.17。图中给出了接触可用于抵抗施加到物体的干扰力旋量的力旋量凸集。如果抓握产生形封闭，则该集合包括其内部力旋量空间的原点。

414 现在问题是将这个多面体变为一个表示抓握质量的数字。在理想情况下，这个过程会使用一些思路，如物体可能会遇到干扰力旋量。一个更简单的选项是：将 $\mathrm{Qual}(\{\mathcal{F}_i\})$

设置为以力旋量空间原点为中心、可装进凸多面体内的最大力旋量球的半径。在评估计算该半径时，应该考虑两个注意事项：①力矩和力具有不同的单位，因此没有明显的方法将力和力矩等同起来；②由接触力引起的力矩取决于空间坐标系原点的位置。为了解决问题①，通常选取被抓握物体的特征长度 r，并将接触力矩 m 转换为力 m/r。为了解决问题②，可将原点选在物体的几何中心附近或其质心处。

给定选好的空间坐标系和特征长度 r，我们简要计算从力旋量空间原点到 CF 边界上的每个超平面的带符号距离。这些距离中的最小值是 $\mathrm{Qual}(\{\mathcal{F}_i\})$，如图 12.17 所示。

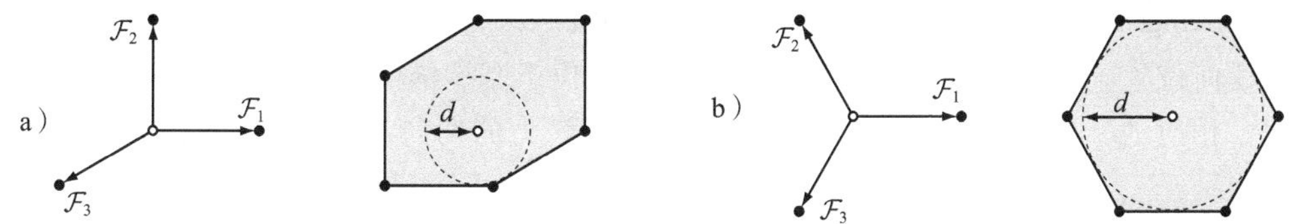

图 12.17 a）在二维力旋量空间中的 3 个接触力旋量，以原点为中心且位于力旋量多边形内部的最大力旋量球（最大内切球）的半径为 d；b）另外 3 个力旋量生成了一个更大的内切球

回到图 12.16 中的原始示例，我们可以看到，如果允许每个手指施加相同的力，可以认为左侧抓握的质量更好，因为这种情况下的接触能抵抗更大的围绕物体中心的力矩。

4. 为形封闭选取接触

对于如何选取用于装夹或抓握的形封闭接触，人们已经提出了很多方法。一种方法是对物体表面上的候选抓握点（平面物体 4 个候选抓握点，空间物体 7 个候选抓握点）进行采样，直至找到一组点能产生形封闭。然后，根据梯度上升递增来重新定位候选抓握点，其中要用到抓握度量，即 $\partial \mathrm{Qual}(p)/\partial p$，其中 p 是接触位置处所有坐标的向量[⊖]。

12.2 接触力和摩擦力

12.2.1 摩擦力

机器人操作中常常用到的摩擦模型是**库仑摩擦**（Coulomb friction）。该实验定律表明：切向摩擦力大小 f_t 与法向力大小 f_n 相关，$f_t \leqslant \mu f_n$，其中 μ 称为**摩擦系数**（friction coefficient）。如果接触为滑动，或者当前正在滚动但是有初发滑动（incipient slip，即在下一瞬间时接触处发生滑动），那么根据 $f_t = \mu f_n$、摩擦力方向与滑动方向相反，可知摩擦将损耗能量。摩擦力与滑动速度无关。

通常定义有两个摩擦系数：静摩擦系数 μ_s，动（或滑动）摩擦系数 μ_k，其中 $\mu_s \geqslant \mu_k$。 415
这意味着可以用更大的摩擦力来抵抗初始运动，但是一旦运动开始之后，这种抵抗力就会变小。人们已经开发了其他多种摩擦模型，它们有不同的功能依赖性因素，如滑动速

⊖ 必须将梯度向量 $\delta \mathrm{Qual}(p)/\delta p$ 投影到接触点处的切平面上，从而将接触位置保持在物体表面上。

度以及滑动前静态接触的持续时间。所有这些都是复杂微观行为的聚合模型。为了简单起见，我们将使用具有单个摩擦系数 μ 的最简单的库仑摩擦模型。这种模型适用于坚硬干燥的材料。摩擦系数取决于相互接触的两种材料，其范围通常介于 0.1 到 1 之间。

对于 $+\hat{z}$ 方向的接触法线，通过接触传递的力集合满足下列条件

$$\sqrt{f_x^2+f_y^2} \leqslant \mu f_z,\ f_z \geqslant 0 \tag{12.16}$$

图 12.18a 表明：这组力形成了一个**摩擦锥**（friction cone）。手指能够施加到平面上的一组力，位于所示锥体内。图 12.18b 给出了相同锥体的侧视图，图中给出了**摩擦角**（friction angle）$\alpha=\tan^{-1}\mu$，它是锥体的半角。如果接触处没有滑动，则力可以位于锥体内的任何位置。如果手指向右滑动，则施加的力位于摩擦锥的右边缘，其大小由法向力决定。相应地，平面向手指施加反作用力，并且该力的切向（摩擦）部分的方向与滑动方向相反。

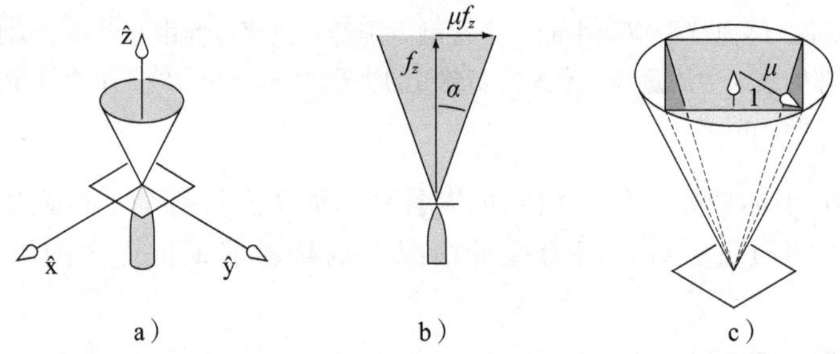

图 12.18　a）摩擦锥说明了通过接触点能传递的所有可能力；b）相同摩擦锥的侧视图，给出了摩擦系数 μ 和摩擦角 $\alpha=\tan^{-1}\mu$；c）近似于圆形摩擦锥的内接多面体凸锥

为了对接触力学问题进行线性化公式表述，用多面体凸锥来表示凸圆锥通常比较方便。图 12.18c 给出了摩擦锥的内接四边锥体近似，该内接锥由 (f_x,f_y,f_z) 的 4 条锥边
416 $(\mu,0,1)$、$(-\mu,0,1)$、$(0,\mu,1)$ 和 $(0,-\mu,1)$ 的正线性组合定义。通过使用具有更多边缘的内接锥，该内接锥可以更为接近圆锥。内接锥低估了可用摩擦力，而外接锥则高估了摩擦力。选择使用哪种方式取决于具体应用。例如，如果我们想要确保机器人手可以抓住物体，那么低估可用摩擦力是个好主意。

对于平面问题，不需要近似——摩擦锥正好由锥体两个边缘的正线性组合表示，类似于图 12.18b 中的侧视图。

417 一旦我们选定了坐标系，任何接触力都可以表示为力旋量 $\mathcal{F}=([p]f,f)$，其中 p 是接触位置。这将摩擦锥变为力旋量锥。图 12.19 给出了一个平面示例。平面摩擦锥的两个边缘在力旋量空间中生成两条射线，可以通过接触传递到物体的力旋量为沿这两条边的基础向量的正线性组合。如果 $\mathcal{F}_1$ 和 $\mathcal{F}_2$ 为这些力旋量锥边的基础向量，我们将力旋量锥写为 $\mathcal{WC}=\text{pos}(\{\mathcal{F}_1,\mathcal{F}_2\})$。

如果有多个接触作用在一个物体上，那么可以通过接触传递到物体的力旋量的总集合，为所有力旋量锥个体 $\mathcal{WC}_i$ 的正线性组合

$$\mathcal{WC}=\text{pos}(\{\mathcal{WC}_i\})=\{\sum_i k_i\mathcal{F}_i \mid \mathcal{F}_i\in\mathcal{WC}_i, k_i\geqslant 0\}$$

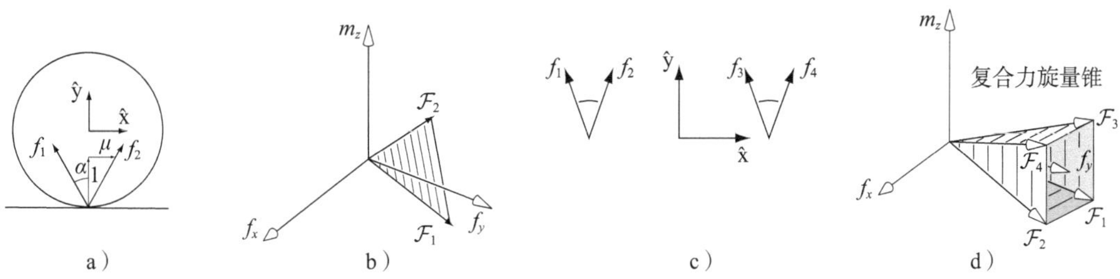

图 12.19　a) 一个平面摩擦锥，其摩擦系数为 μ，对应的摩擦角为 $\alpha=\tan^{-1}\mu$；b) 相应的力旋量锥；c) 两个摩擦锥；d) 相应的复合力旋量锥

这种复合力旋量锥是一个以原点为顶点的凸锥。关于此类复合力旋量锥的一个例子如图 12.19d 所示，它对应于具有如图 12.19c 所示的两个摩擦锥的平面物体。对于平面问题，三维力旋量空间中的复合力旋量锥是个多面体。对于空间问题，六维力旋量空间中的力旋量锥不再是多面体，除非各个摩擦锥可由多面体锥体近似，如图 12.18c 所示。

如果作用在物体上的接触或接触集合处于理想的力控制状态下，则由控制器指定的力旋量 $\mathcal{F}_{\text{cont}}$ 必须位于与这些接触相对应的复合力旋量锥内。如果有其他不在力控制状态下的接触作用在物体上，则物体上的可能力旋量锥相当于来自非力控接触、但是以 $\mathcal{F}_{\text{cont}}$ 为顶点的力旋量锥。

12.2.2　平面图形化方法

1. 力旋量的表示

具有非零线性分量的任何平面力旋量 $\mathcal{F}=(m_z,f_x,f_y)$，可以表示为在平面中绘制的一个箭头，其中箭头的基部位于点

$$(x,y)=\frac{1}{f_x^2+f_y^2}(m_z f_y,-m_z f_x)$$

处，并且箭头位于 $(x+f_x,y+f_y)$。如果我们顺着箭头沿线向任何位置滑动箭头，其力矩不会发生改变，所以任何沿这条线的、具有相同方向和长度的箭头代表同一个力旋量（图 12.20）。如果 $f_x=f_y=0$ 且 $m_z\neq 0$，则力旋量是一个纯力矩，我们不会尝试以图形方式去表示它。

用箭头表示的两个力旋量可以用图形化方法求和，如下：可以沿它们的作用线滑动箭头，直到箭头的基部重合。图 12.20 给出了获得与两个力旋量之和对应的箭头的过程。可以顺序地应用该方法对用箭头表示的多个力旋量进行求和。

2. 力旋量锥的表示

在上一节中，每个力旋量的幅值都有一个规定的大小。然而，刚体接触意味着接触法向力可以任意大；法向力可以达到为防止两个物体穿透所需的大小。因此，所有力旋量用 $k\mathcal{F}$ 形式来表示是有用的，其中 $k\geqslant 0$，$\mathcal{F}\in\mathbb{R}^3$ 是基向量。 418

一个这样的表示是**力矩标记**（moment labeling）。基础力旋量 $\mathcal{F}$ 的箭头可按照第 12.2 节所述绘制。然后，箭头线左侧平面中的所有点都标记为"+"，这表示关于 $\mathcal{F}$ 的任何正比例缩放都会生成关于这些点的正力矩 m_z，箭头右侧平面中的所有点都标记为"−"，

这表示关于 $\mathcal{F}$ 的任何正比例缩放都会生成关于这些点的负力矩。线上的点标记为“±”。

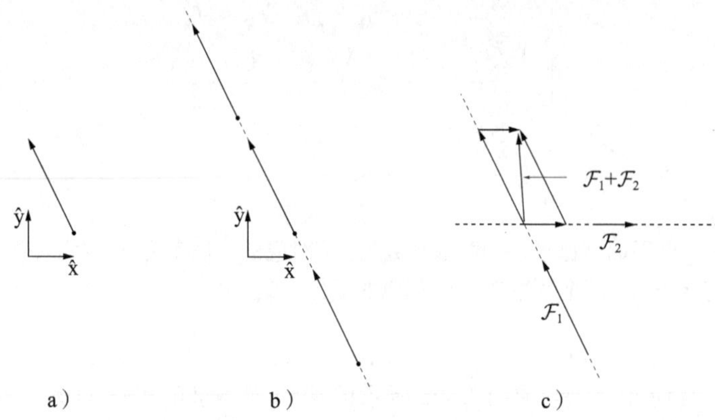

图 12.20　a）在 $\hat{x}$ - $\hat{y}$ 平面内，力旋量 $\mathcal{F}=(m_z,f_x,f_y)=(2.5,-1,2)$ 表示为一个箭头；b）同一个力旋量，可以用沿作用线上任意位置的箭头表示；c）两个力旋量之和可通过沿各自作用线滑动箭头来进行，直到箭头的基部重合，然后通过平行四边形构造进行向量求和

进一步推广，力矩标记可以表示任何齐次凸平面力旋量锥，就像齐次凸平面运动旋量锥可以表示为凸的 CoR 区域一样。给定与力旋量 $k_i\mathcal{F}_i$（所有的 $k_i\geqslant 0$）相对应的定向力线的集合，力旋量锥 $\text{pos}(\{\mathcal{F}_i\})$ 可通过下列方式表示：如果每个 $\mathcal{F}_i$ 关于平面中某点的力矩为非负，则将该点标记为“+”；如果每个 $\mathcal{F}_i$ 关于平面中某点的力矩为非正，则将该点标记为“−”；如果每个 $\mathcal{F}_i$ 关于平面中某点的力矩为零，则将该点标记为“±”；如果对于某点，至少有一个力旋量产生正力矩，同时至少有一个力旋量产生负力矩，则该点的标记为空白。

最好通过一个例子来说明这个概念。在图 12.21a 中，基础力旋量 $\mathcal{F}_1$ 可通过下列方式来标记：用“+”来标记力线左侧的点，同时用“−”来标记力线右侧的点；力线上的点标记为“±”。在图 12.21b 中，增加了另一个基础力旋量，它可以表示平面摩擦锥的另一条边。平面中只有那些在
419 两条力线标记中具有相同标记的点才会保留其标签；标记不一致的那些点则会失去标签。最后，在图 12.21c 中添加了第三个基础力旋量。最终结果是标记为“+”的单个区域。3 个基础力旋量的非负线性组合可以在平面中生成以逆时针方向绕该区域的任何力线。它们无法生成其他力旋量。

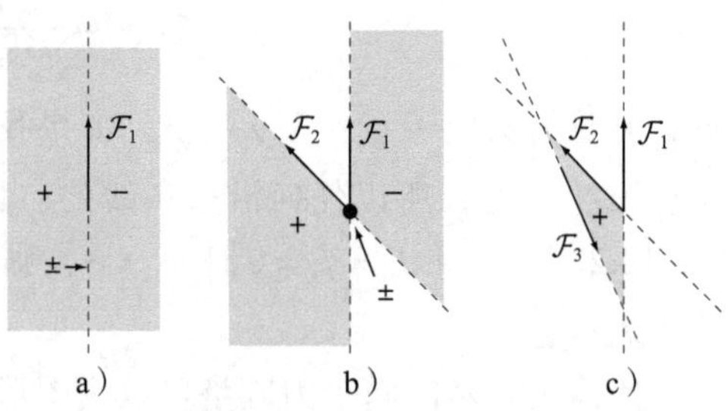

图 12.21　a）用力矩标记来表示力线；b）用力矩标记表示两条力线的正线性组合；c）3 条力线的正线性组合

如果在图 12.21c 中添加一个额外的基础力旋量，它以顺时针方向绕过图中标记为“+”的区域，那么平面上将没有标记一致的点；4 个力旋量的正线性组合将会是整个力旋量空间 $\mathbb{R}^3$。

力矩标记表示相当于齐次凸力旋量锥表示。图 12.21a、b 和 c 中各部分的力矩标记区域可被适当地解释为单个凸区域，这非常类似于 12.1 节中的 CoR 区域。

12.2.3 力封闭

考虑单个可移动物体和多个摩擦接触。我们说如果复合力旋量锥包含整个力旋量空间，则接触会导致**力封闭**（force closure），因此可以通过接触力来平衡作用在物体上的任何外部力旋量 $\mathcal{F}_{\text{ext}}$。

我们可以推导出一种简单用于力封闭的线性测试，对于平面情形它是精确的，对于空间情况它是近似性的。令 $\mathcal{F}_i, i=1,\cdots,j$ 为与所有接触的摩擦锥边相对应的力旋量。对于平面问题，每个摩擦锥有两条边，对于空间问题，每个摩擦锥有 3 条或更多条边，这取决于我们所选取的多面体近似，见图 12.18c。一个 $n\times j$ 的矩阵 F 的列向量是 $\mathcal{F}_i$，其中对于平面问题有 $n=3$，对于空间问题有 $n=6$。现在，力封闭测试与形封闭测试相同。如果满足下列条件，接触会产生力封闭：

- 矩阵 F 的秩为 n；
- 线性规划问题（12.14）的解存在。

在 $\mu=0$ 的情况下，每个接触可以仅沿法线方向提供力，并且力封闭等同于一阶形封闭。 420

1. 力封闭所需的接触数目

对于平面问题，4 个接触力旋量的正线性组合足以覆盖三维力旋量空间，这意味着少至两个摩擦接触（每个接触具有两个摩擦锥边）以产生力封闭。使用力矩标记，我们看到力封闭等同于不存在一致的力矩标记。例如，如果两个接触点可以通过两个摩擦锥内的视线“看到”彼此，则我们有力封闭，如图 12.22b 所示。

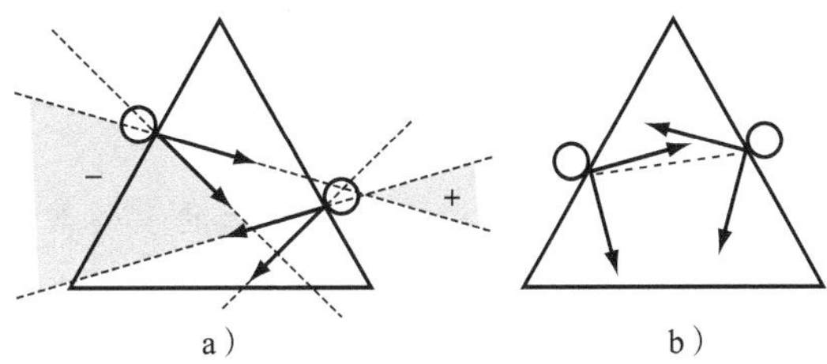

图 12.22 如果 $\mu \geqslant \tan 30° \approx 0.577$，等边三角形可以用边上的两根手指实现力封闭抓握。a）图中的抓握（其中 μ=0.25）并不处于力封闭，如标记符号一致的力矩标记区域所示；b）所示的抓握处于力封闭，μ=1；虚线表示两个接触点可以“看到”彼此，即它们的视线位于两个摩擦锥内

重要的是要注意力封闭仅仅意味着接触摩擦锥可以产生任何力旋量。这并不一定意味着在存在外部力旋量的情况下物体不会移动。对于图 12.22b 中的例子，三角形是否会在重力的作用下往下落，这取决于手指之间的内力。如果驱动手指的电机无法提供足够的力，或者如果限制它们仅能在某些方向上产生力，那么尽管有力封闭，三角形仍可能往下落。

两个带摩擦的点接触不足以产生空间体的力封闭，这是摩擦因为无法围绕连接两个触点的轴产生力矩。然而，可以通过少至 3 个摩擦接触而获得力封闭抓握。文献（Li

等，2003）中一个特别简单和吸引人的结果，将空间摩擦抓握的力封闭分析简化为平面力封闭问题。参见图 12.23，假设刚体受到 3 个摩擦点接触的约束。如果 3 个接触点恰好是共线的，那么显然：这 3 个接触无法抵抗关于该直线的任何力矩。因此，我们可以排除这种情况，假设 3 个接触点不共线。那么这 3 个接触点定义了唯一的一个平面 S，并且在每个接触点处有下列 3 种可能性（见图 12.24）：

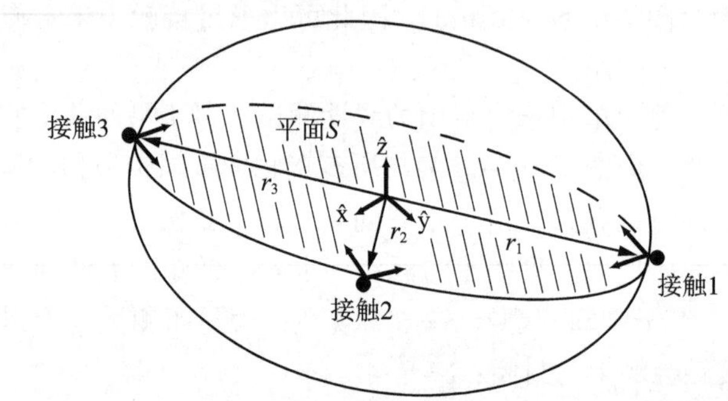

图 12.23　由具有摩擦力的 3 点接触约束的空间刚体

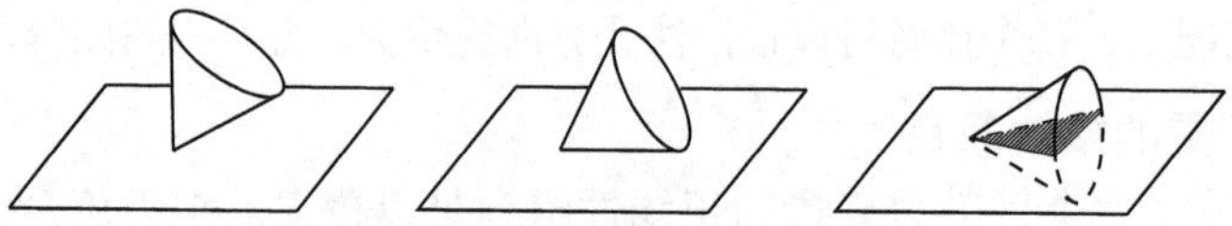

图 12.24　摩擦锥与平面相交的 3 种可能性

- 摩擦锥与 S 相交于平面锥；
- 摩擦锥与 S 相交一条线；
421
- 摩擦锥与 S 相交于一点。

当且仅当每个摩擦锥与 S 相交于平面锥，并且 S 也处于平面力封闭时，物体处于力封闭状态。

【定理 12.8】 给定一个空间刚体，它受到带有摩擦的 3 个点接触的约束，当且仅当每个接触处的摩擦锥与接触平面 S 相交于平面锥并且平面 S 处于平面力闭合状态时，该刚体处于力封闭状态。

证明： 首先，必要条件——如果空间刚体处于力封闭状态，则每个摩擦锥与 S 相交于一平面锥，同时 S 也处于平面力封闭状态——这很容易验证：如果刚体处于空间力封闭，那么 S（它是刚体的一部分）也必须为平面力封闭。此外，如果尽管只有一个摩擦锥与 S 相交于一条线或一点，那么将存在某些不能通过抓握而抵抗的外部力矩（例如，关于剩余两个接触点之间连线的力矩）。

为了证明充分条件——如果每个摩擦锥与 S 相交于一平面锥并且 S 也处于平面力封闭，则空间刚体也处于力封闭——选择固定参考系，使得 S 位于 $\hat{x}$-$\hat{y}$ 平面中并让 $r_i \in \mathbb{R}^3$ 表示从固定坐标系原点到接触点 i 的向量（见图 12.23）。用 $f_i \in \mathbb{R}^3$ 表示 i 处的接触力，那么接触力旋量 $\mathcal{F}_i \in \mathbb{R}^6$ 具有下列形式

$$\mathcal{F}_i = \begin{bmatrix} m_i \\ f_i \end{bmatrix} \tag{12.17}$$

式中，$m_i = r_i \times f_i, i=1,2,3$。将任意的一个外部力旋量 $\mathcal{F}_{ext} \in \mathbb{R}^6$ 表示为 422

$$\mathcal{F}_{ext} = \begin{bmatrix} m_{ext} \\ f_{ext} \end{bmatrix} \in \mathbb{R}^6 \tag{12.18}$$

那么，力封闭要求存在接触力旋量 $\mathcal{F}_i, i=1,2,3$，其中每个接触力旋量位于其对应的摩擦锥内，使得对于任何外部扰动力旋量 $\mathcal{F}_{ext}$，满足等式

$$\mathcal{F}_1+\mathcal{F}_2+\mathcal{F}_3+\mathcal{F}_{ext}=0 \tag{12.19}$$

或者等效地

$$f_1+f_2+f_3+f_{ext}=0 \tag{12.20}$$

$$(r_1 \times f_1)+(r_2 \times f_2)+(r_3 \times f_3)+m_{ext}=0 \tag{12.21}$$

如果每个接触力和力矩，以及外力和力矩，被正交分解为：位于由 S 组成的平面（对应于我们选择的参考系中的 $\hat{x}$-$\hat{y}$ 平面）内的分量，及其法向子空间 N（对应于我们选择的参考系中的 $\hat{z}$ 轴）分量，那么可以将先前的力封闭等式写为

$$f_{1S}+f_{2S}+f_{3S}=-f_{ext,S} \tag{12.22}$$

$$(r_1 \times f_{1S})+(r_2 \times f_{2S})+(r_3 \times f_{3S})=-m_{ext,S} \tag{12.23}$$

$$f_{1N}+f_{2N}+f_{3N}=-f_{ext,N} \tag{12.24}$$

$$(r_1 \times f_{1N})+(r_2 \times f_{2N})+(r_3 \times f_{3N})=-m_{ext,N} \tag{12.25}$$

在下文中，我们将使用 S 来指代对应于 $\hat{x}$-$\hat{y}$ 平面的刚体切片以及 $\hat{x}$-$\hat{y}$ 平面本身；我们将始终用 $\hat{z}$ 轴来识别 N。

继续对充分性的证明，我们现在表明，如果 S 处于平面力封闭，则刚体处于空间力封闭。根据式（12.24）和式（12.25），我们希望表明，对于任意力 $f_{ext,S} \in S$、$f_{ext,N} \in N$ 和任意力矩 $m_{ext,S} \in S$、$m_{ext,N} \in N$ 而言，存在满足式（12.24）和式（12.25）的接触力 $f_{iS} \in S$、$f_{iN} \in N$（其中 $i=1,2,3$），使得对于每个 $i=1,2,3$ 而言，接触力 $f_i = f_{iS}+f_{iN}$ 位于摩擦锥 i 中。

首先考虑在法线方向 N 上的力封闭方程（12.24）和（12.25）。给定任意外力 $f_{ext,N} \in N$ 和外力矩 $m_{ext,S} \in S$，式（12.24）和式（12.25）构成了含有 3 个未知数的 3 个线性方程。根据我们的 3 个接触点从不共线这一假设，这些方程将始终在 N 上具有唯一的解集 $\{f_{1N}^*, f_{2N}^*, f_{3N}^*\}$。

由于 S 被假定为处于平面力封闭，对于任意 $f_{ext,S} \in S$ 和 $m_{ext,N} \in N$，将存在位于各自平面摩擦锥内并且满足式（12.22）和式（12.23）的平面接触力 $f_{iS} \in S$，$i=1,2,3$。这个解集并不是唯一的：人们总能找到一组位于各自摩擦锥内的内力 $\eta_i \in S$，$i=1,2,3$，它们满足 423

$$\eta_1+\eta_2+\eta_3=0 \tag{12.26}$$

$$(r_1 \times \eta_1)+(r_2 \times \eta_2)+(r_3 \times \eta_3)=0 \tag{12.27}$$

（为了理解为什么存在这样的 η_i，回想一下，由于假设 S 处于平面力封闭，因此对于 $f_{ext,S} = \mu_{ext,N} = 0$，式（12.22）和式（12.23）的解必须存在；解恰恰是内力 η_i）。注意，这两个方程构成了含有 6 个变量的 3 个线性等式约束，因此对于 $\{\eta_1, \eta_2, \eta_3\}$，存在其解的

三维线性子空间。

现在，如果 $\{f_{1S}, f_{2S}, f_{3S}\}$ 满足式（12.22）和式（12.23），那么 $\{f_{1S}+\eta_1, f_{2S}+\eta_2, f_{3S}+\eta_3\}$ 也是如此。反过来，内力 $\{\eta_1,\eta_2,\eta_3\}$ 又可以选得足够大，从而使接触力

$$f_1 = f_{1N}^* + f_{1S} + \eta_1 \tag{12.28}$$

$$f_2 = f_{2N}^* + f_{2S} + \eta_2 \tag{12.29}$$

$$f_3 = f_{3N}^* + f_{3S} + \eta_3 \tag{12.30}$$

全部位于各自的摩擦锥内。充分条件证毕。

2. 测量力封闭抓握的质量

摩擦力并不总是可重复的。例如，尝试将硬币放在书本上并倾斜书本。当书相对于水平面成 $\alpha = \tan^{-1}\mu$ 角度时，硬币应该开始滑动。如果你进行多次实验，那么你可能会发现 μ 的测量值处于一个范围之内，这是由于存在一些难以建模的因素。出于这个原因，当选择抓握时，一个合理选择是：选择那些能使实现力封闭所需的摩擦系数最小化的手指位置。

12.2.4　力和运动自由度的对偶

我们对运动学约束和摩擦的讨论应该已经表明，对于任何点接触和接触标签，由该接触引起的刚体运动的等式约束的数量，等于它提供的力旋量自由度的数量。例如，脱离接触 B 对刚体的运动提供的等式约束数目为零，同时其中也不存在接触力。固定接触 R 提供 3 个运动约束（指定刚体上的点的运动）和接触力中的 3 个自由度：接触力旋量锥体内部的任何力旋量与接触模式一致。最后，滑动接触 S 提供一个等式运动约束（必须满足关于刚体运动的方程以保持接触），并且对于满足约束的给定运动，接触力旋量只有一个自由度：位于摩擦锥边缘上的接触力旋量的幅值，其方向与滑动方向相反。在平
424 面情形中，B、S 和 R 接触的运动约束和力旋量的自由度分别为 0、1 和 2。

12.3　操作

到目前为止，我们已经研究了由一组接触而产生的可行运动旋量和接触力。我们还考虑了两种类型的操作：形封闭抓握和力封闭抓握。

然而，操作并不仅仅只是抓握。它几乎包括涉及“操作者对物体施加运动或力，以实现对其移动或约束”的任何东西。操作的例子包括：使用托盘携带玻璃杯而不使其倾倒，将冰箱绕一只脚转动，沿着地板推沙发，投掷和接球，使用振动式输送机运输零件等。赋予机器人以超越“抓握和携带”的操作方法，允许机器人可同时操作多个部件，操作因尺寸太大而无法抓住或太重而无法抬起的物件，或者甚至通过抛掷部件而将其送到末端执行器的工作空间之外。

为了规划这样的操作任务，我们使用 12.1 节的接触运动学约束，12.2 节的库仑摩擦定律和刚体动力学。我们将自己限制在单一物体范围之内，使用第 8 章的符号，物体的动力学可写为

$$\mathcal{F}_{\text{ext}} + \sum k_i \mathcal{F}_i = \mathcal{G}\dot{\mathcal{V}} - [\text{ad}_{\mathcal{V}}]^{\text{T}} \mathcal{G}\mathcal{V} \qquad k_i \geqslant 0,\ \mathcal{F}_i \in \mathcal{WC}_i \tag{12.31}$$

式中，$\mathcal{V}$是物体的运动旋量，$\mathcal{G}$是它的空间惯量矩阵，$\mathcal{F}_{\text{ext}}$是重力等作用在物体上的外部力旋量，$\mathcal{WC}_i$是由于接触i而施加到物体上的可能力旋量的集合，$\sum k_i\mathcal{F}_i$是由接触引起的力旋量。所有的力旋量都表示在物体的质心坐标系中。现在，给定一组作用在物体上的接触，这些接触处于运动控制或力控制模式，给定系统的初始状态，一种用于求解物体运动的方法如下所述。

①考虑系统的当前状态，列举一组可能的接触模式（例如，当前的粘附接触可以转变为滑动或脱离）。接触模式由每个接触的接触标签 R，S 和 B 组成。

②对于每种接触模式，确定是否存在与接触模式和库仑定律相一致的接触力旋量$\sum k_i\mathcal{F}_i$，以及与接触模式的运动约束相一致的加速度$\dot{\mathcal{V}}$，从而使得公式（12.31）得到满足。如果存在，这种接触模式、接触力旋量和物体加速度组成了与物体动力学相一致的解。

这种“案例分析”可能听起来不寻常；我们不是简单地求解一组方程。它还可能为我们找到多于一个的一致解，或者可能并不存在一致解。事实上，情况就是这样：我们可以定义多解的问题，即**模糊的**（ambiguous）问题，以及解不存在的问题，即**不一致的**（inconsistent）问题。这种状况有点令人不安；当然，任何真正的力学问题都有且只有一个解！但这是我们使用完美刚体假设和库仑摩擦假设所要付出的代价。尽管存在零个或多个解的可能性，但对于许多问题，通过上述方法我们将得到唯一的接触模式和运动。 425

下面的一些操作任务是**准静态的**（quasistatic），其中物体的速度和加速度足够小，惯性力可以忽略。接触力旋量和外部力旋量始终处于力平衡状态，式（12.31）简化为

$$\mathcal{F}_{\text{ext}}+\sum k_i\mathcal{F}_i=0 \qquad k_i\geqslant 0,\ \ \mathcal{F}_i\in\mathcal{WC}_i \tag{12.32}$$

下面我们通过 4 个例子来说明本章的方法。

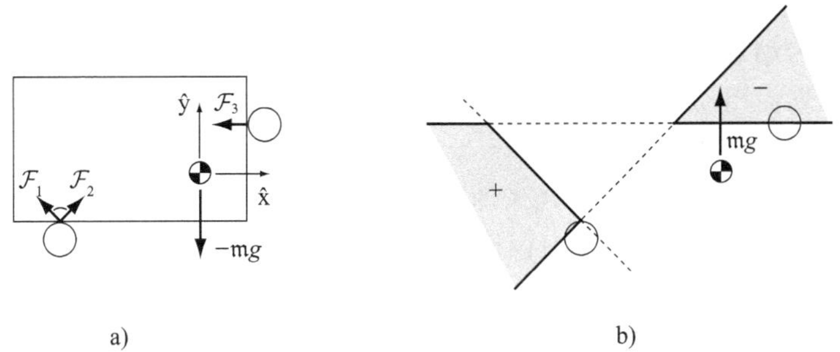

图 12.25　a）在重力作用下由两个机器人手指支撑的平面物块，下方手指带有μ=1 的摩擦锥，上方手指处μ=0；b）手指可施加的复合力旋量锥，使用力矩标记来表示。为了使物块能够对抗重力而保持平衡，手指必须要施加所示的力线。该线对于标记为“−”的点具有正力矩，因此它不可能由两个手指产生；c）对于与手指向左的加速度相匹配的物块，接触必须施加的力旋量为用来平衡重力以及将物块向左加速所需的力旋量的向量和。该总力旋量位于复合力旋量锥内部，因为力线相对于标记为“+”的点具有正力矩，而相对于标记为“−”的点具有负力矩；d）手指在 c）中施加的总的力旋量，可以在不改变力旋量的情况下沿作用线平移。这允许我们能够简单地对手指提供的$k_1\mathcal{F}_1$+$k_2\mathcal{F}_2$和$k_3\mathcal{F}_3$分量进行可视化

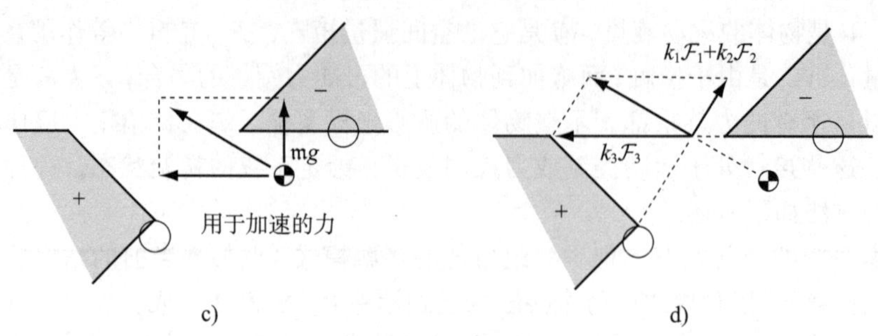

图 12.25 （续）

【例题 12.9】由两个手指携带的物块

考虑在重力作用下由两个手指支撑的平面物块，如图 12.25a 所示。一个手指和物块之间的摩擦系数为 μ=1，另一个接触则是无摩擦的。因此，可以通过手指施加的力旋量锥体为 pos($\{\mathcal{F}_1, \mathcal{F}_2, \mathcal{F}_3\}$)，如图 12.25b 中的力矩标记所示。

我们的第一个问题是固定的手指是否可以使物块保持静止。为此，手指必须能提供力旋量 $\mathcal{F} = (m_z, f_x, f_y) = (0, 0, \mathfrak{m}g)$ 用于平衡由于重力引起的力旋量 $\mathcal{F}_{\text{ext}} = (0, 0, -\mathfrak{m}g)$，其中 $g > 0$。如图 12.25b 所示，该力旋量并不在可能接触力旋量的复合锥内。因此，RR 这种接触模式不可行，物块将会相对于手指移动。

现在考虑每个手指都以 $2g$ 的加速度向左加速时的情形。在这种情况下，RR 这种接触模式要求物块也以 $2g$ 向左加速。导致此加速度的力旋量为 $(0, -2\mathfrak{m}g, 0)$。因此，手指必须施加到物块上的总的力旋量为 $(0, -2\mathfrak{m}g, 0) - \mathcal{F}_{\text{ext}} = (0, -2\mathfrak{m}g, \mathfrak{m}g)$。如图 12.25c 和 d 所示，该力旋量位于复合力旋量锥体内。因此，当手指以 $2g$ 向左加速时，RR（物块相对于手指保持静止）是一个解。

这被称为**动态抓握**（dynamic grasp）——在手指移动时惯性力将物块压在手指上。如果我们计划使用动态抓握来操作物块，那么为了完整性，我们应该确保除了 RR 之外没有其他接触模式是可行的。

力矩标记便于以图形化方式来理解这个问题，但我们也可以用代数方式去求解。下方手指与物块在 $(x, y) = (-3, -1)$ 处接触，上方手指与物块在 $(1, 1)$ 处接触。这给出了下列的基础接触力旋量

$$\mathcal{F}_1 = \frac{1}{\sqrt{2}}(-4, -1, 1),\ \ \mathcal{F}_2 = \frac{1}{\sqrt{2}}(-2, 1, 1),\ \ \mathcal{F}_3 = (1, -1, 0)$$

426 将手指在 $\hat{\mathrm{x}}$ 方向上的加速度写为 a_x。那么，在物块相对于手指保持固定的假设下（接触模式为 RR），式（12.31）可以写为

$$k_1\mathcal{F}_1 + k_2\mathcal{F}_2 + k_3\mathcal{F}_3 + (0, 0, -\mathfrak{m}g) = (0, \mathfrak{m}a_x, 0) \tag{12.33}$$

由此生成了关于 k_1、k_2 和 k_3 这 3 个未知数的 3 个方程。求解方程，我们得到

$$k_1 = -\frac{1}{2\sqrt{2}}(a_x + g)\mathfrak{m},\ \ k_2 = \frac{1}{2\sqrt{2}}(a_x + 5g)\mathfrak{m},\ \ k_3 = -\frac{1}{2}(a_x - 3g)\mathfrak{m}$$

为了使 k_i 非负，我们需要 $-5g \leqslant a_x \leqslant -g$。对于此范围内的 $\hat{\mathrm{x}}$ 方向手指加速度，动态抓握是一致解。

【例题 12.10】米尺技巧

试试这个实验。拿一根米尺（或任何与之类似的长光滑棒杆），使用两根食指使其在水平方向上平衡。将左手指放在 10cm 标记附近，右手指放在 60cm 标记附近。质心更靠近你的右手指，但它仍处于你的两根手指之间，以便支撑米尺。现在，让你的左手指保持静止，慢慢地将你的右手指向左移动，直到两根手指接触为止。米尺将会发生什么情况？ 427

如果你没有尝试过该实验，你可能会猜到你的右手指在棒的质心下方通过，此时棒就会落下。如果你尝试过该实验，你会看到不同的东西。让我们看看为什么。

图 12.26 给出了由两个带摩擦的手指支撑的杆。由于所有运动都很慢，我们使用准静态近似，即杆的加速度为零，因此总的接触力旋量必须与重力力旋量平衡。当两根手指一起移动时，米尺必须在一个手指或两个手指上滑动以适应手指彼此靠近的事实。图 12.26 中给出了 3 种不同接触模式的复合力旋量锥的力矩标记表示：RSr，其中米尺相对于左手指保持静止，而它相对于右手指向右滑动；SlR，其中米尺相对于左手指向左滑动，而它相对于右手指保持静止；SlSr，米尺在两个手指上滑动。从图中可以清楚地看出，只有 SlR 这种接触模式可以提供与重力力旋量相平衡的力旋量。换言之，支撑更多米尺重量的右手指相对于米尺保持固定，而左手指在米尺下滑动。由于右手指在世界坐标系中向左移动，这意味着质心以相同的速度向左移动。这一直持续到质心位于两指之间的中间位置，此时米尺转换到 SlSr 接触模式，质心保持在手指之间的中心位置直到两根手指相遇。米尺永远不会掉下来。 428

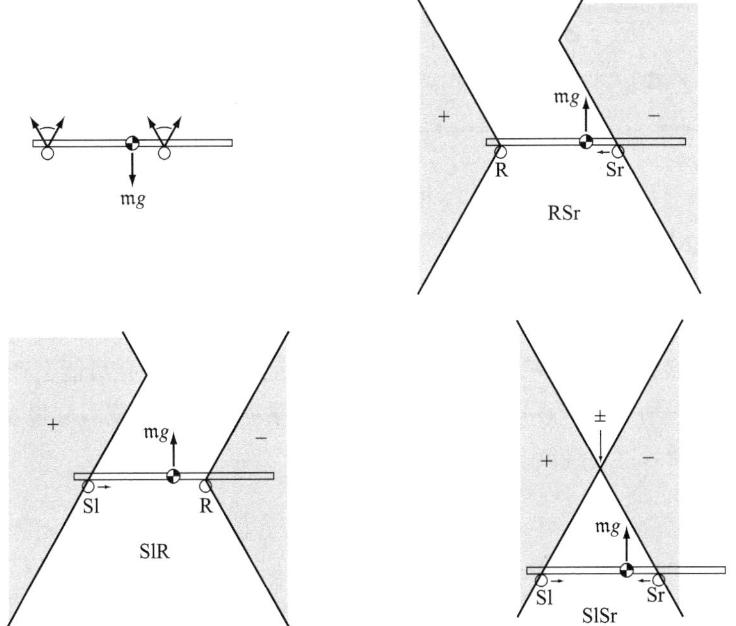

图 12.26 左上：两个带摩擦的手指在重力作用下支撑米尺。其他 3 个图给出了 RSr、SlR 和 SlSr 接触模式的力矩标记，只有 SlR 接触模式才能产生力平衡

请注意，此分析依赖于准静态假设。如果你快速地移动右手指，很容易使米尺掉落；

右手指上的摩擦力不足以使米尺产生维持粘连接触所需的大加速度。此外，在实验中，你可能会注意到，当质心几乎居中时，米尺实际上并未实现理想的 SlSr 接触模式，而是在 SlR 和 RSr 接触模式之间快速切换。这是因为静摩擦系数大于动摩擦系数。

【例题 12.11】组件的稳定性。考虑图 12.27 中的拱门，它在重力作用下是否稳定?

对于这样的问题，难以使用图形化的平面方法，这是因为可能存在多个移动物体。相反，我们用代数方法来测试接触模式与标记为 R 的所有接触的一致性。摩擦锥如
429 图 12.27 所示。对于摩擦锥边缘的这些标记，如果存在 $k_i \geqslant 0$（i=1, ⋯, 16）能满足下列 9 个力旋量平衡方程，每个物体有 3 个方程，如果存在一致解，则拱门可以保持站立而不倒塌

$$\sum_{i=1}^{8} k_i \mathcal{F}_i + \mathcal{F}_{\text{ext1}} = 0$$

$$\sum_{i=9}^{16} k_i \mathcal{F}_i + \mathcal{F}_{\text{ext2}} = 0$$

$$-\sum_{i=5}^{12} k_i \mathcal{F}_i + \mathcal{F}_{\text{ext3}} = 0$$

式中，$\mathcal{F}_{\text{ext}i}$ 为作用在物体 i 上的重力力旋量。最后一组方程来自下列事实：物体 1 施加到物体 3 的力旋量，与物体 3 施加到物体 1 的力旋量大小相等、方向相反，物体 2 和物体 3 之间也与此类似。

该满足线性约束的问题可通过各种方法来求解，包括线性规划。

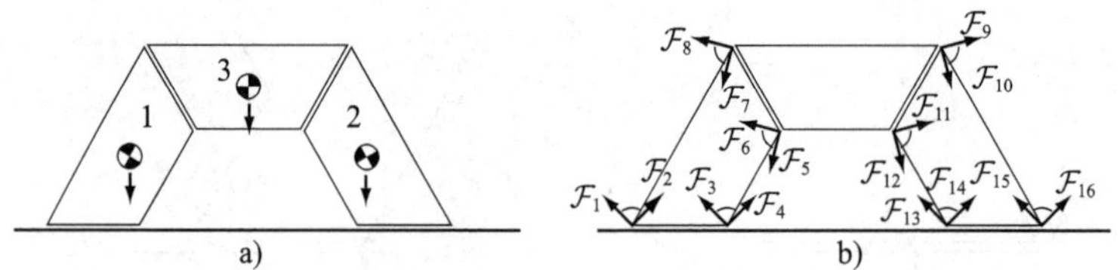

图 12.27　a）重力作用下的拱门；b）石头 1 的接触处和石头 2 的接触处的摩擦锥

【例题 12.12】轴孔装配

图 12.28 给出了一个平面轴（处于力控制模式之下）在插入过程中，它与孔之间的两点接触。图中还给出了作用在轴上的接触摩擦锥和对应的复合力旋量锥，使用力矩标记。如果力控制器将力旋量 $\mathcal{F}_1$ 应用于轴，则它可能会卡住——孔可能会产生与 $\mathcal{F}_1$ 平衡的接触力。因此，轴可能卡在这个位置。但是，如果力控制器使用力旋量 $\mathcal{F}_2$，则接触无法平衡力旋量，插入过程继续。

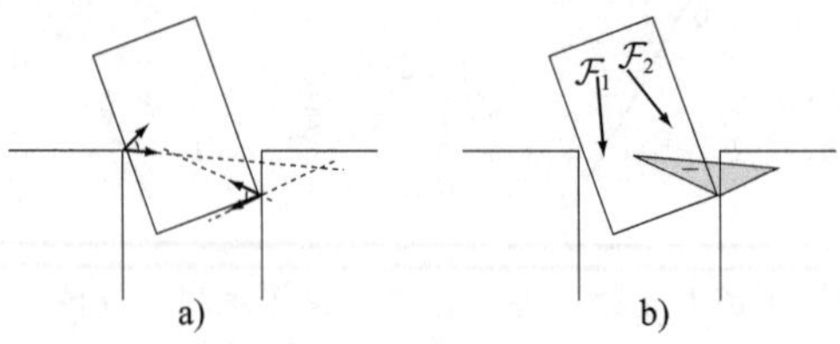

图 12.28　a）轴与孔之间为两点接触；b）力旋量 $\mathcal{F}_1$ 可能导致轴被卡住，而力旋量 $\mathcal{F}_2$ 继续将轴推入孔中

如果两个接触点处的摩擦系数足够大，使得两个摩擦锥能“看到”彼此的基座，如图 12.22b 所示，则轴处于力封闭状态，接触可以抵抗任何力旋量（这取决于两个接触之间的内力）。此时称该轴处于楔合（wedging）状态。 430

12.4 本章小结

- 求解带有摩擦的刚体接触问题需要下列 3 种要素的支撑：①接触运动学，它描述了处于接触的刚体的可行运动；②接触力模型，它描述了可通过摩擦接触而传递的力；③刚体动力学，如第 8 章所述。
- 令两个刚体 A 和 B 在空间坐标系中的 p_A 处处于点接触。令 $\hat{n}\in\mathbb{R}^3$ 为单位接触法向量，该向量指向物体 A。那么，与沿接触法线的单位力相关的空间接触力旋量为 $\mathcal{F}=[([p_A]\hat{n})^{\mathrm{T}}\hat{n}^{\mathrm{T}}]^{\mathrm{T}}$。不可穿透性约束为

$$\mathcal{F}^{\mathrm{T}}(\mathcal{V}_A-\mathcal{V}_B)\geqslant 0$$

式中 $\mathcal{V}_A$ 和 $\mathcal{V}_B$ 分别为 A 和 B 的空间运动旋量。

- 我们为粘贴接触或滚动接触分配的接触标签为 R，为滑动接触分配的接触标签为 S，为脱离接触分配的接触标签为 B。对于具有多个接触的物体，接触模式是各个接触标签的级联。
- 经受多个静止点接触的单个刚体具有齐次（以原点为顶点）多面体凸锥，其满足所有的不可穿透性约束。
- 空间 R^3 中的平面运动旋量的齐次多面体凸锥，可以由平面中的带符号旋转中心的凸区域来等效表示。
- 纯粹地通过仅考虑接触法线的运动学分析，如果一组固定接触阻止物体移动，我们称该物体处于一阶形封闭。用于接触 $i=1,\cdots,j$ 的接触力旋量 $\mathcal{F}_i$ 的正组合为 R^n，其中对于平面情况 $n=3$，对于空间情况 $n=6$。
- 平面体的一阶形封闭需要至少 4 个点接触，并且空间体的一阶形封闭需要至少 7 个点接触。
- 库仑摩擦定律表明：接触处的切向摩擦力大小 f_{t} 满足 $f_{\mathrm{t}}\leqslant\mu f_{\mathrm{n}}$，其中 μ 为摩擦系数，f_{n} 是法向力。当接触为粘连接触时，摩擦力可以是满足该约束的任何量。当接触为滑动时，$f_{\mathrm{t}}=\mu f_{\mathrm{n}}$，并且摩擦力的方向与滑动方向相反。
- 给定一组作用在物体上的摩擦接触，这些接触传递的力旋量，是可以通过各接触传递的力旋量的正线性组合。这些力旋量形成齐次凸锥。如果物体是平面物体，或者如果物体是空间物体、但是接触摩擦锥可由多面体锥近似，则力旋量锥体也是多面体。 431
- R^3 中平面力旋量的齐次凸锥可以表示为平面中力矩标记的凸区域。
- 如果来自静止接触的接触力旋量的齐次凸锥是整个力旋量空间（R^3 或 R^6），则物体处于力封闭状态。如果接触是无摩擦的，则力封闭相当于一阶形封闭。

12.5 推荐阅读

接触运动学借鉴了很多线性代数中的概念，参见 Strang（2009）和 Meyer（2000）

等的教材，更具体地，可以参见螺旋理论 Ball（1990）、Ohwovoriole 和 Roth（1981）、Bottema 和 Roth（1990）、Angeles（2006）、McCarthy（1990）。Reuleaux（1986）提出了用于分析平面约束的图形化方法，Mason 提出了用于平面运动学和力矩标记的接触标签的图形化构造，用于表示均质力旋量锥体（Mason, 1991, 2001）。文献 Mason（2001）、Kao 等（2016）、Erdmann（1994）、Hirai 和 Asada（1993）中讨论了多面体凸锥，以及它们在代表可行运动旋量锥和接触力旋量锥中的应用。本章中所使用的摩擦定律的正式化，是由库仑在 1781 年给出的（Coulomb，1781）。库仑摩擦中令人惊讶的后果是模糊和不一致问题（Lötstedt，1981；Mason，2001；Mason 和 Wang，1988），并且无限大的摩擦不一定能防止在主动接触时产生滑动（Lynch 和 Mason，1995）。

形封闭和力封闭在文献 Prattichizzo 和 Trinkle（2016）中有详细讨论。特别是，该参考文献使用术语“带摩擦的形封闭”来表示本章中“力封闭”的含义。根据 Prattichizzo 和 Trinkle（2016），力封闭还需要让用来抓握的手能够控制内部“挤压”力。文献 Bicchi（1995）和综述 Bicchi 和 Kumar（2000）、Bicchi（2000）中也有类似的区别。在本章中，我们不考虑机械手的细节，而是仅根据接触的几何形状和摩擦力采用力封闭的定义。

用于确定平面和空间形封闭所需接触数量的方法分别由 Reuleaux（1876）和 Somoff（1900）提出。关于形封闭和力封闭的其他基础性结果的推导在文献 Lakshminarayana（1978）、Mishra 等（1987）、Markenscoff 等（1990）中有展现，并在 Bicchi（2000）、Prattichizzo 和 Trinkle（2016）中进行了综述；Prattichizzo 和 Trinkle（2016）中也概述了抓握质量指标。文献 Nguyen（1988）中首次报道了能够“看到”彼此基部的两个摩擦锥足以进行平面力封闭的结果，本章回顾了 3D 空间中三指力封闭抓握的结果（Li
432 等，2003）。Salisbury 将 Grübler 公式用于使用运动接触模型来计算被抓物体的可动性（Mason 和 Salisbury，1995）。

Rimon 和 Burdick（1995, 1996, 1998a, b）介绍了接触约束的二阶模型，并将其用来表明曲率效应允许通过较少的接触实现形封闭。

在文献 Simunovic（1975）、Nevins 和 Whitney（1978）、Whitney（1982）中描述了机器人插入操作中的卡阻和楔合，文献 Mason 和 Lynch（1993）中首次引入了动态抓握的概念。

在本章未涉及的用来模拟处于摩擦接触的刚体系统的一类重要方法，是基于求解线性和非线性互补问题（Stewart 和 Trinkle，1996；Pang 和 Trinkle，1996；Trinkle，2003）。这些互补性的公式化直接编码这样一个事实，即如果接触为脱离，则不施加力；如果接触为粘连，那么力可以在摩擦锥内的任何位置；如果接触为滑动，则力位于摩擦锥的边缘。

关于接触建模和操作的通用参考文献，包括机器人手册中的章节 Kao 等（2016）、Prattichizzo 和 Trinkle（2016）、Mason（2001）、Murray 等（1994）编写的教材。

习题

1. 证明不可穿透性约束（12.4）等效于约束（12.7）。

2. 重新将平面运动旋量表示为转动中心。
  (a) 考虑两个平面运动旋量 $\mathcal{V}_1 = (\omega_{z1}, v_{x1}, v_{y1}) = (1, 2, 0)$ 和 $\mathcal{V}_2 = (\omega_{z2}, v_{x2}, v_{y2}) = (1, 0, -1)$。在平面坐标系中画出对应的旋转中心 CoR，并且将 $\text{pos}(\{\mathcal{V}_1, \mathcal{V}_2\})$ 图解为 CoR。
  (b) 在图中将 $\mathcal{V}_1 = (\omega_{z1}, v_{x1}, v_{y1}) = (1, 2, 0)$ 和 $\mathcal{V}_2 = (\omega_{z2}, v_{x2}, v_{y2}) = (1, 0, -1)$ 的正线性组合表示为 CoR。
3. 一个刚体与外界在 $p = (1, 2, 3)$ 处接触，接触法线为 $\hat{n} = (0, 1, 0)$ 且指向刚体内部。写出由该接触对该刚体运动旋量 $\mathcal{V}$ 的约束。
4. 在静止约束和物体之间的接触处定义空间坐标系 {s}。指向物体内的接触法线沿 {s} 系的 $\hat{z}$ 轴。
  (a) 如果接触是无摩擦的点接触，写出对刚体运动旋量 $\mathcal{V}$ 的约束。
  (b) 如果接触是带摩擦的点接触，写出对 $\mathcal{V}$ 的约束。
  (c) 如果接触是软接触，写出对 $\mathcal{V}$ 的约束。 433
5. 图 12.29 给出了 5 个固定“手指”与物体接触。该物体处于一阶形封闭，因此也为力封闭。如果我们拿走其中的一根手指，物体仍可能处于形封闭状态。哪个由 4 根手指组成的子集仍将处于形封闭状态？使用图形化方法来证明你的答案。

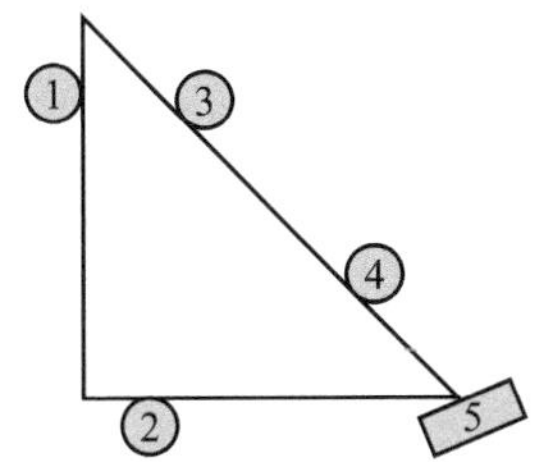

图 12.29　与 5 根固定手指相接触的三角形，处于一阶形封闭，因此也为力封闭。在移除一个或多个手指时分析接触。三角形的斜边与页面内垂直边的夹角为 45°，接触法线 5 与垂直边夹角为 22.5°

6. 当图 12.29 的三角形仅与手指 1 接触时，以 CoR 形式绘制一组可行运动旋量。为可行 CoR 标记其接触标签。
7. 当图 12.29 的三角形仅与手指 1 和手指 2 接触时，以 CoR 形式绘制一组可行运动旋量。为可行 CoR 标记其接触标签。
8. 当图 12.29 的三角形仅与手指 2 和手指 3 接触时，以 CoR 形式绘制一组可行运动旋量。为可行 CoR 标记其接触标签。
9. 当图 12.29 的三角形仅与手指 1 和手指 5 接触时，以 CoR 形式绘制一组可行运动旋量。为可行 CoR 标记其接触标签。
10. 当图 12.29 的三角形仅与手指 1、手指 2 和手指 3 接触时，以 CoR 形式绘制一组可行运动旋量。
11. 当图 12.29 的三角形仅与手指 1、手指 2 和手指 4 接触时，以 CoR 形式绘制一组可行运动旋量。
12. 当图 12.29 的三角形仅与手指 1、手指 3 和手指 5 接触时，以 CoR 形式绘制一组可行运动旋量。

13. 再次参考图 12.29 的三角形。

(a) 使用力矩标记方法，绘制源自接触 5 的力旋量锥，假设摩擦角为 $\alpha=22.5°$，摩擦系数为 $\mu=0.41$。

434 (b) 在力矩标记图纸上添加接触 2。接触 2 处的摩擦系数为 $\mu=1$。

14. 再次参考图 12.29 的三角形。绘制对应于接触 1（$\mu=1$）和接触 4（$\mu=0$）的力矩标记区域。

15. 图 12.30 的平面抓握包括 5 个无摩擦的点接触。方块的大小为 4×4。

(a) 表明这种抓握不会导致力封闭。

(b) 可以修改 (a) 部分的抓握，通过增加一个无摩擦的点接触来产生力封闭。绘制此接触的所有可能位置。

16. 假设图 12.31 中的接触为无摩擦的点触点。确定抓握是否产生力封闭。如果没有，那么需要多少额外的无摩擦点接触来构建力封闭抓握？

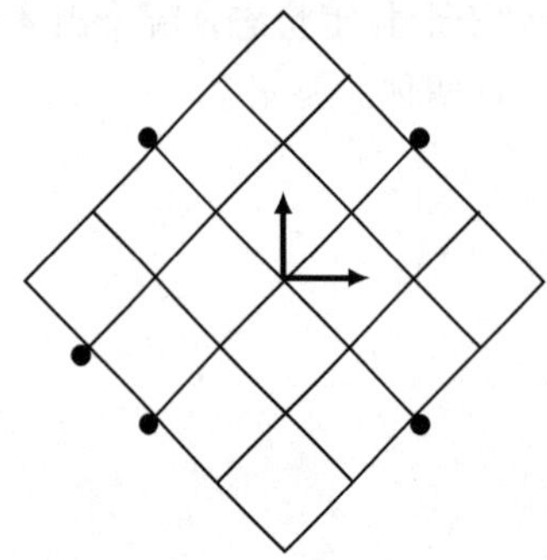

图 12.30　由 5 个无摩擦的点接触限制的 4×4 平面正方形

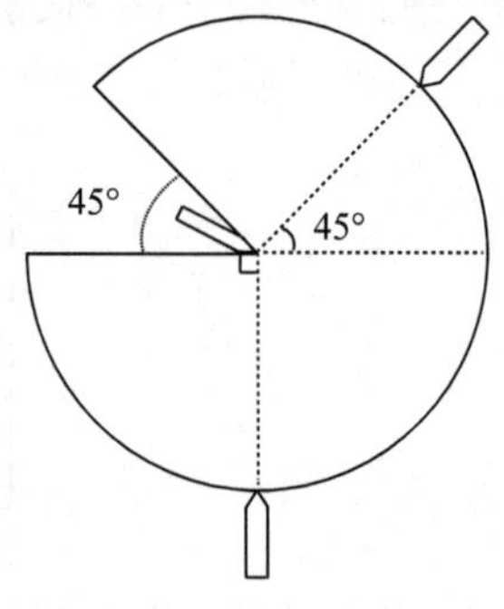

图 12.31　由 3 个无摩擦的点接触限制的平面圆盘

17. 考虑图 12.32 中的 L 形平面物体。

(a) 假设两个接触都是摩擦系数 $\mu=1$ 的点接
435 触。确定这种抓握是否会产生力封闭。

(b) 现在假设点接触 1 的摩擦系数 $\mu=1$，而点接触 2 是无摩擦的。确定这种抓握是否会产生力封闭。

(c) 如果我们允许接触 1 的垂直位置发生变化；用 x 来表示高度。找到能使抓握为力封闭的所有位置 x，其中接触 1 的 $\mu=1$，接触 2 的 $\mu=0$。

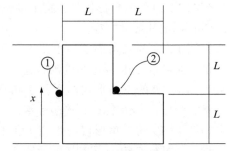

图 12.32　L 形平面物体受到 2 个有摩擦的点接触的约束

18. 正方形由 3 个点接触约束，如图 12.33 所示。f_1 是摩擦系数为 μ 的点接触，而 f_2 和 f_3 为无摩擦的点接触。如果 $c=\frac{1}{4}$ 且 $h=\frac{1}{2}$，求解能使抓握产生力封闭的 μ 值范围。

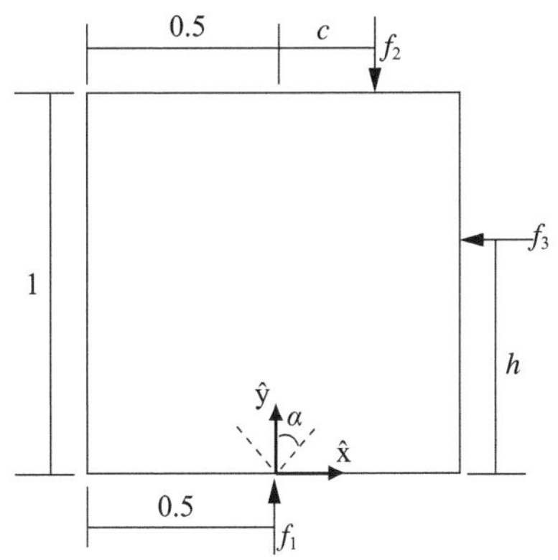

图 12.33 由 3 个点接触限制的正方形

19.（a） 对于图 12.34a 中的平面抓握，假设接触 C 是无摩擦的，而接触 A 和接触 B 处的摩擦系数为 μ=1。确定这种抓握是否为力封闭。 436

（b）对于图 12.34b 中的平面抓握，假设接触 A 和接触 B 是无摩擦的，而接触 C 具有半角为 β 的摩擦锥。找到能使该抓握为力封闭的 β 值范围。

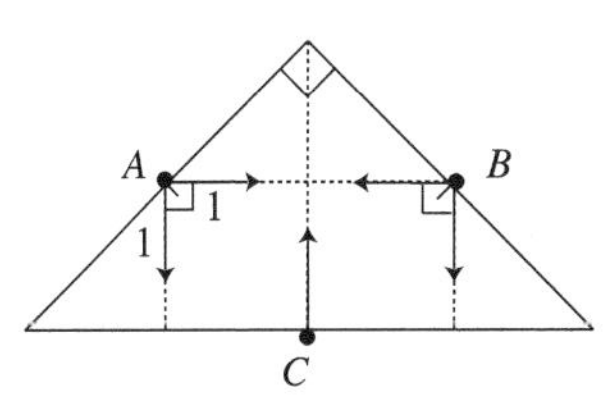

a）本章习题19（a）中的抓握

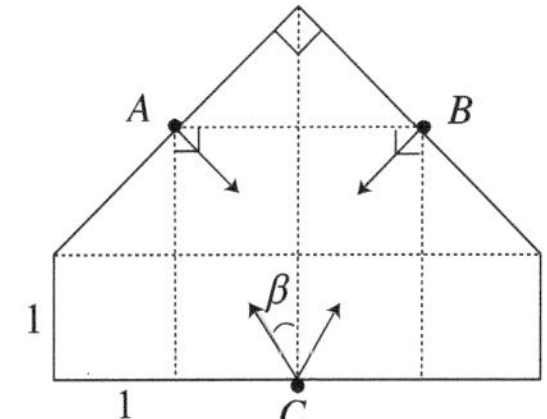

b）本章习题19（b）中的抓握

图 12.34 平面抓握

20. 对于正 n 边形的双指平面抓握，推导要形成力封闭所需的最小摩擦系数的公式，将该公式表示为关于 n 的函数，其中 n 是奇数。假设手指只能与边缘接触，而不是与顶点接触。如果手指也可以接触顶点，你的答案将如何变化？你可以假设手指是圆形的。

21. 考虑一张静止的桌子，由 4 条腿支撑，桌腿与地板之间为摩擦接触。每条腿提供的法向力并不是唯一的；法向力存在无限种可能解，它们产生的合力与重力平衡。法向力解空间的维度是多少？（由于存在 4 条腿，法向力的空间是四维的，解空间必须是这个四维空间的子空间。）如果我们包括切向摩擦，接触力解空间的维度是多少？

22. 重力作用下一根细杆由一个固定的摩擦接触从下面支撑，如图 12.35 所示。可以在杆的顶部或底部的任何其他位置处放置一个无摩擦的接触。指出可以放置这种接触的所有位置，以便平衡重力。使用力矩标记方法来证明你的答案。使用代数力平衡来证明同一结论，并评论第二个接触的位置如何影响法向力的大小。 437

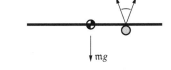

mg

图 12.35 由单个接触支撑的零厚度杆

23. 无摩擦的手指在桌子上开始推一个盒子（图 12.36）。

盒子和桌子之间有摩擦，如图所示。盒子和桌子之间有 3 种可能的接触模式：盒子相对桌子向右滑动，或者绕其右下角顶点侧倾，或者在绕其角顶点侧倾的同时、该点向右滑动。实际中会发生哪种情形？假设准静态力平衡并回答以下问题。

(a) 对于 3 种接触模式中的每一种，绘制与桌子在该接触模式中有效摩擦锥边缘相对应的力矩标记区域。

(b) 对于每个力矩标记图，确定推力加重力是否可以通过支撑力达到准静态平衡。由此，确定实际中发生的接触模式。

(c) 以图形方式给出不同的支撑摩擦锥，其接触模式与上述解不同。

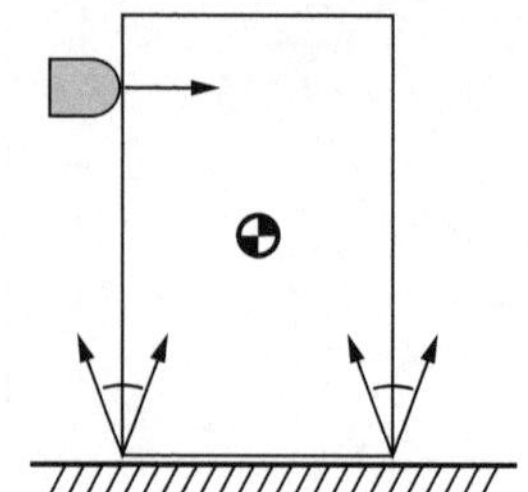

图 12.36　无摩擦的手指将盒子向右推；重力作用方向向下。盒子是否在桌子上滑动，是否在右下角处发生侧倾，或者是否滑动的同时在该角点处侧倾

24. 在图 12.37 中，质量为 $\mathfrak{m}_1$、质心位于 (x_1, y_1) 的物体 1，倾斜依靠于物体 2 上，后者质量为 $\mathfrak{m}_2$，质心为 (x_2, y_2)。两者都由水平面支撑，重力向下作用。位于 $(0, 0)$、(x_L, y)、$(x_L, 0)$ 和 $(x_R, 0)$ 处的 4 个接触的摩擦系数为 $\mu > 0$。我们想知道该组件是否可能通过摩擦锥内的某些接触力而保持在站立状态。写出两个物体在重力和接触力方面的 6 个力平衡方程，并表示这个组件保持站立必须满足的条件。其中有多少方程式和未知数？

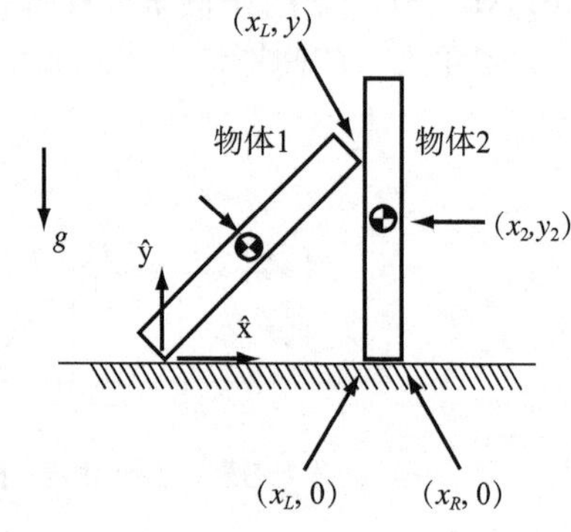

图 12.37　一个物体倾斜依靠在另一物体上

25. 编写程序来确定某平面物体是否处于一阶形封闭，程序输入为一组作用于该物体的接触。

26. 编写程序来确定某空间物体是否处于一阶形封闭，程序输入为一组作用于该物体的接触。

27. 编写程序来确定某平面物体是否处于力封闭状态，程序输入为摩擦系数以及作用在
438 该平面物体上的一组接触。

28. 编写一个程序，该程序的输入为摩擦系数和一组作用于空间物体的接触，用于确定该物体是否为力封闭。对每个接触点处的摩擦锥使用多面体（具有 4 个面）近似，该近似低估了摩擦锥。

29. 编写一个程序对例题 12.10 中的准静态米尺技巧进行仿真。该程序的输入包括：左手指的初始位置 x，右手指和米尺的质心；右手指（向左手指移动）的恒定速度 $\dot{x}$；静摩擦系数 μ_s 和动摩擦系数 μ_k，其中 $\mu_s \geqslant \mu_k$。仿真程序应该持续运行，直至两根手指接触或直到米尺落下。程序应绘制左手指位置（恒定），右手指位置和质心位置，并将它们表示为时间的函数。包括下列多种情况的示例：$\mu_s=\mu_k$，μ_s 仅略大于 μ_k，以及

μ_s 远大于 μ_k。

30. 编写一个程序来确定某给定平面物体组件是否可以在重力作用下保持不散架。重力 g 的作用方向为 $-\hat{y}$。该组件由 m 个物体、n 个接触和摩擦系数 μ 来描述，所有这些都由用户输入。m 个物体通过质量为 $\mathfrak{m}_i$ 和质心位置 (x_i, y_i) 来描述。每个接触通过该接触中涉及的两个物体的指标 i 和单位法线方向（定义为指向第一个物体内）描述。如果接触仅涉及一个物体，则假定第二个物体是固定的（例如，接地）。程序应该寻找一组系数 $k_i \geqslant 0$ 乘以接触处的摩擦锥边缘（如果有 n 个接触则有 $2n$ 个摩擦锥边和系数），使得 m 个物体中的每一个都处于力平衡状态，其中考虑重力。除了退化情况，如果存在比未知数（$2n$）更多的力平衡方程（$3m$），那么不存在解。在通常情况下，此时 $2n > 3m$，存在一系列解，这意味着无法确定地知道每个接触处的力。

一种方法是让程序生成适当的线性规划，并使用编程语言的内置线性规划求解器。 439

31. 该习题是对前一练习的推广。现在，不是简单地决定组件是否能在固定基座保持不散架，此时基座不再固定，而是根据用户指定的轨迹移动，编写程序来确定组件是否可以在基座按轨迹运行期间保持在一起而不散架（即是否在所有接触处的粘附接触能使每个物体遵循指定轨迹）。对于在特定位置处定义的基准参考系，基座的三维轨迹可以被指定为关于 $(x(t), y(t), \theta(t))$ 的多项式。对于此问题，你还需要为组件中的每个物体指定关于质心的标量惯量矩。你可能会发现在每个物体的坐标系中表达运动和力（重力、接触、惯量），同时在物体坐标系中求解动力学会变得很方便。你的程序应该在沿轨迹的精细间隔离散点处检查稳定性（所有接触法向力都是非负的，同时满足动力学）。程序应该返回二元结果：在沿轨迹的所有点处能够保证组件不散架，或者组件散架。 440

第 13 章

Modern Robotics: Mechanics, Planning, and Control

轮式移动机器人

移动机器人的运动学模型决定了如何将车轮速度映射到机器人的本体速度，而其动力学模型则决定着如何将车轮扭矩映射到机器人的加速度。在本章中，我们将忽略动力学并专注于运动学。我们还假设机器人在坚硬的水平地面上做无滑动的纯滚动，即我们将不考虑坦克和滑移式车辆等情形。假设移动机器人具有单刚体底盘（不像牵引车 – 挂车那样的铰接方式），其位形为 $T_{sb} \in SE(2)$，它表示相对于水平面上固定空间坐标系 {s} 的底盘物体坐标系 {b}。我们用 3 个坐标 $q = (\phi, x, y)$ 来表示 T_{sb}。通常，我们也将底盘速度表示为坐标相对于时间的导数，即 $\dot{q} = (\dot{\phi}, \dot{x}, \dot{y})$。在某些情况下，使用表示在坐标系 {b} 中的底盘平面运动旋量 $\mathcal{V}_b=(\omega_{bz}, v_{bx}, v_{by})$ 会比较方便，其中

$$\mathcal{V}_b = \begin{bmatrix} \omega_{bz} \\ v_{bx} \\ v_{by} \end{bmatrix} = \begin{bmatrix} 1 & 0 & 0 \\ 0 & \cos\phi & \sin\phi \\ 0 & -\sin\phi & -\cos\phi \end{bmatrix} \begin{bmatrix} \dot{\phi} \\ \dot{x} \\ \dot{y} \end{bmatrix} \quad (13.1)$$

$$\dot{q} = \begin{bmatrix} \dot{\phi} \\ \dot{x} \\ \dot{y} \end{bmatrix} = \begin{bmatrix} 1 & 0 & 0 \\ 0 & \cos\phi & -\sin\phi \\ 0 & \sin\phi & \cos\phi \end{bmatrix} \begin{bmatrix} \omega_{bz} \\ v_{bx} \\ v_{by} \end{bmatrix} \quad (13.2)$$

本章内容包括轮式移动机器人的运动建模、运动规划和反馈控制；最后将简要介绍移动操作，其中主要涉及如何控制安装在移动平台上的机械臂的末端执行器运动。

13.1 轮式移动机器人的类型

轮式移动机器人可分为两大类：**全向**（omnidirectional）和**非完整**（nonholonomic）。全向移动机器人的底盘速度 $\dot{q} = (\dot{\phi}, \dot{x}, \dot{y})$ 上不存在等式约束，而非完整机器人则受单个 Pfaffian 速度约束：$A(q)\dot{q} = 0$（参见第 2.4 节中对 Pfaffian 约束的介绍）。对于一个类汽车的机器人，这种约束可以防止汽车产生直接的侧向移动。尽管存在这种速度约束，但
441 汽车可以在无障碍平面中到达任何 (ϕ, x, y) 位形。换言之，该速度约束无法通过积分转变为一个等效的位形约束，因此它是一个非完整约束[⊖]。

一个轮式移动机器人到底属于全向类型还是非完整类型，某种程度上取决于所采用的轮子类型（图 13.1）。非完整类型的移动机器人采用传统车轮，如常见的汽车车轮：车轮围绕通过车轮中心且垂直于车轮平面的车轴旋转，有时该车轮还可以围绕穿过接地点并垂直于地面的轴线旋转、以进行转向操作。车轮前后滚动但不会侧滑，这便是机器

⊖ 能够被表示为关于 $\mathcal{F}(q, t)=0$ 形式的约束被称为完整约束，其中 q 为位形变量，t 为时间；无法被表示为该形式的约束则被称为非完整约束，它通常涉及不等式或速度变量。

人底盘上的非完整约束的来源。

a)　b)　c)

图 13.1　a) 一个典型的无侧滑的车轮——这里给出的例子是独轮车车轮；b) 全向轮；c) 麦克纳姆轮。全向轮和麦克纳姆轮的图像来自于 VEX Robotics, Inc；经许可使用

全向类型的轮式移动机器人通常采用**全向轮**（omniwheel）或**麦克纳姆轮**（mecanum wheel，常简称为麦轮）[⊖]。全向轮是通过在典型车轮的外圆周上增加一组滚轮而构成的一种轮子。这些滚轮围绕各自处于车轮平面中的轴线（与车轮的外圆周相切）自由旋转，并且当车轮向前或向后行驶且在该方向上没有滑动时，这些滚轮允许车轮侧向滑动。如图 13.1 所示，麦克纳姆轮与全向轮相类似，其不同之处在于圆周滚子的旋转轴并不在车轮平面上。全向轮和麦克纳姆轮所允许的侧向滑动确保了机器人底盘上不存在速度约束。

全向轮和麦克纳姆轮本身并不转向，它们只能向前或向后驱动。由于滚轮直径较小，全向轮和麦克纳姆轮最好在坚硬的地面上工作。

轮式移动机器人的建模、运动规划和控制中的问题，非常依赖于机器人到底是属于全向类型，还是属于非完整类型，因此我们在以下各节中分别对待这两种情况。 442

13.2　全向轮式移动机器人

13.2.1　建模

全向移动机器人至少要有 3 个轮子，才能生成任意的三维底盘速度 $\dot{q}=(\dot{\phi}, \dot{x}, \dot{y})$，这是因为每个车轮只有一个电机驱动（控制其前后速度）。图 13.2 给出了两个全向移动机器人，其中一个机器人上安装有 3 个全向轮，另一个机器人上则安装有 4 个麦克纳姆轮。图中还给出了通过驱动车轮电机而得到的车轮运动以及由于圆周滚子而引起的自由滑动。

下面给出了运动学建模中的两个重要问题。

①车轮必须以什么速度行驶，才能达到给定的期望底盘速度 $\dot{q}$？

②考虑到各个车轮行驶速度的极限，底盘速度的极限是多少？

要回答这些问题，我们需要了解图 13.3 中的车轮运动。在车轮中心处的坐标系 $\hat{x}_w$- 443

⊖ 这些类型的车轮通常被称为“瑞典轮”，因为它们是由 Bengt Ilon 在瑞典的 Mecanum AB 公司工作时发明的。术语“omniwheel”，“mecanum wheel”和“瑞典轮”的使用和区别并没有完全标准化，我们在这里使用一种流行的选择。

$\hat{y}_w$ 中，车轮中心的线速度可写为 $v=(v_x, v_y)$，它满足

$$\begin{bmatrix} v_x \\ v_y \end{bmatrix} = v_{\text{drive}} \begin{bmatrix} 1 \\ 0 \end{bmatrix} + v_{\text{slide}} \begin{bmatrix} -\sin\gamma \\ \cos\gamma \end{bmatrix} \tag{13.3}$$

式中，γ 表示发生自由“滑动”时的角度（车轮圆周上的被动滚子所允许的），v_{drive} 是驱动速度，v_{slide} 是滑动速度。对于全向轮，$\gamma=0$；对于麦克纳姆轮，通常有 $\gamma=\pm 45°$。求解式（13.3），得到

$$v_{\text{drive}} = v_x + v_y \tan\gamma$$

$$v_{\text{slide}} = v_y / \cos\gamma$$

令 r 为轮子的半径，u 为轮子的驱动角速度，有

$$u = \frac{v_{\text{drive}}}{r} = \frac{1}{r}(v_x + v_y \tan\gamma) \tag{13.4}$$

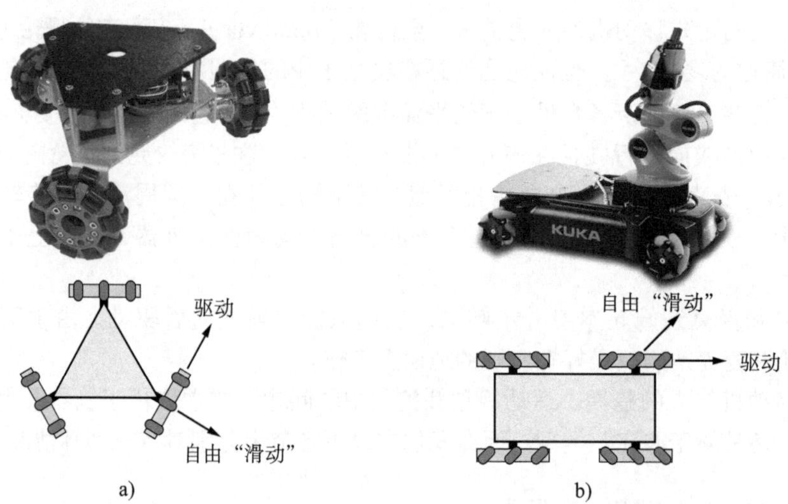

图 13.2 a）带有 3 个全向轮的移动机器人。图中还给出了单个全向轮上由其圆周滚子而引起的自由滑动方向，以及由车轮电机驱动而引起的轮子做无滑滚动时的方向（上图来自 www.superdroidrobots.com，经许可使用）；b）KUKA 的 youBot 移动机械操作臂系统，其移动底座上安装有 4 个麦克纳姆轮（上图来自 KUKA Roboter GmbH，经许可使用）

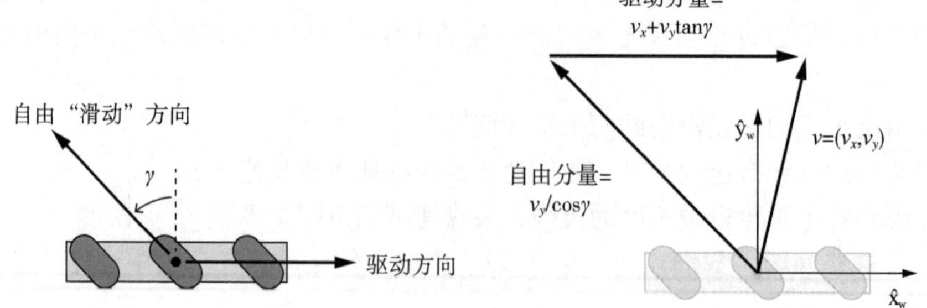

图 13.3 a）驱动方向和滚子允许车轮自由滑动的方向。对于全向轮，$\gamma=0$；对于麦克纳姆轮，通常有 $\gamma=\pm 45°$；b）车轮的驱动速度和自由滑动速度，车轮速度在车轮坐标系 $\hat{x}_w$-$\hat{y}_w$ 中的表示为 $v=(v_x, v_y)$，其中 $\hat{x}_w$ 轴与前进驱动方向平齐

为了推导从底盘速度 $\dot{q}=(\dot{\phi},\dot{x},\dot{y})$ 到车轮 i 的驱动角速度 u_i 的完整变换，参考图 13.4 中的符号。底盘坐标系 {b} 位于固定空间坐标系 {s} 中的 $q=(\phi,x,y)$ 处。车轮中心及其驱动方向由在 {b} 系中表示的 (β_i,x_i,y_i) 给出，车轮半径为 r_i，车轮的滑动方向由 γ_i 给出。那么 u_i 与 $\dot{q}$ 的关系为

$$u_i=h_i(\phi)\dot{q}=$$

$$\begin{bmatrix}\frac{1}{r_i} & \frac{\tan\gamma_i}{r_i}\end{bmatrix}\begin{bmatrix}\cos\beta_i & \sin\beta_i\\ -\sin\beta_i & \cos\beta_i\end{bmatrix}\begin{bmatrix}-y_i & 1 & 0\\ x_i & 0 & 1\end{bmatrix}\begin{bmatrix}1 & 0 & 0\\ 0 & \cos\phi & \sin\phi\\ 0 & -\sin\phi & \cos\phi\end{bmatrix}\begin{bmatrix}\dot{\phi}\\ \dot{x}\\ \dot{y}\end{bmatrix} \tag{13.5}$$

从右到左顺序：第一个变换将 $\dot{q}$ 表示为 $\mathcal{V}_b$；第二个变换生成车轮在 {b} 内的线速度；第三个变换将该线速度表示在车轮坐标系 $\hat{x}_w$-$\hat{y}_w$ 中；最后的变换使用式（13.4）来计算驱动角速度。 444

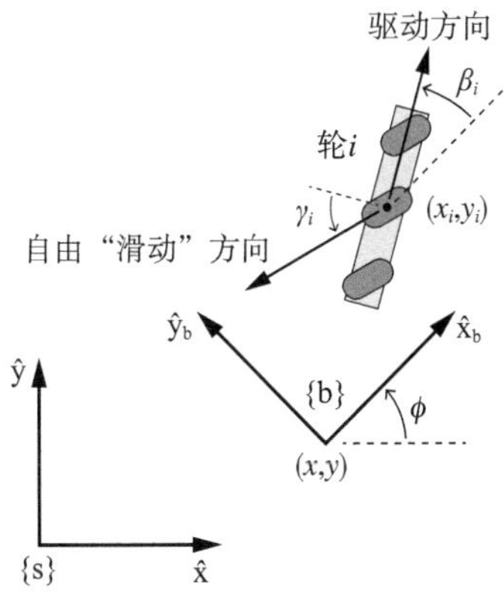

图 13.4　固定的空间坐标系 {s}，底盘坐标系 {b} 位于 {s} 系中的 (ϕ,x,y) 处；而车轮 i 位于 (x_i,y_i)，其驱动方向为 β_i，两者均在 {b} 系表示。车轮 i 的滑动方向由 γ_i 定义

计算式（13.5）中的 $h_i(\phi)$（它是一个行向量），我们得到

$$h_i(\phi)=\frac{1}{r_i\cos\gamma_i}\begin{bmatrix}x_i\sin(\beta_i+\gamma_i)-y_i\cos(\beta_i+\gamma_i)\\ \cos(\beta_i+\gamma_i+\phi)\\ \sin(\beta_i+\gamma_i+\phi)\end{bmatrix}^{\mathrm{T}} \tag{13.6}$$

对于一个全向机器人，其车轮数目为 $m\geqslant 3$，将期望底盘速度 $\dot{q}\in\mathbb{R}^3$ 映射到车轮驱动速度向量 $u\in\mathbb{R}^m$ 的矩阵 $H(\phi)\in\mathbb{R}^{m\times 3}$，可以通过将 m 个 $h_i(\phi)$ 按照下列方式叠加在一起而得到

$$u=H(\phi)\dot{q}=\begin{bmatrix}h_1(\phi)\\ h_2(\phi)\\ \vdots\\ h_m(\phi)\end{bmatrix}\begin{bmatrix}\dot{\phi}\\ \dot{x}\\ \dot{y}\end{bmatrix} \tag{13.7}$$

我们也可以表述 u 和体运动旋量 $\mathcal{V}_b$ 间的关系；该映射并不依赖于底盘的方向 ϕ，其表示为

$$u = H(0)\mathcal{V}_b = \begin{bmatrix} h_1(0) \\ h_2(0) \\ \vdots \\ h_m(0) \end{bmatrix} \begin{bmatrix} \omega_{bz} \\ v_{bx} \\ v_{by} \end{bmatrix} \tag{13.8}$$

对于车轮在 {b} 系中的位置和朝向 (β_i, x_i, y_i)，以及它们的自由滑动方向 γ_i，必须对其进行合理选择使得 $H(0)$ 的秩为 3。例如，如果我们构造了一个装有全向轮的移动机器人，其驱动方向和滑动方向全部对齐，$H(0)$ 的秩为 2，并且无法在滑动方向上可控制地
445 生成平移运动。

在 $m > 3$ 的情况下，对于图 13.2 中的四轮 youBot，选择 u 使得对于任何 $\mathcal{V}_b \in \mathbb{R}^3$ 都无法满足式（13.8）意味着车轮必须在其驱动方向上打滑。

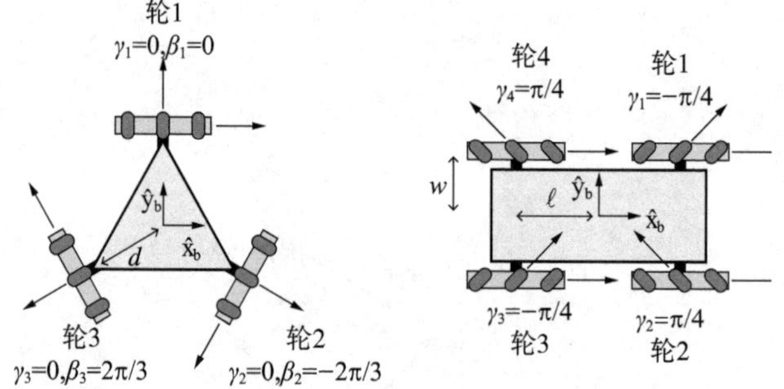

图 13.5　带有 3 个全向轮和 4 个麦克纳姆轮的移动机器人的运动模型。所有车轮的半径为 r，每个麦克纳轮的驱动方向为 β_i=0

使用图 13.5 中的符号，带有 3 个全向轮的移动机器人的运动学模型是

$$u = \begin{bmatrix} u_1 \\ u_2 \\ u_3 \end{bmatrix} = H(0)\mathcal{V}_b = \frac{1}{r}\begin{bmatrix} -d & 1 & 0 \\ -d & -1/2 & -\sin(\pi/3) \\ -d & -1/2 & \sin(\pi/3) \end{bmatrix} \begin{bmatrix} \omega_{bz} \\ v_{bx} \\ v_{by} \end{bmatrix} \tag{13.9}$$

带有 4 个麦克纳姆轮的移动机器人的运动学模型是

$$u = \begin{bmatrix} u_1 \\ u_2 \\ u_3 \\ u_4 \end{bmatrix} = H(0)\mathcal{V}_b = \frac{1}{r}\begin{bmatrix} -\ell-w & 1 & -1 \\ \ell+w & 1 & 1 \\ \ell+w & 1 & -1 \\ -\ell-w & 1 & 1 \end{bmatrix} \begin{bmatrix} \omega_{bz} \\ v_{bx} \\ v_{by} \end{bmatrix} \tag{13.10}$$

对于麦克纳姆机器人，要往 + $\hat{x}_b$ 方向移动，所有车轮要以相同的速度向前行驶；为了往 +$\hat{y}_b$ 方向移动，轮 1 和轮 3 向后驱动，轮 2 和轮 4 以相同的速度向前驱动；为了沿逆时针方向旋转，轮 1 和轮 4 向后驱动，轮 2 和轮 3 以相同的速度向前驱动。注意到机器人底盘在前向和侧向方向上具有相同的速度。

如果车轮 i 的驱动角速度受到约束 $|u_i| \leqslant u_{i,\max}$ 的限制，即

$$-u_{i,\max} \leqslant u_i = h_i(0)\mathcal{V}_b \leqslant u_{i,\max}$$

那么，在体运动旋量的三维空间中会生成由 $-u_{i,\max}=h_i(0)\mathcal{V}_b$ 和 $u_{i,\max}=h_i(0)\mathcal{V}_b$ 定义的两个平
446 行约束平面。这两个平面之间的任何 $\mathcal{V}_b$ 都不违反车轮 i 的最大驱动速度约束，而该切片

外的任何 $\mathcal{V}_b$ 对于车轮 i 而言都过快。约束平面的法线方向是 $h_i^{\mathrm{T}}(0)$，平面上距离原点最近的点是 $-u_{i,\max}h_i^{\mathrm{T}}(0)/\|h_i(0)\|^2$ 和 $u_{i,\max}h_i^{\mathrm{T}}(0)/\|h_i(0)\|^2$。

如果机器人有 m 个轮子，那么可行体运动旋量的区域 V 由 m 对平行约束平面而界定。因此，区域 V 是三维凸多面体。多面体有 $2m$ 个面，原点（对应于零运动旋量）位于中心。图 13.6 给出了图 13.5 中三轮模型和四轮模型所对应的六面和八面区域 V 的可视化。

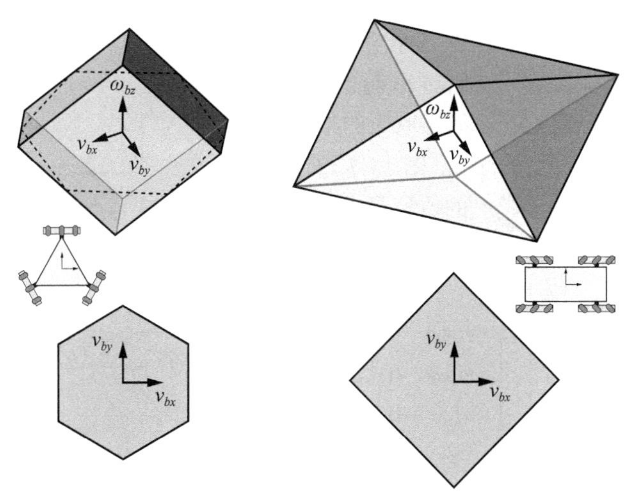

图 13.6 （上行）图 13.5 中三轮（左）和四轮（右）机器人的可行体运动旋量 V 的区域。对于三轮机器人也给出了与平面 $\omega_{bz}=0$ 的交点。（下行）$\omega_{bz}=0$ 平面中的边界（仅限平移运动）

13.2.2 运动规划

由于全向移动机器人可以在任何方向上自由移动，因此第 9 章中关于运动系统的所有轨迹规划方法，以及第 10 章中的大多数运动规划方法均可适用。 447

13.2.3 反馈控制

给定期望轨迹 $q_d(t)$，我们可以采用前馈加 PI 反馈控制器（11.15）来跟踪轨迹，相应方程为

$$\dot{q}(t)=\dot{q}_d(t)+K_p(q_d(t)-q(t))+K_i\int_0^t(q_d(t)-q(t))\mathrm{d}t \tag{13.11}$$

式中，矩阵 $K_p=k_pI\in\mathbb{R}^{3\times3}$ 和 $K_i=k_iI\in\mathbb{R}^{3\times3}$ 沿对角线的元素为正值，$q(t)$ 是根据传感器信息推导出的对实际位形的估计。然后可以使用式（13.7）将 $\dot{q}(t)$ 转换为车轮的驱动速度指令产 $u(t)$。

13.3 非完整轮式移动机器人

在 2.4 节中，作用于位形为 $q\in\mathbb{R}^n$ 的系统上的 k 个 Pfaffian 速度约束可写为 $A(q)\dot{q}=0$，其中 $A(q)\in\mathbb{R}^{k\times n}$。我们可以将运动系统的允许速度写为 $n-k$ 个速度方向的线性组合，而

不是指定其中不被允许速度的 k 个方向。这种表示是等效的，并且它具有以下优点：线性组合的系数恰好是我们可用的控制。我们将在下面的运动模型中看到这种表示。

本节的标题意味着速度约束不能通过积分而得到等效的位形约束。我们将在第 13.3 节中正式建立这一概念。

13.3.1　建模

1. 独轮车

最简单的轮式移动机器人是单个直立的滚轮或独轮车。令 r 为车轮半径。我们将车轮的位形写为 $q=(\phi, x, y, \theta)$，其中 (x, y) 是车轮与地面的接触点，ϕ 是前进方向，θ 是车轮的滚动角（图 13.7）。机器人“底盘”（例如，独轮车的座椅）的位形是 (ϕ, x, y)。运动学方程为

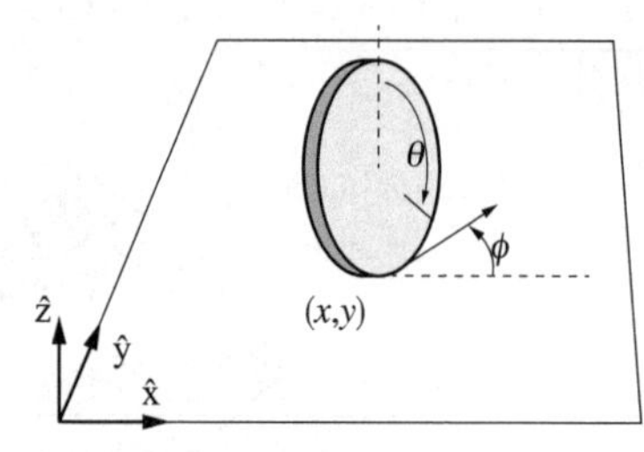

图 13.7　一个车轮在平面上做无滑动的纯滚动

$$\dot{q}=\begin{bmatrix}\dot{\phi}\\ \dot{x}\\ \dot{y}\\ \dot{\theta}\end{bmatrix}=\begin{bmatrix}0 & 1\\ r\cos\phi & 0\\ r\sin\phi & 0\\ 1 & 0\end{bmatrix}\begin{bmatrix}u_1\\ u_2\end{bmatrix}=G(q)u=g_1(q)u_1+g_2(q)u_2 \tag{13.12}$$

控制输入为 $u=(u_1, u_2)$，其中 u_1 为车轮前后行驶时的速度，u_2 为前进方向的转速。控制受到约束 $-u_{1,\max}\leqslant u_1\leqslant u_{1,\max}$ 和 $-u_{2,\max}\leqslant u_2\leqslant u_{2,\max}$ 的限制。

向量值函数 $g_i(q)\in\mathbb{R}^4$ 是矩阵 $G(q)$ 的列，它们被称为与 q 相关的**切向向量场**（tangent
448 vector field），也称为**控制向量场**（control vector field）或简称**速度向量场**（velocity vector field），其对应的控制为 $u_i=1$。在特定位形 q 处的值 $g_i(q)$ 是切向向量场的切向量（或速度向量）。

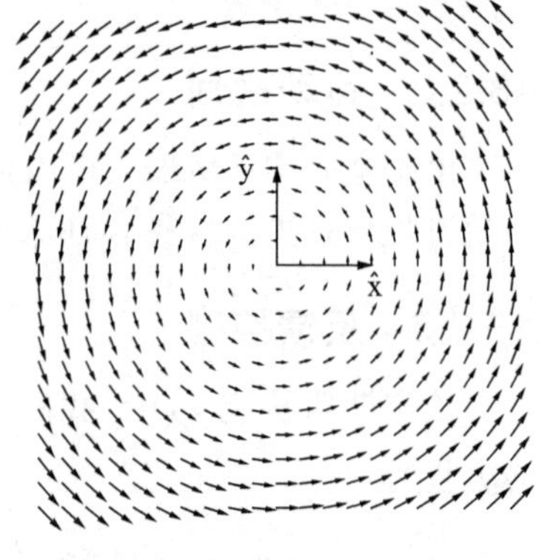

图 13.8　向量场 $(\dot{x}, \dot{y})=(-y, x)$

图 13.8 中给出了 $\mathbb{R}^2$ 中的一个向量场示例。

我们关于非完整移动机器人的所有运动模型都具有 $\dot{q}=G(q)u$ 的形式，如式（13.12）所示。关于这些模型需要注意 3 点：①不存在漂移——零控制意味着零速度；②向量场 $g_i(q)$ 一般是关于位形 q 的函数；③ $\dot{q}$ 是控制的线性函数。

由于我们通常不关心车轮的滚动角度，我们可以去掉式（13.12）中的第四行，获得简化的控制系统如下：

$$\dot{q}=\begin{bmatrix}\dot{\phi}\\ \dot{x}\\ \dot{y}\end{bmatrix}=\begin{bmatrix}0 & 1\\ r\cos\phi & 0\\ r\sin\phi & 0\end{bmatrix}\begin{bmatrix}u_1\\ u_2\end{bmatrix} \tag{13.13}$$

449

2. 差速驱动机器人

差速驱动机器人（differential-drive robot）或**差速驱动**（diff-drive）可能是最简单的轮式移动机器人架构。差速驱动机器人由两个独立驱动的半径为 r 的轮子组成，它们围

绕同一轴线旋转，还有一个或多个脚轮（caster wheel）、球形脚轮或使机器人保持水平的低摩擦滑块。令从动轮之间的距离为 $2d$，并选择轮子中间的 (x,y) 点为参考点（图 13.9）。将位形写为 $q=(\phi,x,y,\theta_L,\theta_R)$，其中 θ_L 和 θ_R 分别为左轮和右轮的滚动角，运动方程为

$$\dot{q}=\begin{bmatrix}\dot{\phi}\\ \dot{x}\\ \dot{y}\\ \dot{\theta}_L\\ \dot{\theta}_R\end{bmatrix}=\begin{bmatrix}-r/2d & r/2d\\ \frac{r}{2}\cos\phi & \frac{r}{2}\cos\phi\\ \frac{r}{2}\sin\phi & \frac{r}{2}\sin\phi\\ 1 & 0\\ 0 & 1\end{bmatrix}\begin{bmatrix}u_L\\ u_R\end{bmatrix} \tag{13.14}$$

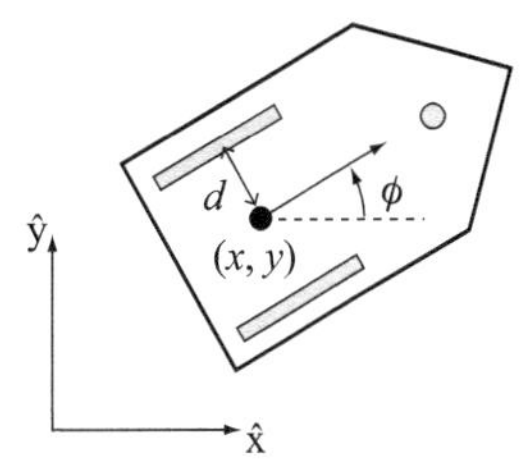

图 13.9　由两个典型轮子和一个球形脚轮组成的差速驱动机器人，轮子用灰色阴影表示

式中，u_L 为左轮的角速度，u_R 为右轮的角速度。每个车轮的正角速度对应于该车轮的前向运动。每个车轮的控制值取自区间 $[-u_{max},u_{max}]$。

由于我们通常不关心两个车轮的滚动角度，我们可以去掉上式中的最后两行，以获得简化的控制系统

$$\dot{q}=\begin{bmatrix}\dot{\phi}\\ \dot{x}\\ \dot{y}\end{bmatrix}=\begin{bmatrix}-r/2d & r/2d\\ \frac{r}{2}\cos\phi & \frac{r}{2}\cos\phi\\ \frac{r}{2}\sin\phi & \frac{r}{2}\sin\phi\end{bmatrix}\begin{bmatrix}u_L\\ u_R\end{bmatrix} \tag{13.15}$$

差速驱动机器人的两个优点是：简便性（通常电机直接连接到每个车轮轴上），高机动性（机器人可按相反方向转动车轮来实现原地转向）。然而，脚轮通常不适合户外使用。

3. 车型机器人

人们最熟悉的轮式车辆是汽车，它带有两个可以转向的前轮和两个航向固定的后轮。为防止前轮滑动，汽车采用 **Ackermann 转向系统**（Ackermann steering）进行转向，450
如图 13.10 所示。汽车底盘的旋转中心位于穿过后轮的线与前轮垂直平分线的交叉处。

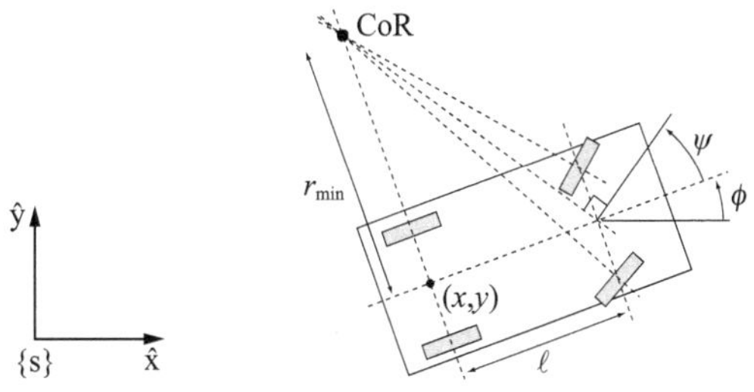

图 13.10　使用 Ackermann 转向方式的汽车，它的两个前轮转向角不同，使得所有车轮做无滑动的纯滚动（即车轮的前进方向垂直于车轮与 CoR 之间的连线）。图中给出了汽车以最小转弯半径 r_{min} 执行转弯命令

为了定义汽车的位形，我们忽略 4 个车轮的滚动角度，将位形写为 $q=(\phi,x,y,\psi)$，

其中 (x,y) 为两个后轮中点的位置，ϕ 是汽车的前进方向，ψ 是汽车的转向角，该角度定义在前轮之间的中点处的虚拟车轮处。控制是汽车在其参考点处的前进速度 v 和转向角的角速度 ω。汽车的运动学方程为

$$\dot{q}=\begin{bmatrix}\dot{\phi}\\ \dot{x}\\ \dot{y}\\ \dot{\psi}\end{bmatrix}=\begin{bmatrix}(\tan\psi)/\ell & 0\\ \cos\phi & 0\\ \sin\phi & 0\\ 0 & 1\end{bmatrix}\begin{bmatrix}v\\ \omega\end{bmatrix} \tag{13.16}$$

式中，ℓ 是前轮和后轮之间的轴距。控制 v 限于闭区间 $[v_{\min},v_{\max}]$，其中 $v_{\min}<0<v_{\max}$，转向速率限于区间 $[-\omega_{\max},\omega_{\max}]$，其中 $\omega_{\max}>0$，转向角 ψ 被限于区间 $[-\psi_{\max},\psi_{\max}]$，其中 $\psi_{\max}>0$。

如果转向控制实际上只是转向角 ψ 而非其速率 ω，则可以简化运动学（13.16）。如果转向速率极限 $\omega_{\max}$ 足够高，使得转向角几乎可以由下位机控制器瞬间改变，则该假设是合理的。在这种情况下，ψ 作为状态变量被消除，汽车的位形为 $q=(\phi,x,y)$。我们使用控制输入 (v,ω)，其中 v 仍然是汽车的前进速度，ω 现在是它的旋转速度。这些可以通过下列关系变换为控制 (v,ψ)

451

$$v=v,\qquad \psi=\tan^{-1}\left(\frac{\ell\omega}{v}\right) \tag{13.17}$$

由于对 (v,ψ) 的约束而引起的对控制 (v,ω) 的约束，可采用一种稍复杂的形式，我们将很快看到。

现在可以写出简化的汽车运动学方程，即

$$\dot{q}=\begin{bmatrix}\dot{\phi}\\ \dot{x}\\ \dot{y}\end{bmatrix}=G(q)u=\begin{bmatrix}0 & 1\\ \cos\phi & 0\\ \sin\phi & 0\end{bmatrix}\begin{bmatrix}v\\ \omega\end{bmatrix} \tag{13.18}$$

式（13.18）所包含的非完整约束可以用（13.18）中的一个方程导出

$$\dot{x}=v\cos\phi$$
$$\dot{y}=v\sin\phi$$

求解 v，然后将结果代入另一个方程得到

$$A(q)\dot{q}=[0\ \ \sin\phi\ \ -\cos\phi]\dot{q}=\dot{x}\sin\phi-\dot{y}\cos\phi=0$$

4. 非完整移动机器人的规范简化模型

运动学（13.18）给出了非完整移动机器人的规范简化模型。使用诸如（13.17）之类的控制变换，简化的独轮车运动学（13.13）和简化的差速驱动运动学（13.15）也可以采用这种形式来表达。简化的独轮车运动学（13.13）的控制变换为

$$u_1=\frac{v}{r},\qquad u_2=\omega$$

而简化的差速驱动运动学（13.15）的控制变换为

$$u_{\mathrm{L}}=\frac{v-\omega d}{r},\qquad u_{\mathrm{R}}=\frac{v+\omega d}{r}$$

通过这些输入变换，简化的独轮车、差速驱动机器人和汽车运动学之间的唯一区别是 (v,ω) 上的控制极限，如图 13.11 所示。 452

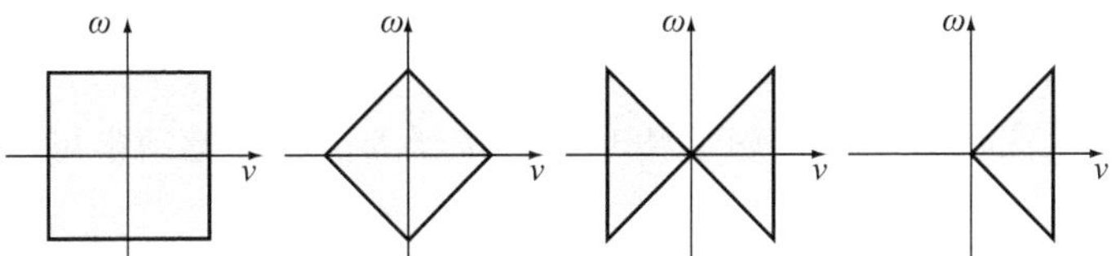

独轮车　差速驱动机器人　汽车　只能前进的汽车

图 13.11　简化的独轮车、差速驱动机器人和汽车运动学的 (v,ω) 控制集。对于带倒挡的汽车，控制集表明它无法原地转弯。其领结形控制集中的倾斜线角度由其最小转弯半径决定。如果汽车没有倒挡，只有领结形的右半部分可用

我们可以使用规范模型（13.18）中的两个控制输入 (v,ω)，来直接控制固连到机器人底盘的参考点 P 的线速度的两个分量。例如，当传感器位于 P 点处时，这很有用。设 (x_P,y_P) 为参考点 P 在世界坐标系中的坐标，(x_r,y_r) 是它在底盘坐标系 $\{b\}$ 中的（恒定）坐标，见图 13.12。为了找到在世界坐标系中实现期望运动 $(\dot{x}_P,\dot{y}_P)$ 所需的控制 (v,ω)，我们先写出

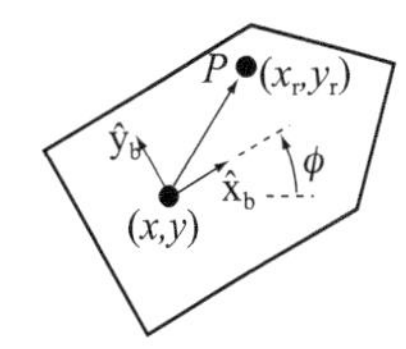

图 13.12　点 P 位于底盘固连坐标系 $\{b\}$ 中的 (x_r, y_r) 处

$$\begin{bmatrix} x_P \\ y_P \end{bmatrix} = \begin{bmatrix} x \\ y \end{bmatrix} + \begin{bmatrix} \cos\phi & -\sin\phi \\ \sin\phi & \cos\phi \end{bmatrix} \begin{bmatrix} x_r \\ y_r \end{bmatrix} \tag{13.19}$$

对其求导，得到

$$\begin{bmatrix} \dot{x}_P \\ \dot{y}_P \end{bmatrix} = \begin{bmatrix} \dot{x} \\ \dot{y} \end{bmatrix} + \dot{\phi} \begin{bmatrix} -\sin\phi & -\cos\phi \\ \cos\phi & -\sin\phi \end{bmatrix} \begin{bmatrix} x_r \\ y_r \end{bmatrix} \tag{13.20}$$

用 ω 取代 $\dot{\phi}$，并用 $(v\cos\phi, v\sin\phi)$ 取代 $(\dot{x},\dot{y})$ 进行求解，得到

$$\begin{bmatrix} v \\ \omega \end{bmatrix} = \frac{1}{x_r} \begin{bmatrix} x_r\cos\phi - y_r\sin\phi & x_r\sin\phi + y_r\cos\phi \\ -\sin\phi & \cos\phi \end{bmatrix} \begin{bmatrix} \dot{x}_P \\ \dot{y}_P \end{bmatrix} \tag{13.21}$$

该等式可以读作 $[v \ \ \omega]^{\mathrm{T}} = J^{-1}(q)[\dot{x}_P \ \ \dot{y}_P]^{\mathrm{T}}$，式中，$J(q)$ 是将 (v,ω) 与 P 点在世界坐标系中的运动相联系的雅可比矩阵。注意，当在线 $x_r = 0$ 上选择 P 点时，雅可比 $J(q)$ 是奇异的。该线上的点，如差速驱动机器人的车轮之间或汽车后轮之间的中间点，只能在车辆的前进方向上移动。

13.3.2　可控性

全向机器人的反馈控制较为简单，因为对于任何期望底盘速度 $\dot{q}$，都有一组车轮驱动速度，如式（13.7）所示。事实上，如果反馈控制器的目标只是将机器人稳定到原点 $q=(0,0,0)$，而不是实现像控制律（13.11）那样的轨迹跟踪，我们可以使用更为简单的反馈控制器

$$\dot{q}(t) = -Kq(t) \tag{13.22}$$

其中，K 为任意的正定矩阵。反馈增益矩阵 $-K$ 就像弹簧一样将 q 拉回原点，而式（13.7）用于将 $\dot{q}(t)$ 变换为 $u(t)$。可以使用相同类型的“线性弹簧”控制器将规范非完整
453 机器人上的点 P（图 13.12）稳定到 $(x_P, y_P)=(0,0)$，这是由于通过式（13.21），任何期望的 $(\dot{x}_P, \dot{y}_P)$ 可以通过控制 (v,ω) 来实现[⊖]。

简而言之，全向机器人的运动学和非完整机器人上 P 点运动学可以重写为单积分器，形式如下：

$$\dot{x}=v \tag{13.23}$$

式中，x 是我们试图控制的位形，v 是“虚拟控制”，实际上我们使用式（13.7）中的变换实现对全向机器人的控制，或者使用式（13.21）来实现对非完整机器人上 P 点的控制。式（13.23）是下列更一般的线性控制系统中的一个简单例子：

$$\dot{x}=Ax+Bv \tag{13.24}$$

如果满足下列**卡尔曼秩条件**（Kalman rank condition），则知该系统为**线性可控**（linearly controllable）

$$\operatorname{rank}[B \quad AB \quad A^2B \quad \cdots \quad A^{n-1}B]=\dim(x)=n$$

式中，$x\in\mathbb{R}^n$，$v\in\mathbb{R}^m$，$A\in\mathbb{R}^{n\times n}$，$B\in\mathbb{R}^{n\times m}$。在式（13.23）中，$A=0$，$B$ 为单位矩阵，由于 $m=n$，因此系统满足线性可控性的秩条件。线性可控性意味着：存在简单的线性控制律

$$v=-Kx$$

如式（13.22）所示，使得原点稳定。

然而，对于非完整机器人，没有线性控制器可以将整个底盘位形稳定到 $q=0$；非完整机器人不是线性可控的。事实上，不存在能以 q 的连续函数形式表示的控制器，能将系统稳定到 $q=0$。这个事实是嵌入在下列众所周知的结果中的，我们在不加证明的情况下对其进行说明。

【定理 13.1】一个系统 $\dot{q}=G(q)u$，其秩为 $G(0)<\dim(q)$，该系统无法通过连续时不变反馈控制律而稳定到 $q=0$。

这个定理适用于我们的规范非完整机器人模型，这是因为 $G(q)$ 的秩在任何地方都是 2（只有两个控制向量场），而底盘位形是三维的。

对于形为 $\dot{q}=G(q)u$ 的非线性系统，还有其他可控性概念。我们接下来考虑其中的一些概念，同时表明，即使规范的非完整机器人不是线性可控的，它仍然满足其他重要的可控性概念。特别是，速度约束无法积分为位形约束——由于速度约束，可达位形集无
454 法得到简化。

1. 可控性的定义

我们对非线性可控性的定义，取决于非完整机器人从位形 q 出发的时间有限可达集和空间有限可达集概念。

⊖ 目前我们忽略了独轮车、差速驱动机器人和车型机器人上对（v, ω）的不同约束，因为它们不会改变主要结果。

【定义 13.2】给定时间 $T>0$，初始位形 q 的邻域 W ⊖，自 q 出发然后沿保持在领域 W 内的可行轨迹，在时刻 T 时的位形**可达集**（reachable set）可写为 $\mathcal{R}^W(q,T)$。我们进一步定义时间 $t\in[0,T]$ 处的可达集的并集为

$$\mathcal{R}^W(q,\leqslant T)=\bigcup_{0\leqslant t\leqslant T}\mathcal{R}^W(q,t)$$

我们现在提供一些非线性可控性的标准定义。

【定义 13.3】机器人是从 q **可控的**（controllable），如果对于任何 q_{goal}，存在控制轨迹 $u(t)$ 能在有限时间 T 内将机器人从 q 驱动到 q_{goal}。机器人是从 q 能**短时局部可及的**（Small-Time Locally Accessible，STLA），如果，对于任何时间 $T>0$ 和任何邻域 W，可达集 $\mathcal{R}^W(q,\leqslant T)$ 是位形空间的全维子集。如果对于任何时间 $T>0$ 和任何邻域 W，可达集 $\mathcal{R}^W(q,\leqslant T)$ 是 q 的邻域，则机器人是从 q 能**短时局部可控的**（Small-Time Locally Controllable，STLC）。

对于二维位形空间，图 13.13 给出了短时局部可及性和短时局部可控性。显然，q 处的 STLC 是比 STLA 更强的条件。如果系统在所有 q 处都是 STLC，则可以通过将邻域中从 q 到 q_{goal} 的路径拼接在一起来控制任何 q。

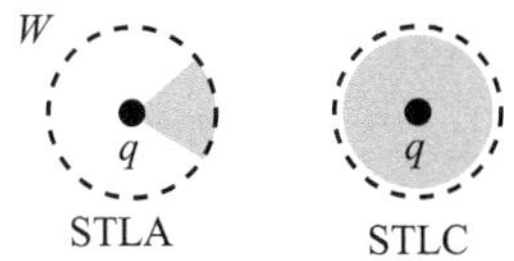

图 13.13 二维空间中的短时局部可及性（STLA）和短时局部可控性（STLC）的图示，阴影区域是在不离开邻域 W 前提下的可达集

对于本章中的所有示例，如果可控性适用于任何 q，那么它适用于所有的 q，因为机器人的可操作性不会随其位形而改变。

考虑一下汽车和没有倒挡只能前进的汽车例子。我们很快就会看到，只能前进的汽车是 STLA，但它不是 STLC：如果它被限制在狭小的空间（一个小的邻域 W）之内，它无法到达位于其初始位形正后方的位形。然而，带倒挡的汽车是 STLC。两辆车在无障碍平面内都是可控的，这是因为即使只能前进的汽车也可以驶向任何地方。

如果平面内有障碍物，可能会有一些只能前进的车辆无法到达的自由空间位形，但 STLC 车辆可以到达。例如，考虑在汽车正前方的障碍物。如果障碍物都被定义为平面内的闭合子集并且包含其边界，则 STLC 汽车可以到达其自由空间内连通分支上的任何位形，尽管其存在速度约束。 455

此时值得考虑这最后的陈述。所有自由位形都有无碰撞的邻域，因为自由空间被定义为开放的，障碍被定义为封闭的（包含其边界）。因此，始终可以从任何自由位形向任何方向机动。如果你的车比可用的停车位短，你可以平行趴车，即使这需要很长时间！

如果任意的可控性属性成立（可控性，STLA 或 STLC），那么可达位形空间是全维的，因此系统上的任何速度约束都是非完整的。

⊖ 位形 q 的邻域 W 是其内部包含 q 的位形空间的任何全维子集。例如，以 q 为中心的半径为 $r>0$ 的球中的位形集（即满足 $\|q_b-q\|<r$ 的所有 q_b）是 q 的邻域。

2. 可控性检验

考虑一个无漂移的在控制上呈线性的（**控制仿射**，control-affine）系统

$$\dot{q}=G(q)u=\sum_{i=1}^{m}g_i(q)u_i,\quad q\in\mathbb{R}^n,\quad u\in\mathcal{U}\subset\mathbb{R}^m,\quad m<n \tag{13.25}$$

它是对规范非完整模型的推广，其中 $n=3$，$m=2$。可行控制集为 $\mathcal{U}\subset\mathbb{R}^m$。例如，图13.11中给出了用于独轮车、差速驱动机器人、车型机器人和仅能前进的类车机器人的控制集 $\mathcal{U}$。在本章中，我们考虑两种类型的控制集 $\mathcal{U}$：正线性组合为 $\mathbb{R}^m$ 的控制集，即 $\text{pos}(\mathcal{U})=\mathbb{R}^m$，如图13.11中的独轮车、差速驱动机器人和汽车的控制集；正线性组合无法覆盖 $\mathbb{R}^m$，但其线性组合可以覆盖 $\mathbb{R}^m$ 的那些控制集，即 $\text{span}(\mathcal{U})=\mathbb{R}^m$，如图13.11中的仅能前进的汽车的控制集。

系统（13.25）的局部可控性（STLA或STLC），取决于沿向量场 g_i 的运动的非交换性。令 $F_\varepsilon^{g_i}(q)$ 为从 q 出发跟随向量场 g_i 持续 ε 时间后到达的位形。如果 $F_\varepsilon^{g_j}(F_\varepsilon^{g_i}(q))=F_\varepsilon^{g_i}(F_\varepsilon^{g_j}(q))$，那么两个向量场 $g_i(q)$ 和 $g_j(q)$ 之间是可交换的，即跟随向量场的顺序无关紧要。如果它们不可交换，即 $F_\varepsilon^{g_j}(F_\varepsilon^{g_i}(q))-F_\varepsilon^{g_i}(F_\varepsilon^{g_j}(q))\neq 0$，则使用向量场的顺序会影响到最终位形。另外，将非交换性定义为

$$\Delta q=F_\varepsilon^{g_j}(F_\varepsilon^{g_i}(q))-F_\varepsilon^{g_i}(F_\varepsilon^{g_j}(q))\qquad \varepsilon\text{ 足够小}$$

如果 Δq 处于不能由任何其他向量场 g_k 直接实现的方向上，则在 g_i 和 g_j 之间进行的切换可以在原始向量场集合中不存在的方向上产生运动。一个熟悉的例子是平行趴车：不存在与直接侧向平移相对应的向量场，但是，通过沿两个不同的向量场交替向前和向后运动，可以产生侧向的净运动。

456 对于较小的 ε，为了近似计算 $q(2\varepsilon)=F_\varepsilon^{g_j}(F_\varepsilon^{g_i}(q(0)))$，我们使用泰勒展开并在 $O(\varepsilon^3)$ 处将展开截断。我们开始跟随 g_i 运动 ε 时间，并使用 $\dot{q}=g_i(q)$ 和 $\ddot{q}=(\partial g_i/\partial q)\ \dot{q}=(\partial g_i/\partial q)$ $g_i(q)$ 的事实，得到

$$\begin{aligned}q(\varepsilon)&=q(0)+\varepsilon\dot{q}(0)+\frac{1}{2}\varepsilon^2\ddot{q}(0)+O(\varepsilon^3)\\&=q(0)+\varepsilon g_i(q(0))+\frac{1}{2}\varepsilon^2\frac{\partial g_i}{\partial q}g_i(q(0))+O(\varepsilon^3)\end{aligned}$$

现在，在跟随 g_j 运动 ε 时间后，有

$$\begin{aligned}q(2\varepsilon)&=q(\varepsilon)+\varepsilon g_j(q(\varepsilon))+\frac{1}{2}\varepsilon^2\frac{\partial g_j}{\partial q}g_j(q(\varepsilon))+O(\varepsilon^3)\\&=q(0)+\varepsilon g_i(q(0))+\frac{1}{2}\varepsilon^2\frac{\partial g_i}{\partial q}g_i(q(0))+\varepsilon g_j(q(0)\\&\quad+\varepsilon g_i(q(0)))+\frac{1}{2}\varepsilon^2\frac{\partial g_j}{\partial q}g_i(q(0))+O(\varepsilon^3)\\&=q(0)+\varepsilon g_i(q(0))+\frac{1}{2}\varepsilon^2\frac{\partial g_i}{\partial q}g_i(q(0))+\varepsilon g_j(q(0))\\&\quad+\varepsilon^2\frac{\partial g_j}{\partial q}g_j(q(0))+\frac{1}{2}\varepsilon^2\frac{\partial g_j}{\partial q}g_j(q(0))+O(\varepsilon^3)\end{aligned}\tag{13.26}$$

注意到$\varepsilon^2(\partial g_j/\partial q)g_i$的存在，这是唯一取决于向量场顺序的项。使用表达式（13.26），我们可以计算非交换性，如下：

$$\Delta q = F_\varepsilon^{g_j}(F_\varepsilon^{g_i}(q)) - F_\varepsilon^{g_i}(F_\varepsilon^{g_j}(q)) = \varepsilon^2\left(\frac{\partial g_j}{\partial q}g_i - \frac{\partial g_i}{\partial q}g_j\right)(q(0)) + O(\varepsilon^3) \tag{13.27}$$

除了测量非交换性之外，Δq 也等于通过下列运动得到的净运动（到ε^2阶）：跟随g_i运动ε时间，然后跟随g_j运动ε时间，接着跟随$-g_i$运动ε时间，最后跟随$-g_j$运动ε时间。

式（13.27）中的$(\partial g_j/\partial q)g_i-(\partial g_i/\partial q)g_j$项非常重要，我们可以给它赋予一个专有的名字。

【定义 13.4】向量场$g_i(q)$和$g_j(q)$的**李括号**（Lie bracket）是

$$[g_i,g_j](q) = \left(\frac{\partial g_j}{\partial q}g_i - \frac{\partial g_i}{\partial q}g_j\right)(q) \tag{13.28}$$

这个李括号与第 8.2 节中所介绍的运动旋量李括号相同。唯一的区别是：8.2 节中的李括号被认为是在给定时刻定义的两个运动旋量V_i和V_j的非交换性，而不是在所有位形q上定义的两个速度向量场。如果恒定运动旋量表示为局部坐标q中的向量场$g_i(q)$和$g_j(q)$，则 8.2 节中的李括号与式（13.28）中的表达式相同。例如，参见本章习题 20。

两个向量场$g_i(q)$和$g_j(q)$的李括号本身应该被当作是一个向量场$[g_i,g_j](q)$，其中沿着李括号向量场的近似运动可以通过在两个原始向量场切换得到。 457

正如我们在泰勒展开中看到的那样，沿着李括号向量场的运动相对于原始向量场的运动是缓慢的；对于小的时间ε，可以在原始向量场的方向上获得ε阶的运动，而在李括号方向上的运动仅为ε^2阶。这与我们的常识一致，即通过平趴动作将车辆侧向移动，相对于向前和向后或转向运动而言是缓慢的，如下例中所讨论的那样。

【例题 13.5】考虑具有向量场为$g_1(q)=(0,\cos\phi,\sin\phi)$和$g_2(q)=(1,0,0)$的规范非完整机器人。将$g_1(q)$和$g_2(q)$写为列向量，李括号向量场$g_3(q)=[g_1,g_2](q)$由下式给出：

$$\begin{aligned} g_3(q) = [g_1,g_2](q) &= \left(\frac{\partial g_2}{\partial q}g_1 - \frac{\partial g_1}{\partial q}g_2\right)(q) \\ &= \begin{bmatrix} 0 & 0 & 0 \\ 0 & 0 & 0 \\ 0 & 0 & 0 \end{bmatrix}\begin{bmatrix} 0 \\ \cos\phi \\ \sin\phi \end{bmatrix} - \begin{bmatrix} 0 & 0 & 0 \\ -\sin\phi & 0 & 0 \\ \cos\phi & 0 & 0 \end{bmatrix}\begin{bmatrix} 1 \\ 0 \\ 0 \end{bmatrix} \\ &= \begin{bmatrix} 0 \\ \sin\phi \\ -\cos\phi \end{bmatrix} \end{aligned}$$

李括号方向是侧向“平趴”运动，如图 13.14 所示。通过跟随g_1运动ε时间，跟随g_2运动ε时间，跟随$-g_1$运动ε时间，跟随$-g_2$运动ε时间而获得的净运动，是在该李括号方向上的ε^2阶运动外加一个ε^3阶项。 458

根据例题 13.5 的结果，无论带有倒挡的汽车的机动空间有多小，它都可以产生侧向运动。因此，我们已经证明，对于规范的非完整移动机器人，运动学 $\dot{q}=G(q)u$ 中隐含的 Pfaffian 速度约束无法积分为位形约束。

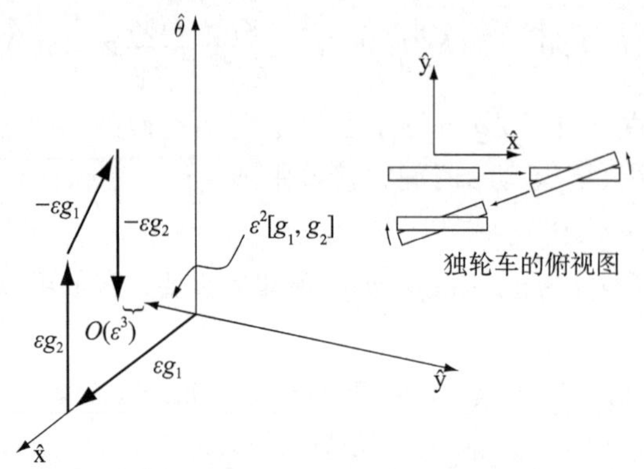

图 13.14　前向后向向量场 $g_1(q)$ 和原地旋转向量场 $g_2(q)$ 的李括号为 $[g_1,g_2](q)$，它是一个侧向运动向量场

李括号 $[g_i,g_j]$ 被称为级数为 2 的**李积**（Lie product），因为原始向量场在括号中出现两次。对于规范的非完整模型，只需要考虑 2 级李积来表明不存在位形约束。对于具有（13.25）形式的更一般的系统，要测试其中是否存在位形约束，可能需要考虑嵌套的李括号，如 $[g_i,[g_j,g_k]]$ 或 $[g_i,[g_i,[g_i,g_j]]]$，它们分别是 3 级李积和 4 级李积。正如可以通过在原始向量场之间做切换而在李括号方向上生成运动一样，可以在李积方向上生成级数大于 2 的运动。在这些方向上生成运动甚至比 2 级李积的运动更慢。

一组向量场的**李代数**（Lie algebra）由所有级数的所有李积定义的，包括 1 级李积（原始向量场本身）。

【定义 13.6】 一组向量场 $\mathcal{G}=\{g_1,\cdots,g_m\}$ 的**李代数**（Lie algebra），写为 $\overline{\text{Lie}}(\mathcal{G})$，是向量场 $\mathcal{G}$ 的级数为 $1,\cdots,\infty$ 的所有李积的线性组合。

例如，对于 $\mathcal{G}=\{g_1,g_1\}$，$\overline{\text{Lie}}(\mathcal{G})$ 由下列李积的线性组合给出。

1 级：g_1, g_2

2 级：$[g_1, g_2]$

3 级：$[g_1, [g_1, g_2]]; [g_2, [g_1, g_2]]$

4 级：$[g_1, [g_1, [g_1, g_2]]]; [g_1, [g_2, [g_1, g_2]]]; [g_2, [g_1, [g_1, g_2]]]; [g_2, [g_2, [g_1, g_2]]]$

⋮　　⋮

由于李积遵循下列恒等式

- $[g_i,g_i]=0$
- $[g_i,g_j]=-[g_j,g_i]$
- $[g_i,[g_j,g_k]]+[g_k,[g_i,g_j]]+[g_j,[g_k,g_i]]=0$(雅可比恒等式)

所以并非每一级都要考虑所有的括号组合。

在实践中，将存在一个有限级数 k，超过该级数的李积并不会产生比李代数更多的信息。例如，当到目前为止由所有 q 生成的李积的维数为 n 时，即对所有 q 而言，

$\dim(\overline{\mathrm{Lie}}(\mathcal{G})(q)) = \dim(q) = n$，就会发生这种情况；由于已经获得了所有的运动方向，所以进一步求解得到的李括号不会产生新的运动方向。然而，如果到目前为止生成的李积的维数小于 n，则通常无法知道何时停止尝试求解更高级数的李积[⊖]。 459

以这一切为背景，我们终于准备好陈述关于可控性的主要定理。

【定理 13.7】 对于控制系统（13.25），其中 $\mathcal{G} = \{g_1(q),\cdots,g_m(q)\}$，如果 $\dim(\overline{\mathrm{Lie}}(\mathcal{G})(q)) = \dim(q) = n$ 并且 $\mathrm{span}(\mathcal{U}) = \mathbb{R}^m$，则该系统是从 q 能局部可及的。如果另有 $\mathrm{pos}(\mathcal{U}) = \mathbb{R}^m$，那么系统是从 q 能局部短时可控的。

我们省略掉正式的证明，但可以从直觉上证明如下。如果李代数是满秩的，那么向量场（向前和向后跟踪）在局部上允许任何方向的运动。如果 $\mathrm{pos}(\mathcal{U}) = \mathbb{R}^m$（对于具有倒挡的汽车），则可以直接向前或向后跟踪所有向量场，或者在可行控制之间切换以便任意近地向前和向后跟踪任何向量场，因此，李代数的秩条件意味着 STLC。如果控制仅满足 $\mathrm{span}(\mathcal{U}) = \mathbb{R}^m$（类似于仅能前进的汽车），则可以只向前或向后跟踪一些向量场。然而，李代数的秩条件确保了可达集合上不存在等式约束，因此系统为 STLA。

对于具有（13.25）形式的任何系统，速度约束是否可积这一问题最终由定理 13.7 回答。如果系统在任意 q 处都是 STLA，则约束不可积。

让我们将定理 13.7 应用于几个例子。

【例题 13.8】规范非完整移动机器人的可控性

在例题 13.5 中，我们计算了规范非完整机器人的李括号，$g_3 = [g_1, g_2] = (0, \sin\phi, -\cos\phi)$。将列向量 $g_1(q)$、$g_2(q)$ 和 $g_3(q)$ 并排放置以组成一个矩阵，同时计算其行列式，我们发现

$$\det[g_1(q) \quad g_2(q) \quad g_3(q)] = \det\begin{bmatrix} 0 & 1 & 0 \\ \cos\phi & 0 & \sin\phi \\ \sin\phi & 0 & -\cos\phi \end{bmatrix} = \cos^2\phi + \sin^2\phi = 1$$

即 3 个向量场在所有 q 处是线性独立的，因此李代数的维度在所有 q 处为 3。根据定理 13.7 和图 13.11 所示的控制集，独轮车、差速驱动机器人和带倒挡汽车在所有 q 处都是 STLC，而只能前进的汽车在所有 q 处只是 STLA。独轮车、差速驱动机器人、汽车和仅能前进的汽车在无障碍平面中都是可控的。

【例题 13.9】独轮车完整位形的可控性

从前面的例子中，我们已经得知独轮车在其 (ϕ, x, y) 子空间中为 STLC；如果我们将滚动角 θ 包括在位形描述中将会如何？根据式（13.12），对于 $q = (\phi, x, y, \theta)$，两个向量场是 $g_1(q) = (0, r\cos\phi, r\sin\phi, 1)$ 和 $g_2(q) = (1, 0, 0, 0)$。计算 2 级和 3 级李括号 460

$$g_3(q) = [g_1, g_2](q) = (0, r\sin\phi, -r\cos\phi, 0)$$
$$g_4(q) = [g_2, g_3](q) = (0, r\cos\phi, r\sin\phi, 0)$$

我们看到这些方向分别对应于侧向平移和前后运动，但不改变车轮滚动角 θ。这些方向与 $g_1(q)$ 和 $g_2(q)$ 之间明显是线性独立的，但我们可以通过再次将 $g_i(q)$ 写为列向量，同时对其进行评估计算来证实这一点

⊖ 然而，当我们已知系统（13.25）是规则的（regular）时，如果存在某个级数 k，当它无法生成不包括在较低级数中的新的运动方向时，则不需要查看更高级数的李积。

$$\det[g_1(q)\quad g_2(q)\quad g_3(q)\quad g_4(q)] = -r^2$$

即对于所有的 q，我们有 $\dim(\overline{\mathrm{Lie}}(\mathcal{G})(q)) = 4$。由于对于独轮车而言，$\mathrm{pos}(\mathcal{U}) = \mathbb{R}^2$，所以通过图 13.11，独轮车在其四维位形空间中的所有点处都是 STLC。

你可以通过构建短的“平趴”型机动动作来得出相同的结论，该机动动作导致滚动角 θ 发生净变化，而其他位形变量中的净变化为零。

【例题 13.10】差速驱动机器人完整位形的可控性

差速驱动的完整位形是 $q = (\phi, x, y, \theta_L, \theta_R)$，其中包括两个车轮的角度。两个控制向量场在式（13.14）中给出。利用这些向量场的李括号，我们发现：我们永远无法创建超过 4 个线性独立的向量场，即在所有 q 处都有

$$\dim(\overline{\mathrm{Lie}}(\mathcal{G})(q)) = 4$$

这是因为：两个车轮角度 (θ_L, θ_R) 和机器人底盘的角度之间存在固定关系。因此，运动学（13.14）中隐含的 3 个速度约束 $(\dim(q) = 5, \dim(u) = 2)$ 可被视为两个非完整约束和一个完整约束。在完整的五维位形空间中，差速驱动在任何地方都不是 STLA。

由于通常我们只担心底座的位形，因此这种负面结果并不是很重要。

13.3.3　运动规划

1. 无障碍平面

对于 4 种非完整机器人模型中的任何一种（独轮车、差速驱动机器人、带倒挡的汽车和仅能前进的汽车），在无障碍平面中的任何两个底盘位形 q_0 和 q_{goal} 之间很容易找到可行运动。当我们尝试优化目标函数时，问题变得更加有趣。下面，我们考虑仅能前进的汽车的最短路径、带倒挡的汽车的最短路径、以及差速驱动机器人的最快路径。

461 这些问题的求解取决于最优控制理论，其证明可以在原始参考文献中找到（参见第 13.7 节）。

（1）只能前进的汽车的最短路径

最短路径问题涉及寻找一条从 q_0 到 q_{goal} 的路径，该路径使得机器人参考点跟踪路径的长度最小化。对于独轮车或差速驱动机器人而言，这个问题并不有趣；每个机器人的最短路径包括指向目标位置 (x_{goal}, y_{goal}) 的旋转，平移，然后旋转到目标方向。总的路径长度为 $\sqrt{(x_0 - x_{goal})^2 + (y_0 - y_{goal})^2}$。

这个问题对于只能前进的汽车来说更有意思，有时候称之为 **Dubins 汽车**（Dubins car），这是为了纪念数学家 Dubins，他首先研究了两个定向点之间最短平面曲线的结构，其中曲线的曲率有界。

【定理 13.11】对于具有如图 13.11 所示控制集的只能前进的汽车，最短路径仅包括最小转弯半径处的圆弧和直线段。将圆弧段表示为 C，将直线段表示为 S，任意两个位形之间的最短路径遵循①序列 CSC 或②序列 $CC_\alpha C$，其中 C_α 表示角度为 $\alpha > \pi$ 的圆弧。任何 C 段或 S 段的长度可以为零。

图 13.15 给出了仅能前进的汽车的两个最优路径类型。我们可以通过枚举可能的

CSC 和 $CC_{\alpha}C$ 路径来计算最短路径。首先，在 q_0 和 q_{goal} 处为车辆构建两个最小转弯半径圆，然后求解①具有正确前进方向的直线与 q_0 处圆以及 q_{goal} 处圆的相切点；②具有正确前进方向的最小转弯半径圆与 q_0 处圆以及 q_{goal} 处圆的相切点。①解对应于 CSC 路径，②解对应于 $CC_{\alpha}C$ 路径。所有解中长度最短的便是最优路径。最短路径可能不是唯一的。

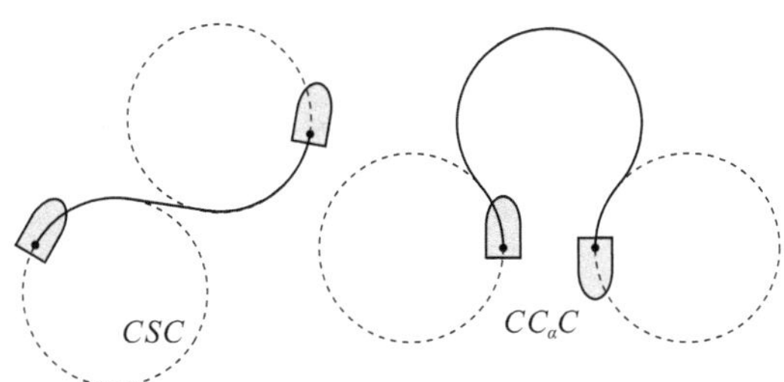

图 13.15　只能前进的汽车的两类最短路径。CSC 路径可以写为 RSL，$CC_{\alpha}C$ 路径可以写为 $LR_{\alpha}L$

如果我们将 C 段分为两类：L（当方向盘挂在左边时），R（当方向盘挂在右边时）。 462
我们看到存在 4 种类型的 CSC 路径（LSL，LSR，RSL 和 RSR）和两种类型的 $CC_{\alpha}C$ 路径（$RL_{\alpha}R$ 和 $LR_{\alpha}L$）。

（2）带倒挡汽车的最短路径

带倒档汽车的最短路径，有时称为 **Reeds-Shepp 汽车**（Reeds-Shepp car），这是为了纪念首次研究该问题的数学家；该问题再次仅使用直线段和最小转弯半径圆弧。使用符号 C 表示最小转弯半径圆弧，C_a 表示角度为 a 的圆弧，S 表示直线段，$|$ 表示尖点（线速度反向），定理 13.12 列举了可能的最短路径序列。

【定理 13.12】 对于带有控制集如图 13.11 所示的带倒挡汽车，任意两种位形之间的最短路径属于下列 9 种类别之一：

$$C|C|C \qquad CC|C \qquad C|CC \qquad CC_a|C_aC \quad C|C_aC_a|C$$
$$C|C_{\pi/2}SC \quad CSC_{\pi/2}|C \quad C|C_{\pi/2}SC_{\pi/2}|C \qquad CSC$$

任何 C 段或 S 段的长度都可以为零。

图 13.16 给出了 9 种最短路径类（path class）中的 3 类。同样地，可以通过枚举定理 13.12 中的路径类型中的可能解的有限集合来找到实际的最短路径。最短路径可能不是唯一的。

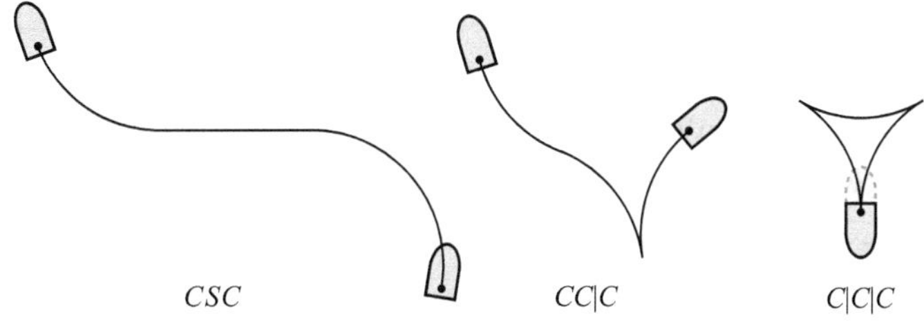

图 13.16　带倒挡汽车的 9 类最短路径中的 3 类

如果我们将 C 段分为 4 类，L^+、L^-、R^+ 和 R^-，其中 L 和 R 意味着方向盘一直向左或向右转动，上标“+”和“−”表示换挡（前进或倒退），那么定理 13.12 中的 9 个路

径类可表示为 $(6\times4)+(3\times8)=48$ 种不同路径形式（type）。

6个路径类，每个路径类中有 4种路径形式： $C|C|C$, $CC|C$, $C|CC$, $CC_a|C_aC$, $C|C_aC_a|C$, $C|C_{\pi/2}SC_{\pi/2}|C$

3个路径类，每个路径类中有
463 8种路径形式： $C|C_{\pi/2}SC$, $CSC_{\pi/2}|C$, CSC

6个路径类的4种形式由4个不同的初始运动方向 L^+、L^-、R^+ 和 R^- 来确定。3个路径类的8种形式由4个初始运动方向，以及转弯是在直线段之后的左侧还是右侧来确定。在 $C|C_{\pi/2}SC_{\pi/2}|C$ 类中只有4种形式，因为 S 段之后的转弯总是与 S 段之前的转弯相反。

如果线速度反向可以在零时间内完成，则最短路径也是带倒挡汽车的最小时间路径，其控制集如图13.11所示，其中唯一使用的控制 (v,ω) 是：在 S 段使用两个控制 $(\pm v_{\max},0)$，在 C 段使用4个控制 $(\pm v_{\max},\pm\omega_{\max})$。

表13.1 差速驱动的40个时间最佳轨迹类型。符号 R_π 和 L_π 表示角度为 π 的原地旋转

运动片段	类型数量	运动序列
1	4	*F, B, R, L*
2	8	*FR, FL, BR, BL, RF, RB, LF, LB*
3	16	$FRB, FLB, FR_\pi B, FL_\pi B, BRF, BLF, BR_\pi F, BL_\pi F, RFR, RFL, RBR, RBL, LFR, LFL, LBR, LBL$
4	8	*FRBL, FLBR, BRFL, BLFR, RFLB, RBLF, LFRB, LBRF*
5	4	*FRBLF, FLBRF, BRFLB, BLFRB*

（3）*差速驱动的最短时间运动*

对于带有图13.11中菱形控制集的差速驱动机器人，任何最短时间运动都只包含平移和自旋。

【定理13.13】 *对于带有图13.11所示控制集的差速驱动机器人，最短时间运动包括以最大速度 $\pm v_{\max}$ 进行的前向和后向平移（F 和 B），以及以最大角速度 $\pm\omega_{\max}$ 进行的原地旋转（右转为 R，左转为 L）。有40种类型的时间最优运动，在表13.1中按运动段的数量对其进行分类。符号 R_π 和 L_π 表示角度为π的原地旋转（即自旋）。*

注意，表13.1包括 $FR_\pi B$ 和 $FL_\pi B$，它们是等价的，以及 $BR_\pi F$ 和 $BL_\pi F$。每个轨迹类型对于某些位形对 $\{q_0,q_{\text{goal}}\}$ 而言是时间最优的，并且时间最优轨迹可能不是唯一的。值得注意的是不存在下列形式的3段序列：其中起始和最终的运动是在相同方向上的平移（即 FRF，FLF，BRB 和 BLB）。

虽然差速驱动机器人可以通过自旋、平移和自旋来实现任何重构，但在某些情况下，其他3段序列具有更短的行进时间。例如，考虑一个差速驱动机器人，其中
464 $v_{\max}=\omega_{\max}=1$，$q_0=0$，$q_{\text{goal}}=(-7\pi/8,1.924,0.383)$，如图13.17所示。旋转过 α 角度所需的时间为 $|\alpha|/\omega_{\max}=|\alpha|$，平移运动 d 距离的时间为 $|d|/v_{\max}=|d|$。因此，LFR 序列所需的时间为

$$\frac{\pi}{16}+1.962+\frac{15\pi}{16}=5.103$$

而通过“中间点”的 *FRB* 序列所需的时间为

$$1+\frac{7\pi}{8}+1=4.749$$

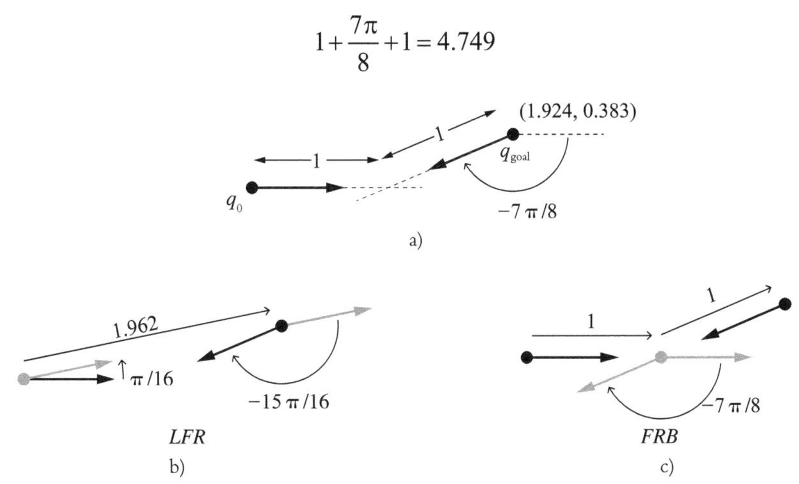

图 13.17 a）运动规划问题被指定为从 q_0=(0, 0, 0) 到 q_{goal}=(−7 π/8, 1.924, 0.383) 的运动；b）非最优 *LFR* 解，花费时间为 5.103；c）时间最优 *FRB* 解，通过“中间点”，花费时间为 4.749

2. 存在障碍的情形

如果平面内有障碍物，10.4 节中基于网格的运动规划方法可应用于独轮车、差速驱动机器人、带倒挡汽车，或使用如图 13.11 所示控制集的离散版本的仅能前进的汽车。例如，参见图 10.14 中的离散化，它使用图 13.11 中的极值控制。极值控制利用了我们的观察，即带倒挡汽车和差速驱动机器人的最短路径由最小转弯半径转弯段和直线段组成。此外，因为 C– 空间只是三维的，所以网格大小应该是易管理的，以便沿每个维度获得合理的分辨率。

我们也可以应用 10.5 节的采样方法。对于 RRT 方法，我们可以再次使用控制集的离散化，如上所述，或者对于 PRM 和 RRT 两者而言，尝试连接两个位形的局部规划器可以使用源自定理 13.11、定理 13.12 或定理 13.13 的最短路径。

对于带倒挡汽车，另一个选择是使用任何能有效避障的路径规划器，即使其中忽略了车辆的运动约束。由于这样的汽车是 STLC，并且由于自由位形空间被定义为开集（障碍物是闭集，其中包含集合边界），所以汽车可以任意地紧跟规划器寻找到的路径。然而，为了紧密地跟踪这条路径，动作可能必须要足够缓慢——想象使用平趴动作在公路上行驶一公里。 465

或者，我们可以将初始的无约束路径快速地变换为一个快速可行的路径，该路径遵守汽车的运动约束。为此，将初始路径表示为 $q(s), s\in[0,1]$。然后尝试使用定理 13.12 中的最短路径将 $q(0)$ 连接到 $q(1)$。如果此路径中会发生碰撞，则将原始路径划分成两半，并尝试使用最短路径将 $q(0)$ 连接到 $q(1/4)$，并将 $q(1/2)$ 连接到 $q(1)$。如果这些路径中的任何一条路径发生碰撞，则将该路径再次划分，依此类推。因为汽车是 STLC 并且初始路径位于开的自由空间中，所以该过程最终会终止；新路径由一系列来自定理 13.12 的子路径组成。该过程如图 13.18 所示。

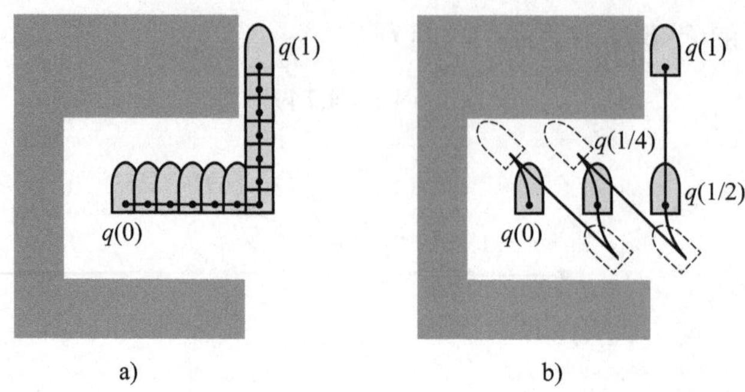

图 13.18　a）由运动规划器求解得到的从 $q(0)$ 到 $q(1)$ 的原始路径，该路径不考虑倒车运动约束；b）递归细分所找到的路径包括了位于 $q(1/4)$ 和 $q(1/2)$ 处的中间点

13.3.4　反馈控制

对于使用控制 (v,ω) 的规范非完整移动机器人（13.18），我们可以考虑 3 种类型的反馈控制问题。

①**稳定位形**。给定期望的位形 q_d，随着时间趋于无穷大，该问题能使误差 $q_d-q(t)$ 趋向于零。正如我们在定理 13.1 中看到的那样，使用连续状态变量的时不变反馈定律无法稳定非完整移动机器人的位形。确实存在能完成该任务的时变和不连续反馈律，但我
466 们在此不再考虑该问题。

②**轨迹跟踪**。给定期望轨迹 $q_d(t)$，随着时间趋于无穷大，该问题能使误差 $q_d(t)-q(t)$ 趋于零。

③**路径跟踪**。给定路径 $q(s)$，跟踪几何路径而不考虑运动时间。其中的控制自由度比轨迹跟踪问题更多；实际上，除了选择 (v,ω) 之外，我们还可以选择路径上参考位形的速度，以帮助减小跟踪误差。

路径跟踪和轨迹跟踪问题比稳定位形问题“更为容易”，因为存在连续的时不变反馈律可用来稳定期望运动。在本节中，我们将考虑轨迹跟踪问题。

假设对于 $t\in[0,T]$，参考轨迹指定为 $q_d(t)=(\phi_d(t),x_d(t),y_d(t))$，对应的标称控制为 $(v_d(t),\omega_d(t))\in \operatorname{int}(\mathcal{U})$。标称控制位于可行控制集 $\mathcal{U}$ 内这一要求，确保了一些控制被有意“留下来”用以纠正小的误差。这意味着参考轨迹既不是最短路径也非时间最优轨迹，因为最优运动使控制饱和。可以使用不太极端的控制来规划参考轨迹。

我们首先想到的一个简单控制器是在机器人的底盘上选择一个参考点 P（该点并不位于两个驱动轮的轴上），如图 13.12 所示。那么，期望轨迹 $q_d(t)$ 由参考点的期望轨迹 $(x_{P_d}(t);y_{P_d}(t))$ 表示。为了跟踪该参考点轨迹，我们可以使用下列比例反馈控制器

$$\begin{bmatrix}\dot{x}_P\\ \dot{y}_P\end{bmatrix}=\begin{bmatrix}k_p(x_{P_d}-x_P)\\ k_p(y_{P_d}-y_P)\end{bmatrix}\tag{13.29}$$

式中，$k_p>0$。这种简单的线性控制律能保证将实际位置 p 拉到运动着的期望位置处。由控制律（13.29）计算得到的速度 $(\dot{x}_P,\dot{y}_P)$ 可通过式（13.21）转换为 (v,ω)。

我们的思路是，只要参考点在移动，随着时间的推移，整个机器人底盘将与期望的

底盘方向对齐。问题是控制器可能选择与预期相反的方向；控制律中没有任何机制能防止这种情况的发生。图 13.19 给出了两个仿真，一个是控制律（13.29）所产生期望底盘运动，在另一个仿真中，是控制律引起驱动速度 v 的符号发生意外反转。在两个仿真中，控制器均成功地使参考点跟踪期望运动。

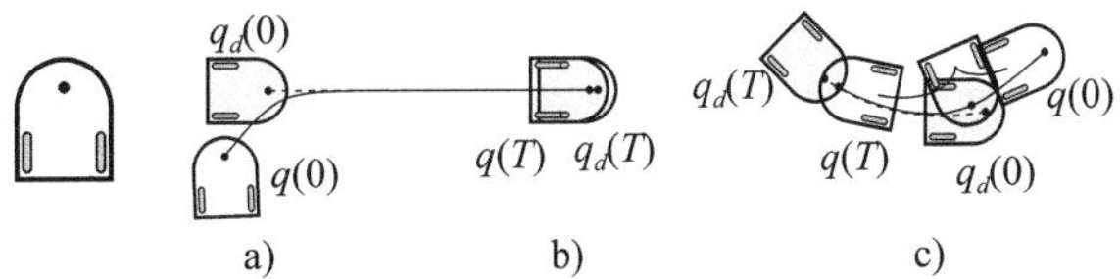

图 13.19　a）带有参考点的非完整移动机器人；b）一种情形是：用于跟踪期望参考点轨迹的线性控制律（13.29），生成了能跟踪整个底盘的期望轨迹行为；c）另一种情况：跟踪期望参考点的控制律导致机器人在运动中出现意外尖点。参考点会收敛到期望路径，但机器人的方向与预期的方向相反

为了解决这个问题，让我们在控制律中明确地考虑底盘的角度误差。固定空间坐标系为 {s}，底盘坐标系 {b} 位于差速驱动机器人的两个车轮（或带倒挡汽车的两个后轮）之间的点，向前行驶方向沿 $\hat{x}_b$ 轴，与 $q_d(t)$ 对应的坐标系为 {d}。我们定义误差坐标如下： 467

$$q_e=\begin{bmatrix}\phi_e\\x_e\\y_e\end{bmatrix}=\begin{bmatrix}1&0&0\\0&\cos\phi_d&\sin\phi_d\\0&-\sin\phi_d&\cos\phi_d\end{bmatrix}\begin{bmatrix}\phi-\phi_d\\x-x_d\\y-y_d\end{bmatrix}\tag{13.30}$$

如图 13.20 所示。向量 (x_e,y_e) 是在参考坐标系 {d} 中表示的 {s} 坐标误差向量 $(x-x_d,y-y_d)$。

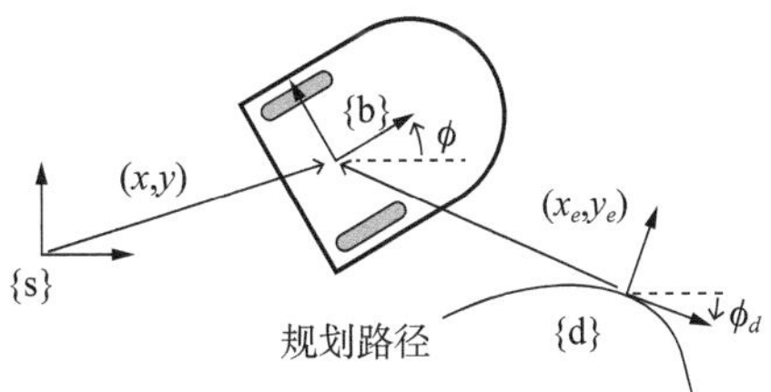

图 13.20　空间坐标系 {s}，机器人坐标系 {b}，以及沿规划路径向前行驶的期望位形 {d}。前进方向误差为 $\phi_e=\phi-\phi_d$

考虑下列非线性前馈加反馈控制律

$$\begin{bmatrix}v\\\omega\end{bmatrix}=\begin{bmatrix}(v_d-k_1|v_d|(x_e+y_e\tan\phi_e))/\cos\phi_e\\\omega_d-(k_2v_dy_e+k_3|v_d|\tan\phi_e)\cos^2\phi_e\end{bmatrix}\tag{13.31}$$

式中，$k_1,k_2,k_3>0$。在这个控制律中注意两件事情：①如果误差为零，则控制即为标称控制 (v_d,ω_d)；②当 ϕ_e 趋向于 $\pi/2$ 或 $-\pi/2$ 时，控制不受限制地增长。在实践中，我们假设在轨迹跟踪期间 $|\phi_e|$ 小于 $\pi/2$。

在 v 的控制器中，第二项 $-k_1|v_d|x_e/\cos\phi_e$ 试图通过驱动机器人来减小 x_e，以便赶上或减慢到参考系。第三项 $-k_1|v_d|y_e\tan\phi_e/\cos\phi_e$ 试图使用影响 y_e 的前向或后向速度分量来减

小 y_e。

在用于转动速度 ω 的控制器中，第二项 $-k_2 v_d y_e \cos^2\phi_e$ 试图通过将机器人的前进方向朝向参考坐标系原点来减小 y_e。第三项

468 $-k_3|v_d|\tan\phi_e\cos^2\phi_e$ 试图减小前进方向误差 ϕ_e。

对控制律（13.31）的仿真如图 13.21 所示。

控制律要求 $|v_d| \neq 0$，因此它不适合用于稳定差速驱动机器人的“原地旋转”运动。控制律稳定性的证明需要用到的方法超出了本书范围。在实践中，应该选择足够大的增益，以提供显著的校正动作，但是不要太大以至于控制在可行控制集 $\mathcal{U}$ 的边界处发生颤振。

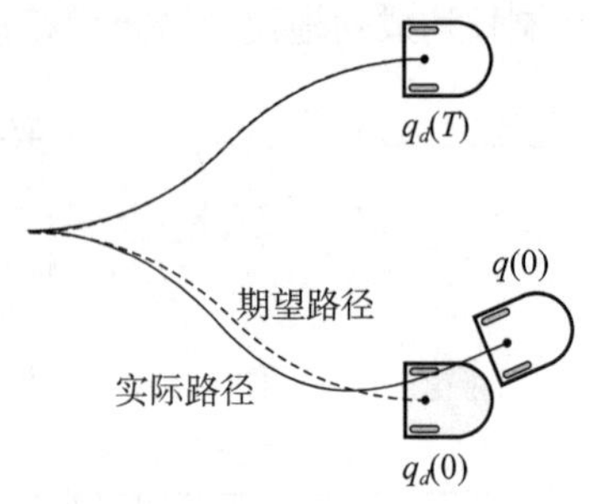

图 13.21　一个移动机器人在实施非线性控制律（13.31）

13.4　里程计测距

里程计测距（odometry，简称测距）是根据车轮运动来估算底盘位形 q 的过程，它基本上是对车轮速度的作用效果进行积分的过程。由于对所有移动机器人都可测量其车轮转动，因此里程计测距便宜且方便。然而，由于车轮的意外滑动（slipping）和滑移（skidding）以及数值积分误差，对底盘位形的估计误差会随着时间的推移而累积。因此，通常用其他位置传感器，如 GPS、地标的视觉识别、超声波信标、激光或超声波测距等，对里程计测距进行补充。这些感测模式也有自身的测量不确定性，但是其误差并不会随时间积累。因此，里程计测距通常能在较短的时间尺度上提供优异结果，但里程计测距估计应该：①通过其他传感模态周期性地校正；②在基于卡尔曼滤波器、粒子滤波器或类似方法的估计框架中与其他传感模态相结合。

在本节中，我们将重点放在里程计测距上。我们假设全向机器人的每个车轮以及差速驱动机器人或汽车的每个后轮上都装有一个编码器，用于检测车轮在其行驶方向上的旋转角度。如果车轮由步进电机驱动，那么我们知道每个车轮从我们发送步进命令开始旋转。

考虑到从时刻 k 到时刻 $k+1$ 区间内的车轮角度变化，目标是以先前底盘位形 q_k 的函数形式来估计新的底盘位形 q_{k+1}。

469 设 $\Delta\theta_i$ 为车轮 i 自 Δt 时间之前最近一次查询车轮角度开始计量的行驶角度的变化。由于我们只知道车轮驱动角度的净变化，而不是车轮角度在该时间间隔内如何演变的时间历程，所以我们可以做一个最简单的假设，车轮的角速度在该时间间隔内恒定，$\dot{\theta}_i = \Delta\theta_i / \Delta t$。用于测量时间间隔的单位选择并不重要（因为我们最终将在相同的时间间隔内对底盘运动旋量 V_b 进行积分），因此我们设置 $\Delta t = 1$，即 $\dot{\theta}_i = \Delta\theta$。

对于全向移动机器人，车轮速度向量 $\dot{\theta}$ 以及 $\Delta\theta$ 与底盘的车体运动旋量 $\mathcal{V}_b = (\omega_{bz}, v_{bx}, v_{by})$ 通过式（13.8）相关联

$$\Delta\theta = H(0)\mathcal{V}_b$$

其中带有 3 个全向轮的机器人的 $H(0)$ 由式（13.9）给出，而对于带有 4 个麦克纳姆轮的

机器人，其$H(0)$则由式（13.10）给出。因此，对应于$\Delta\theta$的体运动旋量$\mathcal{V}_b$为

$$\mathcal{V}_b = H^{\dagger}(0)\Delta\theta = F\Delta\theta$$

式中，$F = H^{\dagger}(0)$是$H(0)$的伪逆。对于带有 3 个全向轮的机器人，有

$$\mathcal{V}_b = F\Delta\theta = r\begin{bmatrix} -1/(3d) & -1/(3d) & -1/(3d) \\ 2/3 & -1/3 & -1/3 \\ 0 & -1/(2\sin(\pi/3)) & 1/(2\sin(\pi/3)) \end{bmatrix}\Delta\theta \tag{13.32}$$

对于带有 4 个麦克纳姆轮的机器人，有

$$\mathcal{V}_b = F\Delta\theta = \frac{r}{4}\begin{bmatrix} -1/(\ell+w) & 1/(\ell+w) & 1/(\ell+w) & -1/(\ell+w) \\ 1 & 1 & 1 & 1 \\ -1 & 1 & -1 & 1 \end{bmatrix}\Delta\theta \tag{13.33}$$

关系式$\mathcal{V}_b = F\dot{\theta} = F\Delta\theta$也适用于差速驱动机器人和汽车（图 13.22），其中$\Delta\theta = (\Delta\theta_{\mathrm{L}}, \Delta\theta_{\mathrm{R}})$（左右轮的增量），同时有

$$\mathcal{V}_b = F\Delta\theta = r\begin{bmatrix} -1/(2d) & 1/(2d) \\ 1/2 & 1/2 \\ 0 & 0 \end{bmatrix}\begin{bmatrix} \Delta\theta_{\mathrm{L}} \\ \Delta\theta_{\mathrm{R}} \end{bmatrix} \tag{13.34}$$

由于我们假定车轮速度在时间间隔期间内保持恒定，因此车身运动旋量$\mathcal{V}_b$也是如此。将$\mathcal{V}_{b6}$称为平面运动旋量$\mathcal{V}_b$的六维版本（即$\mathcal{V}_{b6} = (0, 0, \omega_{bz}, v_{bx}, v_{by}, 0)$），可以对$\mathcal{V}_{b6}$积分以生成由车轮角度增量向量$\Delta\theta$而产生的位移 470

$$T_{bb'} = e^{[\mathcal{V}_{b6}]}$$

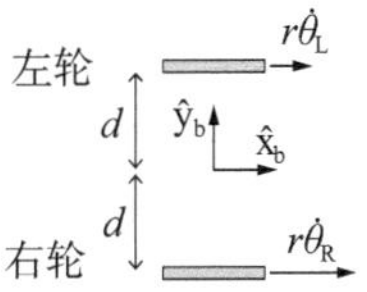

图 13.22 差速驱动机器人的左右轮或汽车的左右后轮

根据$T_{bb'} \in SE(3)$，它表示新的底盘坐标系$\{b'\}$相对于初始坐标系$\{b\}$的位形，我们可以提取相对于体坐标系$\{b\}$的坐标变化，$\Delta q_b = (\Delta\phi_b, \Delta x_b, \Delta y_b)$，它以$(\omega_{bz}, v_{bx}, v_{by})$表示

$$\text{如果}\ \omega_{bz} = 0,\quad \Delta q_b = \begin{bmatrix} \Delta\phi_b \\ \Delta x_b \\ \Delta y_b \end{bmatrix} = \begin{bmatrix} 0 \\ v_{bx} \\ v_{by} \end{bmatrix}$$

$$\text{如果}\ \omega_{bz} \neq 0,\quad \Delta q_b = \begin{bmatrix} \Delta\phi_b \\ \Delta x_b \\ \Delta y_b \end{bmatrix} = \begin{bmatrix} \omega_{bz} \\ (v_{bx}\sin\omega_{bz} + v_{by}(\cos\omega_{bz} - 1))/\omega_{bz} \\ (v_{by}\sin\omega_{bz} + v_{bx}(1 - \cos\omega_{bz}))/\omega_{bz} \end{bmatrix} \tag{13.35}$$

使用底盘角度ϕ_k将$\{b\}$系中的Δq_b变换为固定坐标系$\{s\}$中的Δ_q

$$\Delta q = \begin{bmatrix} 1 & 0 & 0 \\ 0 & \cos\phi_k & -\sin\phi_k \\ 0 & \sin\phi_k & \cos\phi_k \end{bmatrix}\Delta q_b \tag{13.36}$$

最后，更新后的底盘位形里程计测距估计值为

$$q_{k+1} = q_k + \Delta_q$$

综上所述，Δq是使用式（13.35）和式（13.36）计算得到的，它可以表示为关于$\mathcal{V}_b$

和先前底盘角 ϕ_k 的函数的形式；式（13.32）、式（13.33）或式（13.34）分别用于计算带有 3 个全向轮的机器人、带有 4 个麦克纳姆轮的机器人或非完整机器人（差速驱动机器人或汽车）的体运动旋量 $\mathcal{V}_b$，并将其表示为关于车轮角度变化值 $\Delta\theta$ 的函数形式。

13.5　移动操作

对于安装在移动基座上的机械臂，**移动操作**（mobile manipulation）描述了在基座运动和机器人关节运动之间进行协调，从而在末端执行器处实现期望运动。通常，相比于基座运动，我们能更精确地控制机械臂的运动，因此最流行的移动操作类型涉及驱动基座、停放基座、让机械臂执行精确的运动任务、然后开走。

然而，在某些情况下，通过底座运动和机械臂运动的组合来实现末端执行器的运动是有利的，或者甚至是必要的。定义固定的空间坐标系 {s}，底盘坐标系 {b}，机械臂底座坐标系 {0}，末端执行器坐标系 {e}，{e} 系在 {s} 系中的位形是

471

$$X(q,\theta)=T_{se}(q,\theta)=T_{sb}(q)T_{b0}T_{0e}(\theta)\in SE(3)$$

式中，$\theta\in\mathbb{R}^n$ 是 n 关节机器人的手臂关节位置的集合，$T_{0e}(\theta)$ 是机械臂的正运动学，T_{b0} 是从 {b} 系到 {0} 系的固定偏移，$q=(\phi,x,y)$ 是移动基座的平面位形，并且有

$$T_{sb}(q)=\begin{bmatrix}\cos\phi & -\sin\phi & 0 & x\\ \sin\phi & \cos\phi & 0 & y\\ 0 & 0 & 1 & z\\ 0 & 0 & 0 & 1\end{bmatrix}$$

式中，z 是一个常数，表示地板上方 {b} 坐标系的高度。见图 13.23。

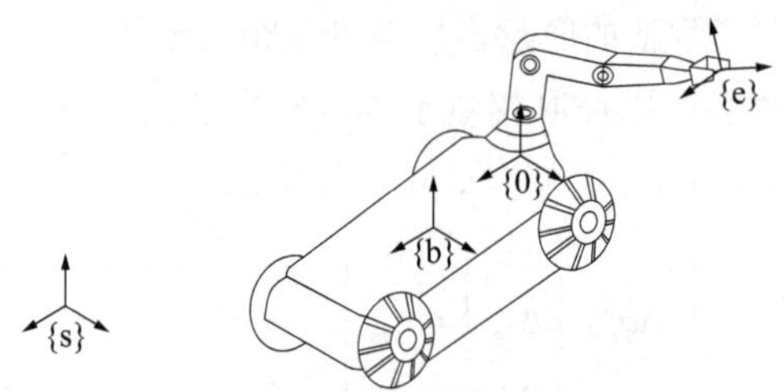

图 13.23　空间坐标系 {s} 以及连接到移动操作臂的 {b} 系，{0} 系和 {e} 系

令 $X(t)$ 为末端执行器路径，将其表示为关于时间的函数形式。那么，$[\mathcal{V}_e(t)]=X^{-1}(t)\dot{X}(t)$ 是在 {e} 坐标系中表示的末端执行器的 $se(3)$。此外，无论机器人是全向的还是非完整的，将车轮速度向量写为 $u\in\mathbb{R}^m$。为了使用车轮和关节速度对末端执行器坐标系进行运动控制，我们需要得到能满足下列条件的雅可比矩阵 $J_e(\theta)\in\mathbb{R}^{6\times(m+n)}$：

$$\mathcal{V}_e=J_e(\theta)\begin{bmatrix}u\\ \dot{\theta}\end{bmatrix}=[J_{\text{base}}(\theta)J_{\text{arm}}(\theta)]\begin{bmatrix}u\\ \dot{\theta}\end{bmatrix}$$

注意到雅可比矩阵 $J_e(\theta)$ 并不依赖于 q：在 {e} 系中表示的末端执行器速度与移动基座的位形无关。此外，我们可将矩阵 $J_e(\theta)$ 划分为 $J_{\text{base}}(\theta)\in\mathbb{R}^{6\times m}$ 和 $J_{\text{arm}}(\theta)\in\mathbb{R}^{6\times n}$。$J_{\text{base}}(\theta)u$ 项表示轮速 u 对末端执行器速度的贡献，而 $J_{\text{arm}}(\theta)\dot{\theta}$ 则表示关节速度对末端执行器速度的

贡献。

在第 5 章中，我们给出了一种推导 $J_{\text{arm}}(\theta)$ 的方法，在第 5 章中它被称为物体雅可比矩阵 $J_b(\theta)$。剩余工作就是求解 $J_{\text{base}}(\theta)$。正如我们在第 13.4 节中看到的那样，对于任何类型的移动基座，存在满足下列关系的矩阵 F

$$\mathcal{V}_b = Fu$$ 472

为了创建对应于平面运动旋量 $\mathcal{V}_b$ 的六维运动旋量 $\mathcal{V}_{b6}$，我们可以定义下列 $6\times m$ 的矩阵

$$F_6 = \begin{bmatrix} 0_m \\ 0_m \\ F \\ 0_m \end{bmatrix}$$

式中，在 F 上方堆叠两行零向量 0_m，并在 F 下方堆叠一行零向量 0_m。现在我们有

$$\mathcal{V}_{b6} = F_{6u}$$

这种底盘运动旋量可以在末端执行器坐标系中表示为

$$[\mathrm{Ad}_{T_{eb}(\theta)}]\mathcal{V}_{b6} = [\mathrm{Ad}_{T_{0e}^{-1}(\theta)T_{b0}^{-1}}]\mathcal{V}_{b6} = [\mathrm{Ad}_{T_{0e}^{-1}(\theta)T_{b0}^{-1}}]F_6 u = J_{\text{base}}(\theta)u$$

因此

$$J_{\text{base}}(\theta) = [\mathrm{Ad}_{T_{0e}^{-1}(\theta)T_{b0}^{-1}}]F_6$$

现在我们已经得到了完整的雅可比矩阵 $J_e(\theta) = [J_{\text{base}}(\theta) J_{\text{arm}}(\theta)]$，我们可以执行数值式逆运动学（第 6.2 节）或实施反馈运动控制律来跟踪期望的末端执行器轨迹。例如，给定期望的末端执行器轨迹 $X_d(t)$，我们可以选择运动任务空间前馈加反馈控制律（11.16）

$$\mathcal{V}(t) = [\mathrm{Ad}_{X^{-1}X_d}]\mathcal{V}_d(t) + K_p X_{\text{err}}(t) + K_i \int_0^t X_{\text{err}}(t)\mathrm{d}t \tag{13.37}$$

式中，$[\mathcal{V}_d(t)] = X_d^{-1}(t)\dot{X}_d(t)$，变换 $[\mathrm{Ad}_{X^{-1}X_d}]$ 将前馈运动旋量 $\mathcal{V}_d$ 的坐标表示从 X_d 处的坐标系变换到 X 处的实际末端执行器坐标系，$[X_{\text{err}}] = \log(X^{-1}X_d)$。指令的末端执行器坐标系的运动旋量 $\mathcal{V}(t)$ 实施为

$$\begin{bmatrix} u \\ \dot{\theta} \end{bmatrix} = J_e^{\dagger}(\theta)\mathcal{V}$$

如 6.3 节所述，可以使用加权伪逆来对某些车轮或关节速度进行惩罚。

一个例子如图 13.24 所示。移动底座是一个差速驱动机器人，上面带有一平面型单旋转关节机械臂。末端执行器的期望运动为 $X_d(t), t\in[0,1]$，其参数化为 $\alpha = -\pi t$、$x_d(t) = -3\cos(\pi t)$ 和 $y_d(t) = 3\sin(\pi t)$，其中 α 表示从 $\hat{\mathrm{x}}_\mathrm{s}$ 轴到 $\hat{\mathrm{x}}_\mathrm{e}$ 轴的平面角度（见图 13.24）。图 13.24 中表明系统存在一些超调，这表明在对角增益矩阵 $K_i = k_i I$ 中应该使用稍小一些的增益。或者，在增益矩阵 $K_p = k_p I$ 中可以使用更大的增益，前提是这些更大的增益不存在实际问题（参见第 11.3 节中的讨论）。

注意，对于移动机械臂而言，如果任意 $X_d(t)$ 都是可行的，雅可比矩阵 $J_e(\theta)$ 应该是满秩的；参见本章习题 30。 473

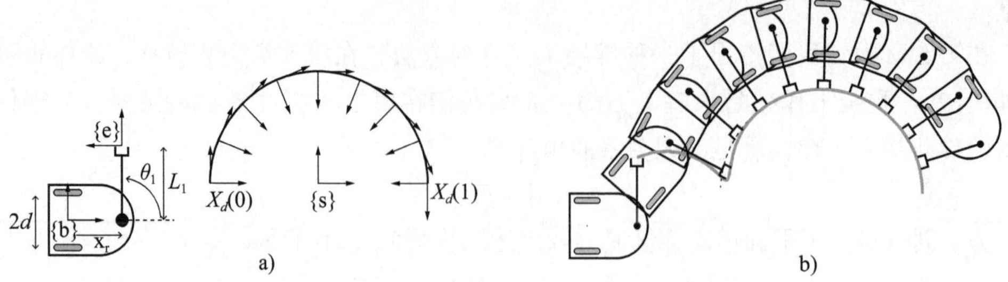

图 13.24　差速驱动机器人上配有 1R 型平面机械臂，其末端执行器坐标系为 {e}。a）机器人的初始位形和期望的末端执行器轨迹 $X_d(t)$；b）使用控制律（13.37）进行轨迹跟踪。在确定准确的轨迹跟踪之前，末端执行器超出了期望路径

13.6　本章小结

- 在平面中移动的轮式移动机器人的底盘位形为 $q=(\phi,x,y)$。速度可以表示为 $\dot q$ 或表示在附着在底盘上的坐标系 {b} 中的平面运动旋量 $\mathcal{V}_b=(\omega_{bz},v_{bx},v_{by})$，其中

$$\mathcal{V}_b=\begin{bmatrix}\omega_{bz}\\ v_{bx}\\ v_{by}\end{bmatrix}=\begin{bmatrix}1 & 0 & 0\\ 0 & \cos\phi & \sin\phi\\ 0 & -\sin\phi & \cos\phi\end{bmatrix}\begin{bmatrix}\dot\phi\\ \dot x\\ \dot y\end{bmatrix}$$

- 非完整移动机器人的底盘受单个不可积的 Pfaffian 速度约束 $A(q)\dot q=[0\ \ \sin\phi-\cos\phi]\dot q=\dot x\sin\phi-\dot y\cos\phi=0$。采用全向轮或麦克纳姆轮的全向机器人则没有这种约束。
- 对于带有 $m\geqslant 3$ 个轮子的构造合理的全方向机器人，存在一个秩为 3 的矩阵
474 $H(\phi)\in\mathbb{R}^{m\times 3}$，它将底盘速度 $\dot q$ 映射到车轮驱动速度 u

$$u=H(\phi)\dot q$$

就物体运动旋量 $\mathcal{V}_b$ 而言

$$u=H(0)\mathcal{V}_b$$

每个车轮的行驶速度极限对可行车体运动旋量施加两个平行的平面约束，从而生成一个可行车体运动旋量的多面体 V。
- 全方向机器人的运动规划和反馈控制，可以通过不存在底盘速度等式约束这一事实简化。
- 非完整移动机器人可描述为一个无漂移的、在控制呈线性的（控制仿射）系统

$$\dot q=G(q)u,\ u\in\mathcal{U}\subset\mathbb{R}^m$$

式中，$G(q)\in\mathbb{R}^{n\times m},n>m$。矩阵 $G(q)$ 的 m 个列向量 $g_i(q)$ 称为控制向量域。
- 非完整机器人的规范简化模型为

$$\dot q=\begin{bmatrix}\dot\phi\\ \dot x\\ \dot y\end{bmatrix}=G(q)u=\begin{bmatrix}0 & 1\\ \cos\phi & 0\\ \sin\phi & 0\end{bmatrix}\begin{bmatrix}v\\ \omega\end{bmatrix}$$

独轮车、差速驱动机器人、带倒挡汽车和前进式汽车的控制集 U 不同。
- 控制系统是从 q 能局部短时可及的（STLA），如果对于任意时间 $T>0$ 和任何邻域

W，在不离开 W 的情况下，在小于 T 的时间内的可达集合是位形空间的全维子集。控制系统是从 q 能局部短时可控的（STLC），如果对于任何时间 $T>0$ 和任何邻域 W，在不离开 W 的情况下，在小于 T 的时间内的可达集合是 q 的邻域。如果系统从给定的 q 能 STLC，则它可以在局部内从任何方向上机动。

- 两个向量场 g_1 和 g_2 的李括号是如下向量场

$$[g_1,g_2]=\left(\frac{\partial g_2}{\partial q}g_1-\frac{\partial g_1}{\partial q}g_2\right)$$

- 级数为 k 的李积是原始向量场总共出现 k 次的李括号项。1 级李积即为原始向量场之一。
- 一组向量场 $\mathcal{G}=\{g_1,\cdots,g_m\}$ 的李代数，写为 $\overline{\text{Lie}}(\mathcal{G})$，它是向量场 $\mathcal{G}$ 的级数为 $1,\cdots,\infty$ 的所有李积的线性组合。
- 如果 $\dim(\overline{\text{Lie}}(\mathcal{G})(q))=\dim(q)=n$ 且 $\text{span}(\mathcal{U})=\mathbb{R}^m$，则无漂移的控制仿射系统是从 q 能局部可及的。如果另外有 $\text{pos}(\mathcal{U})=\mathbb{R}^m$，那么系统从 q 能局部短时可控的。 475
- 对于在无障碍平面中的一个仅能前进的车辆，最短路径始终跟随具有最小转弯半径的转弯段（C）或直线运动（S）。存在两类最短路径：CSC 和 $CC_\alpha C$，其中 C_α 是角度为 $|\alpha|>\pi$ 的转弯。任何 C 段或 S 段的长度可以为零。
- 对于带倒挡汽车，最短路径始终由一系列直线段或具有最小转弯半径的转弯段组成。最短路径始终属于 9 个类别之一。对于差速驱动机器人，其最小时间运动总是包括原地转向运动和直线运动。
- 对于规范的非完整机器人，不存在在位形中连续且能将原点位形稳定的时不变控制律。然而，存在连续的时不变控制律能将轨迹稳定。
- 里程计测距是基于机器人车轮在行驶方向上的转动数量来估算底盘位形的过程，假设在行驶方向上没有滑移，并且对于典型车轮（不是全向轮或麦克纳姆轮），在正交方向上没有滑动。
- 对于具有 m 个轮子和 n 关节移动机械臂的一个移动操作机器人，末端执行器坐标系 {e} 中的末端执行器运动旋量 $\mathcal{V}_e$ 可写为

$$\mathcal{V}_e=J_e(\theta)\begin{bmatrix}u\\\dot{\theta}\end{bmatrix}=[J_{\text{base}}(\theta)J_{\text{arm}}(\theta)]\begin{bmatrix}u\\\dot{\theta}\end{bmatrix}$$

  $6\times m$ 的雅可比矩阵 $J_{\text{base}}(\theta)$ 将轮速 u 映射到末端执行器处的一个速度，而 $6\times n$ 的雅可比矩阵 $J_{\text{arm}}(\theta)$ 是第 5 章中推导的物体雅可比矩阵。雅可比矩阵 $J_{\text{base}}(\theta)$ 由下式给出

$$J_{\text{base}}(\theta)=[\text{Ad}_{T_{0e}^{-1}(\theta)T_{b0}^{-1}}]F_6$$

  式中，F_6 是从轮速到底盘运动旋量的变换，$\mathcal{V}_{b6}=Fu$。

13.7 推荐阅读

关于移动机器人的建模、运动规划和控制的优秀参考资料包括书籍 Wit 等（2012）和书籍 Laumond（1998），教材 Siciliano 等（2009）中的章节，机器人手册 Morin 和

Samson（2008）、Samson 等（2016）中的章节，以及系统和控制百科全书中的章节 Oriolo（2015）。

关于非完整系统、欠驱动系统和非线性可控性概念的一般参考文献包括 Bloch（2003）、Bullo 和 Lewis（2004）、Choset 等（2005）、Isidori（1995）、Jurdjevic（1997）、Murray 等（1994）、Nijmeijer 和 van der Schaft（1990）、Sastry（1999），控制手册中的
476 章节 Lynch 等（2011），以及系统和控制百科全书中的章节 Lynch（2015）。定理 13.1 强化了 Brockett（1983a）最初报道的一个结果。定理 13.7 是周氏定理（Chow，1939）的一个应用，其中考虑了不同的可能控制集。Sussmann（1987）给出了描述周氏定理可用于确定局部可控性条件的更一般条件。

Dubins（1957）以及 Reeds 和 Shepp（1990）分别给出了仅能前进的汽车和带倒挡汽车的最短路径的原始结果。这些结果被扩展并应用于文献 Boissonnat 等（1994）和 Souères 和 Laumond（1996）中的运动规划问题，并使用 Sussmann 和 Tang（1991）中的微分几何原理独立推导得出。差速驱动的最小时间运动由 Balkcom 和 Mason（2002）推导得出。在文献 Laumond 等（1994）中描述了一种类车移动机器人的运动规划，该规划基于用最短的可行路径替换汽车的任意路径段，如第 13.3 节所述。

用于跟踪非完整移动机器人的参考轨迹的非线性控制律（13.31）取自文献 Morin 和 Samson（2008）以及 Samson 等（2016）。

习题

1. 在 13.2 节的全方位移动机器人运动学建模中，我们推导出了车轮速度与底盘速度之间的关系，这个过程采用了一种看似不寻常的方式。首先，我们指定了底盘速度，然后我们计算了车轮必须如何驱动（和滑动）。乍一看，这种方法似乎没有意义；我们应该指定车轮速度，然后计算底盘速度。从数学上解释为什么这种建模方法有意义，并且在什么条件下不能使用该方法。
2. 根据第 13.2 节的运动学建模，全向机器人的每个车轮在底盘运动旋量 $\mathcal{V}_b$ 上增加了两个速度约束。这似乎违反直觉，因为更多的车轮意味着更多的电机，我们可能会认为拥有更多的电机应该会产生更多的运动能力，而不是更多的约束。在我们的运动学建模中，明确解释为什么有额外的轮子意味着额外的速度约束，以及运动建模中的哪些假设可能是不现实的。
3. 对于图 13.5 中的带有 3 个万向轮的机器人，是否可以驱动车轮使其滑移？（换言之，使车轮在行驶方向上滑动。）如果是这样，给出一组车轮速度示例。
4. 对于图 13.5 中的带有 4 个麦克纳姆轮的机器人，是否可以驱动轮子使其滑移？（换言
477 之，车轮在行驶方向上滑动。）如果是这样，给出一组车轮速度示例。
5. 用 $\gamma = \pm 60^\circ$ 的轮子替代图 13.5 中带有 4 个麦克纳姆轮的机器人的轮子。推导出 $u = H(0)\mathcal{V}_b$ 关系式中的矩阵 $H(0)$；该矩阵的秩是 3 吗？如有必要，你可以假设 ℓ 和 ω 的取值。
6. 考虑图 13.5 中的带有 3 个全向轮的机器人。如果我们用 $\gamma = 45^\circ$ 的麦克纳姆轮替换全向轮，它仍是一个构造合理的全向移动机器人吗？换言之，在 $u = H(0)\mathcal{V}_b$ 这个关系式

中，$H(0)$ 的秩是 3 吗？

7. 考虑一个带有 3 个麦克纳姆轮的移动机器人，3 个车轮分别位于等边三角形的顶点处，$\gamma=\pm45°$。底盘坐标系 {b} 位于三角形中心。所有 3 个轮子的驱动方向相同（例如，沿着车体的 $\hat{x}_b$ 轴），其中两个轮子的自由滑动方向为 $\gamma=45°$，另一个轮子的自由滑动方向为 $\gamma=-45°$。这是一个构造合理的全方位移动机器人吗？换言之，在 $u=H(0)\mathcal{V}_b$ 这一关系式中，$H(0)$ 的秩是 3 吗？
8. 使用你最喜欢的图形软件（例如，MATLAB），为图 13.5 中的带有 3 个全向轮的机器人的 2 号车轮绘制包围可行体运动旋量 $\mathcal{V}_b$ 的两个平面。
9. 使用你最喜欢的图形软件（例如，MATLAB），为图 13.5 中带有 4 个麦克纳姆轮的机器人的 1 号车轮绘制包围可行体运动旋量 $\mathcal{V}_b$ 的两个平面。
10. 考虑一个四轮全方向移动机器人，车轮位于正方形的顶点处。底盘坐标系 {b} 位于正方形中心，并且每个车轮的驱动方向位于从 {b} 系原点到车轮的向量逆时针旋转 90° 的方向上。你可以假设正方形的边长为 2。求解矩阵 $H(0)$；该矩阵的秩为 3 吗？
11. 为全向机器人实施一个基于网格的无碰撞规划器。你可以假设机器人具有圆形底盘，因此出于碰撞检测的目的，你只需要考虑机器人的 (x,y) 位置。障碍物是具有随机中心位置和随机半径的圆。你可以使用 Dijkstra 算法或 A* 算法来找到避开障碍物的最短路径。
12. 为全向机器人实施 RRT 规划器。如上所述，你可以假设底盘和障碍物均为圆形。
13. 实施前馈加比例反馈控制器以跟踪全向移动机器人的期望轨迹。使用下列期望轨迹进行测试：$(\phi_d(t),x_d(t),y_d(t))=(t,0,t)$，其中 $t\in[0,\pi]$。机器人的初始位形为 $q(0)=(-\pi/4,0.5,-0.5)$。将位形误差绘制为关于时间的函数。你还可以用动画形式来展示机器人收敛到轨迹的过程。 478
14. 写出对应于式（13.12）中的独轮车模型的 Pfaffian 约束 $A(q)\dot{q}=0$。
15. 写出与式（13.14）中差速驱动模型相对应的 Pfaffian 约束。
16. 写出与式（13.16）中车型机器人模型相对应的 Pfaffian 约束。
17. 举例说明两个属于 STLA 而非 STLC 的系统。该系统不应是轮式移动机器人。
18. 继续式（13.26）中的泰勒展开，以找到通过跟随下列运动而得到的净运动（展开到 ε^2 阶）：跟随 g_i 运动 ε 时间，然后跟随 g_j 运动 ε 时间，然后跟随 $-g_i$ 运动 ε 时间，最后跟随 $-g_j$ 运动 ε 时间。证明它等同于表达式（13.27）。
19. 写出规范非完整移动机器人模型（13.18）的底盘固定形式
$$\mathcal{V}_b=B\begin{bmatrix}v\\\omega\end{bmatrix}$$
式中，B 为 3×2 矩阵，其列向量对应于与控制 v 和控制 ω 相关的底盘运动旋量。
20. 在本书中，我们一直在使用位形空间 $SE(3)$ 和 $SO(3)$，以及它们的平面子集 $SE(2)$ 和 $SO(2)$；这些被称为矩阵李群。体运动旋量和空间运动旋量以矩阵形式表示为 $se(3)$（或平面中的 $se(2)$），并且体角速度和空间角速度以矩阵形式表示为 $so(3)$（或平面情形的 $so(2)$）中的元素。当 T 或 R 是单位矩阵时，空间 $se(3)$ 和 $so(3)$ 对应于所有可能的

$\dot{T}$和$\dot{R}$。由于这些空间对应于所有的可能速度，因此每个空间称为其各自矩阵李群的李代数。让我们称G为矩阵李群，称$\mathfrak{g}$为李代数，令X为G中的元素，A和B为$\mathfrak{g}$的元素。换言之，当$X=I$时，A和B可以被认为是$\dot{X}$的可能值。

通过前乘或后乘X，可以将$\mathfrak{g}$中的任意“速度”A“转换”为任意$X\in G$处的速度$\dot{X}$，即$\dot{X}=XA$ 或 $\dot{X}=AX$。如果我们选择$\dot{X}=XA$，即$A=X^{-1}\dot{X}$，那么我们可以将A视为“体速”(例如，如果$G=SE(3)$，则其为体运动旋量的矩阵形式)；如果我们选择$\dot{X}=AX$，即$A=\dot{X}X^{-1}$，我们可将A视为“空间速度”(例如，如果$G=SE(3)$，则其为空间运动旋量的矩阵形式)。这样，A可以扩展到G上的整个向量场。如果通过左
479 乘X进行扩展，那么向量场被称为左不变（在体坐标系中恒定），如果扩展是通过右乘X，向量场被称为右不变（在空间坐标系中恒定）。在体坐标系中恒定的速度，如规范非完整移动机器人的向量场，对应于左不变向量场。

正如我们可以定义两个向量场的李括号一样，如式（13.28），我们可以将$A,B\in\mathfrak{g}$的李括号定义为如下形式：

$$[A,B]=AB-BA \tag{13.38}$$

如第8.2节所述，其中$\mathfrak{g}=se(3)$。对于规范的非完整向量场$g_1(q)=(0,\cos\phi,\sin\phi)$和$g_2(q)=(1,0,0)$，确认该公式描述了与式（13.28）相同的李括号向量场。为此，首先将两个向量场表示为$A_1,A_2\in se(2)$，它们被认为是左不变向量场$g_1(q)$和$g_2(q)$的生成器（因为向量场对应于底盘坐标系中的恒定速度）。然后取李括号$A_3=[A_1,A_2]$并将A_3扩展到在所有$X\in SE(2)$处定义的左不变向量场。证明这与使用式（13.28）得到的结果相同。

式（13.28）中的李括号公式，对于表示为坐标q函数形式的任何向量场是通用的，而式（13.38）特别适用于由矩阵的李代数元素定义的左不变和右不变向量场李群。

21. 使用你最喜欢的符号运算数学软件（例如，Mathematica），编写或试验使用符号来计算两个向量场的李括号的软件程序。证明它能正确地计算任何维度向量场的李括号。
22. 对于由式（13.14）描述的完整五维差速驱动模型，计算产生两个运动方向的李积，这两个运动方向不存在于原始的两个向量场中。写出与不可能产生运动的方向相对应的完整约束。
23. 使用第10.4节中的技术，在障碍物中为车型机器人实施基于网格的无碰撞运动规划器。决定如何指定障碍物。
24. 使用第10.5节中的技术，在障碍物中为车型机器人实施基于RRT的无碰撞运动规划器。决定如何指定障碍物。
25. 为差速驱动机器人实施参考点轨迹跟踪控制律（13.29）。在仿真中显示它能成功跟踪该点的期望轨迹。
26. 实施非线性前馈加反馈控制律（13.31）。展示其在跟踪具有不同控制增益集的参考轨迹中的性能，包括一组能产生“良好”性能的集合。
480 27. 编写一个程序，该程序的输入为汽车两个后轮的车轮编码器值的时间历程，使用里程计测距法来计算底盘位形，将其表示为关于时间的函数。证明它可以为涉及旋转

和平移的底盘运动生成正确结果。

28. 编写一个程序，该程序的输入为三轮全方位机器人的 3 个车轮编码器值的时间历程，使用里程计测距法来计算底盘位形，将其表示为关于时间的函数。证明它可以为涉及旋转和平移的底盘运动生成正确结果。

29. 编写一个程序，其输入为带有 4 个麦克纳姆轮的机器人的 4 个车轮编码器值的时间历程，使用里程计测距法来计算底盘位形，将其表示为关于时间的函数。证明它可以为涉及旋转和平移的底盘运动生成正确结果。

30. 考虑图 13.24 中的移动操作臂。将雅可比矩阵 $J_e(\theta)$ 记为关于 d 、x_r 、L_1 和 θ_1 的函数。对于关于 d 、x_r 、L_1 和 θ_1 的所有选项，雅可比的秩为 3 吗？如果不是，在什么条件下它不是满秩？

31. 编写一个类似于如图 13.24 所示的移动操作控制器的仿真。对于此仿真，你需要包括用于跟踪移动底座位形的里程计测距仿真。选择比较好和比较差的控制增益，在图 13.24 的相同示例轨迹和初始条件下演示你的控制器。

32. 基于惯性测量单元（IMU，简称惯导单元）的里程计测距可用于对基于车轮的测距法进行补充。典型的 IMU 包括用于感测底盘角速度的三轴陀螺仪，以及用于感测底盘线加速度的三轴加速度计。从移动机器人的已知初始状态（例如，在已知的位置静止），来自 IMU 的传感器数据可以随时间积分以生成对机器人位置的估计。由于对角速度数据进行一次数值积分，而对线加速度进行两次数值积分，估计值将随着时间的推移而偏离实际值，就像基于车轮的里程计测距估计值一样。

    使用一个段落来描述移动机器人的操作条件，包括车轮与地面相互作用的性质，此时基于 IMU 的测距仪可能会产生更好的位形估计；描述基于车轮的测距仪可能会产生更好估计的条件。在另一段中，描述如何同时使用这两种方法，使得综合效果比单用任何一种方法都要好。你可以随意在互联网搜索，并对可能有用的特定数据融合工具或滤波器技术发表评论。

33. KUKA youBot（图 13.25）是一个移动操作臂，由安装在带有 4 个麦克纳姆轮的全方位移动底座上的 5R 型机械臂组成。底盘坐标系 {b} 位于 4 个车轮中心、地板上方 481
$z=0.0963\text{m}$ 处，并且底盘相对于固定空间坐标系 {s} 的位形是

$$T_{sb}(q)=\begin{bmatrix}\cos\phi & -\sin\phi & 0 & x\\ \sin\phi & \cos\phi & 0 & y\\ 0 & 0 & 1 & 0.0963\\ 0 & 0 & 0 & 1\end{bmatrix}$$

式中，$q=(\phi,x,y)$ 。图 13.5 和周围文字描述了四轮移动底座的运动学，其中车轮之间的前后距离为 $2\ell=0.47\text{m}$ ，车轮之间的左右距离为 $2w=0.3\text{m}$ ，每个车轮的半径为 $r=0.0475\text{m}$ 。

    从底盘坐标系 {b} 到手臂底座坐标系 {0} 固定偏移为

$$T_{b0}=\begin{bmatrix}1 & 0 & 0 & 0.1662\\ 0 & 1 & 0 & 0\\ 0 & 0 & 1 & 0.0026\\ 0 & 0 & 0 & 1\end{bmatrix}$$

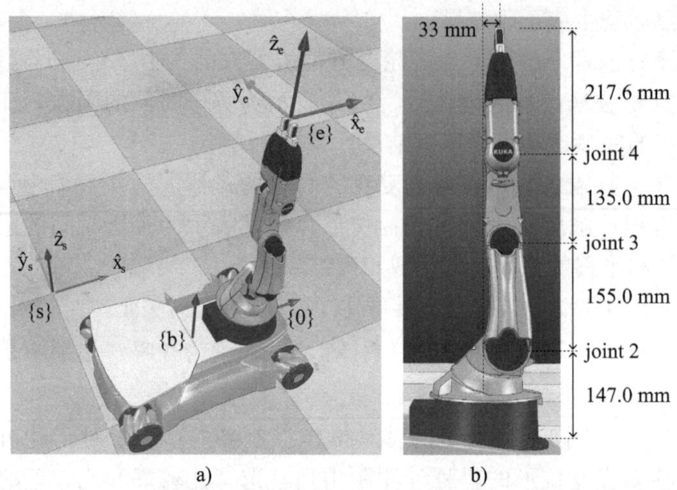

图 13.25 a）KUKA youBot 移动操作臂和固定空间坐标系 {s}、底盘坐标系 {b}、机械手底座坐标系 {0} 和末端执行器坐标系 {e}。手臂处于零位形状态；b）手臂处于零位形时的特写镜头。关节轴 1 和 5（未示出）指向上方，关节轴 2、3 和 4 垂直页面且指向页外

即手臂底座坐标系 {0} 与底盘坐标系 {b} 对齐，并且在 $\hat{x}_b$ 方向上移位 166.2 mm，在
482 $\hat{z}_b$ 方向上移位 2.6 mm。当手臂处于零位形（如图 13.25 所示）时的末端执行器坐标系 {e} 相对于基础坐标系 {0} 为

$$M_{0e}=\begin{bmatrix}1&0&0&0.033\,0\\0&1&0&0\\0&0&1&0.654\,6\\0&0&0&1\end{bmatrix}$$

在本练习中，你可以忽略手臂关节极限。

（a）检查图 13.25 的右侧——并记住：①关节轴 1 和 5 在页面内指向上方，关节轴 2、3 和 4 指向页面外；②各轴的正向旋转依据于右手定则——确认末端执行器坐标系 $\mathcal{B}_i$ 中的旋量轴如下表所示：

i	ω_i	v_i	i	ω_i	v_i
1	(0, 0, 1)	(0, 0.0330, 0)	4	(0, −1, 0)	(−0.2176, 0, 0)
2	(0, −1, 0)	(−0.5076, 0, 0)	5	(0, 0, 1)	(0, 0, 0)
3	(0, −1, 0)	(−0.3526, 0, 0)			

或者提供正确的 $\mathcal{B}_i$。

（b）机器人手臂只有 5 个关节，因此当移动底座停放时，它无法产生任意的末端执行器运动旋量 $\mathcal{V}_e\in\mathbb{R}^6$。如果我们能够同时移动底座和手臂关节，是否存在手臂位形 θ 使得任意运动旋量都可行？如果是，请指明这些位形。另外解释为什么移动底座位形 $q=(\phi,x,y)$ 与此问题无关。

（c）使用数值形式的逆运动学来求解能将末端执行器放置到如下位置的底盘和手臂位形 (q,θ)

$$X(q,\theta)=\begin{bmatrix}1 & 0 & 0 & 0\\ 0 & 0 & 1 & 1.0\\ 0 & -1 & 0 & 0.4\\ 0 & 0 & 0 & 1\end{bmatrix}$$

你可以尝试将 $q_0=(\phi_0,x_0,y_0)=(0,0,0)$ 和 $\theta_0=(0,0,-\pi/2,0,0)$ 作为你的初始猜测。

(d) 你将编写一个机器人模拟器来测试运动任务空间前馈加反馈控制律（13.37），它用于跟踪由下列路径和时间标度定义的末端执行器轨迹

$$X_d(s)=\begin{bmatrix}\sin(s\pi/2) & 0 & \cos(s\pi/2) & s\\ 0 & 1 & 0 & 0\\ -\cos(s\pi/2) & 0 & \sin(s\pi/2) & 0.491\\ 0 & 0 & 0 & 1\end{bmatrix},\quad s\in[0,1]$$ 483

其中时间标度为

$$s(t)=\frac{3}{25}t^2-\frac{2}{125}t^3,\qquad t\in[0,5]$$

换言之，总的运动时间为 5 秒。

除了控制增益和你认为合适的任何其他参数外，你的程序还应将机器人的轨迹和初始位形作为输入。在本练习中，由于初始误差，机器人的初始位形并不在路径上：$q_0=(\phi_0,x_0,y_0)=(-\pi/8,-0.5,-0.5)$，$\theta_0=(0,-\pi/4,-\pi/4,-\pi/2,0)$。

你的主程序循环应该每个仿真秒中运行 100 次，即每个时间步长为 $\Delta t=0.01$ s，仿真中总共有 500 个时间步长。在每次循环中，你的程序应该：

- 计算当前时间下的期望位形 X_d 和运动旋量 $\mathcal{V}_d$。
- 计算当前位形误差 $X_{\text{err}}=(\omega_{\text{err}},v_{\text{err}})$，并将 X_{err} 保存在数组中以便以后绘图。
- 计算控制律（13.37）以求解车轮速度和关节速度指令 $(u,\dot{\theta})$。
- 对机器人运动进行一个时间步长 Δt 的仿真，求解机器人的新位形。你可以对机械臂使用简单的一阶欧拉积分：新的关节角度只是旧角度加上关节速度指令与 Δt 的乘积。要计算底盘的新位形，请使用第 13.4 节中的里程计测距，记住在一个仿真步骤中车轮角度的变化为 $u\Delta t$。

建议你首先测试控制器的前馈部分。路径上的起始位形约为 $q_0=(\phi_0,x_0,y_0)=(0,-0.526,0)$，$\theta_0=(0,-\pi/4,-\pi/4,-\pi/2,0)$。一旦确认前馈控制器按照预期设想工作之后，添加非零比例增益使得在存在初始误差的位形中获得良好性能。最后，你可以添加非零积分增益以查看超调等瞬态效应。

仿真完成后，将 X_{err} 的 6 个分量绘制为时间的函数。如果可能，选择增益 K_p 和 K_i，以便可以看到 PI 速度控制器的典型特征：存在些许超调和振荡，但最终收敛到几乎零误差。你应该选择控制增益，使 2% 调节时间为 1 秒或 2 秒，因此瞬态响应清晰可见。如果你有可用的可视化工具，请创建与你的绘图对应的机器人运动的影片。

(e) 在保持稳定性的同时，选择一组不同的控制增益，使机器人的行为明显不同。提供绘图和影片，并评论为什么不同的行为与你对 PI 速度控制的了解达成一致或

484 不一致。

34. 本章未考虑的一种轮式移动机器人有 3 个或更多个传统车轮，它们都是单独可转向的。这些可转向的传统车轮允许机器人底盘遵循任意路径，而不依赖于麦克纳姆轮或全向轮的被动侧向滚动。

在本练习中，你将为带有 4 个可转向轮的移动机器人建模。假设每个车轮都有两个执行器，一个用于转向，一个用于驱动。车轮位置相对于底盘车架 {b} 的分布与图 13.5 中的四轮机器人情况类似：它们位于 {b} 中的 4 个点 $(\pm\ell,\pm w)$ 。对于正驱动速度 $u_i>0$ ，当车轮 i 在 $+\hat{\mathrm{x}}_{\mathrm{b}}$ 方向上滚动时，其转向角 θ_i 为零；转向角的正向旋转定义为页面内的逆时针旋转。车轮 i 的线速度为 ru_i ，其中 r 是车轮半径。

(a) 给定期望的底盘运动旋量 $\mathcal{V}_b$ ，推导出 4 个轮子的转向角 θ_i 和 4 个轮子的驱动速度 u_i 的公式。注意，$(-\theta_i,-u_i)$ 和 (θ_i,u_i) 在车轮 i 处产生相同的线速度。

(b) 车轮 i 的“控制”是转向角 θ_i 和行驶速度 u_i 。然而，在实践中，车轮转向角的变
485 化速度有限。对可转向轮移动机器人的建模、路径规划和控制的含义进行评论。

附录 A

Modern Robotics: Mechanics, Planning, and Control

重要公式汇总

第 2 章

- dof = 所有构件的自由度之和 − 独立的位形约束数。
- Grübler 公式主要用于计算 N 杆（包括机架在内）J 副机构的自由度，即

$$\text{dof} = m(N-1-J) + \sum_{i=1}^{J} f_i$$

式中，关节 i 有 f_i 个自由度，对于平面机构，$m=3$；对于空间机构，$m=6$。

- Pfanffian 速度约束满足 $A(\theta)\dot{\theta}=0$。

第 3 章

刚体转动	一般刚体运动
$R \in SO(3)$：3×3 矩阵 $R^{\mathrm{T}}R = I, \det R = 1$	$T \in SE(3)$：4×4 矩阵 $T = \begin{bmatrix} R & p \\ 0 & 1 \end{bmatrix}$，$R \in SO(3), p \in \mathbb{R}^3$
$R^{-1} = R^{\mathrm{T}}$	$T^{-1} = \begin{bmatrix} R^{\mathrm{T}} & -R^{\mathrm{T}}p \\ 0 & 1 \end{bmatrix}$
坐标系变换 $R_{ab}R_{bc} = R_{ac}$，$R_{ab}p_b = p_a$	坐标系变换 $T_{ab}T_{bc} = T_{ac}$，$T_{ab}p_b = p_a$
旋转坐标系 {b} $R = \mathrm{Rot}(\hat{\omega}, \theta)$ $R_{sb'} = RR_{sb}$（绕轴线 $\hat{\omega}_s = \hat{\omega}$ 转动 θ） $R_{sb''} = R_{sb}R$（绕轴线 $\hat{\omega}_b = \hat{\omega}$ 转动 θ）	移动坐标系 {b} $T = \begin{bmatrix} \mathrm{Rot}(\hat{\omega}, \theta) & p \\ 0 & 1 \end{bmatrix}$ $T_{sb'} = TT_{sb}$（先绕轴线 $\hat{\omega}_s = \hat{\omega}$ 转动 θ，再相对 {s} 移动 {b} 原点距离 p） $T_{sb''} = T_{sb}T$（先相对 {b} 移动 {b} 原点距离 p，再绕新的坐标系中的轴线 $\hat{\omega}$ 转动 θ） 486
单位转轴 $\hat{\omega} \in \mathbb{R}^3$ 其中，$\lVert\hat{\omega}\rVert = 1$	单位螺旋轴 $\mathcal{S} = \begin{bmatrix} \omega \\ v \end{bmatrix} \in \mathbb{R}^6$ 其中，① $\lVert\hat{\omega}\rVert = 1$；② $\omega = 0, \lVert v\rVert = 1$ 对于具有有限节距 h 的螺旋轴 $\{q, \hat{s}, h\}$ $\mathcal{S} = \begin{bmatrix} \omega \\ v \end{bmatrix} = \begin{bmatrix} \hat{s} \\ -\hat{s}\times q + h\hat{s} \end{bmatrix}$
角速度 $\omega = \hat{\omega}\dot{\theta}$	运动旋量 $\mathcal{V} = \mathcal{S}\dot{\theta}$

（续）

刚体转动	一般刚体运动
对于三维向量 $\omega \in \mathbb{R}^3$ $[\omega]=\begin{bmatrix} 0 & -\omega_3 & \omega_2 \\ \omega_3 & 0 & -\omega_1 \\ -\omega_2 & \omega_1 & 0 \end{bmatrix} \in so(3)$ 对于 $\omega, x \in \mathbb{R}^3$，$R \in SO(3)$ $[\omega]=-[\omega]^{\mathrm{T}}, [\omega]x=-[x]\omega$ $[\omega][x]=([x][\omega])^{\mathrm{T}}, R[\omega]R^{\mathrm{T}}=[R\omega]$	对于 $\mathcal{V}=\begin{bmatrix} \omega \\ v \end{bmatrix} \in \mathbb{R}^6$， $[\mathcal{V}]=\begin{bmatrix} [\omega] & v \\ 0 & 0 \end{bmatrix} \in se(3)$ (ω, v) 可描述运动旋量 $\mathcal{V}$ 或单位螺旋轴 $\mathcal{S}$
$\dot{R}R^{-1}=[\omega_s]$，$R^{-1}\dot{R}=[\omega_b]$	$\dot{T}T^{-1}=[\mathcal{V}_s]$，$T^{-1}\dot{T}=[\mathcal{V}_b]$
	$[\mathrm{Ad}_T]=\begin{bmatrix} R & 0 \\ [p]R & R \end{bmatrix} \in \mathbb{R}^{6\times 6}$ $[\mathrm{Ad}_T]^{-1}=[\mathrm{Ad}_{T^{-1}}]$ $[\mathrm{Ad}_{T_1}][\mathrm{Ad}_{T_2}]=[\mathrm{Ad}_{T_1T_2}]$
坐标系变换 $\hat{\omega}_a=R_{ab}\hat{\omega}_b$，$\omega_a=R_{ab}\omega_b$	坐标系变换 $\mathcal{S}_a=[\mathrm{Ad}_{T_{ab}}]\mathcal{S}_b$，$\mathcal{V}_a=[\mathrm{Ad}_{T_{ab}}]\mathcal{V}_b$
$R \in SO(3)$ 的指数坐标：$\hat{\omega}\theta \in \mathbb{R}^3$ exp：$[\hat{\omega}]\theta \in so(3) \to R \in SO(3)$ $R=\mathrm{Rot}(\hat{\omega},\theta)=e^{[\hat{\omega}]\theta}$ $\quad =I+\sin\theta[\hat{\omega}]+(1-\cos\theta)[\hat{\omega}]^2$ log：$R \in SO(3) \to [\hat{\omega}]\theta \in so(3)$ 相关算法参考第 3.2.3 节	$T \in SE(3)$ 的指数坐标：$\mathcal{S}\theta \in \mathbb{R}^6$ exp：$[\mathcal{S}]\theta \in se(3) \to T \in SE(3)$ $T=e^{[\mathcal{S}]\theta}=\begin{bmatrix} e^{[\omega]\theta} & * \\ 0 & 1 \end{bmatrix}$ $*=(I\theta+(1-\cos\theta)[\hat{\omega}]+(\theta-\sin\theta)[\hat{\omega}]^2)v$ log：$T \in SE(3) \to [\mathcal{S}]\theta \in se(3)$ 相关算法参考第 3.3.3 节
力矩的坐标变换公式 $m_a=R_{ab}m_b$	力旋量的坐标变换公式 $\mathcal{F}_a=(m_a, f_a)=[\mathrm{Ad}_{T_{ba}}]^{\mathrm{T}}\mathcal{F}_b$

第 4 章

- 串联开链机器人的指数积公式
  对于空间坐标系，$T=e^{[\mathcal{S}_1]\theta_1}\cdots e^{[\mathcal{S}_n]\theta_n}M$；
  对于物体坐标系，$T=Me^{[\mathcal{B}_1]\theta_1}\cdots e^{[\mathcal{B}_n]\theta_n}$。
  式中，M 表示机器人处于初始位置时，末端坐标系相对基坐标系的位形；$\mathcal{S}_i$ 为关节 i 以单位速度转动或移动，而其他所有关节处于零位时的空间速度旋量；$\mathcal{B}_i$ 为关节 i 相对末端坐标系以单位速度转动或移动，而其他所有关节处于零位时的物
  487 体速度旋量。

第 5 章

- 当操作手的末端位形用坐标 x 来描述时，其正向运动学可以写成 $x=f(\theta)$，其微分运动学为 $\dot{x}=(\partial f/\partial\theta)\dot{\theta}=J(\theta)\dot{\theta}$，其中，$J(\theta)$ 为该操作手的雅可比。
- 写成运动旋量的形式，微分运动学可以写成 $\mathcal{V}_*=J_*(\theta)\dot{\theta}$，其中 * 表示 s（对于空间雅可比），或者表示 b（对于物体雅可比）。空间雅可比的第 i 列（$i=2,\cdots,n$）可

以写成

$$J_{si}(\theta)=[\mathrm{Ad}_{e^{[\mathcal{S}_1]\theta_1}\cdots e^{[\mathcal{S}_{i-1}]\theta_{i-1}}}]\mathcal{S}_i$$

且 $J_{s1}=\mathcal{S}_1$。

物体雅可比的第 i 列（$i=1,\cdots,n-1$）可以写成

$$J_{bi}(\theta)=[\mathrm{Ad}_{e^{-[\mathcal{B}_n]\theta_n}\cdots e^{-[\mathcal{B}_{i+1}]\theta_{i+1}}}]\mathcal{B}_i$$

且 $J_{bn}=\mathcal{B}_n$。

物体雅可比与空间雅可比之间的关系满足

$$J_b(\theta)=[\mathrm{Ad}_{T_{bs}(\theta)}]J_s(\theta)，\ J_s(\theta)=[\mathrm{Ad}_{T_{sb}(\theta)}]J_b(\theta)。$$

- 关节处的广义力 τ 与施加在末端的力旋量 $\mathcal{F}$（或者在空间坐标系表示或者在末端物体坐标系表示）之间的关系满足

$$\tau=J_*^{\mathrm{T}}(\theta)\mathcal{F}_*$$

式中，* 表示 s（对于空间雅可比），或者表示 b（对于物体雅可比）。

- 可操作度椭球定义成

$$\mathcal{V}^{\mathrm{T}}(JJ^{\mathrm{T}})^{-1}\mathcal{V}=1$$

式中，$\mathcal{V}$ 可以是一组任务空间的坐标速度 $\dot{q}$，可以是空间速度旋量，也可以是物体速度旋量，或者是角速度分量或者线速度分量。J 是相应的满足 $\mathcal{V}=J(\theta)\dot{\theta}$ 的雅可比。可操作度椭球的主轴方向沿 JJ^{T} 的特征向量方向，主轴半径长是相应特征值的平方根。

- 力椭球定义成

$$\mathcal{F}^{\mathrm{T}}JJ^{\mathrm{T}}\mathcal{F}=1$$

式中，J 是雅可比（可能基于最小任务空间坐标或者空间、物体速度旋量的形式），$\mathcal{F}$ 为满足 $\tau=J^{\mathrm{T}}\mathcal{F}$ 的末端力或力旋量。力椭球的主轴方向沿 $(JJ^{\mathrm{T}})^{-1}$ 的特征向量方向，主轴半径长是相应特征值的平方根。 488

第 6 章

- **余弦公式为** $c^2=a^2+b^2-2ab\cos\gamma$，其中 a，b，c 分别为三角形的 3 个边长，γ 为与 c 相对的内角。该公式经常用在求解逆运动学问题中。
- 当不存在封闭解时，通常采用数值方法求解机器人的逆运动学。下面给出常用的牛顿–拉弗森方法求解雅可比伪逆的过程：

①初始化：给定 T_{sd} 和初始值 $\theta^0\in\mathbb{R}^n$，设定 $i=0$；

②设定 $[\mathcal{V}_b]=\log(T_{sd}^{-1}(\theta^i)T_{sd})$。对于 ε_ω 和 ε_v 足够小，且当 $\|\omega_b\|>\varepsilon_\omega$ 或者 $\|v_b\|>\varepsilon_v$ 时，

——设定 $\theta^{i+1}=\theta^i+J_b^{\dagger}(\theta^i)\mathcal{V}_b$；

——i 递增。

若 J 是满秩方阵，有 $J^{\dagger}=J^{-1}$。若 $J\in\mathbb{R}^{m\times n}$ 为满秩阵（当 $n>m$ 时，秩为 m；当 $n<m$ 时，秩为 n），机器人不处于奇异位形，相应的伪逆可按下式来计算：

$J^{\dagger}=J^{\mathrm{T}}(JJ^{\mathrm{T}})^{-1}$，若 $n>m$（由于 $JJ^{\dagger}=I$，因此成为右逆）；

$J^{\dagger}=(J^{\mathrm{T}}J)^{-1}J^{\mathrm{T}}$，若 $n<m$（由于 $J^{\dagger}J=I$，因此成为左逆）。

第 8 章

- 拉格朗日函数实质上是用动能减去势能，即 $\mathcal{L}(\theta,\dot{\theta})=\mathcal{K}(\theta,\dot{\theta})-\mathcal{P}(\theta)$。
- 欧拉 – 拉格朗日方程如下：

$$\tau=\frac{\mathrm{d}}{\mathrm{d}t}\frac{\partial\mathcal{L}}{\partial\dot{\theta}}-\frac{\partial\mathcal{L}}{\partial\theta}$$

- 机器人的运动方程可以写成如下的等效形式：

$$\begin{aligned}\tau&=M(\theta)\ddot{\theta}+h(\theta,\ \dot{\theta})\\&=M(\theta)\ddot{\theta}+c(\theta,\ \dot{\theta})+g(\theta)\\&=M(\theta)\ddot{\theta}+\dot{\theta}^{\mathrm{T}}\Gamma(\theta)\dot{\theta}+g(\theta)\\&=M(\theta)\ddot{\theta}+C(\theta,\ \dot{\theta})\dot{\theta}+g(\theta)\end{aligned}$$

式中，$M(\theta)$ 为 $n\times n$ 对称正定矩阵，$h(\theta,\ \dot{\theta})$ 为由于重力和二阶速度项的广义力之和，$c(\theta,\ \dot{\theta})$ 为二阶速度力，$g(\theta)$ 为重力，$\Gamma(\theta)$ 为对 $M(\theta)$ 求取关于 θ 偏导的第一类 Christoffel 符号的 $n\times n\times n$ 矩阵，$C(\theta,\ \dot{\theta})$ 为科里奥利矩阵，其第 (i, j) 元素为

$$c_{ij}(\theta,\ \dot{\theta})=\sum_{k=1}^{n}\Gamma_{ijk}(\theta)\dot{\theta}_k$$

489 如果机器人的末端执行器正在向环境施加力旋量 $\mathcal{F}_{\mathrm{tip}}$，则应在机器人动力学方程的等号右边加上 $J^{\mathrm{T}}(\theta)\mathcal{F}_{\mathrm{tip}}$ 这一项。

- 刚体的对称正定转动惯性矩阵为

$$\mathcal{I}_b=\begin{bmatrix}\mathcal{I}_{xx}&\mathcal{I}_{xy}&\mathcal{I}_{xz}\\\mathcal{I}_{xy}&\mathcal{I}_{yy}&\mathcal{I}_{yz}\\\mathcal{I}_{xz}&\mathcal{I}_{yz}&\mathcal{I}_{zz}\end{bmatrix}$$

式中，

$$\begin{aligned}\mathcal{I}_{xx}&=\int_{\mathcal{B}}(y^2+z^2)\rho(x,\ y,\ z)\mathrm{d}V&\mathcal{I}_{yy}&=\int_{\mathcal{B}}(x^2+z^2)\rho(x,\ y,\ z)\mathrm{d}V\\\mathcal{I}_{zz}&=\int_{\mathcal{B}}(x^2+y^2)\rho(x,\ y,\ z)\mathrm{d}V&\mathcal{I}_{xy}&=-\int_{\mathcal{B}}xy\rho(x,\ y,\ z)\mathrm{d}V\\\mathcal{I}_{xz}&=-\int_{\mathcal{B}}xz\rho(x,\ y,\ z)\mathrm{d}V&\mathcal{I}_{yz}&=-\int_{\mathcal{B}}yz\rho(x,\ y,\ z)\mathrm{d}V\end{aligned}$$

其中，$\mathcal{B}$ 为物体的体积，$\mathrm{d}V$ 为一个微分体积单元，$\rho(x,\ y,\ z)$ 为密度函数。

- 如果 $\mathcal{I}_b$ 在质心处建立的坐标系 {b} 下定义，则与坐标系 {b} 对齐但与坐标系 {b} 原点偏移 $q\in\mathbb{R}^3$ 的惯性矩阵 $\mathcal{I}_q$ 可表示为

$$\mathcal{I}_q=\mathcal{I}_b+\mathfrak{m}(q^{\mathrm{T}}qI-qq^{\mathrm{T}})$$

- 在质心处建立的坐标系 {b} 下描述的空间惯性矩阵 $\mathcal{G}_b$，定义为一个 6×6 矩阵，即

$$\mathcal{G}_b=\begin{bmatrix}\mathcal{I}_b&0\\0&\mathfrak{m}I\end{bmatrix}$$

在相对于坐标系 {b} 的位形 T_{ba} 处的坐标系 {a} 下，对应的空间惯性矩阵为

$$\mathcal{G}_a=[\mathrm{Ad}_{T_{ba}}]^{\mathrm{T}}\mathcal{G}_b[\mathrm{Ad}_{T_{ba}}]$$

- 两个运动旋量$\mathcal{V}_1$和$\mathcal{V}_2$的李括号为

$$\mathrm{ad}_{\mathcal{V}_1}(\mathcal{V}_2)=[\mathrm{ad}_{\mathcal{V}_1}]\mathcal{V}_2$$

式中，

$$[\mathrm{ad}_{\mathcal{V}}]=\begin{bmatrix}[\omega] & 0\\ [v] & [\omega]\end{bmatrix}\in\mathbb{R}^{6\times 6}$$

- 单刚体动力学的运动 – 力旋量公式为

$$\mathcal{F}_b=\mathcal{G}_b\dot{\mathcal{V}}_b-[\mathrm{ad}_{\mathcal{V}_b}]^{\mathrm{T}}\mathcal{G}_b\mathcal{V}_b$$

如果$\mathcal{F}$，$\mathcal{V}$和$\mathcal{G}$都在相同的坐标系下描述，则方程具有相同的形式，与坐标系无关。

- 刚体的动能为$\mathcal{V}_b^{\mathrm{T}}\mathcal{G}_b\mathcal{V}_b/2$，开链机器人的动能为$\dot{\theta}^{\mathrm{T}}M(\theta)\dot{\theta}/2$。 490
- 牛顿 – 欧拉逆推动力学求解算法如下。

初始化：将坐标系 {0} 置于基座，坐标系 {1} 到 {n} 置于连杆 {1} 到 {n} 的质心，以及坐标系 {n+1} 置于末端执行器，其与坐标系 {n} 固结。当$\theta_i=0$时，定义$M_{i,i-1}$为坐标系 {$i-1$} 在 {i} 中的位形。令$\mathcal{A}_i$为坐标系 {i} 中描述的关节i的旋量轴线，$\mathcal{G}_i$为连杆i的6×6空间惯性矩阵。令$\mathcal{V}_0$为以基坐标系坐标表示的基坐标系 {0} 下的运动旋量（通常为零）。令$\mathfrak{g}\in\mathbb{R}^3$是以基坐标系 {0} 坐标表示的重力向量，并定义$\dot{\mathcal{V}}_0=(0,\ -\mathfrak{g})$（重力被视为与基座方向的加速度）。定义$\mathcal{F}_{n+1}=\mathcal{F}_{\mathrm{tip}}=(m_{\mathrm{tip}},f_{\mathrm{tip}})$为在末端执行器坐标系 {$n$+1} 下描述的其对环境作用的力旋量。

前向迭代：给定$\theta,\ \dot{\theta},\ \ddot{\theta}$，对$i=1$到$n$，

$$T_{i,i-1}=e^{-[\mathcal{A}_i]\theta_i}M_{i,i-1}$$
$$\mathcal{V}_i=\mathrm{Ad}_{T_{i,i-1}}(\mathcal{V}_{i-1})+\mathcal{A}_i\dot{\theta}_i$$
$$\dot{\mathcal{V}}_i=\mathrm{Ad}_{T_{i,i-1}}(\dot{\mathcal{V}}_{i-1})+\mathrm{ad}_{\mathcal{V}_i}(\mathcal{A}_i)\dot{\theta}_i+\mathcal{A}_i\ddot{\theta}_i$$

逆向迭代：对$i=n$到 1，

$$\mathcal{F}_i=\mathrm{Ad}_{T_{i+1,i}}^{\mathrm{T}}(\mathcal{F}_{i+1})+\mathcal{G}_i\dot{\mathcal{V}}_i-\mathrm{ad}_{\mathcal{V}_i}^{\mathrm{T}}(\mathcal{G}_i\mathcal{V}_i)$$
$$\tau_i=\mathcal{F}_i^{\mathrm{T}}\mathcal{A}_i$$

- 令$J_{ib}(\theta)$为将$\dot{\theta}$与在连杆i的质心坐标系 {i} 下物体运动旋量$\mathcal{V}_i$相联系的雅可比矩阵，则执行器的质量矩阵$M(\theta)$可写作

$$M(\theta)=\sum_{i=1}^{n}J_{ib}^{\mathrm{T}}(\theta)\mathcal{G}_iJ_{ib}(\theta)$$

- 在任务空间中的机器人动力学$M(\theta)\ddot{\theta}+h(\theta,\ \dot{\theta})$可写作

$$\mathcal{F}=\Lambda(\theta)\dot{\mathcal{V}}+\eta(\theta,\ \mathcal{V})$$

式中，$\mathcal{F}$为作用于末端执行器的力旋量，$\mathcal{V}$为末端执行器的运动旋量，且$\mathcal{F}$和$\mathcal{V}$以及雅可比矩阵$J(\theta)$均在相同的坐标系中定义。任务空间质量矩阵$\Lambda(\theta)$以及重力和二阶速度力$(\theta,\ \mathcal{V})$为

$$\Lambda(\theta)=J^{-\mathrm{T}}M(\theta)J^{-1}$$
$$\eta(\theta,\ \mathcal{V})=J^{-\mathrm{T}}h(\theta,\ J^{-1}\mathcal{V})-\Lambda(\theta)\dot{J}J^{-1}\mathcal{V}$$

- 定义两个秩为$n-k$的$n\times n$投影矩阵

$$P(\theta)=I-A^{\mathrm{T}}(AM^{-1}A^{\mathrm{T}})^{-1}AM^{-1}$$

491

$$P_{\ddot{\theta}}(\theta)=M^{-1}PM=I-M^{-1}A^{\mathrm{T}}(AM^{-1}A^{\mathrm{T}})^{-1}A$$

对应作用于机器人的 k 个 Pfaffian 约束，$A(\theta)\dot{\theta}=0$，$A\in\mathbb{R}^{k\times n}$。则 $n+k$ 个运动约束方程为

$$\tau=M(\theta)\ddot{\theta}+h(\theta,\ \dot{\theta})+A^{\mathrm{T}}(\theta)\lambda$$

$$A(\theta)\dot{\theta}=0$$

通过消去拉格朗日因子 λ，上式可缩减为如下的等价形式：

$$P\tau=P(M\ddot{\theta}+h)$$

$$P_{\ddot{\theta}}\ddot{\theta}=P_{\ddot{\theta}}M^{-1}(\tau-h)$$

矩阵 P 对作用于约束而作用于机器人的关节力 – 力矩分量投影，而矩阵 $P_{\ddot{\theta}}$ 对不满足约束条件的加速度分量投影。

第 9 章

- 关节空间的直线路径可以写成 $\theta(s)=\theta_{\mathrm{start}}+s(\theta_{\mathrm{end}}-\theta_{\mathrm{start}})$，其中 s 在 0 ～ 1 之间取值。
- 末端执行器从 $X_{\mathrm{start}}\in SE(3)$ 到 X_{end} 的常螺旋轴运动可以写成 $X(s)=X_{\mathrm{start}}\exp(\log(X_{\mathrm{start}}^{-1}X_{\mathrm{end}})s)$，其中 s 在 0 ～ 1 之间取值。
- 机器人路径约束动力学可以写成

$$m(s)\ddot{s}+c(s)\dot{s}^2+g(s)=\tau\in\mathbb{R}^n$$

式中，s 在 0 ～ 1 之间取值。

第 13 章

- 两个向量场 g_1 和 g_2 的李括号定义为

492

$$[g_1,g_2]=\left(\frac{\partial g_2}{\partial q}g_1-\frac{\partial g_1}{\partial q}g_2\right)$$

附录 B

Modern Robotics: Mechanics, Planning, and Control

转动的其他表示方法

B.1 欧拉角

如我们前面所描述的那样，用 3 个独立的参数坐标即可确定刚体的姿态。例如，考虑附着在一个刚体上的物体坐标系 {b}，其最初与参考坐标系 {s} 重合。现在，令刚体绕物体坐标系的 $\hat{z}_b$ 轴旋转角度 α，再绕新 $\hat{y}_b$ 轴旋转角度 β，最后再绕新 $\hat{x}_b$ 轴旋转角度 γ，这样 (α, β, γ) 就是表示刚体最终姿态的 ZYX 欧拉角（图 B.1）。

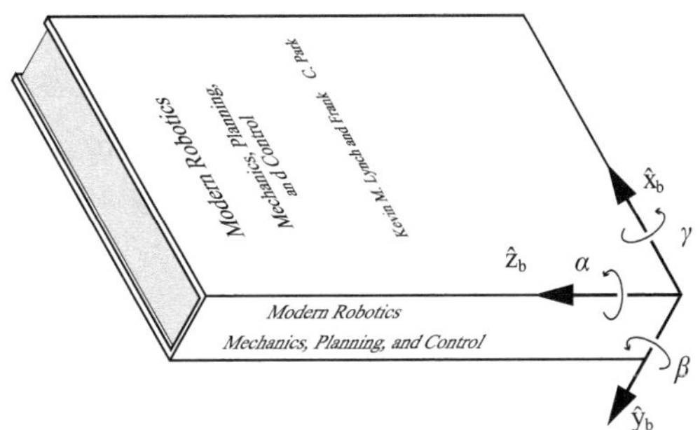

图 B.1 为便于理解 ZYX 欧拉角，用盒子或者书本的一个边角作为物体坐标系。ZYX 欧拉角对应的就是刚体绕物体坐标系的 $\hat{z}_b$ 轴旋转角度 α，再绕新 $\hat{y}_b$ 轴旋转角度 β，最后再绕新 $\hat{x}_b$ 轴旋转角度 γ 的连续转动

由于上述过程是相对物体坐标系的连续旋转，其结果可通过下式来计算

$$R(\alpha, \beta, \gamma) = I\ \mathrm{Rot}(\hat{z}, \alpha)\mathrm{Rot}(\hat{y}, \beta)\mathrm{Rot}(\hat{x}, \gamma)$$

式中

$$R = \mathrm{Rot}(\hat{z}, \alpha) = \begin{bmatrix} \cos\alpha & -\sin\alpha & 0 \\ \sin\alpha & \cos\alpha & 0 \\ 0 & 0 & 1 \end{bmatrix},\quad R = \mathrm{Rot}(\hat{y}, \beta) = \begin{bmatrix} \cos\beta & 0 & \sin\beta \\ 0 & 1 & 0 \\ -\sin\beta & 0 & \cos\beta \end{bmatrix},$$

$$\mathrm{Rot}(\hat{x}, \gamma) = \begin{bmatrix} 1 & 0 & 0 \\ 0 & \cos\gamma & -\sin\gamma \\ 0 & \sin\gamma & \cos\gamma \end{bmatrix}$$

将运算结果写成显示式形式

$$R(\alpha, \beta, \gamma) = \begin{bmatrix} c_\alpha c_\beta & c_\alpha s_\beta s_\gamma - s_\alpha c_\gamma & c_\alpha s_\beta c_\gamma + s_\alpha s_\gamma \\ s_\alpha c_\beta & s_\alpha s_\beta s_\gamma + c_\alpha c_\gamma & s_\alpha s_\beta c_\gamma - c_\alpha s_\gamma \\ -s_\beta & c_\beta s_\gamma & c_\beta c_\gamma \end{bmatrix} \tag{B.1}$$

式中，s_α 和 c_α 分别是 $\sin\alpha$ 和 $\cos\alpha$ 的简写形式，以下类同。

接下来有个问题需要解答：给定任意旋转矩阵 R，是否总存在一组参数 (α,β,γ) 满足式（B.1）？换句话说，ZYX 欧拉角能否表示所有姿态？回答是肯定的。下面就来证明这个结论。

令 r_{ij} 为 R 中的 i 行第 j 列元素，根据式（B.1）可知，可以得出 $r_{11}^2+r_{21}^2=\cos^2\beta$。只要 $\cos\beta\neq 0$，或者 $\beta\neq\pm 90°$ 时，可以得到两组解

493
$$\beta=\operatorname{atan}2(-r_{31},\sqrt{r_{11}^2+r_{21}^2})$$

或者

$$\beta=\operatorname{atan}2(-r_{31},-\sqrt{r_{11}^2+r_{21}^2})$$

第一组解表明 β 应在 $[-90°, 90°]$ 范围内取值，第二组解表明 β 应在 $[90°, 270°]$ 范围内取值。假设上述计算得到的 β 不在 $\pm 90°$ 范围内，α 和 γ 可根据下式来确定

$$\alpha=\operatorname{atan}2(r_{21},r_{11})$$

$$\gamma=\operatorname{atan}2(r_{32},r_{33})$$

当 $\beta=\pm 90°$ 时，α 和 γ 存在一组单参数解系。这从图 B.3 最容易观察得到。若 $\beta=90°$，α 和 γ 表示同一竖直轴的转动（互为相反方向）。因此，若 $(\alpha,\beta,\gamma)=(\bar{\alpha},90°,\bar{\gamma})$ 是给定旋转矩阵 R 的一组解，则任一 $(\bar{\alpha}',90°,\bar{\gamma}')$（其中，$\bar{\alpha}'-\bar{\gamma}'=\bar{\alpha}-\bar{\gamma}$）也是一组解。

B.1.1　计算 ZYX 欧拉角的算法

当给定 $R\in SO(3)$ 后，我们希望找到相应的 $\alpha,\gamma\in(-\pi,\pi]$ 和 $\beta\in[-\pi/2,\ \pi/2)$ 满足

$$R=\begin{bmatrix} c_\alpha c_\beta & c_\alpha s_\beta s_\gamma - s_\alpha c_\gamma & c_\alpha s_\beta c_\gamma + s_\alpha s_\gamma \\ s_\alpha c_\beta & s_\alpha s_\beta s_\gamma + c_\alpha c_\gamma & s_\alpha s_\beta c_\gamma - c_\alpha s_\gamma \\ -s_\beta & c_\beta s_\gamma & c_\beta c_\gamma \end{bmatrix} \tag{B.2}$$

用 r_{ij} 表示 R 中第 i 行第 j 列元素。

①若 $r_{31}\neq\pm 1$，则

$$\beta=\operatorname{atan}2(-r_{31},\sqrt{r_{11}^2+r_{21}^2}) \tag{B.3}$$

$$\alpha=\operatorname{arctan}2(r_{21},r_{11}) \tag{B.4}$$

$$\gamma=\operatorname{arctan}2(r_{32},r_{33}) \tag{B.5}$$

494 根号前面取正值。

②若 $r_{31}=-1$，则 $\beta=\pi/2$，而 α 和 γ 则是一组单参数的解系（不是唯一解），其中一组可用解为 $\alpha=0,\gamma=\operatorname{atan}2(r_{12},r_{22})$。

③若 $r_{31}=1$，则 $\beta=-\pi/2$，而 α 和 γ 则是一组单参数的解系（不是唯一解），其中一组可用解为 $\alpha=0,\gamma=-\operatorname{atan}2(r_{12},r_{22})$。

B.1.2　其他的欧拉角形式

ZYX 欧拉角可通过如图 B.2 所示的腕部机构来形象示意。该机构中，ZYX 欧拉角正好对应其中 3 个关节的转动。图中所示位置为机构的零位（初始位形），即所有 3 个关节角为零。

图中定义了 4 个坐标系：坐标系 {0} 是固定坐标系，而坐标系 {1}、{2}、{3} 分别附着在手腕机构中 3 个连杆上，如图所示。当手腕机构处于零位时，所有 4 个坐标系的姿态完全相同。当处在关节角 (α,β,γ) 时，{1} 相对 {0} 的姿态矩阵 $R_{01}(\alpha)=\mathrm{Rot}(\hat{z},\alpha)$，类似的，$R_{12}(\beta)=\mathrm{Rot}(\hat{y},\beta)$，$R_{23}(\gamma)=\mathrm{Rot}(\hat{x},\gamma)$。因此根据式（B.1）有 $R_{03}(\alpha,\beta,\gamma)=\mathrm{Rot}(\hat{z},\alpha)\mathrm{Rot}(\hat{y},\beta)\mathrm{Rot}(\hat{x},\gamma)$。

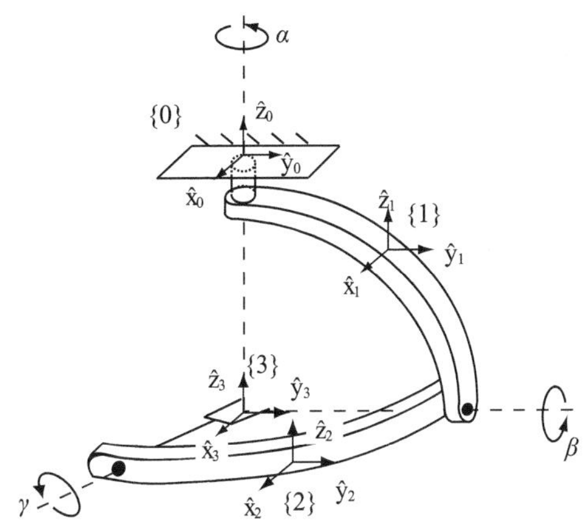

图 B.2 用于示意 ZYX 欧拉角的腕部机构

很显然，零位的选择从某种程度上讲是比较随意的。也就是说，我们正好能够定义如图 B.3 所示腕部机构的零位，由此可给出 $SO(3)$ 的另外三参数表示方法。事实上，图 B.3 示意的就是 ZYZ 欧拉角表示法。即最 495
终旋转矩阵可通过下述连续转动得到：刚体首先绕物体坐标系的 $\hat{z}_b$ 轴旋转，再绕新 $\hat{y}_b$ 轴旋转，最后再绕新 $\hat{z}_b$ 轴旋转，即

$$
\begin{aligned}
R(\alpha,\beta,\gamma)&=\mathrm{Rot}(\hat{z},\alpha)\mathrm{Rot}(\hat{y},\beta)\mathrm{Rot}(\hat{z},\gamma)\\
&=\begin{bmatrix} c_\alpha & -s_\alpha & 0\\ s_\alpha & c_\alpha & 0\\ 0 & 0 & 1\end{bmatrix}\begin{bmatrix} c_\beta & 0 & s_\beta\\ 0 & 1 & 0\\ -s_\beta & 0 & c_\beta\end{bmatrix}\begin{bmatrix} c_\gamma & -s_\gamma & 0\\ s_\gamma & c_\gamma & 0\\ 0 & 0 & 1\end{bmatrix}\\
&=\begin{bmatrix} c_\alpha c_\beta c_\gamma - s_\alpha s_\gamma & -c_\alpha c_\beta s_\gamma - s_\alpha c_\gamma & c_\alpha s_\beta\\ s_\alpha c_\beta c_\gamma + c_\alpha s_\gamma & -s_\alpha c_\beta s_\gamma + c_\alpha c_\gamma & s_\alpha s_\beta\\ -s_\beta c_\gamma & s_\beta s_\gamma & c_\beta\end{bmatrix}
\end{aligned}
\tag{B.6}
$$

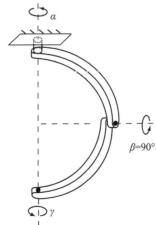

图 B.3 对应 ZYX 欧拉角中当 $\beta=90°$ 时的腕部机构位形

跟先前一样，我们可以证明，对于每个旋转 $R\in SO(3)$，存在一个满足 $R=R(\alpha,\beta,\gamma)$ 条件的三个参数 (α,β,γ)，其中 $R(\alpha,\beta,\gamma)$ 由公式（B.6）给出。(当然，所得到的公式与 ZYX 欧拉角公式不同)。

496 根据 ZYX 和 ZYZ 欧拉角的手腕机构解释，很明显可知，对于 $SO(3)$ 的欧拉角参数化，最为关键的是旋转轴线 1 与旋转轴线 2 正交，旋转轴线 2 与旋转轴线 3 正交（旋转轴线 1 与旋转轴线 3 并不一定需要彼此正交）。具体地，具有下列形式的任意旋转序列

$$\mathrm{Rot}(\text{axis } 1, \alpha)\mathrm{Rot}(\text{axis } 2, \beta)\mathrm{Rot}(\text{axis } 3, \gamma) \tag{B.7}$$

可以作为 $SO(3)$ 的一个三参数表示，式（B.7）中，轴线 1 与轴线 2 正交，轴线 2 与轴线 3 正交。第一个旋转和第三个旋转的角度在 2π 区间中取值，而第二个旋转的角度在长度为 π 的区间中取值。

B.2 RPY 角

欧拉角反映的是绕物体坐标系的连续旋转，而 RPY 角则针对的是绕固定坐标系的连续转动。如图 B.4 所示，物体坐标系最初与固定坐标系重合（$R=I$）。让物体坐标系首先绕固定坐标系的 $\hat{\mathrm{x}}$ 轴旋转角度 γ，再绕固定坐标系的 $\hat{\mathrm{y}}$ 轴旋转角度 β，最后再绕固定坐标系的 $\hat{\mathrm{z}}$ 轴旋转角度 α。

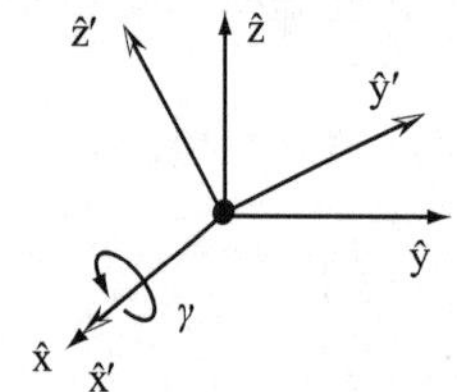

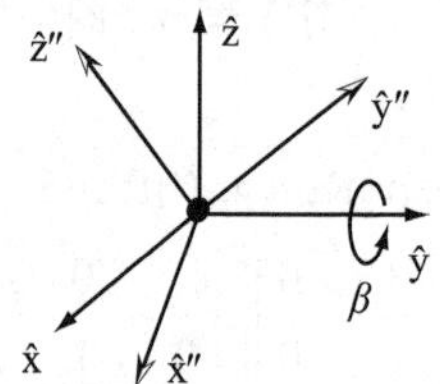

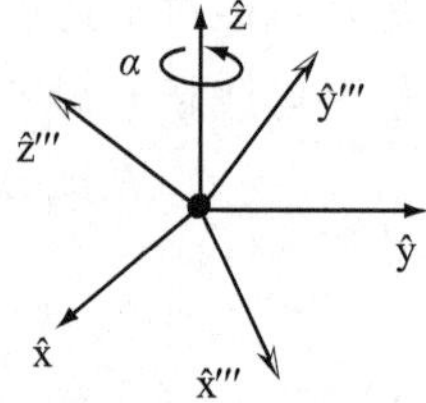

图 B.4　RPY 角示意图

由于上述 3 个转动都是基于固定坐标系的，因此最终的姿态为

$$\begin{aligned} R(\alpha,\beta,\gamma) &= \mathrm{Rot}(\hat{\mathrm{z}},\alpha)\mathrm{Rot}(\hat{\mathrm{y}},\beta)\mathrm{Rot}(\hat{\mathrm{x}},\gamma)I \\ &= \begin{bmatrix} \mathrm{c}_\alpha & -\mathrm{s}_\alpha & 0 \\ \mathrm{s}_\alpha & \mathrm{c}_\alpha & 0 \\ 0 & 0 & 1 \end{bmatrix} \begin{bmatrix} \mathrm{c}_\beta & 0 & \mathrm{s}_\beta \\ 0 & 1 & 0 \\ -\mathrm{s}_\beta & 0 & \mathrm{c}_\beta \end{bmatrix} \begin{bmatrix} 1 & 0 & 0 \\ 0 & \mathrm{c}_\gamma & -\mathrm{s}_\gamma \\ 0 & \mathrm{s}_\gamma & \mathrm{c}_\gamma \end{bmatrix} I \\ &= \begin{bmatrix} \mathrm{c}_\alpha \mathrm{c}_\beta & \mathrm{c}_\alpha \mathrm{s}_\beta \mathrm{s}_\gamma - \mathrm{s}_\alpha \mathrm{c}_\gamma & \mathrm{c}_\alpha \mathrm{s}_\beta \mathrm{c}_\gamma + \mathrm{s}_\alpha \mathrm{s}_\gamma \\ \mathrm{s}_\alpha \mathrm{c}_\beta & \mathrm{s}_\alpha \mathrm{s}_\beta \mathrm{s}_\gamma + \mathrm{c}_\alpha \mathrm{c}_\gamma & \mathrm{s}_\alpha \mathrm{s}_\beta \mathrm{c}_\gamma - \mathrm{c}_\alpha \mathrm{s}_\gamma \\ -\mathrm{s}_\beta & \mathrm{c}_\beta \mathrm{s}_\gamma & \mathrm{c}_\beta \mathrm{c}_\gamma \end{bmatrix} \end{aligned} \tag{B.8}$$

对比式（B.2）和（B.8），发现结果完全相同。同样的结果却有着不同的物体解释：将相对物体坐标系的转动顺序（ZYX 欧拉角）完全倒过来，就是相对固定坐标系的转动顺序（XYZ 型 RPY 角）。

RPY 角中的 3 个参数通常用来描述船或者飞机的转动运动。例如，对于固定翼飞
497 机，假定物体坐标系附着在其上，$\hat{\mathrm{x}}$ 轴指向飞机飞行的方向，$\hat{\mathrm{z}}$ 轴为垂直指向地面方向（假设飞机飞行时与地面平行），$\hat{\mathrm{y}}$ 轴则沿着机翼的翼展方向，再根据式（B.8）中对 XYZ 型 RPY 角 (α,β,γ) 进行定义。

B.3 单位四元数

$SO(3)$ 的指数坐标表示姿态存在一个缺点：由于对数公式的分母中存在 $\sin\theta$，因此当

取较小的转角 θ 时，对数值变得非常敏感。当 $R=I$ 时，这种三参数的表达将发生奇异。

单位四元数则是避开上述奇异现象发生的一种可行替代方法，但需引入四参数的表示形式。下面我们就来给出相关定义并介绍如何使用这些坐标。

$R\in SO(3)$ 对应的指数坐标为 $R=e^{[\hat{\omega}]\theta}$，其中，$\|\hat{\omega}\|=1$，$\theta\in[0,\pi]$。与 R 对应的单位四元数 $q\in\mathbb{R}^4$ 可定义成

$$q=\begin{bmatrix}q_0\\q_1\\q_2\\q_3\end{bmatrix}=\begin{bmatrix}\cos(\theta/2)\\\hat{\omega}\sin(\theta/2)\end{bmatrix}\in\mathbb{R}^4 \tag{B.9}$$

很显然，$\|q\|=1$。几何上，q 是位于单位球上的一点。也正是这个原因，单位四元数等同于三维球面，记作 S^3。自然，q 的 4 个参数中，只有 3 个是独立的。回顾前面学到的公式 $1+2\cos\theta=\mathrm{tr}R$，并使用三角函数中的倍角公式 $\cos 2\phi=2\cos^2\phi-1$，q 的各参数都可直接从 R 的各元素中计算得到

$$q_0=\frac{1}{2}\sqrt{1+r_{11}+r_{22}+r_{33}} \tag{B.10}$$

$$\begin{bmatrix}q_1\\q_2\\q_3\end{bmatrix}=\frac{1}{4q_0}\begin{bmatrix}r_{32}-r_{23}\\r_{13}-r_{31}\\r_{21}-r_{12}\end{bmatrix} \tag{B.11}$$

反过来，给定单位四元数 (q_0,q_1,q_2,q_3)，对应的旋转矩阵 R 也可通过绕沿 (q_1,q_2,q_3) 方向的单位轴旋转角度 $2\cos^{-1}q_0$ 得到，写成显式形式

$$R=\begin{bmatrix}q_0^2+q_1^2-q_2^2-q_3^2 & 2(q_1q_2-q_0q_3) & 2(q_0q_2+q_1q_3)\\2(q_0q_3+q_1q_2) & q_0^2-q_1^2+q_2^2-q_3^2 & 2(q_2q_3-q_0q_1)\\2(q_1q_3-q_0q_2) & 2(q_0q_1+q_2q_3) & q_0^2-q_1^2-q_2^2+q_3^2\end{bmatrix} \tag{B.12}$$

由上式很容易得到，$q\in S^3$ 与其反向极点 $-q\in S^3$ 可生成相同的旋转矩阵，即对于每个旋转矩阵都有两个相互对称的单位四元数相对应。 498

单位四元数的最后一个特性涉及两个旋转（矩阵）的乘积。令 $R_q,R_p\in SO(3)$ 表示两个旋转矩阵，对应的单位四元数分别是 $\pm q,\pm p\in S^3$。将 q 和 p 写成 2×2 复数矩阵的形式，进而计算出 R_qR_p 对应的单位四元数

$$Q=\begin{bmatrix}q_0+iq_1 & q_2+iq_3\\-q_2+iq_3 & q_0-iq_1\end{bmatrix},\quad P=\begin{bmatrix}p_0+ip_1 & p_2+ip_3\\-p_2+ip_3 & p_0-ip_1\end{bmatrix} \tag{B.13}$$

式中，i 为虚部符号。令 $N=QP$，则

$$N=\begin{bmatrix}n_0+in_1 & n_2+in_3\\-n_2+in_3 & n_0-in_1\end{bmatrix} \tag{B.14}$$

式中

$$\begin{bmatrix}n_0\\n_1\\n_2\\n_3\end{bmatrix}=\begin{bmatrix}q_0p_0-q_1p_1-q_2p_2-q_3p_3\\q_0p_1+p_0q_1+q_2p_3-q_3p_2\\q_0p_2+p_0q_2-q_1p_3+q_3p_1\\q_0p_3+p_0q_3+q_1p_2-q_2p_1\end{bmatrix} \tag{B.15}$$

$R_q R_p$ 对应的单位四元数可以写成 $\pm(n_0, n_1, n_2, n_3)$。

B.4 凯莱 – 罗德里格斯参数

凯莱 – 罗德里格斯（Cayley-Rodrigues）参数形式是描述 $SO(3)$ 时广泛使用的局部参数形式。其中的各参数可通过转动的指数坐标求得：给定与单位向量 $\hat{\omega}$ 和转角 θ 相对应的 $R = e^{[\hat{\omega}]\theta}$，相应的 Cayley-Rodrigues 参数 $r \in \mathbb{R}^3$ 可通过设定

$$r = \hat{\omega} \tan \frac{\theta}{2} \tag{B.16}$$

来求得。

再回顾一下图 3.13，半径为 π 的实体球示意图。这种参数化结果通过半角正切函数确实起到了无限延展球半径的效果。Cayley 则将这些参数扩展成了更为通用的形式，并且对任意维度的旋转矩阵都适用。若 $R \in SO(3)$，且 $\text{tr}R \neq -1$，则 $(I-R)(I+R)^{-1}$ 是反对称矩阵。用 $[r]$ 表示这个反对称矩阵，它们之间的关系可写成

$$R = (I-[r])(I+[r])^{-1} \tag{B.17}$$

$$[r] = (I-R)(I+R)^{-1} \tag{B.18}$$

499 上述两个公式给出了当轨迹不为 −1 时，$so(3)$ 与 $SO(3)$ 之间的一对一映射关系。而当 $\text{tr}R = -1$ 时，可用下述公式来建立 $so(3)$ 与 $SO(3)$ 之间的一对一映射关系。

$$R = -(I-[r])(I+[r])^{-1} \tag{B.19}$$

$$[r] = (I+R)(I-R)^{-1} \tag{B.20}$$

进一步，式（B.19）可直接写成

$$R = \frac{(1-r^{\mathrm{T}}r)I + 2rr^{\mathrm{T}} + 2[r]}{1+r^{\mathrm{T}}r} \tag{B.21}$$

其逆映射形式为

$$[r] = \frac{R-R^{\mathrm{T}}}{1+\text{tr}R} \tag{B.22}$$

由上述公式可导出下面两个等式：

$$1+\text{tr}R = \frac{4}{1+r^{\mathrm{T}}r} \tag{B.23}$$

$$R-R^{\mathrm{T}} = \frac{4[r]}{1+r^{\mathrm{T}}r} \tag{B.24}$$

Cayley-Rodrigues 参数非常有吸引力的一个特性是：当描述两个连续转动（旋转矩阵的乘积）时形式特别简单。若用 r_1 和 r_2 分别表示两个旋转矩阵 R_1 和 R_2 的 Cayley-Rodrigues 参数，用 r_3 表示 R_3=R_1R_2 的 Cayley-Rodrigues 参数，且有

$$r_3 = \frac{r_1 + r_2 + (r_1 \times r_2)}{1 - r_1^{\mathrm{T}} r_2} \tag{B.25}$$

当 $r_1^{\mathrm{T}} r_2 = 1$ 或者 $\text{tr}(R_1 R_2) = -1$ 时，可使用下式来计算。首先定义

$$s = \frac{r}{\sqrt{1+r^{\mathrm{T}}r}} \tag{B.26}$$

因此，与 r 对应的转动可写成

$$R = I + 2\sqrt{1 - s^{\mathrm{T}} s}[s] + 2[s]^2 \tag{B.27}$$

s 的方向与 r 相同，且 $\|s\| = \sin(\theta/2)$。根据向量合成法则得到

$$s_3 = s_1\sqrt{1 - s_2^{\mathrm{T}} s_2} + s_2\sqrt{1 - s_1^{\mathrm{T}} s_1} + (s_1 \times s_2) \tag{B.28}$$

基于 Cayley-Rodrigues 参数，可以给出简单形式的角速度和角加速度方程。若用 500
$r(t)$ 表示姿态轨迹方程 $R(t)$ 的 Cayley-Rodrigues 参数表示，则有下列向量形式的方程

$$\omega_s = \frac{2}{1 + \|r\|^2}(r \times \dot{r} + \dot{r}) \tag{B.29}$$

$$\omega_b = \frac{2}{1 + \|r\|^2}(-r \times \dot{r} + \dot{r}) \tag{B.30}$$

对上式微分，可得到分别相对空间坐标系与物体坐标系的角加速度，即

$$\dot{\omega}_s = \frac{2}{1 + \|r\|^2}(r \times \ddot{r} + \ddot{r} - r^{\mathrm{T}} \dot{r} \omega_s) \tag{B.31}$$

$$\dot{\omega}_b = \frac{2}{1 + \|r\|^2}(-r \times \ddot{r} + \ddot{r} - r^{\mathrm{T}} \dot{r} \omega_b) \tag{B.32}$$

501

附录 C

Modern Robotics: Mechanics, Planning, and Control

D-H 参数法

D-H 参数法求解正向运动学的基本思想核心在于：在开链机构的每个连杆上都建立坐标系，再通过确定相邻坐标系之间的相对位移关系建立正向运动学方程。假设先前已建立了基坐标系和末端坐标系（一般放在开链机构中的最后一个连杆上）。对于由单自由度关节组成的运动链，连杆可从 0 到 n 顺次排序。相应的连杆坐标系与之一一对应，如 {0} 为基坐标系，{n} 为末端坐标系。与第 i 个关节相对应的关节变量用 θ_i 表示。该开链机构的正向运动学方程便可写成

$$T_{0n}(\theta_1,\cdots,\theta_n)=T_{01}(\theta_1)T_{12}(\theta_2)\cdots T_{n-1,n}(\theta_n) \tag{C.1}$$

式中，$T_{i,i-1}\in SE(3)$ 表示相邻两个连杆坐标系 {$i-1$} 和 {i} 的相对位移。

C.1 连杆坐标系的设定

事实上，D-H 参数法中，连杆坐标系并非随意设定，而是遵循一系列的原则。图 C.1 示意了通过连杆 $i-1$ 连接的两个相邻转动关节 $i-1$ 和 i 上的连杆坐标系。

第一条原则：$\hat{z}_i$ 轴与关节轴 i 轴线重合，$\hat{z}_{i-1}$ 轴与关节轴 $i-1$ 轴线重合。根据右手定则确定每个连杆坐标系 $\hat{z}$ 轴的正方向。

确定 $\hat{z}$ 轴方向后，第二条原则就是确定连杆坐标系的原点。首先，找 $\hat{z}_{i-1}$ 轴与 $\hat{z}_i$ 轴的公法线。目前先假定该公法线是唯一的（也存在着不唯一的情况，如两关节轴线平行时；以及不存在的情况，如两关节轴相交，后面会详细讨论），用相互正交的直线将关节轴线
502 $i-1$ 和 i 相连。坐标系 {$i-1$} 的原点放在公法线与关节轴 $i-1$ 的交点处。

这样，进一步确定连杆坐标系的 $\hat{x}$ 轴和 $\hat{y}$ 轴就变得非常简单了：$\hat{x}$ 轴通常选在对应的公法线方向上，$\hat{y}$ 轴则根据 $\hat{x}\times\hat{y}=\hat{z}$ 来唯一确定。图 C.1 给出了按照上述原则设定的连杆坐标系 {$i-1$} 和 {i}。

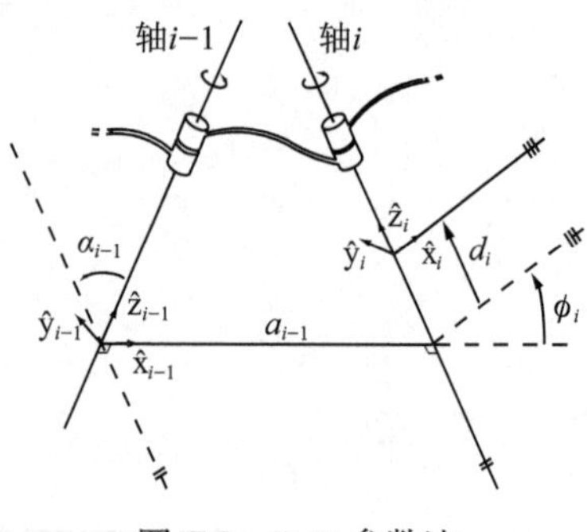

图 C.1 D-H 参数法

当设定连杆坐标系 {$i-1$} 和 {i} 后，我们下面来定义 4 个参数，以精确确定 $T_{i,i-1}$。

- **连杆长度** a_{i-1}。公法线的长度，用标量 a_{i-1} 来表示，称为杆 $i-1$ 的**连杆长度**。需要注意的是，不要望文生义，该连杆长度不一定就是物理意义上的两杆的真实长度。
- **连杆扭转角** α_{i-1}。连杆的扭转角 α_{i-1} 表示关节轴线 $\hat{z}_{i-1}$ 到 $\hat{z}_i$ 的转角，在 $\hat{x}_{i-1}$ 处度量。
- **连杆偏距** d_i。从 $\hat{x}_{i-1}$ 与轴线 $\hat{z}_i$ 的交点到连杆坐标系 {i} 原点的有向距离（正向沿 $\hat{z}_i$ 方向）。

- **关节转角** ϕ_i。从 $\hat{x}_{i-1}$ 到 $\hat{x}_i$ 的转角，在 $\hat{z}_i$ 处度量。

上述参数共同组成了 D-H 参数。对于含 n 个单自由度关节的开链机构，$4n$ 个参数足以完全来描述其正向运动学。当开链机构中的所有关节均为转动副时，连杆长度、连杆扭转角、连杆偏距均为常数，只有关节转角是变量。

下面我们来讨论一下当公法线无法确定、数量不唯一的情况，以及部分关节为移动 503
副的情况。最后，再来考虑如何选择基坐标系和末端坐标系。

（1）相邻转动关节相交

若相邻两个转动关节彼此相交，这种情况下没有公法线存在，相应的连杆长度为 0。我们选择 $\hat{x}_{i-1}$ 处于与 $\hat{z}_{i-1}$ 及 $\hat{z}_i$ 所确定的平面法线方向。这就存在两种可能性（哪一种都可以接受）：一种导致 α_{i-1} 取正值，另一种导致 α_{i-1} 取负值。

（2）相邻转动关节平行

第二种特殊情况发生在相邻两个转动关节相互平行的情况。这种情况下，存在无数条公法线，每一条都是可行的（更确切地说，存在一簇公法线）。一种建议是选择一条物理意义最直观，且结果中可能出现尽可能多的 0 值。

（3）含有移动副

对于含有移动副的情况，连杆坐标系的 $\hat{z}_i$ 轴选择与移动副的作用线方向相一致。该原则与转动关节的连杆坐标系是一致的。基于这样的选择，连杆偏距 d_i 变成了关节变量，而关节转角 ϕ_i 变成了常数（图 C.2）。连杆坐标系原点、$\hat{x}$ 轴和 $\hat{y}$ 轴的选择都与转动关节连杆坐标系相同。

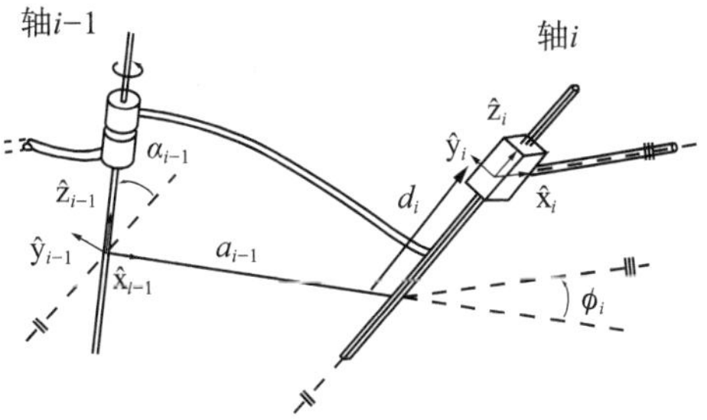

图 C.2　对于含移动副的连杆坐标系设定惯例（关节 $i-1$ 为转动副，而关节 i 为移动副）

（4）基坐标系与末端坐标系的确定

上述设定坐标系的过程远远不是对如何选择基坐标系和末端坐标系进行限定。如前
所述，这里遵循的一个有用原则是：在选择基坐标系和末端坐标系时，尽可能在物理上 504
直观和简化 D-H 参数。为此，通常意味着基坐标系在初始位置时与杆 1 的连杆坐标系重合，以保证当关节为转动副时 $a_0=\alpha_0=d_1=0$；为移动副时 $a_0=\alpha_0=\phi_1=0$。末端坐标系也一般选在末端执行器上的某个参考点处，使任务描述更加直观和自然，当然也会尽可能简化 D-H 参数（值变为 0）。

需要说明的是，不能随意选取基坐标系和末端坐标系，因为有时找不到有效的 D-H 参数来反映杆件之间的相对变换。后面还会对这个问题进行解释。

C.2　为什么使用四参数足矣

在先前有关刚体位移的研究中，我们看到最少需要 6 个独立参数才能描述两个坐标系之间的相对位移，3 个用于描述姿态，另外 3 个用于描述位置。基于这一结果，对于一个 n 杆机械臂来说，似乎得需要 $6n$ 个参数才能完整描述其正向运动学（在上面方程中，每个 $T_{i-1,i}$ 需要 6 个参数）。但令人惊奇的是，若用 D-H 参数表示，每个 $T_{i-1,i}$ 只需要 4 个参数。

这看起来可能与我们先前的观点相矛盾，参数数量减少实质上是由于规定了特殊设立连杆坐标系规则所致。相反，如果连杆坐标系任意设定，就得需要有更多的参数。

例如，考虑图 C.3 的连杆坐标系。从坐标系 {a} 到坐标系 {b} 的变换是沿着 {a} 的 $\hat{y}$ 轴做纯平移运动。如果试图用上面讲的 D-H 参数 (α, a, d, θ) 来表示变换矩阵 T_{ab}，显而
505 易见不存在这样的一组参数值。同样，用 D-H 参数也不能表示变换矩阵 T_{ac}，因为只允许绕 $\hat{x}$ 轴和 $\hat{y}$ 轴的转动。根据 D-H 参数的设立原则，只允许绕 $\hat{x}$ 轴和 $\hat{z}$ 轴的转动及移动，并且没有哪种运动组合可以实现图 C.3 的刚体变换。

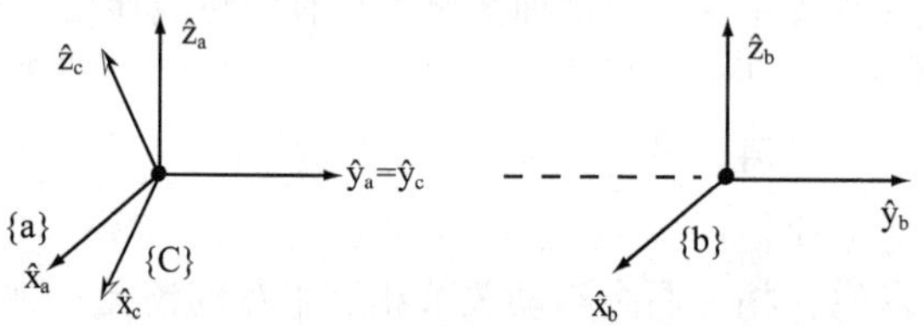

图 C.3　一个关于 {a}、{b}、{c} 坐标系的例子，其中坐标变换 T_{ab} 和 T_{ac} 无法用任何 D-H 参数表示

既然 D-H 参数设立原则中精确使用了 4 个参数来描述连杆坐标系之间的变换，人们自然可能会怀疑能否通过设立更巧妙的连杆坐标系设立原则来进一步减少参数的数量？Denavit 和 Hartenberg 的研究表明：这是不可能的，4 是 D-H 参数所能选取的最小数（Denavit 和 Hartenberg，1955）。

我们在结束本节之前，还是要提醒您，还有其他的设定方式用在连杆坐标系中。我们这里选择 $\hat{z}$ 轴与关节轴重合，而有其他学者选择 $\hat{x}$ 轴（与关节轴重合），并将 $\hat{z}$ 轴沿公法线方向。总之，为了避免对 D-H 参数解释的含糊之处，必须包含一个简洁的连杆坐标系及其参数描述。

C.3 机器人正向运动学

一旦相邻连杆坐标系之间包含其 D-H 参数的变换矩阵 $T_{i-1,i}$ 已知，通过对这些变换矩阵依次相乘即可得到机器人的正向运动学方程。每个连杆坐标系对应的齐次变换矩阵都有如下形式：

$$T_{i-1,i} = \mathrm{Rot}(\hat{x}, \alpha_{i-1})\mathrm{Trans}(\hat{x}, a_{i-1})\mathrm{Trans}(\hat{z}, d_i)\mathrm{Rot}(\hat{z}, \phi_i)$$

$$= \begin{bmatrix} \cos\phi_i & -\sin\phi_i & 0 & a_{i-1} \\ \sin\phi_i \cos\alpha_{i-1} & \cos\phi_i \cos\alpha_{i-1} & -\sin\alpha_{i-1} & -d_i \sin\alpha_{i-1} \\ \sin\phi_i \sin\alpha_{i-1} & \cos\phi_i \sin\alpha_{i-1} & \cos\alpha_{i-1} & d_i \cos\alpha_{i-1} \\ 0 & 0 & 0 & 1 \end{bmatrix}$$

506 式中

$$\mathrm{Rot}(\hat{x}, \alpha_{i-1}) = \begin{bmatrix} 1 & 0 & 0 & 0 \\ 0 & \cos\alpha_{i-1} & -\sin\alpha_{i-1} & 0 \\ 0 & \sin\alpha_{i-1} & \cos\alpha_{i-1} & 0 \\ 0 & 0 & 0 & 1 \end{bmatrix} \qquad (C.2)$$

$$\text{Trans}(\hat{x}, a_{i-1}) = \begin{bmatrix} 1 & 0 & 0 & a_{i-1} \\ 0 & 1 & 0 & 0 \\ 0 & 0 & 1 & 0 \\ 0 & 0 & 0 & 1 \end{bmatrix} \tag{C.3}$$

$$\text{Trans}(\hat{z}, d_i) = \begin{bmatrix} 1 & 0 & 0 & 0 \\ 0 & 1 & 0 & 0 \\ 0 & 0 & 1 & d_i \\ 0 & 0 & 0 & 1 \end{bmatrix} \tag{C.4}$$

$$\text{Rot}(\hat{z}, \phi_i) = \begin{bmatrix} \cos\phi_{i-1} & -\sin\phi_{i-1} & 0 & 0 \\ \sin\phi_{i-1} & \cos\phi_{i-1} & 0 & 0 \\ 0 & 0 & 1 & 0 \\ 0 & 0 & 0 & 1 \end{bmatrix} \tag{C.5}$$

可通过以下 4 步导出从连杆坐标系 $\{i-1\}$ 到坐标系 $\{i\}$ 的齐次变换：

①绕坐标系 $\{i-1\}$ 的 $\hat{x}$ 轴转动 α_{i-1}；

②沿坐标系 $\{i-1\}$ 的 $\hat{x}$ 轴平移 a_{i-1}；

③绕 $\hat{z}$ 轴平移 d_i；

④沿 $\hat{z}$ 轴转动 ϕ_i。

注意到第 1 步与第 2 步顺序颠倒并不会改变 $T_{i-1,i}$ 的计算结果；同样，第 3 步与第 4 步顺序颠倒也不会改变 $T_{i-1,i}$ 的计算结果。

C.4 算例

下面我们来讨论几种常见的空间开链机器人的 D-H 参数。

【例题 C.1】空间 3R 开链机器人的 D-H 参数

考虑如图 4.3 所示的空间 3R 开链机器人，图中位置为该机器人的零位（所有关节变量的初始值为 0）。设立如图所示的各连杆坐标系，相应的 D-H 参数如下表所示： 507

i	α_{i-1}	a_{i-1}	d_i	ϕ_i
1	0	0	0	θ_1
2	90°	L_1	0	θ_2−90°
3	−90°	L_2	0	θ_3

注意到根据设定原则，坐标系 $\{1\}$ 和 $\{2\}$ 都是唯一确定的，但对于坐标系 $\{0\}$ 和 $\{3\}$ 则有不同的选择。这里，我们选择基坐标系 $\{0\}$ 与 $\{1\}$ 重合 $(\alpha_0 = a_0 = d_1 = 0)$，末端坐标系 $\{3\}$ 中，$\hat{x}_3 = \hat{x}_2$（到关节角 θ_3 没有偏距）。

【例题 C.2】空间 RRRP 开链机器人的 D-H 参数

考虑图 C.4 所示的空间 RRRP 开链机器人，图示位置为该机器人的零位。设立图中所示的各连杆坐标系，相应的 D-H 参数如下表所示。

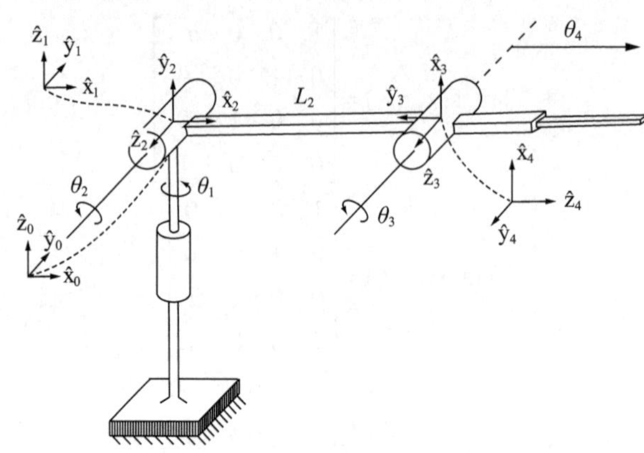

图 C.4　空间 RRRP 开链机器人

4 个关节变量为 $(\theta_1, \theta_2, \theta_3, \theta_4)$，其中 θ_4 为移动副移动的距离。前面的例子中，基坐标系 {0} 和末端坐标系 {4} 选择尽量使其对应的 D-H 参数值取 0 值数更多的位置。

i	α_{i-1}	a_{i-1}	d_i	ϕ_i
1	0	0	0	θ_1
2	90°	0	0	θ_2
3	0	L_2	0	θ_3+90°
4	90°	0	θ_4	0

508

【例题 C.3】空间 6R 开链机器人的 D-H 参数

考虑图 C.5 所示的广泛应用的空间 6R 开链机器人。该机器人中有 6 个转动关节：前 3 个关节能实现类似直角坐标式定位装置的功能，而后 3 个关节则是一个类似 ZYZ 欧拉角型的手腕。连杆坐标系如图所示，相应的 D-H 参数如下表所示。

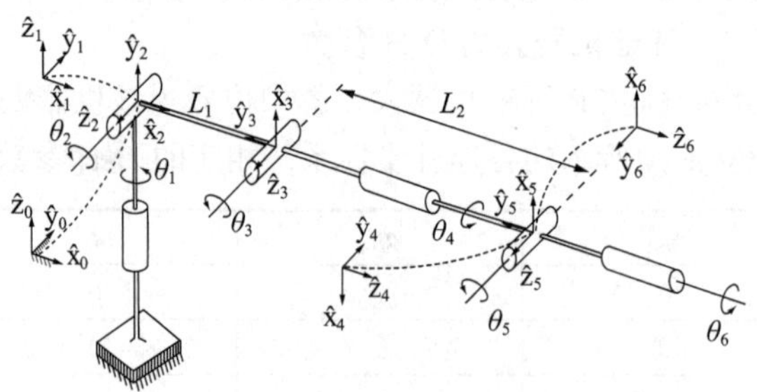

图 C.5　空间 6R 开链机器人

i	α_{i-1}	a_{i-1}	d_i	ϕ_i
1	0	0	0	θ_1
2	90°	0	0	θ_2
3	0	L_1	0	θ_3+90°
4	90°	0	L_2	θ_4+180°
5	90°	0	0	θ_5+180°
6	90°	0	0	θ_6

C.5　PoE 公式与 D-H 参数之间的关系

指数积公式可直接从基于 D-H 参数的正向运动学方程中导出。如前所述，定义相邻两连杆坐标系的相对位移为

$$T_{i-1,i} = \mathrm{Rot}(\hat{\mathrm{x}}, \alpha_{i-1})\mathrm{Trans}(\hat{\mathrm{x}}, a_{i-1})\mathrm{Trans}(\hat{\mathrm{z}}, d_i)\mathrm{Rot}(\hat{\mathrm{z}}, \phi_i)$$

若关节为转动副，上述方程中的前 3 项可认为是常值，只有 ϕ_i 是关节变量。定义 $\theta_i = \phi_i$，令

$$M_i = \mathrm{Rot}(\hat{\mathrm{x}}, \alpha_{i-1})\mathrm{Trans}(\hat{\mathrm{x}}, a_{i-1})\mathrm{Trans}(\hat{\mathrm{z}}, d_i) \tag{C.6}$$ 509

且

$$\mathrm{Rot}(\hat{\mathrm{z}}, \theta_i) = e^{[\mathcal{A}_i]\theta_i}, \quad [\mathcal{A}_i] = \begin{bmatrix} 0 & -1 & 0 & 0 \\ 1 & 0 & 0 & 0 \\ 0 & 0 & 0 & 0 \\ 0 & 0 & 0 & 0 \end{bmatrix} \tag{C.7}$$

由上面的定义可知，$T_{i-1,i} = M_i e^{[\mathcal{A}_i]\theta_i}$。

若关节为移动副，则 d_i 变成了关节变量。而 ϕ_i 为常值参数。$T_{i-1,i}$ 中的 $\mathrm{Trans}(\hat{\mathrm{z}}, d_i)$ 项与 $\mathrm{Rot}(\hat{\mathrm{z}}, \phi_i)$ 项可以颠倒顺序（回顾同轴的转动与移动无论顺序如何都是同一运动）。这种情况下，我们还可以写成 $T_{i-1,i} = M_i e^{[\mathcal{A}_i]\theta_i}$，其中 $\theta_i = d_i$，且

$$M_i = \mathrm{Rot}(\hat{\mathrm{x}}, \alpha_{i-1})\mathrm{Trans}(\hat{\mathrm{x}}, a_{i-1})\mathrm{Rot}(\hat{\mathrm{z}}, \phi_i) \tag{C.8}$$

$$[\mathcal{A}_i] = \begin{bmatrix} 0 & 0 & 0 & 0 \\ 0 & 0 & 0 & 0 \\ 0 & 0 & 0 & 1 \\ 0 & 0 & 0 & 0 \end{bmatrix} \tag{C.9}$$

由以上推导可知，对于一个既有转动副又有移动副的 n 杆开链机器人，其正向运动学可以写成

$$T_{0n} = M_1 e^{[\mathcal{A}_1]\theta_1} M_2 e^{[\mathcal{A}_2]\theta_2} \cdots M_n e^{[\mathcal{A}_n]\theta_n} \tag{C.10}$$

式中，θ_i 表示第 i 个关节的变量。$[\mathcal{A}_i]$ 根据关节的类型（转动副或移动副），取式（C.7）或者取式（C.9）。

下面我们利用矩阵方程 $Me^P M^{-1} = e^{MPM^{-1}}$（$M \in \mathbb{R}^{n\times n}$ 为非奇异方阵，$P \in \mathbb{R}^{n\times n}$）对式（C.10）做进一步展开。矩阵方程还可以写成 $Me^P = e^{MPM^{-1}}M$。对式（C.10）不断重复该方程，经过 n 次迭代，即可得到前面导出的指数积公式

$$\begin{aligned} T_{0n} &= e^{M_1[\mathcal{A}_1]M_1^{-1}\theta_1}(M_1 M_2) e^{[\mathcal{A}_2]\theta_2} \cdots e^{[\mathcal{A}_n]\theta_n} \\ &= e^{M_1[\mathcal{A}_1]M_1^{-1}\theta_1} e^{(M_1M_2)[\mathcal{A}_2](M_1M_2)^{-1}\theta_2}(M_1 M_2 M_3) e^{[\mathcal{A}_3]\theta_3} \cdots e^{[\mathcal{A}_n]\theta_n} \\ &= e^{[\mathcal{S}_1]\theta_1} \cdots e^{[\mathcal{S}_n]\theta_n} M \end{aligned} \tag{C.11}$$

式中

$$[\mathcal{S}_i] = (M_1 \cdots M_i)[\mathcal{A}_i](M_1 \cdots M_i)^{-1}, \quad i = 1, \cdots, n \tag{C.12}$$

$$M = M_1 M_2 \cdots M_n \tag{C.13}$$

下面我们通过回忆螺旋变换的有关知识，重新审视一下 $\mathcal{S}_i$ 的物理意义。若 $\mathcal{S}_a$ 为给

定螺旋运动相对 {a} 的螺旋轴，$\mathcal{S}_b$ 为该螺旋运动相对 {b} 的螺旋轴，两者之间的关系可写成

510
$$[\mathcal{S}_b]=T_{ba}[\mathcal{S}_a]T_{ba}^{-1} \tag{C.14}$$

或者用伴随矩阵 $\mathrm{Ad}_{T_{ba}}$，可表示成

$$\mathcal{S}_b=\mathrm{Ad}_{T_{ba}}(\mathcal{S}_a) \tag{C.15}$$

从变换规则的角度来看，式（C.12）表明 $\mathcal{A}_i$ 为从连杆坐标系 $\{i\}$ 上看，第 i 个关节轴所对应的运动旋量，而 $\mathcal{S}_i$ 为从基坐标系 {0} 上看，第 i 个关节轴所对应的运动旋量。

C.6 对比结果

下面我们来总结一下与 D-H 参数相比，PoE 公式的优、缺点。回顾一下，D-H 参数使用的参数最少，仅需要 4 个参数即可描述相邻连杆坐标系之间的刚体变换。但必须以某种方式设定连杆坐标系才使 D-H 参数有效，而不能随意选择。另外，对基坐标系与末端坐标系的选择也是如此。此外，存在不止一种连杆坐标系的设定规则。如在某些规则中，关节轴选择 $\hat{\mathrm{x}}$ 轴与关节轴重合，并不像我们所做的那样，选择 $\hat{\mathrm{z}}$ 轴。进一步需要说明的是：对于旋转关节，关节变量是 θ；而对于移动关节，变量为 d。

D-H 参数的另一个缺点是存在一定的病态。例如，当相邻的两关节轴平行时，关节轴间的公法线随着轴姿态微小的变化而引起大幅变化。D-H 参数的这种病态行为使得对其进行准确测量和识别变得很困难，因为经常会存在制造和其他方面的误差，例如，当一组关节轴偏离了精确平行或相交于一点的位置时，这种误差将十分明显。

从识别机器人参数的角度也可以将 D-H 参数与 PoE 公式相对比。一旦给定机器人的零位，并建立了基坐标系和末端坐标系（这与 D-H 参数不同，后者可以任选基坐标系和末端坐标系，不受限制），那么指数积公式便完全确定了。既不需要建立连杆坐标系，也无须特别区分旋转和移动关节。PoE 公式中，代表关节轴的旋量参数，其物理意义自然而直观。此外，雅可比矩阵的列也可以解释为关节轴对应的运动旋量（依赖于当前位形）。

PoE 公式中，唯一的缺点在于使用了比 D-H 参数更多的参数。简而言之，在对开链
511 机器人的正向运动学建模中，使用 D-H 参数几乎没有实际价值。

附录 D

优化和拉格朗日乘子

假定 $x^* \in \mathbb{R}$ 是二次可微目标函数 $f(x)$（$f:\mathbb{R} \to \mathbb{R}$）的一个局部最小值，即对于在 x^* 邻域内的所有 x，我们有 $f(x) \geqslant f(x^*)$。那么，我们可以预期函数 $f(x)$ 在 x^* 处的斜率为零，即

$$\frac{\partial f}{\partial x}(x^*) = 0$$

以及

$$\frac{\partial^2 f}{\partial x^2}(x^*) \geqslant 0$$

如果 f 是多维的，即 $f:\mathbb{R}^n \to \mathbb{R}$，并且 f 的所有二阶偏导都存在，那么 $x^* \in \mathbb{R}^n$ 为局部最小值的一个必要条件是它的梯度为零，如下：

$$\nabla f(x^*) = \left[\frac{\partial f}{\partial x_1}(x^*) \cdots \frac{\partial f}{\partial x_n}(x^*)\right]^{\mathrm{T}} = 0$$

例如，考虑线性方程 $Ax = b$，其中给定 $A \in \mathbb{R}^{m \times n}$ 和 $b \in \mathbb{R}^m$（$m > n$）。由于约束数目（m）比变量数目（n）要多，通常 $Ax = b$ 的解不存在。假定我们求解一个最佳近似解 x，它满足下列条件

$$\min_{x \in \mathbb{R}^n} f(x) = \frac{1}{2}\|Ax - b\|^2 = \frac{1}{2}(Ax - b)^{\mathrm{T}}(Ax - b) = \frac{1}{2}x^{\mathrm{T}}A^{\mathrm{T}}Ax - 2b^{\mathrm{T}}Ax + b^{\mathrm{T}}b$$

一阶必要条件由下式给出

$$A^{\mathrm{T}}Ax - A^{\mathrm{T}}b = 0 \tag{D.1}$$

如果矩阵 A 的秩为 n，那么 $A^{\mathrm{T}}A \in \mathbb{R}^{n \times n}$ 可逆，式（D.1）的解为

$$x^* = (A^{\mathrm{T}}A)^{-1}A^{\mathrm{T}}b$$

现在假设在满足 $g(x) = 0$ 这一条件的所有 $x \in \mathbb{R}^n$ 中，其中 $g:\mathbb{R}^n \to \mathbb{R}^m$ 为某可微函数（通常情况下，$m \leqslant n$ 以确保 $g(x) = 0$ 存在无数解），如果我们想求解能使目标函数 $f(x)$ 最小化的 x^*。假定 x^* 是 f 的局部最小值，并且它是由 $g(x) = 0$ 隐式参数化的平面中的一个正则点，即 x^* 满足 $g(x^*) = 0$，以及

$$\operatorname{rank}\frac{\partial g}{\partial x}(x^*) = m$$ 512

那么，根据线性代数中的基本理论，可以证明存在某些满足下列条件的 $\lambda^* \in \mathbb{R}^m$（称为**拉格朗日乘子**）

$$\nabla f(x^*) + \frac{\partial g^{\mathrm{T}}}{\partial x}(x^*)\lambda^* = 0 \tag{D.2}$$

x^* 为 $f(x)$ 的一个可行局部最小值的一阶必要条件，由（D.2）和 $g(x^*) = 0$ 构成。注意到这

两个方程表示了关于 $n+m$ 个未知量（x 和 λ）的 $n+m$ 个方程。

作为一个示例，考虑下列二次型目标函数 $f(x)$

$$\min_{x\in\mathbb{R}^n} f(x)=\frac{1}{2}x^{\mathrm{T}}Qx+c^{\mathrm{T}}x$$

该目标函数受线性约束 $Ax=b$，其中 $Q\in\mathbb{R}^n$ 为对称正定矩阵（即对于 $x\in\mathbb{R}^n$ 有 $x^{\mathrm{T}}Qx>0$），矩阵 $A\in\mathbb{R}^{m\times n}$（$m\leqslant n$）的秩为 m。这个等式约束优化问题的一阶必要条件为

$$Qx+A^{\mathrm{T}}\lambda=-c$$

$$Ax=b$$

由于矩阵 A 为极大秩，Q 为可逆矩阵，经过一些操作之后，可以求得一阶必要条件的解

$$x=Gb+(I-GA)Q^{-1}c$$

$$\lambda=Bb+BAQ^{-1}c$$

式中，$G\in\mathbb{R}^{n\times m}$ 和 $B\in\mathbb{R}^{m\times m}$ 定义如下：

513 $$G=Q^{-1}A^{\mathrm{T}}B,\quad B=(AQ^{-1}A^{\mathrm{T}})^{-1}$$

参考文献

Angeles, J. 2006. *Fundamentals of Robotic Mechanical Systems: Theory, Methods, and Algorithms.* Springer.

Ansari, A. R., and Murphey, T. D. 2016. Sequential action control: closed-form optimal control for nonlinear and nonsmooth systems. *IEEE Transactions on Robotics,* **32**(5), 1196–1214.

Åström, K. J., and Murray, R. M. 2008. *Feedback Systems: An Introduction for Scientists and Engineers.* Princeton University Press.

Balkcom, D. J., and Mason, M. T. 2002. Time optimal trajectories for differential drive vehicles. *International Journal of Robotics Research,* **21**(3), 199–217.

Ball, R. S. 1900. *A Treatise on the Theory of Screws* (Reprinted 1998). Cambridge University Press.

Barraquand, J., and Latombe, J.-C. 1993. Nonholonomic multibody mobile robots: controllability and motion planning in the presence of obstacles. *Algorithmica,* **10**, 121–155.

Barraquand, J., Langlois, B., and Latombe, J.-C. 1992. Numerical potential field techniques for robot path planning. *IEEE Transactions on Systems, Man, and Cybernetics,* **22**(2), 224–241.

Bejczy, A. K. 1974. Robot arm dynamics and control. Technical Memorandum 33-669. Jet Propulsion Lab.

Bellman, R., and Dreyfus, S. 1962. *Applied Dynamic Programming.* Princeton University Press.

Bicchi, A. 1995. On the closure properties of robotic grasping. *International Journal of Robotics Research,* **14**(4), 319–334.

Bicchi, A. 2000. Hands for dexterous manipulation and robust grasping: a difficult road toward simplicity. *IEEE Transactions on Robotics and Automation,* **16**(6), 652–662.

Bicchi, A., and Kumar, V. 2000. Robotic grasping and contact: a review. In: *Proc. IEEE International Conference on Robotics and Automation.*

Bloch, A. M. 2003. *Nonholonomic Mechanics and Control.* Springer.

Bobrow, J. E., Dubowsky, S., and Gibson, J. S. 1985. Time-optimal control of robotic manipulators along specified paths. *International Journal of Robotics Research,* **4**(3), 3–17.

Boissonnat, J.-D., Cérézo, A., and Leblond, J. 1994. Shortest paths of bounded curvature in the plane. *Journal of Intelligent Robotic Systems,* **11**, 5–20.

Boothby, W. M. 2002. *An Introduction to Differentiable Manifolds and Riemannian Geometry.* Academic Press.

Bottema, O., and Roth, B. 1990. *Theoretical Kinematics.* Dover Publications.

Brockett, R. W. 1983a. Asymptotic stability and feedback stabilization. In: *Differential Geometric Control Theory,* Brockett, R. W., Millman, R. S., and Sussmann, H. J. (eds.). Birkhauser.

Brockett, R. W. 1983b. Robotic manipulators and the product of exponentials formula. In: *Proc. International Symposium on the Mathematical Theory of Networks and Systems.*

Bullo, F., and Lewis, A. D. 2004. *Geometric Control of Mechanical Systems.* Springer.

Bullo, F., and Murray, R. M. 1999. Tracking for fully actuated mechanical systems: a geometric framework. *Automatica,* **35**, 17–34.

Canny, J. 1988. *The Complexity of Robot Motion Planning.* MIT Press.

Canny, J., Reif, J., Donald, B., and Xavier, P. 1988. On the complexity of kinodynamic planning. Pages 306–316 of: *Proc. IEEE Symposium on the Foundations of Computer Science.*

Ceccarelli, M. 2000. Screw axis defined by Giulio Mozzi in 1763 and early studies on helicoidal motion. *Mechanism and Machine Theory*, **35**, 761–770.

Chiaverini, S., Oriolo, G., and Maciejewski, A. A. 2016. Redundant Robots. Pages 221–242 of: *Handbook of Robotics, Second Edition*, Siciliano, B., and Khatib, O. (eds.). Springer.

Choset, H., Lynch, K. M., Hutchinson, S., Kantor, G., Burgard, W., Kavraki, L. E., and Thrun, S. 2005. *Principles of Robot Motion: Theory, Algorithms, and Implementations.* MIT Press.

Chow, W.-L. 1939. Über Systeme von linearen partiellen Differentialgleichungen erster Ordnung. *Math. Ann.*, **117**, 98–105.

Chung, W. K., Fu, L.-C., and Kröger, T. 2016. Motion control. Pages 163–194 of: *Handbook of Robotics, Second Edition*, Siciliano, B., and Khatib, O. (eds.). Springer.

Corke, P. 2017. *Robotics, Vision and Control: Fundamental Algorithms in MATLAB, Second Edition.* Springer.

Coulomb, C. A. 1781. Théorie des machines simples en ayant égard au frottement de leurs parties et à la roideur des cordages. *Mémoires des mathématique et de physique présentés à l'Académie des Sciences.*

Craig, J. 2004. *Introduction to Robotics: Mechanics and Control, Third edition.* Prentice-Hall.

de Wit, C. C., Siciliano, B., and Bastin, G. (eds.). 2012. *Theory of Robot Control.* Springer.

Denavit, J., and Hartenberg, R. S. 1955. A kinematic notation for lower-pair mechanisms based on matrices. *ASME Journal of Applied Mechanics*, **23**, 215–221.

Diftler, M. A., Mehling, J. S., Abdallah, M. E., Radford, N. A., Bridgwater, L. B., Sanders, A. M., Askew, R. S., Linn, D. M., Yamokoski, J. D., Permenter, F. A., Hargrave, B. K., Platt, R., Savely, R. T., and Ambrose, R. O. 2011. Robonaut 2 – the first humanoid robot in space. In: *Proc. IEEE International Conference on Robotics and Automation.*

di Gregorio, R., and Parenti-Castelli, V. 2002. Mobility analysis of the 3-UPU parallel mechanism assembled for a pure translational motion. *ASME Journal of Mechanical Design*, **124**(2), 259–264.

Dijkstra, E. W. 1959. A note on two problems in connexion with graphs. *Numerische Mathematik*, **1**, 269–271.

do Carmo, M. 1976. *Differential Geometry of Curves and Surfaces.* Prentice-Hall.

Donald, B. R., and Xavier, P. 1995a. Provably good approximation algorithms for optimal kinodynamic planning for Cartesian robots and open chain manipulators. *Algorithmica*, **4**(6), 480–530.

Donald, B. R., and Xavier, P. 1995b. Provably good approximation algorithms for optimal kinodynamic planning: robots with decoupled dynamics bounds. *Algorithmica*, **4**(6), 443–479.

Dubins, L. E. 1957. On curves of minimal length with a constraint on average curvature and with prescribed initial and terminal positions and tangents. *American Journal of Mathematics*, **79**, 497–516.

Duffy, J. 1990. The fallacy of modern hybrid control theory that is based on "orthogonal complements" of twist and wrench spaces. *Journal of Robotic Systems*, **7**(2), 139–144.

Erdman, A. G., and Sandor, G. N. 1996. *Advanced Mechanism Design: Analysis and Synthesis Volumes I and II.* Prentice-Hall.

Erdmann, M. A. 1994. On a representation of friction in configuration space. *International Journal of Robotics Research*, **13**(3), 240–271.

Faverjon, B. 1984. Obstacle avoidance using an octree in the configuration space of a manipulator. Pages 504–512 of: *IEEE International Conference on Robotics and Automation.*

Featherstone, R. 1983. The calculation of robot dynamics using articulated-body inertias. *International Journal of Robotics Research*, **2**(1), 13–30.

Featherstone, R. 2008. *Rigid Body Dynamics Algorithms.* Springer.

Featherstone, R., and Orin, D. 2016. Dynamics. Pages 37–66 of: *Handbook of Robotics, Second Edition*, Siciliano, B., and Khatib, O. (eds.). Springer.

Franklin, G. F., Powell, J. D., and Emami-Naeini, A. 2014. *Feedback Control of Dynamic Systems, Seventh Edition.* Pearson.

Gilbert, E. G., Johnson, D. W., and Keerthi, S. S. 1988. A fast procedure for computing the distance between complex objects in three-dimensional space. *IEEE Journal of Robotics and Automation*, **4**(2), 193–203.

Greenwood, D. T. 2006. *Advanced Dynamics.* Cambridge University Press.

Han, C., Kim, J., and Park, F. C. 2002. Kinematic sensitivity analysis of the 3-UPU parallel mechanism. *Mechanism and Machine Theory*, **37**(8), 787–798.

Hart, P. E., Nilsson, N. J., and Raphael, B. 1968. A formal basis for the heuristic determination of minimum cost paths. *IEEE Transactions on Systems Science and Cybernetics*, **4**(2), 100–107.

Herman, M. 1986. Fast, three-dimensional, collision-free motion planning. Pages 1056–1063 of: *IEEE International Conference on Robotics and Automation.*

Hirai, S., and Asada, H. 1993. Kinematics and statics of manipulation using the theory of polyhedral convex cones. *International Journal of Robotics Research*, **12**(5), 434–447.

Hogan, N. 1985a. Impedance control: an approach to manipulation: Part I – Theory. *ASME Journal of Dynamic Systems, Measurement, and Control*, **7**(Mar.), 1–7.

Hogan, N. 1985b. Impedance control: an approach to manipulation: Part II – Implementation. *ASME Journal of Dynamic Systems, Measurement, and Control*, **7**(Mar.), 8–16.

Hogan, N. 1985c. Impedance control: an approach to manipulation: Part III – Applications. *ASME Journal of Dyanmic Systems, Measurement, and Control*, **7**, 17–24.

Hollerbach, J. M. 1984. Dynamic scaling of manipulator trajectories. *ASME Journal of Dynamic Systems, Measurement, and Control*, **106**, 102–106.

Howard, S., Žefran, M., and Kumar, V. 1998. On the 6×6 Cartesian stiffness matrix for three-dimensional motions. *Mechanism and Machine Theory*, **33**(4), 389–408.

Hubbard, P. M. 1996. Approximating polyhedra with spheres for time-critical collision detection. *ACM Transactions on Graphics*, **15**(3), 179–210.

Husty, M. L. 1996. An algorithm for solving the direct kinematics of general Stewart–Gough platforms. *Mechanism and Machine Theory*, **31**(4), 365–380.

Isidori, A. 1995. *Nonlinear Control Systems.* Springer.

Jurdjevic, V. 1997. *Geometric Control Theory.* Cambridge University Press.

Kambhampati, S., and Davis, L. S. 1986. Multiresolution path planning for mobile robots. *IEEE Journal of Robotics and Automation*, **2**(3), 135–145.

Kao, I., Lynch, K. M., and Burdick, J. W. 2016. Contact modeling and manipulation. Pages 931–954 of: *Handbook of Robotics, Second Edition*, Siciliano, B., and Khatib, O. (eds.). Springer.

Karaman, S., and Frazzoli, E. 2010. Incremental sampling-based algorithms for optimal motion planning. In: *Proc. of Robotics: Science and Systems.*

Karaman, S., and Frazzoli, E. 2011. Sampling-based algorithms for optimal motion planning. *International Journal of Robotics Research*, **30**(7), 846–894.

Kavraki, L., Švestka, P., Latombe, J.-C., and Overmars, M. 1996. Probabilistic roadmaps for fast path planning in high dimensional configuration spaces. *IEEE Transactions on Robotics and Automation*, **12**, 566–580.

Kavraki, L. E., and LaValle, S. M. 2016. Motion Planning. Pages 139–161 of: *Handbook of Robotics, Second Edition*, Siciliano, B., and Khatib, O. (eds.). Springer.

Kelly, R. 1997. PD control with desired gravity compensation of robotic manipulators: a review. *International Journal of Robotics Research*, **16**(5), 660–672.

Khalil, H. K. 2014. *Nonlinear Control*. Pearson.

Khatib, O. 1986. Real-time obstacle avoidance for manipulators and mobile robots. *International Journal of Robotics Research*, **5**(1), 90–98.

Khatib, O. 1987. A unified approach to motion and force control of robot manipulators: the operational space formulation. *IEEE Journal of Robotics and Automation*, **3**(1), 43–53.

Klein, C. A., and Blaho, B. E. 1987. Dexterity measures for the design and control of kinematically redundant manipulators. *International Journal of Robotics Research*, **6**(2), 72–83.

Koditschek, D. E. 1991a. The control of natural motion in mechanical systems. *Journal of Dynamic Systems, Measurement, and Control*, **113**(Dec.), 547–551.

Koditschek, D. E. 1991b. Some applications of natural motion control. *Journal of Dynamic Systems, Measurement, and Control*, **113**(Dec.), 552–557.

Koditschek, D. E., and Rimon, E. 1990. Robot navigation functions on manifolds with boundary. *Advances in Applied Mathematics*, **11**, 412–442.

Lakshminarayana, K. *Mechanics of form closure*. ASME Rep. 78-DET-32, 1978.

Latombe, J.-C. 1991. *Robot Motion Planning*. Kluwer Academic Publishers.

Laumond, J.-P. (ed.). 1998. *Robot Motion Planning and Control*. Springer.

Laumond, J.-P., Jacobs, P. E., Taïx, M., and Murray, R. M. 1994. A motion planner for nonholonomic mobile robots. *IEEE Transactions on Robotics and Automation*, **10**(5), 577–593.

LaValle, S. M. 2006. *Planning Algorithms*. Cambridge University Press.

LaValle, S. M., and Kuffner, J. J. 1999. Randomized kinodynamic planning. In: *Proc. IEEE International Conference on Robotics and Automation*.

LaValle, S. M., and Kuffner, J. J. 2001a. Randomized kinodynamic planning. *International Journal of Robotics Research*, **20**(5), 378–400.

LaValle, S. M., and Kuffner, J. J. 2001b. Rapidly-exploring random trees: progress and prospects. In: *Algorithmic and Computational Robotics: New Directions*, Donald, B. R., Lynch, K. M., and Rus, D. (eds.). A. K. Peters.

Lee, H. Y., and Liang, C. G. 1988. A new vector theory for the analysis of spatial mechanisms. *Mechanism and Machine Theory*, **23**(3), 209–217.

Lee, S.-H., Kim, J., Park, F. C., Kim, M., and Bobrow, J. E. 2005. Newton-type algorithms for dynamics-based robot movement optimization. *IEEE Transactions on Robotics*, **21**(4), 657–667.

Li, J. W., Liu, H., and Cai, H. G. 2003. On computing three-finger force-closure grasps of 2-D and 3-D objects. *IEEE Transactions on Robotics and Automation*, **19**(1), 155–161.

Likhachev, M., Gordon, G., and Thrun, S. 2003. ARA*: Anytime A* with provable bounds on sub-optimality. In: *Advances in Neural Information Processing Systems (NIPS)*.

Liu, G., and Li, Z. 2002. A unified geometric approach to modeling and control of constrained mechanical systems. *IEEE Transactions on Robotics and Automation*, **18**(4), 574–587.

Lončarić, J. 1985. Geometrical Analysis of Compliant Mechanisms in Robotics. Ph.D. thesis, Division of Applied Sciences, Harvard University.

Lončarić, J. 1987. Normal forms of stiffness and compliance matrices. *IEEE Journal of Robotics and Automation*, **3**(6), 567–572.

Lötstedt, P. 1981. Coulomb friction in two-dimensional rigid body systems. *Zeitschrift für Angewandte Mathematik und Mechanik*, **61**, 605–615.

Lozano-Perez, T. 1980. Spatial planning: a configuration space approach. AI Memo-

randum 605, MIT Artificial Intelligence Laboratory.
Lozano-Perez, T. 2001. Automatic planning of manipulator transfer movements. *IEEE Transactions on Systems, Man, and Cybernetics*, **11**(10), 681–698.
Lozano-Pérez, T., and Wesley, M. A. 1979. An algorithm for planning collision-free paths among polyhedral obstacles. *Communications of the ACM*, **22**(10), 560–570.
Luenberger, D. G., and Ye, Y. 2008. *Linear and Nonlinear Programming*. Springer US.
Luh, J. Y. S., Walker, M. W., and Paul, R. P. C. 1980. Resolved-acceleration control of mechanical manipulators. *IEEE Transactions on Automatic Control*, **25**(3), 468–474.
Lynch, K. M. 2015. Underactuated robots. Pages 1503–1510 of: *Encyclopedia of Systems and Control*, Baillieul, J., and Samad, T. (eds.). Springer.
Lynch, K. M., and Mason, M. T. 1995. Pulling by pushing, slip with infinite friction, and perfectly rough surfaces. *International Journal of Robotics Research*, **14**(2), 174–183.
Lynch, K. M., and Mason, M. T. 1999. Dynamic nonprehensile manipulation: controllability, planning, and experiments. *International Journal of Robotics Research*, **18**(1), 64–92.
Lynch, K. M., Bloch, A. M., Drakunov, S. V., Reyhanoglu, M., and Zenkov, D. 2011. Control of nonholonomic and underactuated systems. In: *The Control Handbook*, Levine, W. (ed.). Taylor and Francis.
Manocha, D., and Canny, J. 1989. Real time inverse kinematics for general manipulators. Pages 383–389 of: *Proc. IEEE International Conference on Robotics and Automation*, vol. 1.
Markenscoff, X., Ni, L., and Papadimitriou, C. H. 1990. The geometry of grasping. *International Journal of Robotics Research*, **9**(1), 61–74.
Markiewicz, B. R. 1973. Analysis of the computed torque drive method and comparison with conventional position servo for a computer-controlled manipulator. Technical Memorandum 33-601. Jet Propulsion Laboratory.
Mason, M. T. 1981. Compliance and force control for computer controlled manipulators. *IEEE Transactions on Systems, Man, and Cybernetics*, **11**(June), 418–432.
Mason, M. T. 1991. Two graphical methods for planar contact problems. Pages 443–448 of: *Proc. IEEE/RSJ International Conference on Intelligent Robots and Systems*.
Mason, M. T. 2001. *Mechanics of Robotic Manipulation*. MIT Press.
Mason, M. T., and Lynch, K. M. 1993. Dynamic manipulation. Pages 152–159 of: *Proc. IEEE/RSJ International Conference on Intelligent Robots and Systems*.
Mason, M. T., and Salisbury, J. K. 1985. *Robot Hands and the Mechanics of Manipulation*. MIT Press.
Mason, M. T., and Wang, Y. 1988. On the inconsistency of rigid-body frictional planar mechanics. In: *Proc. IEEE International Conference on Robotics and Automation*.
McCarthy, J. M. 1990. *Introduction to Theoretical Kinematics*. MIT Press.
McCarthy, J. M., and Soh, G. S. 2011. *Geometric Design of Linkages*. Springer.
Mehling, J. S. 2015. Impedance Control Approaches for Series Elastic Actuators. Ph.D. thesis, Rice University.
Merlet, J.-P. 2006. *Parallel Robots*. Springer.
Merlet, J.-P., Gosselin, C., and Huang, Tian. 2016. Parallel Mechanisms. Pages 443–461 of: *Handbook of Robotics, Second Edition*, Siciliano, B., and Khatib, O. (eds.). Springer.
Meyer, C. D. 2000. *Matrix Analysis and Applied Linear Algebra*. SIAM.
Millman, R. S., and Parker, G. D. 1977. *Elements of Differential Geometry*. Prentice-Hall.
Mishra, B., Schwartz, J. T., and Sharir, M. 1987. On the existence and synthesis of multifinger positive grips. *Algorithmica*, **2**(4), 541–558.
Morin, P., and Samson, C. 2008. Motion control of wheeled mobile robots. Pages 799–

826 of: *Handbook of Robotics, First Edition*, Siciliano, B., and Khatib, O. (eds.). Springer.

Murray, R., Li, Z., and Sastry, S. 1994. *A Mathematical Introduction to Robotic Manipulation*. CRC Press.

Nef, T., Guidali, M., and Riener, R. 2009. ARMin III – arm therapy exoskeleton with an ergonomic shoulder actuation. *Applied Bionics and Biomechanics*, **6**(2), 127–142.

Nevins, J. L., and Whitney, D. E. 1978. Computer-controlled assembly. *Scientific American*, **238**(2), 62–74.

Nguyen, V.-D. 1988. Constructing force-closure grasps. *International Journal of Robotics Research*, **7**(3).

Nijmeijer, H., and van der Schaft, A. J. 1990. *Nonlinear Dynamical Control Systems*. Springer.

Ohwovoriole, M. S., and Roth, B. 1981. An extension of screw theory. *Journal of Mechanical Design*, **103**(4), 725–735.

Oriolo, G. 2015. Wheeled robots. In: *Encyclopedia of Systems and Control*, Baillieul, J., and Samad, T. (eds.). Springer.

Paden, B. 1986. Kinematics and Control of Robot Manipulators. Ph.D. thesis, Department of Electrical Engineering and Computer Sciences, University of California, Berkeley.

Pang, J. S., and Trinkle, J. C. 1996. Complementarity formulations and existence of solutions of dynamic multi-rigid-body contact problems with Coulomb friction. *Mathematical Programming*, **73**(2), 199–226.

Park, F. C. 1991. Optimal Kinematic Design of Mechanisms. Ph.D. thesis, Division of Applied Sciences, Harvard University.

Park, F. C. 1994. Computational aspects of the product of exponentials formula for robot kinematics. *IEEE Transactions on Automatic Control*, **39**(3), 643–647.

Park, F. C., and Brockett, R. W. 1994. Kinematic dexterity of robotic mechanisms. *International Journal of Robotics Research*, **13**(1), 1–15.

Park, F. C., and Kang, I. G. 1999. Cubic spline algorithms for orientation interpolation. *International Journal of Numerical Methods in Engineering*, **46**, 46–54.

Park, F. C., and Kim, J. 1999. Singularity analysis of closed kinematic chains. *ASME Journal of Mechanical Design*, **121**(1), 32–38.

Park, F. C., Bobrow, J. E., and Ploen, S. R. 1995. A Lie group formulation of robot dynamics. *International Journal of Robotics Research*, **14**(6), 609–618.

Paul, R. C. 1972. Modeling trajectory calculation and servoing of a computer controlled arm. AI Memorandum 177. Stanford University Artificial Intelligence Laboratory.

Pfeiffer, F., and Johanni, R. 1987. A concept for manipulator trajectory planning. *IEEE Journal of Robotics and Automation*, **RA-3**(2), 115–123.

Pham, Q.-C. 2014. A general, fast, and robust implementation of the time-optimal path parameterization algorithm. *IEEE Transactions on Robotics*, **30**(6), 1533–1540. Code available at `https://github.com/quangounet/TOPP`.

Pham, Q.-C., and Stasse, O. 2015. Time-optimal path parameterization for redundantly actuated robots: a numerical integration approach. *IEEE/ASME Transactions on Mechatronics*, **20**(6), 3257–3263.

Pratt, G. A., and Williamson, M. M. 1995. Series elastic actuators. In: *Proc. IEEE/RSJ International Conference on Intelligent Robots and Systems*.

Prattichizzo, D., and Trinkle, J. C. 2016. Grasping. Pages 955–988 of: *Handbook of Robotics, Second Edition*, Siciliano, B., and Khatib, O. (eds.). Springer.

Raghavan, M., and Roth, B. 1990. Kinematic analysis of the 6R manipulator of general geometry. In: *Proc. International Symposium on Robotics Research*.

Raibert, M. H., and Craig, J. J. 1981. Hybrid position/force control of manipulators. *ASME Journal of Dyanmic Systems, Measurement, and Control*, **102**, 126–133.

Raibert, M. H., and Horn, B. K. P. 1978. Manipulator control using the configuration space method. *Industrial Robot*, **5**(June), 69–73.

Reeds, J. A., and Shepp, L. A. 1990. Optimal paths for a car that goes both forwards and backwards. *Pacific Journal of Mathematics*, **145**(2), 367–393.

Reuleaux, F. 1876. *The Kinematics of Machinery.* MacMillan. Reprinted by Dover, 1963.

Rimon, E., and Burdick, J. 1996. On force and form closure for multiple finger grasps. Pages 1795–1800 of: *Proc. IEEE International Conference on Robotics and Automation.*

Rimon, E., and Burdick, J. W. 1995. A configuration space analysis of bodies in contact – II. 2nd-order mobility. *Mechanism and Machine Theory*, **30**(6), 913–928.

Rimon, E., and Burdick, J. W. 1998a. Mobility of bodies in contact – Part I. A 2nd-order mobility index for multiple-finger grasps. *IEEE Transactions on Robotics and Automation*, **14**(5), 696–708.

Rimon, E., and Burdick, J. W. 1998b. Mobility of bodies in contact – Part II. How forces are generated by curvature effects. *IEEE Transactions on Robotics and Automation*, **14**(5), 709–717.

Rimon, E., and Koditschek, D. E. 1991. The construction of analytic diffeomorphisms for exact robot navigation on star worlds. *Transactions of the American Mathematical Society*, **327**, 71–116.

Rimon, E., and Koditschek, D. E. 1992. Exact robot navigation using artificial potential functions. *IEEE Transactions on Robotics and Automation*, **8**(5), 501–518.

Robonaut 2. `http://robonaut.jsc.nasa.gov/R2`. Accessed November 2, 2016.

Rohmer, E., Singh, S. P. N., and Freese, M. 2013. V-REP: A versatile and scalable robot simulation framework. In: *Proc. IEEE/RSJ International Conference on Intelligent Robots and Systems.*

Russell, S., and Norvig, P. 2009. *Artificial Intelligence: a Modern Approach Third Edition.* Pearson.

Samet, H. 1984. The quadtree and related hierarchical data structures. *Computing Surveys*, **16**(2), 187–260.

Samson, C., Morin, P., and Lenain, R. 2016. Modeling and control of wheeled mobile robots. Pages 1235–1265 of: *Handbook of Robotics, Second Edition*, Siciliano, B., and Khatib, O. (eds.). Springer.

Sastry, S. S. 1999. *Nonlinear Systems: Analysis, Stability, and Control.* Springer.

Schwartz, J. T., and Sharir, M. 1983a. On the "piano movers'" problem. I. The case of a two-dimensional rigid polygonal body moving amidst polygonal barriers. *Communications on Pure and Applied Mathematics*, **36**(3), 345–398.

Schwartz, J. T., and Sharir, M. 1983b. On the "piano movers'" problem. II. General techniques for computing topological properties of real algebraic manifolds. *Advances in Applied Mathematics*, **4**(3), 298–351.

Schwartz, J. T., and Sharir, M. 1983c. On the piano movers' problem. III. Coordinating the motion of several independent bodies: the special case of circular bodies moving amidst polygonal barriers. *International Journal of Robotics Research*, **2**(3), 46–75.

Shamir, T., and Yomdin, Y. 1988. Repeatability of redundant manipulators: mathematical solution to the problem. *IEEE Transactions on Automatic Control*, **33**(11), 1004–1009.

Shiller, Z., and Dubowsky, S. 1985. On the optimal control of robotic manipulators with actuator and end-effector constraints. Pages 614–620 of: *Proc. IEEE International Conference on Robotics and Automation.*

Shiller, Z., and Dubowsky, S. 1988. Global time optimal motions of robotic manipulators in the presence of obstacles. Pages 370–375 of: *Proc. IEEE International Conference on Robotics and Automation.*

Shiller, Z., and Dubowsky, S. 1989. Robot path planning with obstacles, actuator, gripper, and payload constraints. *International Journal of Robotics Research*,

8(6), 3–18.

Shiller, Z., and Dubowsky, S. 1991. On computing the global time-optimal motions of robotic manipulators in the Presence of Obstacles. *IEEE Transactions on Robotics and Automation*, **7**(6), 785–797.

Shiller, Z., and Lu, H.-H. 1992. Computation of path constrained time optimal motions with dynamic ssingularities. *ASME Journal of Dynamic Systems, Measurement, and Control*, **114**(Mar.), 34–40.

Shin, K. G., and McKay, N. D. 1985. Minimum-time control of robotic manipulators with geometric path constraints. *IEEE Transactions on Automatic Control*, **30**(6), 531–541.

Shuster, M. D. 1993. A survey of attitude representations. *Journal of the Astronautical Sciences*, **41**(4), 439–517.

Siciliano, B., and Khatib, O. 2016. *Handbook of Robotics, Second Edition.* Springer.

Siciliano, B., Sciavicco, L., Villani, L., and Oriolo, G. 2009. *Robotics: Modelling, Planning and Control.* Springer.

Simunovic, S. N. 1975. Force information in assembly processes. In: *Proc. Fifth International Symposium on Industrial Robots.*

Slotine, J.-J. E., and Yang, H. S. 1989. Improving the efficiency of time-optimal path-following algorithms. *IEEE Transactions on Robotics and Automation*, **5**(1), 118–124.

Somoff, P. 1900. Uber Gebiete von Schraubengeschwindigkeiten eines starren Korpers bie verschiedner Zahl von Stutzflachen. *Z. Math. Phys.*, **45**, 245–306.

Souères, P., and Laumond, J.-P. 1996. Shortest paths synthesis for a car-like robot. *IEEE Transactions on Automatic Control*, **41**(5), 672–688.

Spong, M. W. 2015. Robot motion control. Pages 1168–1176 of: *Encyclopedia of Systems and Control*, Baillieul, J., and Samad, T. (eds.). Springer.

Spong, M. W., Hutchinson, S., and Vidyasagar, M. 2005. *Robot Modeling and Control.* Wiley.

Stewart, D. E., and Trinkle, J. C. 1996. An implicit time-stepping scheme for rigid body dynamics with inelastic collisions and Coulomb friction. *International Journal for Numerical Methods in Engineering*, **39**(15), 2673–2691.

Strang, G. 2009. *Introduction to Linear Algebra, Fourth Edition.* Wellesley–Cambridge Press.

Şucan, I. A., and Chitta, S. MoveIt! Online at http://moveit.ros.org. Accessed November 2016

Şucan, I. A., Moll, M., and Kavraki, L. E. 2012. The Open Motion Planning Library. *IEEE Robotics & Automation Magazine*, **19**(4), 72–82. http://ompl.kavrakilab.org.

Sussmann, H. J. 1987. A general theorem on local controllability. *SIAM Journal on Control and Optimization*, **25**(1), 158–194.

Sussmann, H. J., and Tang, W. 1991. Shortest paths for the Reeds–Shepp car: a worked out example of the use of geometric techniques in nonlinear optimal control. Technical Report SYCON-91-10. Rutgers University.

Takegaki, M., and Arimoto, S. 1981. A new feedback method for dynamic control of manipulators. *ASME Journal of Dyanmic Systems, Measurement, and Control*, **112**, 119–125.

Trinkle, J. C. 2003. Formulation of multibody dynamics as complementarity problems. In: *proc. ASME International Design Engineering Technical Conferences.*

Tsiotras, P., Junkins, J. L., and Schaub, H. 1997. Higher order Cayley transforms with applications to attitude representations. *AIAA Journal of Guidance, Control, and Dynamics*, **20**(3), 528–534.

Tzorakoleftherakis, E., Ansari, A., Wilson, A., Schultz, J., and Murphey, T. D. 2016. Model-based reactive control for hybrid and high-dimensional robotic systems. *IEEE Robotics and Automation Letters*, **1**(1), 431–438.

Uno, Y., Kawato, M., and Suzuki, R. 1989. Formation and control of optimal trajectory in human multijoint arm movement. *Biological Cybernetics*, **61**, 89–101.

Vanderbroght, B., Albu-Schaeffer, A., Bicchi, A., Burdet, E., Caldwell, D. G., Carloni, R., Catalano, M., Eiberger, O., Friedl, W., Ganesh, G., Garabini, M., Grebenstein, M., Grioli, G., Haddadin, S., Hoppner, H., Jafari, A., Laffranchi, M., Lefeber, D., Petit, F., Stramigioli, S., Tsagarakis, N., Damme, M. Van, Ham, R. Van, Visser, L. C., and Wolf, S. 2013. Variable impedance actuators: a review. *Robotics and Autonomous Systems*, **61**(12), 1601–1614.

Villani, L., and De Schutter, J. 2016. Force Control. Pages 195–219 of: *Handbook of Robotics, Second Edition*, Siciliano, B., and Khatib, O. (eds.). Springer.

Vukobratović, M., and Kirćanski, M. 1982. A method for optimal synthesis of manipulation robot trajectories. *ASME Journal of Dynamic Systems, Measurement, and Control*, **104**, 188–193.

Whitney, D. E. 1982. Quasi-static assembly of compliantly supported rigid parts. *ASME Journal of Dynamic Systems, Measurement, and Control*, **104**(Mar.), 65–77.

Whittaker, E. T. 1917. *A Treatise on the Analytical Dynamics of Particles and Rigid Bodies*. Cambridge University Press.

Witkin, A., and Kass, M. 1988. Spacetime constraints. *Computer Graphics*, **22**(4), 159–168.

Yoshikawa, T. 1985. Manipulability of robotic mechanisms. *International Journal of Robotics Research*, **4**(2), 3–9.

索　引

索引中的页码为英文原书页码，与书中页边标注的页码一致。

D

I

J

K

L

M

N

O

P

Q

R

S